大 学 环 境 教 育 丛 书

翻译版

Environmental Biotechnology
Principles and Applications (Second Edition)

环境生物技术
原理与应用 （第2版）

[美] 布鲁斯·E. 里特曼（Bruce E. Rittmann）
[美] 佩里·L. 麦卡蒂（Perry L. McCarty）　　著

王建龙　文湘华　译

U0378345

清華大学出版社
北京

北京市版权局著作权合同登记号　图字：01-2021-4286

Bruce E. Rittmann，Perry L. McCarty

Environmental Biotechnology：Principles and Applications，Second Edition

ISBN：978-1-26-0441604

本书封面贴有 McGraw-Hill Education 公司防伪标签，无标签者不得销售。

版权所有，侵权必究。举报：010-62782989，beiqinquan@tup. tsinghua. edu. cn。

图书在版编目(CIP)数据

环境生物技术：原理与应用/(美)布鲁斯·E. 里特曼(Bruce E. Rittmann)，(美)佩里·L. 麦卡蒂(Perry L. McCarty)著；王建龙，文湘华译. —2 版. —北京：清华大学出版社,2023.6

(大学环境教育丛书：翻译版)

书名原文：Environmental Biotechnology：Principles and Applications(Second Edition)

ISBN 978-7-302-63082-1

Ⅰ. ①环… Ⅱ. ①布… ②佩… ③王… ④文… Ⅲ. ①环境生物学 Ⅳ. ①X17

中国国家版本馆 CIP 数据核字(2023)第 045014 号

责任编辑：王向珍　王　华
封面设计：陈国熙
责任校对：王淑云
责任印制：曹婉颖

出版发行：清华大学出版社
　　　网　　　址：http://www.tup.com.cn，http://www.wqbook.com
　　　地　　　址：北京清华大学学研大厦 A 座　　　邮　　编：100084
　　　社 总 机：010-83470000　　　邮　　购：010-62786544
　　　投稿与读者服务：010-62776969，c-service@tup. tsinghua. edu. cn
　　　质量反馈：010-62772015，zhiliang@tup. tsinghua. edu. cn
印 装 者：三河市龙大印装有限公司
经　　销：全国新华书店
开　　本：185mm×260mm　　印　　张：32　　　字　　数：776 千字
版　　次：2012 年 11 月第 1 版　　2023 年 6 月第 2 版　　印　　次：2023 年 6 月第 1 次印刷
定　　价：118.00 元

产品编号：093231-01

中文版序言

　　我们衷心感谢王建龙教授、文湘华教授与清华大学其他老师和学生将《环境生物技术：原理与应用》(第 2 版)翻译成中文。拥有中文译本意味着这本书将更有效地面向其最重要的读者。中国在 21 世纪取得了显著的经济和技术进步,快速发展提高了这个世界上人口最多的国家的生活水平,也导致了严重的污染,可能会对人类健康和生态系统产生不利影响。此外,全球气候变化的影响越来越大,因此需要推动人类社会的各个方面朝着更加可持续的方向发展。

　　《环境生物技术：原理与应用》(第 2 版)为改善水质和可持续发展向前迈出了一小步,但意义重大。环境生物技术通过研究和利用微生物过程来达到可持续发展的目标。我们知道,微生物过程对于解决广泛的水污染问题和实现可再生资源生产,是非常有效的。特别是环境生物技术解释了微生物和工程现象的原理,这些原理是环境生物技术过程工作的基础。运用基于这些基础知识的策略,可以预见新的成功将在哪里,并可以避免代价高昂的错误。

　　我们重新组织了第 2 版的应用部分,以强调我们利用环境生物技术改善人类社会可持续性的目标。最重要的是,我们将应用部分的第一个章节定为产甲烷,因为它是将有机污染物转化为有价值的能源形式——甲烷气体——的主要手段。

　　我们再次深切感谢王建龙教授、文湘华教授,以及清华大学如此多的人,满怀激情和动力,高效地将第 2 版的中文版呈现给中国读者。

布鲁斯・E. 里特曼

亚利桑那州立大学教授

佩里・L. 麦卡蒂

斯坦福大学荣休教授

2022 年 1 月

译者序言

《环境生物技术：原理与应用》(第 2 版)中译本就要和读者见面了！我们再次怀着十分激动的心情向读者推荐此书。

该书是美国环境专业学生的权威教材,它阐述了微生物学及工程学的基本原理,并综合讨论了其在主要环境领域中的重要应用。在第 2 版中,作者对部分章节及内容进行了修改与调整,讨论了环境生物技术在资源回收与可持续发展等方面的新进展;增加了第 1 章"走向可持续发展"、第 3 章"生物化学、代谢、遗传学及信息流"、第 4 章"微生物生态学"、第 8 章"微生物代谢产物"、第 13 章"氮转化与回收"、第 14 章"磷的去除与回收"等。在保留的章节中,作者也增加了大量技术与技术原理方面的新进展。第 1 版的章节移到了该书的网络版本中。第 2 版的内容得到了拓展,并充分展现了环境生物技术原理的最新发展。我们希望该书能够成为高等院校的高年级本科生、研究生以及科研院所研究人员的重要参考书。

与第 1 版相同,我们特别希望读者关注的是,该书体系独特,不同于国内出版的环境生物技术教材。书中详细介绍了化学反应的计量学、能量学和动力学,注重利用化学计量方程、电子转移平衡方程、物料平衡方程来描述生物反应过程,并将这种思想贯穿于所有生物处理工艺的介绍,包括传统的与新技术工艺的分析,并应用于指导工程设计,为读者提供了新的研究思路和方法。

里特曼教授专门为这本中译本写了序言,表达了他对中国读者的敬意以及对中国环境事业的良好祝愿。

清华大学核能与新能源技术研究院的多位博士后及环境学院的研究生参与了本书的初译工作,他们是:胡煜明博士(第 1 章～第 3 章)、庞韵梦博士(第 4 章和第 5 章)、阴亚楠博士(第 6 章～第 8 章)、朱诗慧(第 9 章)、霍然和李天乐(第 10 章)、刘佩英和刘巍(第 11 章)、田泽申(第 12 章)、陈湛和段丽杰(第 13 章)、孙晨翔(第 14 章)、何源(第 15 章),在此,向他们表示深深的谢意。

全书由王建龙、文湘华统一修改、定稿。

教科书的翻译是一项十分艰辛、复杂的工作。尽管我们付出了很多努力,但译文中难免仍有一些不准确之处,请读者不吝指正。

王建龙　文湘华

2022 年 4 月于清华大学

第2版前言

　　环境生物技术利用微生物来提高人类社会的可持续发展,包括防止向环境排放污染物、清理污染环境、为人类社会创造宝贵资源以及改善人类健康。环境生物技术对社会至关重要,作为一门技术学科,它确实是独一无二的。

　　环境生物技术既是一门历史悠久的学科,也是一门极具现代特征的学科。20世纪初开发的微生物处理技术,如活性污泥工艺和厌氧消化工艺,至今仍然是废水处理的主流技术。与此同时,这门学科不断引入新技术,以解决当代面临的环境问题,例如,危险化学品的脱毒和有价值资源的回收。用于表征和控制环境生物技术过程的重要工具,也已经使用了数十年。例如,尽管可以利用分子生物学方法来探索微生物群落的多样性,但传统的生物量测量方法,如挥发性悬浮固体,依然发挥着重要作用。

　　环境生物技术的工艺过程是基于微生物学和工程学原则建立的,但应用这些原则通常需要一定程度的经验。尽管经验不能代替原则,但因为环境生物技术所涉及的处理对象本质上错综复杂且随着时间和空间不断变化,所以我们必须接受经验主义。

　　工程学原理通常基于定量工具,而微生物学原理往往更基于观测性结果。如果要求工艺过程性能可靠且经济高效,则量化是至关重要的。然而,环境生物技术所涉及的微生物群落极其复杂,通常无法进行定量描述,因此,非量化的观察研究也具有重要价值。

　　在《环境生物技术:原理与应用》一书中,我们将环境生物技术的这些不同特征联系起来。我们的策略是在前9章中讲解基本概念和一些量化的工具,这构成了该书第2版的原理部分。在第10章至第15章以及附录的5章电子版中,在描述环境生物技术的应用时,我们始终遵循这些原理。我们的主题思想是,所有微生物过程的行为方式都是可理解、可预测和统一的。同时我们必须认识到,环境生物技术的每个应用都有其自身的特点,而这些特殊性不会推翻或回避普遍原则。相反,它们可以补充这些原则,并根据这些原则得到最有益的理解。

　　该书的目标是研究生水平的课程,利用微生物过程进行环境质量控制。该书也可作为本科高年级课程的教材,同时也可作为从事环境生物技术专业实践和研究的科技人员的参考书。

　　本书中的材料可用于一门或几门课程。对于还没有扎实掌握微生物学知识的学生,第1章至第4章提供了微生物分类学、代谢、遗传学和生态学方面的基础知识。这些章节重点介绍了微生物学概念,对于理解环境生物技术的原理和相关应用,这些概念是至关重要的。

这些章节可以作为环境微生物学的基础教材,也可以作为需要更新相关知识的学生的参考书,为学习更注重工艺过程的课程、研究或工程实践做准备。

第 5 章至第 9 章提供了定量描述这些原理的核心内容。第 5 章讲述了描述微生物反应的化学计量学和能量学的定量工具:微生物消耗和产生的物质及方式。化学计量是最基本的定量工具。第 6 章和第 7 章系统介绍了描述反应动力学的定量工具:材料消耗和生产的速度。第 6 章是悬浮生长工艺,而第 7 章是生物膜工艺。第 8 章介绍了微生物生产的一些影响工艺性能的产物及其量化方法。这一章的理解可以扩展第 6 章和第 7 章的系统工具。可靠性和成本效益取决于正确应用动力学。第 9 章描述了如何使用质量平衡和动力学原理将化学计量学与动力学原理应用于一些反应器的环境实践中。

第 10 章至第 15 章为应用部分。每一章都包括关键微生物的化学计量学和动力学方面的信息,以及化学计量学或动力学参数不易捕捉的特征。每一章都解释了如何设计这些工艺流程以实现废物处理目标,以及良好设计的量化标准是什么。我们的目标是尽可能直接地将原理与实践联系起来。

我们对该书的应用部分进行了重新组织,以强调我们使用环境生物技术提高人类社会可持续性的目标。最为突出的变化是,我们把产甲烷作为该书应用部分的第一章,因为它是将有机污染物转化为有价值的能源形式——甲烷气体的主要手段。产甲烷处理可以将废水处理转化为可再生能源的净产生者,而不是主要的能源消耗者。

第 11 章和第 12 章介绍了用于处理废水以去除生化需氧量(biochemical oxygen demand,BOD)的各种好氧处理工艺。这些处理工艺在世界范围内广泛使用,我们必须深入理解,以确保其发挥良好作用。第 13 章和第 14 章涉及氮和磷的转化、去除和(或)回收。自该书第 1 版出版以来,生物脱氮除磷方面有了许多新进展。我们在第 2 版中从科学和技术方面介绍了这些新进展,并且特别关注回收废水中有价值的资源,同时减少废水处理所需的能源,而不是像过去那样,只考虑从废水中去除污染物质。第 15 章描述了使用生物膜工艺制备安全、可口的饮用水,自该书第 1 版出版以来,这一主题越来越受到关注。

从麦格劳·希尔(McGraw-Hill)公司购买了该书纸质版的人,还可以获得 5 个电子版章节:第 B1 章,污水池和湿地;第 B2 章,微生物脱毒;第 B3 章,微生物电化学电池;第 B4 章,光合作用生物工厂;第 B5 章,复杂系统。这些章节可以在网站 www. mhprofessional. com/rittmann2e 上找到。为了缩短纸质版的篇幅和成本,这些章节以电子版的方式出版。这些章节仅提供电子版本,并不意味着它们不重要。事实上,第 B2、B3 和 B4 章介绍了环境生物技术中一些最热门的新主题方面的信息。这些章节包含在该书的电子版中。

该书的一个重要特点是它包含许多实例。这些实例逐步地说明了如何利用所需工具理解微生物系统怎样工作或设计处理工艺。在大多数情况下,通过实例学习是最有效的方法,我们非常强调这一点。

在该书每一章的最后都给出了大量的习题。这些习题可以作为"家庭作业",也可以作为课堂上的补充例题,或作为检验学习工具的试题。

为了全书符号的统一,我们选择了国际上采用的"描述废水生物处理工艺过程的推荐符号",其发表在《水研究》第 16 期,第 1501-1505 页(1982 年)。我们希望这将鼓励其他人也这样做,因为这样会促进我们之间更好的沟通与交流。

我们借此机会感谢我们许多优秀的学生和同事,他们给予我们新的想法,启发我们更深入地思考,并纠正了我们通常容易犯的错误。因为人数太多了,我们无法按姓名一一列出,但你应该知道他们是谁。

　　最后,我们要感谢 Marylee 和 Martha 对我们的爱,即使在我们过于专注"编写该书这个项目"的时候。

布鲁斯・E. 里特曼
亚利桑那州,坦佩
佩里・L. 麦卡蒂
加利福尼亚州,斯坦福

第1版前言

环境生物技术利用微生物来改善环境质量。这些改善包括防止污染物向外界排放,净化受污染的环境以及为人类创造有价值的资源。环境生物技术是社会必需的,而且作为一个技术学科,它也是独一无二的。

环境生物技术既是传统技术,又是现代技术。在20世纪初发展起来的微生物处理技术(如活性污泥技术、厌氧消化技术)至今仍是核心技术。为解决不断产生的新问题(如有毒化学物质的脱毒),新技术也层出不穷。在环境技术中,用于描述过程特征及其控制的重要工具,沿用了几十年。例如,尽管分子生物学工具可以用于探索微生物群落的多样性,但传统的生物量测量方法,如挥发性悬浮固体物的测量,仍然在应用。

环境生物技术中的各种工艺,按照微生物学和工程学原理运行,但是,应用这些原理通常需要一定程度的经验。尽管这些经验不能代替理论原理,但由于环境生物技术所处理的对象十分复杂,而且随时随地发生变化,所以必须应用经验。

工程学原理主要用于定量分析,而微生物学原理更多地用于观测。只有进行定量分析,才能保证工艺过程可靠、经济。然而,环境生物技术中涉及的微生物群落的复杂性通常难以定量描述,此时非定量观测尤其重要。

在本书中,我们将环境生物技术的各个方面联系起来。在前5章里,我们将介绍基本概念和定量方法,这是本书的原理部分。第6~15章讲述环境生物技术的应用,在这些章节中会经常回顾前5章中相对应的原理。我们的观点是,所有的微生物过程都是可以理解、可以预测,并且是统一的。同时,我们必须理解,每种应用都有它自己的特点。这些特点并不推翻和违背一般原理,相反,可以作为一般原理的补充,根据一般原理,能够更有价值地理解这些特点。

本书可作为研究生教材,供致力于开发微生物过程并应用于环境质量控制方面的研究生使用,也可以作为高年级本科生的教材,或者作为环境生物技术专业的研究和应用人员的综合性参考书。

本书中的内容可供一门或几门课程使用。对于没有微生物学背景知识的学生,第1章提供了微生物分类、代谢、遗传和生态方面的基础知识。第1章强调了微生物学的基本概念,对于理解后续章节的原理和应用是非常必需的。第1章也可作为环境微生物学基础课程的教材,或供需要更新知识、准备学习更注重工艺的课程、研究或实习的学生作为参考书。

原理部分的"核心"在第2~5章。第2章介绍了描述微生物反应过程的化学计量学和热力学的定量方法,主要解决各过程中微生物消耗和产生何种物质以及有多少物质转变的问题。化学计量学是最基本的定量方法。第 3 章和第 4 章系统地介绍了动力学定量方法,解决物质消耗和产生速度究竟有多快的问题。反应系统的可靠性和经济有效性取决于对反应动力学的正确应用。第 5 章讲述了如何应用物料守恒原理,建立描述实际应用的各种反应器的化学计量学和动力学方程。

第 6～15 章是实际应用部分。每章都同时讨论了主要微生物化学计量学和动力学方面的内容,以及化学计量学和动力学都不易描述的一些特征。各章都解释了如何构建各种工艺过程以达到处理目标,并介绍了设计中的关键参数。目的是尽可能将原理和应用直接联系起来。

关于应用方面的各章,按照从传统到现代的顺序排列。例如,第 6～8 章讲述了含可生物降解有机物(如废水的生化需氧量)废水的好氧处理,而在第 14、15 章中讲述了危害性化学物质的生物降解。废水好氧处理可追溯到 20 世纪早期,所以它是一种很传统的技术。而对危害性化学物质的脱毒在 20 世纪 80 年代才成为一个主要的处理目标。此外,第 6～8 章讨论了为达到传统目标而采用的一些最新技术。因此,尽管目标是传统的,但是为达到目标所使用的科学与技术可能是非常现代的。

我们还准备了一章介绍复杂系统,但是为了控制本书的长度没有把它加入进来。在网络版的这一章中,通过系统地处理非稳态系统(悬浮的或生物膜系统)和复杂的多物种相互作用系统,我们对第 1～5 章的原理进行了扩展。本书出版商麦格劳·希尔(McGraw-Hill)公司已经同意将这一章放到网站上,对此有兴趣的读者可以从网站上获得这些内容。为该书建立一个网站的另一个好处是,我们可以方便地在网站上对书中存在的一些不可避免的错误进行更正,也许还可以在此发表一些与该书有关的其他信息;我们鼓励读者浏览我们的网页。

本书一个重要的特点是有许多例题。这些例题讨论了应用基本原理的每一个步骤,以利于理解微生物系统的工作原理以及进行处理系统的设计。在大多数情况下,通过例题来学习是最有效的方法,我们很强调这一点。

每章中都有很多习题,可以作为课外作业、课堂补充例题或者作为学习工具。这些习题范围很广。其中有一些很容易解决,仅需简单的计算或者简短的解释。而另一些则是较深入的问题,解决它们需要很多步骤。其他绝大多数习题是中等难度的。所以,教师或者学生可以从简单的、涉及单个概念的问题入手,逐步向高综合度的问题迈进。有时使用电子计算表格很有帮助,尤其当需要进行比较复杂的或者迭代计算时。

为了促进符号的统一,我们选择了国际认同的《废水生物处理过程描述推荐使用符号》,发表在 1982 年《水研究》(*Water Research*)第 16 期,1501～1505 页。我们希望这可以促进大家使用同样的符号,以利于交流。

由于本书篇幅有限,所以对一般性原理、环境生物技术的应用以及很多在生物系统设计中必须考虑的特殊细节,本书没有全面论述,而是将重点放在原理及其应用方面。对于特殊的设计细节,我们推荐其他参考书,如两卷本的《城市废水处理厂设计》,由水环境协会(《应用手册》(第 8 册))和美国土木工程师学会(《工程应用手册及报告》(第 76 册))联合出版。

我们借此机会感谢很多优秀的学生和同事,他们不但向我们提供新思想,使我们看得更深远,而且更正了一些错误。要感谢的人太多了,无法将他们的名字一一列出。我们特别感谢在过去几年里选修环境生物技术课程的同学,他们使用了本书的初稿,并且提出很多有益的修改意见。感谢他们所做的一切!

还有以下人员的特别贡献直接促进了本书的出版。Viraj deSilva 和 Matthew Pettis 提供了网络版中"复杂系统"一章的模型计算部分。Gene F. Parkin 和 Jeanne M. VanBriesen 两位博士对本书的内容提出了详细的建议和修改意见。Pablo Pastén 和 Chrysi Laspidou 提供了解题指南中许多习题的答案。Janet Soule 和 Rose Bartosch 将 BER 的手稿转为电子文档,内容包括第 1、3、4、6、8~12、15 章的部分或全部。Saburo Matsui 博士和环境质量控制研究中心(京都大学)为 BER 提供学术休假的位置,使他能够完成本书的所有细节,并准时交付给出版商麦格劳·希尔公司。

最后,我们还要感谢 Marylee 和 Martha。她们在我们全力完成书稿的过程中一直关心和支持着我们。

布鲁斯·E.里特曼

伊利诺伊州,埃文斯顿

佩里·L.麦卡蒂

加利福尼亚州,斯坦福

目　录

第1章 走向可持续发展

20世纪70年代,在美国国家环境保护局(U. S. Environmental Protection Agency, U. S. EPA)成立之初,主要关注的是河流、溪流和湖泊的水环境污染,以及大气和土地污染。直至今日,世界人口增加了一倍多,人类活动对自然资源(包括水)的可持续发展造成巨大威胁。此外,化石燃料和其他来源释放的温室气体造成全球温度升高,从而导致一系列严重并急需解决的环境问题(IPCC,2018;NAS,2018;Reidmiller et al. ,2018;U. S. EPA,2018)。其中最为明显的是一些地区出现特大风暴和洪水,另一些地区遭受干旱和极端火灾,冰川融化、海平面不断上升,海洋酸化并伴随海洋生命的丧失。这些最近才慢慢浮出水面的重大问题,需要紧急响应并采取有效行动。作为环境工程师和科学家,我们必须做好水质保护工作,同时,必须有效减少温室气体排放,并尽可能满足日益增长的资源保护需求。

环境生物技术是我们应对可持续发展的新问题及长期挑战的有力工具之一。环境生物技术可以定义为"管理微生物群落,使它们为人类社会提供服务"。这些服务包括从水和其他受污染介质中去除污染物、产生可再生资源并改善人类健康。显而易见,这些服务可以解决人类社会面临的许多亟待解决的问题。在第1章中,我们首先提供一个框架,以了解环境工程师和科学家们面临的挑战,以及环境生物技术带来的机遇。

1.1 水资源及其利用

适宜的水质是人类享用水资源的前提。世界上仅有一小部分水资源的质量满足人类大部分的需求,且很难避免这部分可用水资源不受人类或工业废物的污染。环境工程师被赋予极具挑战的职责,包括保护、储存和运输水资源,提高水质以满足个人、农业和工业方面的使用需求,保证水资源起到美化环境的作用。

表1.1概述了全球水资源的基本情况。世界上大部分的水储存在海洋中,其含盐量约为3.4%,对于大多数人类用途(包括灌溉、饮用和洗涤)而言过高。淡水仅占全球总水量的2.5%,其中绝大部分被锁定在极地冰和冰川中。液态淡水是唯一可以充分满足我们最大需求的水,它只占地球总水量的不到1%,其中大部分深藏于地下,极难获取。

虽然水是一种可再生资源,但我们对可用淡水的利用率已经很高了,随着需求量的不断增长,未来几年可能会超过其再生速度。太阳辐射不断蒸发(主要为)海水,留下盐和其他化学物质。一部分由此产生的水蒸气最终凝结并以雨或雪的形式降落在陆地上,以补充新鲜和相对清洁的水供应。实际上，代表可持续供水量的是每年 11.9 万 km^3 的总降水量，而不是地球的淡水水库总水量。然而，并不是所有的降水都能被利用：大约 2/3(74 200km^3)的降水会再次被蒸发；其余在陆地上被储存或形成径流的部分(44 800km^3)，实际大约只有一半可以被利用。

表 1.1 世界水资源概述

水的类型和位置	总量/km^3	占世界总水量的百分比/%
总水量	1 386 000 000	100.0
含盐水	1 350 000 000	97.5
淡水	34 600 000	2.5
冰	23 800 000	1.7
液态水	10 800 000	0.8
地下水 *	10 400 000	0.75
地表水	90 000	0.007
水蒸气(大气)	13 000	0.001
陆地年降雨量	119 000	—

资料来源：Shiklomanov (1998)。

注：* 大约一半的地下水位于地表以下超过 1.5km 处。

1.2 污水资源

到目前为止，水是我们使用最广泛的自然资源。按质量计算，世界人口对水的使用率比所有其他自然资源的总和还高 100 多倍。我们不仅将水用于饮用和洗涤，还用于农业来种植我们食用的农作物；产生电力或其他形式的能源来运行我们的社会；用于工业来生产我们使用的商品；用于广泛的市政和商业用途，以及生态系统保护。此外，水被用来带走我们身体中的一些废物。

在我们使用并将水污染之后，我们通常认为它是废水，这一术语贯穿于本书。废水是一个术语，用来描述直接来自人类的污水。具有讽刺意味的是，我们所说的废水其实包含多种资源，我们可以称之为"使用过的资源"(used resources)。因此，曾经被视为废物的废水现在被视为一种资源，绝不能被浪费，而是要净化、以有用的形式回收并再利用。例如，新加坡不再使用"废水"(waste water)一词；相反，他们称之为"用过的水"(used water)。对用过的水所需的处理程度取决于其使用目的。这被称为"适合其用途"(fit for use)的水处理(Li et al.，2015)。

废水含有重要的资源，可以被回收并用于满足人类社会的基本需求。一旦使用"适合其用途"的水处理方法对水进行清洁避免了对消费者造成伤害，那么废水就可以成为最重要的资源。许多废水含有可转化为能量的有机物，如果被回收，可用于运行我们的处理系统，并在市场上出售以获利(Rittmann，2013)。其他常见的资源是肥料元素，如氮和磷。磷以简单磷酸盐或复杂有机磷酸盐的形式存在于废水中。如果简单磷酸盐以正确的形式被捕获，可以去除、浓缩并当作肥料再次利用(Rittmann et al.，2011)。氮，通常以铵或废水中的有机氮的形式存在，也可以在农业中被回收和再利用。将磷和氮重新用于农业的一个关键是确保处理和恢复过程中已经消除了病原体。另一个关键是,回收的养分需以植物可吸收的形式提供。

重要的是要认识到,为了养活世界不断增长的人口,N_2 现在从大气中被提取并转化为铵,用作作物肥料,但用于将 N_2 固定为铵的 Haber-Bosch 工艺消耗了全球约 7% 的天然气,而天然气是导致气候变化的化石燃料之一(McCarty et al.,2011)。城市废水中的氮来自我们吃的食物,而最初用于从大气的 N_2 中获取氮所耗的能量与我们目前用于运行好氧废水处理系统使用的能量一样多。然而,用于脱氮的传统废水处理通常会将铵转化回氮气。但是,如果我们直接回收铵并将其用作肥料,而不是将其转换回 N_2,就可以减少整体化石燃料能源的消耗。

可以对磷进行类似的分析。今天,几乎所有的磷酸盐都被挖掘并用于农业。由于径流和废水排放,大部分磷酸盐最终进入水系统(Rittmann et al.,2011);这种"流失的磷"导致了水的富营养化和缺氧。传统的除磷方法产生的无机固体不能用于农业,导致磷酸盐不能在需要的地方被重复使用。因此,最大的可持续效益来自以在农业中易于利用的形式去除磷酸盐。

1.3　气候变化

运输和清洁水的过程需要使用能源,而这种能源通常来自化石燃料燃烧,使气候变化带来的问题日益严重。虽然用于水的能源仅占世界化石燃料总使用量的一小部分,但环境工程师和科学家可以通过寻找降低水运输以及水和废水处理所用能源量的方法来解决这一问题。

化石燃料燃烧并不是导致温室气体排放的唯一与水相关的因素。废水处理过程中产生的一些副产品是温室气体。例如,厌氧废水处理产生的甲烷(CH_4)是一种很好的可再生能源,有助于减少我们对化石燃料的使用;然而,如果让 CH_4 逃逸到大气中,对气候变化的影响很大,因为甲烷的温室气体变暖效力是 CO_2 的 25~30 倍(U.S.EPA,2018)。因此,下水道和卫生垃圾填埋场的甲烷排放量也必须减少。

另一种通过生物废水处理产生的温室气体是一氧化二氮(N_2O),它导致气温升高的潜能比 CO_2 高近 300 倍。即使只有一小部分进入废水处理设施的氮被转化为 N_2O 并逃逸到大气中,那么为减少化石燃料付出的努力将因 N_2O 的形成和释放的影响付诸东流。

2016 年,全球温室气体排放总量约为 420 亿 t 二氧化碳当量(IPCC,2018)。美国排放了 65 亿 t,占总量的 15% 以上(U.S.EPA,2018)。在美国的排放总量中,82% 来自 CO_2 排放。尽管与 CO_2 相比,全球 CH_4 和 N_2O 排放量在质量上相对较小,但它们更大的全球变暖潜能使它们在 2016 年的排放量分别对气候变化造成了 10% 和 6% 左右的总体影响。

地球气温在过去的 150 年上升了约 1℃,这主要是人类活动排放的温室气体所导致的。如果人类不减少所有吸收辐射的化学物质的排放,气温将继续上升。联合国政府间气候变化专门委员会(IPCC,2018)指出,如果想要全球气温上升幅度不超过 2℃,CO_2 排放量需要在 2055 年达到净零排放,同时非 CO_2 温室气体排放量需要在 2030 年达到净零排放。将温升保持在 2℃ 以下需要将温室气体从大气中清除!全世界所有经济部门包括涉及环境工程和科学专业人员的部门都需要把减少温室气体作为首要任务。

1.4　可持续性

如今,生物工艺必须以成本效益高的方式可靠地达到其排放标准,还必须推进社会对未来可持续性的需求。正如世界环境与发展委员会的《布伦特兰报告》(Brundtland,1987)所述,可持续发展是指"既满足当代人的需要,又不损害后代人满足其自身需求的能力的发展。"可持续发展的概念甚至早在1970年的《美国国家环境政策法案》中就被提出,旨在"创造和维持人与自然能够在生产上和谐共处的条件,从而能够满足社会、经济和今世后代的其他要求。"

通常,可持续性代表了一个努力平衡的目标,即在不破坏子孙后代赖以生存的自然环境的情况下,满足当今人类的需求。今天,可持续性的概念至少涉及3个相互依存的支柱:经济发展、社会发展和环境保护。它们构成了社会、环境及经济收益和成本的"三重底线"。

为帮助推进可持续发展,2015年,美国国家环境保护局编制了一本可持续发展入门书,该书在"三大支柱"之上分别定义了"六大主题"。表1.2列出了每个支柱的六个主题。例如,环境支柱包括生态系统服务,强调保护、维持和恢复关键自然栖息地和生态系统的健康。环境压力源,包括水污染物和温室气体排放,将会减少。为了资源的完整性,应减少废物产生,以防止意外释放和未来的清理责任。在社会支柱内,环境正义要求赋予因污染而负担过重的社区权力,以采取行动改善其健康和环境。资源安全意味着保护、维护和恢复对基本资源的获取。就经济支柱而言,供应与需求则利用审计和市场实践促进环境健康和社会繁荣,而自然资源审计则利用成本效益分析提高对生态系统服务的理解和核算。成本是努力开发无废物工艺的例子,从而将监管、处理和处置成本的需求降至最低,而价格是指通过与社区合作伙伴进行示范和测试来降低新技术的风险。

表 1.2　美国国家环境保护局定义的可持续发展的三大支柱以及每个支柱下的重要主题

环　境	社　会	经　济
生态系统服务	环境正义	工作
绿色工程和化学	人类健康	奖励
空气质量	参与	供应与需求
水质	教育	自然资源审计
环境压力源	资源安全	费用
资源完整性	可持续社区	价格

1.5　环境生物技术的作用

环境生物技术提供了实现水的许多可持续性目标的手段。以下是几个典型的例子:

(1)厌氧处理可以从用过的水中获取有机物的能量值。这可以使处理过程产生能源,从而为运营商节约资金,并减少社会对化石能源的使用。

(2)厌氧处理可以将氮和磷转化为无机形式(铵和磷酸盐),可回收并用作农业肥料的原料。

(3)厌氧和好氧处理可去除有害化学物质,并使水安全用于各种有益用途。

尽管废水中含有宝贵的资源，但目前的处理方法往往会废弃这些资源。今天，生物处理工艺的选择不能止步于满足污水排放标准。取而代之的是一个精心选择的过程，将使用过的水视为资源，以实现社会的长期可持续需求的方式，完成提供优质水源这一基本使命。对现有流程的修改和新流程的开发应致力于满足未来可持续发展的需求，这是全人类社会的重要目标。

1.6　本书的组织结构

为了实现所有可持续发展的成果，我们需要对环境生物技术背后的科学和工程基础有深刻的理解。将这种理解应用于设计和运行设施以改善水质处理是本书的重点。

与书名一致，本书分为两部分。第一部分包括第 2 章～第 9 章，阐述了所有微生物过程的基本原理，如生物化学、生态学、化学计量学和动力学。这些原理是理解、设计和应用环境生物技术的基础。

第二部分包括第 10 章～第 15 章，是对这些原理的广泛应用。与我们对可持续性的关注一致，第 10 章是关于产甲烷作用的，在这一过程中，用过的水中的有机化合物所含的能量转化为甲烷，可作为一种有价值的燃料。与天然气中的化石甲烷不同，这种产甲烷过程中产生的甲烷如果被捕获和利用，就属于可再生的、碳中和的。第 11 章～第 15 章论述了好氧处理、营养物质的去除和回收，包括改善水质的传统方法和资源回收的新兴方法。

从麦格劳·希尔出版社购买本教科书的人还可以在 www. mhprofessional. com/rittmann2e 上访问 5 个电子版的附加章节：泻湖和湿地、微生物在生物修复中的作用、微生物燃料电池、光合作用能量工厂和复杂系统。它们以电子版的形式呈现，以节约印刷书籍的篇幅和成本。

参考文献

Brundtland，G. H. (1987). *Our Common Future*. New York：World Commission on Environment and Development.

Inter-Governmental Panel on Climate Change (IPCC) (2018). *Global Warming of* 1. 5℃. Switzerland：IPCC，p. 28.

Li，W. -W；H. -Q. Yu；and B. E. Rittmann (2015). "Reuse water pollutants. "*Nature*. 528，pp. 29-31.

McCarty，P. L. ；J. Bae；and J. Kim (2011). "*Domestic wastewater treatment as a net energy producer—can this be achieved*?" *Environ. Sci. Technol*. 45，pp. 7100-7106.

NAS (2018). *Environmental Engineering for the 21st Century：Addressing Grand Challenges*.

Washington，DC：National Academies Press，p. 120.

Reidmiller，D. R. ；C. W. Avery；D. Barrie；A. Dave；B. DeAngelo；M. Dzaugis；M. Kolian；K. Lewis；K. Reeves；and D. Winner (2018). *Overview：Impacts，Risks，and Adaptation in the United States：Fourth National Climate Assessment，Volume* Ⅱ. *Washington*，DC：U. S. Government Publishing Office，pp. 33-71.

Rittmann，B. E. (2013). "The energy issues in urban water management." In T. Larsen；K. Udert；and J. Liener，Eds. *Wastewater Management：Source Separation and Decentralisation.* London：IWA Publishing，chap. 2，pp. 13-28.

Rittmann，B. E；B. Mayer；P. Westerhoff；and M. Edwards (2011). "Capturing the lost phosphorus." *Chemosphere.* 84，pp. 846-853.

Shiklomanov，I. A. (1998). *World Water Resources：A New Appraisal and Assessment for the 21st Century.* Paris：United Nations Educational，Scientific and Cultural Organization.

U. S. EPA (2018). *Inventory of U. S. Greenhouse Gas Emissions and Sinks. Washington*，DC：U. S. Environmental Protection Agency，p. 655.

第2章 微生物学基础

环境生物技术应用微生物学原理解决环境问题。环境微生物学的应用包括：

（1）工业、市政和生活废水的处理和资源回收；

（2）改善饮用水水质；

（3）修复被不良化合物污染的环境土壤、水或空气；

（4）保护河流、湖泊、河口及海岸的水质免受环境污染物的侵害或修复已被污染的水域；

（5）防止人群和其他物种暴露于病原体；

（6）制造环境友好的化学品、燃料和原料；

（7）实施可持续的资源回收、利用和处置。

尽管本书仅涉及环境生物技术所涵盖的众多课题中的一部分，但环境生物技术在环境领域某个方面的应用原则通常也适用于其他环境问题。在各种情况下，均需要将微生物学原理与工程原理联系起来。

本章回顾了微生物学基本原理。它为生物化学、新陈代谢、遗传学以及微生物生态学奠定了基础，这些内容将在随后的两章中阐述。所有这些微生物学基础知识可以帮助读者更好地理解第 5 章～第 9 章中列出的工程基础知识。如果读者希望获得更详细的微生物学基础知识，请参见文献 Madigan 等（2018）、Madsen（2016）和 Pepper 等（2011）。

本章介绍的内容如下：

（1）微生物细胞的性质；

（2）微生物是如何分类的（分类学）；

（3）微生物看上去像什么（形态学）；

（4）微生物的组成（细胞化学物质）。

2.1 微生物细胞

细胞是构成生命的基础。细胞是独立于其他细胞及环境的实体。作为一个活的实体，细胞是一个复杂的化学系统，它与无生命实体的区别主要表现在 4 个方面：

（1）细胞能够生长和复制。也就是说，细胞能够产生与自身基本相同的另一个实体。

（2）细胞是高度有序的，而且对进出细胞的物质具有选择限制性。因此，与生存环境相比，细胞的熵值低。

（3）构成细胞的主要元素是 C、H、O、N、P 和 S。

（4）细胞靠自己摄食。细胞从外界环境中汲取必要的元素、电子以及能量，来创造并维持具有序的、可复制的实体。细胞需要用于自我复制的元素基本构建块的来源。细胞需要能源以维持生命所需的化学过程。另外，细胞还需要电子来源以还原细胞中的主要元素。细胞获得元素、能量及电子的过程称为新陈代谢。新陈代谢是描述细胞特点的一种基本方式。理解新陈代谢是贯穿本书的一个主题。

细胞在生理上是有序的，从而能够完成使之成为有生命实体的过程。本章后面的部分将详细描述细胞的基本成分。活细胞的特征如下：

（1）细胞膜：细胞与周围环境之间的高度选择性渗透屏障，也称为细胞质膜，它是一种使细胞能够限制跨越其边界的结构，同时是为细胞代谢而发生的一些催化反应的场所。

（2）细胞壁：支撑细胞，能使细胞保持刚性和形状，保护细胞膜的结构。

（3）细胞质：细胞内部的主要成分，由水、细胞生命活动需要的大分子构成。

（4）染色体：由核酸（DNA）和蛋白质组成的结构，储存记录着细胞的遗传与生物化学功能信息的遗传密码。

（5）核糖体：由核糖核酸（RNA）和蛋白质组成的结构，将遗传密码转化为能够促进细胞反应的催化剂。

（6）酶：蛋白质催化剂，促使细胞必要的生物化学反应的发生。

细胞可能还具有其他组分，不过，以上是细胞的基本组分，正是有了这些组分，细胞才被定义为有生命的实体。

活细胞根据遗传相似性分为 3 个主要的域：细菌、古细菌和真核生物。这些域的单个成员被指定为细菌、古细菌或真核生物。图 2.1 给出了在系统发育树中的 3 个主要的域（domain）。树上枝权紧密的生物是相似的。距离较远的分枝在系统发育上是不同的。这 3 个域起源于同一个根。据估计，约 40 亿年前，细菌从古细菌和真核生物分支出来，随后，在约 20 亿年前，古细菌和真核生物发生遗传分化。

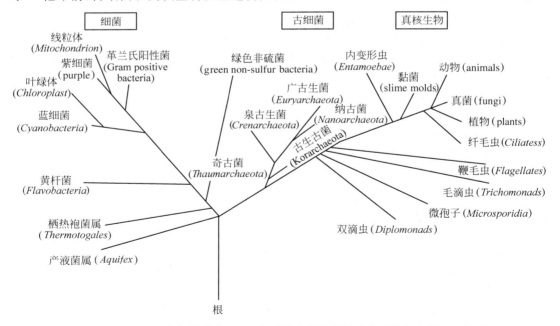

图 2.1　根据核糖体 RNA 序列的比较绘制的生命系统发育树

[资料来源：根据 Woese 等(1990)和 Madigan 等(2018)修改]

尽管存在系统发育上的差异,但细菌和古细菌都具有缺少由膜包裹的细胞核的物理特征,因此统称为原核生物(源自希腊语,指演化出完整细胞核之前的生物)。因此,原核生物的染色体位于细胞质中。相比之下,真核生物的染色体(或希腊语中的真核)存在于与细胞质不同的、膜包裹的细胞核中。此外,真核细胞往往比原核细胞大得多,结构也更复杂。

所有 3 个域都包括单细胞生物,而更大的多细胞生物,包括所有高等植物和动物,均属于真核生物。单细胞微生物是一个细胞组成的完整活体,而多细胞生物的细胞不能独立生存和生长,只能作为多细胞体的一部分存在。

一些细胞在分化的过程中可能发生形态或功能的变化。例如,在人体内,眼睛、肌肉以及头发中的细胞就具有不同的功能。分化的一种情况是,细胞经常能够通过各种化学信号,按照能够改变其形式及功能的方式相互作用。重要的是,细胞还能够进化为与其亲代明显不同的生物,在通常情况下这种进化过程进行得相当缓慢,但是,通过进化形成的新生物或新能力对于生物的存活具有非常重要的意义。

虽然我们对环境生物技术的兴趣主要集中在单细胞生物上,其中许多来自细菌和古细菌域,但我们也需要了解真核生物域的生物。这里引起特别关注的微生物是藻类和原生动物,但植物也很重要。例如,植物修复是利用植物分解土壤和地下水中的有毒化合物的过程。在这里,树木(如白杨)可以将有毒化学物与水一起吸收;在某些情况下,树木甚至可以将有毒化合物转化为无害产品。

2.2　微生物分类

由于微生物种类繁多,功能广泛,科学家和工程师根据各种标准对其进行分类。基于可观察到的物理/化学细胞特性的分类称为表型分类,可能涉及细胞的结构(例如,形态、细胞器的存在);代谢类型[例如,光养型(食光者)、岩石营养型(食地者)、需氧型(好氧型)或产甲烷菌(甲烷生成者)];首选环境条件[例如,嗜热型(好热)、嗜盐型(好盐)];行为(例如,运动性、附着性、子实体);与染料或染色相互作用的方式(革兰氏阳性、革兰氏阴性、耐酸);以及其细胞膜中的脂质类型。表 2.1 总结了区分细菌、古细菌和真核生物的许多表型特征。例如,只有真核生物具有膜包裹的细胞核,而只有古细菌能够产生甲烷气体(产甲烷作用)。

表 2.1　细菌、古细菌与真核生物表型之间的区别

特　性	细　菌	古细菌	真核生物
由膜包裹的细胞核	无	无	有
细胞壁	存在胞壁酸	无胞壁酸	无胞壁酸
叶绿素光合作用	有	无	有
产甲烷作用	无	有	无
将 S 还原为 H_2S	有	有	无
硝化作用	有	无	无
反硝化作用	有	有	无
固氮作用	有	有	无
合成聚 β-羟基链烷酸碳储存颗粒	有	有	无
对氯霉素、链霉素、卡那霉素的敏感性	有	无	无
核糖体对白喉毒素的敏感性	无	有	有

资料来源:根据 Madigan 等(2018)修改。

细胞的第二种分类称为系统发育分类，它根据生物体 DNA（脱氧核糖核酸）中编码的遗传特征（基因型）对生物体进行分类。尽管系统发育分类可以涉及细胞的整个染色体（其所有 DNA）的比较，但大多数系统发育集中在核糖体 RNA 基因的一个组成部分（细菌和古细菌的 16S 和真核生物的 18S）。使用较小的组件有两个主要原因：首先，每个已知生物的 DNA 都包含一个编码核糖体 RNA 的基因；其次，RNA 基因具有保守（始终相同）和可变区域，使其成为根据需要对细胞进行分组和分化的良好靶点（Olsen and Woese，1993）。使用 RNA 基因的另一个好处是，我们目前仅对几千种微生物的整个基因组（包含数百万个碱基对）进行了测序，而我们对数百万种微生物的核糖体 DNA 序列（包含数千个碱基对）进行了测序。

关于系统发育测序的一个有趣的历史事实是，微生物学家卡尔·R. 乌斯（Carl R. Woese）使用了他在 20 世纪 70 年代末首创的这种当时新兴的方法来证明，曾经统称为细菌的一大群单细胞微生物实际上是由两个截然不同的域组成，即细菌和古细菌。这在当时是一个革命性的概念，现在已经被广泛接受。

表型分类通过生物表观和功能特性将各种生物联系起来，而系统发育通过生物的进化史将各种生物联系起来。两种方法均是非常有用的分类方法，会产生不同的互补信息。环境生物技术取决于这两种分类。

无论选择何种分类方法，用于命名、描述和分类微生物的基本分类学（分类科学）都使用通用命名约定。分类层次结构包含从域到物种的 7 个正式层次，总结见表 2.2。基本的分类学单位是种（Species），它是具有足够相似特征的菌株的集合，以保证将它们组合在一起。这样一个松散的定义通常难以确定菌株（自身之间存在可测量差异的给定物种的成员）和物种之间的差异。具有主要相似性的物种群被放置在称为属（Genera）[或单数属（Genus）]的集合中，具有足够相似性的属群被集中到科（Family）中，依此类推，直到域。

表 2.2　应用于 3 个域的分类层次

分类单元	举例 1	举例 2	举例 3
域（Domain）	细菌	古细菌	真核生物
门（Phylum）	变形菌	广古菌	子囊菌
纲（Class）	γ-变形菌	甲烷菌	酵母菌
目（Order）	肠杆菌目	甲烷杆菌目	酵母菌目
科（Family）	肠杆菌科	甲烷杆菌科	酵母菌科
属（Genus）	埃希氏菌	甲烷杆菌属	酵母菌属
种（Species）	大肠杆菌	甲烷杆菌	酿酒酵母

微生物学的惯例是采用二项式命名系统，将属和种名称应用于具有足够相似特征的微生物集合，以保证将它们分为一组。属名可以缩写（种名不能），并且两者都是斜体（例如，*Escherichia coli* 或 *E. coli*，*Methylosinus trichosporium* 或 *M. trichosporium*）。（如果不能使用斜体，则在属和种名下方加下划线。）属于密切相关的同一种但具有足够差异的微生物，为保证不同的命名，则给出菌株名称，这些名称不能缩写或使用斜体（例如，*M. trichosporium* Ob3B）。

自 2015 年以来，Wiley 在线图书馆出版了微生物分类学的正式汇编——《伯杰古细菌和细菌手册》（*Bergey's Manual of Archaea and Bacteria*）。其中详细介绍了主要微生物类群之间的个体差异。

2.3　原核生物

原核生物、细菌和古细菌通常共同参与将复杂有机物降解或矿化的过程,如死亡植物和动物腐烂形成甲烷的过程,或氨氧化成亚硝酸盐和硝酸盐的过程中。在这个例子中,细菌发酵并将复杂有机物转化为乙酸和氢,而古细菌将乙酸和氢转化为甲烷。生物之间必须密切合作,就像一条流水线,最终使有机物降解。在铵氧化为亚硝酸盐的过程中,古细菌无法在高氨浓度的氧化中与细菌竞争,如在废水处理中;但当铵浓度非常低时,古细菌可以与细菌竞争,如在海水中。就我们今天所知,只有细菌具有将亚硝酸盐氧化成硝酸盐的能力。

光合作用微生物在自然及工程系统中均非常重要,随着遗传系统发育学的发展,在光合作用微生物中存在的差别越来越清晰。以前,藻类(algae)是一个用于描述具有与植物类似行为的单细胞生物的名词,也就是说,它们含有叶绿素,靠从阳光中获得能量生长。然而,以前被称为蓝绿藻的一类具有光合作用的原生动物没有细胞核,这是细菌的特性,而不是植物的特性。因此,现在它们被划分到细菌的范畴,称为蓝细菌。在天然水体中,通常能够同时观察到蓝细菌和藻类,两者是相同能源与碳源的竞争者。蓝细菌是一种令人讨厌的光养型生物,会造成许多水质问题,包括引起饮用水的味道和气味变化,以及产生毒素等,如果牛及其他反刍动物饮用了被这种毒素严重污染的水,就可能致死。尽管在藻类和蓝细菌之间存在着重要差异,但是在不考虑这些差异时,将两者划分在一起还是有重要的现实意义的。这里需要指出的是,并不是自然界在对事物进行分类,而是人类。尽管存在许多很难进行生物分类的模糊区域(有时是因为分类没有很大意义),但是,从人类的知识结构以及科学家、技术人员和其他人之间交流的角度,进行分类还是十分必要的。

生物的范畴非常广泛,其中有很多特性是多种生物共有的。而且,在种与种之间会发生许多遗传信息的交换,不仅发生在同一域内,也发生在生活于不同域的生物之间。这样造成的界限模糊给那些寻求系统性规则的人带来很大困难。使情况更复杂的是,环境生物技术对功能的兴趣大于对分类的兴趣。就像蓝细菌和藻类具有相似的光合作用功能一样,某种特定有机化学品的生物降解,可能需要属于不同属的许多生物共同完成。因此,在某些情况下,例如,当关心传染病的传播时,对一个特定种的识别是很重要的,而在其他情况下,我们完全不关心这个问题。事实上,在一个能够有效、可靠地降解工业有机废物的废水生物处理系统中,优势菌种可能每天都在变化。这些处理系统不是纯培养系统,也不可能保持纯培养状态。这些系统是开放的、复合的、混合培养的系统,符合微生物生态学原理。那些能够找到适合它们的微环境,并在与其竞争者竞争的过程中占据优势的种,得以生存并繁盛起来,直到出现一些新化学品或环境干扰,使得系统中的平衡被破坏。这种竞争及随着条件变化出现的优势改变,是可以使环境系统保持活力并发挥良好效能的一个特性。

2.3.1　细菌和古细菌的细胞结构和功能

细菌与古细菌一起,被公认是最小的生命实体。它们的直径为 $0.2\sim700\mu m$。它们的行为是所有其他物种生存的基础,因为它们在基本营养循环和降解有机质中起着关键作用。

原核生物在生物圈中无处不在,遍布从海洋深处到最高山脉的每一个地理位置,并通过气流、水流分散到全世界。物种多样性是巨大的,估计有 20 亿到 30 亿种微生物物种,其中只有不到 0.5% 已被确定。由于许多功能分布在大的系统发育距离上,即使在不同地点存在的物种不相同,在环境选择的驱动下,各处微生物的功能也是类似的,如对死亡动植物的矿化作用。

细菌和古细菌对自然环境十分重要,因为它们能够将各种无机、有机污染物转化为无害的矿物质,从而使矿物质通过循环回到环境中。它们能够氧化许多工业合成的有机化学物质,并通过正常生物过程自然生成有机化学物质。在废水处理系统中使用细菌就是为了达到这一目的。有些细菌能将有机废物转化成甲烷——一种有用的能源。另一些细菌能将无机物,如铵或硝酸盐(在某种环境中可能是有害的),转化为无害形式,如氮气——空气的主要组分。

然而,细菌的功能并非对人类都有益。有些细菌是病原体,过去导致许多瘟疫的发生,即使是现在,一些细菌的存在仍是世界上主要疾病和痛苦的源泉。因此,人类需要保护自身免受水、食物及空气中病原体的危害,同时利用原核生物的重要能力来清除水体及土壤中的污染物,并回收养分以实现可持续生产。

形态学

细菌形态学包括细菌的形状、大小、结构以及彼此之间的空间关系。细菌具有图 2.2 所示的 3 种常见形状。球形的细菌称为球菌,圆柱体形的细菌称为杆菌,螺旋形的细菌称为螺旋菌。图 2.3 是典型细菌的扫描电镜照片。(图 2.3、图 2.6、图 2.7、图 2.8 中的扫描电镜照片来自微生物园,经密歇根州立大学微生物生态学中心授权使用。微生物园里照片由 Steven Rozeveld、Joanne Whallon 和 Cathy McGowan 创建,版权归密歇根州立大学董事会所有。)

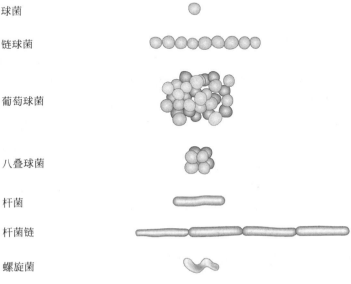

图 2.2　原核生物的典型形态

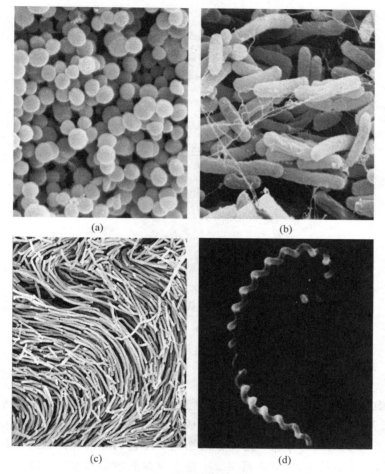

图 2.3　典型细菌的扫描电镜照片

（a）表皮葡萄球菌；（b）大肠杆菌；（c）杆菌链；（d）问号状钩端螺旋体

［资料来源：由密歇根州立大学微生物园及《Bergey 手册》授权使用。图（a）、（b）、（c）

由 Shirley Owens 制作，图（d）取自《Bergey 微生物系统学手册》（Bergey and Holt，2000）］

　　在通常情况下，原核生物宽 $0.5\sim 2\mu m$，长 $1\sim 5\mu m$；球菌的直径通常为 $0.5\sim 5\mu m$；10^{12} 个细菌的干重是 1g。由于个体小，细菌表面积大约为 $12m^2/g$。因此，原核生物与外界环境的接触表面十分巨大，使得食物可以快速扩散进入细胞内部，并实现原核生物的快速生长。

　　图 2.4 所示是原核生物及真核生物细胞的主要组分。尽管并非所有原核生物均具有相同的结构组成，但它们均具有以下共同结构：外层即细胞壁、细胞质膜（也称质膜，在细胞壁内侧）；负责蛋白质生产的核糖体颗粒；盘绕在类核区的 DNA；内部被称为细胞质的胶状液体。

　　原核生物的细胞壁是一层有一定渗透性的刚性层，负责保持细胞完整，并决定细胞形态。细菌的细胞壁由多层堆积的肽聚糖组成。肽聚糖由两种糖衍生物（N-乙酰基葡萄糖胺和 N-乙酰基胞壁酸）以及一些氨基酸（如丙氨酸、谷氨酸、赖氨酸或二氨基庚二酸等）组成。

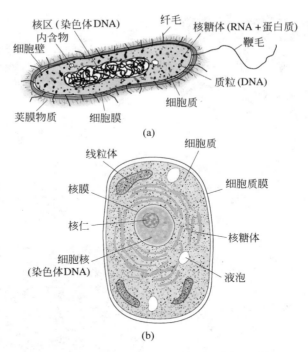

图 2.4　典型原核生物与真核生物细胞的结构
(a) 原核生物细胞；(b) 真核生物细胞

相比之下，古细菌的细胞壁由多种材料组成，包括：由两种与氨基酸交联的糖衍生物（N-乙酰氨基葡萄糖和 N-乙酰塔罗糖胺糖醛酸）组成的假菌素（也称假肽聚糖）；厚的重复多糖单元；由结晶蛋白质壳组成的 S 层。古细菌的细胞壁使它们对某些抗菌药物具有天然抗性，例如溶菌酶（眼泪中的抗生素）和青霉素。一些不寻常的细菌和古细菌没有细胞壁，因为它们要么生活在渗透保护中栖息地（如动物细胞中），要么具有异常坚固的细胞膜结构。

　　细胞膜，或称细胞质膜，是紧贴细胞壁的磷脂双分子层，它在细胞生命活动中发挥重要作用。细胞膜选择性渗透，是大分子通道的主要屏障，控制着营养物进、出细胞。细胞膜上存在几种重要的酶，包括细胞色素——参与电子传递和能量守恒过程的酶。大多数细菌的细胞膜非常简单。利用无机物合成细胞物质的自养型细菌，其细胞膜比较复杂；而利用太阳光的光养型细菌，其细胞膜还要复杂一些。在这两种生物体内，细胞膜在某点上向细胞内部突起，增加了膜表面的面积，为了能够满足功能复杂性和强度的增强。

　　某些细胞中含有浓缩沉积的物质，称为细胞质内含物。在通常情况下，内含物的作用是储备食物或营养。磷以聚合物的形式储存于异染质颗粒中，多聚糖颗粒储存碳水化合物，其他颗粒含有聚-β-羟基丁酸（polymerized β-hydroxybutyric acid，PHB）或脂肪物质。在某些硫代谢细菌中，大量硫以颗粒的形式在体内积累。

　　细胞质是细胞膜内包含的流体物质，其作用是完成细胞生长及行使许多细胞功能。细胞质由水、溶解性营养物、酶（使细胞能够完成特殊化学反应的蛋白质）、其他蛋白质以及核酸（RNA 和 DNA）组成。细胞质内还含有浓密堆积的核糖体，核糖体是进行蛋白质合成的 RNA-蛋白质颗粒。

　　DNA 分子的存在对所有细胞均十分重要,DNA 是双链螺旋形分子,含有细胞复制所需的所有遗传信息。DNA 还以编码形式包含完成细胞正常功能所需的全部信息。这种信息储存于核苷序列中,每个核苷由脱氧核糖与一个含氮碱基连接组成,含氮碱基共有 4 种——腺嘌呤、鸟嘌呤、胞嘧啶、胸腺嘧啶。细胞的遗传信息通过 DHA 分子进行储存、复制及转录,DNA 分子也称为原核生物染色体。某些细菌还含有一个或几个小得多的环形 DNA 分子,称为质粒。质粒能够向生物体传递其他遗传特性。

　　在蛋白质合成过程中,DNA 上包含的信息被 RNA 读取,并传递给核糖体。RNA 是单链的,但其他方面与 DNA 相似。两者的主要区别在于,RNA 中每个核苷的糖组分是核糖,而不是脱氧核糖;另外,在 RNA 中由尿嘧啶替代了 DNA 中的胸腺嘧啶。RNA 有 3 种基本形式:信使 RNA(mRNA),负责携带来自 DNA 分子的蛋白质合成信息;转录 RNA(tRNA),负责将氨基酸运送到 mRNA 上的适当位置,以进行特定蛋白质的合成;核糖体 RNA(rRNA)是核糖体(合成蛋白质的场所)的结构与催化成分。DNA 是细菌结构与功能的设计图,不同形式的 RNA 就如同从事不同工种的工人,分别负责读取这些工作并进行细菌细胞的构建。

　　有些细菌,如杆菌属和梭菌属的一些细菌,能够形成内生孢子(即在细胞内部形成孢子)。孢子的形成通常发生在环境条件不利于细菌生长的情况下,如所需营养物耗竭,或温度、pH 不适宜。在形成孢子的状态下,微生物处于休眠状态。孢子壁有很多层,里面是细胞质膜、细胞质和拟核物质。因此,除了细胞壁以外,孢子类似于植物细胞。孢子也含有大约 10% 干重的 Ca-二甲基吡啶酸复合物,而其水分含量只有植物细胞的 10%～30%。孢子的这些特性增强了细胞对热和化学刺激的抵抗能力。内生孢子的休眠状态能够保持数年甚至数世纪。当内生孢子发现环境适宜生长后,将恢复到活性状态。细菌一旦形成内生孢子后,通过一般的杀菌方法很难将其破坏。

　　细菌还具有某些外部特征,这有助于对其进行识别。有些细菌有荚膜或黏液层,由细胞分泌物形成,由于分泌物有黏性,不容易从细胞表面向外扩散。这种分泌物能够增加周围液体的黏度,还有助于将细菌结合起来形成聚集体或细菌絮体。这种黏液层对细菌向表面附着也十分重要,如在生物膜的形成过程中。生物膜的形成在环境生物技术中非常重要。大多数荚膜或黏液层由几种类型的多聚糖(多糖-蛋白质复合物)以及氨基酸聚合物组成。有些黏液层易于用肉眼观察,有些则不能。去除这些外层物质对细菌细胞执行正常功能没有负面影响。

　　有些细菌具有的一种外部特征是鞭毛。这些类似头发的结构附着在细胞质膜上,并穿过细胞壁进入环境介质。鞭毛的长度可达细胞长度的几倍。对于不同菌种,鞭毛的数量和位置有所不同。有些细菌可能具有一根鞭毛,有些细菌可能在细胞一端有多根鞭毛,有些细菌可能在细胞两端均有多根鞭毛,还有一些细菌的鞭毛可能遍布全身。多数杆菌均有鞭毛,而球菌几乎没有。鞭毛负责细菌的运动。当鞭毛高速旋转时,可以推动或拉动细菌在 1s 内移动几倍于细菌自身长度的距离。有些细菌,在没有鞭毛的情况下,能够在表面上靠"滑行"移动,不过,这种运动相对而言非常缓慢。细胞可以被迫靠近或远离化学或物理环境,这种行为称为趋向性反应。由化学试剂引发的移动称为趋化性,由光引发的移动称为趋光性。

菌毛(pili)与性菌毛(fimbriae)具有与鞭毛相似的结构特征。菌毛比鞭毛数量多，但相当短，而且与运动无关。菌毛有助于微生物在表面的附着。性菌毛比鞭毛数量少，但通常更长。性菌毛对细胞彼此之间及在表面上的附着也十分有利。以大肠杆菌($E. coli$)为例，性菌毛的作用是使大肠杆菌能丛生在一起，并附着在肠内层。性菌毛似乎还参与细菌接合过程。细菌接合是遗传信息从一个细胞传递到另一个细胞的重要过程。通过接合作用，细胞对杀虫剂和抗生素的抵抗能力及细胞降解某种有毒化学物的能力得以在微生物之间传递。菌毛似乎也参与细胞外电子传递，这使微生物细胞能够在它们之间或固体表面（如电极）之间穿梭电子。

原核生物的另一个特征是它们聚集成群的方式，这与细胞的复制方式有关。正如后面将详细阐述的那样，细菌增殖方式是二分裂，或简称分裂，即一个生物体被分开成为两个。分裂后的两个细胞，可能在一段时间内仍粘在一起，直到每个细胞再次分裂为止。由于不同菌种在分裂后附着在一起的方式各不相同，也由于它们分裂的方式不同，出现了细菌的特征成群方式。因此，细菌可以单个存在或成对存在（双球菌）。细菌可以形成短链或长链（链球菌或链杆菌），可以形成不规则的簇状结构（葡萄球菌），也可以形成4个一组（四球菌）或8个细胞的立体结构（八叠球菌）。这些特殊的成群方式可以通过光学显微镜观察到，能够帮助识别细菌。

化学组成

细菌为了生长并维持生命活动，必须获得可利用的基本营养物，如碳、氮、磷、硫，以及用于蛋白质、核酸及细胞其他结构组分合成的元素。无论细菌生活在自然界，还是处于废水生物处理或有害污染物的净化过程中，均必须满足它们对营养物质的要求。例如，如果待处理废水中不存在以可利用形式出现的上述元素，那么在废水处理系统的正常运行中必须适当添加。细胞生长所需不同营养成分的数量，可以通过综合分析细胞生长率及细胞中每种元素的含量进行计算。

表2.3中总结了细菌的一般化学特性。细菌细胞内含有75%的水，这对于采用焚烧法处置废水处理系统产生的剩余生物污泥是个有用信息。采用常规脱水过程很难去除细胞内部水分。结果之一是脱水后的生物固体或污泥仍然含有至少75%的水分；结果之二是多数脱水污泥，由于含有过多水分，很难在不添加燃料的情况下完成焚烧处理。

干的生物固体（经105℃热干燥处理，细胞水分完全蒸发后的剩余物质）中含有90%左右的有机物，其中大约一半是碳元素，1/4是氧元素，其他由氢元素和氮元素构成。氮是组成蛋白质和核酸的重要元素，而蛋白质和核酸占据了细胞内全部有机物的3/4。空气中约80%是氮气，不过，由于氮元素以零价形式存在，除了少数具有固定大气中氮气能力的原核生物，大多数无法利用空气中的氮。氮的固定是一个非常缓慢的过程，而且数量通常不足以满足工程生物处理系统对氮的需求。在氮元素充足的环境中，正常情况下，细菌细胞中含有大约12%的氮。当氮源不足时，细菌细胞内氮的含量可能降低到正常情况下的一半，这降低了蛋白质含量，也将导致生长率的降低。在这种情况下，细胞内的碳水化合物及磷脂部分呈增加趋势。

细菌生长必需的另一种元素是磷，磷是核酸及某种关键酶中的基本元素。可以正磷酸盐的形式添加磷,来满足细胞的需要;以质量计算,磷的需要量是氮需要量的 $1/7\sim1/5$。如表 2.3 所示,还需要大量的硫和铁;这两者在一些酶中特别重要。

有一些元素并非所有细菌都需要,不过可能是某些细菌细胞体内一些重要酶的关键组分,例如,元素 Mo 对于固氮过程、元素 Ni 对于厌氧条件下甲烷的合成过程、Co 对于还原脱氯过程都十分重要。许多微生物需要一些特殊的有机生长因子,如维生素,细菌自己不能合成这些物质。通常情况下,这些物质可以由混合培养物中的其他生物合成,因此,无须额外添加,除非在纯培养的情况下。

在对生物反应器进行质量平衡计算时,细菌细胞的经验分子式十分有用。经验分子式的建立以细胞中 5 种主要元素的相对质量为基础,将在第 5 章中加以总结,在设计计算时,常用的形式是 $C_5H_7O_2N$。这个经验分子式的相对分子质量是 113,其中氮、碳的质量分数分别是 12.4% 和 53%。

表 2.3　原核生物细胞的化学组成与大分子组分

化学组成	
组成	含量/%
水	75
干物质	25
有机物	90
C	45~55
O	22~28
H	5~7
N	8~13
无机物	10
P_2O_5	50
K_2O	6.5
Na_2O	10
MgO	8.5
CaO	10
SO_3	15

大分子组分		大肠杆菌(*E. coli*)与鼠伤寒沙门氏菌(*S. typhimurium*)[1]	
组成	含量[2]/%	含量/%	每个细胞内的分子数
总量	100	100	24 610 000
蛋白质	50~60	55	2 350 000
碳水化合物	10~15	7	
磷脂	6~8	9.1	22 000 000
核酸			
DNA	3	3.1	2.1
RNA	15~20	20.5	255 500

[1] 数据来源:Madigan 等(1997)及 Neidhardt 等(1996)。处于活性生长态的大肠杆菌细胞干重大约为 2.8×10^{-13} g。

[2] 干重。

繁殖与生长

了解细菌的生长和繁殖速率对于生物处理工程系统的设计是必要的,对于了解自然界中的细菌也是必要的。正常情况下,微生物通过二分裂进行繁殖,即在形成横断的细胞壁或隔膜后由一个细胞分成两个细胞。这种无性繁殖在细胞生长到一定尺寸后会自发发生。完成繁殖后,亲代细胞不再存在,在正常情况下,两个子代细胞彼此之间完全相同,均含有与亲代细胞相同的遗传信息。由一个细胞形成两个子代细胞需要的时间间隔,称为世代期,世代期因生物种类及环境条件的不同而改变。世代期可能短至 30min,如大肠杆菌;但是对于生长速度受到可获得能量较少或环境条件限制的其他生物来说,可能需要很多天。在大肠杆菌无限制生长的情况下,一个细胞在 30min 后变成两个细胞,1h 后变成 4 个细胞,1.5h 后变成 8 个细胞,2h 后变成 16 个细胞。在 24h,即 48 次分裂后,如果细胞生长未受到限制,细胞总数将达到 10^{14} 个以上,干重将达到约 50kg。理论上,在 1d 内,细胞质量将从 10^{-10} g 增加到一个儿童的体重。环境和营养条件通常会限制细胞这样大量增殖,但是微生物细胞是具备这种快速生长潜力的。

细菌还有其他繁殖方法,但是不太常见。链霉菌属的某些种,能够在每个生物体内形成许多孢子,每个孢子均可以形成一个新的生物体。诺卡菌能产生长丝,断裂后形成几段细丝,每段均能够形成一个新细胞。有些细菌能够进行出芽繁殖,从母体上长出的芽能够分离并形成新细胞。

能源和碳源分类

微生物的一个重要特性是能够利用各种能源进行生长。微生物如何获得能量是通过它的营养物来识别的,营养物来自希腊语中的食物或营养一词。利用光能的生物称为光能营养型;利用化学反应能的生物称为化能营养型。化能营养型中利用有机化学物质为能源的称为化能有机营养型;利用无机化学物质为能源的称为化能无机营养型。

光能营养型细菌,通常以二氧化碳为细胞合成的碳源,可以根据电子供体的不同分为两类。这里,电子供体指能够向二氧化碳提供电子,将二氧化碳还原以形成细胞有机成分的化学物质。那些能够通过光化学反应将水转化为氧和氢(电子源)的菌种称为产氧光养型生物。无氧光养型生物通常只能在无氧环境中生存,它们从还原态硫化物(如 H_2S)、分子态硫、氢气或有机化合物(如琥珀酸盐或丁酸盐)中获得电子。当被利用的是 H_2S 时,转化产物是氢气和硫,转化过程与水的光化学转化过程有点类似,氢分子可以作为合成过程的电子源,而硫则是氧化产物。与产氧光合作用不同,不产氧光合作用利用不同的叶绿素来捕获光能,获取电子。

描述微生物的其他常用术语,与细胞合成过程中利用的碳源有关。自养型生物在细胞合成过程中利用无机碳源,如二氧化碳;而异养型生物利用有机化合物进行细胞合成。化能无机营养型细菌常常也是自养型,而化能有机营养型通常也是异养型。因此,与能量来源有关的不同术语和与化能营养型的碳源有关的不同术语,常常可以交叉使用。

细菌生长的环境条件

除了需要营养物来满足能量及细胞合成需要外,微生物的生长还需要适当的物理和化学环境。其中的重要因素包括温度、pH、氧分压和渗透压。所有化学反应的速率均受温度的影响;由于细菌的生长过程中包含一系列化学反应,因此,细菌生长速率受温度的影响也很大。对每个菌种,生长速率在一定范围内随着温度的升高而升高,通常,温度每提高

10℃,生长速率增加 1 倍。对于某个菌种,当温度超过正常范围,关键酶会被破坏,生物可能无法存活。

根据细菌生长的正常温度范围,可以将细菌分为 4 种不同类型(表 2.4)。

表 2.4　细菌类型及其生长温度

类型	生长的温度范围/℃	类型	生长的温度范围/℃
嗜冷菌	−5～20	嗜冷菌	40～70
嗜温菌	8～45	极度嗜热菌	65～110

图 2.5 所示是温度对这些不同类型细菌生长速率的影响。通常情况下,与只能耐受较低温度的生物相比,能够耐受较高温度的生物具有更高的最大生长速率,而且,在每个温度范围内,最高生长速率只出现在一个小温度区间。一旦超过这个温度范围,由于关键蛋白质变性,生长速率迅速降低。生活在不同温度范围内的微生物,具有不同的结构特性,以适应在冷、热环境条件下生存。嗜冷菌通常生存在温度极低的北极地区;而极度嗜热菌可以在温度接近沸点的热泉水中生存。

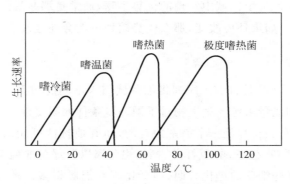

图 2.5　温度对不同类型细菌生长速率的影响

了解微生物生活的温度区域,对于废水处理系统的设计及运行十分有用。较高的处理效率与较高的生长速率有关,因此,在较高温度下处理,可以采用较小的反应器。然而,在较高温度下运行需要消耗能量,这又与小型反应器节约成本的特点相背离。如果处理系统的温度每天都发生很大变化,运行效果会变差,原因在于这种系统无法为任何特定温度范围内的微生物提供最优生存条件。因此,通过产甲烷发酵进行的废水处理过程通常选择嗜温菌的最适宜温度——接近 35℃,或选择嗜热菌的最适宜温度——55～60℃,而不是在 45℃,因为该温度对两种群落均不是最适宜的。

大多数微生物的生长还需要一个小的 pH 值范围,对多数细菌,这个范围为 6～8。对某些菌种,工作范围相当宽,而对其他菌种,范围相当小。另外,某些微生物,尤其是从氧化硫或铁获得能量的化能无机营养型细菌,最适宜在强酸性环境中生存。这种特性增加了它们的生存机会,因为它们进行能量代谢的最终产物通常是强酸,如硫酸。一个处理系统的设计与运行,必须考虑微生物生长所需的最佳 pH 条件。

区分细菌菌种的另一个重要环境特性是微生物生长是否需要分子态氧。好氧菌需要氧气才能生长,并以之为产能反应的电子受体。厌氧菌在无氧环境中生存,它们的产能反应不需要氧气。在有氧或无氧环境中均能生存的细菌是兼性菌。有时还会对这 3 种菌群进行更细致的分类。专性厌氧菌在有氧气存在的环境中会死亡,而耐氧厌氧菌能够忍受氧气并在有氧环境中生长,但不能利用氧气。喜好氧气,但没有氧气也能生存的菌称为兼性好氧菌,而在微量分子态氧环境中生存的菌种称为嗜微氧菌。这种定义有现实意义,例如,依赖产甲烷发酵过程的处理系统需要专性厌氧菌,因此,必须将氧气从系统中去掉。另外,依赖好氧菌的系统就必须以充足速率供氧。

细菌的另一种分类是根据其对盐的耐受能力区分。那些在类似海水(含 3.5% NaCl)的含盐环境中生长最好的菌株称为嗜卤菌,而那些在饱和 NaCl 溶液(质量分数为 15% ~ 30%)中生长良好的菌株称为极度嗜卤菌。犹他州的大盐湖及环旧金山湾的盐塘是极度嗜卤菌的天然家园,在这两个地区通过海水蒸发获得商业用盐。

细菌的这些不同分类意味着细菌生存条件的多样性。在这些环境条件下,细菌不但能够生存,还能够繁盛起来。细菌随着时间而进化,产生了一些能够在对人类而言非常极端的环境中使用可利用能量的菌种。当然,适应某种条件的菌株,不一定适应对其他菌株有利的环境条件。因此,在任何特定区域中发现的优势生物,通常是那些最适合在该特定物理和化学环境中生存的生物。如果环境改变,那么优势菌种可能会随之改变。

2.3.2　细菌发育谱系

如图 2.1 所示,可以根据 rRNA 序列将细菌域归入不同的谱系。谱系还在某种程度上与细菌的表型特征(如能量来源及微生物对不同环境条件的耐受性)有关。表 2.5 总结了不同谱系的典型特性。有些特性是一个谱系独有的,而其他特性可能出现在同一域的少数谱系中。3 个最古老谱系(产液菌属/氢杆菌、栖热袍菌属以及绿色非硫菌)中的细菌均是嗜热菌,这可能反映了在这些细菌的进化时期,地球比现在温暖得多。产液菌属/氢杆菌种群是最古老的种群,由极度嗜热的化能无机营养型细菌组成,它们能够通过氧化 H_2 和硫化物获得能量,这可能反映了该种群进化时的环境特点。栖热袍菌属不仅是极度嗜热的,而且是厌氧化能有机营养型的,它们可能代表了地球进化的另一个阶段存在更多有机物但大气中仍然缺少氧气。绿色非硫菌仅仅是嗜温菌,但其中包含厌氧光养生物种群——绿屈挠菌属(*Chloroflexus*)。

表 2.5　细菌的 12 个种类谱系的特性

分　类	特　　性
氢杆菌	极度嗜热的,化能无机营养型
栖热袍菌属	极度嗜热的,化能有机营养型,有发酵能力
绿色非硫菌	嗜热的,光养型及非光养型
异常球菌属	有些是嗜热菌,有些能抗辐射,有些是单螺旋体
螺旋体属	单螺旋形态
绿色硫细菌	严格厌氧,专性厌氧光养型
黄杆菌属	各种类型的混合物,从严格需氧菌到严格厌氧菌,某些是滑行细菌
浮霉状菌属	有些靠出芽紫殖,细胞壁中缺乏肽聚糖,需氧的,水生的,需要稀介质
衣原体	专性细胞内寄生虫,许多导致人类及其他动物的疾病

续表

分　类	特　性
革兰氏阳性菌	革兰氏阳性,有许多不同类型,细胞壁内有独特成分
蓝细菌	需氧光养型
紫细菌	革兰氏阴性;有许多不同类型,包括厌氧光养生物及厌氧非光养生物;需氧的、厌氧的及兼性的;化能有机营养型及化能无机营养型

其他 9 个在晚些时候进化出来的谱系中没有专性嗜热菌,而且倾向于向许多方向散开发展。光养型生物出现在其中的 3 个谱系中。在紫细菌和绿色硫细菌中有厌氧光养型生物,而在蓝细菌中有需氧光养型生物。这些光养型种群的主要区别在于它们所具有的特殊叶绿素类型及用于捕获光能的光合体系不同。

异常球菌属以极强的耐辐射能力为特征。这些革兰氏阳性球菌能够抵抗高达 300 万rad 的电离辐射,这一辐射强度能够破坏大多数生物的染色体。500rad 左右的辐射就能致人死亡。在原子反应堆附近发现生活着异常球菌属的若干菌株。螺旋体属可以通过其独特形态对其进行识别:细胞形状是螺旋形的,而且通常相当长。螺旋体属在水生环境中广泛分布,包括从严格需氧菌到严格厌氧菌等多种类型。

拟杆菌属是从严格需氧菌到严格厌氧菌的多种生理类型的混合物,包括在表面靠滑行移动的细菌。浮霉状菌属及其亲缘微生物包括以出芽方式繁殖和细胞壁中不含肽聚糖的生物。

衣原体是由于缺乏代谢功能而依赖自身无法生存的退化生物。它们是专门寄生在人类及动物体内的寄生虫,而且是许多呼吸疾病、性病及其他疾病的致病体。

对环境生物技术而言,研究最多而且最重要的细菌可能是革兰氏阳性菌、变形菌和蓝细菌这 3 个重要种群。革兰氏阳性菌包括在革兰氏染色中呈紫色的球菌及杆菌(如异常球菌属那样)。革兰氏阳性菌与其他细菌的区别在于细胞壁主要由肽聚糖组成,这种成分使革兰氏染色反应呈阳性。革兰氏阳性菌的细胞膜不像革兰氏阴性菌的细胞膜那样具有外层膜。

变形菌(也称为紫细菌)包括非常多样的微生物种群,有光养型生物(厌氧)和化能营养型生物(含化能无机营养型和化能有机营养型)。如表 2.6 所示,变形菌在遗传上分为不同的 5 个类群。表 2.6 还介绍了每一类群中的一些常见属。在其中的 3 个类群中存在光养型生物。假单胞菌门——在有机物降解中具有重要作用的一大类微生物——也分布在其中的 3 个类群中。γ-变形菌门包括肠细菌。肠细菌是一大类革兰氏阴性杆菌,兼性需氧,大肠杆菌就是其中的一员。肠细菌还包括许多可致人类、动物、植物疾病的菌株。γ 种群中的其他致病生物还包括属于军团菌属(*Legionella*)及弧菌属(*Vibrio*)的菌株。由于这些菌对健康和生物技术产业的重要性,这个种群中的微生物已获得了广泛的研究。在变形菌范畴内,对环境生物技术有特殊重要意义的生物是能将铵氧化为硝酸盐的自养型硝化细菌,包括 α 类群的硝化杆菌属(*Nitrobacter*)及 β 类群的亚硝化单胞菌属(*Nitrosomonas*)。在能量代谢过程中,利用氧气或硝酸盐为电子受体的细菌分布在 α,β,γ 类群中,而那些利用硫酸盐为电子受体的细菌属于 δ 类群。能够氧化还原态硫化物的细菌,如出现在酸性采矿废水及混凝土侵蚀过程中的细菌,属于 γ 类群。这类生物对环境生物技术也具有重要性。因此,出于各种原因,变形菌引起了研究者的极大兴趣。

表 2.6 变形菌中的主要类群及每个类群中的常见属

α	红螺菌属*（*Rhodospirillum*）、红假单胞菌属*（*Rhodopseudomonas*）、红杆菌属*（*Rhodobacter*）、红微菌属*（*Rhodomicrobium*）、小红卵菌属*（*Rhodovulum*）、红圆球菌属*（*Rhodopila*）、根瘤菌属*（*Rhizobium*）、硝化杆菌属（*Nitrobacter*）、土壤杆菌（*Agrobacterium*）、水螺菌属（*Aquspirillum*）、生丝微菌（*Hyphomicrobium*）、醋酸杆菌属（*Acetobacter*）、葡萄糖酸杆菌（*Glucomobacter*）、贝氏固氮菌（*Beijerinckia*）、副球菌属（*Paracoccus*）、假单胞菌属（*Pseudomonas*）(一些菌种)
β	红环菌属*（*Rhodocyclus*）、红育菌属*（*Rhodoferax*）、红长命菌属*（*Rubrivivax*）、螺菌属（*Spirillum*）、亚硝化单胞菌属（*Nitrosomonas*）、球衣菌属（*Sphaerotilus*）、硫杆菌属（*Thiobacillus*）、产碱菌属（*Alcaligenes*）、假单胞菌属（*Pseudomonas*）、博德特氏菌属（*Bordetella*）、奈瑟氏球菌（*Neisseria*）、发酵单胞菌（*Zymomonas*）
γ	着色菌属（*Chromatium*）、硫螺菌属*（*Thiospirillum*）、其他紫硫细菌*、贝日阿托氏菌属（*Beggiatoa*）、亮发菌属（*Leucothrix*）、埃希氏菌属（*Escherichia*）及其他肠道细菌、军团菌属（*Legionell*）、固氮菌属（*Azotobacter*）、发荧光的假单胞菌种、弧菌属（*Vibrio*）
δ	黏液球菌（*Myxococcus*）、蛭弧菌属（*Bdellovibrio*）、脱硫弧菌属（*Desulfovibrio*）及其他硫酸盐还原菌、脱硫单胞菌属（*Desulfuromonas*）
ε	卵硫菌属（*Thiovulum*）、沃林氏菌属（*Wolinella*）、弯曲杆菌属（*Campylobacter*）、螺杆菌属（*Helicobacter*）

资料来源：Madigan 等(1997)。

注：在属的名称上带有"*"标记的细菌是光合营养菌。

蓝细菌是产氧光养型细菌中的一员。它们被认为是第一个产氧光养型生物，并负责将地球大气从无氧转变为富氧。这为微生物以及后来包括动物在内的高等生命形式进行有氧呼吸提供了机会。蓝细菌具有广泛的内部膜，称为类囊体膜，其中包含用于光系统的酶，可捕获光能并将其转化为电子和化学能。如前所述，蓝细菌作为水生食物链的基础非常重要，同时是造成水质问题(如富营养化、味道和气味)的因素。

2.3.3 古细菌的系统发生谱系

古细菌中也有在环境生物技术领域引起广泛关注的原核微生物，其中特别重要的是产甲烷菌。古细菌在很多方面与细菌相似，事实上，直到人们能够在遗传及进化特性的基础上以分子生物学方法区分生物时，古细菌才被确认为一种完全不同的谱系。在古细菌与细菌之间，具有决定意义的区别在于：尽管各种细菌的细胞壁变化很大，但几乎总是含有肽聚糖；而古细菌的细胞壁却不含这种物质。某些古细菌(包括部分产甲烷菌)在细胞壁中含有一种多糖，与肽聚糖中的多糖类似，称为假肽聚糖，但是这两种物质是不同的。与细菌一样，古细菌各种群的细胞壁成分也显著不同。古细菌与细菌之间的另一个关键区别在于细胞膜磷脂。细菌与真核生物的细胞膜骨架均由经酯链连接到丙三醇上的脂肪酸组成；而古细菌磷脂由经醚链连接的分子组成。细菌细胞膜脂肪酸是直链的，而古细菌细胞膜磷脂是长链、支链烃类化合物。古细菌与细菌之间的区别还表现在 RNA 聚合酶上。细菌的 RNA 聚合酶只有一种类型，具有简单的四级结构；而古细菌的 RNA 聚合酶有几种类型，而且结构更加复杂。因此，在蛋白质合成的某些方面，古细菌与细菌有所不同。两者之间还存在其他一些小的区别，所有这两者之间在结构及功能上的重要区别，再次突显了它们进化历史的不同。

表 2.7 总结了古细菌域中目前已知的主要门及目的系统发育分类。泉古菌门

(Crenarchaeota)和广古菌门（Euryarchaeota）中的微生物在很多年前已经为人所知，但其他3 个门中的微生物是最近几年通过发展和使用表征生物体的 DNA 的分子技术而被发现的。这极大地改变了我们对微生物多样性的认知。初古菌门（Korarchaeota）和纳古菌门（Nanoarchaeota）中已知的微生物很少，到目前为止，似乎没有重大的环境意义。然而，奇古菌门（Thaumarchaeota）中的微生物展示了一个令人惊讶的多样且重要的微生物群落，它们包括海洋中约 20% 的原核细胞和土壤中 1% 的微生物（Madigan et al. ,2018）。其中具有重要意义的是硝化古细菌，现已知它们在土壤和海洋中主导硝化作用，这可能是因为它们能够在非常低的铵浓度下从硝化作用中获取能量。它们的存在是一个令人惊讶的发现，因为100 多年来，微生物学家一直认为只有细菌才能进行硝化作用。

表 2.7　古细菌的主要门及目

门	目
泉古菌门（Crenarchaeota）	硫还原球菌目（Desulfurococcales）、硫化叶菌目（Sulfolobales）、热变形菌目（Thermoproteales）
广古菌门（Euryarchaeota）	甲烷菌目（Methanocellales）、甲烷八叠球菌目（Methanosarcinales）、甲烷微菌目（Methanomicrobiales）、甲烷杆菌目（Methanobacteriales）、甲基吡咯烷酮目（Methanopyrales）、甲烷球菌目（Methanococcales）、嗜甲烷菌（Methanomassiliicoccales）、盐细菌目（Halobacteriales）、盐杆菌目（Haloferacales）、嗜酸热菌（Thermoplasmatales）、热球菌目（Thermococcales）、钠球菌（Natrialbales）、古生球菌目（Archaeoglobales）
初古菌门（Korarchaeota）	初古菌目（Korarchaeum）
纳古菌门（Nanoarchaeota）	纳古菌目（Nanoarchaeum）
奇古菌门（Thaumarchaeota）	古细菌目（Cenarchaeales）、亚硝化菌（Nitrosopumilales）、亚硝化球菌（Nitrososphaearales）

资料来源：Madigan 等（2018）。

化能自养以硝化菌为代表，在古细菌中也很普遍，其中 H_2 是该类群中常见的电子供体。例如在泉古菌门（Crenarchaeota）中的硫还原微生物中，发生厌氧呼吸，也发生有氧呼吸。从属名可以看出，嗜热菌也存在于古细菌的不同门中。另外，嗜盐菌也比较普遍，包括嗜酸、嗜热的无细胞壁热原体属。古细菌由大量的极端微生物或生活在极端环境条件下的微生物组成。该极端环境条件是相对于我们所熟知的世界而言的。在这些生物的进化时期，这样的条件可能并非极端条件，而是比较正常的条件。

广古菌门（Euryarchaeota）包括极端微生物，可用于盐浓度或温度极端的工业废水的生物处理。虽然过去该类菌群并未在此领域被利用，但将乙酸盐或 H_2 转化为甲烷的产甲烷菌已被广泛使用。甲烷（CH_4）是一种在厌氧处理过程中产生的气体，具有重要的商业价值，但它也是一种导致严重环境问题的气体。CH_4 是一种强效温室气体，在吸收红外辐射方面的效率大约是 CO_2 的 25 倍；它的排放是全球变暖重点关注的问题。氢气和醋酸盐是产甲烷菌的食物，当外部电子受体（例如氧气、硝酸盐和硫酸盐）不存在时，它们是有机物细菌发酵的正常终产物。醋酸盐转化为甲烷不需要外部电子受体。它是通过所谓的乙酰碎屑转化产生的：甲基碳进一步还原形成 CH_4，而羧基进一步氧化成为 CO_2。CO_2 是其他产甲烷古细菌使用的电子受体，可氧化 H_2。在厌氧处理过程中，通过醋酸盐转化，还有其他有机化合物的发酵会产生过量的 CO_2。因此，古细菌在将有机物质转化为甲烷时通常不需要外部电子受体。

2.4 真核生物

环境生物技术特别关注的真核微生物包括真菌、藻类、原生动物，以及其他一些多细胞显微真核生物，如轮虫、线虫及其他浮游生物。真核生物是以在细胞内含有独立的细胞核为特征的。通常可以将较大的真核生物归入动物或植物范畴，但较小型的生物通常不能如此归类，原因在于在这一规格上动物与植物之间的界限十分模糊。

2.4.1 真菌

真菌与细菌、古细菌一起，构成自然界的初级分解者。分解者负责消化和氧化死亡有机物，分解产生的无机元素返回环境，通过其他生命形式的作用进入下一个循环。真菌不具有细菌所具备的广泛的代谢能力：基本都是有机、无机营养型，没有光能营养型。多数真菌适宜生存在陆地环境中，只有一部分喜欢水生系统。真菌对于土壤中积聚的树叶、死亡的植被，以及其他木质纤维素有机残体的分解具有重要意义。

由于真菌在土壤中的重要作用，它们在干有机物质分解中的作用十分显著。干有机物质的分解作用发生在废水处理系统排放物及有机污泥的稳定化过程中。真菌还能够分解细菌不能分解的多种有机物。有重要意义的是，某些真菌能够分解木质素——一种天然有机芳香族聚合物。木质素的作用是连接树、草以及其他类似植物中的纤维素，使其保持一定结构并具有一定强度。细菌没有这种能力，原因在于细菌体内缺乏一种关键氧化酶——过氧化酶，该酶有助于切断木质素中芳香基团之间的连接，这种酶还使某些真菌具备降解难降解且有毒工业有机化合物的特殊能力。

真菌对有机物的广泛降解能力似乎应该在有毒化合物的降解方面得到充分利用，但实际上并没有。其部分原因在于真菌分解过程速度慢，影响了在工业系统中的应用。真菌未在解毒过程发挥重要作用，还因为对于如何最好地发挥它们的潜力尚缺乏了解。人们对环境中存在的有毒有机分子关注的日益增加，可能将促进对这个潜在的重要领域开展更多的研究。

形态学

仅靠形态学特征就能够区别 5 万种不同的真菌。其中包括一些常见种群，如霉菌、酵母菌、白色霉菌、锈菌、黑粉菌、马勃菌以及蘑菇。真菌的细胞是真核的，这是真菌与异养菌之间的主要区别。

除了一些单细胞形式，如酵母，真菌是由大量丝状物组成的。一根单独的丝被称为菌丝，单个真菌的所有菌丝合称为菌丝体。菌丝体一般宽 $5\sim10\mu m$，可能有分枝。有的菌丝体露在真菌生长的营养基或土壤的表面上，有的隐藏在表面以下。真菌的细胞壁通常由几丁质组成，这种结构在细菌和更高等的植物中均未被发现，但在昆虫的坚硬外壳中存在。

在环境生物技术领域中数量最多、最重要的真菌可能是霉菌(mold)。这种真菌以孢子的形式繁殖，可以进行有性繁殖，也可以进行无性繁殖。大多数霉菌不能运动，不过，有些生殖细胞可以运动。如图 2.6 所示，孢子及孢子形成的方式是千变万化的，这些区别通常用于对霉菌进行分类。

真菌中的另外一个重要种群是酵母菌，通过出芽方式繁殖。酵母菌不但在面包及葡萄酒制作中发挥作用，在土壤中也普遍存在，在土壤环境中，酵母菌像霉菌一样，能够利用各种不同的有机化合物。酵母菌由单个长细胞组成，长度为 $3\sim5\mu m$，因此，酵母菌比典型的细菌细胞稍大。

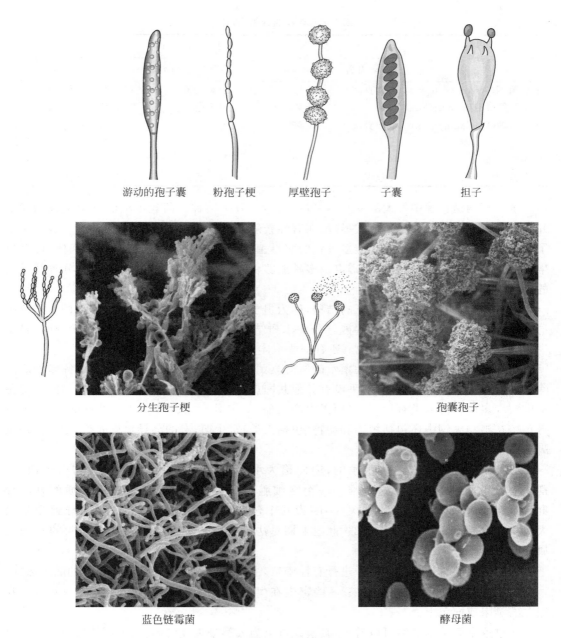

游动的孢子囊　　粉孢子梗　　厚壁孢子　　子囊　　担子

分生孢子梗　　　　　　　　　　　　　孢囊孢子

蓝色链霉菌　　　　　　　　　　　　酵母菌

图 2.6　真菌及孢子的典型形态

（资料来源：照片的使用经密歇根州立大学微生物园授权，

照片作者是 Catherine Mcgowan，Shirley Owen，Steven Rozewell）

分类

　　有时将真菌划分为 3 个主要种群。我们真正特别关心的真菌属于真菌门（Eumycota）。第二个门是黏菌门（Myxomycota），或称黏菌类，具有类变形虫的运动阶段及类真菌的孢子繁殖阶段。第三个门是地衣门（Lichenes），是真菌与藻类的共生体。真正的真菌分为 5 类，具有表 2.8 中列举的特征。

表 2.8　真菌的分类(真菌门)

纲	特　征			
	常用名	菌丝	有性孢子的类型	生存环境
子囊菌纲(Ascomycetes)	子囊真菌	有隔	子囊孢子	腐烂植物残体,土壤
担子菌纲(Basidiomycetes)	蕈菌	有隔	担子孢子	腐烂植物残体,土壤
半知菌纲(Deuteromycetes)	半知真菌	有隔	无	腐烂植物残体,土壤,动物体表
卵菌纲(Oomycetes)	水生霉菌	多核	卵孢子	水中
接合菌纲(Zygomycetes)	面包霉	多核	接合孢子	腐烂植物残体,土壤

子囊菌纲是真菌中最大的一个纲,包括大约 3 万个菌种。菌丝被横断细胞壁或隔膜隔开。孢子以无性或有性繁殖方式形成,在有性繁殖中一般形成子囊或小囊,其中含有 8 个孢子。子囊菌类包括用于焙烤和酿造过程的酵母菌、粉状霉菌、荷兰榆树病的致病体、许多抗生素的生产者、常见黑霉及蓝绿霉以及多种能够将死亡植物分解为腐殖质并能分解纤维素的真菌。

担子菌类具有可以产生孢子的结构,称为担子,担孢子就是从该结构上形成的。这个种群中还包括许多种分解者。有些能够分解木质结构,如栅栏、铁路接头、电线杆;有些是寄生的,能破坏小麦、水果等农作物;还有一些个体大,肉眼可见,如蘑菇。

半知菌纲包括不能进行有性繁殖的所有真菌。这是一个变化多样的种群,各菌种之间除了无性繁殖这个共同点外,几乎没有其他共同点。与其他真菌的大多数种群一样,半知菌纲中的许多菌种对人类有用,可以用于生产奶酪,如羊乳干酪、软质乳酪,以及抗生素,如青霉素。在半知菌纲中还包括植物和动物(包括人类)寄生菌,有的会导致皮肤病,如癣菌病及脚癣。

卵菌纲中的许多真菌是水生的,因此称为水生霉菌。水生和陆生形式均产生孢子,孢子有鞭毛而且能泳动。这是唯一一个在细胞壁中含有纤维素而不是几丁质的真菌种群。这个纲在经济上需要特别关注,因为其中包含许多危害鱼类的寄生虫,导致爱尔兰大范围土豆疾病的生物以及在 19 世纪末期对法国的整个葡萄酒工业造成威胁的霉菌就属于这个纲。

接合菌纲通过产生接合孢子进行有性繁殖,主要包括生长在死亡动植物上的陆生形式。一些用于发酵工业中生产化学品;一些寄生在生长期水果、微型动物上;还有一些寄生在储存的苹果或面包上。

通过这个简单的总结可以看出,真菌既可以为人类带来经济利益,也可能造成危害。对环境微生物学而言,研究如何用繁殖特性将一个种群与另一个种群区分开,可能不像研究真菌对多种天然或人工合成难降解有机物的降解潜力那么重要。另外,不同菌种对环境的不同要求也值得研究。

营养与环境需求

所有真菌均通过分解有机物获得能量。大多数可以靠单糖(如葡萄糖)生存,而且,作为一个种群,它们具有分解多种有机物的能力。有些可以利用无机氮源(如铵及硝酸盐)满足对氮的需求;有些需要而且多数能够利用有机氮源满足对氮的需求。由于真菌体内的氮元素比原核生物少,因此,真菌对于氮元素的需求也少。通常情况下,所有霉菌都是需氧的,需要充足的氧气才能生存。而酵母菌主要是兼性的,在缺氧条件下,它们通过发酵过程获得能量,如糖类转化为酒精的过程。

真菌通常比异养原核生物长得慢,但是真菌对极端环境条件的耐受能力更强。真菌能在相当干燥的气候下生存,原因在于它们可以从空气中或从它们生长的介质中获得水分。霉菌能够在对营养细菌有抑制作用的干燥气候下生存。在极端干旱条件下,真菌还能形成保护性孢子。霉菌能在高浓度、高渗透压的糖溶液中生存;也能在酸性相当强的条件下生存,而该酸性条件可能对多数原核生物产生危害。生长的最佳 pH 值通常在 5.5 左右,但是可耐受 pH 值范围是 2~9。大多数真菌生长的最佳温度在中温范围内,即 22~30℃,但是有些真菌在接近 0℃ 的冷藏条件下也能使食品腐败,而另一些能够在嗜热条件(温度可达 60℃)下生存。

真菌与异养原核生物之间的区别是真菌通常喜欢更干燥、酸性更强的环境,但是真菌的生长较慢;真菌喜好陆生环境及高浓度有机物,而原核生物更喜欢水生环境。另外,细菌与古细菌在厌氧条件下对有机物的分解更加彻底,而只有酵母菌可以耐受厌氧条件。当希望利用这些生物的降解能力时,以上区别是很重要的。

2.4.2　藻类

藻类在保持水质及控制水污染中具有重要作用。藻类与蓝细菌一起,都属于浮游植物的一种,是悬浮的微型光合生物,是天然水体中有机物质的主要初级生产者。它们将光能转化为细胞有机质,该有机质作为食物被原生动物、甲壳纲动物以及鱼类捕食。作为产氧光养型生物,藻类是天然水体中氧气的主要来源。工程师们在氧化塘中利用藻类的产氧光合作用处理废水。

尽管藻类在食物链中处于最底部的位置,使藻类必不可少,但是,废物排放可能促使藻类的生长,最终产生环境问题。藻类过度生长带来的问题包括:使供水产生难闻的味道、气味,堵塞水处理厂的滤网,降低湖水的澄清度,成片漂浮的藻类还会给划船、游泳带来困难,降低沿岸房地产的价值,并增加湖泊及海湾中的沉积物。藻类分解将耗尽鱼类及其他需氧生物需要的氧气。因此,在天然水体中藻类的数量必须保持平衡,才能维持生态系统的良好状态。

在生长过程中,藻类消耗水中的无机矿物质,使水体发生化学变化,如 pH、硬度、碱度等的改变。藻类还排泄有机物质,刺激细菌及有关种群生长。有些藻类产生的毒素,能杀死鱼类并使食用甲壳类动物不安全。因此,藻类的生长及衰亡对水质有着深远的影响。

形态学

藻类是一类庞大且种类丰富、含有叶绿素、能够进行光合作用的真核生物(图 2.7)。蓝细菌是原核生物,但由于它具有许多与藻类相同的特点,经常被划入藻类的行列。蓝细菌以前常称为蓝绿藻。然而,藻类和蓝藻属于不同的域。这里重点讨论的是真正的藻类,即真核生物藻类。

大多数真正的藻类从尺寸上讲是显微级的,但是,有许多藻类,如巨型海藻,即海草,可以长到几十米长。将如此巨大的藻类与非藻类植物区分开来有些困难,除了一点——巨型藻在单细胞结构中产生孢子,而植物孢子都是在多细胞的细胞壁中产生的。我们在这里关注的主要是显微形态藻类,它们与比较高等的植物有着显著的不同,其中许多是单细胞的,而且非常小。

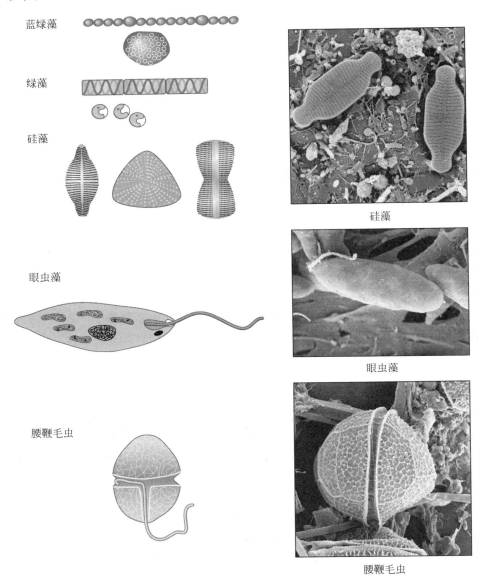

蓝绿藻

绿藻

硅藻

硅藻

眼虫藻

眼虫藻

腰鞭毛虫

腰鞭毛虫

图 2.7　藻类的典型形态

(资料来源:照片的使用经密歇根州立大学微生物园授权,照片作者是 Shirley Owens)

　　作为一个种群,藻类随处可见——在海洋、湖泊、河流、咸水湖以及温泉中,在树木及岩石上,在潮湿的土壤中甚至在其他植物和动物体内。有些藻类能在高山积雪中生长,使积雪中出现斑斑点点的红色;有些藻类能够在温度达到 90℃ 的温泉中生长;还有一些喜好高浓度盐水。有些藻类与真菌一起形成地衣,生长在岩石或树上,生活在非常干旱或寒冷的气候里。在地衣中,藻类将太阳能转化为有机物质,满足真菌的需要;反过来,真菌从环境中吸收水分及矿物质,提供给藻类。

　　就形态而言,有些藻类以单细胞形式出现,可能是球形的、杆形的、纺锤形的或棒状的;有些藻类可能以膜状菌落、单一或成簇的丝状结构等形式出现;或者以有分支或无分支的单链形式出现。有些菌落可能是同一种细胞的聚合体,而有些菌落可能是由具有特殊功能的不同类型细胞组成的。因此,很难描述典型藻类是什么样的。

　　藻类含有不同类型的叶绿素,每种都能有效地吸收特定范围的光谱。所有藻类均含有叶绿素 a,有些藻类还含有其他叶绿素,这是区别不同种群的基础。与蓝细菌的叶绿素遍布整个细胞不同,真核藻类的叶绿素含在膜结构中,形成叶绿体,而且在任何一个细胞中均可能出现单个或多个叶绿体。

　　表 2.9 总结了藻类的 7 种不同的分类学种群(这里包括蓝细菌,即蓝藻),主要分类是依据各种群含有的不同叶绿素与光合色素。各种群的常用名通常与其特征颜色有关,特征颜色是由藻类含有的光合色素决定的。在下文中将对它们的特性进行比较详细的描述。

表 2.9　各种藻类种群的特征

藻 类 种 群	常 用 名	叶绿素	储藏物	结构特征	分　布
蓝藻门(Cyanophyta)	蓝绿藻	a	淀粉	原核的,无鞭毛	海洋、淡水、土壤
绿藻门(Chlorophyta)	绿藻	a,b	淀粉	从没有鞭毛到有几根鞭毛	海洋、淡水、土壤
金藻门(Chrysophyta)	金藻,褐硅藻	a,c,e	类脂	0~2 根鞭毛,硅质外壳	海洋、淡水、土壤
眼虫藻门(Euglenophyta)	眼虫藻移动绿藻	a,b	多糖	1~3 根鞭毛,有器官	大多数在淡水中
褐藻门(Phaeophyta)	褐藻	a,c	碳水化合物	2 根鞭毛,有多个细胞	海洋
甲藻门(Pyrrophyta)	腰鞭毛虫	a,c	淀粉	2 根鞭毛,有沟的多边形板片	海洋、淡水
红藻门(Rhodophyta)	红藻	a,d	淀粉、油类	无鞭毛	海洋

绿藻门

　　绿藻常见于许多淡水水体中,也属于废水处理稳定塘中最重要的藻类。许多绿藻是单细胞的,有些绿藻借助鞭毛运动;有些绿藻是大型的,例如海菜,有时由于营养物过剩,海菜会沿着海岸线过度生长。通常在绿藻的每个细胞中含有一个叶绿体。在稳定塘的营养条件下,通常占优势的重要属是小球藻属、栅藻属及衣藻属。衣藻属是靠鞭毛运动的。

金藻门

　　硅藻是金藻门中最重要的一种类型。硅藻的细胞壁由两片硅质壳盖合形成。硅藻含有黄褐色素,使细胞呈现特征褐色,这使得在不经意地观察含有该藻类的天然水体时,很难辨别水的浊度是由藻类造成的,还是由含有矿物质(如泥沙、黏土)造成的。当硅藻分解时,硅质外壳残留下来,形成由大小均一的显微外壳构成的巨型沉积物,这种沉积物被作为硅藻土开采出来,并用作水处理厂过滤助剂或工业过滤助剂,得到了广泛应用。

　　硅藻存在于淡水及海水中。硅藻和腰鞭毛虫是主要的海洋光合物种,是从显微甲壳类到鲸类的各种生物的食物。

眼虫藻门

眼虫藻门是单细胞藻类中相当小的一个种群,靠鞭毛运动,生活在淡水中。种群名称来自最常见的成员之一——眼虫藻,眼虫藻是稳定塘中常见的一种优势生物。眼虫藻具有特征性的红点或者眼点作为光感受器,这样,在需要阳光时,眼虫藻能向水面运动;而当阳光太强烈时,眼虫藻能游离水面。在正午时分或早晨和傍晚水面晦暗时,分开静止稳定塘的表面水层,很容易看到大量眼虫藻的这种垂直运动。

甲藻门

甲藻门中的腰鞭毛虫具有坚硬的纤维状细胞壁,看上去像头盔或盾牌。腰鞭毛虫的两根鞭毛在凹槽中碰撞,使它在水中运动时能够旋转(图 2.7)。甲藻门中的一个物种——链状膝沟藻(*Gonyaulax catanella*),可能会骤然大量出现在加利福尼亚及佛罗里达南海岸线周围的海水中,造成严重的赤潮,杀死成千上万的鱼。鱼类死亡是由该藻排泄的毒性极强的毒素造成的。以这些藻类为食的蚌类,将在体内富集该毒素,从而对人类构成威胁。正因如此,在链状膝沟藻繁殖能力最强的夏季,往往禁止食用甲壳类动物。赤潮严重程度的增加可能是由于随废物排放了营养物质,但是,最重要的原因有可能是营养物质定期地从深水区上涌,或出现了其他该生物喜好的自然条件。

蓝藻门

需氧菌通常与真核藻类竞争,而且,在考虑与藻类有关的水质特征及问题时,通常与藻类一起考虑。蓝细菌常常因其体内色素的颜色而被称为蓝绿藻。蓝细菌以多种形态出现,包括长丝状。

蓝细菌是造成许多水质条件恶化的原因。淡水中的味道及气味,通常与蓝细菌的存在有关。另外,在被生活或农业废物中的磷污染的水体中,蓝细菌经常形成大面积浮萍,造成不良视觉效果。该种群的一个重要特性是,种群中的许多成员能够通过固氮作用利用大气中的氮气,来满足细胞蛋白质和核酸对氮元素的需求。因此,与其他真核生物不同,它们在缺氮的水体中也能生长,只是生长得比较慢。

繁殖与生长

真正的藻类能够以与细菌及真菌相似的方式进行有性或无性繁殖。在条件适宜的情况下,藻类通常生长得相当快,单细胞物种的世代期只有几小时。尽管藻类的有些物种能够以异养或光能自养方式生长,但是大多数物种是严格的光养型生物。大多数藻类是自养型生物,但是有些藻类能够利用简单碳源(如乙酸)进行细胞合成。

自养生长需要的基本元素,如碳、氢、氧、氮、磷、硫以及铁,通常来自水中溶解的矿物质或水分子本身。藻类的组成通常与原核生物非常相似。藻类体内有大约 50% 的碳、10% 的氮和 2% 的磷。在氮或磷元素有限的条件下,藻类的生长速率下降,而且这两种基本元素的相对含量可能分别降到 2% 和 0.2%,不过,这种低含量通常在实验室条件下出现得比较多,而不是在现场条件下。一般情况下,藻类具有比较高的蛋白质含量,这意味着它们可以作为人类与动物的食物。藻类通常并不太好吃,但如果与其他更美味的食物混合在一起,可以供动物食用。

氮或磷的浓度经常限制天然水体中藻类的生长,尽管在有些环境中碳、铁或其他元素的供应量可能更有限。硅藻还需要硅元素,硅在多数淡水水体中均是常见元素,但在海水中的含量有限。当试图促进藻类的生长时,例如在稳定塘中,或者当希望限制它们在河流、湖泊、河口以及水库中的生长,从而防止由藻类造成的不良后果时,都必须了解藻类的无机营养要求。

由于藻类物种巨大的多样性,很难概括藻类的环境需要。有些物种能够在0℃生长,有些物种能够在90℃生长,不过,大多数物种在温度适中的环境中生长得最好。通常情况下,硅藻比绿藻更喜好温度较低的水体,而绿藻比蓝细菌更喜好温度较低的水体。不同的最佳生长温度,加上不同的营养要求,可以引起一年里湖水中优势藻类物种的变化。

藻类一般喜好接近中性而不是碱性的pH条件。这可能与两个因素有关:一是无机碳以重碳酸盐及碳酸盐形式存在时的可获得性;二是重碳酸盐、碳酸盐、CO_2、pH之间的相关关系。藻类在生长过程中需要从水中吸取CO_2,pH值因此呈升高趋势,如下面的反应式所示,该反应式是经过大大简化的自养-合成反应式:

$$H_2CO_3 \longrightarrow CH_2O + O_2 \tag{2.1}$$

或者

$$HCO_3^- + H_2O \longrightarrow CH_2O + O_2 + OH^- \tag{2.2}$$

反应式(2.1)显示藻类(生物量以CH_2O表示)的生长伴随着氧气的产生及碳酸的消耗,因此导致pH值升高。类似地,反应式(2.2)表示如果以重碳酸盐为碳源,那么将产生氢氧根,也会导致pH值升高。通常情况下,当pH值在$8.5 \sim 9$时,对藻类生长是有害的。不过,有几个物种能够继续从水中吸取无机碳,直到pH值升高到$10 \sim 11$。前文已经提到过,有些藻类物种对盐类有极强的耐受能力,是藻类能够在极端条件下生存的又一个例子。

2.4.3　原生动物

原生动物是单细胞、异养真核生物,能够通过吞噬作用觅食并消化固体食物。就多数好氧和一些厌氧废水生物处理系统而言,原生动物是其复合生态系统中的常见成员。原生动物缺乏真正的细胞壁;就个体尺寸而言,小到与大型细菌的尺寸相当,大到肉眼可见。虽然近年来原生动物的分类发生了变化,但我们仍然倾向于使用以前的方法,如表2.10所示,根据运动方法的不同,可以区分原生动物的4个主要种群。图2.8给出了原生动物的典型形态。

表 2.10　原生动物主要种群的特征

种　群	常用名	运动方法	生殖方式	其他特征
肉虫纲(Sarcodina)	阿米巴变形虫	伪足	靠有丝分裂进行无性生殖,有时进行有性生殖	一般自由生长,不形成孢子
鞭毛纲(Mastigophora)	鞭毛虫	1个到多个鞭毛	靠有丝分裂进行无性生殖,有性生殖不常见	不形成孢子,许多寄生
纤毛虫类(Ciliophora)	纤毛虫	纤毛	靠有丝分裂进行无性生殖、有性生殖	一般自由生长
孢子虫纲(Sporozoa)	鞭毛虫	一般没有鞭毛或纤毛,不运动	无性生殖、有性生殖	有孢子,全部寄生

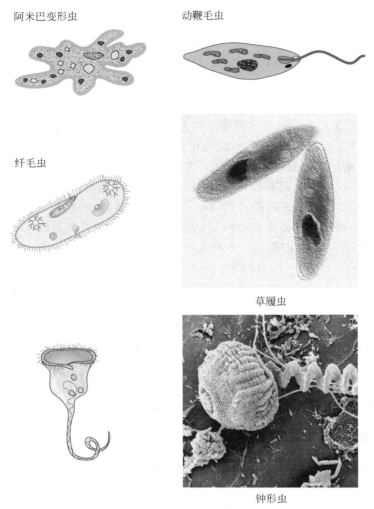

阿米巴变形虫　　动鞭毛虫

纤毛虫

草履虫

钟形虫

图 2.8　原生动物的典型形态

(资料来源：照片的使用经密歇根州立大学微生物园授权，照片作者是 Shirley Owens)

　　原生动物一般进行无性繁殖(常常通过有丝分裂进行，类似于原核生物的二分裂)，不过，有性繁殖也会发生。在多数淡水及海水环境中均能发现原生动物。原生动物通常以细菌及其他小型有机颗粒物为食；而显微动物与大型动物又猎食原生动物。许多种类的原生动物在自然界中自由生长，而其他原生动物只能以寄生方式，靠其他生物提供的营养物生存。有些寄生的原生动物会导致人类的疾病。在有氧生物处理系统中，原生动物通过清除出水中的细小颗粒物质净化出水，否则细小颗粒将存留在出水中。原生动物还能作为存在有毒物质的指示生物，很多原生动物对这些有毒物质相当敏感。

　　像许多大型的、由不同物种构成的微生物种群一样，原生动物的有些物种能够在相当极端的环境条件下生存。有些原生动物能忍受 pH 值低到 3.2 或高到 8.7 的环境。不过，多数原生动物在 pH 值 6～8 的中性环境内生存得最好。有些原生动物能在温度高达 55℃ 的温泉中生存，但多数原生动物的最佳生存温度为 15～25℃，最高耐受温度为 35～40℃。多数原生动物是需氧的,但许多原生动物在厌氧环境(如动物的瘤胃)中也能良好地生长。有些生物学家愿意将藻类中的眼虫藻门划归原生动物,原因是两者之间有许多相似性。生物的不同纲之间的区别并不总是很清晰。例如,一些生物学家更喜欢将眼虫藻门(Euglenophyta)分类为原生动物,因为它们之间有许多相似之处。由于原生动物存在于多数生物处理系统中,也由于原生动物扮演着重要指示生物的角色,故在每个种群内部原生动物的不同特征引起了研究者的关注。

肉足纲

肉足纲是类变形虫生物,通常借助伪足运动和捕食。所谓伪足,就是细胞质向运动方向上的暂时凸起。细胞通过这种缓慢的运动方式在水面上移动。伪足还能够包围并捕获食物颗粒,随后将其吞入细胞质并消化。

肉足纲中的一个物种——溶组织内阿米巴(*Entamoeba histolytica*),是一种肠道寄生虫,能够导致人类的阿米巴痢疾。溶组织内阿米巴通过被粪便污染的水和食物传播。这种变形虫能够形成孢囊,孢囊能够在干燥和一般消毒环境中存活。有些阿米巴变形虫能在生命周期的特殊阶段形成鞭毛;有些能用亮壳保护细胞,或在细胞表面覆盖黏稠的有机外层,而该有机外层能够捕获沙子及其他碎片来形成保护层。有孔虫(Forminifera)在海水中形成一种碳酸钙外壳。积累的脱落外壳在海洋沉积物中很常见,而且是形成多佛白色峭壁及其他类似白垩沉积物的原因。

鞭毛纲

动鞭毛虫与藻类密切相关,并具有与眼虫藻相似的特征;不过,眼虫藻能够像其他藻类一样以光养方式生存,而动鞭毛虫是鞭毛纲或异养原生动物中的一员。多数动鞭毛虫具有一根或两根鞭毛,使它们能以旋转方式在水中快速移动。多数动鞭毛虫可以独立生活,但也有许多是寄生虫。例如,披发虫属(*Trichonympha*)的成员在白蚁消化道中与白蚁共生,消化白蚁摄取的木头及纤维;锥虫科(Trypanosomatidae)的有些成员对人类是致病的,如通过舌蝇传播的冈比亚锥虫(*Trypanosoma gambiense*),能导致通常致命的非洲睡眠病。动鞭毛虫在生物处理系统中也比较常见,它们靠生物处理系统中产生的大量细菌生存。

纤毛虫类

几乎所有纤毛虫都是自由生长的(即非寄生)。纤毛虫以具有很多纤毛为特征,通过纤毛的协调摆动,推动生物体运动或制造水流,将食物运送到口区。

废水生物处理过程中有两种完全不同的纤毛虫:游泳型纤毛虫,可以穿过水流搜寻有机颗粒物质;具柄纤毛虫,借助长而细的丝(称为丝胞)形成大型群体或附着在表面上。钟虫是典型的具柄纤毛虫。具柄纤毛虫是固着生活的种类,能通过纤毛运动制造水流摄取食物。如果在好氧废水生物处理系统中存在大量钟虫,通常可以认为是系统运行稳定、良好的标志,而且说明系统没有受到有毒物质的影响。

孢子虫纲

孢子虫纲都是营寄生生活的生物。孢子虫一般不能运动,而且不摄取食物,但是能透过细胞膜吸收溶解态食物。尽管孢子虫在废水生物处理系统中并不重要,但是它们对公共健康非常重要。就公共健康而言,需要特别关注的是间日疟原虫(*Plasmodium vivax*)——疟疾病的致病体。间日疟原虫生命周期的一部分在人体内完成,另一部分在栖息于地球上较温暖地区的疟蚊体内完成。

2.4.4 其他多细胞微生物

动物世界中的微型成员在天然水体中十分常见，在微生物课程中却鲜有涉及。本节简单介绍一些最常见成员的形态及功能。其中的部分生物如图 2.9 所示。这里将介绍的生物包括：袋虫动物门(Aschelminthes)的成员，袋虫动物也称袋虫类，是轮形动物门(Rotifera)与线虫动物门(Nematoda)中最主要的成员；在淡水及海水中常见的其他显微动物和在稳定塘中频见的显微动物，属于节肢动物门(Arthropoda)的甲壳纲(Crustacea)，甲壳纲还包括大型动物，如虾、龙虾以及螃蟹。微型动物是多细胞的，它们严格需氧，可以摄食小颗粒有机物，如细菌、藻类以及其他具有相似尺寸的活的或死的有机颗粒。微型动物介于显微与大型之间：有些个体十分小，可以使水体产生浊度；在有些情况下，不用显微镜就能观察到它们的存在及运动。

线虫，或蛔虫，在个体数量以及种数量上可能都是最丰富的动物。线虫大量存在于土壤、天然水体以及较高等的动物体内；在土壤与天然水体中独立生存，在高等动物体内寄生。线虫是长而细的(图 2.9)，在逐渐变细的一端有口，另一端有肛门。线虫在好氧处理系统中十分丰富，而且如果不用氯化处理，将有大量线虫排入受纳水体。尽管那些独立生存的线虫本身是无害的，但是人们已开始关注在供水中存在线虫的问题，原因在于线虫有可能摄食病原体，从而使病原体在消毒过程中受到保护。尽管病原体通过这种方式传递给人类是完全可能的，但至今还没有发现由此产生的健康问题。不过，某些线虫本身对人类就是致病的。

轮虫是软体动物，有头、躯干以及逐渐变细的足(图 2.9)。轮虫的头部一般有一个轮状器官或圈状纤毛，通过它的旋转使轮虫游动，并产生水流吸引食物颗粒。轮虫的足部一般分叉形成两个趾，使轮虫在摄食时能将自己固着在大块碎片上。用显微镜观察，一般可以看到在轮虫头部以下咀嚼器官或咀嚼囊里面的情况：具有长有牙齿的颌。在生物系统中，经常能够看到轮虫正在撕扯生物絮体的片段。

微型甲壳纲动物与其个体较大的近亲相似，均具有坚硬的外壳，通常有一对触角，通过鳃呼吸。微型甲壳纲动物一般有一个较大的头，一个短躯干，而且与较大的甲壳纲动物相比，躯干附着器上的节数较少(图 2.9)。代表性成员有水跳蚤(水蚤)及看似微型龙虾的桡足动物(剑水蚤)。与其他类型的生物处理系统相比较，微型甲壳纲动物在稳定塘中更加常见。

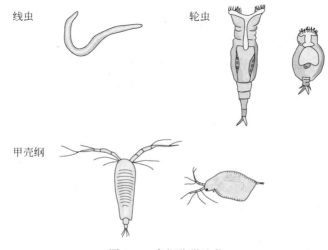

线虫　　轮虫

甲壳纲

图 2.9　多细胞微生物

2.5　病毒

一般不将病毒当作活体看待,因为病毒不能依靠自身进行繁殖或新陈代谢。病毒只能依靠活细胞进行复制:细胞翻译病毒的遗传信息,完成病毒的复制。然而,病毒对于活体的影响是不可忽视的,因为病毒能导致疾病和死亡。通常情况下,病毒是亚微观的遗传因子,由被蛋白质包围的核酸(DNA 或 RNA)组成,有时还含有其他组分。当病毒 DNA 或 RNA 被注入一个合适的宿主细胞后,它能够改变宿主细胞的代谢机制,转而进行病毒细胞的复制生产。当病毒的数量足够多时,宿主细胞死亡并破裂,新的病毒颗粒被释放出来,去感染新的宿主细胞。

病毒的尺寸为 15～300nm,后者刚好在光学显微镜的分辨率范围内。因此,观察病毒需要电子显微镜或者其他具有更高分辨率的仪器。某一种特定病毒只能感染非常有限的几个宿主物种。由于每一个物种能被多种病毒感染,因此,病毒的总数十分巨大。感染原核细胞的病毒称为噬菌体。除了宿主细胞不同外,噬菌体与其他病毒并没有明显的不同。图 2.10给出了我们关心的各种病毒。

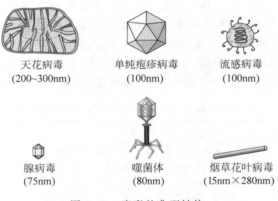

图 2.10　病毒的典型结构

在废水生物处理系统中,噬菌体十分普遍,有时,人们怀疑由于噬菌体杀死了系统需要的细菌而导致废水处理过程恶化,不过,这一点还没有得到有效的证明。在混合培养系统中,噬菌体可能是导致一个细菌种群替代另一个细菌种群占据优势的因素,但是,废水处理中这方面的研究并未充分展开。病毒感染可以相当快地完成。在一个细菌被噬菌体感染后的 25min 内,大约可以产生 200 株新的噬菌体。然后,细菌细胞破裂开来,释放这些新的噬菌体去感染其他细胞,而且这种感染能够以更快的速度传播。

2.6　传染病

19 世纪下半叶,在发现水是引起某些较严重疾病的细菌携带者并会导致人类患病之后,环境工程与科学学科相继出现。负责为人类提供用水的工程师们开始寻求确保供水安全卫生的方法。主要的成果是从 19 世纪后期开始使用混凝与过滤,以及从 20 世纪初期开始使用氯消毒。这些步骤,加上其他用于食品保护的方法,如巴斯德消毒法,使与水及食物有关的疾病明显减少。尽管取得了这些成果,但是在美国,与水有关的疾病的爆发仍然很普遍,而且,对于发展中国家来说,它仍然是疾病的主要原因。另外,有些在美国大规模爆发的与水有关的疾病,是由某些过去未引起关注的生物造成的。这表明出现了新的病原体,它们并没有历史记录作为基础来制定预防措施。在有些情况下,还没有检测致病体的合适方法。

世界人口的增长及对水资源需求的日益增加,增加了人们研究如何将废水回收净化再用于饮用的兴趣。在实践过程中出现的主要问题是:怎样使被病原微生物严重污染的水获得充分、可靠的净化,然后用作生活用水?回用问题成为水专家们面临的一个主要挑战,急需非常可靠的处理与监测技术。

由于与水有关的病原微生物具有显著的重要性,从事水与废水处理的工程师及科学家们需要了解由排泄物或食物传播的病原微生物。

表2.11总结了与水和(或)人类粪便有关的常见疾病。列出的许多疾病有时称为肠道疾病或由于水土污染引起的疾病,原因在于这些疾病常常是由食用了被人类粪便污染的水或食物引起的。这种污染能够通过采取适当的卫生措施避免。这些疾病在发展中国家尤其盛行,原因在于人们对疾病的传播没有充分了解,或者缺乏进行预防的经济条件。在表2.11中列出的生物中,有许多会导致肠胃炎,肠胃炎经常用于指尚未发现病因的水传播疾病或食物传播疾病。肠胃炎指胃与肠道的炎症,导致腹泻及极端不适。引起水及食物传播疾病的生物分布在从病毒颗粒到多细胞生物的几个微生物类型中。既然所有这些微生物都是颗粒,通过混凝与过滤过程是能够将它们从水中完全去除的。有些病原体——特别是大多数细菌——还能被化学消毒剂(如氯气或臭氧)杀死。在任何可能的情况下,都应该同时使用物理去除方法(过滤)和化学消毒方法,从而建立"多重屏障"对付病原体。

表2.11 水和(或)人类排泄传播疾病的致病体

微生物类型	种群	生物名	疾病与症状
病毒	亲内脏的	柯萨奇病毒(Coxsackie virus)、诺沃克病毒(Norwalk virus)、轮状病毒(Rotavirus)、伊科病毒(Echovirus)	肠胃炎
	亲神经的	甲肝病毒(Hepatitis A virus)、脊髓灰质炎病毒(Polio virus)	传染性肝炎;肝脏炎症脊髓灰质炎
细菌(紫细菌种群)	ε	幽门弯曲杆菌(Campylobacter jejuni)	肠胃炎;腹泻、发热、腹部疼痛
	ε	幽门螺旋杆菌(Helicobacter pylori)	消化道溃疡
	γ	大肠杆菌O157:H7	出血性肠炎;腹泻
	γ	嗜肺军团菌(Legionella pneumophilia)	军团病;发热、头痛、呼吸道疾病
	γ	伤寒沙门氏菌(沙门杆菌)(Salmonella typhi)	伤寒;便血
	γ	痢疾志贺氏菌(Shigella dysenteriae)	痢疾;腹部绞痛、便血
	γ	霍乱弧菌(Vibrio cholerae)	霍乱;严重腹泻、迅速脱水
藻类	腰鞭毛虫	双鞭毛藻(Gambierdiscus toxicus)	甲藻鱼毒
	腰鞭毛虫	链状膝沟藻(Gonyaulax catenella)	甲壳类动物中毒
	腰鞭毛虫	费氏藻(Pfiesteria piscicida)	鱼中毒;记忆丧失、皮炎
原生动物	鞭毛纲	蓝氏贾第鞭毛虫(Giardia lamblia)	贾第鞭毛虫病;腹泻、肿胀
	肉虫纲	溶组织内阿米巴(Entamoeba histolytica)	阿米巴痢疾;剧烈腹痛、便血
	孢子虫纲	小隐孢子虫(Cryptosporidium parvm)	隐孢子虫病;腹泻
多细胞寄生虫		曼氏血吸虫(Schistosoma mansoni)	血吸虫病;发热、腹泻、皮炎

在那些感染人类的病毒中,只有少数几种是真正由水传播的。长期以来,脊髓灰质炎病毒曾被怀疑是通过水传播的,原因是该病毒能在水中长时间存活,然而该病毒的主要传播模式无疑是人们之间的直接接触。幸亏 Jonas Salk 在 20 世纪 50 年代开发出失活的脊髓灰质炎疫苗,可怕的脊髓灰质炎(小儿麻痹症)在美国的发病率才从以前的每 10 万人 1000 例以上下降到大约 1990 年以来的 0。20 世纪 60 年代,沙克氏(Salk)疫苗被口服沙宾(Sabin)减活疫苗替代。特别令水科学家们感兴趣的是,口服疫苗的使用,使大量无害的脊髓灰质炎病毒颗粒被排入城市污水,这可以用来测试处理过程去除废水中已知病毒的能力。

目前,受到较多关注的水传播病毒是传染性肝炎的致病体——甲肝病毒。最大的问题在于食用生贝类,如牡蛎,因为贝类能通过在被人类粪便污染的水体中进行过滤式捕食而富集病毒颗粒。1955 年,在印度德里爆发了一次大规模的传染性肝炎,近 3 万人被感染,当时排放入河流的污水回流到给水处理厂的取水点。显然,当时进行的消毒过程还不足以杀死病毒,因此,疾病广泛传播。柯萨奇病毒、诺沃克病毒、轮状病毒和伊科病毒都与肠胃炎及其引起的腹泻有关。被污染的食物、贝类或水可能传播这些病毒。由这些病源导致的疾病,在旅游者及儿童中十分常见,因此,这些常见致病病毒携带者的情况,通常容易溯源。

细菌性水传播病原体来自肠道微生物的 γ 变形菌门。这是一个相对同类的细菌发育类群,它们呈革兰氏阴性、不形成孢子、兼性需氧、氧化酶阴性、杆菌、可以发酵糖产生各种终产物。多数能在人类肠道内良好生存,是导致痢疾及腹泻等问题的病原菌。

其中最被人熟知的是大肠杆菌,生长在所有人的肠道中。大肠杆菌一般是无害的,但是由于在人类粪便排泄物中含有大量大肠杆菌,因此,大肠杆菌的存在通常作为水体受到粪便污染的标志。通常假设如果大肠杆菌及有关大肠菌的数目少于某一规定水平,如每 100mL 有 2 个左右,饮用水就是安全的。

目前已知大肠杆菌的某些菌株是致病的,它们在食品及水中的存在引起了研究人员的关注。这里需特别指出的是大肠杆菌 O157：H7。20 世纪 90 年代,该菌曾在美国引起食物传播疾病,导致许多例由出血性腹泻引起的死亡。1998 年,在一群曾在加利福尼亚水上公园游玩过的孩子中也发生过一次疾病暴发,病菌被认为是由一个患病儿童通过游泳池传播的。常见的"旅行者腹泻"被认为是由大肠杆菌的一个致病菌株引起的,由该菌株导致的腹泻会持续 1~10d。像其他许多肠道致病菌一样,大肠杆菌借助菌毛附着在肠道内壁上,而且能产生肠毒素,引起人体脱水。

最常见且最可怕的水传播传染病是伤寒、痢疾以及霍乱。如今,被污染的食物可能是这些疾病的最主要载体,但是与水有关的传播仍然经常发生。通过充分的化学混凝、过滤以及化学消毒,能够很容易地将致病细菌从给水中去除。在全世界仍然普遍发生的水传播疾病的爆发,通常是由于水未经充分处理而引起的。有时污染源是未知的。例如,20 世纪 60 年代早期,在加利福尼亚 Riverside 地区爆发了肠胃炎,传染了 18 000 人。所有患者都是鼠伤寒(沙门)杆菌(*Salmonella typhimurium*)的携带者,供水可能是致病原因,因为在几个水样中都发现了该菌。这次发现揭示了只使用大肠菌群作为水质卫生安全指示剂的局限性,因为在配水系统中未检测到大肠菌群超标。

导致腹泻的另一种生物幽门弯曲杆菌来自 ε-变形菌门。这种生物通常由被污染的家禽或受感染的家畜携带,尤其是犬类。大多数儿童腹泻病例是由该生物造成的。与幽门弯曲杆菌关系密切的幽门螺旋杆菌可能是溃疡致病菌,水是一条可疑的传播路线。

一种比较新的、与水有关的疾病是军团病。已确认的第一次大规模暴发发生在 1976 年美国军团大会期间。当时许多军团士兵被安置在安装了水冷却空调系统的宾馆中。致病生物生活在这种空调系统中,并通过冷气在冷却塔与房间之间的循环途径传播给受害者。因此,实际的传染路线是通过空气,而不是水。不过,这种传染代表了与水有关的问题。

基本上,在所有主要的、与藻类有关的水传播疾病中,都有腰鞭毛虫作为致病体。然而众所周知,饮用被过量蓝细菌(光养型生物)污染的池塘水会使动物生病。腰鞭毛虫一般对人类没有直接危害,但是会通过贝类的污染影响人类。膝沟藻是引起加利福尼亚太平洋海岸及佛罗里达海湾的海岸发生赤潮的原因。由于营养物质的上涌和夏季的温度使膝沟藻骤然增多,海水呈现红色。膝沟藻会产生一种毒素,有时会导致鱼类死亡,并被贝类富集。人类如果食用了被毒素污染的鱼或贝类,可能染上严重疾病。正因为这一原因,在夏季里通常禁止食用贝类。虽然有时认为由人类活动导致的海岸线周围水体中营养物质的增多是赤潮发生的原因,但是并没有证据显示赤潮是由自然因素以外的原因造成的。

费氏藻($P\,fiesteria\;piscidida$)所导致的问题是由 JoAnn Burkholder 在 1991 年发现。这种单细胞藻类具有 24 种不同生命形态,其中一种能够释放毒素。在北卡罗来纳州海岸线,该毒素已经毒死了数十亿条鱼。随后,在切萨皮克市(Chesapeake,美国弗吉尼亚州东南部城市)海湾由费氏藻的生长也导致了鱼类死亡,并已经引起更广泛的关注与新的研究。目前得到支持的一种假说是,这种有毒生命形式的生长是由含营养物农业污水的排放引起的,例如,来自畜牧养殖场的废水。马里兰健康与精神卫生部的报告认为,接触费氏藻毒素还能导致人类的健康问题,如记忆力丧失、呼吸短促以及皮疹。目前正在开展研究,以便更好地了解这种新出现的水传播疾病的特点。

与原生动物有关的疾病被世人广为了解,而且可能是目前在发展中国家出现的最严重的与水有关的问题。在热带地区,长期以来一直将阿米巴痢疾与饮用被污染的水以及食用被污染的食物联系在一起。据估计,在热带国家有 10% ～25% 的国民携带该病的致病体。

有一种原生动物疾病——贾第鞭毛虫病,在 20 世纪 60 年代才被确认是一种疑难病,与较寒冷气候条件地区(例如,美国、加拿大以及俄罗斯)的供水污染有关。根据报道,在 1965—1981 年,美国暴发了 53 次水传播贾第鞭毛虫病,影响人数超过 2 万。通过水传播的主要是具鞭毛蓝氏贾第鞭毛虫的休眠期孢囊。孢囊在胃肠道中发育,导致腹泻、肠绞痛、恶心及其他不适。贾第鞭毛虫孢囊对氯化消毒处理具有抵抗能力,但是利用由化学混凝和过滤组成的有效的水处理方法能够将其去除。动物,如麝鼠与海狸,是贾第鞭毛虫细胞以及孢囊的主要携带者,经常会污染在荒野地带表面上看似洁净的水。由于这一原因,贾第鞭毛虫病经常被称为海狸热。在荒野宿营的人们常常乐于饮用清凉未经过处理的饮用水,虽然这些水取自远离人类影响的溪流,但是,现在出现了大量在饮用这种水后导致贾第鞭毛虫病的病例,因此,必须警告野外宿营者:从看似洁净的环境中取的水也必须经过煮沸或过滤后才能饮用。

一种出现时间更晚的原生动物病由小隐孢子虫引起,该致病体导致了有史以来最大的一次水传播疾病的爆发。1993 年,在密尔沃基(美国威斯康星州东南部港市)有大约 37 万人患上腹泻病,这次疾病暴发与城市供水系统有关。有大约 4000 人住院治疗,约 100 人死于并发症。小隐孢子虫是奶牛体内一种常见的肠道病原体,它在密尔沃基供水系统中的突然出现,被认为与春季雨量大、来自农田的地表径流使流入水处理系统的小隐孢子虫数量大大增加有关。同时,混凝-过滤工艺的运行效果不理想,导致供水浊度增加。小隐孢子虫卵囊是由小隐孢子虫形成的一种孢囊,对氯化消毒处理的抵抗能力很强,因此,必须通过混凝及过滤工艺去除,才能避免感染人群。发生在密尔沃基的疾病暴发,是致使美国改变水处理工艺,通过过滤工艺达到更有效的浊度去除效果的原因。

　　某些其他类型的原生动物疾病的研究,在公共健康方面也具有重要意义,而且是与水有关的。这些疾病包括疟疾——由属于疟原虫属的 4 种不同原生动物导致的疾病。这种原生动物由疟蚊传播,疟蚊吸食被感染人体的血液,将化学成分提供给疟蚊卵。疟疾不同于黄热病,黄热病由虫媒病毒导致,该病毒是已知的最小病毒,由两种不同的蚊子传播,一种是埃及伊蚊,另一种是趋血蚊。疟疾是传播范围最广的疾病之一,特别是在非洲。世界卫生组织估计,每年有超过 100 万的 5 岁以下儿童死于疟疾。20 世纪 60 年代,国际组织认为,通过使用氯喹药及 DDT 控制蚊子,可以控制疟疾。但是,出现了抗氯喹的原生动物及抗 DDT 的蚊子。现在,每年仍有超过 3 亿疟疾病例出现。

　　许多多细胞寄生虫与人类粪便及食物有关。有 3 个物种可能侥幸侵入人体血液:曼氏血吸虫、日本血吸虫、埃及血吸虫。由这 3 个物种导致的疾病,尽管特点有所不同,均称为血吸虫病。世界卫生组织估计,全世界有 2.5 亿人曾被感染。雄性与雌性血吸虫在人体肝脏内交配、产卵,卵随粪便排出。卵在水中孵化为毛蚴,毛蚴再设法寄生到蜗牛体内,然后转化为其他被称为无性孢囊及尾蚴的形式。尾蚴从细胞中逃脱出来进入水中,在水中附着在人类裸露的皮肤上,例如,那些在稻田里种水稻或照管水稻的人。尾蚴随后变成血吸虫,感染血液,导致发热和寒战,并随血液循环进入肝脏,在肝脏里繁殖,开始下一轮循环。血吸虫卵损害肝脏,并在肠壁上聚集,导致溃疡、腹泻及腹部疼痛。在北美洲出现的一种危害较轻的血吸虫病,通常被称为游泳者疥疮,但是该病的中间宿主是鸟,而不是人类。接触受尾蚴污染的水后,人体会产生破坏尾蚴的免疫反应,这种免疫反应会产生一种引起过敏症的物质,导致人体患上皮炎。

　　其他具有世界性重要意义的多细胞生物包括:肠蛔虫[似蚓蛔线虫(*Ascaris lumbricoides*)]、绦虫[猪肉绦虫(*Taenia solium*)和(*T. saginata*)],以及钩虫[十二指肠钩虫(*Ancylostoma duodenale*)和美洲钩虫(*Necator americanus*)]。这些生物生长在人体肠道内,随粪便一起排出,并污染食物及土壤,特别是当人体粪便被用作生吃蔬菜的肥料时。由于这种现象普遍存在于世界上许多国家,所以寄生虫感染也是十分普遍的,在许多国家有 40%～50% 的人口被感染。还有一种引起关注的寄生虫病是旋毛虫病,由蛔虫旋毛形线虫(*Trichinella spiralis*)引起。这种寄生虫生长在猪的肠道内,当人类食用烹调不良的猪肉时,孢囊进入人体肠道内。随后发育成成虫,引起肠痛、呕吐、恶心以及便秘。孢囊随人体粪便排入环境,污染垃圾及喂猪的其他食物。

　　尽管环境工程师和科学家在控制某些水传播疾病及与人类粪便有关的疾病方面已经取得了很大成功,但是本节指出的由不良卫生状况引起的问题,在世界范围内仍在发生。尽管我们似乎已经成功地控制了某些疾病,但也还有可能发生其他疾病。因此,仍需要新的知识以及努力。而且,使用化学品(如杀虫剂和抗生素)进行控制经常是暂时的。生物已经反复证明它们有能力形成能抵抗化学品的新品系。同时,不断增加的世界人口及对水的需求,意味着我们越来越需要从更多的受污染水源地抽取供水。因此,为人类提供安全水的挑战将持续存在,我们永远不能停下脚步。

参考文献

Bergey,D. and J. G. Holt,Eds. (2000). Bergey's *Manual of Determinative Bacteriology*. Philadelphia,PA: Lippincott Williams & Wilkins.

Madigan,M. T.; K S. Bender; D. H. Buckley; W. M. Sattley; and D. A. Stahl (2018). *Brock Biology of Microorganisms*,15th ed. New York: Pearson.

Madigan,M. T.; M. Martinko; and J. Parker (1997). *Brock Biology of Microorganisms*,8th ed. New York: Prentice-Hall.

Madsen,E. L. (2016). *Environmental Microbiology*: *From Genomes to Biogeochemistry*,2nd ed. Hoboken, NJ: Wiley Blackwell.

Neidhardt,F. C. and R. Curtiss,Ⅲ (1996). Escherichia coli and Salmonella: *Cellular and Molecular Biology*. Washington,DC: ASM Press.

Olsen,G. J. and C. R. Woese (1993). "Ribosomal RNA: A key to phylogeny." *FASEB J.* 7,pp. 113-123.

Pepper,I. L.; C. P. Gerba; T. J. Gentry; and R. M. Maier,Eds. (2011). *Environmental Microbiology*,3rd ed. Burlington,MA: Academic Press.

Woese,C. R.; O. Kanela; and M. L. Wheeler (1990). "Towards a natural system of organ-isms: Proposal for the domains Archaea,Bacteria,and Eucarya." *Proc. Natl. Acad. Sci.U S A.* 87,pp. 4576-4579.

第3章 生物化学、代谢、遗传学和信息流

3.1 生物化学

所有微生物的生长必须要消耗能量,或者是储存在无机或有机分子中的势能,或者是像太阳光这样的辐射能。生物通过氧化-还原反应,转化化学物质获得能量。生物还将部分能量用于自我繁殖。

在环境生物技术领域,氧化-还原反应及新生物量的产生,可以由微生物消耗,即我们认为是污染物的物质来完成。在某些情况下,它们可产生宝贵的资源。微生物系统能够带来的环境益处包括:

- 将有机废物转化为甲烷——一种有用的燃料;
- 将易腐烂的有机物转化为无害的无机化合物;
- 去除废水中的氮、磷营养物,避免刺激藻类在地表水中过度生长;
- 降解土壤及地下水中的有毒化学污染物。

只有通过对微生物产能与耗能反应的理解,我们才能创造条件,保护环境并改善环境。简单地说,我们必须了解微生物的生物化学过程。

酶可以催化所有关键反应——无论是能量捕获过程中的氧化-还原反应,还是新细胞合成过程中的各类反应。在下一节中,我们将介绍微生物利用的酶的特性及其功能。这一节为后面几节奠定基础,在后面几节中将介绍新陈代谢的不同方面,还将介绍细胞捕获能量和电子,并将之用于产生新细胞并维持新细胞生命活动的各种反应。

3.1.1 酶

酶是微生物产生的有机催化剂,微生物利用酶加速在细胞内发生的数千个独立的产能反应及细胞构建反应的反应速率。酶构成了细胞内最大、最专业化的蛋白质分子群体。蛋白质是由 20 多种不同氨基酸亚单位的混合物形成的聚合物。酶是大型高分子物质,相对分子质量一般为 $1.0 \times 10^4 \sim 1.0 \times 10^6$。图 3.1 是用计算机绘制的己糖激酶结构图。酶具有由氨基酸长链序列记录的一级结构。酶还具有二级结构,是由氨基酸链盘旋形成的三维构型,

并通过在邻近的氨基酸与双硫键之间形成氢键得以保持,双硫键常见于某些氨基酸的分子结构中。许多蛋白质还具有三级结构,由蛋白质自身折叠形成并再次通过氢键保持。酶的结构很容易受物理或化学环境变化的影响,尤其是温度和 pH,也容易受许多化学物质的影响,这些化学物质可能连接到蛋白质分子上而改变蛋白质的二级或三级结构。改变二级和三级结构导致酶失去催化能力的方式称为变性。

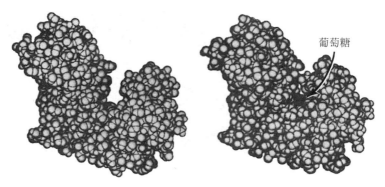

图 3.1 用计算机绘制的己糖激酶结构图(在糖酵解的第一步中,己糖激
酶将葡萄糖与 ATP 转化为葡萄糖-6-磷酸,图中所示的是葡萄糖
分子与酶结构连接的位置以及由此引起的酶的构型变化)

(资料来源:由 Thomas Steitz 博士提供)

酶有两个重要特性,即酶的专一性和酶可催化反应的速率。专一性意味着酶能够引导一种化学物沿着理想的途径转化。速率是理想化学反应发生的速度。在一种由有机与无机化合物组成的特定混合物(如废水)中,许多反应在热力学上是可能的,但是在标准温度及压力条件下无法以有限速率自发发生。然而,在具有适当的酶且酶的数量合适的情况下,微生物能够控制并指引化学反应按照一定的路径完成。例如,微生物能够吸收单糖分子,并将其一步一步地氧化为二氧化碳和水。对于每一个受酶控制的氧化步骤,酶能捕获电子和能量。然后,将这些电子和能量用于转化其他糖分子以及氮源、磷源和其他元素,形成微生物繁殖与生长所需的蛋白质、脂类、碳水化合物以及核酸。酶并不能增加一个特定反应释放能量,但是酶能将资源(电子、能量以及元素)进入无效路径的可能性减到最低。通过酶催化剂的控制,细胞能最大限度地利用获得的资源。

一个单个的酶分子每秒能催化 $1.0 \times 10^3 \sim 1.0 \times 10^5$ 次分子转化。酶在反应过程中并不被消耗,且能使反应高速率进行,这可以解释为什么细胞对每种酶的需要量均非常小。

一些酶只依赖自身的蛋白质结构就能发挥活性,而另外一些酶还需要非蛋白质成分才能发挥活性。如果这种非蛋白质部分是金属离子,称之为辅助因子。表 3.1 列出了各种金属离子(辅助因子)以及与它们有关的酶。如果非蛋白质结构是有机成分,则称为辅酶或辅基。辅基非常紧密地联结在酶上,通常是永久性的。辅酶的联结相当松散,一种特定辅酶,在不同时间可以与几个不同酶结合。辅酶经常作为中间载体,将一些小分子从一个酶带到另一个酶。表 3.2 总结了一些主要的辅酶及它们参与的特定的酶反应。辅酶通常负责将电子、元素或官能团从一个分子转移到另一个分子,或从细胞的一处转移到另一处。许多辅酶含有的活性部分——一种痕量的有机物质,通常被称为维生素。当细胞辅酶需要维生素,且细胞自身不能进行合成时,必须向细胞提供这种物质。

表 3.1　金属辅助因子、它们激活的酶以及酶的功能

金属辅助因子	酶及其功能
Co	转羧(基)酶,维生素 B_{12}
Cu	细胞色素氧化酶,参与呼吸作用的蛋白质,一些过氧化物歧化酶
Fe	激活许多酶,过氧化氢酶、加氧酶、细胞色素、固氮酶、过氧化物酶
Mn	激活许多酶,产氧光合作用,一些过氧化物歧化酶
Mo	硝酸盐还原酶、甲酸脱氢酶、氧转移酶、钼固氮酶
Ni	一氧化碳脱氢酶、大多数氢化酶、产甲烷菌的辅酶 F_{430}、尿素酶
Se	某些氢化酶、甲酸脱氢酶
V	钒固氮酶、一些过氧化物酶
W	极度嗜热菌的氧转移酶、一些甲酸脱氢酶
Zn	RNA 与 DNA 聚合酶、碳酸酐酶、乙醇脱氢酶

表 3.2　参与基团转移反应的辅酶

被转移的基因	辅　酶	缩　写
氢原子(电子)	烟酰胺腺嘌呤二核苷酸,辅酶Ⅰ	NAD
	烟酰胺腺嘌呤二核苷酸磷酸	NADP
	黄素腺嘌呤二核苷酸	FAD
	黄素单核苷酸	FMN
	辅酶 Q	CoQ
	辅酶 F_{420}	F_{420}
酰基	硫辛酰胺	
	辅酶 A	HS-CoA
一个碳的基团	四氢叶酸	
	甲基呋喃	
	四氢甲基蝶呤	
	辅酶 M	CoM
CO_2	生物素	
甲基	S-腺苷蛋氨酸	
葡萄糖	二磷酸尿苷葡糖	
核苷	核苷酸三磷酸	
乙醛	硫胺素焦磷酸	

　　酶通常以词根加后缀-ase 命名,词根是所催化的反应,或者是所转化的基质(反应物)。例如,脱氢酶(dehydrogenase)将分子上的两个氢原子及有关的两个电子去除;羟化酶(hydroxylase)去除两个电子并加入来自水分子的羟基;蛋白酶(proteinase)将蛋白质水解形成氨基酸。一个更正式的酶命名系统用于进行更精确的酶分类。水解酶(hydrolase)是一种特别重要的酶,通过水分子的介入,破坏复杂的碳水化合物、脂类以及蛋白质聚合物,生成比较简单的构造单元;氧化-还原酶(oxido-reductase)也很重要,参与非常重要的氧化-还原反应,供给细胞能量,而且在合成和维持过程中也必不可少。

　　微生物的主要能源是通过氧化-还原反应提供的,包括电子从一个原子到另一个原子,或从一个分子到另一个分子的转移。电子载体将电子从一种化合物转移到另一种化合物。

当有这种载体参与时,将最初的供体称为初始电子供体,将最终的受体称为终端电子受体。例如,在乙酸的好氧氧化过程中,乙酸分子上的电子及氢原子通过一系列复杂的酶反应去除,反应有各种电子载体参与,电子载体运载电子通过细胞色素系统,在细胞色素系统中能量被捕获,并传递给能量载体。在能量被提取之后,被用过的电子最终与氧分子结合形成水。在这个例子中,乙酸是初始电子供体,氧分子是终端电子受体。

水解反应产生很少或不产生能量,不被细胞作为主要能源使用。不过,水解反应可以分解复杂聚合物,从而使水解的部分产物能够被再次利用,合成新的聚合物或产生能量。水解酶可以是细胞外的,也可以是在细胞壁外起作用的外酶,将大分子分解成可以穿过细胞壁的小分子。细胞外酶可能被束缚在细胞外或释放到溶液中。一些水解酶也可能是细胞内的,或在细胞内起作用的内酶。

氧化-还原酶是胞内酶,尽管这种酶经常与细胞质膜结合或横跨细胞质膜。在某些情况下,氧化-还原酶与细胞膜两边的物质均能反应。有些酶与细胞壁紧密结合,既能当胞外酶,也能当胞内酶,这取决于酶催化反应发生的位置。

3.1.2　酶的反应性

酶对某种基质的反应性包括专一性与动力学。传统观点认为,基质分子或分子的一部分以"锁-匙"模式与酶的活性部位结合。体积较大的酶包围着体积较小的基质分子,后者刚好装配在蛋白质的三维结构中。辅酶、辅助因子或共基质与基质接触,通过彼此之间的静电力或振动力降低活化能,允许在基质分子的特定部位上发生特定的转化过程。

有些酶具有高度的专一性,而有些酶则缺乏专一性,这值得关注。有些酶对某一特定分子具有近乎完全的专一性,对结构非常相似的分子不起作用。有的酶能够对一类分子起作用。对于能够与各种不同分子反应的酶,每一种基质分子经常对应于不同的反应速率,这可能是由于活性部位上装配的基质不同。

酶催化反应的动力学在通常情况下与其他化学反应遵循同样的原则。在很多情况下,用于描述单分子转化单基质的动力学,也能很好地描述微生物的生长速率及基质利用速率。因此,酶催化作用的动力学在描述独立反应及复杂生物化学过程方面引起了人们的关注。

酶反应的一个特点是基质饱和现象,如图 3.2 所示,为基质浓度对酶催化反应速率的表观影响。当基质浓度很低时,反应速率随基质浓度的增加呈正比例上升。因此,反应速率与基质浓度之间呈一级反应动力学关系。随着基质浓度的增加,反应速度的增加开始减缓,呈现混合级反应关系。当基质浓度较高时,基质相对于酶呈现饱和状态,反应速率不再增加。这时的速率是该反应的最大速率。反应速率与基质浓度呈现零级反应关系。这种饱和现象是所有酶催化反应都具有的。

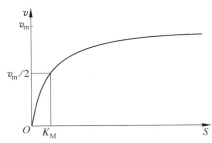

图 3.2　基于米-门动力学的基质浓度(S)对酶转化速率(v)的影响(当 S 等于 K_M 时,v 是最大反应速率 v_m 的一半)

　　Michaelis 和 Menten 认识到了这种饱和现象,并于 1913 年建立了酶作用与动力学的普遍理论,后来由 Briggs 与 Haldane 进行了扩展。这一理论假设酶 E 首先与基质 S 反应,形成一种酶-基质复合物 ES,随后,ES 分解,形成游离的酶和产物 P:

$$E + S \underset{k_{-1}}{\overset{k_1}{\rightleftharpoons}} ES \tag{3.1}$$

$$ES \underset{k_{-2}}{\overset{k_2}{\rightleftharpoons}} E + P \tag{3.2}$$

两个反应都是可逆的,变量 k 代表各反应的速率常数。在 Briggs 与 Haldane 建立的方程中,$[E]$ 是酶的总浓度,$[ES]$ 是酶-基质复合物的浓度,两者之间的差值 $[E]-[ES]$ 是游离酶的浓度。

　　因此,由 E+S 形成 ES 的速率可以表示为:

$$-\frac{d[ES]}{dt} = k_1([E]-[ES])[S] \tag{3.3}$$

　　由 E+P 形成 ES 的速率非常小,可以忽略。因此,ES 的分解速率可以表示为:

$$-\frac{d[ES]}{dt} = k_{-1}[ES] + k_2[ES] \tag{3.4}$$

　　当形成 ES 的速率恰好等于其分解速率时,系统中 ES 的浓度达到稳态,而且

$$k_1([E]-[ES])[S] = k_{-1}[ES] + k_2[ES] \tag{3.5}$$

整理式(3.5)得到:

$$\frac{[S]([E]-[ES])}{[ES]} = \frac{k_{-1}+k_2}{k_1} = K_M \tag{3.6}$$

　　常数 K_M 是 3 个速率常数的综合,称为米-门常数。求解式(3.6),得到 ES 复合物的浓度为:

$$[ES] = \frac{[E][S]}{K_M+[S]} \tag{3.7}$$

　　我们感兴趣的是反应的总速率,也就是产物 P 的生成速率。反应速率 v 可以表示为

$$v = k_2[ES] \tag{3.8}$$

　　将式(3.8)与式(3.7)结合,可以得到

$$v = \frac{k_2[E][S]}{K_M+[S]} \tag{3.9}$$

　　式(3.9)对于描述酶反应速率是最有用的,因为两个常数酶浓度(k_2 和 K_M)和基质浓度($[E]$)都是容易测定的量。

　　如果基质浓度非常高,以至于所有酶基本上都以 ES 复合物形式存在,也就是说,$[ES]=[E]$,那么可以得到最大速率 v_m

$$v_m = k_2[E] \tag{3.10}$$

　　将式(3.9)除以式(3.10),得到

$$v = v_m \frac{[S]}{K_M+[S]} \tag{3.11}$$

式(3.11)就是米-门方程,定义了基质浓度与反应速率之间的定量关系,并与最大可能速率有关。

有一种情形很重要，即当 $v = 1/2 v_{\mathrm{m}}$ 时，

$$\frac{1}{2} = \frac{[S]}{K_{\mathrm{M}} + [S]}, \quad v = \frac{1}{2} v_{\mathrm{m}} \tag{3.12}$$

这表示当 $v = \dfrac{1}{2} v_{\mathrm{m}}$ 时，

$$K_{\mathrm{M}} = [S] \tag{3.13}$$

因此，当反应速率等于最大反应速率的一半时，常数 K_{M} 等于基质浓度。K_{M} 代表基质与酶之间的亲和力。当 K_{M} 值低时，亲和力非常强，此时最大速率可以在基质浓度较低的情况下达到；当 K_{M} 值高时，亲和力弱。

当酶转化多种基质时，每种基质的 K_{M} 和 v_{m} 是不同的。不过，这些常数是独立于基质浓度的。亲和力与最大速率之间的关系如图 3.2 所示。

从基本原理出发推导式(3.9)～式(3.13)的过程，可以作为获得其他许多有用关系式的模式。上面处理的简单例子足以描述许多酶催化反应，较复杂的反应可能有几种基质和酶参与，但是，依旧可以采取相似的方法对这些复杂反应进行数学处理，只是最终结果可能很复杂，而且可能需要利用计算机才能求解。

酶催化反应依赖于 pH 与温度，因为这两个因素对酶的二级及三级结构的影响很大。许多酶在中性 pH 条件下具有最佳活性，无论 pH 从这一最佳点上升还是下降，酶的活性都会降低。另外，有些酶在较高 pH 条件下活性最佳，有些酶在较低 pH 条件下活性最佳。还有一些酶可能几乎不受 pH 变化的影响。在本章前面提到的微生物对 pH 的敏感性，在某种程度上，就是在微生物全部新陈代谢中包含的多种酶反应的综合结果。温度也影响单一酶的活性，影响方式类似于温度对微生物影响的总效应。在温度达到酶蛋白开始失活之前，温度每升高 10℃，反应速率大约增加 1 倍。温度的这种积极效应类似于所有反应的温度效应。不过，反应速率会在最佳温度范围内达到最大值，当温度高于最佳值时，酶开始变性，随后酶的活性被破坏并最终完全失活。

化学试剂也可能降低酶的反应性，这是有毒化学物对生物处理系统产生负面影响的一种方式。如果化学试剂不破坏酶，去除化学试剂，酶的反应性可以恢复。可逆抑制的两种常见类型是竞争性抑制与非竞争性抑制。

在竞争性抑制中，与正常的酶基质结构相似的化学物质会与基质竞争酶上的活性部位。例如，络合在甲烷单加氧酶活性部位上的三氯乙烯，阻止了酶与甲烷的结合，导致甲烷氧化速率的降低。不过，如果甲烷浓度增加，甲烷的反应速率也会增加，因为甲烷能将三氯乙烯从酶上置换下来。根据与上文类似的基本原理建立起来的一种竞争-抑制模式，可以得到下列结果：

$$v = v_{\mathrm{m}} \frac{[S]}{K_{\mathrm{M}}\left(1 + \dfrac{[I]}{K_{\mathrm{I}}}\right) + [S]} \tag{3.14}$$

式中，$[I]$ 是竞争抑制剂的浓度；K_{I} 是竞争抑制常数，具有与 $[I]$ 相同的浓度单位。随着 $[I]$ 的增加，反应速率降低，降低的方式与式(3.12)中 K_{M} 增加时反应速率降低的方式相似。如果 $[S]$ 足够大，抑制剂被从活性部位上去除，基质转化速率可以达到最大。

在非竞争性抑制中，化学试剂通过与金属激活剂络合发挥作用，或通过结合在酶的非活性部位上发挥作用。随后，酶对基质的反应性会降低。例如，氰化物影响需要铁才能激活的

酶,因为它能够与这种金属形成一种强络合物。金属,如 Cu(Ⅱ)、Hg(Ⅱ)、Ag(Ⅰ),与半胱氨酸(蛋白质中的一种常见氨基酸)的巯基(—SH)结合,从而影响酶的活性。在非竞争性抑制中,基质浓度的增加并不能抵消抑制剂的作用。建立在基本原理基础上的非竞争性抑制模式可以表示为:

$$v = v_m \left(\dfrac{1}{1 + \dfrac{[I]}{K_I}} \right) \left(\dfrac{[S]}{K_M + [S]} \right) \tag{3.15}$$

$[I]$ 的增加将显著降低 v_m 的值。

通过比较抑制剂影响酶反应速率的方式是改变有效 K_M 还是改变有效 v_m,能够确定抑制剂是竞争性的还是非竞争性的。不过,有些类型的抑制是以上两种情况的结合,使得有时很难判断抑制作用的确切特点。

3.1.3　酶活性的调节

微生物能产生几百种不同的酶,必须采取协调措施,以调节每种酶的产量,从而使生物能够对基质类型及浓度变化、环境条件变化,以及生物运动、生长与繁殖过程中能量需要的变化产生适当的反应。细胞不能一直都生产所有可能的酶。生物必须能够在需要时合成足够数量的某些酶,而在不再需要时停止合成这些酶,从而避免能量的无效转化,并保存有限的空间。合成各种酶的数量也必须适当,从而保证细胞所需的各种物质的产生量合适。产生量过多是浪费,而产生量不足会使细胞无法完成必要的功能。因此,细胞必须具有广泛的酶调节能力。这种调节功能非常重要,这也是在细胞 DNA 包含的信息中,有一大部分被用于酶调节的原因。

本章的 3.4 节中,将详细介绍细胞对酶合成的调节作用。简单地说,细胞通过生物化学方法控制是否按照细胞 DNA 上的相应密码来合成某种酶。为了保护细胞资源,酶不断地被分裂产生氨基酸组分。如果一种酶没有按照 DNA 上的指示被再次合成,它就会被分解,并在几分钟到几小时内消失。

细胞经常需要在短时间内控制现有酶的活性,这无法通过调节酶的合成与衰减来完成。因此,现有酶的活性可以通过可逆或不可逆的方式来控制。可逆过程包括产物抑制和反馈抑制。在产物抑制中,一种酶的产物积累能够降低该酶的活性。通常情况下,产物通过非竞争性抑制与酶发生反应。反馈抑制是类似的,不过是在沿着反应链的几个步骤中均有产物积累,降低了反应链中初始酶的活性。当细胞需要迅速提高某种酶的活性时,细胞能够降解抑制该酶的活性的蛋白质。不可逆过程包括加速不需要的酶的降解过程。

3.2　能量捕获

包括微生物在内的所有活生物均需要捕获氧化-还原反应释放的能量。电子从初级电子供体上释放,并被转移给细胞内的电子载体。载体将电子传送给电子受体,电子受体被还原,载体得以再生。转移步骤中包括自由能的释放,被细胞以能量载体的形式捕获。

3.2.1 电子与能量载体

电子载体包括两种不同的类型,一种自由扩散在细胞的整个细胞质中,另一种附着在细胞质的酶上。自由扩散载体包括烟酰胺腺嘌呤二核苷酸(NAD^+,简称辅酶)和烟酰胺腺嘌呤二核苷磷酸($NADP^+$)。NAD^+ 参与产能反应(分解代谢),而 $NADP^+$ 参与生物合成反应(合成代谢)。附着在细胞质膜上的电子载体包括 NADH 脱氢酶、黄素蛋白、细胞色素和醌。某个特定细胞使用的电子载体的种类,取决于初级电子供体与末端电子受体的相对能级。当能级差异非常大时,更多电子载体能够参与反应。

NAD^+ 与 $NADP^+$ 的反应如下:

$$NAD^+ + 2H^+ + 2e^- \Longrightarrow NADH + H^+ \qquad \Delta G^{0'} = 62kJ \qquad (3.16)$$

$$NADP^+ + 2H^+ + 2e^- \Longrightarrow NADPH + H^+ \qquad \Delta G^{0'} = 62kJ \qquad (3.17)$$

NAD^+(或 $NADP^+$)从正在被氧化的分子中提取两个质子和两个电子后,被转化为还原形式 $NAD(P)H + H^+$。反应自由能是正的,意味着必须从有机分子中获取能量才能形成 $NAD(P)H$。当 $NAD(P)H$ 反过来向另一个载体提供电子,其本身被氧化为 $NAD(P)^+$ 时释放化学能,可能被转化为其他有用形式。

如果氧气是终端电子受体,在电子通过一系列电子载体被传递给氧气的过程中释放的能量,可以通过 NADH 半反应与氧气半反应的总自由能变化来计算:

$$NADH + H^+ \Longrightarrow NAD^+ + 2H^+ + 2e^- \qquad \Delta G^{0'} = -62kJ \qquad (3.18)$$

$$\frac{1}{2}O_2 + 2H^+ + 2e^- \Longrightarrow H_2O \qquad \Delta G^{0'} = -157kJ \qquad (3.19)$$

净反应:

$$NADH + \frac{1}{2}O_2 + H^+ \Longrightarrow NAD^+ + H_2O \qquad \Delta G^{0'} = -219kJ \qquad (3.20)$$

因此,在有氧呼吸中,随电子一起从有机化学物质转移给 NADH 的能量,被释放给后面的电子载体,并最终传递给氧气,在这个例子中,1mol NADH 产生 219kJ 能量供生物利用。

这一能量是怎样被捕获的? 能量捕获通过将能量从中间电子载体转移到能量载体完成。一种主要的能量载体是三磷酸腺苷(ATP)。电子载体释放能量后[式(3.16)],能量被用于将一个磷酸盐基团加入二磷酸腺苷(ADP)

$$ADP + H_3PO_4 \Longrightarrow ATP + H_2O \qquad \Delta G^{0'} = 32kJ \qquad (3.21)$$

或者简单表示为

$$ADP + P_i \Longrightarrow ATP + H_2O \qquad \Delta G^{0'} = 32kJ \qquad (3.22)$$

在这个反应中,1mol ADP 只吸收 32kJ 能量,而当氧气作为末端电子受体时[式(3.20)],1mol NADH 释放的能量是 ADP 吸收能量的 6 倍以上。因此,理论上,在有氧条件下,1mol NADH 可以形成大约 6mol ATP。不过,实际上只形成 3mol ATP,因为在实际反应中不能将标准自由能完全捕获。因此,我们看到的是,在 NADH 将能量传递给 ATP 的过程中,只有大约 50% 的能量被实际捕获。

有一个值得关注的问题是,在厌氧条件下,由 NADH,或电子受体 NO_3^-、SO_4^{2-} 和 CO_2 能形成多少 ATP。这或许可以通过计算其他已知电子受体接收来自 NADH 的电子时释放的总自由能来估计:

$$NO_3^- : NADH + \frac{2}{5}NO_3^- + \frac{7}{5}H^+ \Longrightarrow NAD^+ + \frac{1}{5}N_2 + \frac{6}{5}H_2O \quad \Delta G^{0'} = -206\,kJ \quad (3.23)$$

$$SO_4^{2-} : NADH + \frac{1}{4}SO_4^{2-} + \frac{11}{8}H^+ \Longrightarrow NAD^+ + \frac{1}{8}H_2S + \frac{1}{8}HS^- + H_2O \quad \Delta G^{0'} = -20\,kJ$$
$$(3.24)$$

$$CO_2 : NADH + \frac{1}{4}CO_2 + H^+ \Longrightarrow NAD^+ + \frac{1}{4}CH_4 + \frac{1}{2}H_2O \quad \Delta G^{0'} = -15\,kJ \quad (3.25)$$

这种能量分析表明,以 NO_3^- 为电子受体时,可获得的能量与以氧气为电子受体时相似,但是以 SO_4^{2-} 或 CO_2 为电子受体时,产生的能量则要少得多。由于产生 1mol ATP 需要 32kJ 能量,而在后面两种情况下可获得的能量太少,1mol NADH 甚至不能形成 1mol ATP。这一结果令生物化学家们困惑了一阵子,事实上,有很多人认为,SO_4^{2-} 与 CO_2 的还原过程不可能支持能量捕获。然而,SO_4^{2-} 还原菌及 CO_2 还原菌已众所周知。1961 年,英国科学家 Peter Mitchell 解决了这个问题,提出了"ATP 的形成与通过电子转运反应建立的跨越细胞膜的'质子动力'有关",并因此而获得了诺贝尔化学奖。

式(3.18)显示,在 NADH 释放电子被氧化为 NAD^+ 的过程中,也释放质子。质子释放到细胞膜外,导致细胞膜两侧电荷不平衡及 pH 值梯度。这一现象与电池充电过程十分相似。储存在质子梯度中的化学能被细胞用于离子穿过细胞膜的转运过程、鞭毛运动以及 ADP 形成 ATP 的过程[式(3.22)]。关键在于电子从 NADH 到末端受体的转运过程与 ATP 分子的形成没有直接关系。相反,ATP 的形成独立于电子转移过程。质子动力随着所需电子转移过程的发生而增大,直到满足 ATP 的形成为止。然后,电子从一个载体运动到下一个载体的作用是产生创造跨膜势能所需的外部质子。

在 ATP 中捕获的化学能,被细胞用于细胞合成与维持。ATP 散布在细胞中,当需要 ATP 的能量时,细胞从 ATP 中提取能量,释放磷酸盐分子,将 ATP 转化为 ADP。这个过程在图 3.3 中进行了描述。在 3.2.2 节中,我们将介绍如何利用 ATP 为合成过程提供能量。

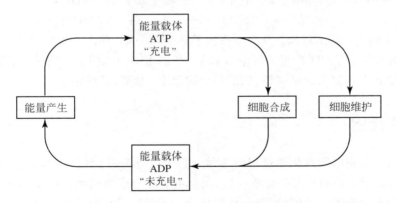

图 3.3 利用能量载体 ATP 将能量从产生到用于细胞合成或维持的转移过程

3.2.2 能量与电子投入

某些产能反应需要 ATP 及 NADP 才能启动。例如,在脂肪酸氧化过程中,首先由辅酶 A (CoA) 活化脂肪酸,然后脂肪酸才能被其他酶进一步氧化,而在脂肪酸活化过程中需要

ATP 与脂肪酸基质(R—COOH)形成复合物：

$$R—COOH + HCoA + ATP \Longrightarrow R—COCoA + ADP + H_3PO_4 \qquad (3.26)$$

能量投入的另一个例子是在启动碳氢化合物降解(加氧)反应的过程中发生的一组重要反应。加氧酶能催化将氧气中的氧直接加入有机分子的过程。这是脂肪族碳氢化合物,如汽油与天然气中的多数组分;许多芳香族化合物,如苯;多环芳烃,如萘、芘;多数卤代芳香化合物,氧化过程中关键的第一步。由于引入第一个 O 在化学上很难,因此细胞必须投入电子以插入 O 并使化合物易于进一步氧化和生成 NADH。电子的投入也是能量的投入,因为这些电子不能通过呼吸作用产生 ATP。

加氧酶有两种类型:单加氧酶,催化 O_2 分子中的一个原子转移到反应分子的过程;双加氧酶,可以催化 O_2 分子的两个原子加合到一个反应分子的过程。单加氧过程需要投入 NADH 及能量。甲烷单加氧过程的例子证明了这种投入。如果甲烷通过常规羟化反应氧化为甲醇(CH_3OH),可以产生一个 NADH:

$$CH_4 + NAD^+ + H_2O \longrightarrow CH_3OH + NADH + H^+ \qquad (3.27)$$

但是,在单加氧过程中,要消耗 NADH 及 O_2:

$$CH_4 + NADH + H^+ + O_2 \longrightarrow CH_3OH + NAD^+ + H_2O \qquad (3.28)$$

来自 CH_4 的两个电子和来自 NADH 的另外两个电子用于将 O_2 还原为 H_2O。微生物逐步将 CH_3OH 氧化为甲醛、甲酸和 CO_2,并通过氧化过程获得 3 个 NADH 的能量。对于单加氧过程,必须在第一步中投入其中的 1 个 NADH,因此,NADH 的净产生数是 2 个。对于常规的羟化过程,一共产生 4 个 NADH。因此,正常的单加氧使微生物损失了潜在 NADH(和能量)产量的一半。然而,微生物的一个好处是它仍然能够使用 CH_4 作为基质。

在双加氧反应中,两个羟基基团被引入反应分子,NADH 既没有净产生也没有净消耗。例如,甲苯的双加氧过程产生儿茶酚:

$$C_7H_8 + O_2 \longrightarrow C_7H_8O_2 \qquad (3.29)$$

不过,甲苯通过两次正常羟化过程产生儿茶酚,能够生成 2 个 NADH:

$$C_7H_8 + 2NAD^+ + 2H_2O \longrightarrow C_7H_8O_2 + 2NADH + 2H^+ \qquad (3.30)$$

因此,在从甲苯到儿茶酚的双加氧反应中投入了 2 个 NADH,理论上可以由这 2 个 NADH 形成 ATP。总体而言,NADH 产量从每摩尔 C_7H_8 的 36 降至 32,但微生物仍然能够利用甲苯。

有关单加氧和双加氧的更多信息,请参见附录 B2 章节(见网络版)。

3.3 新陈代谢

新陈代谢是细胞内所有化学过程的总称。它可以分为分解代谢,指通过基质氧化或利用太阳光获得能量的所有过程;合成代谢,包括由碳源合成细胞组分的全部过程。因此,分解代谢提供合成代谢需要的能量,分解代谢还提供运动以及任何其他耗能过程需要的能量。

在分解代谢过程中,产能基质通常逐步被氧化,通过形成中间体(代谢物),最终产生终产物。伴随着氧化过程,释放的化学能通过电子转移储存到电子载体(如 NADH)中,并通过形成富能的 P-P 键(如 ATP)储存。随后,电子及磷键的键能可能被转移到细胞的其他部分,在那里被用于细胞合成、维持或运动。

分解代谢与合成代谢之间的能量转移称为能量偶联。图 3.3 是一张描述分解代谢、合成代谢与能量偶联之间关系的简图。细胞生长与维持需要的能量,可以通过化学物质的氧化(化能营养型生物)获得,或者通过光合作用(光养型生物)获得。在化能营养型生物的分解代谢中,微生物通过氧化有机物(化能有机营养型生物)或无机物(化能无机营养型生物)获得能量。在每种情况下,释放的化学能均通过能量偶联转移,通常需要借助一种辅酶,如ATP。然后,ATP 的能量释放出来,用于合成代谢过程,如细胞合成或维持。

化能有机营养型生物分解代谢过程是相当复杂的,原因是有许多不同有机化合物能够被氧化产生电子与能量。合成代谢过程包括许多不同有机化合物的合成,如蛋白质、碳水化合物、脂类、核酸等,也相当复杂。不过,如果只从新陈代谢每一条路径的各个步骤的细节中提取共性特点,则可以得到一幅描述分解代谢与合成代谢过程的简图。

图 3.4 所示就是这样一张图,是由 Hans A.Krebs 提出的一条分解代谢途径,Krebs 在 20 世纪 30 年代对有机物分解代谢过程中的生物化学理论做出了重要贡献。图 3.4 介绍了有机物有氧分解代谢过程中的 3 个基本阶段。任何可用作基质提供电子与能量的有机物均适用这张图。从无机化合物或通过光合作用获得电子与能量的分解代谢过程,不遵循图 3.4 中所示的分解代谢步骤。

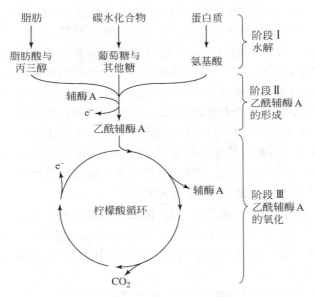

图 3.4　好氧条件下脂肪、碳水化合物、蛋白质分解代谢的 3 个阶段,反之为合成代谢过程

在有机物分解代谢过程的第 I 阶段,通常是通过水解作用,将大分子或复杂分子降解为基本结构单元,在这个过程中即使产生能量也非常少。脂肪变成脂肪酸和丙三醇;碳水化合物变成葡萄糖和其他己糖和戊糖;蛋白质分解成它们的氨基酸。在第 II 阶段,这些较小的分子被转化为少量较简单化合物。大部分脂肪酸以及氨基酸被转化为乙酰辅酶 A,乙酰辅酶 A 是乙酸的辅酶 A 复合物。己糖、戊糖以及丙三醇被转化为三碳化合物——甘油醛-3-磷酸以及丙酮酸,它们也能够被转化为乙酰辅酶 A。氨基酸也能够被转化为乙酰辅酶 A,以及几种其他产物,如 α-酮戊二酸、琥珀酸、延胡索酸或草酰乙酸。在第 II 阶段的转化过程中可以释放一些能量供细胞使用。最后,在第 III 阶段,第 II 阶段的产物进入一条共同途径,通过这条途径,这些物质被氧化,最终生成 CO_2 和 H_2O。第 III 阶段中的这条最终途径被称

为柠檬酸循环或 Krebs 循环(三羧酸循环)，产生数量最大的电子以及能量，供细胞利用。

化能有机自养型生物(如细菌)的合成代谢也是三阶段过程，类似于图 3.4 中描述的步骤，但是从相反方向发生。利用少量化合物，从第Ⅱ阶段末期或第Ⅲ阶段开始，细胞可以反过来合成结构单元。利用这些结构单元，可以构建脂类、多糖、蛋白质以及核酸大分子等细胞的基本组分。由于合成代谢是分解代谢的逆过程，因此需要消耗能量。

化能有机自养型生物经常能够利用单一有机化合物——例如，一种脂肪酸、单糖或氨基酸——作为唯一能源与碳源。这里，一部分简单基质通过分解代谢三步骤的全部或部分步骤氧化，产生能量，这取决于氧化过程从分解代谢途径的哪一步开始。另一部分简单基质随后被转化为第Ⅱ阶段以及第Ⅲ阶段的中间物，可以作为合成细胞需要的所有脂类、多糖、蛋白质及其他物质的起始物。

不过，在有些情况下，可能无法合成某种特定的结构单元，原因可能在于生物缺乏合成某种关键酶的能力。在这种情况下，生物要想生长，就必须从其他来源获得该结构单元。例如，有些细胞缺乏合成关键维生素或氨基酸的能力，必须给细胞提供这些物质，可能由另一种生物提供或由生长培养基提供。许多较高等动物，包括人类，缺乏合成许多种重要有机化合物的能力。所有这些必不可少的维生素以及生长因子，必须通过食物提供。尽管个体很小而且比较简单，大多数细菌却能够合成它们需要的所有物质。

尽管图 3.4 所示的分解代谢与合成代谢图似乎意味着合成代谢是分解代谢的简单逆转，但实际上不完全正确。沿着某一特定路径参与一个方向的转化过程的酶，不一定是参与相反方向的转化过程的酶。这种现象的出现可能是因为，一种能够有效分裂分子的酶可能在合成该分子的过程中却不是最有效的，所以进化出不同的而且更专一的酶，分别参与两个独立过程。另外，分解与合成过程可能在细胞内的不同位置发生，尤其是在真核细胞中。还有，生物在合成过程中对各种结构单元的需要不同于其对能量基质的需要。因此，合成一种特定细胞组分需要的酶的数量，可能与降解过程需要的酶的数量有很大不同，这显示了分解代谢与合成代谢具有各自独立的路径，这具有明显的优越性。

尽管分解代谢与合成代谢路径是分开的，但是在第Ⅱ阶段末期以及第Ⅲ阶段中出现的相似代谢物使这两个过程具有了一个汇合点。三阶段系统的整体设计还显示了生物如何能够适应降解多种有机物质。基本要求是将分子转化为某种形式，能够从某点上进入生物新陈代谢系统的共同路径。

现在，我们要较详细地探讨分解代谢、合成代谢以及能量偶联系统的一些内容，目的是获得整个系统如何工作，以及如何在环境控制的微生物系统中使用等更深层的概念。

3.3.1 分解代谢

化能无机营养型生物的分解代谢依赖于生物环境中化学物质的氧化与还原过程。氧化过程失去电子，还原过程得到电子。被氧化的物质称为电子供体，被还原的物质称为电子受体。因此，对于需要得到能量的化能无机营养型生物，必须由外界提供电子供体与电子受体。在有些情况下，如下文所述，一种单一化合物可以承担两种功能。

通常情况下，认为电子供体是微生物的能量基质或食物。电子供体是含有还原态碳的化合物(有机化学物质)，或含有其他还原态元素的化合物(还原态无机化合物，如氨、氢或硫化物)。地球上存在无数种供微生物利用作为底物的电子供体。

相比之下,电子受体只有相当少的几种,主要包括氧气、硝酸盐、亚硝酸盐、三价铁、硫酸盐以及二氧化碳。不过,最近几年,已知的能量代谢电子受体的数量一直在增加,现在包括氯酸盐、高氯酸盐、铬酸盐、硒酸盐以及氯代有机物,如四氯乙烯以及氯代安息香酸盐。大多数化合物经常是环境关注的,它们可能发生的转化——作为电子受体被生物利用,也日益引起人们的兴趣。一种新型电子受体是微生物燃料电池的阳极,它在从有机废物中回收能量方面发挥重要作用。

原则上,微生物应该能够利用可以产生能量的任何氧化-还原反应。微生物,尤其是细菌,作为一个群体是万能的,能够通过多种反应捕获能量。这是环境生物技术应用如此广泛的主要原因。

每转移一个电子释放出的能量,其多少取决于电子供体与电子受体的化学特性。偶联反应产生的能量可以通过半反应很好地表述,如下面有氧气参与的乙酸氧化过程所示:

乙酸与氧气(乙酸的有氧氧化)

$$\Delta G^{0'}/(\text{kJ/e}^-\text{eq})$$

供体　　$\frac{1}{8}CH_3COO^- + \frac{3}{8}H_2O = \frac{1}{8}CO_2 + \frac{1}{8}HCO_3^- + H^+ + e^-$ 　　-27.40

受体　　$\frac{1}{4}O_2 + H^+ + e^- = \frac{1}{2}H_2O$ 　　-78.72

净反应　$\frac{1}{8}CH_3COO^- + \frac{1}{4}O_2 = \frac{1}{8}CO_2 + \frac{1}{8}HCO_3^- + \frac{1}{8}H_2O$ 　　-106.12

$\Delta G^{0'}$ 的值代表在标准状态以及 pH=7 的情况下释放的自由能。书写半反应以及总反应时以 1 个电子当量(e^- eq)为基准。例如,18mol 乙酸的氧化提供 1mol 电子(也就是 1 个电子当量),而 14mol 氧气接受这个电子当量。与氧气还原过程偶联的乙酸氧化反应释放的能量为 -106.12kJ/e^- eq,在净的总反应中,能量释放以负号表示。

在第 5 章中将详细讨论其他引起关注的反应释放的能量。下面几个例子显示了总反应能随电子供体与受体的不同而变化的情况。

乙酸与二氧化碳(乙酸的产甲烷作用)

$$\Delta G^{0'}/(\text{kJ/e}^-\text{eq})$$

供体:　$\frac{1}{8}CH_3COO^- + \frac{3}{8}H_2O = \frac{1}{8}CO_2 + \frac{1}{8}HCO_3^- + H^+ + e^-$ 　　-27.40

受体:　$\frac{1}{8}CO_2 + H^+ + e^- = \frac{1}{8}CH_4 + \frac{1}{4}H_2O$ 　　23.53

净反应:$\frac{1}{8}CH_3COO^- + \frac{1}{8}H_2O = \frac{1}{8}CH_4 + \frac{1}{8}HCO_3^-$ 　　-3.87

葡萄糖与二氧化碳(葡萄糖的产甲烷作用)

$$\Delta G^{0'}/(\text{kJ/e}^-\text{eq})$$

供体:　$\frac{1}{24}C_6H_{12}O_6 + \frac{1}{4}H_2O = \frac{1}{4}CO_2 + H^+ + e^-$ 　　-41.35

受体:　$\frac{1}{8}CO_2 + H^+ + e^- = \frac{1}{8}CH_4 + \frac{1}{4}H_2O$ 　　23.53

$$\text{净反应：} \frac{1}{24}C_6H_{12}O_6 \Longrightarrow \frac{1}{8}CH_4 + \frac{1}{8}CO_2 \qquad\qquad -17.82$$

氢气与氧气（氢气的好氧氧化）

$$\Delta G^{0'}/(\text{kJ/e}^-\text{ eq})$$

供体： $\qquad \frac{1}{2}H_2 \Longrightarrow H^+ + e^- \qquad\qquad\qquad\qquad -39.87$

受体： $\qquad \frac{1}{4}O_2 + H^+ + e^- \Longrightarrow \frac{1}{2}H_2O \qquad\qquad -78.72$

$$\text{净反应：} \frac{1}{2}H_2 + \frac{1}{4}O_2 \Longrightarrow \frac{1}{2}H_2O \qquad\qquad -118.59$$

这些例子显示，有 3 个趋势是理解微生物学的关键。第一，产甲烷作用是一个厌氧过程，每电子当量产生的能量比有氧氧化少得多。两个甲烷反应的产量小于 $20\text{kJ/e}^-\text{ eq}$。第二，葡萄糖含有的能量比乙酸多，生成甲烷的差异显著。第三，氢气的化能无机营养型氧化产生的能量比乙酸的化能有机营养型氧化多，因此，H_2 是能量上有利的电子供体。

当氧化/还原对提供更多的能量时，微生物生长得更快。在第 5 章中将定量讨论能量释放的不同产生的影响。

图 3.5 为微生物利用的氧化/还原对可以提供的相对自由能。图中有两个垂直标尺，一个以 kJ 为能量单位，另一个以 V 为能量单位。由于所有反应均以一个电子当量为基准书写，两种不同的表示方法通过法拉第常数 -96.485kJ/V 直接关联。

为了表达能量是由氧化/还原反应释放的，供体半反应必须写在受体半反应上面，如葡萄糖与氧气的反应方程所示。葡萄糖半反应与氧气半反应是自然系统中发生的典型半反应的极限情况。两个半反应之间的能量差为 $-120\text{kJ/e}^-\text{ eq}$。电子受体氧气、三价铁以及硝酸盐之间在能量上并没有明显区别，均接近标尺底部。在以这三种物质为电子受体时，许多种化合物可以充当电子供体。硫酸盐与二氧化碳（在甲烷发酵过程中）在标尺上的位置要高得多。当它们作为电子受体从葡萄糖等供体上接受电子时，释放的能量要少得多。因为这两个受体在标尺上的位置很高，它们不能从位于它们下面的化合物中接受电子。

有些微生物能利用有机化合物作为电子受体与供体，这样的过程称为"发酵"。分子的一部分被氧化，另一部分被还原。提供的能量可以通过含有产物的半反应估计，如图 3.5 所示。例如，兼性或厌氧细菌一般能发酵葡萄糖。终产物有所不同，但是可能包括乙醇、乙酸、氢，或者在很多情况下是上述物质的混合物。葡萄糖发酵形成乙醇所得到的能量，等于葡萄糖半反应与乙醇半反应的能量差，大约为 $-10\text{kJ/e}^-\text{ eq}$。如果葡萄糖发酵生成乙酸，而不是乙醇，提供的能量将更多，大约为 $-14\text{kJ/e}^-\text{ eq}$。如果发酵过程的终产物是多种化合物的混合物，则每电子当量的净自由能是不同自由能的加权平均值。发酵过程要求起始化合物具有较高的正 $\Delta G^{0'}$。第 5 章提供了有关计算发酵产生的能量的更多详细信息。

从电子由电子供体转移到电子受体的热力学不受反应路径的影响。不过，从生物的角度看，反应路径还是有影响的，它关系到释放的自由能有多少能够被捕获。分解代谢的目标之一就是尽可能多地捕获释放的能量，然而，有时能量投入目标会替代能量捕获目标。这些包括活化分子（如通过氧化作用）以及产生某种分解代谢中间体用于合成，如乙酰辅酶 A。

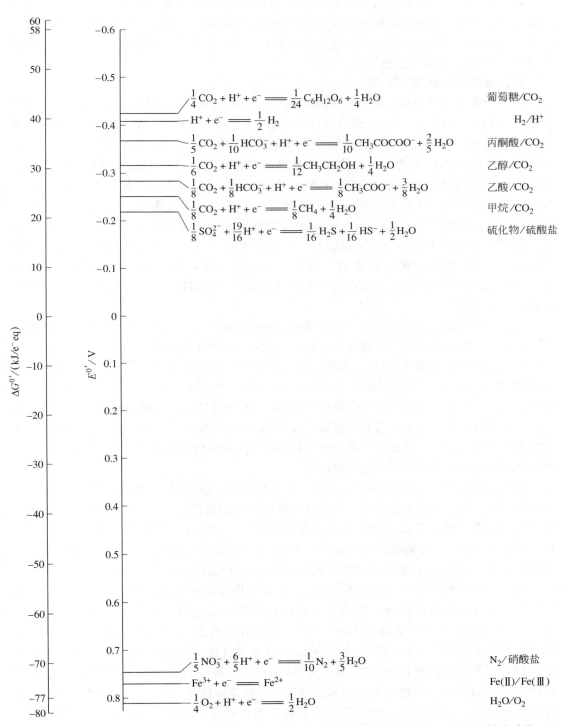

图 3.5 各氧化/还原对的能量标尺（能量标尺可以以 kJ/e^- eq 或 V 为单位，两者之间的比例关系是 1V 相当于 $-96.485kJ$）

基于化能营养型生物使用还原化合物(即电子供体)进行能量捕获的一般策略,这里详细介绍这些有机化合物氧化获取能量的重要的酶催化步骤。主要涵盖四大类有机化合物的氧化:①饱和碳氢化合物、醇、醛、酮;②脂肪酸;③碳水化合物;④氨基酸。这些物质代表了脂肪、碳水化合物以及蛋白质的结构单元。

饱和碳氢化合物、醇、醛、酮

碳氢化合物只含有碳、氢元素,或者是脂肪族(不含苯环),或者是芳香族(含苯环化合物)。因为 C—H 键与 C—C 键的强度高,从化学以及生物学的角度来看,碳氢化合物均很难被破坏。破坏非常稳定的碳氢结构,最初的步骤通常从氧化作用开始,如式(3.28)中的甲烷单加氧过程以及式(3.29)中的甲苯双加氧过程。在这两个加氧过程中均需要分子氧;NADH 作为单加氧的共底物被消耗;NADH 是双氧合第一步的共底物,但在第二步中再生;并且两种氧化都消耗 4 个电子当量。从热力学角度来看,加氧反应的代价较高,因为应该被用于将 NAD^+ 还原为 NADH 的电子实际上被用于将 O_2 还原为 H_2O,而这一过程并不能为细胞捕获电子或能量。由于这种显著的电子和能量损失,氧化每电子当量的碳氢化合物得到的生物产量一般比氧化其他不需要通过氧化活化的有机化合物低。另外,氧化作用将碳氢化合物转化为更容易被产 NADH 反应氧化的化合物,这些反应将在后面描述。

人类对启动碳氢化合物加氧反应的难度以及氧化酶与分子氧所发挥的作用已经有所了解。石油与天然气绝大部分是碳氢化合物,它们在地层中的积聚被认为是由于在石油前体沉积的沼泽地带缺乏氧气,而氧气在第一个氧化步骤中是必不可少的。由于这个原因,学术界对 20 世纪 80 年代中期发表的关于"芳香族碳氢化合物(如甲苯、二甲苯、乙苯以及苯)可以厌氧(即在缺乏分子氧的情况下)降解"的研究结果持怀疑态度。然而,从那时候起,人们分离出了几种能够厌氧氧化芳香族碳氢化合物的纯培养物,而且发现了引起这些氧化过程的新生物化学途径。自从脂肪族碳氢化合物的厌氧生物降解报道出现以来,近年来,已知的生物从有机化合物获得能量的途径在增加。

在所有情况下,—OH 中的氧均被加入碳氢化合物,并形成醇。当没有分子态氧时,可以由含氧有机化合物或水提供氧。认识这些最近发现的途径是很重要的,因为它们有助于解释在被污染的地下水、沉积物以及土壤等厌氧环境中碳氢化合物是如何消失的。这些途径还可以用于污染物生物降解的工程中。不过,我们在这里进行的一般性讨论还是集中于那些历史比较悠久的、已被充分认知的机制,这些机制在多数情况下均适用。

图 3.6 以一种典型直链烷烃为例,介绍了碳氢化合物氧化过程中的一般步骤。这里 R 代表不确定长度的烷烃链。有机化合物氧化过程一般包括去除两个氢原子与相关电子,并将电子转移给电子载体 NADH。不过,我们在前面提过,烷烃氧化为醇的过程通常是在加氧酶的作用下,以 NADH 为共基质,将分子氧直接加到烷烃上。不过,在后续的从醇到醛再到有机酸的氧化步骤中,有 NADH 生成。如果起始化合物是醇或醛,该物质将在图 3.6 中的适当位置进入氧化过程。烯烃(未包含在图中)将首先在双键上进行酶催化的水加成反应,转化为醇,然后进入该氧化过程;加成过程不是氧化反应,不形成也不消耗 NADH。

图 3.6 是一种循环模式:交替进行的脱氢与羟化步骤。在脱氢过程中,通过去除两个氢离子以及两个电子,将醇氧化为醛。NAD^+ 被还原为 $NADH_2^+$(或 $NADH + H^+$)。醇和

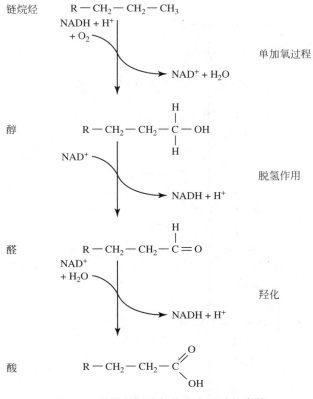

图 3.6 烷烃、醇、醛氧化为有机酸的步骤

醛均具有氧取代基,但醇的单键羟基被转化为双键醛基。在羟化过程中,通过去除两个氢离子以及两个电子并加入水分子,将醛氧化为羧酸。NAD^+ 又被还原为 $NADH_2^+$。H_2O 是氧元素的来源,氧元素被加入反应形成羧酸基团。

　　脂肪酸,无论是初始基质,还是由其他烷烃经过如图 3.6 所示的途径转化形成,都经过如图 3.7 所示的 β-氧化过程氧化。β-碳原子是从有机酸羧基碳原子开始的第二个碳原子,通过 β-氧化过程氧化。β-氧化过程的第一步是加入辅酶 A(这里以 HS-CoA 代表),形成酰基 CoA。这个步骤能够活化脂肪酸,使之能够进行后续的氧化步骤。另外,这个活化过程需要一些 ATP 能量载体形式的能量。ATP 在这一过程中释放两个磷酸基团,被转化为 AMP,即一磷酸腺苷。完成脂肪酸活化后,反应从被活化的酸中去除两个电子与两个质子,并将水分子加到反应中,然后再去除两个电子与两个质子,导致 β-碳原子被氧化成酮基。随后,辅酶 A 被加到分子上,将其分裂成乙酰辅酶 A 以及一个比原始脂肪酸少两个碳原子的酰基-CoA 化合物。这个较短的酰基-CoA 基团随后反复进行 β-氧化,直到全部转化为乙酰 CoA 分子。1mol 的十六碳脂肪酸,如棕榈酸,按照这种方式可以转化为 8mol 乙酰 CoA、7mol $FADH_2$ 以及 7mol NADH。图 3.8 还表明有 1 个 ATP 被转化为 AMP,从而为第一个步骤提供能量。

　　去除的质子与电子被转移给电子载体 FAD 与 NAH^+,形成 $FADH_2$ 和 NADH。第一个氧化步骤中的电子被转移给 FAD 而不是 NAD,原因是该步骤产生的能量较少,因此需要

R — CH2 — CH2 — C(=O)OH
HS — CoA + ATP
H2O + AMP + PPi
活化
R — CH2 — CH2 — C(=O)S — CoA
FAD
FADH2
脱氢作用
(氧化)
R — C(H) = C(H) — C(=O)S — CoA
H2O
水合作用
R — C(OH)(H) — CH2 — C(=O)S — CoA
NAD+
NADH + H+
脱氢作用
(氧化)
R — C(=O) — CH2 — C(=O)S — CoA
HS — CoA
活化
R — C(=O)S — CoA + CH3 — C(=O)S — CoA

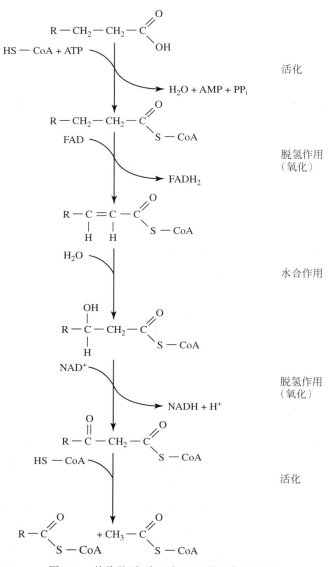

图 3.7 从脂肪酸到乙酰 CoA 的β-氧化过程

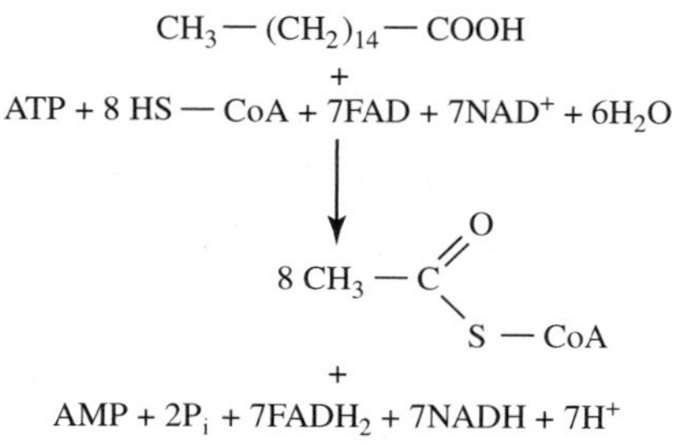

CH3 — (CH2)14 — COOH
+
ATP + 8 HS — CoA + 7FAD + 7NAD+ + 6H2O
8 CH3 — C(=O)S — CoA
+
AMP + 2Pi + 7FADH2 + 7NADH + 7H+

图 3.8 棕榈酸通过β-氧化转化为乙酰 CoA 的总化学计量式

荷能较少的能量载体完成电子转移。

含奇数个碳的脂肪酸发生类似的电子去除以及水分子加成过程,终产物之一是三碳丙酸。支链脂肪酸也经历类似的 β-氧化过程形成乙酰 CoA。通过以上任何反应形成的乙酰 CoA 基团均能进入柠檬酸循环(图 3.4),详细内容将在本节后面讨论。

碳水化合物

碳水化合物即多糖,如纤维素、淀粉以及复杂的糖类。碳水化合物的酶水解一般产生六碳己糖或五碳戊糖。这些单糖每电子当量的能量含量比乙酸或多数其他简单有机分子更高;这种差异与碳水化合物的结构有关,使它们的熵较低。由于自由能含量较高,微生物经常能通过厌氧发酵途径从碳水化合物中获得能量,尽管厌氧发酵只能生成荷能较少的终产物。

不过,当存在末端电子受体时,碳水化合物也像其他有机基质一样,能沿形成乙酰 CoA 的途径降解,最终进入柠檬酸循环。我们首先以葡萄糖为例,介绍单糖转化为乙酰 CoA 的过程,然后简单讨论发酵途径。

图 3.9 简单总结了葡萄糖转化为乙酰 CoA 的几个步骤。通过以 2mol ATP 的形式引入能量,1mol 六碳葡萄糖被一分为二,生成 2mol 三碳中间产物——甘油醛-3-磷酸。这种化合物经过氧化(电子转移形成 NADH)以及能量转移(形成 ATP)逐步转化为 2mol 丙酮酸——一种比碳水化合物氧化程度更高的三碳化合物。然后,形成了乙酰 CoA,同时释放更多 NADH 与 CO_2。形成的乙酰 CoA 随后经历柠檬酸循环中包括的正常氧化过程。由葡萄糖转化产生的总变化如下:

$$C_6H_{12}O_6 + 2HS\text{-}CoA + 4ADP + 2P_i \longrightarrow$$
$$2CH_3COS\text{-}CoA + 4NADH + 2ATP + 2CO_2 + 4H^+ \tag{3.31}$$

如果没有末端电子受体如氧气存在,许多兼性微生物能够利用葡萄糖或其他单糖为电子供体与电子受体,并从中获得能量。这种发酵过程包括图 3.9 所示的步骤,但是在生成丙酮酸之后终止,即在形成乙酰 CoA 之前结束:

$$C_6H_{12}O_6 + 2NAD^+ + 2ADP + 2P_i \longrightarrow$$
$$2CH_3COCOO^- + 2NADH + 2ATP + 4H^+ \tag{3.32}$$

式(3.32)显示生成了 2 个 ATP,这是发酵过程产能的方式。通过电子供体基质氧化直接形成 ATP 被称为底物水平磷酸化作用。

可是,在式(3.32)中还形成了 2 个 NADH。由于没有末端电子受体使 NAD^+ 再生,而生物完成整个反应需要 NAD^+,因此,细胞必须设法去掉在 2mol NADH 中含有的电子。生物通过将电子传递回丙酮酸完成这一步骤,并导致形成各种可能的化合物。可能的终产物包括乙醇、乙酸,也可能是其他简单有机化合物(如丙醇、丁醇、甲酸、丙酸、琥珀酸、丁酸中的任何一种或几种的混合物),还可能是氢气。由此形成的终产物混合物,取决于参与反应的生物以及当时的环境条件。

一个众所周知的例子是从糖类到乙醇的总发酵反应:

$$C_6H_{12}O_6 \longrightarrow 2CH_3CH_2OH + 2CO_2 \tag{3.33}$$

其中的乙醇由丙酮酸与 NADH 经过两个步骤形成:

由丙酮酸形成乙醛:

$$CH_3COCOO^- + H^+ \longrightarrow CH_3CHO + CO_2 \tag{3.34}$$

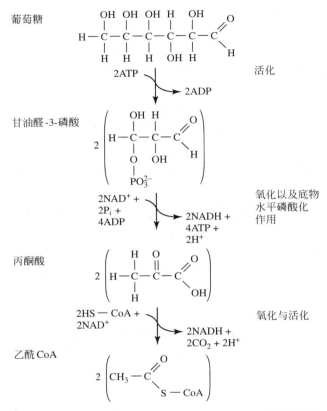

图 3.9　碳水化合物转化为乙酰 CoA 的过程（以葡萄糖为例）

由乙醛与 NADH 形成乙醇：

$$CH_3CHO + NADH + H^+ \longrightarrow CH_3CH_2OH + NAD^+ \tag{3.35}$$

将式（3.34）、式（3.35）与式（3.32）结合起来，得到的净结果是：

$$C_6H_{12}O_6 + 2ADP + 2P_i \longrightarrow 2CH_3CH_2OH + 2CO_2 + 2ATP \tag{3.36}$$

通过乙醇发酵，1mol 葡萄糖发酵形成 2mol ATP，而所有 NADH 通过丙酮酸到乙醇的还原过程再生为 NAD^+。

图 3.5 表明生物将葡萄糖发酵形成乙酸获得的能量比形成乙醇多。事实上，有些微生物能够通过丙酮酸发酵形成脂肪酸获得更多能量。可以说许多发酵途径都是可能的，而且每条途径均被许多不同生物利用。在土壤生物混合培养物厌氧发酵含碳氢化合物混合废物的过程中，一般形成的是较简单的脂肪酸，而不是乙醇，原因是优势微生物一般是那些已经找到在现有条件下从碳氢化合物中提取能量的最佳途径的微生物。

氨基酸

常见氨基酸的氧化过程是通过去除电子以及加成水完成的，就像脂肪酸与单糖的氧化过程一样。另外，必须去除氨基基团。所有氨基酸都有一个氨基基团与末端羧基旁边的 α 碳原子键合在一起：

$$R\text{-}CHNH_2COOH$$

去氨基作用包括几个步骤，但可以总结为

$$R\text{-}CHNH_2COOH + NAD^+ + H_2O \longrightarrow R\text{-}COCOOH + NH_4^+ + NADH \qquad (3.37)$$

这里,去氨基作用使 α 碳原子氧化形成酮基,释放氨,并形成 1mol NADH。由约 20 种不同的氨基酸经去氨基作用形成的有机酸通常在转化为乙酰 CoA 后,在不同点上进入柠檬酸循环。不过,有些氨基酸会被转化为像 α-酮戊二酸(精氨酸、谷氨酸、谷氨酰胺、组氨酸、脯氨酸)、琥珀酸(异亮氨酸、蛋氨酸、苏氨酸、缬氨酸)、延胡索酸(天冬氨酸、苯丙氨酸、酪氨酸)或者草酰乙酸(天冬酰胺、天冬氨酸)这样的产物。这些产物是柠檬酸循环的组分,可以直接进入柠檬酸循环被氧化。

柠檬酸循环

我们现在已经了解了脂肪、碳氢化合物以及蛋白质这些基本食物种类是如何被水解(如果是聚合物形式),然后被部分氧化产生 NADH 与乙酰 CoA 或某些柠檬酸循环中的组分。基本上所有的有机化合物均在某种程度上适合这一代谢模式。当存在末端电子受体时,乙酰 CoA 进入柠檬酸循环。

图 3.10 总结了柠檬酸循环的步骤。为了进入柠檬酸循环,乙酰 CoA 首先与草酰乙酸及水分子结合形成柠檬酸。柠檬酸循环最重要的特点包括:
- 乙酸的 8 个电子分四步成对去除,产生 3 个 NADH 与 1 个 $FADH_2$;
- 乙酸中的 2 个碳原子分两步去除,产生 CO_2;
- 有 1 个底物水平磷酸化步骤,生成 1 个 GTP(鸟苷三磷酸,ATP 的类似物);
- 4 个 H_2O 加成步骤,1 个脱 H_2O 步骤;

在最后一步中,苹果酸被氧化形成草酰乙酸,草酰乙酸随后与乙酰 CoA 结合,开始重复柠檬酸循环。

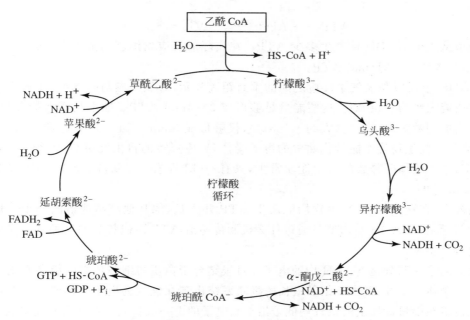

图 3.10 柠檬酸循环的步骤

在氧化乙酰 CoA 的柠檬酸循环中包含的所有反应的净结果是:
$$CH_3COS\text{-}CoA + 3NAD^+ + FAD + GDP + P_i + 3H_2O \longrightarrow$$

$$2CO_2 + 3NADH + FADH_2 + GTP + 3H^+ + HS\text{-}CoA \qquad (3.38)$$

如果我们回过头来考虑葡萄糖的分解代谢,并始终沿着有柠檬酸循环发生的路径,则净反应为

$$C_6H_{12}O_6 + 10NAD^+ + FAD + 2ADP + 2GDP + 4P_i + 6H_2O \longrightarrow$$
$$6CO_2 + 10NADH + 2FADH_2 + 2GTP + 2ATP + 10H^+ \qquad (3.39)$$

从葡萄糖碳到二氧化碳的总氧化反应中,产生了 10 个 NADH、2 个 FADH$_2$、2 个 GTP 与 2 个 ATP。底物水平磷酸化作用产生 4 个高能磷酸键,而来自葡萄糖的能量储存于还原态电子载体 NADH 与 FADH$_2$ 中。为了获得最大能量,用于细胞生长与维持,必须通过一个被称为氧化磷酸化的过程捕获电子载体中的能量。

氧化磷酸化

微生物需要大量 ATP 用于合成与维持,可以通过将储存于 NADH 与 FADH$_2$ 中的大量势能转化给 ATP。生物是如何利用电子载体,为生长、复制、运动与维持提供能量的呢?能量传递发生的过程被称为氧化磷酸化过程。一个密切相关的术语是呼吸作用,指末端电子受体的还原过程。呼吸作用通过氧化磷酸化过程为细胞创造能量。能够被捕获的势能取决于使用的末端电子受体。如果末端电子受体是 O$_2$,那么可以获得的能量相当高,每摩尔 NADH 可能足够形成 3mol ATP。如果电子受体是硫酸盐,那么可能最多只形成 1mol ATP。(图 3.5)

通过计算 NADH 与各种可能电子受体之间的自由能的能差(图 3.11),很容易得出电子从 NADH 传递到 ATP 能够提供多少能量。比较这些能差与产生 1mol ATP 需要的能量:

$$ATP \longrightarrow ADP + P_i, \quad \Delta G^{0'} = -31kJ \qquad (3.40)$$

可以知道从 1 个 NADH 能产生多少 ATP。在实际的反应物细胞内浓度下,实际的 ΔG 值还要高些,大约 $-50kJ/mol$ ATP。

NADH 半反应与氧气半反应之间的垂直距离显示,有氧气参与的 NADH 氧化过程释放的自由能大约为 $-110kJ$。这些能量足够形成 $3\sim4mol$ ATP。如果是硝酸盐参与反应,释放自由能的数量稍微少些(大约 $-105kJ$),仅够形成 3mol ATP。四氯乙烯,一种氯代溶剂,也能被一些生物当作能量代谢中的电子受体,反应释放的自由能更少,大约 $-78kJ$;硫酸盐作为电子受体时释放的自由能非常少,只有 $-9kJ$ 左右;可见,1mol NADH 只能产生不足 1/3mol 的 ATP。

实际上,在这些例子中,生物均能产生 ATP 并生长,像其他跨越能谱的例子一样。接下来的问题是:NADH 自由能是通过什么机制传递给 ATP 而使势能的这种巨大变化得以很好地调节?

答案的第一部分是 NADH 中的电子经过膜结合蛋白质与细胞色素的级联系统传递到末端电子受体。图 3.12 中介绍了最长的级联系统出现在氧气为电子受体时。每个蛋白质或细胞色素在能量标尺上的位置均低于给予它电子的上一级物质。在利用其他末端电子受体或生物类型不同的情况下,参与电子传递的特定蛋白质复合物与细胞色素可能与图 3.12 所示的不同,而且可能在数量上要少一些。当实际末端受体的 $\Delta G^{0'}$ 值(正值)比氧气高时,级联系统将在细胞色素 aa$_3$ 之前终止。

答案的第二部分是从 $NADH_2^+$ 到末端受体的电子传递导致了质子的释放,并被传递到

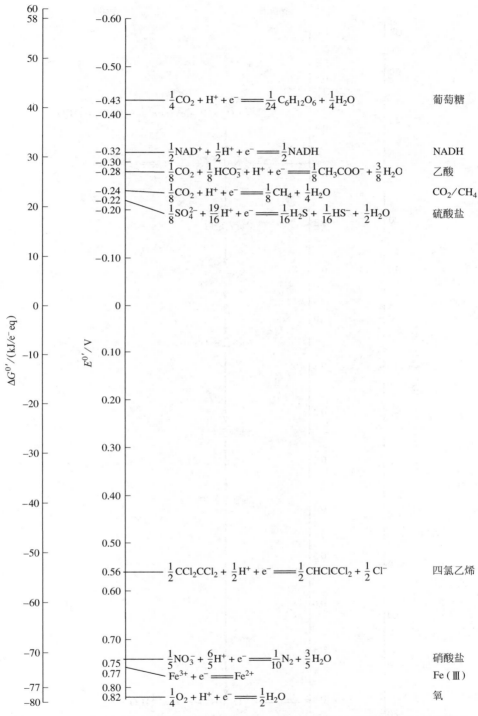

图 3.11 $NAD^+/NADH$ 对与各种潜在电子受体对的能量含量对比[能量含量以标准自由能(kJ/e^- eq)或 pH=7 时的标准势能(V)表示]

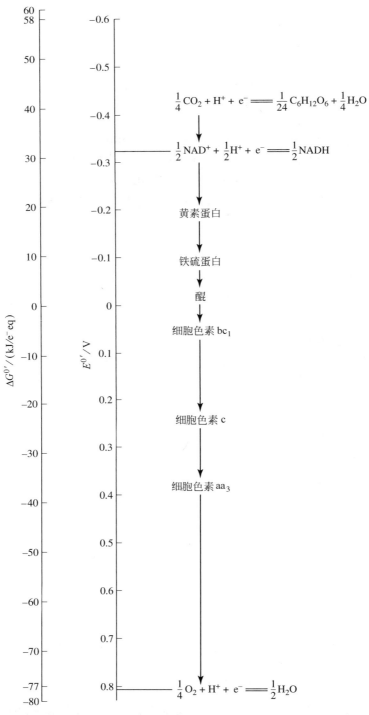

图 3.12　氧气的电子传递热力学：从葡萄糖到 NADH，再从 NADH
经过几个可能电子载体到达末端电子受体

细胞膜外,或者导致氢氧根离子积聚在细胞膜内壁上。例如:

$$NADH(in) + H^+ (in) + FP(ox) \longrightarrow NAD^+ (in) + 2H^+ (out) + FP(red)^{2-} \quad (3.41a)$$

$$2H_2O(in) \longrightarrow 2H^+ (out) + 2OH^- (in) \quad (3.41b)$$

在上面两个方程中,"in"和"out"指的是该组分分布在细胞膜的哪一侧。对于图 3.12 中的电子传递链,多数离子分离过程在电子由黄素蛋白到细胞色素 bc_1 的传递过程中发生。将 H^+ 与 OH^- 泵送到细胞膜另一侧,可以产生跨越细胞膜的质子动力(proton motive force, PMF)。PMF 是一种自由能梯度,可以用于促进由 ADP 与磷酸盐形成 ATP。

$$H^+ (out) + ADP + P_i \longrightarrow H^+ (in) + ATP \quad (3.42)$$

如果末端电子受体处于图 3.11 的能量标尺上氧气以上的位置,那么可用于产生 PMF 的能量就要少些。因而必须氧化更多 NADH 才能产生足够大的 PMF 来推动式(3.42)发生。希望更详细地了解氧化磷酸化过程的读者,可以参考本章最后列出的微生物学或生物化学的高级读物。

现在回到葡萄糖的例子,从式(3.39)可见,1mol 葡萄糖氧化可以产生 10mol NADH 与 2mol $FADH_2$。在这些载体中含有的电子通过氧化磷酸化过程传递给末端电子受体。如果末端受体是 O_2,可以估计,由产生的质子动力形成的 ATP 产率:对于 NADH,大约是 2.5;对于 $FADH_2$,大约是 1.5。利用这些数值,我们可以写出与 ATP 生成偶联的葡萄糖氧化总化学计量式:

$$C_6H_{12}O_6 + 6O_2 + 30ADP + 2GDP + 32P_i \longrightarrow$$
$$6CO_2 + 12H_2O + 30ATP + 2GTP \quad (3.43)$$

1mol 葡萄糖的完全氧化产生 30 当量的 ATP 和 2 当量的 GTP,总共 32 当量。

通过分析表 3.3 中葡萄糖发酵与氧化反应的 3 个例子,我们可以了解到,从基质氧化或发酵到能量载体 ATP 与 GTP,微生物传递能量的效率是怎样的。我们看到由基质转化释放的标准自由能大约有 50% 被传递给能量载体。可以预期,当电子载体能量反过来传递给蛋白质、碳水化合物、脂肪与核酸(细胞结构的基本组分)的合成过程时,可能获得相同的能量传递效率。那么,传递给细胞合成的能量在总能量中所占比例将是"50%×50%",或者说大约 25%。

表 3.3　从葡萄糖转化到 ATP 形成的能量传递效率

葡萄糖反应	$\Delta G^{0'}$ / (kJ/mol 葡萄糖)	生成 ATP 的数目	总 ATP (ADP)能量[①]/kJ	能量传递 效率/%
$C_6H_{12}O_6 + O_2 \longrightarrow 6CO_2 + 6H_2O$	−2882	32[②]	1600	56
$C_6H_{12}O_6 \longrightarrow 2CH_3CH_2OH + 2CO_2$	−244	2	100	41
$C_6H_{12}O_6 \longrightarrow 3CH_3COO^- + 3H^+$	−335	3	150	45

① 假定 ATP 的生理能量含量是 50kJ/mol;

② 由葡萄糖氧化形成的 30mol ATP 与 2mol GTP 的总和。

通过这样的能量计算,我们能够估计基质转化能形成多少 ATP 分子,简单方法就是先计算从供体到受体的电子传递过程释放的自由能,然后假定大约有 50% 被转化为 ATP。在第 5 章中,我们将系统地介绍这一方法,并将它与合成过程的能量消耗联系起来。

并非所有生物在从基质氧化获取能量时都有同样的效率。最高能量传递效率大约为

60%。如果微生物酶或电子载体没有进化出利用释放能量的能力，则能量的净传递可能比较低。同样，如果环境抑制剂将能量传递过程从电子流动中截断，或者当微生物进行电子输入启动了生物降解(如氧化)，将出现较低的能量捕获效率。

微生物不仅利用能量生长，还用于维持自身机能，如运动以及修复大分子。有一个有趣的问题是：细菌利用多少能量来运动，基质分解代谢产生的能量怎样转化为细胞运动？许多细菌通过鞭毛旋转运动。有一种生物鼠伤寒沙门菌，是一种通过食物与水传播的病原体，具有 6 根鞭毛。通过这 6 根鞭毛同时以 100r/s 左右的速度逆时针旋转，该生物能以大约 $25\mu m/s$ 的速度向前运动。每秒移动的距离大约是体长的 10 倍! 鞭毛旋转由跨膜质子动力驱动原生质膜中的鞭毛旋转发动器完成。一根鞭毛的一次旋转大约需要 1000 个质子。因此，每秒需要大约 600 000 个质子来推动细菌前进。尽管这看上去是一个很大的数目，但我们必须记住 1mol 物质含有 6.02×10^{23} 个分子，因此，实际需要的基质能量并不是很多。事实上，细胞只将它所获能量的不足 1% 用于运动。细胞能将质子动力直接用于运动而不是利用像 ATP 这样的能量载体的事实，揭示了微生物在能量利用上的高效性，这种高效性表现在，微生物将电子载体与能量载体的数量减到最低。需要的传递过程越少，能量捕获与利用总反应的效率就越高。

光养型生物的能量传递

许多光养型微生物从阳光中获得能量。阳光中的能量是以电磁辐射量子或光量子的形式传送，具有与光的波长有关的特征能量含量：

$$E_{photon}=\frac{hc}{\lambda} \tag{3.44}$$

式中，h 为普朗克常量，等于 $6.63\times10^{-34}J\cdot s$；$c$ 为光速，等于 $3\times10^{10}cm/s$；λ 为辐射波长，cm。因此，每摩尔或每爱因斯坦($N=6.023\times10^{23}$)光子的能量计算式为

$$E=\frac{hc}{\lambda}N=12(J\cdot cm)/Einstein \tag{3.45}$$

可见光的波长在 $4\times10^{-5}cm$(紫光)与 $7\times10^{-5}cm$(红光)之间，能量含量在 $170\sim300$kJ/Einstein。

下面，我们讨论光能如何转化为细胞能够利用的化学能。叶绿素是细胞中捕捉光能的主要色素。通常情况下，叶绿素是绿色的，原因是正常情况下，叶绿素捕捉的是光谱红光端与紫光端的能量，而不是光谱中段或绿光部分的能量。不被捕捉的绿光随后被反射离开光合色素。但是，并非所有光合生物都是绿色的。有些光养型生物具有其他类型的光捕捉色素，或者具有能吸收光谱其他部分的光的辅助色素，这些光养型生物呈现从棕色到红色的不同颜色。

虽然产氧光合作用与不产氧光合作用的光捕获反应有些不同，但结果是一致的：光养型生物都利用从光中捕获的能量产生 ATP、NADPH 以及氧化产物。

在产氧光合作用中，两个独立的光反应相互作用，如图 3.13 所示。在光合系统 I 中，一个波长小于 700nm 的光子被吸收，由此释放的能量产生一种强还原剂，导致 NADPH 的形成。在光合系统 II 中，波长较短(<680nm)、能量更高的光产生一种强氧化剂，导致由水分子生成氧气。同时，光合系统 II 产生一种弱还原剂，而光合系统 I 产生一种弱氧化剂。从光合系统 II 到光合系统 I 的电子流，加上每个光合系统内部的电子流，产生一个跨膜质子梯度(PMF)，驱动 ATP 的形成。关于这一过程中发生的许多中间反应，在微生物学(Madigan et al.，2019）与生物化学（Miesfeld and McEvoy，2017；Nelson and Cox，2005）通用教材中有详细描述。

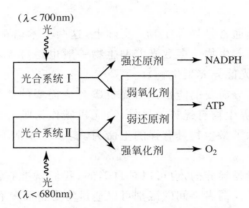

图 3.13 产氧光合作用中光合系统 Ⅰ 与光合系统 Ⅱ 的相互作用

（资料来源：Stryer，1995）

在产氧光合作用中发生的净总反应可以总结为

$$H_2O + NADP^+ + ADP + P_i \longrightarrow NADPH + H^+ + ATP + 0.5O_2 \qquad (3.46)$$

请注意，用于将 $NADP^+$ 还原成 $NADPH + H^+$ 的两个电子来自水分子中的氧元素，形成的氧化产物为 0.5 个 O_2 分子。这意味着含氧光养生物的电子供体是 H_2O。氧化 H_2O 需要大量的能量输入，式（3.46）的反应需要 2 个光量子，或者说每个反应需要 $400\sim500$ kJ 能量，这取决于被吸收的辐射能量。

我们可以计算在这个反应中能量传递的效率：考虑到式（3.46）基本上是式（3.20）中 219 kJ 与式（3.21）中 32 kJ 的反向加和，因此，得出形成的 NADPH 与 ATP 的总自由能含量为 251 kJ。在此基础上，得到从光能到化学能的能量传递效率为 $50\%\sim62\%$，类似于化能营养型生物的分解代谢反应的效率。

缺氧光合作用，如紫细菌与绿细菌的光合作用，在厌氧条件下发生，而且通常只利用光合系统 Ⅰ。某些藻类与蓝细菌也能在厌氧条件下仅利用光合系统 Ⅰ 生长。在这些情况下，由其他物质代替 H_2O 作为电子供体，如 H_2 或 H_2S。例如，可以从 H_2S 提取两个电子，就像在上述反应中从 H_2O 提取两个电子一样，导致 NADPH 的形成，最终形成氧化终产物是 S 原子而不是 0.5 个 O_2。在化学上发生的这些有趣变化，再次强调了微生物具有的多功能性：能从多种潜在化学与光化学来源中捕获能量。

3.3.2 合成代谢

合成代谢是进行细胞合成的一系列新陈代谢过程。简单地说，合成代谢是分解代谢的逆过程。简单化学前体（如乙酸）被转化为一系列比较复杂的结构单元（如葡萄糖），这些结构单元随后被组装成大分子，包括蛋白质、碳水化合物、脂类、核酸以及其他细胞组分。不过，在两种新陈代谢过程中发挥作用的酶以及具体代谢途径有些不同，原因在于，特别擅长分解与氧化复杂分子的系统，不一定也擅长还原与组装这些复杂分子。

合成代谢的两种基本类型是异养与自养。在异养中，一种有机化合物，通常是具有两个或两个以上碳原子的物质,作为细胞的主要碳源。在自养中,无机碳是唯一的基本碳源,尽管可能也需要少量有机化合物,如维生素。有些生物既能以自养方式也能以异养方式生长,这种情况被称为混合营养。

化能有机营养型生物通常是异养生物;实际上,这两个术语常常可以交换使用。化能无机营养型生物一般是自养生物。多数光养型生物一般也是自养生物(光能自养型生物),但也有些可能是异养的(光能异养型生物)。

由有机碳合成细胞组分需要的能量比由无机碳合成需要的能量少得多。因此,有有机碳存在时,异养生物比自养生物有优势。另外,当无机碳作为唯一碳源存在时,自养生物能够占据优势。这再次揭示了微生物具有强的生命力,能够在非常不同的环境条件下获得生长需要的能量与碳源。

既然细胞合成既可以是异养的,也可以是自养的,我们就把它们看作两个独立的过程。在两种情况下均需要能量。两者之间的区别可以通过考虑将简单有机化合物(如乙酸)转化为葡萄糖——碳氢化合物的主要结构单元之一——需要多少能量来说明:

$$3CH_3COO^- + 3H^+ \longrightarrow C_6H_{12}O_6 \qquad \Delta G^{0'} = 335kJ \qquad (3.47)$$

这一能量可以同二氧化碳转化为相同结构单元需要的能量相比较:

$$6CO_2 + 6H_2O \longrightarrow C_6H_{12}O_6 + 6O_2 \qquad \Delta G^{0'} = 2880kJ \qquad (3.48)$$

由二氧化碳合成六碳糖需要的能量比由乙酸合成需要的能量多8倍以上。异养的优势十分明显。

细胞生长需要的能量直接来自分解代谢中合成的ATP。不过,有时,特别是在自养生长中,NADH或NADPH形式的还原能直接用于将无机碳还原为有机碳。在合成过程中,NADH或NADPH的消耗是一种能量消耗,原因在于那些还原态载体不能被送给末端电子受体去生成ATP。

Melvin Calvin及其同事于1945年最先解释了光养生物将CO_2转化为葡萄糖的途径与过程,该理论被称为卡尔文循环(图3.14)。CO_2通过与核酮糖-1,5-二磷酸加成形成3-磷酸甘油酸而进入循环。通过以ATP的形式加入能量,并以NADPH的形式加入还原力,形成六碳果糖-6-磷酸,并被用于生物合成。在这个循环中,还形成甘油醛-3-磷酸,随后,通过加入更多ATP能量,甘油醛-3-磷酸被转化形成核酮糖-1,5-二磷酸,核酮糖-1,5-二磷酸再与二氧化碳反应,完成循环。卡尔文循环的净结果是:

$$6CO_2 + 18ATP + 12NADPH + 12H^+ \longrightarrow C_6H_{12}O_6 + 18ADP + 18P_i +$$
$$6H_2O + 12NADP^+ \qquad (3.49)$$

我们能很容易计算在二氧化碳形成六碳糖的过程中需要的能量输入,如果考虑到式(3.49)等于式(3.48)与表示NADPH变化的式(3.2)及表示ATP变化的式(3.3)相结合,可得:

$$18ATP + 18H_2O \longrightarrow 18ADP + 18P_i \qquad \Delta G^{0'} = 576kJ \qquad (3.50)$$

$$12NADPH + 6O_2 + 12H^+ \longrightarrow 12NADP^+ + 12H_2O \qquad \Delta G^{0'} = 2628kJ \qquad (3.51)$$

这里,由ATP及NADPH释放的总能量为3204kJ。式(3.48)中形成的己糖的能量含量是2880kJ,是该能量值的90%,说明能量传递的效率非常高。绝大多数己糖形成需要的能量来自NADPH,而不是ATP。如果在产氧光合作用中,光能向ATP与NADPH的转化效率是50%~60%,而从ATP与NADPH能量到己糖形成的效率大约为90%,那么从光能到己糖的总转化效率为50%左右。

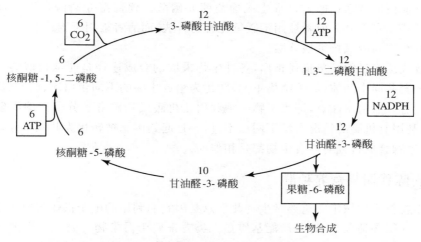

图 3.14　卡尔文循环（化合物上的数字指参与 6mol CO_2 生成果糖-6-磷酸循环的每种化合物的物质的量）

尽管卡尔文循环被产氧自养型生物利用，但有几个种群的自养生物，CO_2 固定并不是通过这个循环完成的，如光养绿硫细菌、绿屈挠菌属、同型乙酸菌、某些硫还原菌，以及产甲烷古细菌。这些生物一般利用二氧化碳形成乙酰 CoA，由此形成的乙酰 CoA 作为起始物，被这些生物用于细胞物质的合成。这种乙酰 CoA 合成途径只出现在某些专性厌氧生物中，包括 1mol CO_2 还原形成乙酸的甲基基团，另外 1mol CO_2 还原形成羧基基团。这些还原过程需要 H_2 作为电子供体。在这个途径中发挥作用的一种关键酶是一氧化碳脱氢酶——一种以金属 Ni、Zn、Fe 为辅因子的复合酶。因此，生物生长需要足够数量的这些金属。还原反应导致由 CO_2 形成 CO，而 CO 变成乙酰 CoA 的羧基碳原子。一种辅酶——四氢叶酸，参与 CO_2 还原形成乙酰 CoA 的甲基基团的过程。随后，乙酰 CoA 作为结构单元参与合成生物的所有细胞组分。

异养生物细胞物质的合成比自养生物简单，原因是用于合成的碳原子已经处于还原状态。大多数有机化合物的分解代谢生成乙酰 CoA，而乙酰 CoA 随后就能用作细胞合成的结构单元，就像上面对某些自养生物的讨论那样。还有一种不同情况，就是被称为甲基营养生物的微生物，能利用一碳有机化合物，如甲烷、甲醇、甲酸、甲胺，甚至还能利用还原态无机化合物 CO。没有将这些化合物直接转化为乙酰 CoA 的路径。在这种情况下，大多数甲基营养生物能利用丝氨酸途径将甲醛（由一碳有机化合物形成）与二氧化碳结合，形成乙酰 CoA。这一途径适用于 II 型甲烷营养型生物，该生物属于利用甲烷获得能量并生长的生物。不过，另一个种群——I 型甲烷营养型生物，通常利用核酮糖单磷酸循环完成甲烷的同化作用。这些生物缺乏柠檬酸循环途径，乙酰 CoA 无法通过柠檬酸循环供给细胞合成的需要，因此需要替代方法。I 型甲烷营养型生物产生的不是乙酰 CoA，而是甘油醛-3-磷酸；甘油醛-3-磷酸被用于细胞组分的合成。这种化合物在微生物总新陈代谢中的位置如图 3.9 所示。

一旦细胞具有了基本物质，如乙酰 CoA，它就能够利用这些物质去创造需要的所有类型主要分子。例如，利用两个乙酰 CoA（通过多步反应）生成四碳草酰乙酸盐，并最终通过葡萄糖发酵或糖酵解途径的逆过程生成葡萄糖-6-磷酸。葡萄糖-6-磷酸是六碳葡萄糖与五碳核酮糖-5-磷酸的前体；前者被用于碳氢化合物合成,而后者被用于构造 DNA 与 RNA 需要的核糖核苷酸与脱氧核糖核苷酸。

对合成代谢途径的简单描述指出,各种生物采取的合成途径是非常相似的。所有途径都必须将一套共同中间体(简单结构单元)转化为组成生物的不同蛋白质、脂肪、碳氢化合物以及核酸。有一点值得注意,即当生物必须利用无机碳或一碳有机分子为碳源创造共同中间体时,与利用有机碳的情况有所不同。不过,一旦起始碳源被转化为共同中间体或结构单元,后面的生物合成过程对所有生物都是相似的。

3.3.3 新陈代谢与营养种群

环境生物技术领域中的重要微生物几乎总是因它们利用的电子供体与电子受体而具有重要意义。在很多情况下,这些产能基质在人类看来属于污染物。表3.4根据微生物的电子供体基质、受体基质以及碳源与域,列出了主要的微生物类型。因此,表3.4是根据营养种群对微生物进行分类的。营养指生物如何供养自身。微生物需要消耗供体、受体以及碳源,而且它们是决定营养种群的最基本因素。

表3.4为那些希望了解在后续章节中讨论的微生物属于哪种新陈代谢类型的读者提供方便的参考。表中并不包括全部的微生物类型,新的类型还在不断地被发现。

表 3.4　以电子供体、电子受体、碳源及域为基础的主要微生物类型营养分类

微生物种群	电子供体	电子受体	碳源	域
需氧异养生物	有机物	O_2	有机物	细菌、古细菌与真核生物
硝化细菌	NH_4^+	O_2	CO_2	细菌与古细菌
	NO_2^-	O_2	CO_2	细菌
脱氮细菌	有机物	NO_3^-,NO_2^-	有机物	细菌
	H_2	NO_3^-,NO_2^-	CO_2	细菌
	S°	NO_3^-,NO_2^-	CO_2	细菌
产甲烷菌	乙酸	乙酸	乙酸	古细菌
	H_2	CO_2	CO_2	古细菌
嗜甲烷菌	CH_4	O_2	CH_4	细菌
硫酸盐还原菌	乙酸	SO_4^{2-}	乙酸	细菌
	H_2	SO_4^{2-}	CO_2	细菌
硫化物氧化菌	H_2S	O_2	CO_2	细菌与古细菌
产乙酸菌	H_2	CO_2	CO_2	细菌
羧化营养菌	CO	CO_2，$Fe（Ⅲ）$，SO_4^{2-},H^+	CO_2	细菌
发酵生物	有机物	有机物	有机物	细菌与真核生物
嗜盐菌	H_2	电子转换效率	乙酸	细菌
阳性呼吸菌	乙酸	阳极	乙酸	细菌
	H_2		CO_2	细菌
光养生物	H_2O	CO_2	CO_2	真核生物与细菌
	H_2S	CO_2	CO_2	细菌
	H_2	CO_2	CO_2	细菌

3.4　遗传学和信息流

　　像所有活生物一样,微生物利用复杂的信息流动网络来控制其类型与行为。信息流与遗传学是同义的,原因是信息仓库就在基因中。不过,基因只是遗传学与信息流动的起点,几种其他类型的分子也是必不可少的。

　　关于细胞应该组装什么样的大分子,利用什么样的产能反应与合成反应,以及如何与环境相互作用,这些信息被编码在脱氧核糖核酸大分子(deoxyribonucleic acid,DNA)中。在DNA上编码的基因并不实际承担任何细胞工作,如能量产生或合成,而是通过精确的多步骤机制来解码DNA上的信息,并最终生成各种工作分子,即用于催化所有关键反应的酶。在DNA遗传密码与工作酶之间起作用的是三种不同类型的核糖核酸(ribonucleic acids,RNA)大分子:信使RNA、核糖体RNA以及转运RNA。

　　图3.15总结了基因中的信息转化给酶的过程。基因是DNA的一个片段,或称为一段脱氧核糖核苷酸序列。这段脱氧核糖核苷酸序列被完全如实地复制给一段互补的(也就是"配对")核糖核苷酸序列,该核糖核苷酸序列构成信使RNA(messenger RNA,mRNA)。通过将DNA密码复制到mRNA上,细胞能够在不破坏或扭曲DNA的情况下利用DNA上的信息。

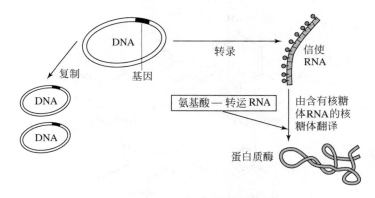

图 3.15　从基因(在 DNA 上)到工作酶催化剂的信息流动

　　mRNA分子随后与核糖体相互作用;核糖体是一种巨大的多组分分子,含有另一种形式的RNA——核糖体RNA(ribosomal RNA,rRNA)。在核糖体中,mRNA通过指示氨基酸装配的顺序指导蛋白质的组装过程。mRNA上的密码确定哪种类型的转运RNA(transfer RNA,tRNA)应该进入核糖体,并提供特定氨基酸到正在生长的蛋白质链上。不同的tRNA分子与制造酶需要的特定氨基酸键合,并与mRNA上的特定密码配对。核糖体中tRNA与mRNA的集合机制对细胞而言是一种万能的、有效的途径,使细胞随时能够合成它们需要的任何类型的酶。

　　图3.15的左侧表示基本信息被复制,当细胞需要一个复制细胞时便发生这种情况,例如当一个细胞分裂形成两个细胞时。复制过程产生一个与亲代DNA完全相同的复制品,而不是与RNA互补的复制品。

下面几节将介绍核酸以及核酸如何执行图 3.15 所示的步骤。在如何控制信息流的细节方面，原核生物与真核生物有一些重要的区别，但是基本过程是相同的，就像图 3.15 中概括的那样。下一节将重点介绍原核生物的共同特征以及采用的方式。

3.4.1 脱氧核糖核酸(DNA)

嘌呤与嘧啶核苷酸序列被磷酸二酯键连接成较大的聚合物，基因通过此聚合物来编码。基本的核苷酸包括三部分：五碳糖或脱氧核糖；含 N 碱基；磷酸基团。图 3.16 所示是用于形成 DNA 的基本脱氧核糖单位与 4 个含 N 碱基的结构。图中尤其重要的是对脱氧核糖上 1,3,5 号位置的定位，以及将两种嘌呤碱基(腺嘌呤与鸟嘌呤)与两种嘧啶碱基(胞嘧啶与胸腺嘧啶)区分开。嘌呤是具有 2 个环的含 N 杂环化合物，环上有 4 个 N 原子；而嘧啶是单环杂环化合物，环上有 2 个 N 原子。两种基团都称为碱基，原因是 N 原子能够从 H_2O 中吸引 H^+，并释放强碱基(OH^-)。

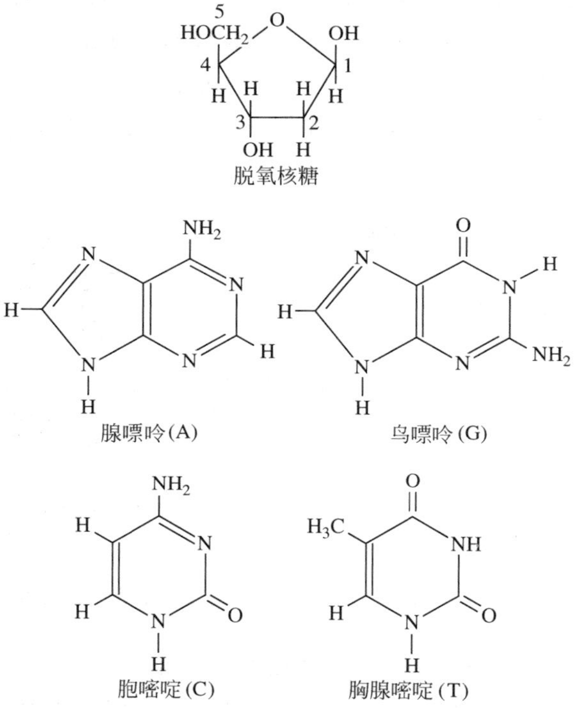

图 3.16 组成 DNA 的脱氧核糖(上)、嘌呤碱基(中)与嘧啶碱基(下)的结构

图 3.17 说明了如何通过核糖将杂环与磷酸基团结合起来形成脱氧核糖核苷酸。图中以腺嘌呤核苷为例，鸟嘌呤核苷、胞嘧啶核苷以及胸腺嘧啶核苷通过同样模式形成。此模式是核糖的 1 位碳原子与杂环的左下方 N 原子连接(图 3.18)，而磷酸基团连接到核糖的 5 位碳原子上。杂环碱基与核糖 1 位碳原子之间通过糖苷键连接，在连接过程中从 C 上释放的 OH 与从 N 上释放的 H 形成 H_2O。磷酸基团与 5 位碳原子形成酯键，在此过程中从 C 上释放的 OH 与从磷酸基团上释放的 H 形成 H_2O。如果没有磷酸基团参与，形成的分子就

称为核糖核苷。

图 3.17 所示的基本核糖核苷酸能进一步发生两个反应,两者均有磷酸基团参与。第一个反应是再次加合 1～2 个磷酸基团,形成腺苷二磷酸脱氧核苷酸与腺苷三磷酸脱氧核苷酸。多个磷酸基团是所有细胞内能量守恒与运输的关键。三磷酸腺苷(ATP)与二磷酸腺苷(ADP)即未脱氧类似物,是细胞中关键的能量转移单位。第二个反应是核糖核苷酸聚合起来形成长链,即多核苷酸。图 3.18 说明了如何在脱氧核糖的 3 位与 5 位碳原子之间形成磷酸二酯键以生成多核苷酸。图中显示了形成 ACTG 序列的 4 个碱基。5 位或 3 位碳原子标记序列的两端:5′端或 3′端。

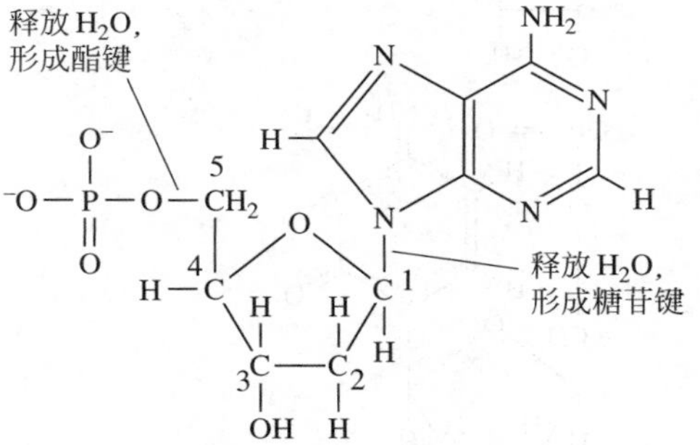

图 3.17　通过将腺嘌呤与磷酸基团连接到核糖单位上生成腺苷—磷酸脱氧核苷酸(注意糖苷键和酯键分别键合到核糖的 1 位与 5 位碳原子上)

如图 3.18 所示的短序列被称为寡核苷酸。实际上,用于编码信息的基因比核苷酸长得多,有几百个到几千个碱基。在信息流中使用的核苷酸的大小用千碱基(即 1000 个核苷酸碱基)计量。由于每个核苷酸具有 400 左右的相对分子质量,每个基因序列的相对分子质量可以达到 100 万或更大。

由于书写所有核苷酸单体的完整化学式是十分烦琐的,我们通常用速记符号表达序列,其中字母 A,T,G,C 分别代表腺嘌呤、胸腺嘧啶、鸟嘌呤、胞嘧啶。例如,一个寡核苷酸可能具有的序列为 5′-ATCGGATTCGCGTAC-3′。因为该序列是有方向的,所以必须区别 5′端与 3′端。

DNA 最重要的特性是互补键合。由于化学结构的不同,碱基 C 与 G 形成 3 个氢键,而碱基 A 与 T 形成 2 个氢键。图 3.19 所示为键合模式。当两条核苷酸链具有向相反方向延伸的互补序列时,在它们之间形成一系列氢键,使两条链非常牢固地结合起来。图 3.20 说明了互补链之间的氢键键合。由于 C 与 G 共用 3 个氢键,而 A 与 T 共用 2 个氢键,CG 互补对能够形成更强、更稳定的双链结构。例如,当 DNA 双链上有 60% 是 C+G 时,与只有 40% 是 C+G 的 DNA 相比,前者能够在更高温度下保持双链结构。

由基因编码的遗传信息几乎总是以双链形式储存。这种结构具有重要意义:第一,具有两条互补链提供备用的信息,使细胞有可能替换或校正遭到破坏的 DNA;第二,通过互补性形成的强 DNA-DNA 键合意味着当必须复制或转录 DNA 时,需要利用特殊手段来暂时破坏氢键。

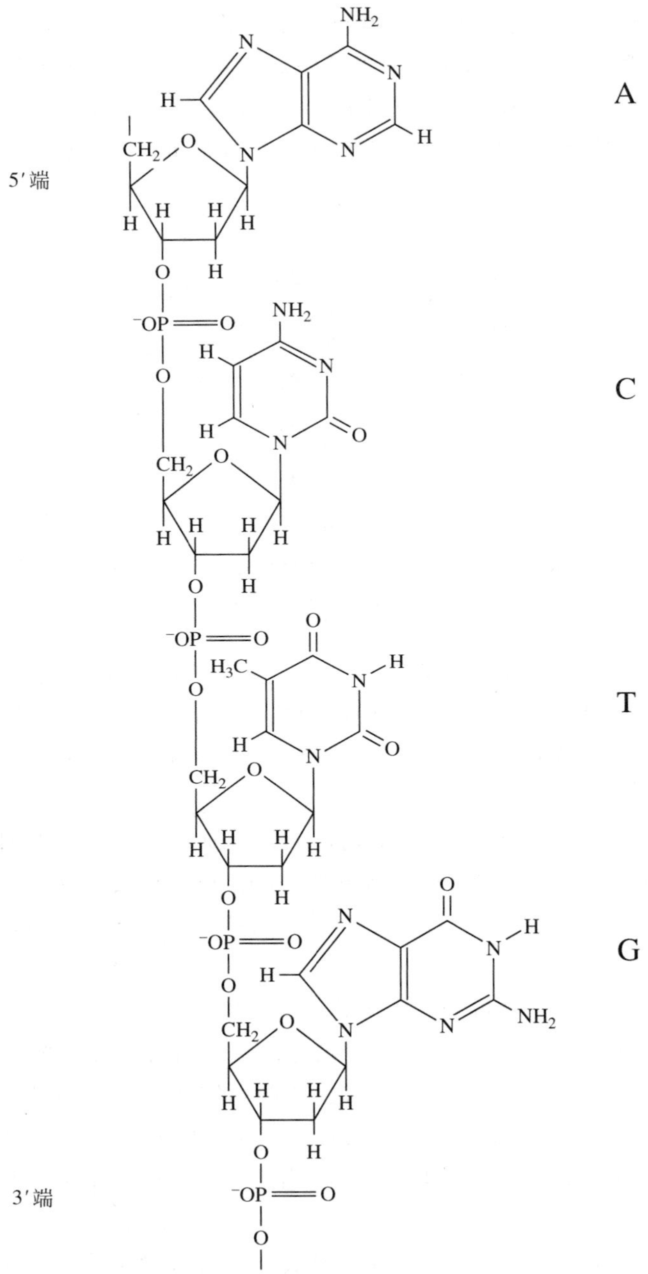

图 3.18　通过一系列磷酸二酯键连接脱氧核糖单位的 3 位与 5 位碳原子，形成
　　　　　DNA 多核苷酸，碱基形成 ACTG 序列

图 3.19　C 与 G、T 与 A 之间的氢键键合模式是互补键合的基础

图 3.20　当碱基在相对方向上互补时，DNA 链通过氢键非常牢固地连接在一起

3.4.2　染色体

　　微生物的遗传信息是在染色体上编码的。在所有情况下，染色体均是含有信息的双链 DNA，这些信息告诉细胞如何执行最基本功能，如能量产生，细胞壁、细胞膜与核糖体的合成或复制。当细胞进行自我复制时，必须复制染色体，从而保证每个子细胞都含有染色体。为传递给子细胞而进行的染色体复制称为 DNA 的纵向转移，因为纵向是指新一代细胞。

　　原核生物的染色体是环状、双链 DNA，位于核区，但核区没有膜。一个细菌物种的典型染色体具有 5×10^6 个碱基对（或 10^7 个核苷酸碱基）。古细菌物种一般具有 2×10^6 个碱基对。

真核生物的染色体比细菌染色体复杂得多。第一，真核生物染色体被包围在磷脂膜内，形成细胞核。细胞核通过膜上的运输孔与细胞其余部分进行交流，并指挥细胞的复制。第二，在真核生物中染色体 DNA 的数量大得多，可达原核生物的 10 000 倍。第三，每个真核生物具有两个到数百个染色体。第四，染色体上的 DNA 与被称为组蛋白的蛋白质紧密结合。第五，真核生物 DNA 上具有不用于基因编码的重要区域，这些非编码区域（称为内含子）的作用还处于研究过程中。

3.4.3　质粒

原核生物在染色体之外还含有 DNA，最重要的例子是质粒。质粒通常是环形的双链 DNA，比染色体小而且独立于染色体。尽管质粒的大小千变万化，但典型质粒一般含有 10^5 个碱基对。质粒中含有微生物在正常环境条件下并不十分需要的功能基因。这些基因编码的是细胞在胁迫环境下需要的功能，例如，抵抗抗生素，降解不寻常而且通常具有抑制性的有机分子，以及降低重金属的可给性。

原核生物可能有一个或几个质粒。原核生物还能获得或失去质粒，而不影响其基本的遗传特征与功能。

在环境领域中，质粒的复制与转移是 DNA 横向转移的最重要方式。横向转移指现有细胞获得 DNA，因此，不发生细胞复制过程。细胞接合作用要求含质粒供体细胞与不含该质粒的受体细胞之间发生直接接触。在一个需要能量的过程中，质粒 DNA 被复制并转移给受体细胞。结果是，在接合完成后两个细胞均含有质粒。通过接合，不必经过细胞分裂，质粒就可以复制并增殖。因此，接合是在不产生新细胞的情况下，在不同原核细胞中传播遗传信息。已知质粒含有可生物降解外源化合物的基因，并对抗生素产生耐药性。

3.4.4　DNA 复制

为了将遗传信息如实地传递给子代细胞，DNA 链必须被精确复制。DNA 复制过程有 5 个关键步骤，包括：

（1）DNA 双链在复制起点的区域分开。一种特殊的酶以及结合蛋白负责将双链打开并保持打开状态。两条分开的链从双链中心出来，形成叉形结构；复制发生的部位称为复制叉。

（2）DNA 聚合酶结合到复制叉的一条链上，顺着两条链沿着从 3′端到 5′端的方向，从一个碱基移动到下一个碱基。

（3）通过聚合酶生成一条 DNA 互补链；聚合酶将与固定该聚合酶的碱基互补的脱氧核糖核苷三磷酸连接到正在生长的新链前面的碱基上。聚合酶从细胞质中获得核苷三磷酸，并将 3 磷酸连接到前面核苷的 5′端 OH 上。在这个过程中释放一个二磷酸，为磷酸二酯键的形成提供能量。新链的尾端是 3′端，并具有 OH 末端。下一个连接需要的磷酸来自引入的碱基的 5′端三磷酸。

（4）两条链的复制是同时进行的，复制叉移动，并在此过程中将 DNA 上更多的部分暴露给聚合酶。其中的一条链称为引导链，可以沿着从 3′端到 5′端的方向连续复制。另一条链是后随链，分段复制，然后各段由 DNA 连接酶连接起来。最后，复制产生两对双链，每对中均有一条原始链以及一条新链。

（5）由于 DNA 必须非常精确地复制，因此细胞具有精密的校正以及修改错误的机制。聚合酶具有核酸外切酶活性，可以检测错误，切除不正确碱基，并用正确碱基替换。在正常情况下错误率非常低，只有每个碱基对 $10^{-8} \sim 10^{-11}$。

3.4.5　核糖核酸（RNA）

生物有 3 条途径可以利用核糖核酸，将 DNA 上的遗传密码转变为可以工作的蛋白质。该密码被转录形成一条信使 RNA（mRNA）链。mRNA 由核糖体翻译，其中的关键组分是核糖体 RNA（rRNA）。氨基酸由称为转运 RNA（tRNA）的 RNA 载体分子运输到核糖体。

3 种 RNA 的基本结构都是相同的，而且与 DNA 的结构非常相似：核糖用其 1 位碳原子与嘌呤或嘧啶碱基连接，而磷酸基团连接在 5 位碳上。然而，RNA 与 DNA 有两点不同。第一，核糖在 2 位碳上有一个—OH 基团，而脱氧核糖的对应位置上是—H 基团。第二，尿嘧啶代替胸腺嘧啶成为两个嘧啶碱基之一。图 3.21 所示就是核糖单位以及尿嘧啶碱基。尿嘧啶与腺嘌呤形成双重氢键。

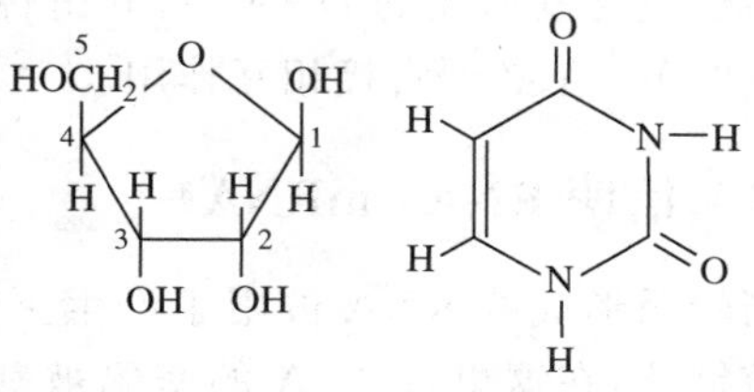

图 3.21　RNA 的组分（左边的核糖在 2 位碳上有一个—OH 基团，右边的尿嘧啶碱基替换了 DNA 上的胸腺嘧啶碱基）

RNA 核苷酸能形成与图 3.18 中的 DNA 多核苷酸结构相同的聚合物。区别仅在于核糖是未脱氧的，而且 U 代替了 T。正是结构上的相似使得有可能在转录过程中将 DNA 上的密码复制给 RNA。

3.4.6　转录

DNA 上的信息密码组合起来形成基因或 DNA 片段。在转录过程中，DNA 中一条链上的密码被用作模板，形成互补的单链 RNA。转录过程包括 5 个主要步骤。

（1）一种被称为 RNA 聚合酶的酶键合到 DNA 的一条链上，键合位置在基因的启动子区，该区域延伸到距转录起始位置约 35 个碱基处。在所有启动子区中，转录起点前的第 5～10 个碱基以及第 30～35 个碱基的序列是相似的，RNA 聚合酶以此来识别启动子的位置。聚合酶与启动子结合的一个非常重要的特征是启动子区必须是自由的。一般情况下，启动子区被蛋白质封阻，这些蛋白质的作用是阻碍聚合酶的结合以及转录的发生。存在这种封阻作用的原因是，细胞无法负担在所有的时候表达所有的基因。因此，当不需要某些蛋白质时，细胞就通过封阻相应基因的启动子区来阻遏基因的转录。在转录开始之前，第 10～50 个碱基之间的启动子序列决定键合什么样的抑制蛋白质。当需要某种蛋白质时，细胞有办法除去阻遏蛋白，使得 RNA 聚合酶能够结合并开始转录。

（2）DNA 双链分开，然后 RNA 聚合酶顺着一条链，沿着从 3′端到 5′端的方向从一个碱基移动到另一个碱基。

（3）在每个碱基上，聚合酶将互补的核糖核苷三磷酸连接到正在生长的 RNA 链上。互补性原则是：

DNA	RNA
A	U
T	A
C	G
G	C

结合进来的三磷酸核糖核苷释放二磷酸,为反应提供能量。与 DNA 的复制一样,新链从 5′端向 3′端方向生长。换句话说,新核苷酸的 5′端磷酸基团被加到旧链的 3′端 OH 基团上,因此,使 RNA 的 3′端得以延伸。

(4) 在某点的转录完成后,DNA 双链就在该点上关闭。

(5) 当 RNA 聚合酶到达被转录基因(或一串相关基因)的末端,RNA 脱离,RNA 聚合酶也从 DNA 被释放下来。RNA 包含一个终止序列,是转录终止的信号。

与通过复制形成的 DNA 不同,由转录形成的 RNA 是单链的。这是有必要的,因为不同类型的 RNA 必须直接相互作用。

3.4.7　信使 RNA（mRNA）

当转录形成的 RNA 被用于产生蛋白质时,它就是信使 RNA(mRNA)。mRNA 被运送到核糖体,在这里 mRNA 的密码被翻译成氨基酸聚合物。翻译过程由核糖体的 rRNA 控制,而且涉及一个与 tRNA 共享的密码。

3.4.8　转运 RNA（tRNA）

转运 RNA 是一个重要的复合分子,是由 RNA 与氨基酸组成的复合体。图 3.22 中显示了这两个部分。RNA 部分包含 73～93 个核苷酸,通过互补核糖核苷酸(C-G,A-U)之间的氢键形成 3 个环与 1 个接纳茎。反密码子含有 3 个核苷酸,这 3 个核苷酸构成一个密码。接纳体结合在反密码子密码的特异氨基酸上。

三碱基反密码子与 mRNA 上的一个三碱基序列互补。这样,mRNA 通过指示氨基酸顺序指导蛋白质的合成。表 3.5 列出了与 mRNA 密码子对应的氨基酸。例如,mRNA 上的 UCU,与 tRNA 反密码子上的 AGA 配对,代表丝氨酸。同样,mRNA 上的 GCG 代表丙氨酸。大多数氨基酸有不止一个 mRNA 密码,这种性质称为简并性。在这些情况中,第三个碱基可以变化或摇摆。

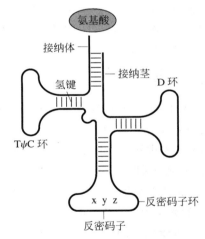

图 3.22　tRNA 分子的三叶草形结构,包括 3 个环、反密码子、接纳体,以及结合在接纳体上的氨基酸

有 4 种三碱基密码具有特殊的功能。AUG 确切地指示三碱基密码的读取应该从哪个位置开始。由于 mRNA 上的碱基作为三联体被读取,而且几乎每个三联体均编码一种氨基酸,因此起点必须精确。在 RNA 密码中的 AUG 还编码甲硫氨酸,但是,当 AUG 被用作起始信号时,被编码的是 N-甲酰甲硫氨酸。UUA、UAG 与 UGA 是终止信号。

表 3.5 氨基酸的三碱基密码子序列

氨 基 酸	mRNA 密码子
苯丙氨酸	UUU,UUC
亮氨酸	UUA, UUG ,CUU,CUC,CUA,CUG
异亮氨酸	AUU,AUC,AUA
甲硫氨酸	AUG
缬氨酸	GUU,GUC,GUA,GUG
丝氨酸	UCU, UCC, UCA,UCG,AGU, AGC
脯氨酸	CCU,CCC, CCA,CCG
苏氨酸	ACU,ACC, ACA,ACG
丙氨酸	GCU,GCC, GCA,GCG
酪氨酸	UAU,UAC
组氨酸	CAU,CAC
谷氨酰胺	CAA,CAG
天冬酰胺	AAU, AAC
赖氨酸	AAA,AAG
天冬氨酸	GAU,GAC
谷氨酸	GAA,GAG
半胱氨酸	UGU,UGC
色氨酸	UGG
精氨酸	CGU,CGC,CGA,CGG,AGA,AGG
甘氨酸	GGU,GGC,GGA,GGG
终止信号	UAA,UAG, UGA
起始信号	AUG

3.4.9 翻译与核糖体 RNA（rRNA）

　　mRNA 密码子与 tRNA 反密码子之间的配对发生在核糖体中；核糖体是 rRNA 与蛋白质的复合体。mRNA 的三碱基密码被翻译成氨基酸聚合物或蛋白质。从起始 AUC 序列开始,核糖体每次读取 mRNA 密码的 3 个碱基。核糖体找到配对的 tRNA,并通过氢键将密码子与反密码子结合起来。核糖体使两个位点保持并排状态,这使得核糖体能够通过肽键将引进的氨基酸与正在生长的链上的最后一个氨基酸共价连接起来,并释放 H_2O。然后,核糖体移动 3 个碱基的距离,到达 mRNA 的 3′端,并重复上述过程。核糖体不断延长蛋白质,直到遇到一个终止密码子为止。

　　细胞含有几千个核糖体,而且当一些微生物处于快速生长状态时,核糖体的数目还会增加。核糖体具有巨大的结构,数量级在 $150\sim250$Å（埃）[①]。核糖体中大约 60%是 RNA,40%是蛋白质。rRNA 由两种主要的亚单位组成。这两种亚单位通过大小进行识别,大小由沉降速率度量:对于原核生物,分别为 50S 和 30S。30S 亚单位再进一步分为 5S、16S 与

---

① 注:1Å$=10^{-10}$ m

23S 组分,分别有大约 120、1500 以及 2900 个核苷酸长。图 3.23 中的 16S 亚单位是大肠杆菌 16S rRNA 的序列及其二级结构。真核生物具有类似的 rRNA 组分,大小为 18S。16S rRNA 与 18S rRNA 称为核糖体小亚基(small system subunit,SSU)。所有 SSU rRNA 均具有非常相似的二级结构,尽管一级结构(碱基序列)不同。一级结构的不同对于发现不同生物的遗传相关性非常有用,这个话题将在 3.4.12 节中进行讨论。

尽管核糖体含有蛋白质和 rRNA,但担任催化剂工作的是 RNA。这是核酸酶的一个例子。在 mRNA 的翻译即将开始时,50S 亚单位与 30S 亚单位结合起来形成一个功能核糖体。

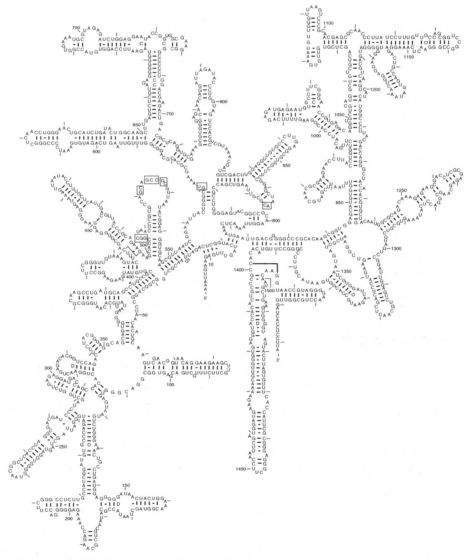

图 3.23 大肠杆菌 16S rRNA 的一级结构(碱基序列)与二级结构(氢键与折叠)(碱基以 50 个碱基为间隔进行编号)

3.4.10 翻译

翻译需要三种形式的 RNA 全部参与,分 5 个步骤,在核糖体中的 3 个位点进行。3 个位点彼此相邻,分别被称为 A、P、E 位点。A 代表到达位点,P 代表聚合位点,而 E 代表退出位点。

第 1 步,mRNA 将自己安置在 30S rRNA 单位的 P 位点上,使起始密码子(AUG)处于 P 位点上。对应的 tRNA(反密码子 UAC)带着一个甲酰甲硫氨酸到达 P 位点,与 AUG 密码子形成复合物。第 2 步,与 mRNA 中的下一个三碱基序列互补的 tRNA(朝着 3′端)到达相邻的 rRNA 的 A 位点,并形成复合物。第 3 步,氨基酸形成肽键,甲酰甲硫氨酸从 tRNA 上释放。第 4 步,第 1 步中的 tRNA 与第 2 步中的 tRNA,以及其他的 RNA,移动到 rRNA 的 E 位点与 P 位点。第 5 步,第一个 tRNA 从 E 位点上释放下来,同时与 mRNA 上的下一个密码子配对的 tRNA 到达 A 位点并形成复合物。随后,重复步骤 3~步骤 5。这个过程反复发生,直到在 mRNA 上检测到一个终止密码子。作为释放因子的蛋白质将多肽链从最后一个 tRNA 上分离下来。核糖体亚单位随即解离,使 mRNA 恢复自由态,并使这些亚单位在下一次翻译即将开始时能够再次结合。

3.4.11 调节

细胞含有的基因数目比它在任何时候要表达的基因数目都要多得多。细胞控制"哪些基因将被表达"的方式被称为"调节"。最常见的调节方法是将调节蛋白结合到基因的启动子区,结合上去的蛋白质被称为阻抑蛋白,它会阻止将基因转录给 mRNA,转录过程就被阻抑。当细胞需要转录该基因时,细胞改变阻抑蛋白的化学结构,使它不能再结合在基因启动子上。改变阻抑蛋白结构的分子被称为诱导物,它能够诱导酶转录或解除对酶转录的阻遏。诱导物经常是形成基因产物的基质或在化学结构上与基质相似的物质。

在某些情况下,转录的调节会涉及激活蛋白,该蛋白会允许 RNA 聚合酶结合到启动子上。在这种情况下,诱导物分子改变激活蛋白的结构,使得 RNA 聚合酶能够结合。

有些基因始终被表达,这些基因被称为结构基因,通常产生对细胞的基本代谢非常重要的蛋白质。结构基因的表达不受调节,但是,这些基因产物的活性经常受本章前文讨论的抑制机制的调节。

3.4.12 系统发育

系统发育指根据可遗传的遗传特性将各物种系统地划分成几个较大的种群(较高级的分类单位)。系统发育基于遗传进化的概念,认为染色体 DNA 序列的逐渐变化导致新物种的形成。根据我们的理解,系统发育的原理是所有物种均具有一个共同的进化祖先,形成系统树的根,所有物种均是根的分权。

图 2.1 提供了生命系统发育树的初步概览。我们在以下段落中提供了系统树的更多详细信息。图 3.24 代表了通用系统发育树的最简单形式。这个树显示,地球上所有的已知生命均可以划分到 3 个域中:真核生物、古细菌以及细菌。其中的两个域——古细菌与细菌——构成原核生物。与这 3 个域相连的直线形成系统树的主干。图 3.25 中显示的是真核生物域。当我们在树上寻求更多细节时,从主干又分出一些支干。图 3.25 将细节显示到界的水平。每个界分支又被分成更小的分支,反映了相关物种中更小的细节。

沿着系统树从一个物种到另一个物种的直线距离可以定量化表示两者之间的遗传距离。例如，图 3.25 表明，植物与真菌的关系相当密切，而植物与动物之间的关系较远。原生动物双滴虫与植物之间的区别比动物与植物之间的区别要大得多。

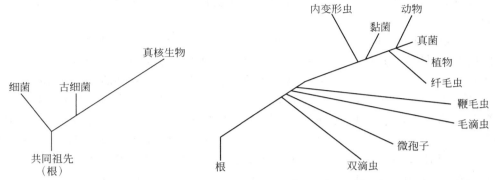

图 3.24　简单的总系统树显示了 3 个域　　图 3.25　更详细的真核生物树显示了从主干出来的界分支（图中的树指出了大致的相关性，进化距离未定量）。

与根之间的距离代表了种群的进化地位。离根较近的种群可能比离根较远的种群进化得早些。进化时间涉及染色体 DNA 序列的逐渐变化。进化时间不一定严格按照日历时间。沿着不同分支变化的速度并不相同。

图 3.26 显示了在细菌域中界的细目分类。图 3.26 还显示了一个界——变形细菌（proteobacteria），怎样分叉成 5 个种群；这 5 个种群在遗传上具有密切关系，尽管它们在新陈代谢上明显不同。例如，β 种群包括光养型生物及能氧化铵、亚铁离子、还原态硫以及很多有机化合物的化能营养型生物。

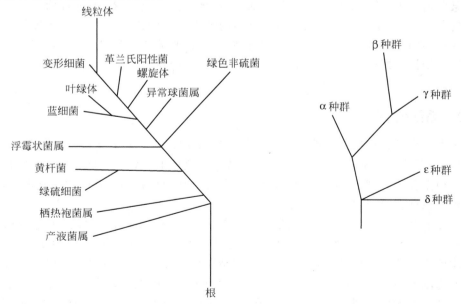

图 3.26　细菌的界（左图），其中变形细菌又分化为 5 个具有密切关系的种群（右图）。图中的树指出了大致的相关性，进化距离未定量。

图 3.37 所示的是古细菌域的相似信息。古细菌被进一步分为广古生菌门、泉古生菌门、纳古菌门、初古菌门和奇古菌门。另外，图中还显示了更细致的广古生菌分类。广古生菌的多样性可以从属名反映出来，其中包括大量产甲烷菌、嗜盐微生物、嗜热微生物。就细菌域而言，遗传相似性并不一定意味着生物在新陈代谢或其他表型表达上是相似的。

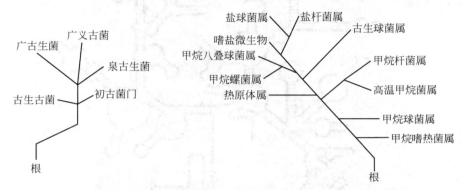

图 3.27　古细菌域被分为广古生菌与泉古生菌。前者在右边详细地显示到属的水平。图中的树指出了大致的相关性，进化距离未定量

3.4.13　系统发育分类的基础

系统发育分类依赖于确定一个在各种类型细胞中均存在，而且与细胞的遗传特性直接相关的分子。乍看上去，染色体似乎是最可能的候选者，原因在于染色体是细胞遗传结构的最终储存地。不过，染色体太大，不能胜任此功能。尽管分子生物学的进步使测序速度更快、成本更低，但无论 DNA 测序和编目变得多么快，巨大的工作量始终会带来实际困难。染色体的不同部分以非常不同的速度变化，而且可能还是以非常不同的方式变化。因此，如果通过比较完整染色体的序列来探寻关于"生物在系统发育上是如何相关的"，可能得到各种答案。

迄今为止，得到广泛公认的系统发育计时器是核糖体 RNA(rRNA)。所有细胞均必须通过 rRNA 执行翻译过程，而各种类型细胞的 rRNA 结构均是非常稳定的。因此，rRNA 已被证实是一种很好地进行系统发育的分子。

在大多数情况下，SSU(如 16S 或 18S)rRNA 序列是系统发育对比的基础。SSU rRNA 能很好地完成这一功能，原因在于它的 1500 个碱基对既不太少，也不太多。这 1500 个碱基对提供了足够的遗传多样性，能将一个物种与另一个物种区分开来，而数目又没有多到使测序工作过度繁重的程度。

图 3.28 显示了 16S rRNA 的二级结构，而且确定了哪些碱基对所有生物是相同的，哪些碱基对是不同的。不变的区域称为保守区域，对于排列 RNA 序列以进行对比非常有用。可变区域对于区分不同生物是有用的。

利用计算机统计方法比较 16S rRNA 序列，产生了一个系统树，将各序列最佳地安排到主干-分支模式中，如前文所示。由于被检测序列的数目以及运算法则工作方式的不同，生物在系统树上的位置可能不同。系统树可以用扇形图表示，如图 3.24～图 3.27 所示。当菌株的数目增加时，其他表示方式可能更有用，这些表达方式将在第 4 章中采用。

可以通过两种方法获得 SSU rRNA 序列。比较传统的方法是，先将 rRNA 从细胞中提

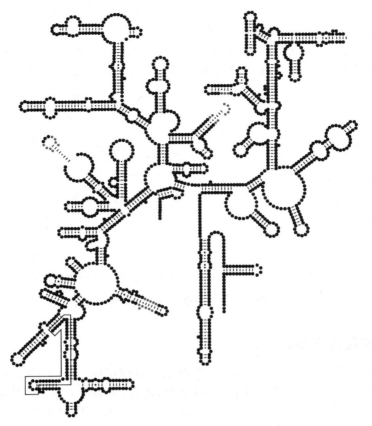

图 3.28　SSU(16S) rRNA 二级结构,显示了某个区域中碱基的保守程度。颜色
很深的环表示完全保守区,颜色很淡的点代表具有高度可变性的区域

(资料来源:Stahl,1986)

取出来再检测。用酚进行提取,可以将 RNA 从蛋白质中分离出来。然后,用乙醇沉淀法分离核糖体 RNA。接着,利用 16S rRNA 的特异 DNA 引物与逆转录酶,合成与该 16S rRNA 互补的 DNA 片段。对该 DNA 片段进行测序,这样,rRNA 序列就可以从这个 DNA 序列推断出来。

第二种方法,也就是目前主要使用的方法,用聚合酶链反应(polymerase chain reaction,PCR)和 16S rRNA 基因的引物复制 DNA 基因,然后测定其序列。引物针对某些可变区,以便获得最丰富的信息。有关这些技术的更多信息将在第 4 章中呈现。

一旦知道了 16S rRNA 序列,就可以把它加到序列数据库中。利用保守区域将新序列与已有序列排在一起。然后,评估可变区域,计算新生物与其他生物之间的进化距离以及新生物在系统树上的位置。

利用计算机进一步分析可变区域,能够确定某种特定生物或一系列相似生物特有的片段。这些特有序列对于设计寡核苷酸探针非常有用;寡核苷酸探针可用于识别并量化复杂微生物群落中存在的不同微生物,这将是第 4 章讨论的主题。

参考文献

Madigan, M. T. ; K. S. Bender; D. H. Buckley; W. M. Sattley; and D. A. Stahl (2019). *Brock Biology of Microorganisms*, 15th ed. New York: Pearson.

Miesfeld, R. L. and M. M. McEvoy (2017) *Biochemistry*. New York: W. W. Norton.

Nelson, D. L. and M. M. Cox (2005). *Lehninger's Principles of Biochemistry*, 4th ed. New York: McMillan.

Stahl, D. A. (1986). "Evolution, ecology, and analysis." *Bio/Technology* 4, pp. 623-628.

Stryer, L. (1995). *Biochemistry*. New York: W. H. Freeman and Co.

参考书目

Alcamo, I. E. (1997). *Fundamentals of Microbiology*, 5th ed. Menlo Park, CA: Addison-Wesley-Longman.

Alm, E. W. ; D. B. Oerther; N. Larson; D. A. Stahl; and L. Raskin (1996). "The oligonucle-otide probe database." *Appl. Environ. Microb.* 62, pp. 3557-3559.

Amann, R. L. ; L. Krumholz; and D. A. Stahl (1990). "Fluorescent oligonucleotide probing of whole cells for determinative, phylogenetic, and environmental studies in microbiology." *J. Bacteriol.* 172, pp. 762-770.

Lane, D. J. ; B. Pace; G. J. Olsen; D. A. Stahl; M. L. Sogin; and N. R. Pace (1985). "Rapiddetermination of 16S ribosomal RNA sequences for phylogenetic analysis." *Proc. Natl. Acad. Sci. U S A.* 82, pp. 6955-6959.

Pace, N. R. ; D. A. Stahl; D. J. Lane; and G. J. Olsen (1986). "The analysis of natural microbial populations by ribosomal RNA sequences." *Adv. Microb. Ecol.* 9, pp. 1-55.

Stackebrandt, E. and M. Goodfellow, Eds. (1991). *Nucleic Acid Techniques in Bacterial Systematics*. New York: John Wiley & Sons.

Teske, A. ; E. Alm; J. M. Regan; S. Toze; B. E Rittmann; and D. A. Stahl (1994). "Evolutionary relationships among ammonia- and nitrite -oxidizing bacteria." *J. Bacteriol.* 176, pp. 6623-6630.

Woese, C. R. ; O. Kandler; and M. L. Wheels (1990). "Toward a natural system of organ-isms: Proposal for the domains Archaea, Bacteria, and Eukarya." *Proc. Natl. Acad. Sci. U S A.* 87, pp. 4576-4579.

习　题

3.1 列举三种酶抑制类型。

3.2 列出两种在细菌中普遍存在的不同类型的酶。

3.3 以下哪些电子供体/电子受体对代表细菌生长的势能反应？假设 pH＝7，且所有反应物和产物都具有单位活性。

	电 子 供 体	电 子 受 体
a	乙酸	CO_2（产甲烷作用）
b	乙酸	Fe^{3+}（还原为 Fe^{2+}）

续表

	电 子 供 体	电 子 受 体
c	乙酸	H^+（还原为 H_2）
d	葡萄糖	H^+（还原为 H_2）
e	H_2	CO_2（产甲烷作用）
f	H_2	NO_3^-（反硝化作用形成 N_2）
g	S^0（氧化成硫酸盐）	NO_3^-（反硝化作用形成 N_2）
h	CH_4	NO_3^-（反硝化作用形成 N_2）
i	NH_4^+（氧化成 NO_2^-）	SO_4^-（还原为 H_2S 与 HS^-）

3.4 画出核糖与脱氧核糖的结构。

3.5 DNA 与 RNA 在细胞中的存在方式有何不同？

3.6 DNA 与 RNA 分子中分别存在哪些碱基对？

3.7 细胞中 DNA 与 RNA 的主要作用是什么？

3.8 在下列各种物质中，哪些化合物作电子供体，哪些作电子受体，哪些具有两种功能：Fe^{2+}、O_2、CO_2、NH_4^+、NO_2^-、NO_3^-、HS^-、CH_4 和 Fe^{3+}。

3.9 表中给出了一些重要电子供体与电子受体的标准电势（pH＝7）。计算电子在下列供体/受体对之间转移时的总标准电位（pH＝7）：H_2/Fe^{3+}、H_2S/O_2、CH_4/NO_3^-、H_2/O_2、Fe^{2+}/O_2、H_2S/NO_3^-。

还原态物质	氧化态物质	电位/V
H_2	H^+	－0.41
H_2O	O_2	＋0.82
H_2S	SO_4^{2-}	－0.22
N_2	NO_3^-	＋0.75
Fe^{2+}	Fe^{3+}	＋0.77
CH_4	CO_2	－0.24

3.10 为什么 DNA 的复制必须沿着从 5′端到 3′端的方向（对于新链）进行？

3.11 如果 RNA 聚合酶在正常起点上游的一个碱基处（如在 5′端）启动转录过程，将出现什么结果（就蛋白质合成而言）？

3.12 为什么需要跨膜转运蛋白质？

3.13 原核生物与真核生物的 DNA 有哪些相同与不同？

3.14 代谢流通物（如 NADH、NADPH 及 ATP）充当辅基、辅助因子、辅酶还是脱辅酶（选择一个答案），并解释一下你选择的答案。

3.15 DNA 的复制与转录是相似的过程：聚合酶均是沿 DNA 链从 3′端向 5′端移动，加入核苷三磷酸，并使产物链向 3′端方向延伸。不过，复制与转录过程有着重要的不同。请从以下方面对比复制与转录过程：（a）什么时候发生以及发生的频率；（b）产物的化学性质。

3.16 对比 mRNA 与 tRNA 在细胞中所起的作用。

3.17 蛋白质以其催化生物化学反应的能力而著称，但是，蛋白质在微生物体内还有其他功能，列举至少 6 种其他功能。

3.18　由 ADP 与无机磷酸盐合成 ATP 的过程是耗能过程。膜结合 ATP 酶是怎样促成 ATP 合成过程的?

3.19　假设细菌利用丁醇($CH_3CH_2CH_2CH_2OH$)作为电子供体。(a)写出其完全氧化过程的分解代谢途径;(b)列举还原态电子载体的生成反应;(c)如果微生物进行有氧呼吸,计算预期的 ATP 产量(以 mol ATP/mol 丁醇表示)。

3.20　如果 1mol 葡萄糖被发酵产生下列物质,还有哪些其他发酵产物产生:(a)2mol 乙酸及 2mol CO_2;(b)1mol 丙醛(CH_3CH_2CHO)及 2mol CO_2。

3.21　比较蓝细菌利用光能的方式与绿色细菌及紫细菌的光利用方式。

3.22　下列呼吸型载体中哪些携带电子,而不是携带质子:细胞色素 c、黄素腺嘌呤二核苷酸(flavin adenine dinucleotide,FAD)、铁氧化还原蛋白、烟碱腺嘌呤二核苷酸(nicotinamide adenine dinucleotide,NAD)?

3.23　糖原异生作用最符合的定义是:

(a)糖酵解的同义词

(b)糖酵解的逆过程

(c)由非碳水化合物前体形成葡萄糖的过程

(d)以上均不是

3.24　在不产氧光合作用中下列哪些现象不会发生:

(a)系统在厌氧条件下运行

(b)水分子被分解为氧化态产物及还原态产物

(c)通过循环光合磷酸化形成 ATP

(d)细菌叶绿素参与了光反应

3.25　请写出丙酸(CH_3CH_2COOH)完全氧化过程的合理途径。如果细胞进行有氧呼吸,每摩尔丙酸可以产生多少 ATP?

3.26　我们知道极端 pH 会抑制酶的催化作用。极端 pH 是怎样影响酶活性的?

第4章 微生物生态学

除了在高度专门化的研究或工业环境中,群落中的微生物通常都具有巨大的遗传及表型多样性。在不同微生物类型之间以及微生物与环境之间发生的相互作用称为微生物生态学。为了理解一个群落的微生物生态学,我们必须回答这些基本问题:

(1) 存在哪些微生物?

(2) 微生物能进行哪些新陈代谢反应?

(3) 微生物正在进行什么反应?

(4) 不同微生物之间以及微生物与环境之间如何相互作用?

第一个问题指的是群落结构,至少包括三方面内容:第一,列出存在的各种不同类型微生物的数量;第二,每种类型的丰度;第三,不同种群的空间关系。由于在环境中生存的群落通常是聚集生长的,因此,空间关系可能是非常稳定且十分重要的。

第二个和第三个问题描述的是群落功能的不同方面,或者生物个体或群体的行为。第二个问题与潜在活性以及可能行为的范围有关,被定义为表型潜力;第三个问题指出在环境中实际发生的行为,被定义为表型现状。

第四个问题要求综合前面的问题得到相关信息。不同微生物之间以及微生物与其合成、消耗,(特别是)交换的物质之间的物理关系,也就是微生物的相互作用,这是微生物生态学的要点。

在环境生物技术中,工程过程的设计与运行是实践微生物生态学的途径,从而利用微生物群落满足人类的需要。作为应用微生物生态学家,工程师们建立的系统(反应器)具有这些特点:含有适当类型的微生物(群落结构);微生物积聚了足够数量,能完成需要的生物化学任务(群落功能);微生物共同工作,随时间推移稳定地完成它们的任务(综合群落生态学)。为了实现这些目标,工程师们设计合适的方式,为所需要的微生物提供适当的营养,将这些微生物保留在系统中,从而实现所需的过程性能,如去除污染物或生成有价值的产物。

下面3节将介绍一些重要的生态学概念:选择、物质交换以及适应。这些概念是工程师控制系统微生物生态状况的基础。随后,概要介绍成功应用这些概念的几个重要的例子。最后,介绍微生物生态学研究工具。

4.1 选择

在一个微生物群落内的所有微生物个体,就其完成的生物化学反应及其他表型特性而言,是不同的。选择是指那些最适合在该环境中生存的、个体产生最大量后代的过程。随着时间的推移,被选择的微生物在群落中占据了稳定位置,继续完成其生物化学反应,并保持其可遗传的遗传信息。

从微生物的角度,它的首要目标是在群落中保持遗传信息被继承。微生物实现这个首要目标的方式是找到或创造一个小生境,这个小生境是一个多维空间,可以从能量供应、营养物质、pH、温度及其他条件方面维持细胞,并使其遗传信息得到继承。在通常情况下,有许多不同微生物竞争共同的资源,如电子受体或营养物质。被选择的微生物是那些能够捕获可利用资源的微生物。失去对资源竞争能力的微生物会被选择过程淘汰,有可能从群落中消失。

为了达到环境目标,工程师们在设计及运行微生物系统的过程中,通过控制环境使最需要的微生物被选择。环境生物技术的传统目标是去除污染物。幸运的是,大多数污染物是某些原核生物的电子供体或电子受体基质。例如,生化需氧量(biochemical oxygen demand,BOD)就是度量有机电子供体的一种方法。为了从废物中去除 BOD,可以通过以适当速率提供合适的电子受体(如 O_2),使异养菌被选择,但是提供电子受体的速率应该与必须达到的 BOD 去除速率相称。只要有营养物质存在,而且环境中的 pH、温度及盐度条件合适,异养生物将从 BOD 的氧化过程中获得能量,实现自我选择。因此,对能够利用电子供体或受体基质的微生物的选择是容易理解的,原因在于利用反应提供电子流及能量流,能够为所需要微生物的生长提供能量。

异养菌是说明选择层次是按照电子受体排序的一个很好的例子。许多类型的有机电子供体基质,均出现了不同原核生物都能将其氧化过程与多种电子受体的还原过程偶联起来的情况。在这种情况下,这些不同的微生物竞争共同的资源——电子供体。一种微生物在建立小生境方面表现出来的相对竞争能力,包括氧化共同供体的能力,取决于该生物能够在电子从供体到受体的转移过程中获得多少能量。第 5 章将介绍一种量化相对能量产率的方法。图 3.5 提供了测量相同电子受体的相对能量产率所需的信息。在直接竞争一种有机电子供体的情况下,进行有氧呼吸的细胞能够获得更多的能量,并在生长速率上具有优势。不同电子受体的能量产率,其竞争性按 $O_2 > NO_3^- > Fe^{3+} > SO_4^{2-} > CO_2$ 的顺序依次降低。只要供体资源没有因电子转移给了更合适的受体而全部消耗,那么利用不同电子受体的微生物能够共存。

影响选择的另一个重要因素是微生物消耗其电子供体和受体的速率。对速率的系统理解,称为动力学,将在第 6 章和第 7 章中展开介绍。当不同的微生物竞争相同的资源(如共同的电子供体或受体)时,动力学起着关键作用。反应器中可以更快地消耗底物的微生物会获得选择性优势,无论它们是否具有能量产量优势。第 6 章指出,具有能量产量优势的微生物通常也具有生长动力学优势。然而,使用相同电子供体和受体的微生物(如好氧的异养菌)可能具有不同的动力学,这会导致基于控制动力学因素的一种或另一种微生物的增殖。在某些情况下,动力学优势可能比能量产出优势更重要。

选择不仅以某种电子受体(或供体)的有效性为基础,在处理反应器中,也在很大程度上取决于微生物被保留的能力。在环境生物技术中,微生物群落总是聚集生长在絮体或生物膜中。在反应器中,聚集体比独立个体或分散细胞容易保留得多。因此,微生物形成或加入聚集体的能力,对一些环境系统的选择过程很关键。在某些情况下,微生物菌株可以通过位于聚集体中的有利位置,来实现其选择优势。

其他有利于选择的因素包括:避免被捕食的能力、获取并储存有用资源的能力以及与其他微生物交换物质的能力。抗捕食能力的价值是显而易见的。获取有用资源(如共同电子供体)的能力,在环境条件波动性大而且波动有规则的情况下特别有用。还有,能够在基质丰富时捕食并储存资源的生物,能在基质匮乏时利用被储存物质生存。工程师们已经非常善于利用能够储存资源的细菌了。最后一个优点——物质交换,将在下一节中讨论。

环境生物技术中的群落通常含有巨大的功能丰余性(function redundacny)。换句话说,群落结构中包括几种不同菌株,能够执行相同的生物化学功能。例如,它们使用相同的电子供体和受体。功能丰余的菌株可能在底物利用动力学、pH或最佳温度、聚集能力方面有所不同,并且随着时间推移,不同菌株的相对丰度可能会随反应器条件的变化而变化,但是,整个群落的功能几乎是不变的。对于处理应用,功能丰余性是一个优点,意味着即使在群落结构发生变化时,系统的表现也是趋于稳定的。

与丰余性互补的一个概念是代谢多功能性(metabolic versatility)。原核生物的某些种群以在新陈代谢上具有多样性而著称。许多异养生物,特别是假单胞菌属,能够氧化很多种有机分子。这种能力使它们能捕食不同来源的电子与碳,大大降低了它们被饿死的可能性。硫酸盐还原菌也因其代谢多功能性而著称。当有硫酸盐存在且在厌氧条件时,硫酸盐还原菌还原硫酸盐,并彻底氧化 H_2 或一些有机电子供体。当缺乏 SO_4^{2-} 时,硫酸盐还原菌转向发酵过程,通过更复杂的有机物转化形成 H_2、乙酸及其他发酵产物。因此,硫酸盐还原菌在微生物群落中无所不在,即使系统中没有 SO_4^{2-} 也是如此。一些细菌在可利用的电子受体方面展现出特别的多样性,兼性好氧菌是很好的例子。若 O_2 存在,它们会利用 O_2 进行呼吸;若 O_2 浓度不是很高,它们也能利用其他电子受体(如 NO_3^-,NO_2^- 和 ClO_4^-)进行呼吸。

4.2　物质交换

微生物群落的生存与选择过程中一个最重要的过程,是不同类型微生物之间的物质交换。三种常见的交换方式包括:基质交换、遗传信息的交换以及化学信号的交换。

4.2.1　基质交换

微生物群落中也有食物链,与大型生物生态学中的食物链具有一些相同的特征。图 4.1 构建了一个典型大型生物生态系统。食物链顶部是初级生产者,如植物与藻类,它们捕获太阳光能,通过光营养创造生物质。然后,初级生产者的生物质被初级消费者消耗;初级消费者直接捕食初级生产者。然后是二级、三级消费者。消费者是异养生物。被消耗的细胞是下一个营养级的电子供体基质。在通常情况下,随着消费级别的升高,种群的总质量降低,尽管生物个体的体型通常是增大的。

微生物生态系统的某些方面与图 4.1 中描述的内容是相似的。一个最好的例子就是原生动物或简单蠕虫对细菌、蓝细菌或藻类的捕食过程。在这种情况下,原生动物消耗更小的细胞,并把它们直接作为食物利用。在捕食过程中,整个细胞就是交换物质。这种形式的捕食称为摄食;摄食在好氧处理过程中非常重要,将在第 11 章中进行讨论。

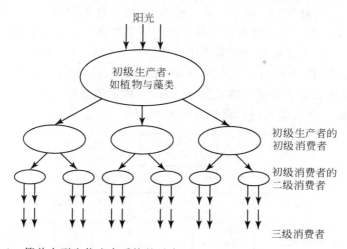

图 4.1　简单大型生物生态系统的示意
其中,初级生产者(如植物)直接被初级消费者消耗,初级消费者随后又被二级消费者消耗,以此类推。
注意:种群总量(用椭圆大小表示)随着消费级别的升高而降低

大多数微生物生态系统中的交换并非采取摄食完整细胞的方式,而是一个细胞将分子释放到环境中,另一个细胞以使一个或两个细胞受益的方式,将这个分子吸收。因此,微生物生态系统中的主要联系方式是分子的交换,而不是一个细胞被另一个细胞消耗。

微生物基质分子的交换有三种典型模式:通过自养型生物将 CO_2 还原为有机(还原态)碳;部分氧化有机中间体的释放;无机元素的循环。本节将简单介绍每种模式,并指出哪些章节含有更详细的信息。

光能自养型生物(如藻类与蓝细菌)与化能自养型生物(如氧化铵、硫化物及氢气的细菌)将无机碳(氧化态,+4 价)还原为 0 价氧化态的有机碳。虽然其主要目的是合成新的生物质,但自养型生物也会将部分有机碳以溶解分子的形式释放出来,这些有机碳是一些异养型生物的电子供体基质。在特殊情况下,例如,当光能自养型生物暴露在强光之下,而 N、P 营养物却严重有限时,自养型生物会将大量有机分子释放到环境中。这个现象似乎是倾卸电子(利用光能自 H_2O 或 H_2S 中提取)的一种机制。当这些电子由于受营养物的限制不能被用于生物质合成时会发生这种情况。在比较正常的条件下,自养型生物向环境中释放小量但是稳定的细胞大分子。这些正常释放物被称为溶解性微生物产物,详细内容将在第 8 章中进行讨论。事实上,所有微生物,包括异养型生物,均释放溶解性微生物产物,这些产物能够充当某些异养菌的基质。自养型生物产生溶解性微生物产物的行为很有意义,因为这增加了异养型生物可利用还原态碳的数量。

微生物生态系统中第二个广泛存在的现象是有机中间体的形成与交换。任何发生发酵作用的系统均可以作为典型的例子。图 4.2 显示了一个简单厌氧生态系统中的物质流动。在该系统中,碳水化合物($C_6H_{12}O_6$)被发酵,经由一系列有机中间体形成乙酸与 H_2,随后,乙酸与 H_2 被产甲烷菌利用。这个交换网络将在第 10 章厌氧处理的产甲烷过程中进一步阐述。在图 4.2 中,首先通过产酸发酵菌产生丙酸、乙酸、氢气与无机碳,在这个过程中,24个电子当量与 6 个碳当量全部被保存下来。然后,由另一种不同的发酵菌将丙酸转化成更多的乙酸、氢气与无机碳。乙酸被专门分解乙酸的产甲烷菌发酵形成甲烷与无机碳,而氢气被专门的氢氧化产甲烷菌氧化生成更多甲烷。净结果是 $C_6H_{12}O_6$ 中的 24 个电子当量全部转移到 CH_4 中。在这里,至少有 4 个不同的微生物种群,2 个来自细菌域,2 个来自古菌域,能够通过代谢中间体的逐步形成和消耗提取能量,并创造适宜的生境。图 4.3 显示了产甲烷菌群落中,不同厌氧微生物之间形成的密切关系。

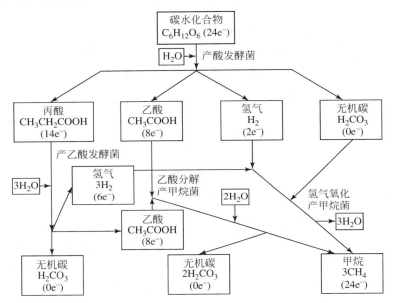

图 4.2　厌氧生态系统中中间体分子的流动：从碳水化合物开始,形成有机酸与 H_2 中间体,并最终产生 CH_4。净反应为：$C_6H_{12}O_6 + 3H_2O \longrightarrow 3CH_4 + 3H_2CO_3$,涉及 4 种不同的微生物种群

图 4.3　生长在麦秸培养基上的混合产甲烷培养物的扫描电镜照片,大肠杆菌是利用乙酸的产甲烷菌

(照片的使用经 Xinggang Tong 授权)

利用中间产物的微生物的生存,需要依靠那些产生中间体的微生物的代谢行为,它们的生态依赖性是显而易见的。对于图 4.2 中的情况以及厌氧生态系统中的许多类似情况,执行前面步骤的微生物也在生态上依赖消耗中间产物的微生物的代谢行为。就像在第 3 章及将在第 5 章、第 13 章中详细介绍的那样,前面的发酵步骤产能少,只有当发酵产物的消耗者能够将这些产物的浓度(特别是 H_2)维持在非常低的水平时,发酵步骤在热力学上才是可能的。这种情况是协同作用的一个好例子,能够使所有的微生物受益。图 4.2 所示的协同作用又称互生,微生物之间的合作是通过电子供体基质的交换实现的。许多厌氧生态系统是专性互生的,也就是说,生物个体不能独立于其互生伙伴而被选择。

当含有部分矿化途径的生化步骤速度变慢或被阻断时,可以沿另一条途径产生还原态中间体。然后,部分反应中间体在细胞内积累并被排入环境。营养物限制或共基质限制是部分氧化中间体积累的主要原因。图 4.4 显示了已知的一个中间体积累的例子。在这个例子中,当由于溶解氧浓度低或动力学反应本身的缓慢等使双加氧过程被阻断时,甲基儿茶酚出现了积累。释放到溶液中的甲基儿茶酚可以作为其他异养型生物的电子供体基质,这些异养型生物不受低溶解氧浓度的限制,或者能够通过其他途径分解甲基儿茶酚。

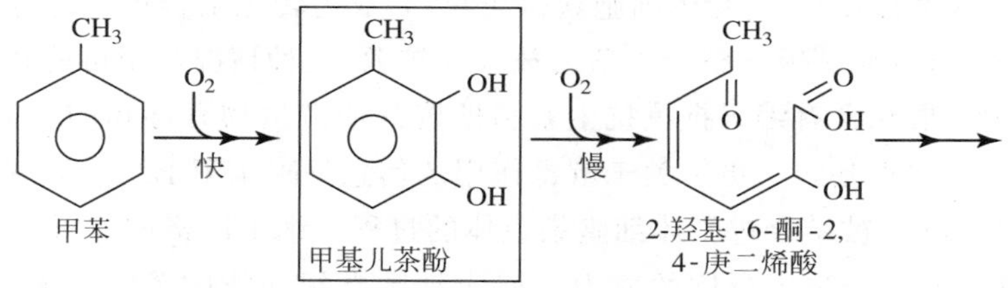

图 4.4　有中间体积累的分解代谢途径的例子。当双加氧过程因 O_2 消耗殆尽等原因被阻断时,由甲苯形成的甲基儿茶酚在细胞内积累

许多微生物群落是通过无机元素的循环生存的,这些元素既是一个微生物种群的电子供体,又是另一个种群的电子受体。硫与铁是典型的例子。对于硫元素,有大量厌氧的异养菌与自养菌利用硫酸盐作为末端电子受体,将其还原为硫化物或元素硫。需氧自养菌能利用这些还原态硫元素作为电子供体。对于铁元素而言,有异养菌能够利用 Fe^{3+} 作为电子受体,典型的情况是,Fe^{3+} 以氢氧化铁固体[如 $Fe(OH)_3$(固态)]形式存在,在反应过程中必须先溶解。铁氧化菌能够利用 Fe^{2+} 作为无机电子供体,完成需氧自养反应。这里的模式是,利用还原形式为电子供体基质的生物是自养型生物;利用氧化形式的生物可以是异养型生物,也可以是氧化 H_2 的自养型生物。

为了使交换过程循环进行,氧化条件与还原条件必须在时间或空间上交替出现。日夜循环创造了天然的时间变化:在白天太阳光促使光养型生物生产 O_2 时出现强氧化条件,而在夜晚出现还原条件。微生物聚集体形成了强空间梯度。当元素能够扩散或在还原区域与氧化区域之间传递时,这些元素能够在两个区域之间穿梭往来。

表 4.1 总结了微生物群落进行基质交换的方式。表中还总结了遗传信息、生长因子及信号的交换方式,将在下文中进行介绍。

表 4.1　微生物群落利用的交换机制

交换类型	被交换物质	对受体细胞的作用
捕食	细胞本身	电子供体基质
中间体	发酵过程或部分氧化过程的还原产物	电子供体基质
元素循环	被还原或被氧化的元素	电子受体或电子供体基质
接合	质粒 DNA	基因源
转化	自由 DNA	基因源
转导	病毒携带的 DNA	基因源
生长因子	维生素、氨基酸	允许复制
信号	脂肪酸、外激素、蛋白质	启动生理功能

4.2.2　遗传信息的交换

微生物能够通过三种途径交换遗传信息：接合、转化及转导(表 4.1)。到目前为止,最重要的机制是细胞接合作用,这种作用已在第 3 章中详细介绍。简单地说,细胞接合包括质粒 DNA 的复制以及从供体细胞到受体细胞的转移。接合的结果是两个细胞都含有该质粒：供体细胞仍然含有质粒,而受体细胞获得质粒,并成为转化结合子。通过接合作用进行的遗传信息转移,可以使基因在整个群落内放大并扩散,这种情况甚至可能在群落没有净增长的情况下发生。质粒含有编码抵抗抗生素和抵抗其他微生物有毒物的基因,包括许多有毒化合物与元素的解毒基因。更多关于解毒作用的信息见附录第 B2 章节(见网络版)。

转化指自由 DNA 被结合进受体细胞染色体的过程。细胞严格调节对 DNA 的吸收,吸收自由 DNA 并将它整合进染色体的能力不属于细胞常规功能的范畴。未被转化的 DNA 会很快在环境中降解,或被非转化细胞内的核酸酶降解。

转导是利用噬菌体作为载体将细菌 DNA 从一个细胞转移到另一个细胞。噬菌体首先感染供体细菌细胞,并将细菌染色体的一个片段结合到自己的 DNA 上。然后,带有新 DNA 的病毒在被感染细菌的体内复制。当细菌解体时,释放出来的噬菌体含有供体 DNA。然后,这种噬菌体感染另一个细菌细胞时,就会导致供体细菌的 DNA 被结合到受体细菌的染色体中。

4.2.3　生长因子

某些原核生物的复制需要氨基酸、脂肪酸或者维生素。其中包括维生素 B_{12}、硫胺素、生物素(维生素 H)、核黄素以及叶酸。正常情况下,这些生长因子由群落中的其他微生物释放到环境中。

4.2.4　化学信号的交换

在某些特殊情况下,微生物可以接收化学信号。这些信号分子结合到细胞膜上的感受器上,并引发生理反应。一个很好的例子就是由链球菌分泌的性外激素,性外激素是一种短链多肽,能向附近不含质粒的微生物发出信号,请它们参加细胞接合过程。还有一个相关但不同的例子是需氧细菌,它能够感应到被它感染的植物的产物。这些信号分子加速了编码感染植物能力的质粒的接合增殖过程。其他重要的信号分子有革兰氏阴性菌的 N-酰基高丝氨酸内酯(N-acyl homoserine lactones，AHL)。

在群体感应(quorum sensing)中，细胞紧密聚集时(如在生物膜中)，细胞的表型会改变。细胞组成性释放信号分子。当分子浓度足够大时，它会被细胞上的受体检测到，从而诱导表型改变。铜绿假单胞菌诱导的生物膜形成和费氏弧菌的生物发光是定数感应很好的例子。

4.3　适应

微生物生态系统的复杂性使它能够非常灵活地应答环境的变化，尤其是那些会使群落产生压力的变化，如温度、pH 或盐度的变化，接触有毒物质，接触异生物有机分子，可利用基质的变化。

群落对环境压力的响应称为适应作用。有时候，驯化作用这个术语也表达同样的意思。适应是指任何使群落最终排除压力或有办法抵制压力并维持自身功能的应答。适应期是指从最初遇到压力到群落完全适应所需要的时间。一个非常普遍而且重要的例子就是对难降解、异生化学物质的适应作用。在从几小时到几个月的适应期内，生物转化作用很小或根本不发生。但在适应期末期，群落能够快速地转化异生物质，而且通常能够在后来的接触中继续这种快速转化。

群落通过下面 5 种主要机制中的一种或几种产生适应性：选择性富集、酶调节、遗传信息交换、可遗传的遗传变化以及改变环境。机制之间的重要区别在于群落结构是否发生变化以及适应期有多长。表 4.2 是几种适应机制的总结。

表 4.2　适应机制的总结

机　　　制	预　期　时　间	群落结构的变化
选择性富集	几天到几个月	显著
遗传信息交换	几周到几年	不必要
可遗传的遗传变化	几小时到几天	不必要
酶调节	几小时	不需要
改变环境	非常不确定：几小时到几个月	非常不确定：从不需要到显著

在第一种适应机制选择性富集中，能够得益于压力环境的微生物类型，可以选择性生长并在总生物量中占据较大比例。在遇到难降解化合物时，能够代谢这种化合物并从中受益的微生物会被富集。在遇到有毒物时，具有抵抗措施的微生物将获得选择性优势。

有一种非常重要且有趣的选择性富集响应是针对不同的基质负荷模式产生的。有两种极端情况：一是完全稳定的负荷；二是营养时富时贫的负荷。对于环境生物技术中负荷非常稳定的过程，限速基质(通常是电子供体)的负荷一般是一个低且稳定的数值(将在第 6 章、第 7 章和第 9 章中定量讨论)。微生物具有不变的低比增长速率。这些条件适合于被称为寡营养生物或 K-对策者的微生物。正常情况下，寡营养生物不具有最快的最大比增长速率，但是它们对限速基质具有高的亲和力，而且它们通常具有非常低的比损失率。高基质亲和力意味着它们能够捕食浓度很低的基质,或是寡营养的。K-对策者这一术语反映了高基质亲和力可以由非常小的 K 值体现; K 值等于实际速率为最大速率一半时的浓度(在第6章中详细讨论),类似于第3章中描述酶动力学的 K_M。

与寡营养相对应的是富营养。富营养生物非常适应时富时贫的生活方式,即在一段时间内基质负荷相当高,但随后基质负荷降到零或者非常低的生活方式。富营养生物能够利用以下3种策略中的一种或多种,很好地应对时富时贫的负荷。第一,与寡营养生物相比,典型的富营养生物具有非常快的最大比增长速率。因此,在营养物丰富阶段,它们比寡营养生物长得快,因而能够捕获绝大多数的基质。利用这种快速生长策略的富营养生物被称为r-对策者,原因在于它们依赖于非常大的反应速率(r)。第二,在营养物丰富阶段,富营养生物可以快速吸收并汇集基质。通过汇集基质作为一种内部储存物(细节见第11章、第14章),这种类型的富营养生物不需要在营养物丰富阶段具备快速生长速率。事实上,它们具有一个比较稳定的生长速率,这种稳定的生长速率是以在营养物贫乏阶段内部储存物的逐渐利用为基础的。第三,有些富营养生物在饥饿阶段会进入休眠状态,如形成孢子。虽然在环境生物技术过程中,第三种策略不重要,但它在某些环境变化很大的自然生态系统中非常重要。

在环境生物技术中,选择性富集是一种非常重要的适应机制。适应期的持续时间取决于被富集细胞的世代周期(在现有条件下)以及起始接种物的大小。通常的原则是,通过选择性富集进行的适应需要几天到几个月,而且能够通过群落结构的显著变化反映出来。

第二种适应机制是酶调节,不需要群落结构发生变化,而且通常只经过一个短适应期,如几小时。当群落已经含有大量能够产生响应的微生物时,就会出现酶调节适应作用,因为这种响应被编码在一个或多个调节酶上。对酶合成的诱导或抑制能够快速发生以响应环境压力。

第三种适应机制是遗传信息交换,包括接合、转化及转导。这三种机制已经在本章前文中介绍过了。接合作用是环境生物技术中最快且最普遍的交换机制。经过几小时到几天的适应期后,关键遗传信息在整个群落中的增殖能够非常快速地发生。通过遗传交换完成的适应过程不需要改变群落结构。

群落成员的可遗传的遗传变化,可以通过突变、复制及重组产生。这种变化对于微生物而言是永久性的,可以认为是群落进化的一种方式。在多数情况下,可遗传的遗传变化是由罕见的随机事件造成的。因此,通过遗传变化实现的适应通常需要长适应期,而且可能是不可再现的。

微生物群落经常改变环境,使群落能够更好地应对压力或从压力中受益。环境变化包括:首选基质的枯竭、基质或营养物质的供应不足、氧化还原状态的变化、pH 的变化以及毒性的消除。

对首选基质耗竭的研究已经进行得比较充分。一个典型的例子是二次生长现象,即一种极其良好的基质,通常是葡萄糖,能阻抑代谢其他基质需要的酶。基质抑制是一种更普遍的现象:一种基质的存在抑制另一种基质的分解代谢酶的活性。能否在环境生物技术过程中应用二次生长现象还值得怀疑,不过,普通的基质抑制具有广泛的重要性,尤其是对异生分子的生物降解(详见附录第 B2 章(见网络版))。很显然,某一群落的微生物将抑制基质去除,可以使另一些有能力的微生物去分解我们感兴趣的基质。

一种更微妙但非常重要的基质耗竭形式发生在具有多种新陈代谢功能的微生物上。例如,厌氧群落只有在其他容易利用的有机电子供体被消耗后,才可能适应生物降解氯代芳香化合物。这时,群落中的一些成员对氯代芳香化合物进行还原脱氯,这样脱氯后的芳香化合物才能够被用作电子供体。因此,只有当其他电子供体被耗尽时,群落才被迫去还原氯代芳香化合物。

基质或营养物质的释放也能刺激生长或活性,作为对压力的响应。有些群落成员的细胞溶解,释放出营养物质与生长因子,能够刺激其他成员的活性。异养型生物释放的无机碳元素正是自养型生物所需要的。自养型生物释放的溶解性微生物产物,对于异养型生物而言,是有用的电子供体。能够作为电子供体与电子受体的元素,在不同微生物类型之间的加速循环,可以使微生物活性普遍增强或使特定种群的活性增强。

电子受体的消耗顺序通常遵循图 3.5 所示的热力学次序。例如,为了完成产甲烷反应,群落需要先通过消耗 O_2、NO_3^-、SO_4^{2-} 以及 Fe^{3+} 改变氧化还原状态。

许多微生物反应产生强酸或强碱。这些反应在第 2 章、第 9 章、第 10 章中进行更详细的描述。pH 的变化可能使一个微生物种群受益,也可能改变关键反应的热力学特征。

氧化还原状态的变化、pH 的变化、营养物质的供应或者微生物的直接行为,均能够降低毒性。重金属以氢氧化物、碳酸盐或者硫化物固体的形式沉淀就是一个突出的例子。直接生物转化也能够降低毒性,尤其是来自异生有机分子的毒性。实际上,发挥作用的可能不止一种机制。例如,遗传交换、遗传改变或环境变化,可能优先于从以前的变化中受益的微生物的选择性富集。

我们需要对适应作用进行更多的研究。幸运的是,微生物生态系统研究新工具的发展,已经为我们在未来 10 年里拓展对适应作用的理解开辟了很好的前景。表 4.2 帮助我们记住适应作用包括的不同机制,这些机制的生效可能需要少则几小时,多则几个月的时间。在有些情况下,群落结构剧烈变化;但在另外一些情况下,可能由于适应作用,群落的功能已经显著改变,群落结构却不发生变化。

4.4　微生物生态学研究工具

环境生物技术在研究微生物生态方面正进行一场"工具革命"。从分子生物学发展而来的研究工具,如今使我们已经可以直接回答关于微生物生态系统结构与功能的 3 个基本问题:存在什么微生物? 它们能够完成哪些代谢反应? 它们正在进行什么代谢反应?

本节介绍能够用于研究微生物生态学的工具。首先,概要介绍一下以富集培养为基础的传统工具。然后,介绍由分子生物学发展而来的强大新工具。引言的目的是解释新工具的遗传和生化基础。我们希望读者了解该方法能解决哪种问题,为什么它能够解决,以及该方法的生化基础。有了这些知识,读者就可以选择正确的方法,并了解正确执行该方法的细节。

4.4.1　传统富集工具

几十年以来,微生物学家一直在尝试通过利用微生物的重要表型特征分离单菌株来探索微生物群落的秘密。例如,通过提供富含 NH_4^+-N、溶解氧以及重碳酸盐,同时缺乏其他电子供体的培养基,可以富集得到硝化菌。如图 4.5 所示,通过连续接触强选择性生长培养基,并利用强选择性生长培养基进行稀释,最终能够分离得到一株具有铵氧化能力的单一菌株,原因是其他类型的微生物会通过稀释逐渐被去除。获得纯分离物需要的时间及稀释次数取决于起始培养物的复杂程度、被富集菌株的起始浓度和生长速率,以及被富集菌株与其他微生物类型交换物质的情况。在发生协同作用的情况下,实际上不可能获得真正的纯分离物。

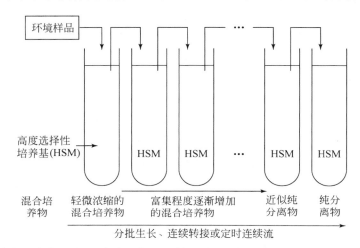

图 4.5　选择性富集,包括用高度选择性培养基对环境样品进行连续稀释。每次转接均在生长完成后进行,转接的过程就是稀释过程。实际上,稀释不必像图中显示的那样通过连续转接进行,也可以通过选择性培养基的连续流动实现

一旦获得了纯分离物,就可以鉴定它的遗传学特征(如 DNA 或 rRNA 序列)、代谢潜力(如利用哪些电子供体与电子受体)、最适宜温度与最适宜 pH、分解代谢动力学与生长动力学以及元素组成与形态学。分离菌株仍然是确定其表型特征,以及通过提供的遗传信息确定它与其他微生物系统发育关系的理想选择。

尽管富集已经提供了并会继续提供许多有价值的信息,但是,它仍在 3 个方面具有严重的局限性。第一,只有事先知道生理特性,才能富集得到我们需要的微生物。由于在微生物被分离之前,我们对它的特点并不完全了解,因此,为了进行富集,我们必须对结果做一些假设。第二,无法分离得到生活在紧密偶联的协同关系中的微生物。第三,可能是最重要的,就是富集方法通常对结果具有偏倚性。产生这种偏倚性的原因是正常环境中的重要菌株通常是寡营养型生物,而富集条件有利于富营养型生物。高浓度电子供体,如 NH_4^+-N,为快速生长的富营养型生物提供了压倒寡营养生物的选择性优势,而在自然环境中寡营养生物可能更重要。由于微生物群落具有功能丰余性,在富集试验中不一定能富集得到实际上最重要的那种微生物。当被选择的是富营养型生物,而不是更重要的但生长速率较慢的寡营养生物时,我们对该特定群落以及微生物生命多样性的了解,通常会有偏差。

尽管存在这些局限性,但只要能够正确解释富集试验的结果,传统方法还是能够提供有价值的信息。传统方法在我们想评价群落的功能时是最有用的。例如,如果我们想知道在混合培养物中硝化细菌是否重要时,我们可以让该群落接触 NH_4^+-N,并观察 NH_4^+-N 的损失以及产生 NO_2^--N 或 NO_3^--N 的情况。这些证据能够证明硝化功能的存在,而且,损失或生成速率能够帮助我们估计可以执行硝化作用的生物质的数量。当用作评价群落功能时,传统方法不能给我们提供任何关于负责硝化过程的菌株的详细信息。因此,功能评价不以分离纯菌株为目标。

4.4.2 分子生物学工具

很多可以解决传统富集培养偏倚性的分子生物学工具,正处于开发过程中。与建立在某些表型特性基础上的细胞富集方法不同,分子生物学工具直接针对群落的 DNA、RNA 或蛋白质,它们是遗传信息,转录和翻译系统的一部分(图 3.5)。特别是,分子技术测定的是细胞 DNA 或 RNA 的碱基序列。根据需要获得的信息,分子检测可以不同类型的 DNA 或 RNA 为目标。表 4.3 总结了检测目标以及每个目标能够提供的信息。

表 4.3 分子方法的检测目标

目 标	获得的信息	提 问	"组学"范围
rRNA	系统发育身份	谁存在?	基因组学
编码 rRNA 的基因(DNA)	系统发育身份	谁存在?	基因组学
其他基因(DNA)	表型潜力	什么是可能的?	基因组学
mRNA	表达表型	什么正在发生?	转录组学
蛋白质产物	表达表型	什么正在发生?	蛋白质组学

为了确定群落中的细胞在系统发育中的身份,以 rRNA(通常是 SSU rRNA)或用于编码 rRNA 的基因(rDNA 基因)为分子检测的目标。基因组学是研究基因的 DNA 组成。基因组学和 rRNA 可用来提供都有哪些微生物存在的信息。

表型潜力,如氧化一个特定的电子供体或还原一个特定的电子受体的能力,可以通过检测在 DNA 上寻找编码该功能的基因。表型潜力告诉我们微生物能够执行什么功能。表型潜力的表达可以通过检测 mRNA 或蛋白质产物(如酶)来证明。这些信息会告诉我们微生物正在执行哪些功能,因为微生物若不执行该功能,通常不进行转录和翻译。由于 mRNA 是基因的转录产物,它的研究被称为转录组学而不是基因组学。而对蛋白质产物的研究被称为蛋白质组学。

在下一小节,我们将介绍目前正在使用的大多数基因组学方法。这一领域正在快速发展,而且技术进步正不断刷新所采用的方法。因此,在这里,我们没有将注意力集中在方法如何使用的问题上;相反,我们将把重点放在介绍方法的基本原理上。转录组学和蛋白质组学的工具将在接下来的章节中进行介绍。

4.4.3 基于核糖体 RNA 的基因组学方法

当我们想了解群落结构时,我们需要根据不同微生物可遗传的基因信息,对微生物进行鉴定并计数。常用方法是以 SSU rRNA 为目标,SSU rRNA 是强大的系统发育标记。除病毒外,所有活的微生物都具有结构相似的核糖体,但也具有足够的变异性,可以将一种菌株与另一种菌株区分开来。此外,核糖体是自然扩增的,这意味着每个细胞都有数千个 rRNA 复制物,这使得 rRNA 比编码它的基因更容易检测。

针对 SSU rRNA 的寡核苷酸探针是最原始的基因组学技术。寡核苷酸探针是由 15～25 个碱基组成的单链 DNA,探针的碱基序列与目标细胞的 SSU rRNA 上的某个区域互补。在严格控制的检测条件下,探针 DNA 与目标细胞的 RNA 上的互补区杂交,而不会与序列不匹配的任何其他细胞的 RNA 杂交。如果 RNA 被适当固定,可以将未杂交的探针冲洗掉,只留下与目标 RNA 杂交的探针。只要能够检测到杂交探针,就能够确定目标 rRNA 的存在及其数量。

寡核苷酸杂交作用可以通过两种基本方法进行。传统的方法是狭线印迹法,这种方法要求将 RNA 从样品中提取出来。典型的提取过程是使用酚与氯仿为提取剂,使水相中的 RNA 与乙醇一起沉淀下来。然后,RNA 颗粒被重新悬浮、变性,并涂布在尼龙膜上,形成狭线印迹。用 ^{32}P 标记的寡核苷酸探针在杂交缓冲液中与膜接触,通常放置过夜。然后,在严格控制的温度下对膜进行冲洗、干燥,并检测其放射性。

冲洗温度特别重要,因为温度决定了探针的特异性。检测每个探针与目标 RNA 及其他 RNA 的杂交效率。解离温度 T_d 指有 50% 的探针与其互补 RNA 结合时的温度。设计得好的探针,在解离温度时与相似但不同的 RNA 的杂交作用最小。

放射性可以用 3 种方法测定。最传统的方法是将照相胶卷暴露于膜。图像的强度与每条印迹上杂交探针的数量成正比。最新研究能被自动扫描的储藏磷屏幕正在替代胶卷。第三种方法是将每条印迹放到闪烁管中,加入闪烁混合液,然后进行闪烁计数。

寡核苷酸探测的第二种方式是荧光原位杂交(fluorescence in situ hybridization,FISH),即 FISH 技术。FISH 技术的其他特点与狭线印迹法相似。杂交以序列互补为基础,并在严格选定的温度下通过冲洗去除未杂交的探针,然而 FISH 与狭线印迹法有两点不同。第一,在 FISH 技术中标记寡核苷酸探针的分子,是一种可以被特定波长的光激发后发出荧光的分子。因此,检测采用荧光显微术:用激发光源照射已杂交样品,并用显微镜观测发射出来的光。第二,在 FISH 技术中不必提取 RNA,而是将 RNA 保留在细胞内部(原位);细胞被固定并制成多孔结构,使探针可以进入细胞。由于细胞没有被破坏,FISH 技术能够提供空间关系的信息。几种带有不同荧光标记的寡核苷酸可以一起使用,使不同类型微生物之间的空间关系能呈现出来。

图 4.6 是关于 FISH 技术功能的一个生动的例子。这张显微照片显示的是活性污泥絮体的一部分。深灰色细胞与铵氧化菌的特异探针杂交。浅灰色细胞与亚硝酸盐氧化菌的特异探针杂交。这些 FISH 结果显示,铵氧化菌在絮体内形成非常紧密的一簇。亚硝酸盐氧化菌,利用由铵氧化菌产生的 NO_2^-,一小簇一小簇地聚集在较大簇的铵氧化菌周围。硝化细菌在活性污泥中密集聚集是正常情况。

对 SSU rRNA 的寡核苷酸探测,一个最强大的特征是能够将探针设计成具有不同的特异性。换句话说,可以将一个探针设计成只与一种菌株杂交,或与一群相似的菌株杂交(如同一属的菌株),或与一整个域内的菌株杂交,或与所有生物杂交。图 4.7 显示了对产甲烷

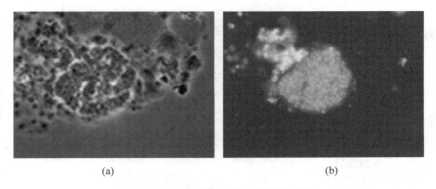

(a)　　　　　　　　　　　　　　(b)

图 4.6　活性污泥絮体中铵氧化菌簇

(a) 中深灰色与亚硝酸盐氧化菌簇；(b) 中浅灰色的 FISH 显微照片

(资料来源：照片由 Bruce Mobarry 提供)

古细菌的这种探针嵌套方法。图中按目、科、属的顺序显示了产甲烷菌的系统发育结构，并显示了与各种产甲烷菌对应的寡核苷酸探针的名称及其特异性范围。寡核苷酸探针的名称包括两部分：一是与属对应的字母；二是与 SSU rRNA 上的目标位点的 5′端相应的数字。图 4.7 中还给出了从 5′端到 3′端方向的探针序列（探针的目标是从 3′端到 5′端方向的互补序列，如图 3.18 所示）、在 rRNA（3′端到 5′端）上目标位点的位置以及 T_d 值。图中还列出了两个能与所有已知古细菌杂交的探针（ARC915 与 ARC344）。图中没有列出能够与所有已知生命体的 SSU rRNA 杂交的通用探针。UNIV1392 就是一种通用探针，该探针的序列为 5′-ACGGGCGGTGTGAG-3′，T_d 为 44℃。

图 4.8 说明了如何利用与甲烷八叠球菌科相关的具有不同特异性的各种探针来跟踪混合产甲烷培养物中的分解乙酸产甲烷菌。在利用探针 UNIV1392 跟踪的所有生物的 SSU rRNA 中，有 22％来自古细菌。在古细菌中有一半，即在所有生物中有 11％，来自甲烷八叠球菌科（一种乙酸发酵菌），而 5％分别来自甲烷毛状菌属和 1％来自甲烷八叠球菌属。如果在 rRNA 杂交过程中保持了质量平衡，那么，没有与 ARC912 杂交的 SSU rRNA（占总数的 78％）分布在细菌域和真核生物域中。在一个产甲烷能力强的系统中，没有与 MSMX960 杂交的 rRNA（占总数的 11％）反映的应该是另一种产甲烷菌——严格 H_2 氧化菌。

图 4.9 所示为硝化细菌的嵌套探针。嵌套对于铵氧化菌尤其重要。图 4.9 还显示了系统树的第二种形式。当需要对关系密切的菌株详细列举遗传关系时，这种格式读起来更容易。菌株之间总的水平距离是对遗传差异的一种度量，表示为碱基对不同的部分，比例尺显示的距离是 0.1，表示有 10％是不同的。细菌域探针的一个例子是 EUB338，其序列为 5′-GCTGCCTCCCGTAGGAGT-3′，T_d 为 54℃ (Amann et al.，1990)。

寡核苷酸探测的一个缺点是，只有对已被分离并已测序的菌株才能够放心使用。微生物生态学家估计只有少数微生物菌株已被分离。另外，由于前文讨论的偏倚性，被分离的菌株也可能并不能很好地代表自然环境中最重要的菌株。因此，无论关键菌株是否已被分离或已完成测序，具有能提供群落多样性指纹信息的分子技术都是非常有用的。

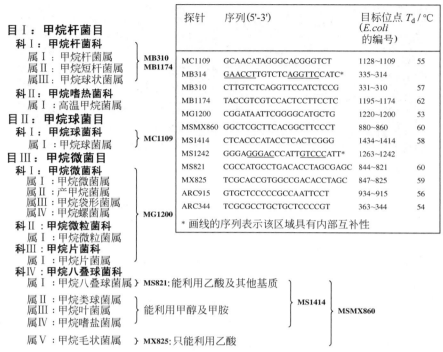

目Ⅰ：甲烷杆菌目
　科Ⅰ：甲烷杆菌科
　　属Ⅰ：甲烷杆菌属
　　属Ⅱ：甲烷短杆菌属
　　属Ⅲ：甲烷球状菌属 } MB310 MB1174
　科Ⅱ：甲烷嗜热菌科
　　属Ⅰ：高温甲烷菌属
目Ⅱ：甲烷球菌目
　科Ⅰ：甲烷球菌科
　　属Ⅰ：甲烷球菌属 } MC1109
目Ⅲ：甲烷微菌目
　科Ⅰ：甲烷微菌科
　　属Ⅰ：甲烷微菌属
　　属Ⅱ：产甲烷菌属
　　属Ⅲ：甲烷袋形菌属
　　属Ⅳ：甲烷螺菌属
　科Ⅱ：甲烷微粒科
　　属Ⅰ：甲烷微粒菌属
　科Ⅲ：甲烷片菌科
　　属Ⅰ：甲烷片菌属
　科Ⅳ：甲烷八叠球菌科
　　属Ⅰ：甲烷八叠球菌属 } MS821:能利用乙酸及其他基质
　　属Ⅱ：甲烷类球菌属
　　属Ⅲ：甲烷叶菌属
　　属Ⅳ：甲烷嗜盐菌属 } 能利用甲醇及甲胺 } MS1414 } MSMX860
　　属Ⅴ：甲烷毛状菌属 } MX825:只能利用乙酸

} MG1200

探针	序列(5'-3')	目标位点 ($E.coli$ 的编号)	T_d / ℃
MC1109	GCAACATAGGGCACGGGTCT	1128~1109	55
MB314	GAACCTTGTCTCAGGTTCCATC*	335~314	
MB310	CTTGTCTCAGGTTCCATCTCCG	331~310	57
MB1174	TACCGTCGTCCACTCCTTCCTC	1195~1174	62
MG1200	CGGATAATTCGGGGCATGCTG	1220~1200	53
MSMX860	GGCTCGCTTCACGGCTTCCCT	880~860	60
MS1414	CTCACCCATACCTCACTCGGG	1434~1414	58
MS1242	GGGAGGGACCCATTGTCCCATT*	1263~1242	
MS821	CGCCATGCCTGACACCTAGCGAGC	844~821	60
MX825	TCGCACCGTGGCCGACACCTAGC	847~825	59
ARC915	GTGCTCCCCCGCCAATTCCT	934~915	56
ARC344	TCGCGCCTGCTGCTCCCCGT	363~344	54

* 画线的序列表示该区域具有内部互补性

图 4.7　为产甲烷菌及所有古细菌设计的寡核苷酸探针

(资料来源：Raskin et al.，1994)

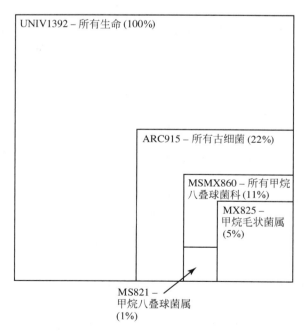

图 4.8　对嵌套探针如何指向与甲烷八叠球菌科(或分解乙酸产甲烷菌)相关的不同特异性的解释

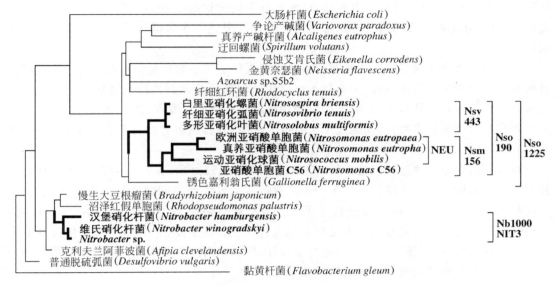

图 4.9 铵氧化(前缀为 Nitroso)菌及亚硝酸盐(前缀为 Nitro)氧化菌的嵌套探针

(资料来源:Mobarry et al. ,1996)

探针	E.coli 16S rRNA 的位置	探针序列
Nb1000	1000~1012	5'-TGCGACCGGTCATGG-3'
NIT3	1035~1048	5'-CCTGTGCTCCATGCTCCG-3'
NEU	653~670	5'-CCCCTCTGCTGCACTCTA-3'
Nso190	190~208	5'-CGATCCCCTGCTTTTCTCC-3'
Nso1225	1225~1244	5'-CGCCATTGTATTACGTGTGA-3'
Nsm156	156~174	5'-TATTAGCACATCTTTCGAT-3'
Nsv443	444~462	5'-CCGTGACCGTTTCGTTCCG-3'

4.4.4 基于核糖体 DNA 的基因组学方法

从染色体上编码 SSU rRNA 的基因中能够获得关于群落结构类似的信息,这类基因通常被称为 rDNA。首先,将 DNA 从样品中提取出来,采取的方法与提取 RNA 相似。然而,由于 rDNA 基因不像 rRNA 那样自然扩增,它需要利用聚合酶链反应(polymerase chain reaction,PCR)以及编码 SSU rRNA 基因的特异性引物选择性地扩增 DNA。引物指向 rDNA 基因的可变区域之一,被称为 V 区。

在 PCR 中,利用在低温(如 37℃)和高温(如 72℃)之间系统循环的程序,使特殊的 DNA 聚合酶复制启动子下游的 DNA。用于 PCR 的 DNA 来自耐 PCR 高温的嗜热菌。在低温时,聚合酶从启动子处开始复制一段双链 DNA 链,使其形成两段。在高温时,DNA 的变性会使复制停止。下一个低温循环使启动子再次结合,这样聚合酶就会从上一步的 2 个复制物中复制出 4 个复制物。连续的温度循环可以产生大量复制物,如 70 个循环可产生 2^{70} (约 10^{21})个复制物,足够在后续步骤中使用。

选择性扩增的 rDNA 包含引物所针对的所有微生物的序列。因此,对微生物群落进行

PCR 时，需要分离扩增的 DNA 混合物，以便区分不同菌株的序列。分离 DNA 序列的方法有很多（且还在不断增多），每种方法都有其优点和局限性。本节概述了各种分离方法的基础以及优缺点。

大多数分离方法共有的一个重要特点是它们提供了微生物群落的指纹。通过比较前后群落结构并识别重要菌株，指纹分析技术可以快速诊断所监测群落结构随时间的变化。无论菌株的系统发育特征是否已知，都可以使用指纹分析技术。通常，指纹分析可以指出哪些微生物在群落中足够重要，从而通过 DNA 测序识别它们，或将它们从群落中分离出来，或兼而有之。

在我们讨论如何通过分析被扩增的 DNA 来解释指纹之前，我们必须提一下利用 PCR 技术作为获取群落结构指纹信息的第一个步骤的局限性。当不同菌株提取效率不同时，偏倚性将会产生，因为：①在处理过程中某些 DNA 对剪切断裂作用比其他 DNA 更敏感；②引物对同一类型的所有基因并不是均等地发挥作用。尽管 PCR 扩增技术比传统的富集方法产生的问题少，但还是会产生一定的偏倚性，特别是当对群落中次要组分的基因扩增效率远远大于对其他相关菌株的基因扩增效率时。

丙烯酰胺凝胶电泳是一种传统的 DNA 分离方法。扩增的 DNA 被放在装置中凝胶的一端，该装置从一端到另一端产生电场。带负电荷的 DNA 会向正极移动。它的移动速率取决于 DNA 的电荷和大小。较高电荷和较小尺寸的 DNA 会更快地向正极迁移。经过适当时间的电泳后，DNA 混合物形成了一系列的条带。当扩增过程中，放射性或荧光染料附着在每条 DNA 链上时，就可以观察到这些条带。条带图是指纹分析的一个例子。原则上，每个条带代表一个菌株，更恰当地称为操作分类单元（operational taxonomic unit，OTU）。然而，有时一个条带包含不止一个菌株的 DNA。如果条带足够明显，可以小心地将它切下来，然后提取它的 DNA。对提取的 DNA 进行测序，从而确定与切除条带相关的菌株的系统发育特征。

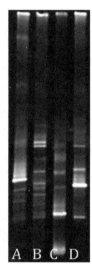

图 4.10　4 种不同光催化预处理下恒化培养出水的 DGGE 结果示例

（来源：Michael Marsolek 博士）

变性梯度凝胶电泳（denaturing gradient gel electrophoresis，DGGE）是一种特殊形式的电泳，它能更好、更可靠地将 DNA 从复杂微生物群落中分离，是环境生物技术中常用的方法。在 DGGE 中，丙烯酰胺凝胶是用梯度的变性剂（通常是尿素和甲醛）制备的，从负极到正极浓度逐渐增加。变性剂使双链 DNA 分离成两条单链或变性。DNA 中的 G+C 含量是控制它在梯度中何时发生变性的主要因素。一旦 DNA 链分离，DNA 就不再在凝胶中移动，而是停止并形成清晰的条带。DNA 分子之间移动性和变性的差异，使得 DGGE 的条带成为群落的良好指纹，并且可以切除和提取 DNA 进行测序。DGGE 成功的关键在于凝胶中可靠地形成变性梯度，因为凝胶上的所有通道应提供相同的可重复的条带图案。为 DGGE 制作可靠且可重复的凝胶是一项需要大量培训和实际的技能。

图 4.10 是 DGGE 凝胶的一个很好的例子。采用 4 种不同的处理条件，对三氯苯酚光催化产生的废水进行了 4 种恒化培养。每条泳道大约有 15 个不同的条带，且条带图

案之间差异明显。值得注意的是条带在 4 个泳道上的平行和一致性。

温度梯度凝胶电泳(temperature-gradient gel electrophoresis,TGGE)是 DGGE 的一种变体,它用到的特殊凝胶块会产生温度梯度,正极方向会出现较高的温度,从而导致 DNA 变性并产生与 DGGE 相似的条带。

DGGE 和 TGGE 的优势在于它们可以相对较快地给出条带指纹,并生成用于测序的 DNA。它们共同的缺点是只能区分少量(好的凝胶是 10～20 个)最主要的菌株,而微生物群落中的菌株数量远超于此。此外,DGGE 还需要很高的凝胶制作技术,即使是最好的凝胶也不能提供完美的条带均匀性。TGGE 降低了制作 DGGE 凝胶的难度,但它需要专门的凝胶块。DGGE 或 TGGE 中条带的 DNA 密度(与其大小大致相同)大致反映出检测到的 OTU 的相对丰度,但它们的定量只是近似值。

另一种分离技术是末端限制性片段长度多态性(terminal-restriction fragment length polymorphism,T-RFLP)。利用限制性内切酶将扩增的 DNA 切成片段,然后将片段进行尺寸排阻色谱分离,根据片段大小生成色谱图。可以用一种以上的限制性内切酶(一次一种)来消化 DNA 样品,以产生不同的片段图案。图 4.11 是 T-RFLP 色谱图的一个很好的例子。它显示了来自两个污水再生水厂中氨氧化细菌的限制性片段。箭头表示利用正向或反向末端片段(terminal fragments,TFs)标记已知氨氧化菌的 16S rDNA 片段。从夏季到冬季,两个水厂中的氨氧化菌组成基本相同。

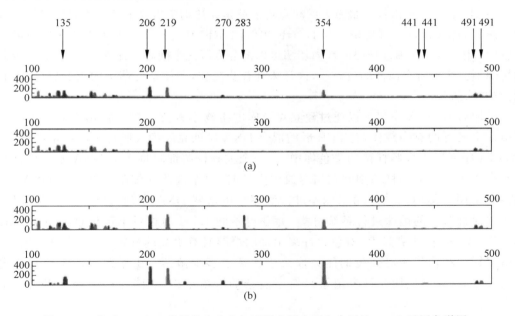

图 4.11 基于 T-RFLP 分析的来自芝加哥两个污水再生水厂的 *amoA* 基因色谱图

(a) 冬季样本;(b) 夏季样本。正向和反向末端片段分别用黑色和灰色来表示;

(c) 基于两种染料系统 *amoA* 基因 T-RFLP 的氨氧化菌群末端片段检测流程图及其意义。

黑体字表示正向引物。标记有编号的峰值表明该引物在水厂样品中被明确检测出来。

(来源:Slit Siripong)

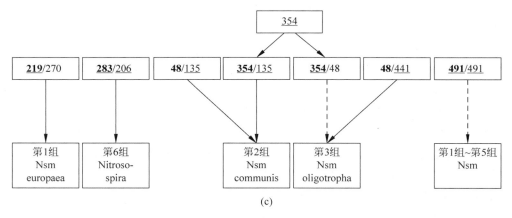

图 4.11(续)

　　T-RFLP 在群落指纹识别方面展现出许多优势：生成的色谱图可重复且花费的时间很短。对于 rDNA 已被完全测序的微生物,由不同限制性内切酶产生的片段大小是已知的,因此,只要对 rDNA 进行测序,就有可能追踪到指定的菌株。此外,使用不同的限制性内切酶可以排除或强调某些菌株。尽管色谱图不能被视为真正的定量,它的峰值仍提供了相对丰度的信息。

　　T-RFLP 也有局限性。最重要的缺点可能就是无法确定指纹中某个我们感兴趣但未知的菌株的 DNA 以确定其身份。与 DGGE 相似,T-RFLP 色谱图对群落中的非优势菌株的敏感度有限,尽管仔细选择限制性内切酶可以部分克服这个问题。此外,一个特定的限制性内切酶不会产生所有菌株的色谱峰,这意味着有些菌株,即使是群落中的重要成员,也有可能会被"遗漏"。

　　扩增后的 DNA 序列可以通过建立克隆库的生物学方法分离并转化为群落指纹。利用市面上已有的克隆载体,将 PCR 后的混合 DNA 序列克隆到大肠杆菌的特定菌株中(即将 DNA 序列插入大肠杆菌的染色体中)。一个大肠杆菌细胞将一个 DNA 分子整合到它的基因组中。当大肠杆菌细胞在培养皿中生长时,每个菌落的细胞只有一个 DNA 序列。"挑选"不同菌落,对其插入的 DNA 进行测序。由这些 DNA 序列得到了 rDNA 序列库,可用于对群落中的菌株进行系统分类,并获得不同 OTU 的相对丰度信息。与 DGGE 或 T-RFLP 相比,构建克隆库,对包含许多菌株的群落具有更高的分辨率,也能更好地定量。群落多样性和构建相对数量的能力取决于挑选了多少菌落。由于菌落的生长和挑选存在实际限制(通常使用几百个菌落),对于复杂的群落结构,克隆库不能保证提供完整的信息。

　　用任何方法分离 DNA 进行测序的传统方法,称为桑格测序。在环境生物技术应用中,它在很大程度上已被下述的高通量测序方法所取代。然而,桑格测序仍可以用于单个短序列的测序。在桑格测序中,荧光标记的脱氧核苷酸(A、C、T 和 G 用不同荧光标记)与正常的未标记的脱氧核苷酸一起添加。在 DNA 聚合酶的复制过程中,随机添加双脱氧核苷酸以停止复制。这就产生了不同长度的、可以用凝胶层析分离的 DNA 链混合物。因为每个脱氧核苷酸都有不同的荧光标记,在给定位置的碱基可以通过其所在位置来识别。

近年来,出现了许多高通量测序方法,他们比克隆文库的分辨率高很多。这种高通量测序的能力使宏基因组分析,或同时评估来自一个复杂群落的数百到数千个序列成为可能。高通量测序方法需要权衡它们为输出所提供的相对较短的序列(称为读数)长度,如从 25 个到 250 个碱基对。较长的读数能更深层次地对微生物进行分类,如从属或种水平的分类而不是仅在门水平上分类。

目前已有许多可用的高通量技术,之后肯定还会有更多。因此,这里列出的技术很快就会过时。然而,还是有必要指出一些可行的技术及其技术基础。最近,高通量测序的标准形式是罗氏 454 焦磷酸测序,这是一个通过合成测序的例子。该方法的关键是 PCR 在特殊的 DNA 捕获微珠上进行,这些微珠位于含有聚合酶和 4 种碱基(A、T、C 和 G)的油乳剂中。在该过程中,每个 DNA 序列与一个微珠结合,然后在油乳剂中进行 PCR 扩增,使每个微珠都作为一个独立的反应器。当乳剂被破坏时,双链 DNA 变性,单链 DNA 转移到特殊的微滴板孔中,每孔中有一个微珠。核苷酸碱基在每个孔中一个接一个地被传递,互补碱基结合,并发出光信号,记录下每个孔中的碱基顺序。454 次运行产生大约 4.0×10^5 个读数,每个读数含有大约 250 个碱基对。在进行焦磷酸测序之前,可以通过将"条形码"标识符融合到引物中跟踪要测序的 DNA 来源。因此,条形码可以在一次 454 运行中生成来自不同样本的读数。

目前其他可用的高通量方法开拓了合成测序的概念,它们利用固相测序和不同的方法来确定碱基序列。当下最常用的系统是 Illumina 的 MiSeq 和 HiSeq,它们使用流动槽固定 DNA(即在固体表面上对 DNA 进行测序),以依次传递具有荧光信号的碱基。Illumina 引入了 NovaSeq,可以产生更长的读取长度。Ion Torrent 也使用固相测序和流动槽,但它不使用荧光碱基。相反,它将 DNA 结合到半导体表面,该表面通过碱基添加过程中 H^+ 的释放导致的 pH 值变化来检测碱基的结合。

高通量测序的一个重要决策点是运行生成的读数数量与读数长度之间的平衡。更长的可以更深层次上对微生物进行分类,如 250 个碱基对对应属或种水平,而 100 个碱基对仅对应门或目水平。此时,使用固相测序系统能生成更多的读数。尽管如此,制造商正在努力增加读取长度,如使用 NovaSeq。

检测扩增 DNA 的另一种方法是基因芯片,它包含许多带有寡核苷酸的孔或点,这些寡核苷酸可以特异性地与指定的 DNA 片段结合。基因芯片能在短时间内提供大量信息,但这些信息只适用于那些基因组已被测序从而可以设计寡核苷酸探针的微生物。

实时定量 PCR(quantitative real-time PCR,qPCR)是对高通量测序和其他指纹技术的一个重要补充。qPCR 不使用预扩增的 DNA,而是直接从生物样本中提取 DNA。qPCR 的优点是对扩增(和检测)的 DNA 具有可控制的特异性,并对选定的 DNA 进行定量分析。仔细选择聚合酶的引物可以追踪单个物种、一组密切相关的物种或一个庞大的群体,如所有细菌。定量分析是利用跟踪通过一系列低温-高温循环扩增 DNA 的产生速率来实现的。新 DNA 分子的合成通过荧光信号被记录,且随着 DNA 被扩增,荧光信号的数量在随后的周期中呈指数增长。在提取的 DNA 原始混合物中,基因复制数与达到荧光阈值所需的循环次数呈反比。图 4.12 是 qPCR 输出的一个很好的例子,它显示了达到光强度阈值的时间与检测开始时目标基因复制数的关系。

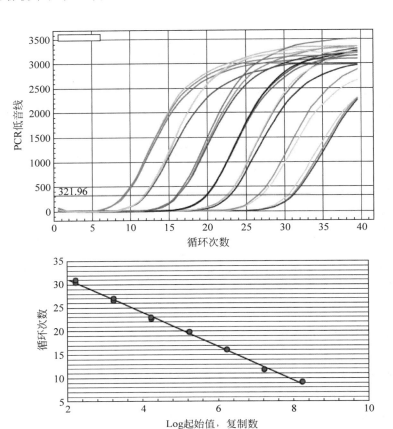

图 4.12 qPCR 的输出示例(上图)显示荧光信号超过阈值(本例为 321.96)所需的循环次
数取决于起始 DNA 的数量。左边曲线的起始 DNA 数量最大,往右边逐渐减
少。下图显示了原始样品中的复制数与阈值所需循环数的标准曲线。

qPCR 是对指纹分析方法的一个很好的补充,因为它能提供我们感兴趣的物种或群体
的定量信息。因此,我们可以利用指纹分析方法对感兴趣的微生物进行鉴定,然后利用
qPCR 方法对其进行直接且快速的追踪。

虽然 qPCR 是定量的,但需要一些指导来确保定量解释的准确性。由于 qPCR 分析依
赖于 DNA 的指数增长和经验选择的荧光阈值,因此定量结果本身存在不确定性。一般来
说,至少需要一个数量级的差异才能确定一种浓度相对另一种浓度的大小。另一个解释
qPCR 结果的重点是要认识到输出结果是原始样品的单位质量或体积的基因复制数。环境
生物技术专家通常想知道细胞的数量或质量。这些值可以从 qPCR 结果中估算,但不是直
接来自 qPCR 结果。为了估算细胞的数量,我们需要知道每个细胞的基因复制数。对于
rDNA 基因,复制数可以从 1 到 10,通常大于 1。为了估算细胞的质量,我们需要知道细胞
的体积,从中我们可以利用水的密度计算湿重质量($1g/cm^3$),它的干重质量大约是湿重质
量的 20%。例 4.1 是一个简单的例子,说明如何从 qPCR 结果中计算出几个浓度值。

例 4.1　通过 qPCR 结果计算生物量浓度

qPCR 测得的变形菌 16S rDNA 的基因复制浓度为 10^{10} copies/mL。我们逐步将该浓

度转化为 mg 干重/L。第一步是将基因复制转化为细胞。这要求我们知道每个细胞的 16S rDNA 的基因复制数。变形菌通常每个细胞有两个复制基因。

细胞/mL=(10^{10} 个复制基因/mL)/(2 个复制基因/细胞)=5×10^{9} 细胞/mL

我们接下来利用典型的细胞体积(10^{-12} mL/细胞)将细胞数量转化为细胞体积。

细胞体积/mL=(5×10^{9} 细胞/mL)×(10^{-12} mL/细胞)=5×10^{-3} mL 细胞/mL 样品

下一步是转化为湿重。生物质主要是水，它的密度几乎和水一样，1g/mL=1000mg/mL。

湿重/mL=(5×10^{-3} mL 细胞/mL 样品)×(1000mg/mL)=5mg 湿重/mL

干重通常等于 20% 的湿重。

干重/mL=(5mg 湿重/mL)×0.2=1mg 干重/mL

最后，我们将体积从毫升转化为升。

干重/L=(1mg 干重/mL)×1000mL/L=1000mg 干重/L

从指纹中识别感兴趣的微生物通常需要对其 SSU rDNA 基因进行测序。通过对整个基因组进行测序可以获得更完整的评估。要对整个基因组或 SSU rDNA 进行测序，需要将微生物分离出来。目前大多数的测序遵循"鸟枪策略"，包含以下步骤：克隆整个基因组（或 rDNA）的片段，测序所有克隆，然后通过计算组装片段序列，得到完整的序列。虽然这最初是通过桑格测序完成的，但当今它通过高通量方法（如本节前面介绍的合成方法测序）完成。虽然高通量方法的序列读数更短，但输出的数量级更大。因此，对细菌基因组进行测序的时间和成本大大降低，现在可以在短短一天内获得基因组。

最后，不同基因组学技术经常需要一起使用以提供互补的信息。例如，各种指纹技术可用来识别复杂群落中的感兴趣的菌株。这些菌株可以通过 SSU rRNA 或 DNA 来识别。一旦知道了这些感兴趣菌株的系统发育，就可以在复杂群落中使用 qPCR、FISH 或 T-RFLP 技术对它们进行明确且有效的追踪。

4.4.5　基因组测序结果的多样性分析

基因组测序结果使我们可以深入了解微生物群落的结构。虽然识别和追踪重要菌株非常重要，但群落总体结构的数学描述也有深刻意义，它们通常被称为多样性指数。目前已有多种基于群落统计特征（有时是非常简单的特征）的群落多样性指数。

最简单的多样性指数称为丰富度，用 R 来表示。丰富度的解释非常简单：不同物种或 OTUs 的数量。例如，一个 $R=10$ 的群落比一个 $R=3$ 的群落更多样化，这很容易理解。丰富度可用于比较相同方法测定的群落。显然，高通量测序获得的丰富度的值不能与 DGGE 或 T-RFLP 获得的值进行比较。此外，丰富度可随同一方法的细节不同而变化。例如，T-RFLP 使用不同的限制性内切酶，或 DGGE 使用不同的凝胶制备技术。

还有一种描述群落的方法是通过它的均匀性来量化一个群落的所有物种是否具有相同丰度（即一个均匀的群落），还是仅有一个或两个物种组成了几乎整个群体（即一个不均匀的群落）。比如，我们可以考虑一个 100 个个体分成 10 个物种的群落。在一个完全均匀的群落中，每个物种有 10 个个体；而在一个非常不均衡的群落中，可能有一个物种有 91 个个体，但另外 9 个物种每个物种只有 1 个个体。因此，均匀度取决于每个物种丰度的比例（p_i）。

一种常见的均匀度测量方法是 Shannon-Weaver 指数（H），该指数用于预测估算下一个采样物种的概率。在一个非常均匀的群落中,该概率很低;但如果群落非常不均匀,该概率会很高,因为几乎所有个体都属于一个类型。Shannon-Weaver 指数的计算方法如下:

$$H = -\sum_{i=1}^{r} p_i \ln p_i \tag{4.1}$$

H 的范围从 0(完全不均匀,或只代表一个物种)到 $\ln R$(完全均匀)。可见,R 越大的群落, H 就越高,因此,均匀度取决于丰富度。

衡量均匀度的第二个指标是辛普森(Simpson)指数(λ)。它衡量的是两个随机选择的样本是相同物种的概率。

$$\lambda = \sum_{i=1}^{R} p_i^2 \tag{4.2}$$

λ 的值从 1(完全不均匀)到 $1/R$(完全均匀)。由于辛普森指数取的值小且多样性高,常被报道为辛普森指数的倒数($1/\lambda$),它能反映更大的值或更均匀的物种分布。

例 4.2　多样性指数的使用

我们比较了 3 个群落,每个群落有 100 个样本个体。群落 A 和群落 B 各有 10 个特有物种,群落 C 有 4 个特有物种。在群落 A 中,91 个个体属于一个物种,其他物种各有 1 个个体。群落 B 中每个物种有 10 个个体。群落 C 中有 4 个物种,每个物种有 25 个个体。我们现在计算并比较每个群落的 R、H、λ 和 $1/\lambda$。如预期那样,群落 B 比群落 A 更均匀,因为群落 A 中几乎所有个体都属于同一物种。虽然群落 C 和群落 B 的个体在物种间的分布都是均匀的,但由于群落 B 的丰富度更高,它的均匀度指数更高。

群落	R	H	λ	$1/\lambda$
A	10	0.5	0.83	1.2
B	10	2.3	0.10	10.0
C	4	1.4	0.25	4.0

4.4.6　功能基因组学分析

由于从 SSU rDNA 中并不能获得所有重要的基因组学信息,利用指纹分析和 qPCR 技术对功能基因进行分析正受到越来越多的关注。所选择的功能可以是常规的,也可以是极为特殊的。用于不同终端电子受体的各种还原酶基因就是很好的例子。在许多情况下,能利用指定电子受体进行呼吸的细菌广泛分布在许多属和门中。因此,SSU rDNA 提供的信息很少,除非它识别了一个已经很好地表征表型的细菌。由于环境生物技术学家经常利用大多数微生物未知的群落,因此,如果能够通过考察还原酶的不同来区分硫酸盐还原微生物和硝酸盐还原微生物将会是一个重大的突破。

对一个基因的功能分析提供表型潜力的信息,其分析方法与对 16S rDNA 群落结构的分析方法相同,关键是要掌握感兴趣基因足够的序列信息,这样才能设计出合适且有特异性的启动子。

4.4.7　转录组学

已表达的表型潜力的最直接的分析方法基于以关键基因或基因组的 mRNA 为目标。由于 mRNA 是转录产物，对它的分析被称为转录组学分析。该分析中先提取 mRNA，再利用反转录酶扩增，产生互补的 DNA（称为 cDNA）。然后用于 rDNA 相同的方法对 cDNA 进一步扩增、分离和测序。需要特别注意的是，基因芯片被广泛用于纯培养的基因表达研究中，但它很难适应复杂的群落，特别是当群落中含有未知菌株时（环境生物技术中的常见情况）。

4.4.8　蛋白质组学

蛋白质组学是指对蛋白质（转录和翻译的最终产物）的检测和鉴定。在环境生物技术中，我们最关注的是检测能催化感兴趣反应的酶。酶的检测为微生物执行酶催化功能提供了证据。由于酶水平和 mRNA 水平之间的关系是可变的，蛋白质组学的证据比检测 mRNA 更可靠。

蛋白质组学分析可以利用凝胶色谱或质谱方法。凝胶色谱是一种存在已久的方法，它根据蛋白质的大小和电荷分离出蛋白质混合物。二维凝胶色谱广泛用于创建蛋白质的可视化模式。蛋白质首先根据电荷密度沿轴分离，随后根据电子量在正交方向分离。蛋白质斑点可以通过质谱或化学方法切除和鉴定。二维色谱法为复杂混合物提供了极好的筛选方法，但它需要专业人士制备凝胶且耗时。

近年来，质谱已成为蛋白质组学研究的主要方法。质谱的基础是蛋白质的电离和裂解。电离后的碎片移动到检测器上，检测器根据在线数据库识别离子质量。质谱可以在液相色谱之前使用，液相色谱允许对蛋白质进行单独分析。质谱需要专业知识且需要准备大量的样品，因此它是一个强大而专业的研究工具。

还有一种追踪基因表达的方法，称为报告基因法（reporter）。在报告基因法中，利用重组技术将报告基因插入 DNA 分子中的目标区域。在 DNA 序列被转录同时，报告基因也被转录，原因是报告基因跟随着启动子，并在将被转录的 DNA 的延伸区内。来自报告基因的 mRNA 被翻译成能催化某些易于检测的反应的酶产物。发光是最常见的报告基因效应。报告基因法的原理是，只有当完整序列被转录时才能观察到报告基因效应；因此，报告基因的表达意味着目标基因的表达。

报告基因法的应用前景十分可观，但是这种方法并不是没有偏倚性。尽管"报告基因 mRNA 的转录与目标基因 mRNA 的转录成比例"这一假说似乎是合理的，但是，蛋白质产物的翻译却不一定成比例。如果报告基因 mRNA 的翻译快得多或慢得多，就不可能存在定量关系。报告基因法的一个潜在优点是能够对已表达表型进行实时测定。这种优越性只有在具有实时检测装置的情况下才能体现出来。

4.4.9　功能预测

随着全基因组序列数据库的发展，现在可以利用宏基因组数据来预测功能基因的存在。这种方法称为通过未观察状态的重建来研究群落的系统发育（phylogenetic investigation of communities by reconstruction of unobserved states，PICRUSt）。首先，根据宏基因组数据库识别群落中的物种；再利用已知物种的全基因组序列来确定应该存在的功能基因。
PICRUSt 方法是一种预测表型潜力的有力手段，但它受限于菌株序列的数据库。当下的数
据库往往偏向于对人类健康有影响的微生物，但随着数据库的迅速发展，它在环境生物技术
的微生物群落研究中会变得更加强大。

参考文献

Mobarry, B. K.; M. Wagner; V. Urbain; B. E. Rittmann; and D. A. Stahl (1996). "Phylogeneticprobes for analyzing abundance and spatial organization of nitrifying bacteria."*Appl. Environ. Microb.* 62, pp. 2156-2162.

Raskin, L.; J. M. Stromley; B. E. Rittmann; and D. A. Stahl (1994). "Group-specific 16S rRNA hybridization probes to describe natural communities of methanogens." *Appl. Environ. Microb*, 60, pp. 1232-1240.

参考书目

Alexander, M. (1971). *Microbial Ecology.* New York: John Wiley & Sons.

Alm, E. W.; D, B. Oerther; N. Larson; D. A. Stahl; and L. Raskin (1996). "The oligonucleotide probe database." *Appl. Environ. Microb.* 62, pp. 3557-3559.

Amann, R. I.; L. Krumholz; and D. A. Stahl (1990). "Fluorescent oligonucleotide probing of whole cells for determinative, phylogenetic, and environmental studies in microbiology." *J. Bacteriology.* 172, pp. 762-770.

Caporaso J. G.; J. Kuczynski; J. Stombaugh, et al. (2010). "QIIME allows analysis of high-throughput community sequencing data."*Nat. Methods* 7, pp. 335-336.

Fuqua, C. and P. Greenberg (2002). "Listening in on bacteria: acyl-homoserine lactone signaling." *Nat. Rev. Molecul. Cell Biol.* 3, pp. 685-695.

Gilbert, J. A.; J. K. Janssonl; and R. Knight (2014). "The Earth Microbiome project: successes and aspirations." *BMC Biol.* 12, article 69.

Han, X.; A. Aslanian; and J. R. Yates, Ⅲ (2008). "Mass spectrometry for proteomics."*Curr. Opin. Chem. Biol.* 12(5), pp. 483-490.

Lane, D. J.; B. Pace; G. J. Olsen; D. A. Stahl; M. L. Sogin; and N. R. Pace (1985). "Rapid determination of 16S ribosomal RNA sequences for phylogenetic analysis." *Proc. Natl. Acad. Sci. USA* 82, pp. 6955-6959.

Langille, M. G. I.; J. Zaneveld; J. G. Caporaso; D. McDonald; D. Knights; J. A. Reyes; J. K. C. Clemente; D. E. Burkepile; R. L. Vega Thurber; R. Knight; R G. Beiko; and C. Huttenhower, C. (2013). "Predictive functional profiling of microbial communities using 16S rRNA marker gene sequences." *Nat. Biotech.* 31, pp. 814-821.

Liu, W. T.; T. L. Marsh; H. Cheng; and L. J. Forney (1997). "Characterization of microbial diversity by determining terminal restriction fragment length polymorphisms of genes encoding 16S rRNA." *Appl. Environ. Microb.* 63, pp. 4516-4522.

Lozupone, C.; M. Hamady; and R. Knigh (2006). "UniFrac—an online tool for comparing microbial community diversity in a phylogenetic context." *BMC Bioinformat.* 7, article 371.

Metzker,M. L. (2010). "Applications of next-generation sequencing: sequencing technologies—the next generation." *Nat. Rev. Genet.* 11,pp. 31-46.

Muyzer,G.; E. C. Dewaal; and A. G. Uitterlinden (1993). "Profiling of complex microbial populations by denaturing gradient gel electrophoresis analysis of polymerase chain reaction-amplified genes coding for 16S ribosomal RNA." *Appl. Environ. Microb.* 59,pp. 695-700.

Pace,N. R.; D. A. Stahl; D. J. Lane; and G. J. Olsen (1986). "The analysis of natural microbial populations by ribosomal RNA sequences." *Adv. Microb. Ecol.* 9,pp. 1-55.

Parameswaran,P.;C. I. Torres;H. -S. Lee; R. Krajmalnik-Brown; and B. E. Rittmann (2009). "Syntrophic interactions among anode respiring bacteria (ARB) and non-ARB in a biofilm anode: electron balances." *Biotechnol. Bioengg.* 103,pp. 513-523.

Rittmann,B. E.; R. Krajmalnik-Brown; and R. U. Halden (2008). "Pre-genomic, genomic, and post-genomic study of microbial communities involved in bioenergy." *Nat. Rev. Microbiol.* 6, pp. 604-612.

Shokralla,S.;J. L. Spal;J. F. Gibson; and M. Hajibabaei (2012). "Next-generation sequencing technologies for environmental DNA research." *Molecul, Ecol.* 21,pp. 1794-1805.

Stackebrandt,E. and M. Goodfellow,Eds. (1991). *Nucleic Acid Techniques in Bacterial Systematics.* New York: John Wiley & Sons.

Teske,A.; E. Alm;J. M. Regan;S. Toze; B. E. Rittmann; and D. A. Stahl(1994). "Evolutionary relationships among ammonia-and nitrite-oxidizing bacteria." *J. Bacteriol.* 176,pp. 6623-6630.

Wu,L.; D. Ning; B. Zhang; et al. (2019). "Global bacterial diversity and biogeography of activated sludge systems." *Nat. Microbiol*,in press.

Zhang,H.; P. Parameswaran; J. Badalamenti; B. E. Rittmann; and R. Krajmalnik-Brown (2011). "Integrating high-throughput pyrosequencing and quantitative real-time PCR to analyze complex microbial communities." In Y. M. Kwon and S. C. Ricke, Eds. *High-Throughput Sequencing: Methods in Molecular Biology*,Vol. 733. New York:Humana Press,chap. 8,pp. 107-128.

Zhang,T. and H. H. Fang (2006). "Applications of real-time polymerase chain reaction for quantification of microorganisms in environmental samples." *Appl. Microbiol. Biotechnol.* 70,pp. 281-289.

习　　题

4.1　在微生物生态学中,藻类的生长称为初级生产,是光合作用的光驱动过程,能够利用无机碳及其他营养物产生生物质。细菌的生长称为次级生产。请解释为什么按照这个定义,大多数微生物生长称为次级生产。

4.2　混合微生物群落的主要适应方式是什么? 哪种机制对纯培养有效?

4.3　功能冗余似乎是环境生物技术中许多微生物群落的常态。群落或其环境中哪些特征会有利于功能冗余? 哪些特征会不利于功能冗余?

4.4　一些异养细菌因能利用多种电子供体而闻名。在什么情况下,这会给它们带来竞争优势?

4.5　一些硫酸盐还原细菌在没有硫酸盐的时候能通过发酵存活。在什么情况下,同时拥有这两种能力会给它们带来显著的竞争优势?

4.6　分解代谢反应产生的能量通常能提供生态优势,但这并不能总是决定哪些微生物可以在群落中生存。请描述在什么情况下(至少两种),两种微生物竞争相同电子供体并具有不同电子受体,但能量产率较低的微生物可以在群落中生存。

4.7 请描述当寡营养细菌和富营养细菌使用相同底物时,寡营养细菌可以胜过富营养细菌的条件。

4.8 环境生物技术中的大多数微生物群落都是聚集体,如生物膜或絮状物。请描述自身生长缓慢的物种如何能在一个聚集体中共存,如果所有细胞以单细胞形式悬浮时,它们可能会被淘汰。

4.9 细菌之间遗传信息的交换被广泛研究。最常见的交换形式是接合作用。请描述群落中因接合作用获得优势的情形。供体和受体细胞如何从接合作用中获益或受损?

4.10 复杂的食物网很常见,尤其是在厌氧微生物生态系统中,如产甲烷过程。请解释群落为什么必须有几种不同类型的微生物才能发挥作用。

4.11 互养作用是协同作用的一种极端形式。请解释为什么说互养作用是协同作用,并解释它在什么方面特殊。

4.12 有些微生物能形成储藏物质,使它们在某些情况下具有竞争优势。什么条件下会形成这种优势? 这些微生物会做哪些取舍?

4.13 选择性培养仍然是微生物生态学的重要工具,尽管它有众所周知的局限性。请列表并讨论选择性培养的优点和缺点(至少各两个)。

4.14 T-RFLP 和 DGGE 是群落指纹识别的替代方案。请说明这两种方法的优缺点,每种方法至少要有一个优点。

4.15 高通量测序能检测到在群落种占比很小的菌株,可能低至 0.1%(基于基因复制)。这与 DGGE 等指纹识别技术形成鲜明对比,DGGE 只能从 10 个左右扩增率最高的菌株中准确地识别出 DNA。请说明通过高通量测序获得更深层次的分辨率的利弊(从 3 个方面进行比较)。

4.16 计算以下取样 300 个个体的群落丰富度、Shannon-Weaver 指数和 Simpson 指数。哪个群落最均匀或最不均匀? 为什么?

个　体	群落 A	群落 B	群落 C
1	30	100	100
2	30	50	100
3	30	50	50
4	30	40	30
5	30	10	20
6	30	10	0
7	30	10	0
8	30	10	0
9	30	10	0
10	30	10	0

4.17　球菌直径为 $1\mu m$，在干重浓度为 2000mg/L 的悬浮液中存在。如果每个细胞有 3 个 16S rDNA 基因复制，计算每升细胞的浓度和 PCR 测定的每升基因复制的浓度。

4.18　转录组学与基因组学有何不同？它们有什么相似之处？

4.19　蛋白质组学和转录组学提供了相似的信息，但不完全相同。什么是相似的？什么是不同的？

第5章 化学计量学和能量学

生物处理系统工程设计中,质量平衡是最重要的基本概念。对于定量的反应基质,可以根据质量平衡来确定为满足微生物的能量、营养和环境需求而需要提供的化学物质的量。另外,还可以估算系统中最终产物的量。化学物质是指,作为电子供体的氧、供微生物生长的氮和磷、将 pH 值保持在适当范围的石灰和硫酸等。最终产物是指,需要花费大量资金处置的剩余微生物(污泥)和产自厌氧系统可以作为能源加以利用的甲烷。

反应的质量平衡可以从化学反应平衡方程式中得到,它是基于化学计量学建立的,是化学反应过程中反应物和产物之间的物质的量关系。任何学习过最基本的化学课程的人,都能够写出平衡的化学方程式。微生物反应的几个特点使其化学计量式变得复杂。首先,微生物反应通常包括氧化反应和还原反应,而不仅仅是一种反应;其次,微生物在这里起两个作用,作为反应的催化剂同时又是反应的最终产物;最后,微生物同时进行许多反应,以便为细胞合成、维持细胞活性获取能量。因此,在考虑元素、电子、电荷平衡的同时,还必须考虑反应能量学。

我们采用一种基本的、非常实用的方法。这种方法综合了所有控制微生物生长的因素和细胞消耗与产生的物质之间的关系。

5.1 化学计量方程式举例

最早的废水生物氧化的平衡方程式之一是由 Porges、Jasewicz 和 Hoover (1956)针对含酪蛋白废水提出的:

$$\underset{\text{酪蛋白}}{C_8H_{12}O_3N_2} + 3O_2 \longrightarrow \underset{\text{细菌细胞}}{C_5H_7O_2N} + NH_4^+ + HCO_3^- + 2CO_2 \qquad (5.1)$$

相对分子质量:

$$
\begin{array}{cccccc}
184 & 96 & 113 & 18 & 61 & 88 \\
\multicolumn{2}{c}{\sum = 280} & & \multicolumn{3}{c}{\sum = 280}
\end{array}
$$

在式(5.1)中,酪蛋白是电子供体基质,它的部分碳被完全氧化成 HCO_3^- 和 CO_2。酪蛋白中剩余的碳被用于合成新的生物质,因为酪蛋白同时也是碳源。式(5.1)表明,为了使反应正常进行,微生物每消耗 184g 酪蛋白,必须提供 96g 氧。这个反应产生 113g 新的细胞物质、

18g 铵(或者 14g 氨氮)、61g 碳酸氢根离子和 88g 二氧化碳。这些知识对于设计酪蛋白生物处理系统是必需的。例如,当处理 1000kg/d 酪蛋白时,必须通过曝气提供 520kg/d 的氧,有 610kg/d 生物固体需要进行脱水和适当的处置。

酪蛋白中含有复杂的蛋白质的混合物,用经验分子式 $C_8H_{12}O_3N_2$ 表示。这个分子式的构建,是根据废水中含有的有机碳、氢和氮的相对质量比例,通过常规的有机化学分析,得到每一种元素的含量。

采用同样的方法可以得到细菌细胞的经验分子式为 $C_5H_7O_2N$。细菌细胞具有高度复杂的结构,含有多种碳酸盐、蛋白质、脂肪和核酸,有些相对分子质量很大。微生物所包含的元素确实远远多于式(5.1)中的 4 种,例如,磷、硫、铁以及其他一些仅仅以痕量存在的元素。人们常常认为,只要已知它们的相对质量比,一个经验分子式应该包含更多的元素。但是,Porges 等(1956)只选择了 4 种主要元素来表示。通常,这基本上能够满足应用的需要。只要知道形成细菌细胞的特定反应,就可以通过它来确定分子式中未表示出的元素的需求量。例如,磷通常占细菌细胞质量的 2%,因此,如果在处理过程中消耗了 1000kg/d 酪蛋白,废水中就需要存在(或者添加)0.02×610kg/d 或者 12kg/d 磷酸-磷,以满足细菌的需求。

式(5.1)由经验数据推导。我们是否可以预知这一反应的化学计量学?答案是可以的,本章的其余部分将开发并应用一种方法来预测微生物反应的化学计量方程式。为了实现这一目标,我们需要 3 个条件:

(1) 细胞的经验分子式;

(2) 描述电子供体基质在产生能量和合成之间如何分配的框架;

(3) 将用于合成新的生物体的电子供体基质与从分解代谢获得能量、合成代谢所需要的能量联系起来的方法。

本章将依次介绍这 3 个条件。

5.2　微生物细胞的经验分子式

前面提到的细胞的经验分子式($C_5H_7O_2N$)是最先应用于平衡生物反应的分子式之一。但是,细胞中各种元素的相对比例取决于系统含有的微生物、用于产生能量的基质以及微生物生长所需的营养物质等特性。如果微生物生长在缺乏氮的环境中,它们会产生更多的脂肪和糖类物质,结果使细胞的经验分子式中氮的比例变小。表 5.1 列举了其他研究中报道的细胞经验分子,这些细胞,有些是厌氧生长的,有些是好氧生长的;有些是混合培养物,有些是纯培养物;有些在不同的有机基质中培养。含氮量在 6%~15% 之间变化,"典型的"平均值是 12%。

表 5.1 中一些细胞组成也显示了磷(P)含量。化学计量平衡通常不涉及 P 含量,以免使其过于复杂。然而,原核细胞的 P 含量通常在 2% 左右,尽管如表 5.1 中所示,该值可以更大或更小一点。磷是生物体所必需的元素,如表 5.2 所示。

表 5.1 原核细胞的经验分子式

经验分子式	相对分子质量	COD'/质量	N/%	参考文献	生长基质和环境条件
混合培养					
$C_5N_7O_2N$	113	1.42	12	1	酪蛋白、好氧的
$C_7N_{12}O_4N$	174	1.33	8	2	乙酸盐、氨氮氮源、好氧的
$C_9H_{15}O_5N$	217	1.40	6	2	乙酸盐、硝酸盐氮源、好氧的
$C_9H_{16}O_5N$	218	1.43	6	2	乙酸盐、亚硝酸盐氮源、好氧的
$C_{4.9}H_{9.4}O_{2.9}N$	129	1.26	11	3	乙酸盐、产甲烷的
$C_{4.7}H_{7.7}O_{2.1}NP_{0.045}$	112	1.38	13	3	辛酸、产甲烷的
$C_{4.9}H_9O_3NP_{0.08}$	130	1.21	11	3	丙氨酸、产甲烷的
$C_5H_{8.8}O_{3.2}NP_{0.045}$	134	1.16	10	3	亮氨酸、产甲烷的
$C_{4.1}H_{6.8}O_{2.2}NP_{0.045}$	105	1.20	13	3	营养肉汤、产甲烷的
$C_{5.1}H_{8.5}O_{2.5}NP_{0.17}$	124	1.35	11	3	葡萄糖、产甲烷的
$C_{5.3}H_{9.1}O_{2.5}NP_{0.08}$	127	1.41	11	3	淀粉、产甲烷的
纯培养					
$C_5H_8O_2N$	114	1.47	12	4	细菌、乙酸、好氧的
$C_5H_{8.33}O_{0.81}N$	95	1.99	15	4	细菌、未确定
$C_4H_8O_2N$	102	1.33	14	4	细菌、未确定
$C_{4.17}H_{7.42}O_{1.38}N$	94	1.57	15	4	产气气杆菌（*Aerobacter aerogenes*）、未确定
$C_{4.54}H_{7.91}O_{1.95}N$	108	1.43	13	4	克雷伯氏产气荚膜杆菌（*Klebsiella aerogenes*）、甘油、$\mu = 0.1h^{-1}$
$C_{4.17}H_{7.21}O_{1.79}N$	100	1.39	14	4	克雷伯氏产气荚膜杆菌（*Klebsiella aerogenes*）、甘油、$\mu = 0.85h^{-1}$
$C_{4.16}H_8O_{1.25}NP_{0.097}$	92	1.67	14	5	埃希氏大肠杆菌（*Escherichia coli*）、未确定
$C_{3.85}H_{6.69}O_{1.78}N$	95	1.30	15	5	埃希氏大肠杆菌（*Escherichia coli*）、葡萄糖
最高	218	1.99	15		
最低	92	1.16	6		
中间值	113	1.40	12		

参考文献：Porges et al.,(1956)；Symons and McKinney,(1958)；Speece and McCarty,(1964)；Bailey and Ollis, 1986；Battley,(1987)。

表 5.2 列出了原核细胞的主要有机成分，包括碳水化合物、蛋白质、脂质以及核酸 DNA 和 RNA，还列出了各组分的经验公式。几乎所有细胞的 P 和大约 1/3 细胞的 N 位于核酸中，表明了这两种营养物质对细胞生长和功能的重要性。同样有趣的是，DNA 只占细胞有机物的 3% 多一点，通常每个细胞只有两个分子组成，而不同形式的 RNA 大约有 25 万个分子。一个典型原核细胞的干重可以通过它的大小和含水率（约 70%）来估算。由于典型杆状微生物为长 $2\mu m$、直径 $1\mu m$ 的圆柱体，其体积约为 $2\mu m^3$。假设有机物含量密度与水相同（$1g/cm^3$），其干重则为 $0.3 \times 2 \times 10^{-12}g$，即 $6 \times 10^{-13}g$。

表 5.2 典型原核生物细胞有机物的化学成分

有机基因	经验公式	有机物百分比干重	元素占有机物干重的百分比				
			C	H	O	N	P
蛋白质	$C_4H_{6.2}O_{1.2}NP_{0.01}$	58	31.7	4.1	12.7	9.3	0.2
碳水化合物	$C_6H_{10}O_5$	7.3	3.2	0.5	3.6		
脂肪	$C_8H_{16}O$	9.5	7.1	1.2	1.2		
DNA	$C_{2.8}H_{3.6}O_{2.0}NP_{0.29}$	3.2	1.2	0.1	1.1	0.5	0.3

续表

有机基因	经验公式	有机物百分比干重	元素占有机物干重的百分比				
			C	H	O	N	P
RNA	$C_{2.7}H_{3.6}O_{1.7}NP_{0.29}$	22	8.3	0.3	6.9	3.6	2.3
总计	$C_{4.5}H_{6.5}O_{1.7}NP_{0.095}$	100	51.5	6.2	25.5	13.4	2.8

来源：Percent of organics dry weight，Madigan et al. (1997).

测量完全氧化单位质量细胞碳所需的氧量，是比较细胞经验分子式的一个极其重要的方法。这个需氧量称为计算需氧量（calculated oxygen demand，COD′）。它通常等于化学需氧量（chemical oxygen demand，COD），是一种标准化学测定方法。COD′可以从有机物被分子氧氧化的经验公式中得出：

$$C_nH_aO_bN_c + \frac{2n+0.5a-b-1.5c}{2}O_2 \longrightarrow nCO_2 + cNH_3 + \frac{a-3c}{2}H_2O \quad (5.2)$$

氧化反应所需要的氧与有机质的干重之比为

$$\frac{COD'}{\text{质量}} = \frac{(2n+0.5a-b-1.5c)16}{12n+a+16b+14c} \quad (5.3)$$

其中，COD′等于细胞氧化过程中需要的氧气量，质量等于所写的细胞有机物干重的经验值。式（5.3）中分母上的值 12、1、16 和 14 分别是碳、氢、氧和氮的相对原子质量；它们用于将经验式中的物质的量浓度，转换为质量。

当处理尚未得到经验分子式的生物量时，如果确定细胞有机质中各主要元素的质量浓度，也可以构建其经验分子式。细胞经验分子式中各元素系数的值可由下式求得：

$$n = \%C/12T, \quad a = \%H/T, \quad b = \%O/15T \quad \text{和} \quad c = \%N/14T$$

以及

$$T = \%C/12 + \%H + \%O/16 + \%N/14 \quad (5.4)$$

上述方程中每个元素的百分比代表该元素在有机生物体中的质量占比。

例 5.1 生物体经验分子式的确定

将一个生物培养物样品送到化学实验室，分析其有机成分中各个主要元素的质量分数。在实验室将样品蒸发干燥，然后再放入 150℃的烘箱中过夜去除所有水分。干燥后，分析残余的有机部分，随后，将样品放在 550℃的马弗炉中燃烧，测定灰分的质量。灰分包括样品中的磷、硫、铁和其他无机元素。结果发现，细胞的组成（质量分数）为 48.9% 的 C、5.2% 的 H、24.8% 的 O、9.46% 的 N 和 9.2% 的灰分。请写出细胞的经验分子式，假设 $c=1$，确定细胞的 COD′/有机物质量比。

$$T = 48.9/12 + 5.2 + 24.8/16 + 9.46/14 = 11.50$$

和

$$n = 48.9/(12 \times 11.5) \approx 0.354 \quad a = 5.2/11.5 \approx 0.452$$
$$b = 24.8/(16 \times 11.5) \approx 0.135 \quad c = 9.46/(14 \times 11.5) \approx 0.0588$$

为了归一化，设 $c=1$，即除以 0.0588，此时得到细胞的经验分子式为 $C_{6.0}H_{7.7}O_{2.3}N$，这个分子式表明，非整数系数（如 O 为 2.3）是合理的、正确的。所有数字取整将会带来误差，所以不应该这样做。COD′/有机物质量比等于

$$(2 \times 6.0 + 0.5 \times 7.7 - 1.5 - 2.3) \times 16/$$
$$(12 \times 6 + 7.7 + 16 \times 2.3 + 14) \approx 1.48 g COD'/g \text{ 细胞}$$

5.3 细胞含有储存产物的分子式

如表 5.1 所示,细胞的分子式变化很多。即使是一个特定物种,细胞的分子式也不是一成不变的。它取决于微生物处于活跃生长还是休眠的状态,或者它是否有正常生长所需的充足的营养。当不是所有必需的营养物质都充足时,有些微生物能以由多糖(碳水化合物)、脂质、硫颗粒或多磷酸盐组成的内含物或储存体的形式储存多余的电子和能量。当外部能源变得有限时,可以利用这些储存产物来维持生命或生长。这表明我们能通过操纵细胞的生长条件,以期望的方式改变细胞组成。例如,有些藻类在外部氮源缺乏的情况下生长时,会利用太阳能合成过量的脂质,这些脂质可以被提取用作可再生的柴油染料;还有一些细菌在缺乏氮源时,会以多羟基烷烃酸(polyhydroxyalkanoic acids,PHA)的形式产生聚合脂肪酸,这是可以用来制造可生物降解塑料的宝贵材料。如今,人们对从废物中生产如此有价值的产品表现出了极大的兴趣。

让我们考虑两种细胞分子式随着内含体的存在而变化的例子,一种是表 5.2 中细胞的碳水化合物从 7.3% 增加到 30%,另一种是脂质占比从 9.5% 增加到 30%。这两个增长都在既定的范围内。假设细胞的其他成分的相对比例保持不变,对于碳水化合物增加和脂质增加两种情况,与基本细胞分子式 $C_5H_7O_2NP_{0.1}$ 相比,新的细胞分子式分别是 $C_{5.8}H_{8.6}O_{2.7}NP_{0.1}$ 和 $C_{6.4}H_{10.4}O_{1.5}NP_{0.1}$。在这两种情况下,C 和 H 的含量都相对于 N 增加。O 含量随碳水化合物含量的增加而增加,随脂质含量的增加而降低。在碳水化合物增加的情况下,COD'/质量比降低到 1.37,而在脂质增加的情况下,COD'/质量比增加到 1.77,而在基本情况下(分子式为 $C_5H_7O_2N$)的值为 1.44。这些变化的原因是,一种情况下碳水化合物比基础细胞中氧化的碳更多,而另一种情况下脂质比基础细胞中还原的碳更多。

5.4 基质分配和细胞产率

微生物利用电子供体基质进行合成代谢,一部分电子(f_e^0)先传递给电子受体,用以提高能量,使其他的电子(f_s^0)转化进入微生物细胞,如图 5.1 所示。f_s^0 和 f_e^0 的总和是 1。细胞也随着正常的代谢和被捕食而减少;f_s^0 中的一部分电子传递给电子受体产生更多的能量,其余的部分转化成没有生物活性的细胞残余物,也称为惰性生物质。

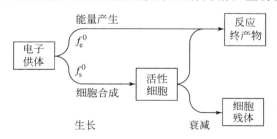

图 5.1 电子供体用于产生能量和合成

电子供体首先转化为细胞的那部分,即 f_s^0 和用于产生能量的 f_e^0,可以为产生能量和合成代谢之间的基质分配提供框架。因为电子流动产生细胞能量,这种电子分配将通过电子平衡来进行。为了方便计算,有机电子供体的一个电子当量等于氧的一个电子当量,即

1/8mol 氧气,或 8g 氧。利用该值,转化为细胞电子供体当量的分数,可以再转化为质量和 COD′的单位,如 g 细胞产量/g 消耗 COD′。以质量单位表示,称为实际产量,并且以符号 γ 表示。将 f_s^0 转化为 γ 的表达式为

$$\gamma = f_s^0 M_c/(8n_e) \tag{5.5}$$

式中,M_c 为细胞的摩尔质量;n_e 为经验摩尔细胞的电子当量数。当以 $C_5H_7O_2N$ 表示细胞,以铵为氮源时,$M_c=113$g 细胞/mol 细胞,$n_e=20e^-$ eq/mol 细胞。转化率为 $\gamma=0.706f_s^0$,γ 的单位是 g 细胞/g COD′。如果细胞分子式不同或者细胞以被氧化的氮(如 NO_3^-)为氮源,转化率就会不同。这种变化将在 5.7.3 节进行讨论。

微生物细胞生长速率通常可以用以下公式表达:

$$\frac{dX_a}{dt} = \gamma\left(-\frac{dS}{dt}\right) - bX_a \tag{5.6}$$

式中,dX_a/dt 代表活性生物(X_a,M/L³)的净生长速率,M_x/L^3T;$-dS/dt$ 代表基质(S,M/L³)的消耗速率,M_s/L^3T;b 是微生物的衰减速率,T^{-1};γ 是微生物的实际产率,M_x/M_s。[式(5.6)的全面推导将在第 6 章中给出,这里只给出一个简单的推导,以说明产率的概念。] 净生长速率等于消耗基质产生的最大生长速率减去微生物内源呼吸(内源代谢)或被捕食导致的生物量损失或衰减的速率差。式(5.6)除以基质利用速率,就可以得到净产率:

$$\gamma_n = \frac{dX_a/dt}{-dS/dt} = \gamma - b\frac{X_a}{-dS/dt} \tag{5.7}$$

净产率小于 γ,因为基质中最初出现的一部分电子必然作为维持细胞生长的能量而被消耗。在考虑净产率的时候,用于合成的那部分电子是 f_s,而不是 f_s^0,用于产生能量的那部分电子是 f_e,而不是 f_e^0。并且,f_s 和 f_e 的和依然等于 1,所以 $f_s<f_s^0$,同时 $f_e>f_e^0$。

式(5.7)表明,如果衰减速率增加,或生物浓度增加,或基质消耗速率降低,则净产率降低。在酪蛋白一例中[式(5.1)],细胞产率为 0.61g 细胞/g 酪蛋白,实际上代表净产率,因为它是从微生物混合培养的实验数据推导的,培养过程中微生物利用基质生长,同时也有衰亡。

若单位质量细胞的基质利用率足够低,即式(5.7)右边接近于零,意味着细胞净产率接近于零,γ_n 也接近于零。基质利用率仅仅满足维持细胞生存,结果活性细胞并没有增长。这种情况下,有

$$\gamma_n = 0, \quad 并且\frac{-dS/dt}{X_a} = \frac{b}{\gamma} = m \tag{5.8}$$

此时,单位质量微生物的基质利用率称为维持能(m,M/MT)。从式(5.8)看,m 与 b 成正比,与 γ 成反比。当基质利用率小于 m 时,基质利用不能满足总的微生物的代谢需求,代表一种饥饿状态,净产率变为负值。

例 5.2　生长速率和净产率

一个反应器中,活性微生物浓度为 500mg/L,消耗乙酸的速率是 750mg/(L·d)。培养物的 $\gamma=0.6$g 细胞/g 乙酸,$b=0.15d^{-1}$。确定微生物的比生长速率$[(dX_a/dt)/X_a]$、比基质利用速率$[(-dS/dt)/X_a]$和细胞的净增长率。

从式(5.6)得到,$[(dX_a/dt)/X_a]=[\gamma(-dS/dt)/X_a-b]=(0.6\times750/500)-0.15=0.75d^{-1}$。这意味着在这种条件下,微生物的数量以每天 75% 的速度增加。其次,$(-dS/dt)/X_a=750/500=1.5$g 乙酸/(g 细胞·d)。换句话说,微生物每天消耗的食物质量为其 1.5

倍。式(5.7)给出了净产率，$\gamma_n = 0.6 - 0.15/1.5 = 0.5$ g 细胞/(g 乙酸·d)。这是实际产率 (true yield)γ 的 0.5/0.6 或 83%。

5.5　生物生长的总反应

　　细菌的生长涉及两个核心反应，一个是产生能量的反应，另一个是细胞合成反应。这两个核心反应可以合并成一个表现微生物生长和底物利用的化学计量反应。每个反应可以利用半反应来构建。第 3 章介绍了半反应的构建，并提供各种例子来说明如何通过结合电子供体半反应和电子受体半反应来构建产能反应。为获得一个完整的微生物反应，我们还需要构建一个合成反应，它也可以通过结合两个适当的半反应来实现。有了产能和合成反应，我们便可以直接将两者合并成一个完整且平衡的微生物生长反应式，如式(5.1)。

　　例如，我们假设苯甲酸盐是电子供体，硝酸盐是电子受体，氨是氮源。基于净产率，我们假设苯甲酸盐的电子当量中的 40% 用于合成细胞($f_s = 0.40$)，剩余的 60% 用于产能($f_e = 0.60$)。

　　我们首先构建完整的产能和合成反应式。供体半反应以 R_d 表示，受体半反应以 R_a 表示。为方便起见，表 5.3 中包含了 5 种最常见电子受体的半反应(R_a)：O_2、NO_3^-、Fe^{3+}、SO_4^{2-} 和 CO_2。表 5.4 和表 5.5 分别列出了常见有机物和无机物的半反应。

表 5.3　常见的电子受体半反应(R_a)和细胞合成半反应(R_c)

反应编号		半　反　应	$\Delta G^{0'}/(\text{kJ/e}^- \text{ eq})$
一般的电子受体半反应(R_a)：			
I-14	氧	$\frac{1}{4}O_2 + H^+ + e^- \Longrightarrow \frac{1}{2}H_2O$	−78.72
I-7	硝酸盐	$\frac{1}{5}NO_3^- + \frac{6}{5}H^+ + e^- \Longrightarrow \frac{1}{10}N_2 + \frac{3}{5}H_2O$	−72.20
I-9	硫酸盐	$\frac{1}{8}SO_4^{2-} + \frac{19}{16}H^+ + e^- \Longrightarrow \frac{1}{16}H_2S + \frac{1}{16}HS^- + \frac{1}{2}H_2O$	20.85
O-12	二氧化碳	$\frac{1}{8}CO_2 + H^+ + e^- \Longrightarrow \frac{1}{8}CH_4 + \frac{1}{4}H_2O$	23.53
I-4	Fe(Ⅲ)	$Fe^{3+} + e^- \Longrightarrow Fe^{2+}$	−74.27
细胞合成半反应(R_c)：			
C-1	氨为氮源	$\frac{1}{5}CO_2 + \frac{1}{20}HCO_3^- + \frac{1}{20}NH_4^+ + H^+ + e^- \Longrightarrow \frac{1}{20}C_5H_7O_2N + \frac{9}{20}H_2O$	
C-2	硝酸盐为氮源	$\frac{5}{28}CO_2 + \frac{1}{28}NO_3^- + \frac{29}{28}H^+ + e^- \Longrightarrow \frac{1}{28}C_5H_7O_2N + \frac{11}{28}H_2O$	
C-3	亚硝酸盐为氮源	$\frac{5}{26}CO_2 + \frac{1}{26}NO_2^- + \frac{27}{26}H^+ + e^- \Longrightarrow \frac{1}{26}C_5H_7O_2N + \frac{10}{26}H_2O$	
C-4	氮气为氮源	$\frac{5}{23}CO_2 + \frac{1}{46}N_2 + H^+ + e^- \Longrightarrow \frac{1}{23}C_5H_7O_2N + \frac{8}{23}H_2O$	

表 5.4　有机物还原半反应及其吉布斯标准自由能

反应编号	还原化合物	半　反　应	$\Delta G^{0'}/(\text{kJ/e}^- \text{ eq})$
O-1	乙酸	$\frac{1}{8}CO_2 + \frac{1}{8}HCO_3^- + H^+ + e^- \Longrightarrow \frac{1}{8}CH_3COO^- + \frac{1}{8}H_2O$	27.40

续表

反应编号	还原化合物	半　反　应	$\Delta G^{0'} /$ (kJ/e⁻ eq)
O-2	丙氨酸	$\frac{1}{6}CO_2 + \frac{1}{12}HCO_3^- + \frac{1}{12}NH_4^+ + H^+ + e^- \Longrightarrow \frac{1}{12}CH_3CHNH_2COOH + \frac{5}{12}H_2O$	31.33
O-3	苯	$\frac{1}{5}CO_2 + H^+ + e^- \Longrightarrow \frac{1}{30}C_6H_6 + \frac{6}{15}H_2O$	28.34
O-4	苯甲酸盐（安息香酸盐）	$\frac{1}{5}CO_2 + \frac{1}{30}HCO_3^- + H^+ + e^- \Longrightarrow \frac{1}{30}C_6H_5COO^- + \frac{13}{30}H_2O$	27.34
O-5	丁酸盐	$\frac{3}{20}CO_2 + \frac{1}{20}HCO_3^- + H^+ + e^- \Longrightarrow \frac{1}{20}H_3CH_2CH_2COO^- + \frac{7}{20}H_2O$	27.73
O-6	柠檬酸盐	$\frac{1}{6}CO_2 + \frac{1}{6}HCO_3^- + H^+ + e^- \Longrightarrow \frac{1}{18}(COO^-)CH_2COH(COO^-)CH_2COO^- + \frac{4}{9}H_2O$	33.09
O-7	乙醇	$\frac{1}{6}CO_2 + H^+ + e^- \Longrightarrow \frac{1}{12}CH_3CH_2OH + \frac{1}{4}H_2O$	31.16
O-8	甲酸盐	$\frac{1}{2}HCO_3^- + H^+ + e^- \Longrightarrow \frac{1}{2}HCOO^- + \frac{1}{2}H_2O$	39.21
O-9	葡萄糖	$\frac{1}{4}CO_2 + H^+ + e^- \Longrightarrow \frac{1}{24}C_6H_{12}O_6 + \frac{1}{4}H_2O$	40.95
O-10	谷氨酸盐	$\frac{1}{6}CO_2 + \frac{1}{9}HCO_3^- + \frac{1}{18}NH_4^+ + H^+ + e^- \Longrightarrow \frac{1}{18}COOHCH_2CH_2CHNH_2COO^- + \frac{4}{9}H_2O$	30.94
O-11	甘油	$\frac{3}{14}CO_2 + H^+ + e^- \Longrightarrow \frac{1}{14}CH_2OHCHOHCH_2OH + \frac{3}{14}H_2O$	38.66
O-12	甘氨酸	$\frac{1}{6}CO_2 + \frac{1}{6}HCO_3^- + \frac{1}{6}NH_4^+ + H^+ + e^- \Longrightarrow \frac{1}{6}CH_2NH_2COOH + \frac{1}{2}H_2O$	36.25
O-13	乳酸	$\frac{1}{6}CO_2 + \frac{1}{12}HCO_3^- + H^+ + e^- \Longrightarrow \frac{1}{12}CH_3CHOHCOO^- + \frac{1}{3}H_2O$	32.29
O-14	α 乳酸	$\frac{1}{4}CO_2 + H^+ + e^- \Longrightarrow \frac{1}{48}C_{12}H_{22}O_{11} + \frac{13}{48}H_2O$	42.66
O-15	甲烷	$\frac{1}{8}CO_2 + H^+ + e^- \Longrightarrow \frac{1}{8}CH_4 + \frac{1}{4}H_2O$	23.52
O-16	甲醇	$\frac{1}{6}CO_2 + H^+ + e^- \Longrightarrow \frac{1}{6}CH_3OH + \frac{1}{6}H_2O$	36.84
O-17	棕榈酸盐	$\frac{15}{92}CO_2 + \frac{1}{92}HCO_3^- + H^+ + e^- \Longrightarrow \frac{1}{92}CH_3(CH_2)_{14}COO^- + \frac{31}{92}H_2O$	27.27
O-18	苯基丙氨酸	$\frac{8}{41}CO_2 + \frac{1}{41}HCO_3^- + \frac{1}{41}NH_4^+ + H^+ + e^- \Longrightarrow \frac{1}{41}C_6H_6CH_2CHNH_2COOH + \frac{17}{41}H_2O$	29.68

反应编号	还原化合物	半 反 应	$\Delta G^{0'}/$ $(kJ/e^- eq)$
O-19	丙醇	$\frac{1}{6}CO_2 + H^+ + e^- = \frac{1}{18}CH_3CH_2CH_2OH + \frac{5}{18}H_2O$	29.95
O-20	丙酸盐	$\frac{1}{7}CO_2 + \frac{1}{14}HCO_3^- + H^+ + e^- = \frac{1}{14}CH_3CH_2COO^- + \frac{5}{14}H_2O$	27.63
O-21	丙酮酸盐	$\frac{1}{5}CO_2 + \frac{1}{10}HCO_3^- + H^+ + e^- = \frac{1}{10}CH_3COCOO^- + \frac{2}{5}H_2O$	35.10
O-22	核糖	$\frac{1}{4}CO_2 + H^+ + e^- = \frac{1}{20}C_5H_{10}O_5 + \frac{1}{4}H_2O$	41.31
O-23	琥珀酸盐	$\frac{1}{7}CO_2 + \frac{1}{7}HCO_3^- + H^+ + e^- = \frac{1}{14}(CH_2)_2(COO^-)_2 + \frac{3}{7}H_2O$	29.10
O-24	甲苯	$\frac{7}{36}CO_2 + H^+ + e^- = \frac{1}{36}C_6H_3CH_3 + \frac{7}{18}H_2O$	27.85
O-25	生活污水	$\frac{9}{50}CO_2 + \frac{1}{50}HCO_3^- + \frac{1}{50}NH_4^+ + H^+ + e^- = \frac{1}{50}C_{10}H_{29}O_3N + \frac{9}{25}H_2O$	
O-26	常规的有机化合物半反应	$\frac{(n-c)}{d}CO_2 + \frac{c}{d}NH_4^+ + \frac{c}{d}HCO_3^- + H^+ + e^- = \frac{1}{d}C_nH_aO_bN_c + \frac{2n-b+c}{d}H_2O$	

表 5.5　无机物半反应及其吉布斯标准自由能(pH=7.0 时)

反应编号	氧化还原化合物	半反应	$\Delta G^{0'} kJ/(e^- eq)$
I-1	铵-硝酸盐	$\frac{1}{8}NO_3^- + \frac{5}{4}H^+ + e^- = \frac{1}{8}NH_4^+ + \frac{3}{8}H_2O$	−35.11
I-2	铵-亚硝酸盐	$\frac{1}{6}NO_2^- + \frac{4}{3}H^+ + e^- = \frac{1}{6}NH_4^+ + \frac{1}{3}H_2O$	−32.93
I-3	铵-氮	$\frac{1}{6}N_2 + \frac{4}{3}H^+ + e^- = \frac{1}{3}NH_4^+$	26.70
I-4	亚铁-三价铁	$Fe^{3+} + e^- = Fe^{2+}$	−74.27
I-5	氢-H$^+$	$H^+ + e^- = \frac{1}{2}H_2$	39.87
I-6	亚硝酸盐-硝酸盐	$\frac{1}{2}NO_3^- + H^+ + e^- = \frac{1}{2}NO_2^- + \frac{1}{2}H_2O$	−41.65
I-7	氮-硝酸盐氮	$\frac{1}{5}NO_3^- + \frac{6}{5}H^+ + e^- = \frac{1}{10}N_2 + \frac{3}{5}H_2O$	−72.20
I-8	氮-亚硝酸盐	$\frac{1}{3}NO_2^- + \frac{4}{3}H^+ + e^- = \frac{1}{6}N_2 + \frac{2}{3}H_2O$	−92.56
I-9	硫化物-硫酸盐	$\frac{1}{8}SO_4^{2-} + \frac{19}{16}H^+ + e^- = \frac{1}{16}H_2S + \frac{1}{16}HS^- + \frac{1}{2}H_2O$	20.85
I-10	硫化物-亚硫酸盐	$\frac{1}{6}SO_3^{2-} + \frac{5}{4}H^+ + e^- = \frac{1}{12}H_2S + \frac{1}{12}HS^- + \frac{1}{2}H_2O$	11.03
I-11	亚硫酸盐-硫酸盐	$\frac{1}{2}SO_4^{2-} + H^+ + e^- = \frac{1}{2}SO_3^{2-} + \frac{1}{2}H_2O$	50.30

反应编号	氧化还原化合物	半反应	$\Delta G^{0'}$ kJ/(e^- eq)
I-12	硫-硫酸盐	$\frac{1}{6}SO_4^{2-} + \frac{4}{3}H^+ + e^- \Longrightarrow \frac{1}{6}S + \frac{2}{3}H_2O$	19.15
I-13	硫代硫酸盐-硫酸盐	$\frac{1}{4}SO_4^{2-} + \frac{5}{4}H^+ + e^- \Longrightarrow \frac{1}{8}S_2O_3^{2-} + \frac{5}{8}H_2O$	23.58
I-14	水-氧	$\frac{1}{4}O_2 + H^+ + e^- \Longrightarrow \frac{1}{2}H_2O$	−78.72

为构建合成反应,我们需要一个细胞合成的半反应(R_c)。表 5.3 还列出了最常用的且基于氮源的关键合成半反应。我们列出的第一个合成半反应是利用氨为氮源的反应。氨态氮通常是微生物的首选氮源。如果没有氨,微生物可能会利用表中所示的其他氮源。

产能反应(R_e)为

$$R_e = R_a - R_d \tag{5.9}$$

合成反应(R_s)为

$$R_s = R_c - R_d \tag{5.10}$$

有必要指出 R_d 带负号,因为供体被氧化了。

将实际的半反应代入式(5.9)和式(5.10)中,首先是能量半反应。

$$R_a: \quad \frac{1}{5}NO_3^- + \frac{6}{5}H^+ + e^- \longrightarrow \frac{1}{10}N_2 + \frac{3}{5}H_2O \tag{5.11}$$

$$-R_d: \quad \frac{1}{30}C_6H_5COO^- + \frac{13}{30}H_2O \longrightarrow \frac{1}{5}CO_2 + \frac{1}{30}HCO_3^- + H^+ + e^- \tag{5.12}$$

$$R_e: \quad \frac{1}{30}C_6H_5COO^- + \frac{1}{5}NO_3^- + \frac{1}{5}H^+ \longrightarrow \frac{1}{5}CO_2 + \frac{1}{10}N_2 + \frac{1}{30}HCO_3^- + \frac{1}{6}H_2O \tag{5.13}$$

相似地,合成半反应为

$$R_c: \quad \frac{1}{5}CO_2 + \frac{1}{20}NH_4^+ + \frac{1}{20}HCO_3^- + H^+ + e^- \longrightarrow \frac{1}{20}C_5H_7O_2N + \frac{9}{20}H_2O$$

$$-R_d: \quad \frac{1}{30}C_6H_5COO^- + \frac{13}{30}H_2O \longrightarrow \frac{1}{5}CO_2 + \frac{1}{30}HCO_3^- + H^+ + e^-$$

$$R_s: \quad \frac{1}{30}C_6H_5COO^- + \frac{1}{20}NH_4^+ + \frac{1}{60}HCO_3^- \longrightarrow \frac{1}{20}C_5H_7O_2N + \frac{1}{60}H_2O \tag{5.14}$$

下一步,为了得到包含能量和合成的总反应式。将式(5.13)乘以 f_e,将式(5.14)乘以 f_s,它们的和为

$$f_e R_e: \quad 0.02C_6H_5COO^- + 0.12NO_3^- + 0.12H^+ \longrightarrow$$
$$0.12CO_2 + 0.06N_2 + 0.02HCO_3^- + 0.1H_2O \tag{5.15}$$

$$f_s R_s: \quad 0.0133C_6H_5COO^- + 0.02NH_4^+ + 0.0067HCO_3^- \longrightarrow$$
$$0.02C_5H_7O_2N + 0.0067H_2O \tag{5.16}$$

$$R:\quad 0.0333C_6H_5COO^- + 0.12NO_3^- + 0.02NH_4^+ + 0.12H^+ \longrightarrow$$
$$0.02C_5H_7O_2N + 0.06N_2 + 0.12CO_2 + 0.0133HCO_3^- + 0.1067H_2O$$

$$(5.17)$$

式(5.17)给出了以安息香酸为电子供体、硝酸盐为电子受体时,细菌净合成的总反应式。这里细菌也以氨为氮源进行合成反应。

可见,式(5.17)综合了式(5.15)和式(5.16),即

$$R = f_e(R_a - R_d) + f_s(R_c - R_d) \tag{5.18}$$

因为用于能量生成反应和合成反应的电子分数必须等于 1,即

$$f_s + f_e = 1.0 \quad \text{和} \quad R_d(f_s + f_e) = R_d \tag{5.19}$$

将式(5.18)转换为

$$R = f_e R_a + f_s R_c - R_d \tag{5.20}$$

式(5.20)是一个普遍的方程式,可以用来建立微生物合成和生长的各种各样的化学计量式。这个方程式是以电子当量为基础得到的,换言之,这个方程式代表了微生物消耗电子供体的电子当量时,反应物的净消耗量和产物的产量。

上述情况下细菌以氨为氮源进行合成反应。有些情况下没有氨,可以利用其他氧化态的氮源,包括 NO_3^-、NO_2^- 和 N_2,其中 NO_3^- 为最常见的氮源。表 5.3 显示了所有 4 种氮源的细胞合成半反应。对于不同的氮源,半反应的一个重要特征是细胞分子式的化学计量系数不同:NH_4^+ 为 1/20,NO_3^- 为 1/28,NO_2^- 为 1/26,N_2 为 1/23。这个差别表明,当 $C_5H_7O_2N$ 中的氮必须被还原时,对于 C,加入的电子当量数必须达到 20,对于 NH_4^+,外加电子数为 0,NO_3^- 为 8,NO_2^- 为 6,N_2 为 3。当氧化态氮源被利用时,f_s 值也会变化。还应该注意的是,当使用氧化态氮源时,N 和 C 两种元素的氧化态都有变化。

为了说明如何处理氧化态氮源的情况,我们写出以安息香酸盐为电子供体和碳源、NO_3^- 为电子受体和氮源的一个细菌生长的总反应式。这种情况下,我们假设 f_s 为 0.35。选择适当的反应式,对于安息香酸盐和 R_d,选择表 5.4 中的 O-4;对于 R_c,选择表 5.3 中的 C-2;对于 R_a,选择表 5.3 中的 I-7。f_e 的值为 $1 - f_s = 0.65$。以相同的模式确定整个反应式:

$$f_e R_a:\quad 0.13NO_3^- + 0.78H^+ + 0.65e^- \longrightarrow 0.065N_2 + 0.39H_2O$$

$$f_s R_c:\quad 0.0125NO_3^- + 0.065CO_2 + 0.3625H^+ + 0.35e^- \longrightarrow 0.0125C_5H_7O_2N + 0.1375H_2O$$

$$-R_d:\quad 0.0333C_6H_5COO^- + 0.4333H_2O \longrightarrow 0.20CO_2 + 0.0333HCO_3^- + H^+ + e^-$$

$$R:\quad 0.0333C_6H_5COO^- + 0.1425NO_3^- + 0.1425H^+ \longrightarrow 0.0125C_5H_7O_2N +$$
$$0.065N_2 + 0.0333HCO_3^- + 0.1375CO_2 + 0.0942H_2O$$

我们可以看到,0.13mol 的硝酸盐转化为氮气,0.0125mol 转化为细胞中的有机氮。

上面的例子大多都是有关有机物的氧化。但是,化能无机营养型微生物是一类重要的微生物,它们通过还原无机化合物获得能量,并且常常利用无机碳(CO_2)为碳源,进行生物的有机合成。表 5.5 中列出的无机半反应,是那些可以被无机营养型微生物调控从而获得生长所需能量的许多不同的无机氧化还原反应的一些例子。从式(5.20)及其推导式得出一个重要的结论:来自电子供体的电子当量可以在能量反应和合成反应之间分配。上面的例

子说明了异养型微生物的反应,对于无机营养型微生物,其反应也是如此,如例 5.3 所示。

例 5.3　硝化反应

在废水处理中,用无机营养型微生物在有氧条件下把氨氧化为硝酸盐,以降低进水因为硝化反应而产生的耗氧量。如果废水中氨的浓度为 22mg/L(以 N 表示),处理 1000m³ 的废水,硝化反应消耗多少氧? 将产生多少细胞物质(以千克干重计)? 处理后废水中硝态氮的浓度是多少? 假设 f_s 为 0.10,无机碳用于细胞合成。

氨作为电子供体被氧化为硝酸盐,因为是好氧反应,所以氧是电子受体,氨同时也作为细胞合成的氮源。此外,$f_e=1-f_s=0.90$。从表 5.4 和表 5.5 中选择适当的半反应,采用式(5.19),得出下面总的生物反应式:

$$f_e R_a: \quad 0.225O_2 + 0.9H^+ + 0.9e^- \longrightarrow 0.45H_2O$$

$$f_s R_c: \quad 0.02CO_2 + 0.005NH_4^+ + 0.005HCO_3^- + 0.1H^+ + 0.1e^- \longrightarrow$$
$$0.005C_5H_7O_2N + 0.045H_2O$$

$$-R_d: \quad 0.125NH_4^+ + 0.375H_2O \longrightarrow 0.125NO_3^- + 1.25H^+ + e^-$$

$$R: \quad 0.13NH_4^+ + 0.225O_2 + 0.02CO_2 + 0.005HCO_3^- \longrightarrow$$
$$0.005C_5H_7O_2N + 0.125NO_3^- + 0.25H^+ + 0.12H_2O$$

每处理 $0.13 \times 14 = 1.82g$ NH_4^+-N,消耗 $0.225 \times 32 = 7.2g$ O_2,并且产生 $0.005 \times 113 = 0.565g$ 细胞物质和 $0.125 \times 14 = 1.75g$ NO_3^--N。NH_4^+-N 的处理量 $=(22mg/L)(1000L/m^3)(kg/10^6 mg) = 22kg$。则有

$$氧消耗量 = 22kg \times (7.2g/1.82g) = 87kg$$

$$产生的细胞干重 = 22g \times (0.565g/1.82g) = 6.83kg$$

$$出水中 NO_3^--N 的浓度 = 22mg/L \times (1.75g/1.82g) = 21mg/L$$

例 5.4　产甲烷反应

根据有机碳、氢、氧和氮的浓度分析,得出废水中有机物的经验分子式为 $C_8H_{17}O_3N$,并且根据同样的分析,得出有机物的浓度为 23 000mg/L。如果流量为 150m³/d,在 35℃,1atm(1atm=101 325Pa)条件下,厌氧处理的产甲烷发酵中,每天的甲烷产量是多少? 气体中甲烷的体积分数是多少? 假设 f_s 为 0.08,反应中有机物的去除率为 95%,所有的气体进入气相。

首先,建立废水的电子受体半反应式,应用表 5.4 中的 O-26 式和经验分子式($C_8H_{17}O_3N$)给出 R_d:

$$R_d: \quad \frac{1}{40}NH_4^+ + \frac{1}{40}HCO_3^- + \frac{7}{40}CO_2 + H^+ + e^- \longrightarrow \frac{1}{40}C_8H_{17}O_3N + \frac{7}{20}H_2O$$

每天去除的有机物的量 $=0.95 \times 23kg/m^3 \times 150m^3/d = 3277.5kg/d$。

根据 $f_e = 1 - f_s = 1 - 0.08 = 0.92$ 和表 5.4 中的 CO_2 转化为 CH_4 的电子受体半反应 O-15,推导 R_d:

$$f_e R_a: \quad 0.115CO_2 + 0.92H^+ + 0.92e^- \longrightarrow 0.115CH_4 + 0.23H_2O$$

$$f_s R_c: \quad 0.016CO_2 + 0.004NH_4^+ + 0.004HCO_3^- + 0.08H^+ + 0.08e^- \longrightarrow$$
$$0.004C_5H_7O_2N + 0.036H_2O$$

$$-R_d: \quad 0.025C_8H_{17}O_3N + 0.35H_2O \longrightarrow 0.025NH_4^+ + 0.025HCO_3^- + 0.175CO_2 + H^+ + e^-$$

$$R: \quad 0.025C_8H_{17}O_3N + 0.084H_2O \longrightarrow$$
$$0.004C_5H_7O_2N + 0.115CH_4 + 0.044CO_2 + 0.021NH_4^+ + 0.021HCO_3^-$$

$C_8H_{17}O_3N$ 的相对分子质量为 175，当量质量为 $0.025 \times 175 = 4.375$ g/电子当量。1 当量质量的有机物，甲烷发酵产生 0.115 mol 甲烷和 0.044 mol 二氧化碳。因此

甲烷产量 $= [(273+35)/273](0.0224\text{m}^3 \text{ 气体 }/\text{mol})(3\,280\,000\text{g/d})(0.115\text{mol}/4.375\text{g})$
$$\approx 2180\text{m}^3/\text{d}$$

甲烷体积分数 $= [0.115/(0.115+0.044)] \times 100\% = 72\%$

5.6 发酵反应

在发酵反应中，有机物作为电子供体和电子受体。一个简单的例子是葡萄糖发酵产酒精。这里，1mol 的葡萄糖转化为 2mol 的乙醇和 2mol 的二氧化碳。葡萄糖转化为乙醇的复杂过程在第 3 章中已经介绍过。我们的目的是写出这个过程的总平衡反应式，因此，并不需要写出所有中间环节的反应式。化合物 A 不论通过多么复杂的途径转化为化合物 B，都必须遵守能量和质量守恒定律。在一定条件下，已知反应物和最终产物，就足以建立一个平衡的反应方程式，而不需要知道中间产物是什么，只要这个中间产物不是持久的。

5.6.1 简单发酵

简单发酵的能量反应中只有一种还原产物，如葡萄糖发酵产乙醇。所有来自葡萄糖的电子必然被乙醇接受。我们首要的任务就是，选择一个正确的电子供体半反应式。葡萄糖显然是电子供体，我们选用表 5.4 中的 CO_2 转化为葡萄糖的半反应式（反应式 O-9）。第二个任务是，确定电子受体反应式。它也非常简单：表 5.4 中 CO_2 转化为乙醇的半反应式（反应式 O-7）。对于能量反应，我们简单地选用式（5.9）：

$$R_a: \quad \frac{1}{6}CO_2 + H^+ + e^- \longrightarrow \frac{1}{12}CH_3CH_2OH + \frac{1}{4}H_2O$$

$$-R_d: \quad \frac{1}{24}C_6H_{12}O_6 + \frac{1}{4}H_2O \longrightarrow \frac{1}{4}CO_2 + H^+ + e^-$$

$$R_e: \quad \frac{1}{24}C_6H_{12}O_6 \longrightarrow \frac{1}{12}CH_3CH_2OH + \frac{1}{12}CO_2$$

这种选择电子供体和电子受体半反应式的方法和应用式（5.20）建立一个总的反应式是相适应的。

例 5.5 简单发酵的化学计量学

写出葡萄糖发酵产乙醇的总的生物反应式，假设 f_s 等于 0.22，且铵用于细胞合成。

应用前面的乙醇和葡萄糖半反应式和表 5.3 中的细胞合成反应式，并且 $f_e = 1 - f_s = 0.78$，得到：

$$0.78R_a: \quad 0.13CO_2 + 0.78H^+ + 0.78e^- \longrightarrow 0.065CH_3CH_2OH + 0.195H_2O$$

$$0.22R_c:\quad 0.044CO_2 + 0.011NH_4^+ + 0.011HCO_3^- + 0.22H^+ + 0.22e^- \longrightarrow$$
$$0.011C_5H_5O_2N + 0.099H_2O$$

$$-R_d:\quad 0.0417C_6H_{12}O_6 + 0.25H_2O \longrightarrow 0.25CO_2 + H^+ + e^-$$

$$R_e:\quad 0.0417C_6H_{12}O_6 + 0.011NH_4^+ + 0.011HCO_3^- \longrightarrow$$
$$0.011C_5H_5O_2N + 0.065CH_3CH_2OH + 0.076CO_2 + 0.044H_2O$$

这个反应式表明,每 1 个当量的葡萄糖发酵,产生 0.065mol 乙醇。并且每形成 0.011mol 经验分子式的微生物细胞,需要 0.011mol 氨。如果发酵反应在密闭的反应瓶中进行,这个过程还会产生二氧化碳,进而产生碳酸,像制作香槟一样。

5.6.2　混合发酵

许多发酵反应形成的还原产物不止一种。例如,大肠杆菌发酵葡萄糖,通常产生乙酸、乙醇、甲酸和氢气的混合物。在甲烷发酵中,细菌和古细菌的混合体将有机物质转化为甲烷和不完全发酵产物,通常为乙酸盐、丙酸盐和丁酸盐。只要已知还原终产物的相对比例,就可以建立能量反应方程式。还原终产物包括所有的有机产物和氢(H_2)。生成的 CO_2 在发酵反应分析中并不重要,因为它们已经被完全氧化。

关键步骤是确定各种还原终产物中电子当量的相对比例。计算各种产物的电子当量之后,求得总和,然后可以计算出各个终产物在总量中所占的分数。这个分数作为还原产物半反应式的乘数,将得到的等式加起来,即可得到电子受体的半反应式 R_a。这个过程的数学表达式为

$$R_a = \sum_{i=1}^n e_{a_i} R_{a_i} \tag{5.21}$$

其中,

$$e_{a_i} = \frac{\text{equiv}_{a_i}}{\sum_{j=1}^n \text{equiv}_{a_j}} \quad \text{和} \quad \sum_{i=1}^n e_{a_i} = 1$$

这里 e_{a_i} 是产物 a_i 在形成的 n 种还原终产物中所占的分数。equiv_{a_i} 代表产物 a_i 的当量数。所有还原终产物的分数和等于 1。

有些情况下,比如在城市和工业废水处理中,可能有混合电子供体。这里,和电子受体反应类似,写出电子供体的反应式 R_d:

$$R_d = \sum_{i=1}^n e_{d_i} R_{d_i} \tag{5.22}$$

其中,

$$e_{d_i} = \frac{\text{equiv}_{d_i}}{\sum_{j=1}^n \text{equiv}_{d_j}} \quad \text{和} \quad \sum_{i=1}^n e_{d_i} = 1$$

例 5.6　柠檬酸发酵产生 2 种产物

拟杆菌(*Bacteroides* sp.)将 1mol 柠檬酸转化为 1mol 甲酸盐、2mol 乙酸盐和 1mol 重碳酸盐。写出这个发酵反应总的平衡能量反应式(R_e)。

还原产物是甲酸盐和乙酸盐。重碳酸盐和二氧化碳一样是氧化的终产物,在建立电子平衡式过程中不予考虑。第一步是确定各种还原产物的当量数(equiv_{a_i})。从表5.4中的反应式O-1看,1mol乙酸盐有$8e^-$ eq;因此2mol乙酸盐代表$16e^-$ eq。同样,1mol甲酸盐有$2e^-$ eq。因此

$$e_{\text{甲酸盐}} = 2/(2+16) \approx 0.111$$

$$e_{\text{乙酸盐}} = 16/(2+16) \approx 0.889$$

$e_{\text{甲酸盐}}$ 和 $e_{\text{乙酸盐}}$ 之和等于1。

应用表2.3中的半反应式:

$0.111R_{\text{甲酸盐}}$: $\quad 0.0555HCO_3^- + 0.111H^+ + 0.111e^- \longrightarrow 0.0555HCOO^- + 0.0555H_2O$

$0.889R_{\text{乙酸盐}}$: $\quad 0.111CO_2 + 0.111HCO_3^- + 0.889H^+ + 0.889e^- \longrightarrow 0.111CH_3COO^- + 0.333H_2O$

R_a: $\quad 0.111CO_2 + 0.166HCO_3^- + H^+ + e^- \longrightarrow 0.0555HCOO^- + 0.111CH_3COO^- + 0.388H_2O$

随后,应用式(5.9)可以建立总的能量反应式,即 $R_e = R_a - R_d$,其中 R_d 为表5.4中的柠檬酸半反应式。综合后得到下列 R_e 反应式:

$$0.0555(COO^-)CH_2COH(COO^-)CH_2COO^- + 0.056H_2O \longrightarrow$$
$$0.0555HCOO^- + 0.111CH_3COO^- + 0.056CO_2$$

如果给这个反应式除以一个当量的柠檬酸摩尔数0.0555,使之标准化,得到下列标准的摩尔反应方程式:

$$(COO^-)CH_2COH(COO^-)CH_2COO^- + H_2O \longrightarrow HCOO^- + 2CH_3COO^- + CO_2$$

我们可以看出,这个方程式满足1mol柠檬酸产生1mol甲酸盐和2mol乙酸盐的要求。这是一个非常简单的例子,可以通过其他的方法得到。下面是一个更加复杂的例子,具有混合反应物和混合产物。

例5.7　具有混合供体和混合产物的发酵反应

1mol乳酸和1mol葡萄糖的混合物发酵产甲烷,还原终产物分类如下:3.6mol甲烷、0.21mol乙酸盐和0.41mol丙酸盐。写出该条件下的平衡能量反应式。

根据表5.4中注明的电子当量数,建立下表:

电子供体基质	摩尔数	e^- eq/mol	equiv_{d_i}	e_{d_i}
乳酸	1.1	12	$1.1 \times 12 = 13.2$	$13.2/39.6 \approx 0.33$
葡萄糖	1.1	24	$1.1 \times 24 = 26.4$	$26.4/39.6 \approx 0.67$
			$\sum = 39.6$	$\sum = 1.00$

电子受体产物	摩尔数	e^- eq/mol	equiv_{a_i}	e_{a_i}
甲烷	3.6	8	$3.6 \times 8 = 28.8$	$28.8/36.22 \approx 0.796$
乙酸盐	0.21	8	$0.21 \times 8 = 1.68$	$1.68/36.22 \approx 0.046$
丙酸盐	0.41	14	$0.41 \times 14 = 5.74$	$5.74/36.22 \approx 0.158$
			$\sum = 36.22$	$\sum = 1.000$

供体的电子当量之和(约为40)比受体的电子当量之和(约为36)大10%左右。这是正确的,因为在生物反应中部分供体电子在细胞合成中用尽。产生净合成时,比如在这种情况下,供体当量必须较大。

首先建立受体反应式：

$0.796R_{meth}$: $\quad 0.0995CO_2 + 0.796H^+ + 0.796e^- \rightarrow 0.0995CH_4 + 0.199H_2O$

$0.046R_{acet}$: $\quad 0.0058CO_2 + 0.0058HCO_3^- + 0.046H^+ + 0.046e^- \longrightarrow$

$$0.0058CH_3COO^- + 0.0172H_2O$$

$0.158R_{prop}$: $\quad 0.0226CO_2 + 0.0113HCO_3^- + 0.158H^+ + 0.158e^- \longrightarrow$

$$0.0113CH_3CH_2COO^- + 0.0564H_2O$$

R_a: $\quad 0.128CO_2 + 0.017HCO_3^- + H^+ + e^- \longrightarrow$

$$0.0995CH_4 + 0.0058CH_3COO^- + 0.0113CH_3CH_2COO^- + 0.273H_2O$$

同样地,建立供体反应式：

$0.33R_{lact}$: $\quad 0.055CO_2 + 0.0275HCO_3^- + 0.33H^+ + 0.33e^- \longrightarrow$

$$0.0275CH_3CHOHCOO^- + 0.11H_2O$$

$0.67R_{glu}$: $\quad 0.138CO_2 + 0.67H^+ + 0.67e^- \longrightarrow 0.0279C_6H_{12}O_6 + 0.168H_2O$

R_d: $\quad 0.223CO_2 + 0.0275HCO_3^- + H^+ + e^- \longrightarrow$

$$0.0275CH_3CHOHCOO^- + 0.0279C_6H_{12}O_6 + 0.278H_2O$$

最后,我们应用式(5.9)的关系式 $R_e = R_a - R_d$ 得出总的平衡能量式：

$$0.0275CH_3CHOHCOO^- + 0.0279C_6H_{12}O_6 + 0.005H_2O \longrightarrow$$

$$0.0995CH_4 + 0.0058CH_3COO^- + 0.113CH_3CH_2COO^- + 0.095CO_2 + 0.0105HCO_3^-$$

快速质量-平衡检验表明,如果假设乳酸和葡萄糖各 1mol 转化为还原终产物,各种不同种类的物质与问题说明的情况一致。但是,实际是各消耗了 1.1mol。这个差别是由生物合成而引起。则有 $f_s = 0.1/1.1$ 或 $f_e = 1 - 0.091 = 0.909$。

从供体到生物量的 0.091 合成反应式,加上刚刚建立的 0.909 能量反应式,就可以建立一个包括能量和合成的总反应式。结果如下：

$$0.0275CH_3CHOHCOO^- + 0.0279C_6H_{12}O_6 + 0.0046NH_4^+ \longrightarrow$$

$$0.0046C_5H_7O_2N + 0.0904CH_4 + 0.00527CH_3COO^- +$$

$$0.0103CH_3CH_2COO^- + 0.088CO_2 + 0.0075HCO_3^- + 0.011H_2O$$

如果没有在这里给出的严格的过程,仅从提供的信息,难以建立这样的反应式。

用于研究发酵反应的分析方法可以在形成还原产物的任何情况下使用。一个典型的例子就是硫酸盐还原反应。其中硫酸盐还原成亚硫酸盐,如同上述产甲烷反应中甲烷的生成。如果被还原有机产物和亚硫酸盐一起出现,则上述过程可以以相似的方法建立能量反应式和总的生物反应式。乳酸通过脱硫脱硫弧菌(*Desulfovibrio desulfuricans*)的硫酸盐还原反应转化为乙酸盐的反应就是这样的能量反应式的例证：

$$0.084CH_3CHOHCOO^- + 0.042SO_4^{2-} + 0.063H^+ \longrightarrow$$

$$0.084CH_3COO^- + 0.021H_2S + 0.021HS^- + 0.084CO_2 + 0.084H_2O$$

这个反应表明,这种情况下 $e_{乙酸盐} = 0.67$,$e_{硫酸盐} = 0.33$。

5.7 能量学和细菌生长

微生物进行氧化还原反应以便获得细胞生长和维持所需的能量。因为反应不同，一种电子供体的每电子当量氧化后释放的能量差别很大。因此，每当量供体氧化所产生的生长量的差别也很大，这并不奇怪。这一节的目的是揭示反应能量和细菌生长之间的关系。

图5.1和图3.3简单表示了细胞如何捕获和传递分解代谢的氧化-还原反应释放的能量，用于合成新的细胞或者维持细胞生存。维持细胞生存需要能量，以便进行细胞运动、修复因正常的资源循环或者与有毒化合物相互作用而衰变的细胞蛋白等活动。当所有生长因子的浓度都不限制其生长时，细胞的生长速度很快，这时细胞最大限度地利用所投入的能量，用于细胞合成。但是，当一种基本的因子，比如电子供体基质，其浓度受到限制时，大部分基质氧化反应产生的能量将用于维持细胞的生存。式(5.7)说明了这一点，细胞的净产率随着基质利用率的下降而下降。式(5.8)还表明，当通过基质利用提供的能量等于细胞用于维持的能量 m 时，净产率为0。在这种条件下，释放的所有能量都用于维持细胞的完整性。如果供给微生物的基质量进一步减少，食物不足以维持微生物的生存，它们就开始净衰减。相反，如果基质和其他所需因子的量都没有受到限制，基质利用速率将达到最大，同时因为需要维持细胞生存，净产率 γ_n 也将接近(而不是达到)实际产率 γ。

多年来，许多研究工作致力于如何描述实际产率和电子供体氧化释放的能量之间的关系。Battley(1987)给出了一个关于能量产生和细胞产率之间关系的全面综述(或者称历史回顾)和讨论。尽管在生长和反应能量学关系研究方面，目前还没有一种被广泛接受的方法，一种基于电子当量，并且可以区分总生物反应能量部分和合成部分的能量差别的方法[如式(5.20)示范的那样]，称为热力学电子当量模型(thermodynamic electron-equivalents model，TEEM)(McCarty，2007)。被证实是非常有用的。这里将采用 TEEM 方法，它基于其他一些更广泛的讨论(McCarty，1971，1975，2007；Christensen and McCarty，1975)。

除基本上合理外，TEEM 的应用优势在于，电子当量易于和环境工程中广泛应用的测定也就是以需氧量(oxygen dmand，OD)表示的常用的废水浓度相联系。例如，生化需氧量(BOD)、计算需氧量(COD′)和化学需氧量(COD)。因为一个当量的氧是8g O_2，任何一种电子供体的 $1e^- eq$ 等于8g O_2 的需氧量。因此，每升的当量数可以直接转化成基质的需氧量浓度。这样就非常容易计算包含广泛应用的 COD、COD′ 和 BOD 的 γ 值。

例5.8 计算 COD′

一种废水含有乙醇12.6g/L。估算这种废水的 $e^- eq/L$ 和 COD′(g/L)。

根据表5.4中的反应式 O-7，乙醇有 $12e^- eq/mol$。因为1mol 乙醇的质量是46g，当量质量是46/12，即 $3.83g/e^- eq$。因此废水中乙醇的浓度就是 $12.6g/L / 3.83g/e^- eq \approx 3.29e^- eq/L$。COD′ 就是 $(8g OD/e^- eq) \times (3.29e^- eq/L) = 26.32g/L$。

5.7.1 能量反应的自由能

表5.4和表5.5总结了各种无机物和有机物半反应在 pH=7 条件下的标准吉布斯自由能($\Delta G^{0'}$)。通过附录(见网络版)列出的各种成分的生成自由能数值，以 kJ/e^- eq 为单位，可以快速确定其他半反应的标准自由能。例如，通过下面的方法可以得到 2-氯代安息香酸

$(C_6H_4ClCOO^-)$ 被氧化的半反应。

生成 2-氯代安息香酸的平衡半反应式为

$$\frac{1}{28}HCO_{3(aq)}^- + \frac{3}{14}CO_{2(g)} + \frac{1}{28}Cl_{aq}^- + \frac{29}{28}H_{(aq,10^{-7})}^+ + e^- \longrightarrow$$

$$\frac{1}{28}C_6H_4ClCOO_{(aq)}^- + \frac{13}{28}H_2O_{(l)}$$

从附录中得到,各种物质的生成自由能(单位:kJ/e⁻ eq)是 1/28(−586.85),3/14(−394.36),1/28(−31.35),29/28(−39.87),0,1/28(−237.9),13/28(−237.18)。产物自由能之和减去反应物自由能之和的计算结果即为半反应的自由能,$\Delta G^{0'} = 29.26$ kJ/e⁻ eq。

为了得到全部能量反应的自由能(ΔG_r),要将供体半反应的自由能和受体半反应的自由能加起来。这个简单的过程与前面的举例中从半反应建立总能量反应式的方法类似。表 5.4 和表 5.5 中列出了供体半反应的自由能,其数值为负,因为供体半反应式必须写成与表中相反的形式。例如,从下表中的标准自由能的半反应,可以建立乙醇的好氧氧化反应式。

	反应式	$\Delta G^{0'}/(kJ/e^- \ eq)$
反应 I-14:	$\frac{1}{4}O_2 + H^+ + e^- \longrightarrow \frac{1}{2}H_2O$	−78.72
反应 O-7:	$\frac{1}{12}CH_3CH_2OH + \frac{1}{4}H_2O \longrightarrow \frac{1}{6}CO_2 + H^+ + e^-$	−31.18
结果:	$\frac{1}{12}CH_3CH_2OH + \frac{1}{4}O_2 \longrightarrow \frac{1}{6}CO_2 + \frac{1}{4}H_2O$	−109.90

表 5.4 和表 5.5 中的 $\Delta G^{0'}$ 为 −109.90 kJ/e⁻ eq,只适用于标准条件下(1mol/L 乙醇液体浓度、1atm 氧和二氧化碳分压、液态水)。pH 值固定为 7.0。因为在总的乙醇氧化反应式中 H⁺ 并不出现,这时 pH 并不会影响 $\Delta G^{0'}$,但是,在其他条件下,pH 的影响非常显著。

图 5.2 表示各种电子供体和电子受体以及最终的反应自由能之间的关系,假设所有的成分都处于单位活度(除了 pH=7.0)状态。图 5.2 表明,在从甲烷到葡萄糖的有机物,好氧氧化作用(氧作为电子受体)和反硝化作用(硝酸盐作为电子受体)的 $\Delta G^{0'}$ 变化相对较小,变化范围为 −120～−96 kJ/e⁻ eq。相反,对于无机物电子受体,其变化范围则很大,从铁的氧化反应大约为 −5kJ/e⁻ eq 到氢在有氧条件下氧化作用的 −119kJ/e⁻ eq。但是,如果考虑厌氧条件下的有机电子供体,无论是二氧化碳还是硫酸盐作为电子受体,$\Delta G^{0'}$ 的相对范围都非常大。例如,二氧化碳作为电子受体(产甲烷作用),对于乙酸氧化作用,其 $\Delta G^{0'}$ 是 −3.87kJ/e⁻ eq,葡萄糖氧化作用,其 $\Delta G^{0'}$ 是 −17.82kJ/e⁻ eq,相差 4.6 倍。好氧反应和厌氧反应之间、有机物反应和无机物反应之间,其反应自由能的巨大差别对微生物产率的影响很大,随后将进行讨论。

反应物和产物的浓度影响真实的反应自由能,特别当反应释放的标准自由能($\Delta G^{0'}$)小于 10kJ/e⁻ eq 时,可以校准非标准反应物和产物浓度的标准自由能。首先考虑包含 n 种不同成分的普通反应式 r:

$$v_1A_1 + v_2A_2 + \cdots = v_mA_m + v_{m+1}A_{m+1} + \cdots + v_nA_n \tag{5.23}$$

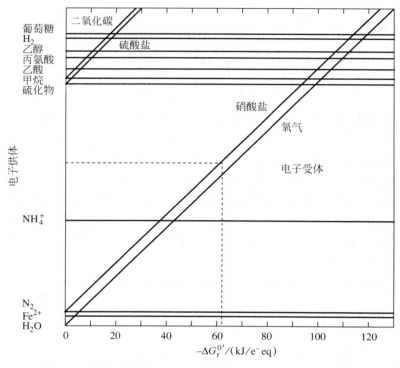

图 5.2　各种电子供体和电子受体之间的关系及其反应自由能

可以写成更简单的通式：

$$0 = \sum_{i=1}^{n} v_{ir} A_i \tag{5.24}$$

如果 A_i 在式(5.23)左边，则 v_{ir} 的值为负数；如果在右边，则为正数。

这个反应的非标准吉布斯自由能变化可以根据下式确定：

$$\Delta G_r = \Delta G_r^0 + RT \sum_{i=1}^{n} v_{ir} \ln a_i \tag{5.25}$$

式中，v_{ir} 代表反应式 r 中组分 A_i 的化学计量系数；a_i 代表组分 A_i 的活度；T 是热力学温度，K；R 是摩尔气体常数，等于 8.314J/(K·mol)。

根据最终的反应式，可以很容易地确定这些项。在这里，再次以乙醇为例写出反应式：

$$\frac{1}{12}CH_3CH_2OH + \frac{1}{4}O_2 \longrightarrow \frac{1}{6}CO_2 + \frac{1}{4}H_2O \quad \Delta G_r^{0'} = -109.90kJ/mol$$

对于这个能量反应式，因为 H^+ 不是方程式中的成分，所以 $\Delta G_r^0 = \Delta G_r^{0'}$；对于乙醇、氧、二氧化碳和水，$v_{ir}$ 分别等于 $-1/12$、$-1/4$、$1/6$ 和 $1/4$。将这些值代入式(5.25)，可以得到：

$$\Delta G_r = \Delta G_r^0 + RT \ln \frac{[CO_2]^{1/6}[H_2O]^{1/4}}{[CH_3CH_2OH]^{1/12}[O_2]^{1/4}} \tag{5.26}$$

我们假设，溶液中乙醇的浓度为 0.002mol/L，氧分压为海平面上标准大气压条件下的分压(0.21atm)，二氧化碳的浓度为标准大气压时的浓度(0.0004atm)，温度为 20℃。还假设，这 3 种组分的活度等于其浓度或分压(如果已知各组分的活度系数，就要校正这些数值。

在该条件下,活度系数近似等于 1.0。)以水为主要溶剂的溶液中,水的活度系数几乎等于 1.0,则有

$$\Delta G_r = -109\ 900 + 8.314(273+20)\ln\frac{(0.0004)^{1/6}(1)^{1/4}}{(0.002)^{1/12}(0.21)^{1/4}}$$

$$\approx -110\ 900 \text{J/e}^- \text{eq} = -110.9 \text{kJ/e}^- \text{eq}$$

从这个练习可以得出一个结论,即在我们研究的典型生物系统中,经过浓度校正的反应自由能,其取值范围在标准自由能 $-109.9 \text{kJ/e}^- \text{eq}$ 的 1% 之内。如果对 pH 值进行校正,通常也是这样。

上述的乙醇的好氧氧化作用同时还表明,不必校正组分的浓度,但并非总是这样。在电子供体或者电子受体的浓度非常低,或者反应自由能 ΔG_r^0 的数量级不大于 $-10 \text{kJ/e}^- \text{eq}$ 时,浓度校正还是非常重要的。对于一些厌氧电子受体和无机电子供体,后一种情况很常见。

表 5.3 和表 5.4 中 ΔG_r^0 的数值都已经校正为 pH=7.0 时的数值。如果 pH 值和 7.0 差别较大,则必须校准 H^+ 浓度的影响。如果 pH 值和 7.0 差别较大,或者必须校准 ΔG_r^0 时,可以转化为 ΔG^0,这时认为 $[H^+]=1$,并且

$$\Delta G_r^0 = \Delta G_r^{0\prime} - RTv_{H^+}\ln10^{-7} \tag{5.27}$$

5.7.2　产率系数和反应能量学

TEEM 模型认为从基质利用到产生微生物需要经过 2 个步骤。首先,能量反应产生高能载体,如 ATP,然后能量载体在细胞合成或者细胞维持生存的过程中被消耗(图 3.3 和图 5.1)。对于所有反应,在能量传递过程中,都有一定量的热动力学自由能散失。本节介绍如何计算细胞合成的能量损失及能量传递过程中的损失。将这三方面结合起来,我们可以根据热动力学原理,估算 f_s 和实际产率(γ)。为了确定实际产率,根据式(5.6),假设细胞用于维持生存的能量为 0,因此,假设所有的能量都用于细胞合成。

首先,我们定义,来自给定碳源用于合成 1 个当量细胞物质所需的能量为 ΔG_s。我们最初假设铵为氮源,但在 5.7.3 节中将放宽这个假设。我们首先需要确定,在碳源转化为细胞合成可利用的普通大分子中间产物的过程中,能量变化情况。最初,将丙酮酸盐作为代表性中间产物(McCarty,1971)。然而,近年来,还原自由能为 30.9 $\text{kJ/e}^- \text{eq}$ 的活性乙酸盐(即乙酰辅酶 A)被认为是更合适的中间产物(McCarty,2007)。将碳源转化为活性乙酸盐所需要的能量是 ΔG_p(保留原命名),计算值为碳源和活性乙酸盐半反应的自由能之差:

$$\Delta G_p = 30.9 - \Delta G_c^{0\prime} \tag{5.28}$$

对于异养细菌,碳源基本上就是电子供体。因此,对于给定电子供体,$\Delta G_c^{0\prime}$ 值来自表 5.4。例如,如果电子供体是乙酸,则 $\Delta G_c^{0\prime}$ 等于 27.4 $\text{kJ/e}^- \text{eq}$。在自养反应中,无机碳作为碳源,需要相当多的能量将无机碳还原成活性乙酸盐。在光合作用中,用于还原二氧化碳形成细胞有机物的氢或者电子来源于水。通过这种情况的类推,如果令 $\Delta G_c^{0\prime}$ 等于表 5.3 中水-氧反应的能量,即 $-78.72 \text{kJ/e}^- \text{eq}$,可以确定反应包含的能量。因此,在自养条件下,通常取 $30.9-(-78.72)=109.62 \text{kJ/e}^- \text{eq}$。

其次,活性乙酸盐碳转化为细胞中的碳。这里的能量需求(ΔG_{pc})可以取一个估计值,即 3.33 kJ/g 细胞(McCarty,1971)。从表 5.3 看,当铵为氮源时,1 个电子当量的细胞是

113/20＝5.65g。因此,铵为氮源时,ΔG_{pc} 是 $3.33 \times 5.65 \approx 18.8 kJ/e^- eq$。

最后,能量通常在电子传递过程中损失。通常认为这个损失是包含在能量传递效率 ε 中的一项。总之,细胞合成的能量要求为

$$\Delta G_s = \frac{\Delta G_p}{\varepsilon^n} + \frac{\Delta G_{pc}}{\varepsilon} \tag{5.29}$$

注意,指数 n 指碳转化为丙酮酸盐过程的能量传递效率。这个 n 说明,对于某些电子供体,如葡萄糖,其 ΔG_p 是负值,表明在它转化为丙酮酸盐的过程中获得能量。这些能量的一部分散失,这种情况下,$n＝-1$。其他情况下,如乙酸,ΔG_p 是正值,意味着在它转化为丙酮酸盐的过程中需要能量。这里,比热动力学计算需要更多的能量,这时 $n＝+1$。

既然我们估计出了合成 1 个当量的细胞需要多少能量,那么,就能够估算出必须氧化多少个电子供体才能产生这些能量。定义如下:为了提供这些能量,必须氧化 A 个当量的电子供体。这个氧化反应释放的能量是 $A\Delta G_r$,其中 ΔG_r 是每当量电子供体为产生能量而释放的自由能。当这部分能量传递给能量载体时,其中一部分在效率低的传递过程中再次损失。如果这里的传递效率与能量从能量载体传递到合成反应的效率(ε)相同,传递到载体的能量就是 $\varepsilon A \Delta G_r$。

在稳定条件下,能量载体必须维持一定的能量平衡:

$$A\varepsilon \Delta G_r + \Delta G_s = 0 \tag{5.30}$$

对 A 求解,得

$$A = -\frac{\dfrac{\Delta G_p}{\varepsilon^n} + \dfrac{\Delta G_{pc}}{\varepsilon}}{\varepsilon \Delta G_r} \tag{5.31}$$

这个等式表明,随着从给定的碳源进行合成反应所需要的能量的增加,以及供体氧化释放的能量的减少,用于形成 1 个当量细胞的能量所需要的供体当量(A)会增加。

我们最终的目标是建立平衡的化学计量方程式。因为式(5.31)并不包括维持细胞生存的能量,A 的计算结果适于最大产率或实际产率(γ)的情况。因此,f_s 是其最大值或者 f_s^0,用于产生能量的那部分供体为最小值 f_e^0。因为消耗的供体一部分用于产生能量(这时是 A 当量),另一部分用于合成(这时是 1.0 个当量),总的供体当量数是 $1+A$。因此可以通过 A 计算出 f_s^0 和 f_e^0:

$$f_s^0 = \frac{1}{1+A} \quad \text{和} \quad f_e^0 = 1 - f_s^0 = \frac{A}{1+A} \tag{5.32}$$

能量传递效率是求解式(5.31)需要设定的关键因子。在最佳条件下,大多数典型厌氧和化能自养反应的能量传递效率为 55%～70%,通常采用 ε 为 0.6 来表示准确结果。然而,好氧异养生物的能量转移效率普遍偏低,平均为 0.38 ± 0.06(McCarty,2007),这可能是因为我们只考虑了供体合成的部分颗粒细胞,而忽略了在第 8 章中介绍的可溶性微生物产物的产生。如果考虑到这一点,那么在厌氧系统中发现的更高效率值,其实可能与好氧异养系统中的值相同。当然,还可能存在其他影响因素。

一些酶促反应,如碳水化合物的初级氧化(见 3.3 节的例子),需要诸如 NADH 形式的能量输入,尽管总反应可能净释放能量,但因为这些反应开始时需要能量投入,其能量产率可能较低。此外,只含一个碳原子的化合物,如甲醇和甲烷,具有低能量效率的合成途径,因

此,其能量产率通常比这里模型预测的值要低很多。若对解决这些问题的模型修改方法感兴趣,可参考其他文献(Dahlen and Rittmann,2002;McCarty,2007;VanBriessen,2001)。

预测微生物能量产率的不确定性表明:使用经验确定的产量值来构建总生物化学计量方程式是最佳方法,而不是依赖热力学模型。然而,我们可能无法获得好的经验值,因为通过实验获得好的产量经验值往往昂贵且耗时,而且由于损耗和实验的复杂性,获得好的经验值困难重重。如果微生物生长缓慢,会更加困难。于是,热力学模型很受青睐,它普遍用于生物处理厂的设计中,能提供足够可靠的预估。此外,我们可以使用一系列转移效率值进行敏感性分析,以确定产率测定中可能涉及的不确定性范围。例 5.9 是乙酸盐好氧氧化的简单敏感性分析。

例 5.9　ε 对异养产率的影响

比较估算出的乙酸好氧氧化的 f_s^0 和 γ,假设 $\varepsilon=0.3$、0.5 和 0.7,pH=7.0,所有的反应物和产物都处于单位活度状态。可以利用氨供给生物合成。

因为这是一个异养反应,应用式(5.28)。采用表 5.4 中的反应式 O-1,$\Delta G_d^{0'}=27.40 \text{kJ/e}^-\text{eq}$。因此

$$\Delta G_p = 30.9 - 27.40 = 3.5 \text{kJ/e}^-\text{eq}$$

因为这是好氧反应,$\Delta G_a^{0'}=-78.72 \text{kJ/e}^-\text{eq}$,因此

$$\Delta G_r = \Delta G_a^{0'} - \Delta G_d^{0'} = -78.72 - 27.40 = -106.12 \text{kJ/e}^-\text{eq}$$

因此 ΔG_p 是正数,$n=+1$。并且,因为氨用于细胞合成,ΔG_{pc} 等于 $18.8 \text{kJ/e}^-\text{eq}$,所以

$$A = \frac{\dfrac{3.5}{\varepsilon^{+1}} + \dfrac{18.8}{\varepsilon}}{-106.12\varepsilon}$$

分别令 $\varepsilon=0.3$、0.5 和 0.7,$A=2.33$、0.84 和 0.43。应用式(5.32),得出 f_s^0 和 γ 的结果如下:

ε	f_s^0	γ/(g 细胞/mol 供体)	γ/(g 细胞/g 供体)	γ/(g 细胞/gCOD')
0.3	0.30	14	0.24	0.22
0.5	0.54	24	0.41	0.38
0.7	0.70	32	0.54	0.50

为了确定细菌产率,最好写出平衡的化学计量式。这里仅列举出 $\varepsilon=0.5$、$f_s^0=0.54$ 和 $f_e^0=1-0.54=0.46$ 的情况下的实例:

反应 O-1　　$0.125\text{CH}_3\text{COO}^- + 0.375\text{H}_2\text{O} \longrightarrow 0.125\text{CO}_2 + 0.125\text{HCO}_3^- + \text{H}^+ + \text{e}^-$

0.46(反应 I-14):　$0.1155\text{O}_2 + 0.46\text{H}^+ + 0.46\text{e}^- \longrightarrow 0.23\text{H}_2\text{O}$

0.54(反应 C-1):　$0.108\text{CO}_2 + 0.027\text{HCO}_3^- + 0.027\text{NH}_4^+ + 0.54\text{H}^+ + 0.5\text{e}^- \longrightarrow$

$$0.027\text{C}_5\text{H}_7\text{O}_2\text{N} + 0.243\text{H}_2\text{O}$$

总反应式:　　$0.125\text{CH}_3\text{COO}^- + 0.115\text{O}_2 + 0.027\text{NH}_4^+ \longrightarrow$

$$0.027\text{C}_5\text{H}_7\text{O}_2\text{N} + 0.017\text{CO}_2 + 0.098\text{HCO}_3^- + 0.098\text{H}_2\text{O}$$

从这个平衡反应式可以得出：

$$\gamma = 0.027 \times 113/0.125 = 24g\ 细胞\ /mol\ 乙酸$$
$$= 0.027 \times 113/0.125 \times 59 = 0.41g\ 细胞\ /g\ 乙酸$$
$$= 0.027 \times 113/8 = 0.38g\ 细胞\ /gCOD'$$

例5.10　电子受体和电子供体对异养微生物的影响

在利用氧、硝酸盐、硫酸盐和二氧化碳作为电子受体时，比较计算葡萄糖、乙酸的 f_s^0 值。计算值等于包括多种微生物的总的净合成量。假设 $\varepsilon = 0.6$，氨为氮源。

$\Delta G_d^{0'}$ 和 $\Delta G_a^{0'}$ 的值分别取自表5.4和表5.3。因为氨是氮源，$\Delta G_{pc} = 18.8kJ/e^-\ eq$。

乙酸($\Delta G_d^{0'} = 27.40kJ/e^-\ eq, \Delta G_p = 3.5kJ/e^-\ eq, n = +1$)				f_s^0
电子受体	$\Delta G_a^{0'}/(kJ/e^-\ eq)$	$\Delta G_r/(kJ/e^-\ eq)$	A	
氧	-78.72	-106.12	0.58	0.63
硝酸盐	-72.20	-99.60	0.62	0.62
硫酸盐	$+20.85$	-6.55	9.46	0.096
CO_2	$+23.53$	-3.87	16.0	0.059

葡萄糖($\Delta G_d^{0'} = 41.35kJ/e^-\ eq, \Delta G_p = -10.45kJ/e^-\ eq, n = -1$)				f_s^0
电子受体	$\Delta G_a^{0'}/(kJ/e^-\ eq)$	$\Delta G_r/(kJ/e^-\ eq)$	A	
氧	-78.72	-120.07	0.35	0.74
硝酸盐	-72.20	-113.55	0.37	0.73
硫酸盐	$+20.85$	-20.50	2.04	0.33
CO_2	$+23.53$	-17.82	2.34	0.30

从 f_s^0 的数值可以看出，乙酸的生物量产率低于葡萄糖的生物量产率。碳水化合物因为其更加有序的结构(低熵)，$\Delta G_d^{0'}$ 值更大，这样使 ΔG_p 为负。因为 $\Delta G_a^{0'}$ 值为正，氧和硝酸盐比硫酸盐和二氧化碳的生物量产率高。这和不同类型微生物的经验结论一致，并解释了这些结论。

例5.11　发酵反应的产率

当 $\varepsilon = 0.6$ 时，比较以下发酵的 f_s^0 值：(a)葡萄糖转化为乙醇；(b)葡萄糖转化为2mol乙酸和4mol甲酸；(c)乳酸转化为1mol丙酸和3mol甲酸。假设氨为氮源，pH值为7.0。

该问题的难点在于写出能量反应式。对于(a)，使用表5.4中的半反应：从乙醇的反应中减去葡萄糖的反应，则 $\Delta G_r = 31.38 - 41.35 = -10.17kJ/e^-\ eq$。对于(b)，我们可以用乙酸反应的2/3和甲酸反应的1/3减去葡萄糖反应得到正确的能量反应。因此，最终产物的比例(1/24mol葡萄糖产生1/12mol乙酸和1/6mol甲酸)是正确的。则 $\Delta G_r = (2/3) \times 27.4 + (1/3) \times 39.19 - 41.35 = -10.02kJ/e^-\ eq$。对于(c)，我们可以用乙酸反应的2/3加上甲酸反应的1/3减去乳酸反应得到正确的能量反应。对此，1/12mol乳酸产生1/12mol乙酸和1/6mol甲酸。则合并后的 $\Delta G_r = (2/3) \times 27.4 + (1/3) \times 39.19 - 32.29 \approx -0.96kJ/e^-\ eq$。对于葡萄糖，$\Delta G_p = 30.9 - 41.35 = -10.45kJ/e^-\ eq, n = -1$。对于乳酸，$\Delta G_p = 30.9 - 32.29 =$

$-1.39kJ/e^- eq, n=-1$。$\Delta G_{pc}=18.8kJ/e^- eq$。将这些值代入式(5.31)和式(5.32),得到以下结果:

发酵反应	$\Delta G_r/(kJ/e^- eq)$	$\Delta G_{pc}/(kJ/e^- eq)$	$\Delta G_p/(kJ/e^- eq)$	n	A	f_s^0
a	-10.17	18.8	-10.45	-1	4.11	0.20
b	-10.02	18.8	-10.45	-1	4.17	0.19
c	-0.96	18.8	-1.39	-1	53.0	0.019

可见在(a)和(b)两种情况下,葡萄糖的产率大致相同,为 $0.19\sim0.2e^- eq$ 细胞/$e^- eq$ 葡萄糖。然而,在(c)的乳酸发酵情况下,能量产率仅是转化为(b)情况下葡萄糖发酵成相同产物时的 1/10。乳酸的情况说明能量反应的 ΔG_p 值取决于反应物和生成物的浓度。这些浓度需要利用式(5.25)准确地计算出来,从而对该情况下的 ΔG_p 值和产率系数做出更真实的预估。

例 5.12　不同的好氧化能无机营养型微生物的产率

比较计算下列化能无机营养型细菌在好氧条件下的 f_s^0 值:氨氧化为硝酸盐,亚硫酸盐氧化为硫酸盐,Fe(Ⅱ)氧化为 Fe(Ⅲ),H_2 氧化为 H_2O。二氧化碳和氨分别为碳源和氮源,假设 $\varepsilon=0.6$。

因为所有的微生物都是自养型的(二氧化碳作为碳源),故 ΔG_s 都相同:$109.6/0.6+18.8/0.6=214kJ/e^- eq$。$\Delta G_d^{0'}$ 值取自表 5.3,O_2 的 $\Delta G_a^{0'}=-78.72kJ/e^- eq$。结果是:

电子供体	$\Delta G_a^{0'}/(kJ/e^- eq)$	$\Delta G_r/(kJ/e^- eq)$	A	f_s^0
氨	-35.11	-43.61	8.18	0.110
亚硫酸盐	$+20.85$	-99.57	3.58	0.220
Fe(Ⅱ)	-74.27	-4.45	80.10	0.012
氢	$+39.87$	-118.59	3.01	0.250

与例 5.11 中的 f_s^0 值相比,所有化能无机营养型微生物的值都较小。这主要是因为自养型微生物的合成消耗大,量化表现为 ΔG_s 值大。尽管产率低,化能无机营养型微生物在好氧条件下可以利用所有的这些电子供体。有趣的是,在低 pH 值条件下低产率的铁氧化作用,当 ΔG_r 对 pH 值进行校正[式(5.27)]时,其产率会提高。我们知道,铁氧化菌可以耐受非常低的 pH 值(如 pH=2.0)环境。

5.7.3　氧化态氮源

微生物优先利用氨氮作为细胞合成的氮源,因为它已经处于氧化态(-Ⅲ),这也是细胞中有机氮的氧化态。但是,当没有氨可供合成时,许多原核生物可以用氧化态的氮来替代。这里包括硝酸盐(NO_3^-)、亚硝酸盐(NO_2^-)和氮(N_2)。当微生物利用氧化态氮源时,必须首先把它还原成氨的氧化态(-Ⅲ),这是一个需要电子和能量的过程,因此降低了其合成能力,也降低了真实产率。

应用氧化态的氮源影响合成的能量即 ΔG_s。我们扩展前面章节所讲的能量学方法,以便将能量损失考虑在内。假设所有用于合成的电子首先经过通用有机中间体(活性乙酸盐)。因此,ΔG_s 中的 ΔG_p 部分保持不变:

$$\Delta G_p = 30.9 - \Delta G_c^{0'}$$

假设将氧化态氮还原成氨所需要的电子来自激活的乙酸盐,并且传递给氧化态氮源。用于合成的还原态氮不是呼吸作用的那一部分,并且不产生任何能量。因此,还原氮源需要消耗能量,否则传递给受体产生能量的电子转向细胞合成的氮还原作用。ΔG_s 中的 ΔG_{pc} 部分取决于氮源,因为 1mol $C_5H_7O_2N$ 包含不同的电子当量数,它取决于有多少电子投入氮还原反应:对于 NH_4^+ 是 20e^- eq/mol,对于 NO_3^- 是 28e^- eq/mol,对于 NO_2^- 是 26e^- eq/mol,对于 N_2 是 2e^- eq/mol。1mol 细胞投入的电子当量数可以参见表 5.3 中的 C-1 到 C-4 半反应式。从通用中间体合成细胞消耗的能量(如 ΔG_{pc})单位相同(kJ/g),是 3.33kJ/g 细胞(McCarty,1971),但是它随着每摩尔细胞的电子当量数而变化:对于 NH_4^+,$\Delta G_{pc} =$ 18.8kJ/e^- eq;对于 NO_3^-,$\Delta G_{pc} = 13.4$kJ/e^- eq;对于 NO_2^-,$\Delta G_{pc} = 14.5$kJ/e^- eq;对于 N_2,$\Delta G_{pc} = 16.4$kJ/e^- eq。和前面一样,式(5.31)用来计算 A,如前所述,分子的 ΔG_{pc} 值取决于氮源。

只要用式(5.30)计算出 A,就可以用常规的方法从式(5.32)计算出 f_s^0 和 f_e^0 的值。然后,可以从适当的供体(R_d)、受体(R_a)和合成半反应式(R_c)得出总的化学计量反应式。关键在于,当氮源为氧化态时,合成半反应式应取(表 5.3)C-2 式～C-4 式,而不是 C-1 式。下面以硝酸盐为氮源时的整个过程为例说明,因为需要电子和能量还原硝酸盐氮源,所以产率(γ)会降低。

例 5.13   一种氧化态氮源的影响

估算在好氧条件下,以 NO_3^- 为氮源、利用乙酸进行细胞合成的 f_s^0 和 γ(单位为 g 细胞/COD′)。写出总的反应计量式。确定需氧量(单位为 g O_2/g COD′),并且与例 5.9 中以 NH_4^+ 为氮源进行细胞合成的结果进行比较。假设 $\varepsilon = 0.6$。

从例 5.9 得出,$\Delta G_p = 3.5$kJ/e^- eq,$n = +1$,$\Delta G_r = -106.12$kJ/e^- eq。当硝酸盐为氮源时,$\Delta G_{pc} = 13.4$kJ/e^- eq,故有

$$A = \frac{\dfrac{0.3}{0.5^{+1}} + \dfrac{13.4}{0.5}}{0.5(-106.12)} = -0.44$$

和

$$f_s^0 = \frac{1}{1+A} = \frac{1}{1+0.44} = 0.69$$

由于 $f_e^0 = 1 - f_s^0 = 0.31$,可以推导出生物生长的总反应式如下:

$0.31R_a$: $0.0775O_2 + 0.31H^+ + 0.31e^- \longrightarrow 0.155H_2O$

$0.69R_c$: $0.0246NO_3^- + 0.1232CO_2 + 0.7146H^+ + 0.69e^- \longrightarrow$

$$0.0246C_5H_7O_2N + 0.2711H_2O$$

$-R_d$: $0.125CH_3COO^- + 0.375H_2O \longrightarrow 0.125CO_2 + 0.125HCO_3^- + H^+ + e^-$

结果:

$$0.125CH_3COO^- + 0.0775O_2 + 0.0246NO_3^- + 0.0246H^+ \longrightarrow$$

$$0.0246C_5H_7O_2N + 0.0018CO_3 + 0.125HCO_3^- + 0.0511H_2O$$

从这个平衡反应式得出

$$\gamma = 0.0246 \times 113/0.125 \approx 22\text{g 细胞}/\text{mol 乙酸}$$

$$= 0.0246 \times 113/(0.125 \times 59) \approx 0.38\text{g 细胞}/\text{g 乙酸}$$

$$= 0.0246 \times 113/8 \approx 0.35\text{g 细胞}/\text{g COD}'$$

需氧量是 $0.0755 \times 32/8 \approx 0.31\text{g O}_2/\text{g COD}'$

与利用氨为氮源时进行比较：

$$\gamma = 0.45\text{g 细胞}/\text{g COD}'$$

$$需氧量 = 0.37\text{g O}_2/\text{g COD}'$$

比较结果表明，以硝酸盐为氮源时，细菌细胞产率和需氧量均小于以氨为氮源条件下的细菌细胞产率和需氧量。将硝酸盐还原为进行细胞合成的氨产生的乙酸盐的电子分流，降低了乙酸盐在产生能量和合成反应中的利用率。

例 5.14　用甲醇（只含一个碳原子的化合物）进行反硝化的产率

当废水中没有充足的有机物以实现反硝化去除硝酸盐时，有时会添加甲醇（CH_3OH）来实现该目的。预估利用甲醇进行反硝化的生物量产率 f_s^0。假设 ε 为 0.6，硝酸盐是氮源。然后将 f_s^0 值与实验值 0.28（McCarty et al.，1969）进行比较。讨论计算值和实验值存在差异的可能原因。

对于甲醇，$\Delta G_d = 36.84\text{kJ}/\text{e}^-\text{ eq}$，对于硝酸盐，$\Delta G_a = -72.20\text{kJ}/\text{e}^-\text{ eq}$。则 $\Delta G_r = -72.20 - 36.84 = -109.04\text{kJ}/\text{e}^-\text{ eq}$。$\Delta G_p = 30.9 - 36.84 = -5.94\text{kJ}/\text{e}^-\text{ eq}$；则 $n = -1$。当硝酸盐为氮源时，$\Delta G_{pc} = 13.5\text{kJ}/\text{e}^-\text{ eq}$。$A$ 由下式计算得

$$A = \frac{\dfrac{-5.94}{\varepsilon^{-1}} + \dfrac{13.5}{\varepsilon}}{-109.04\varepsilon}$$

当 $\varepsilon = 0.60$ 时，$A = 0.289$，$f_s^0 = 1/(1+0.289) \approx 0.78$。

甲醇的实验 f_s 值为 0.28，明显低于计算的 f_s^0 值。造成这种差异的可能原因是，实验值不可避免地包含了衰减的影响，而衰减总存在于操作系统中。因此，f_s 总是略低于 f_s^0。我们不知道文献中操作系统的衰减有多显著，因此无法判断它对测量值的影响。然而，对于甲醇，另一个主要因素是它是只含一个碳原子的化合物。如 5.7.2 节中讨论的，它合成的能量转移不像含有两个或两个以上碳原子的有机化合物那样高。如 McCarty（2007）所述，使用修正方法可计算出 $f_s^0 = 0.45$，这明显小于上式计算出的 0.78，且更接近测量值。该例子强调了根据热力学估算产率时，只含一个碳的有机物和需要氧化的电子供体属于特殊类别。

参考文献

Bailey, J. E.; and D. F Ollis (1986). *Biochemical Engineering Fundamentals*, 2nd ed. New York: McGraw-Hill.

Battley, E. H. (1987). *Energetics of Microbial Growth*. New York: Wiley.

Dahlen, E. P.; and B. E. Rittmann (2002). "A detailed analysis of the mechanisms control-ling the acceleration of 2, 4-DCP monooxygenation in the two-tank activated sludge process." *Biodegradation*. 13, pp. 101-116.

Christensen,D. R.；and P. L. McCarty（1975）. "Multi-process biological treatment model." *J. Water Pollut. Cont. Fedn.* 47,pp. 2652-2664.

Madigan,M. T.；J. M. Martinko；and J. Parker（1997）. *Brock Biology of Microorganisms*,8th ed. Upper Saddle River,NJ：Prentice Hall.

McCarty,P. L.（1971）. "Energetics and bacterial growth." In S. D. Faust and J. V. Hunter,Eds. *Organic Compounds in Aquatic Environments*. New York：Marcel Dekker.

McCarty,P. L（1975）. "Stoichiometry of biological reactions." *Prog. Water Technol.* 7,pp. 157-172.

McCarty,P. L.（2007）. "Thermodynamic electron equivalents model for bacterial yield prediction: modifications and comparative evaluations." *Biotechnol Bioengg.* 97(2),pp. 377-388.

McCarty,P. L.；L. Beck；and P. S. Amant（1969）. "Biological denitrification of wastewa-ters by addition of organic materials." *Proceedings of the 24th Annual Industrial WasteConference*, Purdue University,pp. 1271-1285.

Porges,N.；L. Jasewicz；and S. R. Hoover（1956）. "Principles of biological oxidation." In eds. J. McCabe and W. W. Eckenfelder,Eds. *Biological Treatment of Seuage and Industrial Wastes*. New York：Reinhold.

Speece,R. E.；and P. L. McCarty（1964）. "Nutrient requirements and biological solids accumulation in anaerobic digestion." In *Advances in Water Pollution Research*. London：Pergamon Press,pp. 305-322.

Symons,J. M.；and R. E. McKinney（1958）. "The biochemistry of nitrogen in the synthesis of activated sludge." *Seuage Industr. Wastes.* 30(7),pp. 874-890.

VanBriessen,J. M.；（2001）. "Thermodynamic yield predictions for biodegradation through oxygenase activation reactions." *Biodegradation.* 12(4) pp. 265-281.

习　　题

5.1　废水的有机物中各元素含量分别为：$[C]=72mg/L$；$[H]=10mg/L$；$[O]=20mg/L$；$[N]=8mg/L$。

（a）写出该有机物质的经验分子式,将其标准化为有机 N 的摩尔系数为 1。

（b）计算废水中的 COD'。

（c）写出该有机物的电子当量还原半反应。

5.2　在处理可溶性废水处理过程中形成的菌团中,有机碳含量为 55%,有机氢含量为 4%,有机氧含量为 30%,有机氮含量为 11%,有机磷含量为 1.5%。

（a）写出包含 5 种元素的细菌细胞经验分子式,将其标准化为有机 N 的摩尔系数为 1。

（b）写出该细胞的电子当量还原半反应。

（c）计算细胞的 COD'/质量比。

5.3　微生物反应器中微生物的浓度为 1000mg/L,底物利用速率为 200mg/(L·d)。如果生物衰减率为 $0.12d^{-1}$,γ 为 0.6g VSS/(g 底物·d),净产率是最大产率的百分之几？

5.4　一组生物维持生存的能量为 0.4g 底物/g 生物。生物的衰减率为 0.1/d。

（a）生物的最大产率是多少？

（b）当底物利用速率为 0.8g 底物/g 生物时,净产率是多少？

5.5　单位当量的电子供体被氧化,通过从硫酸盐还原为硫化物,你是否希望从乙醇厌氧转化为甲烷的过程中或者从乙酸氧化的过程中获得更高的细胞产率? 为什么?

5.6　下列哪些电子供体/电子受体对代表细菌生长可能发生的能量反应? 假设所有的反应物和产物都为单位活度,pH＝7.0。

情　　况	电子供体	电子受体
a	乙酸	二氧化碳(产甲烷反应)
b	乙酸	Fe^{3+} (还原为 Fe^{2+})
c	乙酸	H^+ (还原为 H_2)
d	葡萄糖	H^+ (还原为 H_2)
e	H_2	二氧化碳(产甲烷反应)
f	H_2	硝酸盐(反硝化产生 N_2)
g	S(氧化为硫酸盐)	NO_3^- (反硝化产生 N_2)
h	CH_4	NO_3^- (反硝化产生 N_2)
i	NH_4^+ (氧化为 NO_2^-)	SO_4^{2-} (还原为 H_2S+HS^-)

5.7　当氨存在,且 pH＝7 时,0.06e^- eq 的乳酸在甲烷发酵过程中转化为细胞。计算消耗每千克乳酸所生成的甲烷的物质的量,以及甲烷和二氧化碳在生成气体中的百分比。

5.8　当氨存在,且 pH＝7 时,0.45e^- eq 的乙醇在好氧氧化过程中转化为细胞。计算消耗每千克乙醇产生的细菌质量。

5.9

(a) 写出 1mol 棕榈酸盐发酵成 8mol 乙酸且剩余的电子转化成 H_2 的电子当量发酵能量反应式。

(b) 计算该反应的 ΔG_r。

(c) 讨论在什么条件下该反应会为细胞生长产生能量。

5.10

(a) 写出 1mol 葡萄糖转化为 1mol 乙酸盐、1mol 丙酸盐和 1mol 氢气的电子当量发酵能量反应式。

(b) 计算该反应的 ΔG_r。

5.11

(a) 写出 1mol 丙酸盐转化为 1mol 乙酸盐,且剩余电子转化为 H_2 的电子当量发酵能量反应式。

(b) 假设 pH＝7,乙酸盐和丙酸盐浓度均为 1mol/L,氢气的分压为 1atm 标准条件,计算该反应的 ΔG_r。

(c) 假设 pH＝7,乙酸盐浓度为 50mg/L,丙酸盐浓度为 500mg/L,氢气的分压为 10^{-5}atm,计算该反应的 ΔG_r。

(d) 讨论(b)和(c)在什么条件下会出现生物的生长并解释其原因。

5.12

(a) 写出丁酸盐转化为 2mol 乙酸盐,且剩余电子转化为 H_2 的电子当量发酵能量反应式。

(b) 假设 pH＝7,乙酸盐和丁酸盐浓度均为 1mol/L,氢气的分压为 1atm 标准条件,计算该反应的 ΔG_r。

(c) 假设 pH＝7,乙酸盐浓度为 100mg/L,丁酸盐浓度为 1000mg/L,氢气的分压为 10^{-5}atm,计算该反应的 ΔG_r。

(d) 讨论(b)和(c)在什么条件下会出现生物的生长并解释其原因。

5.13 在有机废弃物的厌氧产甲烷作用中,有机物经过各种微生物的连续步骤转化为甲烷。一个关键的步骤是中间产物丁酸转化为乙酸,应用下列电子供体和电子受体半反应:

电子供体:

$$\frac{1}{2}CH_3COO^- + \frac{1}{4}CO_2 + H^+ + e^- = \frac{1}{4}CH_3CH_2CH_2COO^- + \frac{1}{4}HCO_3^- + \frac{1}{4}H_2O$$

        乙酸盐   丁酸盐

电子受体半反应:

$$H^+ + e^- = \frac{1}{2}H_2(g)$$

确定下列条件下得到的能量反应的 ΔG_r:

1. (a) 所有成分为单位活度;

(b) 所有物质为单位活度,pH＝7.0;

(c) 厌氧条件下应用下列典型的活度值:

$[CH_3COO^-]=10^{-3}$mol/L, $\quad[CO_2]=0.3$atm, $\quad$pH＝7.0 $\quad[H_2]=10^{-6}$atm,

$[CH_3CH_2CH_2COO^-]=10^{-2}$mol/L, $\quad[HCO_3^-]=10^{-1}$mol/L

2. 在上述 3 种反应条件下,细菌可能获得能量进行生长吗?

5.14

(a) 写出氢气转化为甲烷的电子当量发酵反应式。

(b) 假设 pH＝7,氢气和甲烷的分压为 1atm 标准条件,计算该反应的 ΔG_r。

(c) 假设甲烷的分压保持在 1atm 标准条件,当氢气浓度为多少时 $\Delta G_r=0$?

5.15 估算下列各种情况的 f_s^0,假设所有的成分都处于单位活度,pH＝7.0,能量传递系数(ε)为 0.6。

情 况	电子供体	电子受体	氮 源
a	乙醇	氧	氨
b	乙醇	氧	硝酸盐
c	乙醇	硫酸盐	氨
d	乙醇	二氧化碳(产甲烷作用)	氨
e	丙酸盐	二氧化碳(产甲烷作用)	氨
f	硫(氧化为硫酸)	硝酸盐(反硝化为氮气)	氨
g	氨(氧化为亚硝酸盐)	氧	氨

5.16 应用反应能量学估算安息香酸盐作为电子供体,硫酸盐作为电子受体(硫酸盐还原为硫化物)时的产率系数 γ(g 细胞/g 基质)。假设为细胞合成提供氨,能量传递系数 ε 为 0.6。

5.17 在好氧处理中,如果 f_s 是 0.4,废水中 1 个电子当量的乳酸需要多少克氧?(假设有足够多的氨用于细胞合成)

5.18 对于下列各种情况,写出氧化半反应式,并以一个电子当量为基础写出标准反应式。如果需要,可以在反应式两边增加水,平衡反应式。

（a）$CH_3CH_2CH_2CHNH_2COO^-$ 氧化为 CO_2、NH_4^+ 和 HCO_3^-。

（b）Cl^- 转化为 ClO_3^-。

5.19　乙酸盐为电子供体和碳源，硝酸盐为电子受体和氮源，$f_s=0.333$，写出上述条件下总的平衡反应式。

5.20　单质 Cu 为供体（被氧化为 Cu^{2+}），氧为受体，无机碳为碳源，氨为氮源，$f_s^0=0.036$，写出上述条件下总的平衡反应式。

5.21　氨为供体被氧化为亚硝酸盐，氧为受体，细胞是自养的，氨是氮源，$f_s^0=0.939$，写出上述条件下总的平衡反应式。

5.22　二氯甲烷（CH_2Cl_2）是供体和碳源，氧是受体，氨是氮源，$f_s^0=0.31$，写出上述条件下总的平衡反应式。

5.23　如果要向地下水中添加甲醇，通过反硝化作用进行厌氧生物脱氮。如果硝酸盐-氮的浓度是 84mg/L，最少需要添加多少甲醇，才能将所有的硝酸盐还原为氮气？假设没有氨存在，反应的 f_s 是 0.3。

5.24　某些兼性细菌可以在好氧条件下利用四氯乙烯（PCE）作为电子受体，这时 $f_s=0.16$。试确定细胞合成的能量传递系数，考虑将 PCE 还原为顺式-1,2-二氯乙烯的电子受体反应式：

$$\frac{1}{4}CCl_2=\!\!=CCl_2+\frac{1}{2}H^++e^-=\!\!=\frac{1}{4}CHCl=\!\!=CHCl+\frac{1}{2}Cl^-$$

$$\Delta G^{0\prime}=-53.55kJ/e^-\ eq$$

5.25　在电子供体为乙酸，电子受体为氧，碳源是乙酸，氮源分别是氨、硝酸盐、亚硝酸盐和氮气的情况下，应用能量学计算 f_s^0 和 γ（单位是 g 细胞/COD'），假设 $\varepsilon=0.6$。

5.26　以葡萄糖代替乙酸盐作为电子供体和碳源，重新计算习题 5.10。

5.27　自养菌以氨作为电子供体，氧作为电子受体，氨作为氮源，无机碳作为碳源进行硝化作用。首先，对于氨氧化为硝酸盐的正常情况，应用能量学计算 f_s^0 和 γ（g 细胞/gNH_4^+-N）。然后，如果细菌利用乙酸盐替代无机碳作为碳源，计算 f_s^0 和 γ 的变化结果。假设 $\varepsilon=0.6$。

5.28　对于以氧或硫酸盐作为电子受体的氢-氧化细菌，应用能量学分别计算它们的 f_s^0 和 γ。假设两种情况下都是自养菌，$\varepsilon=0.6$。

5.29　厌氧氨氧化菌能从 1mol NH_4^+ 与 NO_2^- 的厌氧自养氧化中获得能量生成 1mol N_2。

（a）写出厌氧氨氧化菌的电子当量能量反应。

（b）计算该反应的 ΔG_r。

（c）假设 $\varepsilon=0.4$，估算厌氧氨氧化自养反应的 f_s^0。

5.30　厌氧氨氧化菌能从 1mol NH_4^+ 与 NO_2^- 的厌氧自养氧化中获得能量生成 1mol N_2。厌氧氨氧化的一个特殊之处在于，它们似乎利用 NO_2^- 来还原 CO_2，同时将 NO_2^- 转化为 NO_3^-。写出厌氧氨氧化菌将 NO_2^- 和 CO_2 转化为细胞（$C_5H_7O_2N$）和 NO_3^- 的电子当量合成反应。

第6章　微生物动力学

前面的章节着重介绍了微生物通过自身的氧化/还原作用产生能量和还原力来维持自身的生长。如果没有催化作用,氧化还原作用非常缓慢,所以微生物产生酶作为催化剂,使这些基本反应的速率提高到足够快,使微生物可以利用环境中的化学物质来满足其生长的需要。工程技术人员希望利用这些微生物催化反应处理他们必须控制的污染物。例如,生物化学需氧量(biochemical oxygen demand,BOD)代表一类异养菌可利用的有机电子供体,NH_4^+-N 可作为硝化细菌的无机电子供体,被转化为危害更小的产物;NO_3^- 可作为反硝化细菌的电子受体,被转化为无害的 N_2,而 PO_4^{3-} 是所有微生物的一种营养物质。

在试图利用微生物进行污染控制时,工程技术人员必须了解两个相互关联的原理:第一,具有代谢活力的微生物催化去除污染物的反应,污染物的去除速率取决于催化剂或者活性菌体的浓度;第二,活性菌体利用产生能量和电子的初级底物(即电子供体和电子受体)生长和维持生命。活性菌体的产生速率与主要基质的利用速率成正比。

对于理解并开发微生物系统进行污染控制,活性菌体(催化剂)与主要基质之间的联系是需要了解的最基本要素。在工程设计和运行中,我们必须系统地、定量地分析这些联系。质量平衡模型是一个基本工具,这个模型是本章内容的基础。

6.1　基本速率表达式

一个微生物过程的模型,至少具有活性菌体和限制菌体生长速率的主要基质之间的质量平衡。绝大多数情况下,限制反应速率的基质是电子供体。这里习惯性地用“基质”一词来表示初级电子供体基质。为了完成质量平衡式,必须应用菌体生长和基质利用的速率表达式。先给出两个基本的速率表达式。

首先,让我们考虑给定浓度的活性微生物对基质的利用率。这对环境工程师设计生物处理设施具有重要意义。一个常用的速率方程是一个基于非线性饱和的动力学方程:

$$r_{ut} = -\frac{\hat{q}S}{K+S}X_a V \tag{6.1}$$

式中,r_{ut} 为基质利用速率,$M_s T^{-1}$;$\hat{q}$ 为最大比基质利用速率,$M_s M_x^{-1} T^{-1}$;S 为基质浓度,$M_s L^{-3}$;X_a 为活性微生物浓度,$M_x L^{-3}$;K 为系数,代表当基质利用速率 r_{ut} 是最大速率的一半时的基质浓度,$M_s L^{-3}$;V 为反应器体积,L^3。

微生物利用基质生长,微生物的生长速率(或其合成速率)与比基质利用速率成正比。该比值为 $\gamma(M_x M_s^{-1})$,即细胞合成的实际产率。其实,实际产率和第 5 章化学计量学中的产率 γ 一样,它代表了在合成新菌体的过程中,电子供体的电子转化为菌体电子的那一部分。将 γ 代入式(6.1)并处理微生物浓度,得到微生物的净比生长速率 $\mu_{\text{syn}}(T^{-1})$。

$$\mu_{\text{syn}} = -\frac{\gamma r_{\text{ut}}}{X_a V} = \gamma \hat{q} \frac{S}{K+S} \tag{6.2}$$

其中,$\gamma \hat{q}$ 为最大比生长速率,或微生物在基质浓度无限时的合成速率 $\hat{\mu}(T^{-1})$。

$$\mu_{\text{syn}} = \hat{\mu} \frac{S}{K+S} \tag{6.3}$$

这就是 20 世纪 40 年代由法国著名微生物学家 Jacques Monod 提出的著名方程。他的原始公式给出了快速生长细菌的比生长速率与限制生长速率的电子供体浓度之间的关系。Monod 方程可以方便地表达从低(基质)浓度时的一级反应关系向高(基质)浓度时的零级反应关系的平滑过渡。有时将 Monod 方程称为饱和函数,因为在基质浓度 S 很大时,比生长速率接近 $\hat{\mu}$。图 6.1 表明了 μ 随 S 的变化,以及在 $K=S$ 时,$\mu=\hat{\mu}/2$ 的情况。尽管式(6.3)基本上是一个经验公式,但是在微生物系统中得到了广泛的应用。

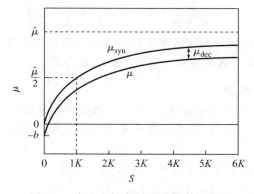

图 6.1 净比生长率与基质浓度的关系

(当 $S=K$ 时,$\mu_{\text{syn}}=0.5\hat{\mu}$;当 $S=20K$ 时,$\mu_{\text{syn}}=0.95\hat{\mu}$)

对于缓慢生长的细菌研究较多的人(如环境工程师)发现,活性菌体需要能量以维持其生命活动,包括运动、修复和再合成、调节渗透压、运输和散热等。用于维持生长的能量被称为"内源衰减"。换句话说,细胞氧化自身,以满足维持所需求的能量。

然而,在混合培养系统中发生的部分衰减,如用于废水处理,是由原生动物和轮虫等高等生物的捕食或微生物消耗造成的。由于工程师们常用的混合培养系统是这两种衰减的来源,我们更喜欢简单地称这种微生物的损失为衰减,而不是"内源衰减"。一般来说,这个衰减速率对于活性生物浓度来说是一级的,衰减系数用术语 b 表示。

衰减速率用一级方程表示:

$$\mu_{\text{dec}} = \left(\frac{1}{X_a}\frac{dX_a}{dt}\right)_{\text{衰减}} = -b \tag{6.4}$$

式中:b 为一级衰减系数,T^{-1};μ_{dec} 为由衰减导致的负的比生长速率,T^{-1}。

最后,微生物的净生长速率,$\mu(T^{-1})$ 是式(6.3)和式(6.4)的和:

$$\mu = \mu_{\text{syn}} + \mu_{\text{dec}} = \hat{\mu}\,\frac{S}{K+S} - b = \gamma\hat{q}\,\frac{S}{K+S} - b \tag{6.5}$$

图 6.1 显示微生物的净比生长速率低于基本合成速率，两者之间的差即为衰减。事实上，当基质浓度很低时，净生长速率会下降到 0 以下。使净生长速率为 0 的基质浓度为 S_{min}，其值可以通过将式(6.5)中的净生长速率设置为 0 计算得到

$$S_{\text{min}} = K\,\frac{b}{\gamma\hat{q} - b} = K\,\frac{b}{\hat{\mu} - b} \tag{6.6}$$

最小基质浓度等于 K 乘以衰减速率与最大净增长率之比。最小基质浓度通常比 K 低得多。这里需要注意的是，S_{min} 不一定是可取的最低基质浓度，但它是维持混合处理系统稳态运行时的最低浓度。当然，如果我们停止喂养处理系统，让微生物挨饿，它们可能会继续消耗基质至 S_{min} 以下，同时使净物质下降。无论如何，S_{min} 的概念有助于理解稳态处理系统的潜在限制。

如第 5 章中所述，有人更愿意将维持细胞看作基质产生的电子和能量的分流，直接用于维持细胞的功能。这个概念由 $m\,(\text{M}_\text{s}\text{M}_\text{x}^{-1}\text{T}^{-1})$ 表示，且 $m = b/\gamma$。用 m 代替 b 代入上式，可以得到

$$\mu = \frac{\hat{\mu}S}{K+S} - m\gamma = \gamma\left(\frac{\hat{q}S}{K+S} - m\right) \tag{6.7}$$

当系统处于稳定运行状态时，这两种维持的方法没有区别。在本文中，我们将继续使用 b 来表示衰减，这也是环境工程领域中一直使用的表示方式。

例 6.1 反应速率和限制

一个 10m^3 的反应器内有 500mg/L 活性微生物。微生物的最大生长速率为 $10/\text{d}$，$K = 10\text{mg/L}$，衰减系数 $b = 0.10\text{d}^{-1}$。基质转化率为 0.5g/g 消耗的基质，微生物周围的基质浓度为 3mg/L。

(a) 反应器内的基质消耗的质量速率(kg/d)是多少？

(b) 微生物的净生长速率(kg/d)是多少？

(c) 本系统的 S_{min} 是多少？

解：(a) 基质消耗速率 $= r_{\text{ut}} = -\dfrac{\hat{q}SX_\text{a}V}{K+S} = -\dfrac{\hat{\mu}}{\gamma}\dfrac{SX_\text{s}V}{K+S}$

$$= -\frac{10/\text{d}}{0.5}\left(\frac{3}{10+3}\right)\left(\frac{500\text{mg}\times10\text{m}^3}{\text{L}}\right)\left(\frac{10^3\text{L}}{\text{m}^3}\right)\left(\frac{\text{kg}}{10^6\text{mg}}\right) = -23\text{kg/d}$$

(b) 微生物净生长速率 $= \dfrac{\hat{\mu}S}{K+S} - b = \dfrac{10\times3}{(10+3)\text{d}} - \left(\dfrac{0.1}{\text{d}}\right) = 2.2/\text{d}$

(c) $S_{\text{min}} = K\,\dfrac{b}{\hat{\mu} - b} = 10\,\dfrac{0.1}{10-0.1}\,\text{mg/L} = 0.10\text{mg/L}$

一些工程师会考虑反应器内的生物量，即活性微生物和惰性微生物，以及在后续的处置中每天需要去除多少生物量。这里，惰性微生物是活性微生物衰减后产生的。并非所有损失的活性菌体都被氧化，还有一小部分以惰性菌体累积，通常这个比例为 20%。这些惰性微生物并非完全惰性，而是会在环境中长期缓慢地衰减。通常，在反应器的停留时间内这部分衰减是可以忽略不计的。

如果用 $f_{d'}$，表示衰减中被氧化的部分，那么衰减中形成的惰性微生物为 $(1 - f_{d'})$。那么，惰性微生物的形成速率为

$$\hat{\mu}_{\text{inert}} = \left(\frac{1}{X_a} \cdot \frac{dX_a}{dt}\right)_{\text{inert}} = (1 - f_{d'})b \tag{6.8}$$

本章的后面我们会将这个公式用于质量平衡。

6.2 参数估值

如 6.1 节中所述，形容微生物生长速率的 6 个重要的动力学参数有：γ，细胞合成的实际产率；$\hat{q}$，最大比基质利用速率；$\hat{\mu}$，最大比生长速率；K，半最大速率系数；b，微生物衰减速率；$f_{d'}$，活性微生物中可降解的部分。事实上，$\hat{\mu}$ 不是一个独立的参数，而是 γ 和 $\hat{q}$ 的乘积。因此，只需要考虑 5 个独立的参数。

这些参数不是"随机变量"，它们有特殊的单位和取值范围。在有些情况下，这些值受细胞化学计量学和能量学的限制。一些参数还会受到温度的影响，就像动力学系数一样，都与微生物和反应相关。

那么，工程师或科学家如何决定在特定情况下使用哪些值呢？在多数情况下，可以参考别人或自己的实验研究结果。这通常需要一定的时间，甚至大量的金钱成本。当无法获得过去研究的数据，或者希望进行独立的检查时，我们可以从基本原理（如反应能量学）中估算出足够准确的值。

如第 5 章化学计量学所述，实际产率 γ 和 f_s^0 成正比。如果没有实验数据，5.7.2 节中所述的热动力学方法就是获得较准确的 γ 初步估值的最好方法。此外，该方法还可以很好地核实实验所得的值。

表 6.1 列出了环境生物技术中经常遇到的微生物的 f_s^0 和 γ 的估值。从表 6.1 中可以看出，f_s^0 的取值范围从好氧异养菌的最高值（0.6～0.7e⁻ eq 细胞/e⁻ eq 供体）到自养菌和氧化乙酸的厌氧菌的最低值（0.05～0.10e⁻ eq 细胞/e⁻ eq 供体）。这些数值反映了合成消耗的能量与从电子供体和受体能量反应中获得的能量之间的平衡。第 5 章表明，可以直接将 f_s^0 进行单位转换得到 γ 值。例如：

好氧异养菌：

$$\gamma = 0.6 \frac{e^- \text{ eq 细胞}}{e^- \text{ eq 供体}} \cdot \frac{113g \text{ VSS}}{20e^- \text{ eq 细胞}} \cdot \frac{1e^- \text{ eq 供体}}{8g \text{ BOD}_L}$$
$$= 0.42g \text{ VSS/g BOD}_L$$

反硝化菌：

$$\gamma = 0.5 \frac{e^- \text{ eq 细胞}}{e^- \text{ eq 供体}} \cdot \frac{113g \text{ VSS}}{28e^- \text{ eq 细胞}} \cdot \frac{1e^- \text{ eq 供体}}{8g \text{ BOD}_L}$$
$$= 0.25g \text{ VSS/g BOD}_L$$

H$_2$-氧化硫酸盐还原菌：

$$\gamma = 0.05 \frac{e^- \text{ eq 细胞}}{e^- \text{ eq 供体}} \cdot \frac{113g \text{ VSS}}{20e^- \text{ eq 细胞}} \cdot \frac{2e^- \text{ eq 供体}}{2g \text{ H}_2}$$
$$= 0.28g \text{ VSS/g H}_2$$

表 6.1 环境生物技术中主要细菌的 f_s^0、γ、$\hat{q}$ 和 $\hat{\mu}$ 典型值

生物类型	电子供体	电子受体	C 源	f_s^0	$\gamma^{①}$/(g VSS·g BOD$_L$)	$\hat{q}^{②}$/(g BOD$_L$/(g VSS·d))	$\hat{\mu}^{③}$
好氧、异养菌	碳水化合物 BOD	O_2	BOD	0.7	0.49	27	13.2
	其他 BOD	O_2	BOD	0.6	0.42	20	8.4
反硝化菌	BOD	NO_3^-	BOD	0.5	0.25	16	4
	H_2	NO_3^-	CO_2	0.2	0.81	1.25	1
硝化自养菌	S(s)	NO_3^-	CO_2	0.2	0.15	6.7	1
	NH_4^+	O_2	CO_2	0.14	0.34	2.7	0.92
	NO_2^-	O_2	CO_2	0.10	0.08	7.8	0.62
产甲烷菌	乙酸 BOD	乙酸	乙酸	0.05	0.035	8.4	0.3
	H_2	CO_2	CO_2	0.08	0.45	1.1	0.5
硫化物氧化自养菌	H_2S	O_2	CO_2	0.2	0.28	5	1.4
硫酸盐还原菌	H_2	SO_4^{2-}	CO_2	0.05	0.28	1.05	0.29
	乙酸 BOD	SO_4^{2-}	乙酸	0.08	0.057	8.7	0.5
发酵菌	糖 BOD	糖	糖	0.18	0.13	9.8	1.2

① γ 是假设一个细胞 VSS$_n$ 的组成为 $C_5H_7O_2N$，并且 NH_4^+ 是氮源，除 NO_4^- 为电子受体以外，其他情况下 NO_2^- 是氧源；表中给出了 γ 的典型单位；

② $\hat{q}$ 可以通过 $\hat{q} = 1 e^- eq/(g\ VSS_a·d)$ 计算；

③ $\hat{\mu}$ 的单位为 d^{-1}。

有趣的是,这 3 个例子中 γ 值的差异小于 2 倍,而 f_s^0 值的差异大于 10 倍。这种差异是由 γ 值中电子供体基质的单位不同导致的。f_s^0 值对于方程配平具有重要意义,而 γ 值则是用来确定反应所需或产生的化学成分的质量。

如果文献中无法得到足够微生物产率的数据,或有人想检查从反应能量学中得到的 γ 的实验数据,那么可以进行实验研究。最简单的方法是通过批式反应的实验研究中确定实际产率。将很少的接种量培养到对数生长期,然后收集菌体。通过 $\gamma = -\Delta X/\Delta S$ 估算实际产率,其中 ΔX 和 ΔS 分别是从接种到收获时菌体浓度和基质浓度的变化值。分批培养技术适于生长速度快细菌(此时微生物衰减可以忽略不计),但是在细胞生长缓慢时可能产生误差(因为此时菌体的衰减不能忽视)。

接下来是最大比基质利用率。对于常见的细胞生长的主要基质,最大比基质利用率 $\hat{q}$ 通常由流向电子受体的电子所控制。在 20℃,能量反应的最大流量大约是 $1\ e^- eq/(g\ VSS·d)$ (McCarty,1971)。如果这个流量定义为 $\hat{q}_e$,$\hat{q}$ 可以由下式计算:

$$\hat{q} = \hat{q}_e f_e^0 \tag{6.9}$$

表 6.1 列出了在 $\hat{q}_e = 1\ e^- eq/(g\ VSS·d)$ 时 $\hat{q}$ 的典型值。$\hat{q}$ 值的范围也反映了 f_s^0 的变化和供体的不同单位。表 6.1 还列出了根据 γ 和 $\hat{q}$ 乘积计算出的最大生长速率的值。表 6.1 表明,生长速度快的细胞具有较大的 f,直接使产率 γ 增大,间接得到大的 $\hat{q}$ 值。因此,$\hat{\mu}$ 主要受微生物化学计量学和动力学控制。

温度对 $\hat{q}$ 有影响。当温度达到微生物生长的最适宜温度时,温度每升高 10℃,基质利用速率大约提高 1 倍。这种现象可以近似表示为

$$\hat{q}_T = \hat{q}_{20}(1.07)^{T-20} \tag{6.10}$$

式中，T 的单位是℃，$\hat{q}_{20}$ 是 $\hat{q}$ 在 20℃时的值。如果 $\hat{q}_{20}$ 未知，这种关系可以表示为

$$\hat{q}_T = \hat{q}_{T^R}(1.07)^{T-T^R} \tag{6.11}$$

式中，T^R 是任何一个已知 $\hat{q}_{T_R}$ 的参考温度，℃。

衰减速率（b）主要取决于细菌的种类和温度。b 值和 $\hat{\mu}$ 值之间呈正相关关系，正如混合培养的好氧和厌氧的异养菌和自养菌的一系列微生物的 b 值和 $\hat{\mu}$ 值的图中所示（van Bodegom，2007）。总结这些数据可以发现 $b/\hat{\mu}$ 值服从对数正态分布而非正态分布。$b/\hat{\mu}$ 的对数正态平均比率趋向于 0.06 左右，标准差由对数正态扩散因子 3 表示。这意味着 2/3 的比值在 0.02～0.18。另一个重要因素 b 往往随温度而变化，就像最大生长速率一样；那么，无论温度如何，$b/\hat{\mu}$ 值都保持不变。虽然由比率的大扩散系数所表明的不确定性似乎很高，但在试图估计 b 的合理值时，这个比例信息仍然有用，而 b 的值是很难精确测量的。当 b 未知时，$b/\hat{\mu}$ 值采用 0.06 通常就足够了。重要的是要认识到，实验确定的值一般也是相当接近的。

第四个重要参数是 Monod 方程中反应速率是最大速率一半时的基质浓度（K）。它是变化最大、最难以预测的参数。它的值受基质对转运酶或代谢酶的亲和力的影响。另外，在悬浮生长系统中通常被忽略的传质阻力，常常会使 Monod 动力学中的 K 值增加。当 K 中不包含传质影响，仅考虑单一的电子供体基质时，K 值一般很小，小于 1mg/L，有时甚至低至 μg/L 范围。然而，对于难降解物质，当考虑传质阻力，且当颗粒材料（如 VSS）遵循 Monod 动力学时，"测量"得到的 K 值可以高达几百毫克每升范围。

最后，一个影响 K 值的主要因素是微生物种类。在环境工程中具有重要意义的微生物的两个主要例子是乙酸产甲烷菌和自养氨氧化菌。Min 和 Zinder（1989）研究了两种不同的嗜热乙酸产甲烷菌的动力学，它们是厌氧甲烷发酵中最关键的微生物，结果表明约 2/3 的甲烷由复杂的基质形成。其中，菌种 *Methanosardna* 具有更高的比基质利用速率 36g/(g·d)，而菌种 *Methanothrix* 的比基质利用速率为 22g/(g·d)。此外，菌种 *Methanosardna* 的 S_{min} 值也很高，约 60mg/L，而菌种 *Methanothrix* 的 S_{min} 值为 0.7～1.2mg/L。S_{min} 值和 K 值成正比，因此，其各自的 K 值也成比例不同。这种差异是显著的，许多前期对浓缩污泥和工业废物的研究中报道的出水乙酸浓度高达 10～100mg/L，说明对稀市政污水的高效厌氧处理不太可能。然而，最近对稀市政污水类的污水研究显示，甲烷菌可以将乙酸浓度降至 1mg/L 水平，实现 90%甚至更高的 COD 去除率（Shin et al.，2012）。对于更加浓缩的污水，菌种 *Methanosardna* 经常被发现占主导地位，而菌种 *Methanothrix* 则通常在稀市政污水类的污水中呈主导地位。进行相同生物化学反应的不同物种明显发生了进化，从而使不同物种在不同的环境中变得有竞争力。认识到这一点对处理不同浓度的废水非常重要。

还有一个例子是氨氧化，或硝化反应。*Nitrosomonas* 和其他氨氧化硝化菌通常在废水处理中占主导地位，它们的 K 值通常在几毫克氮每升范围内。然而，近年来，发现了寡养古菌硝化菌，其 K 值在几微克氮每升范围内，它们往往在非常寡养的海洋水域占主导地位。就像使用乙酸的产甲烷菌一样，这些古菌硝化微生物的最大生长速率低于氨氧化细菌。这个例子进一步说明，不同的微生物会进化出不同的能力从而成为世界上各种环境中的优势菌种。因此，在 K 值的选择上需要小心，以确保它与具体情况相匹配。

　　另外一个重要因素是 $f_{d'}$。它与反应动力学没有直接联系，但在后期会代入式(6.28)和式(6.29)，而且对典型工艺操作条件下的全面的反应化学计量学具有重要性。早期研究(McCarty，1975)显示，可生物降解部分(f_d)的重现性相当好，对于大部分微生物，其 f_d 值接近 0.8。在本书中，我们将主要采用这个值。

例 6.2　速率和化学代谢系数

　　一位客户来找你设计一个工业废水处理装置，废水的主要成分为乙酸。你首先想到的是厌氧产甲烷处理是最好的处理方式，直到你分析废水成分发现它含有很高浓度的硫酸，以至于如果采用厌氧处理，将无法生成甲烷，且主要产物为有毒的硫化氢。然而，如果选择好氧处理，将需要大量的能量来供应氧气，并且产生的生物量将特别高，进而需要引入另一个处理过程。你想到一种替代方案，是否可以通过寻找微生物，在厌氧处理过程中，将硫酸盐转化为单质硫而不是硫化氢，这样硫就可能被收集并作为副产品出售。而且，产生的生物量仍然很低。为了说服您的客户支持这样一个独特过程的实验研究，你需要首先做出合理的设计方案，提供一个初步估计的反应器特性、需要和生产的资源，并比较成本。你需要做的第一步是估计这个系统的化学计量和动力学系数。因此，你需要确定 f_s^0、γ、$\hat{q}$、K、$\hat{\mu}$ 和 b。

　　第一步是利用反应动力学估计 f_s^0 和 γ。必要的半反应方程如下，即表 5.4 中的 O-1 反应和表 5.3 中的 I-12 反应。

反应编号	反应式	$\Delta G^{0'}/(kJ/(e^- \ eq))$
R_d(O-1)	$\frac{1}{8}CH_3COO^- + \frac{3}{8}H_2O \Longrightarrow \frac{1}{8}CO_2 + \frac{1}{8}HCO_3^- + H^+ + e^-$	−27.40
R_a(I-12)	$\frac{1}{6}SO_4^{2-} + \frac{4}{3}H^+ + e^- \Longrightarrow \frac{1}{8}S + \frac{2}{3}H_2O$	19.15
	$\Delta G_r =$	−8.25

　　为了得到 f_s^0，利用式(5.31)得到 A，需要 ΔG_p 和 ΔG_{pc}：

$$\Delta G_p = 35.09 - 27.40 = 7.69 kJ/e^- \ eq \ 且 \ \Delta G_{pc} = 18.8 kJ/e^- \ eq$$

我们采用比较保守的反应效率 $\varepsilon = 0.5$。现在计算 A 和 f_s^0：

$$A = -\frac{\Delta G_p + \Delta G_{pc}}{\varepsilon^2 \Delta G_r} = -\frac{7.69 + 18.8}{0.5^2(-8.25)} \approx 12.84$$

$$f_s^0 = \frac{1}{1 + 12.84} \approx 0.072, f_e^0 = 1 - f_s^0 = 1 - 0.072 = 0.928$$

　　采用式(5.20)求 R 的总反应，$R = f_e R_a + f_s R_c - R_{d'}$，那么还需要细胞合成的 R_c 值。那么，以氨为氮源，我们采用表 5.3 中的公式 C-1，得到

$$0.125CH_3COO^- + 0.1547SO_4^{2-} + 0.3093H^+ + 0.0036NH_4^+ \Longrightarrow$$
$$0.0036C_5H_7O_2N + 0.116S + 0.1214HCO_3^- + 0.1106CO_2 + 0.2757H_2O$$

可以从该公式或者 f_s^0 得到 γ 值。我们用两者互相检验。

　　采用公式法，我们发现彻底氧化 1mol 乙酸需要 2mol 或者 64g 氧气，因此

$$\gamma = \frac{0.0036 \times 113g \ VSS}{0.125 \times 64g \ BOD_L} = 0.051 \frac{g \ VSS}{g \ BOD_L}$$

或者采用 f_s^0 法：

$$\gamma = 0.072 \frac{e^- \text{ eq 细胞}}{e^- \text{ eq 供体}} \left(\frac{113g \text{ VSS}/20}{e^- \text{ eq 细胞}}\right) \left(\frac{e^- \text{ eq 供体}}{8gBOD_L}\right) = 0.051 \frac{g \text{ VSS}}{g \text{ BOD}_L}$$

它们刚好互相匹配。

由于需要回收单质 S，我们还可以计算产生的单质 S。我们称之为 γ_S：

$$\gamma_S = \frac{0.116 \times 32g \text{ S}}{0.125 \times 64g \text{ BOD}_L} = 0.464 \frac{g \text{ S}}{g \text{ BOD}_L}$$

这个结果很有吸引力，因为我们产生的单质 S 比废物 VSS 要多得多。

这个方程还表明，我们需要一些氨态氮来维持微生物的生长：

$$N_{需求} = \frac{0.0036 \times 14g \text{ NH}_4^+\text{-N}}{0.125 \times 64g \text{ BOD}_L} = 0.0063 \frac{g \text{ NH}_4^+\text{-N}}{g \text{ BOD}_L}$$

现在我们得到反应速率系数：

$$\hat{q} = \frac{\hat{q}_e}{f_e^0} = \frac{1e^- \text{ eq}/(g \text{ VSS} \cdot d)}{0.928} = 1.08 \frac{e^- \text{ eq}}{g \text{ VSS} \cdot d}$$

$$= 1.08 \frac{8g \text{ BOD}_L}{e^- \text{ eq}} \frac{e^- \text{ eq}}{g \text{ VSS} \cdot d} = 8.6 \frac{g \text{ BOD}_L}{g \text{ VSS} \cdot d}$$

$$\hat{\mu} = \gamma\hat{q} = \frac{0.051g \text{ VSS}}{g \text{ BOD}_L}\left(\frac{8.6g \text{ BOD}_L}{g \text{ VSS} \cdot d}\right) = 0.44d^{-1}$$

$$b = 0.06\hat{\mu} = 0.06 \times 0.44 = 0.03d^{-1}$$

照例，$f_d = 0.8$。

到目前为止，我们还没有得到 K，我们也没有从基本原理中得到它的好方法。但是，我们以后会发现，如果我们设计一个有足够 θ_x 的系统，并利用我们现有的其他系数，得到的处理效率可以达到 90% 或更高，这通常是足够的。

6.3 基本质量平衡

使用正确的质量平衡是设计和分析微生物过程的关键。如在第 5 章中所述，质量平衡的一种类型是由一个平衡的化学方程式提供的。这里选择生物反硝化过程中苯甲酸酯 $(C_6H_5COO^-)$ 的转化作为例子：

$$0.0333C_6H_5COO^- + 0.12NO_3^- + 0.02NH_4^+ + 0.12H^+ \longrightarrow$$
$$0.02C_5H_7O_2N + 0.06N_2 + 0.12CO_2 + 0.0133HCO_3^- + 0.1067H_2O$$

由上式可知，微生物在反硝化过程中每消耗 0.0333mol 苯甲酸，需要 0.12mol 硝酸盐作为电子受体，0.02mol 铵作为细菌生长的氮源。由此产生 0.02mol 的细菌以及一定量的氮气、二氧化碳气体、碳酸氢盐和水。如果废水中没有所需的硝酸盐和铵，则必须将它们添加到处理系统中。产生的 0.02mol 细菌代表废物，我们称之为污泥、废物生物量、废生物固体或多余的生物固体。这种废物必须从系统中被分离出来，并将其以某种可接受的方式进行处理。在设计污泥处理设施时，了解废弃物的产生量是至关重要的。因此，由这种化学计量方程给出的质量平衡提供了系统中必须添加和去除的物质的关键信息。

在反应器设计中,我们也对反应速率感兴趣,因为它们会影响处理系统的大小。将反应器大小与反应速率、反应化学计量和所需处理效率联系起来的方程式也依赖于质量平衡。例如,Herbert(1960)提出的恒化器(在稳态条件下运行的一种最简单的混合生物反应器)的质量平衡法。遵循他的或者其他类似的方法,我们可以得到所有生物反应器的相关方程。其他系统的质量平衡法将在后续的章节中展开介绍。

处理系统的质量平衡的要素之一是处理系统的定义。图 6.2 所示为两个废水处理中常用的类似恒化器的完全混合型生物反应器。用于废水处理的化学抑素类完全混合生物反应器。在这里,我们将它们称为连续流搅拌槽反应器(continuous-flow stirred tank reactors,CSTR)而不是恒化器,因为它们也可能不在稳态条件下运行。反应器(a)是一个简单的CSTR,通常用于比较高浓度的废水,如厌氧消化器。反应器(b)是一个 CSTR 与细胞循环的连接,常用于相对稀释的废水(如生活废水),如活性污泥处理工艺。在这里,细胞沉降和循环利用将生物固体从出水带回反应器,以提高反应器的活性微生物浓度,以便更快速地处理废水。在这里,对于质量平衡的例子,我们将使用反应器(b)。然后我们将发现,得到的性能方程也可以很容易地用于更简单的反应器。

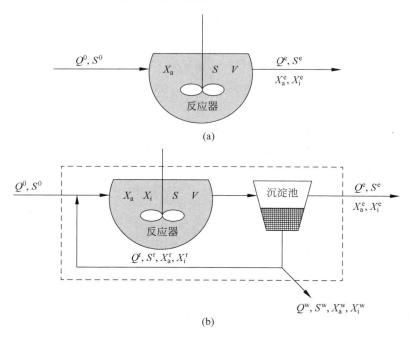

图 6.2 简单的 CSTR(a)和 CSTR 连接细胞循环(b)

首先,必须定义一个控制体积。图 6.2(b)中的虚线部分说明了具有细胞循环的 CSTR 的控制体积。控制体积的选择必须与分析的目标一致。后面的章节将举例说明其他系统的不同选择,并说明为什么这样的选择是合适的。

一旦选定了控制体积,就可以研究某组分的质量平衡。一种组分可以进入或者离开控制体积。例如,在图 6.2(b)中,组分只能通过系统进水进入反应器系统,而它必须通过系统出水或系统废液离开系统。反应系统中还可能破坏某组分或形成新的组分。

在开发对反应系统有用的方程时,有时需要围绕几个不同的控制体积,对几个不同的组分进行质量平衡。为了推导出有用的、不复杂的方程,常常要做一些简化假设。必须理解使用这种假设所造成的限制,以便导出的方程不被用于它们不适用的情况。

质量平衡的一个非常重要的方面是,每个相关组分都必须有自己的质量平衡。这些组分可能包括废水的化学需氧量(chemical oxygen demand,COD),它是常用的衡量废物强度的指标;总有机碳(total organic carbon,TOC),另一个衡量废物强度的指标;生物质能;氧气,关键电子受体;硝酸盐、氨氮、磷等常量营养元素,等等。如果对该反应有一个平衡的化学计量方程,如苯甲酸酯和反硝化反应,则一种组分的消耗,如电子供体的消耗,可由化学计量学直接用于其他组分的消耗或生成,如电子受体的消耗或生物量的生成。初学者常犯的一个错误是,试图建立一个单一的质量平衡方程,其中包括多种成分(如 COD 和生物量)的质量变化。必须遵循的规则是每个组分都有一个质量平衡。

一旦选择了一个反应系统,确定了控制体积和要做质量平衡的每个组分,就可以得到每个所需的质量平衡方程。质量平衡总是根据控制体积中的质量变化的速率来定义的,即

控制体积中质量的积累速率＝质量的进入速率－质量的流出速率＋质量的生成速率

(6.12)

控制体积内的质量积累速率在公式左侧显示。累积量是控制体积中各组分的总质量,或体积与浓度的乘积。速率项采用一般的数学形式 $d(VC_i)/dt$,其中 V 是控制体积的体积,C_i 是组分的浓度。在大多数环境生物技术中,V 是一定的,质量积累速率简化为 $V\,dC_i/dt$,其中 dC_i/dt 是组分 i 的浓度随时间变化的微分。

质量进入和质量流出是指跨越系统边界的质量。生成是指在控制体积中组分的生成,如果生成是负的,则在控制体积中组分被破坏,而不是形成。有些组分可能通过某些反应形成,又被另一些反应破坏。例如,细菌细胞可以通过消耗电子供体或"食物"而生成。那么生成率就是正的。内源性呼吸或捕食可能破坏微生物,使生成率为负。对于公式右边的项,起作用的可能有不止一个反应或机制。因此,这 3 个术语中的每一个都可能受到多重影响。对于控制体积中的一个组分,只存在一次总质量积累。根据控制体积的性质,质量进入和流出控制体积的方式,以及产生或破坏该组分的反应,式(6.12)可以有多种数学形式。

现在让我们用图 6.2(b)所示的带有细胞循环的 CSTR 构建一个质量平衡。对于这种情况,我们将做一个简单的假设,反应器被假定在稳定状态下运行,这意味着反应器的输入或输出不随时间变化。我们还将假设基质利用率遵循 Monod 动力学[式(6.3)]。

CSTR 的关键特征是,无论是否沉降或在稳定状态下运行,它都是一个完全混合的反应器,具有均匀、稳定的活性细胞浓度(X_a),一定的反应器基质浓度(S)和一些惰性微生物(X_i)。我们后续还可以添加其他我们可能希望考虑的成分。反应器体积为 V,进料流量恒定为 Q^0,基质浓度为 S^0,无生物质等悬浮物。出水的流量为 Q^e,浓度为 X_a^e、X_i^e 和 S^e。

在第一个实验中,我们做了以下额外的假设:①基质的生物降解只在反应器内进行,沉降池内不发生生物反应,沉降池内的生物量不显著;②反应器进水中无活性微生物($X_a^0=0$);③基质易溶,不易在沉淀池中沉淀,即 $S^e=S$。

在上述假设条件下,我们继续对图 6.2(b)中控制体积周围的微生物建立质量平衡:

$$V\frac{dX_a}{dt}=0-(Q^eX_a^e+Q^wX_a^w)+[\gamma(-r_{ut})-bX_aV] \tag{6.13}$$

同样地，基质的质量平衡如下：

$$V \frac{dS}{dt} = Q^0 S^0 - (Q^e S^e + Q^w S^w) + r_{ut} \qquad (6.14)$$

式（6.13）和式（6.14）是通用的，可以用来描述反应器在非稳态或稳态条件下的运行。为了说明处理系统的一般操作原理，我们这里只考虑稳态情况。也就是说，我们假设反应器已经连续运行了一段时间，所有流量和进水浓度随时间保持不变。

在稳定状态下，累积变化为零：

$$V \frac{dX_a}{dt} = 0, \quad 且 \quad V \frac{dS}{dt} = 0 \qquad (6.15)$$

为了求解这些方程，我们引入一个更常用且有力的替代项，即固体停留时间（SRT 或 θ_x），根据 Lawrence 和 McCarty（1970）的定义如下：

$$\theta_x = \frac{系统中的活性生物量}{活性生物量的产率} = \mu^{-1} \qquad (6.16)$$

式（6.16）指明了 θ_x 的两个关键特性。首先，它是一个可测得的、可以应用于任意生物系统的量。其次，它是净比生长速率 μ 的倒数，因为它提供了微生物的比生长速率。

基于我们的假设，沉淀池内没有活性微生物，活性微生物仅存在于反应器内，即 $X_a V$。在稳态条件下，在出水中（$Q^e X_a^e$）或废生物固体流中（$Q^w X_a^w$），活性生物的生长速率必须等于其流出控制体积的速率。那么

$$\theta_x = \frac{X_a V}{Q^e X_a^e + Q^w X_a^w} \qquad (6.17)$$

我们可以重新调整式（6.13）到稳态情况下，得到

$$\frac{Q^e X_a^e + Q^w X_a^w}{X_a V} = \frac{\gamma(-r_{ut})}{X_a V} - b \qquad (6.18)$$

观察式（6.18）左侧和式（6.17）右侧的相似性，我们进行适当的替换，得到一个重要的结果：

$$\frac{1}{\theta_x} = \frac{\gamma(-r_{ut})}{X_a V} - b \qquad (6.19)$$

式（6.19）适用于具有细胞循环的 CSTR，可以应用于任何形式的生物反应，如 r_{ut}。如果我们假设它是通常的 Monod 反应形式[式（6.1）]，则得到

$$\frac{1}{\theta_x} = \gamma \frac{\hat{q} S}{K + S} - b \qquad (6.20)$$

我们可以解出这个方程的 S：

$$S = K \frac{1 + b\theta_x}{\gamma \hat{q} \theta_x - (1 + b\theta_x)} = K \frac{b'}{\gamma \hat{q} - b'} \qquad (6.21)$$

式中，$b' = 1/\theta_x + b$，表示反应器中活性微生物的总损失速率，包括通过衰减损失和流失损失。

现在，我们考虑反应器内活性微生物的浓度。我们首先用式（6.19）求解 X_a：

$$X_a = \theta_x \frac{\gamma(-r_{ut})}{V(1 + b\theta_x)} \qquad (6.22)$$

接下来，我们返回到式（6.14），基质的质量平衡，并将稳态[式（6.15）]代入得到 r_{ut}：

$$-r_{ut} = Q^0 S^0 - Q^e S^e - Q^w S^w \tag{6.23}$$

由于 S 可溶且在沉淀池中没有反应,反应器内的溶解性基质浓度 S,与反应器的出水浓度 S^e 和废生物固体流 S^w 的浓度相同。通过质量平衡 $Q^e + Q^w = Q^0$。将这些代入式(6.23),得到

$$-\frac{r_{ut}}{V} = \frac{Q^0 (S^0 - S)}{V} = \frac{S^0 - S}{\theta} \tag{6.24}$$

与式(6.19)相似,式(6.24)是另一个常用的表达,表示反应器内基质的利用速率。将式(6.24)代入式(6.22),得到

$$X_a = \frac{\theta_x}{\theta} \frac{\gamma(S^0 - S)}{1 + b\theta_x} \tag{6.25}$$

由式(6.25)可知,反应器中的活性生物量浓度取决于固体停留时间与水力停留时间的比值,θ_x / θ。我们称这个重要的比值为固体浓度比。对于处理固体浓度比为 24 的废水的活性污泥系统,反应器中活性生物的浓度是不带细胞循环的 CSTR 中活性生物的浓度的 24 倍。

此外,系统中产生的废生物固体的量也至关重要。为了维持系统的稳态运行,必须不断地清除它们。此外,废生物固体必须妥善处理。因此,生物固体消耗率对于处理系统的运行,以及确定系统建设和运行成本是至关重要的。

从图 6.2(b)可以看到,在稳态条件下,活性微生物生成的质量速率(r_{abp},M/T)必须与其通过出水或废物流离开系统的速率相同。

$$r_{abp} = Q^e X_a^e + Q^w X_a^w \tag{6.26}$$

将式(6.26)代入式(6.17),得到

$$r_{abp} = \frac{X_a V}{\theta_x} \tag{6.27}$$

不仅活性生物量的生成的质量速率很重要,而且活性和失活生物量的联合生成的质量速率也很重要,通常用挥发性悬浮固体生成的质量速率(r_{vsp},M/T)来衡量。对于有细胞循环的 CSTR,确定 r_{vsp} 的方法类似于活性生物量生成的式(6.27):

$$r_{vbp} = \frac{X_v V}{\theta_x} \tag{6.28}$$

我们现在有一系列的方程式,可以设计一个具有细胞循环的 CSTR。但有时会使用一个简单的、没有细胞循环的 CSTR。同样的方程适用于单独的 CSTR,但是其中 θ_x 等于 θ,即反应器的生物固体和水本身具有相同的停留时间。因此,对于简单的 CSTR,将前面得到的所有公式中的 θ_x 等于 θ 即可以直接使用。

图 6.3 说明了 θ_x 如何控制 S 和 X_a。尽管恒化器只是一个简单系统,但图 6.3 所示的几个重要的趋势在所有的悬浮生长过程中都会出现。

(1) 当 θ_x 非常小时,$S = S^0$,$X_a = 0$。这种情况称为污泥流失(washout),不能去除基质,因此没有活性菌体累积。刚刚产生污泥流失时的 θ_x 值称为 θ_x^{min},是稳态菌体和污泥流失之间的边界条件。令 $S = S^0$,解式(6.20),通过求 θ_x 可以得到 θ_x^{min}:

$$\theta_x^{min} = \frac{K + S^0}{S^0 (\gamma \hat{q} - b) - bK} \tag{6.29}$$

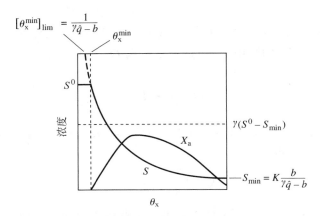

图 6.3 S 和 X_a 随 θ_x 的变化示意图以及 θ_x、S 和 X_a 的极限值

随着 S^0 增大，θ_x^{min} 增大，逐渐达到其极限值：

$$[\theta_x^{min}]_{lim} = \frac{1}{\gamma\hat{q} - b} \tag{6.30}$$

式（6.30）定义了具有稳态菌体时最小的 θ_x（或最大的 μ）的边界值，$[\theta_x^{min}]_{lim}$ 是生物过程的一个临界值：在低 θ_x 时，产生的污泥流失。

（2）对于所有的 $\theta_x > \theta_x^{min}$，$S$ 随着 θ_x 增加而单调下降。式（6.21）可用于计算 S。

（3）对于很大的 θ_x，S 接近极小值 S_{min}，S_{min} 是维持稳态菌体需要的最小基质浓度。令 θ_x 为无穷大，可以用式（6.21）计算出 S_{min}：

$$S_{min} = K \frac{b}{\gamma\hat{q} - b} \tag{6.31}$$

如果 $S < S_{min}$，细胞的净生长速率就是负数[式（6.6）]，菌体不会累积，或者将逐渐消失。因此，只有在 $S > S_{min}$ 条件下，才能够维持稳态菌体。θ_x 很大时，S_{min} 是生物处理性能的临界值。

（4）当 $\theta_x > \theta_x^{min}$，$X_a$ 开始增加，因为 $S^0 - S$ 随着 θ 增大而增加。但是，在恒化器中，X_a 达到最大值，然后因为在 θ_x 大时，衰减明显占优势，X_a 降低。如果 θ_x 趋向于无穷大，X_a 则接近 0。

综上所述，图 6.3 中简单的曲线告诉我们，把 θ_x 从 θ_x^{min} 提高到无穷大，可以将 S 从 S^0 降低到 S_{min}。可以依据基质去除、菌体生产（等于 QX_a）和以后将要讨论到的其他一些因素之间的平衡，来选择 θ_x 的值。在实际工作中，工程师们常常确定一个微生物安全因子，定义为 θ_x/θ_x^{min}，安全因子的基本取值范围为 5 到数百，这将在第 9 章和其他地方进行讨论。

6.4 惰性菌体和挥发性固体的质量平衡

由于一些新生成的微生物不会自氧化，微生物衰减会导致失活微生物的积累。此外，废水的进水中常常含有不易降解的挥发性悬浮物，这些物质很难与失活微生物区分。因此，我们需要扩展反应器分析，从而将失活微生物、不可生物降解的或者惰性的挥发性悬浮物考虑进来。

利用图 6.2(b)中带有细胞循环的 CSTR 分析惰性微生物的质量平衡：

$$0 = QX_i^0 - Q^w X_i^w - Q^e X_i^e + (1 - f_d)bX_a V \tag{6.32}$$

式中，X_i 为恒化器中惰性菌体的浓度，$M_x L^{-3}$；X_i^0 为进水中惰性菌体的浓度（或者不可辨别的难挥发悬浮固体），$M_x L^{-3}$。

因此，我们放宽进水中只有基质的初始要求。式(6.32)右侧的最后一项，即活性菌体衰减产生惰性菌体的速率，由式(6.8)计算。将式(6.32)的两侧均除以 $X_i V$，且 $X_i V/(Q^e X_i^e + Q^w X_i^w)$ 等于 θ_x，我们可以得到反应器的 X_i 浓度：

$$X_i = \frac{\theta_x}{\theta}X_i^0 + X_a(1 - f_d)b\theta_x \tag{6.33}$$

如果我们将式(6.25)中的 X_a 代入式(6.33)，可以得到 X_i 和基质利用率的关系：

$$X_i = \frac{\theta_x}{\theta}\left[X_i^0 + \frac{\gamma(S^0 - S)(1 - f_d)b\theta_x}{1 + b\theta_x}\right] \tag{6.34}$$

总生物固体浓度，即挥发性悬浮物（X_v）等于 $X_a + X_i$，

$$X_v = \frac{\theta_x}{\theta}\left[X_i^0 + \frac{\gamma(S^0 - S)(1 + (1 - f_d)b\theta_x)}{1 + b\theta_x}\right] \tag{6.35}$$

式(6.33)和式(6.34)强调了由进水的惰性微生物（X_i^0）和生物 X_a 的衰减形成的惰性微生物组成[即 $X_a(1 - f_d)b\theta$]。图 6.4 显示，对于最简单的 CSTR，θ_x 等于 θ，X_i 随 X_i^0 单调增加，达到最大值 $X_i^0 + \gamma(S_0 - S_{min})(1 - f_d)$。因此，在较大的 θ_x 条件下运行会导致惰性菌体的大量累积。此外，X_v 往往跟随 X_a 的趋势，但其不会趋近于 0。当 X_a 等于 0 时，X_v 等于 X_i。

式(6.35)右侧中括号中的第二项表示微生物通过生成和衰减得到的净累积量，它等于净产率（γ_n）乘以基质浓度的变化（$S^0 - S$），净产率为

$$\gamma_n = \gamma \frac{1 + (1 - f_d)b\theta_x}{1 + b\theta_x} \tag{6.36}$$

如果式(6.36)中 γ_n 和 γ 统一单位，就像第 5 章中一样，我们可以得到 f_s 和 f_s^0 的平行关系：

$$f_s = f_s^0 \frac{1 + (1 - f_d)b\theta_x}{1 + b\theta_x} \tag{6.37}$$

有时，净产率也称为观察产率，用符号 γ_{obs} 表示。

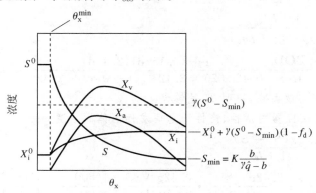

图 6.4　当 CSTR 系统中加入惰性微生物时，X_i、X_a 和 X_v 随 θ_x 的相对变化

例 6.3 具有细胞循环的 CSTR 的稳态运行

一个具有细胞循环的 CSTR 的体积为 $V=500\mathrm{m}^3$，进水流量恒定 $Q=1000\mathrm{m}^3/\mathrm{d}$，废水中含有有机物质 $S^0=500\mathrm{mg\ BOD_L/L}$。此外，还有惰性有机悬浮物 $X_i^0=50\mathrm{mg\ VSS/L}$。根据已有研究，我们知道电子供体是限速条件，且我们有如下动力学和化学计量学参数：

$$\hat{q}=20\mathrm{g\ BOD_L/(g\ VSS\cdot d)}$$
$$\gamma=0.42\mathrm{g\ VSS/g\ BOD_L}$$
$$K=20\mathrm{mg\ BOD_L/L}$$
$$b=0.15\mathrm{d^{-1}}$$
$$f_d=0.8$$

目的是分析具有细胞循环的 CSTR 的出水特性。

第一，为了确定系统的 θ_x，我们计算 $S_{\min}$、$[\theta_x^{\min}]_{\mathrm{lim}}$ 和 $\theta_x^{\min}$ 的临界值：

$$S_{\min}=K\frac{b}{\gamma\hat{q}-b}=\frac{20\mathrm{mg\ BOD_L}}{\mathrm{L}}\frac{0.15/\mathrm{d}}{0.42\frac{\mathrm{g\ VSS}}{\mathrm{g\ BOD_L}}\left(20\frac{\mathrm{g\ BOD_L}}{\mathrm{g\ VSS\cdot d}}\right)-\frac{0.15}{\mathrm{d}}}$$

$$\approx 0.36\mathrm{mg\ BOD_L/L}$$

$$[\theta_x^{\min}]_{\mathrm{lim}}=\frac{1}{\gamma\hat{q}-b}=\frac{1}{0.42\frac{\mathrm{g\ VSS}}{\mathrm{g\ BOD_L}}\left(20\frac{\mathrm{g\ BOD_L}}{\mathrm{g\ VSS\cdot d}}\right)-0.15/\mathrm{d}}\approx 0.121\mathrm{d}$$

$$\theta_x^{\min}=\frac{K+S^0}{S^0(\gamma\hat{q}-b)-bK}$$

$$=\frac{(20+500)\mathrm{mg\ BOD_L/L}}{500\frac{\mathrm{mg\ BOD_L}}{\mathrm{L}}\left(0.42\frac{20}{\mathrm{d}}-\frac{0.15}{\mathrm{d}}\right)-\left(\frac{0.15\times20\mathrm{mg\ BOD_L}}{\mathrm{d\cdot L}}\right)}$$

$$\approx 0.126\mathrm{d}$$

第二，我们知道，如果 SRT 显著大于 0.126d，基质浓度就会小于 S^0。我们需要一个足够大的 θ_x 使 S 显著低于 S^0，并保证微生物的稳定生长。接下来我们将检查一下情况是否如此。我们使 θ_x 为临界值的 20 倍：

$$\theta_x=20[\theta_x^{\min}]_{\mathrm{lim}}=20\times0.121\mathrm{d}\approx 2.42\mathrm{d}$$

第三，我们估算己酸出水基质浓度：

$$S=K\frac{1+b\theta_x}{\gamma\hat{q}\theta_x-(1+b\theta_x)}$$

$$=20\frac{\mathrm{mg\ BOD_L}}{\mathrm{L}}\frac{1+(0.15/\mathrm{d})(2.42\mathrm{d})}{0.42\times20\times2.42-(1+0.15\times2.42)}\approx 1.44\mathrm{mg/L}$$

几乎所有的 S^0 均被去除，说明 θ_x 足够大。

第四，我们确定反应器内活性、惰性和总挥发性固体的浓度：

$$X_a=\frac{\theta_x}{\theta}\cdot\frac{\gamma(S^0-S)}{1+b\theta_x}$$

$$=\frac{2.42\mathrm{d}}{500\mathrm{m}^3/1000(\mathrm{m}^3/\mathrm{d})}\cdot\frac{0.42\mathrm{g\ VSS}}{\mathrm{g\ BOD_L}}\cdot\left[\frac{(500-1.4)\mathrm{mg\ BOD_L}}{1+0.15\mathrm{d^{-1}}\times2.42\mathrm{d}}\right]$$

$$\approx 745\mathrm{mg\ VSS_a/L}$$

$$X_i = \frac{\theta_x}{\theta}(X_i^0) + X_a(1 - f_d)b\theta_x$$

$$= \frac{2.42}{0.5}\left(\frac{50\text{mg}}{\text{L}}\right) + 745 \times (1 - 0.8) \times 0.15 \times 2.42 \approx 297\text{mg/L}$$

$$X_v = X_a + X_i = 745 + 297 = 1042\text{mg VSS/L}$$

第五,我们计算出水 X_v 的浓度和污泥生产效率。式(6.17)将 θ_x 与反应器中 X_a 浓度和生产 X_a 的质量速率相关,这在稳态条件下等于废有机固体的生产速率。类似的方程可以用于 X_v:

生产 X_v 的质量速率 $= VX_v/\theta_x$

$$\frac{500\text{m}^3 \times 1042\text{mg/L}}{2.4\text{d}} = \frac{500\text{m}^3 \times (1042 \times 10^{-6}\text{kg}/10^3\text{m}^3)}{2.4\text{d}} = \frac{500 \times 1.042\text{kg}}{2.4\text{d}} \approx 217\text{kg/d}$$

X_v 废物生产分流进入出水和剩余污泥。如果生成 X_v 的 97% 在沉淀池中沉淀,且生成污泥中 X_v 的浓度为 25g/L,那么,

$$Q^w = 0.97\left(\frac{217\text{kg}}{\text{d}}\right)\left(\frac{\text{L}}{0.025\text{kg}}\right)\left(\frac{\text{m}^3}{1000\text{L}}\right) = 8.42\text{m}^3/\text{d}$$

$$Q^e = 500 - 8.42 = 492\text{m}^3/\text{d}$$

$$X_v^e = (1.00 - 0.97)\left(\frac{217\text{kg}}{\text{d}}\right)\left(\frac{\text{d}}{492\text{m}^3}\right)\left(\frac{\text{m}^3}{1000\text{L}}\right)\left(\frac{10^6\text{mg}}{\text{kg}}\right) = 13\text{mg/L}$$

我们还想知道废水中活性生物量的浓度,可以通过将出水 VSS 浓度乘以 X_a 与反应器中 VSS 浓度的比值得到

$$X_a^e = \frac{745}{1042} \times 13 \approx 9.3\text{mg/L}$$

这些计算表明,带细胞循环的 CSTR 在将进水 BOD_L 降低到去除 1.44mg/L 的同时,在出水中仍有 13mg/L VSS。出水中一些 VSS 是 X_a,如果排放到河流本身可能会造成问题,但它也是可生物降解的,会在河流中通过腐烂产生 BOD。出水总 COD 是溶解性 COD 和所有挥发性固体 COD 的总和。

总 COD $=$ 溶解性 COD $+ (1.42\text{g COD/g VSS})X_v = 1.4 + 1.42 \times 13 \approx 20\text{mg/L}$

出水总 BOD_L 是可溶性 BOD_L 和活性生物可降解部分的需氧量的总和。

总 $\text{BOD}_L =$ 溶解性 $\text{BOD}_L + 1.42 f_d X_a = 1.4 + 1.42 \times 0.8 \times 9.3 \approx 12\text{mg/L}$

我们可以看到,反应器的大部分出水 COD 和 BOD_L 来自挥发性悬浮固体。总 COD 和 BOD_L 的计算采用转化率为 1.42g BOD_L(或 g COD/g VSS),这是由 $C_5H_7O_2N$ 氧化所需的氧气量得到的。

6.5　微生物产物

我们对细菌动力学和化学计量学的讨论均涉及了微生物对电子供体的消耗,以及供体转化为能量和生物细胞(X_a)。微生物也会通过衰减产生额外的能量和惰性生物质(X_i)。然而,其他来自电子供体和细胞转化的产品也可能会影响处理系统,充分满足其预期的处理

能力。潜在的影响是不能达到足够低的 BOD 或 COD,反应器内无法保留足够的微生物,或不能充分去除废水中的物质,如磷。环境工程师和科学家需要很好地了解这些产物是什么,它们是如何形成的,以及它们可能会对处理产生什么影响。胞外聚合物(extracellular polymeric substances,EPS)和可溶性微生物产物(soluble microbial products,SMP)是近年来备受关注的两种基本产物。这些产物的浓度通常以 COD 为单位表示。这些物质将在第 8 章中详细讨论。

6.6 输入的活性菌体

无论是设计还是偶然,一些生物过程会接收到大量的生物质投入,这些生物质在废水基质的降解中会变得非常活跃(Rittmann,1996)。这里给出 3 个实例。第一,当微生物过程是串联操作时,下游过程通常会从上游过程获得大量的生物量。第二,微生物可能被排入废水或在下水道中生长。第三,生物强化,即有意添加微生物以改善工艺某些方面的性能。然而,对于具有沉淀和循环的 CSTR,循环流也会将活性微生物带回反应器。但在这种情况下,其影响不同于我们将首先讨论的普通 CSTR。仅对于单独的 CSTR,θ_x/θ 值可以为系统的尺寸和输入提供很好的参考。

对于一个具有活性微生物输入(X_a^0)的 CSTR,稳态条件下活性微生物的质量平衡为

$$0 = QX_a^0 - QX_a + \frac{\gamma \hat{q} S}{K+S} X_a V - bX_a V \qquad (6.38)$$

式(6.38)的解与式(6.21)的解相同,说明 SRT 式(6.17)的分母被重新定义为每天从系统中提取的净活性生物量。通过数学运算后得到

$$\theta_x = \mu^{-1} = \frac{X_a V}{Q^e X_a^e + Q^w X_a^w - Q X_a^0} = \theta \frac{X_a}{X_a - X_a^0} \qquad (6.39)$$

θ_x 的分母现在表示活性生物的输出速率(QX_a)减去输入速率(QX_a^0)。将 V/Q 转换为 θ,并重新排列式(6.39)得

$$\frac{\theta_x}{\theta} = \frac{1}{1 - X_a^0/X_a} \qquad (6.40)$$

对于普通的 CSTR,θ_x 和 θ 是相同的,但是当加入 X_a^0 时,θ_x 变得大于 θ。如果 X_a^0 接近 X_a,θ_x 会充分地大于 θ。甚至有可能如果 X_a^0 非常大,$X_a^0 > X_a$。在这种情况下,θ_x 变为负数,该过程成为净生物量衰减,且 $S < S_{min}$。因此,提供一个非常大的 X_a^0 是一种使出水浓度降至 S_{min} 以下的方法。

随着 SRT 定义的改变,以前的方程大都相似;例如,出水基质和活性生物浓度与以前相同[式(6.21)和式(6.25)]:

$$S = K \frac{1+b\theta_x}{(\gamma \hat{q} - b)\theta_x - 1}$$

$$X_a = \frac{\theta_x}{\theta} \frac{\gamma(S^0 - S)}{1+b\theta_x}$$

图 6.5 说明了在稳态运行的简单 CSTR 中,X_a^0 如何影响 S 和洗出。在这里,S^0 固定在 100mg/L。在没有活性生物输入($\theta_x = \theta$)的情况下,洗出在 θ 约为 0.6d 发生。然而,在

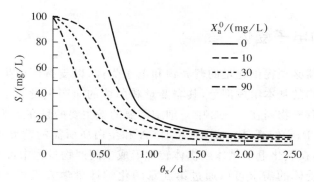

图 6.5　稳态运行的 CSTR 中进水活性菌体和 θ_x 对出水基质浓度的影响。采用的参数为
$\gamma = 0.44 \, \text{mg VSS}_a/\text{mg}, q = 5 \, \text{mg}/(\text{mg VSS}_a \cdot \text{d}), K = 20 \, \text{mg/L}, b = 0.2 \, \text{d}^{-1}$

θ_x 恒定的情况下,随着 X_a^0 的增加,完全的洗出将被消除,因为反应器总是包含一些活性生物量。θ 不变时,增加 X_a^0 会导致出水基质浓度变低,这种影响在接近冲蚀时最为显著。

在有细胞循环的 CSTR 中,增加 X_a^0 对出水基质浓度或 X_a 都没有影响。为什么呢?对于简单的 CSTR,式(6.40)表明 θ_x/θ 比值不依赖于 X_a^0/X_a,因为这个比值就是 1。然而,在有沉淀和循环的系统中,θ_x/θ 比值仍然不依赖于 X_a^0/X_a,因为 θ_x 和 θ 与我们可以自由选择的其他因素独立相关。在带有循环的系统的设计中,我们通常首先为期望的效率和可靠性选择设计 θ_x,而 θ 也会成为我们选择的 X_a 值的函数。如果外加的活性微生物与反应器内微生物利用基质的能力相同,那么,添相同量的活性微生物只会通过反应器进入废弃的生物固体流,因此,只要 θ_x 保持不变,去除效率或 X_a 浓度就不会改变。注意,利用式(6.39)或式(6.40)计算 θ_x。

例 6.4　输入活性菌体

如果系统进水中活性菌体的浓度为 $X_a^0 = 40 \, \text{mg VSS}_a/\text{L}$,重新计算例 6.3 的结果。为了进行计算,式(6.21)、式(6.22)和式(6.40)必须通过迭代求解。计算方法是选择一个 $\theta_x \geqslant \theta$,从式(6.21)计算 S,从式(6.22)计算 X_a,从式(6.40)计算 θ_x,比较计算结果 θ_x 和初始值 θ_x。如果它们不相符,另选一个 θ_x 进行迭代计算。计算结果如下:

$$\theta_x = 2.53 \, \text{d} \quad (\text{没有 } X_a^0, 2.0 \, \text{d} \text{ 以上取值})$$

$$S = 1.4 \, \text{mg BOD}_L/\text{L} \quad (1.7 \, \text{mg BOD}_L/\text{L} \text{ 以下取值})$$

$$X_a = 191 \, \text{mg VSS}_a/\text{L} \quad (161 \, \text{mg VSS}_a/\text{L} \text{ 以上取值})$$

进一步求解式(6.34)和式(6.35),有

$$X_i = 61 \, \text{mg VSS}_i/\text{L} \quad (60 \, \text{mg VSS}_i/\text{L} \text{ 以上})$$

$$X_v = 252 \, \text{mg VSS/L} \quad (221 \, \text{mg VSS/L} \text{ 以上})$$

因此,当 θ_x 提高 26.5% 时,添加 40 mg VSS_a/L 使 X_a 提高 30 mg VSS_a/L、X_v 提高 31 mg VSS_a/L。提高 θ_x 意味着菌体衰减增加,X_a 增加到小于 X_a^0。为了像例 6.3 一样维持 θ_x 不变(2d),需要提升废物率。

6.7　营养物和电子受体

一个生物反应器必须提供充足的营养物和电子受体，以支持菌体生长和能量产生。营养物是细胞物理结构的基本组成部分，其需要量和菌体的净产生量成正比。形成的活性和惰性微生物含有的营养物列在表 5.2 中。细胞需要的最主要的且在工业废水中常常缺乏的营养物质包括 N 和 P，它们都是合成 DNA、RNA 和蛋白质所需的营养物质。此外，外加电子受体也很重要，其在氧化电子供体或供体转化形成中间产物过程中都是需要的。

营养物和电子受体的需求可以通过第 5 章的化学计量学方程式来确定。式(5.31)和式(5.32)表示消耗基质的电子当量在细胞净合成(f_s)和电子受体消耗(f_e)之间的分配，其中 $f_s + f_e = 1$。注意，这个和一般不包括微生物产物的生成；如果要将微生物产物包括在内，它们将是 f_s 的一部分。这将在第 8 章中讨论。

对于我们的反应器模型，营养物消耗的质量速率和生物质生成的净质量速率成正比，如式(6.28)中 $r_{vbp}(MT^{-1})$ 所示：

$$r_n = -\gamma_n r_{vbp} \tag{6.41}$$

式中，γ_n 是微生物营养物 n 的质量与活性微生物和惰性微生物综合的比值，$M_n M_x^{-1}$。

最重要的营养物质是 N 和 P。我们这里用于微生物 VSS 的经验公式中，$C_5 H_7 O_2 N$ 的 $\gamma_N = 14g\ N/113g\ VSS = 0.124g\ N/g\ VSS$。通常情况下，所需的 P 是 N 的 20%，因此 $\gamma_P = 0.025g\ P/g\ VSS$。

那么，稳态运行的反应器的营养物的总体质量平衡方程为

$$0 = QC_n^0 - QC_n + r_n \tag{6.42}$$

式中，C_n^0 和 C_n 分别是进水和出水中营养物浓度($M_n L^{-3}$)，如果式(6.42)中的 C_n 是负值，就必须补充营养物 n。

计算电子受体利用速率的最直接的方法是用要研究的组分的氧当量所表示的电子当量的质量平衡。

$$r_a = QC_a^0 - \gamma_a[Q(S^0 - S) - 1.42r_{vbp}] \tag{6.43}$$

式中，r_a 是受体消耗的质量率，$M_a T^{-1}$；C_a^0 是进水中电子受体的浓度；γ_a 是受体质量和需氧量的比值。

受体的系数 γ_a 的合适的值可以很容易地通过表 5.5 中所列的常见电子受体的电子平衡得到。例如，硝酸盐的电子当量是 1/5mol 或 $14g\ N/5 = 2.8g\ NO_3^- -N$，而氧气的电子当量是 1/4mol 或 $32g\ O_2/4 = 8g\ O_2$。那么，对于硝酸盐-N，$\gamma_a = 2.8/8 = 0.35g\ N/g\ COD$。其他潜在的电子受体的 γ_a 的值：Fe(Ⅲ)为 $6.98g\ Fe/g\ COD$；硫酸盐为 $1.5g\ SO_4/g\ COD$；甲烷为 $0.25g\ CH_4/g\ COD$；氧气为 $1.00g\ O_2/g\ COD$。

例 6.5　营养物和受体的消耗

对于例 6.1 中的 CSTR，我们得到的计算数据如下：

$$S^0 = 500mg\ BOD_L/L$$
$$X_i^0 = 50mg\ VSS_i/L$$
$$Q^0 = 1000m^3/d$$

$$\theta_x = 2.42\text{d}$$

$$S = 1.44\text{mg BOD}_\text{L}/\text{L}$$

$$X_v = 1040\text{mg VSS}/\text{L}$$

$$r_\text{vbp} = 217\text{kg VSS}/\text{d}$$

在这个好氧系统中，$\gamma_a = 1.00\text{g O}_2/\text{g COD}$。向其中加入一些新的进水基质，其浓度为：$50\text{mg NH}_4^+\text{-N}/\text{L}$、$10\text{mg PO}_4^{3-}\text{-P}/\text{L}$ 和 $2\text{mg O}_2/\text{L}$。

根据式(6.41)，N 和 P 的质量消耗率为

$$r_\text{N} = -0.124\ \frac{\text{g NH}_4^+\text{-N}}{\text{g VSS}}\left(\frac{217\text{kg VSS}}{\text{d}}\right) \approx -26.9\text{kg NH}_4^+\text{-N}/\text{d}$$

$$r_\text{P} = -0.025\ \frac{\text{g PO}_4^{3-}\text{-P}}{\text{g VSS}}\left(\frac{217\text{kg VSS}}{\text{d}}\right) \approx -54\text{kg PO}_4^{3-}\text{-P}/\text{d}$$

通过式(6.42)的质量平衡可以得到出水中 N 和 P 的浓度：

$$C_\text{N} = 50\ \frac{\text{mg}}{\text{L}} - \frac{26.9\text{kg}}{\text{d}}\left(\frac{\text{d}}{1000\text{m}^3}\right)\left(\frac{10^6\text{mg}}{\text{kg}}\right)\left(\frac{\text{m}^3}{10^3\text{L}}\right) = 23.1\text{mg NH}_4^+\text{-N}/\text{L}$$

$$C_\text{P} = 10\ \frac{\text{mg}}{\text{L}} - \frac{5.4\text{kg}}{\text{d}}\left(\frac{\text{d}}{1000\text{m}^3}\right)\left(\frac{10^6\text{mg}}{\text{kg}}\right)\left(\frac{\text{m}^3}{10^3\text{L}}\right) = 4.6\text{mg PO}_4^{3-}\text{-P}/\text{L}$$

以上例子中，进水中的营养物是充足的，不需要外加营养物。对于电子受体，以 O_2 为例，所要求的质量总供给率为

$$r_a = \left[1000\ \frac{\text{m}^3}{\text{d}}\left(2\ \frac{\text{mg}}{\text{L}}\right) + 1.0\left[1000\ \frac{\text{m}^3}{\text{d}}(500-1.4)\ \frac{\text{mg}}{\text{L}} - 1.42\left(217\ \frac{\text{kg}}{\text{d}}\right)\left(\frac{10^6\text{mg}\cdot\text{m}^3}{10^3\text{L}\cdot\text{kg}}\right)\right]\right] \times$$

$$\left(\frac{10^3\text{L}\cdot\text{kg}}{10^6\text{m}^3\text{mg}}\right)$$

$$\approx 193\text{kg O}_2/\text{d}$$

如果用 r_a 除以 Q^0，电子受体供给速率用进水中的浓度表示。这里是 $193\text{g O}_2/\text{m}^3 = 193\text{mg O}_2/\text{L}$。显然，进水中 $2\text{mg}/\text{L}$ 的氧浓度不能提供所需的氧气，因此，曝气是必要的。

6.8 CSTR 总结方程

到目前为止，在这一章中，我们得到了一组方程，描述了可溶性电子供体在具有沉淀和细胞循环的连续流搅拌槽反应器(CSTR)中的利用情况，还包括有关电子受体和营养物质利用的方程，以及该情况下生物量的生成和损失。所有的方程都是基于一个分散生长反应器，其中基质的利用是由 Monod 动力学描述的。通过将 θ_x 设置为 θ，这些相同的方程也适用于不带循环的普通 CSTR。表 6.2 包含了相关方程的总结，参照文中的方程编号可以找到每个方程的发展情况。

本章开发的反应器模型是目前在环境工程和科学领域应用最广泛的。因此，对该领域的人来说，很好地理解这些方程是很重要的。第 7 章和第 9 章给出了生物膜反应器、活塞流反应器，以及由动力学(而非 Monod 动力学)描述的基质消耗的模型。在第 7 章中描述的生物膜反应器被广泛应用，因此与分散生长反应器同等重要。这两种反应器有明显的相似之处，也有基本的区别，因此，需要很好地理解二者。

表 6.2 稳态 CSTR 的公式总结

定　　义	公式编号
水力停留时间，HRT（T）$\theta = \dfrac{V}{Q^0}$	
固体停留时间，SRT（T）$\theta_x = \dfrac{X_a V}{X_a^e Q^e + X_a^w Q^w - X_a^0 Q}$	6.39
反应器中活性生物质的损失率（T^{-1}）$b' = \dfrac{1}{\theta_x} + b$	6.21
浓度（ML^{-3}）	
出水基质浓度 $S^e = K\dfrac{1 + b\theta_x}{\gamma\hat{q}\theta_x - (1 + b\theta_x)} = K\dfrac{b'}{\gamma\hat{q} - b'}$	6.21
反应器活性生物质浓度 $X_a = \dfrac{\theta_x}{\theta}\dfrac{\gamma(S^0 - S^e)}{1 + b\theta_x} = \dfrac{\theta_x}{\theta}\dfrac{\gamma(S^0 - S^e)}{1 + b'\theta_x}$	6.25
反应器总生物质浓度 $X_V = \dfrac{\theta_x}{\theta}\left[\dfrac{\gamma(S^0 - S^e)(1 + (1 - f_d)b\theta_x)}{1 + b\theta_x}\right]$	6.35
边界值	
基质浓度边界值（ML^{-3}）$S_{min} = K\dfrac{b}{\gamma\hat{q} - b} = K\dfrac{b}{\hat{\mu} - b}$	6.6
当 $S = S^0$（T）时，生物洗出 SRT（T）$\theta_x^{min} = \dfrac{K + S^0}{S^0(\gamma\hat{q} - b) - bK}$	6.29
当 $S \to \infty$（T）时，SRT 的边界值 $[\theta_x^{min}]_{lim} = \dfrac{1}{\gamma\hat{q} - b}$	6.30
反应的质量速率（MT^{-3}）	
基质利用速率 $r_{ut} = -Q(S^0 - S) = -\dfrac{\hat{q}S}{K + S}X_a V$	6.1 6.24
电子受体利用速率 $r_a = -QC_a^0 + \gamma_a[Q(S^0 - S) - 1.42r_{vbp}]$	6.43
反应器内活性生物质的形成和损失速率 $r_{abp} = Q^e X_a^e + Q^w X_a^w = \dfrac{X_a V}{\theta_x}$	6.26 6.27
反应器内活性生物和非活性生物质的形成和损失速率 $r_{vbp} = \dfrac{X_v V}{\theta_x}$	6.28
营养物的利用速率 $r_n = -\gamma_n r_{vbp}$	6.41

6.9 颗粒物和多聚物的水解

处理含颗粒物或以多聚物形式出现的有机物是环境生物技术的重要应用。例如，典型污水中超过一半的 BOD 由悬浮固体组成，消化污泥由 100% 的颗粒 BOD 组成。在细菌能够进行以有机物分解代谢为特性的氧化反应之前，颗粒物和大的多聚物必须先水解，形成可以通过细胞膜的小分子，胞外酶可以催化这些水解反应。

尽管在许多情况下水解反应非常重要，但对水解反应的研究还不完全。描述水解反应动力学的最佳表达式还没有确定。部分原因是水解酶和活性菌体之间没有对应关系，或者说没有比例关系。确切地说,还不知道水解酶的水平如何控制,并且其测定方法也比较复杂,与环境生物技术相关的系统还不能经常测试。

一个简单的、比较合理的描述颗粒物(大的多聚物)水解反应动力学的一级反应关系式为

$$r_{hyd} = -k_{hyd}S_pV \tag{6.44}$$

式中,r_{hyd} 为水解引起的颗粒物的累积速率,$M_sL^{-3}T^{-1}$;S_p 为颗粒物(或大分子多聚物)的浓度,M_sL^{-3};k_{hyd} 为一级水解速率常数,T^{-1}。

原则上,k_{hyd} 和水解酶的浓度以及酶的固有水解特性成正比。有些研究者将活性菌体浓度作为 k_{hyd} 的一部分[如 $k_{hyd} = k'_{hyd}X_a$,其中 k'_{hyd} 是比水解速率系数($L^3M_x^{-1}T^{-1}$)]。应用 $k'_{hyd}X_a$ 的优势在于没有菌体时,水解速率自动降为零。另外,它还意味着胞外酶和菌体量呈线性关系,但这种论点还未得到证明。

式(6.44)用于水解速率时,对于恒化器中颗粒物的稳态质量平衡式为

$$0 = QS_p^0 - (Q^eS_p^e + Q^wS_p^w) - k_{hyd}S_pV \tag{6.45}$$

式中,S_p^0 为颗粒物的出水浓度,M_sL^{-3}。求解式(6.45)可以得到

$$S_p = \frac{\theta_x}{\theta}\left(\frac{S_p^0}{1 + k_{hyd}\theta_x}\right) \tag{6.46}$$

颗粒物解体的结果是形成溶解性物质或者 BOD_L。两种基质形式具有相同的质量测定方法(通常以需氧量表示)时,溶解性物质的形成速率简化为 $k_{hyd}S_p$。因此,溶解性物质的稳态质量平衡式为

$$0 = Q(S^0 - S) - \frac{\hat{q}S}{K + S}X_aV + k_{hyd}S_pV \tag{6.47}$$

因为式(6.47)给出了水解物质其他来源,S^0 随着 $k_{hyd}S_pV$ 而增加,因此累积的生物量将增加。

颗粒物中其他的组分在水解过程中保持质量守恒。较好的例子就是营养物 N、P 和 S。这些溶解性营养物的形成速率是

$$r_{hydn} = \gamma_nk_{hyd}S_pV \tag{6.48}$$

式中,r_{hydn} 为水解导致的溶解性营养元素 n 的累积速率,M_nT^{-1};γ_n 为颗粒物中的营养物 n 的化学计量比值($M_nM_s^{-1}$)。

例 6.6　水解效应

例 6.3 给出了进水为 500mg BOD_L/L,SRT 为 2.42d,HRT 为 0.5d 的 CSTR:

$$S = 1.44\text{mg } BOD_L/L$$
$$X_a = 745\text{mg VSS}_a/L$$
$$X_v = 1042\text{mg VSS}/L$$

我们考虑进水仍然含有 100mg COD/L 的颗粒有机物,水解速率常数为 $k_{hyd} = 0.2d^{-1}$。通过如下几步计算来预测新的出水性质:

(1) 用式(6.46)计算 S_p:

$$S_p = \frac{2.42\text{d}}{0.5\text{d}}\left[\frac{100\text{mg COD/L}}{1 + (0.2\text{d}^{-1})(2.42\text{d})}\right] \approx 326\text{mg/L}$$

(2) 进水剩余的 S_p^0 即为 $\frac{0.5}{2.42} \times 326 \approx 67\text{mg/L}$

（3）出水和反应器内的微生物浓度如例 6.3 中计算，但是现在 S^0 是：
$$S^0 = 500mg/L + (100 - 67)mg/L = 533mg\ BOD_L/L$$

这导致了微生物量的增加：

$$X_a = \frac{2.42d}{0.5d}\left[\frac{0.42g\ VSS_a}{g\ BOD_L}\right]\left[\frac{(533-1.44)mg\ BOD_L}{L}\right]\left[\frac{1}{1+0.15\times2.42}\right] \approx 793mg\ VSS_a/L$$

$$X_i = \frac{2.42d}{0.5d}\left[\frac{50mg\ VSS}{L}\right] + 793\left[\frac{mg\ VSS}{L}\right](1-0.8)(0.15/d)(2.42d) \approx 300mg\ VSS_i/L$$

$$X_v = X_a + X_i = 793 + 300 = 1093mg\ VSS/L$$

那么，随着颗粒物的 COD 水解形成溶解性 COD，活性微生物的量增加。VSS 的量也随着剩余可生物降解的颗粒 COD 而增加。

6.10　抑制作用

基质的利用速率和微生物的生长速率可能因为出现抑制性化合物而变得缓慢。抑制剂可能是重金属、杀虫剂、抗生素、芳香烃和氯代溶剂。有时将这些物质称为有毒物质，它们的抑制作用称为毒性。这里使用术语抑制剂和抑制作用，因为它们是影响代谢速率的几种不同现象中的一种。

抑制剂的可能范围以及它们对微生物的不同影响，使抑制作用成为一个含糊不清的问题。在有些情况下，抑制剂影响利用基质的某种酶的活性。这时，基质的利用变缓。在另一些情况下，抑制剂影响一些更普通的细胞功能，比如呼吸作用，然后，产生一些间接效应，如降低菌体的量，可能使某种物质的利用速率变缓。最后，一些反应随抑制剂而增加，因为细胞在补偿抑制作用引起的不良影响。

图 6.6 表示了抑制剂作用于初级电子和能量流的关键位置。在电子供体基质的初级氧化反应中可能发生特殊降解酶的抑制作用，直接影响是减慢降解速率。另外，电子流减少可能导致生物量损失，或者使其他需要电子（ICH_2）或能量（如 ATP）的反应速度减缓。

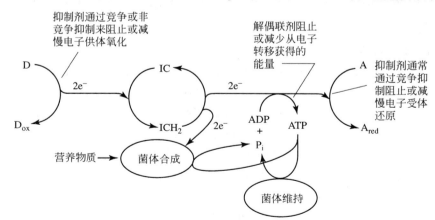

图 6.6　抑制作用影响初级电子和能量流示意图

D 为电子供体；A 为电子受体；IC 为细胞内电子载体，如 NAD

（资料来源：Rittmann and Saez，1993）

在电子传递链的另一端,受体反应的抑制阻止电子流动和能量产生,因此导致生物量损失。有趣的是,受体反应的抑制会引起还原型电子载体(ICH_2)的累积,提高需要还原型电子载体作为辅助基质的反应速率(Wernn and Rittmann,1995)。解偶联剂可以减少或消除能量产生,甚至影响电子从供体到受体的流动。解偶联作用可以抑制细胞生长和其他需要能量的反应。有些情况下,解偶联抑制作用会增加单位生物量的受体利用,因为细胞试图通过传递更多的电子给受体来补偿低的能量产率。

抑制物是如何影响生长和基质利用的动力学原理,可以用有效动力学参数简洁地表示。基质利用和生长动力学的表达式与前述的一样[如式(6.1)和式(6.5)],但是,有效动力学参数取决于抑制物的浓度。用有效动力学参数可以将式(6.1)和式(6.5)表示为

$$r_{\mathrm{ut,eff}} = -\frac{\hat{q}_{\mathrm{eff}}S}{K_{\mathrm{eff}}+S}X_{\mathrm{a}}V \tag{6.49}$$

$$\mu_{\mathrm{eff}} = \gamma_{\mathrm{eff}}\left(\frac{-r_{\mathrm{ut,eff}}}{X_{\mathrm{a}}V}\right) - b_{\mathrm{eff}} \tag{6.50}$$

抑制剂如何控制$\hat{q}_{\mathrm{eff}}$、K_{eff}、γ_{eff} 和 b_{eff},这取决于抑制现象发生的位置和方式。这里回顾一下最常见的抑制作用的形式及其有效参数。更多的细节可以参见 Rittmann 和 Saez (1993)。

芳香烃和氯代溶剂抑制作用的一般类型是自身抑制,也称作 Haldane 或者 Andrews 动力学。在这种情况下,酶催化的基质降解被高浓度的基质自身抑制而减慢。还不清楚自身抑制是直接对分解酶作用,还是在初级电子供体反应后间接地阻断电子流或者能量流。无论在哪一种情况下,自身抑制的有效参数均为

$$\hat{q}_{\mathrm{eff}} = \frac{\hat{q}}{1 + S/K_{\mathrm{IS}}} \tag{6.51}$$

$$K_{\mathrm{eff}} = \frac{K}{1 + S/K_{\mathrm{IS}}} \tag{6.52}$$

式中,K_{IS} 为自身抑制基质的抑制浓度($M_{\mathrm{s}}L^{-3}$)。式(6.50)中 γ_{eff} 和 b_{eff} 不受影响,仍为 γ 和 b。

图 6.7 包括 2 个基质自身抑制对反应动力学的影响的示意图。左图表示了反应速率($-r_{\mathrm{ut}}$)随基质浓度的变化情况。在基质浓度较低时,反应速率随浓度提高而提高。但是,

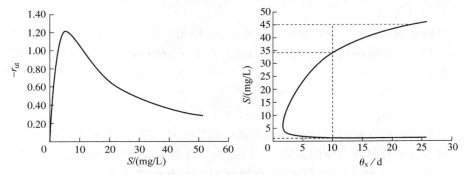

图 6.7　Haldane 动力学,反应速率和 S 之间的关系以及 S 和 θ_{x} 之间的关系。以邻氯酚为例,
$K = 20\mathrm{mg/L}$,$K_{\mathrm{IS}} = 1.5\mathrm{mg/L}$,$\hat{q} = 10\mathrm{mg/(mg\ VSS_a \cdot d)}$,$\gamma = 0.6\mathrm{g\ VSS_a/g}$,$b = 0.15\mathrm{d^{-1}}$,
$X_{\mathrm{a}} = 1\mathrm{mg\ VSS/L}$。

达到最大反应速率之后,更高的浓度就会产生抑制,引起反应速率下降。在 CSTR 的质量平衡式中,以 Haldane 反应速率模型取代 Monod 关系式,图 6.7 的右图表示了 θ_x 对出水基质浓度的影响。此图表明,当 θ_x 大于 2d 时,就会有 2 个 S 值对应于它。哪一个值是正确的? 答案取决于反应器是如何达到稳态的。

为了探究达到稳态的方式,首先,假设进水浓度为 45mg/L,反应器在 $\theta_x=10d$ 条件下运行,图中以虚线表示。在这种条件下,进水浓度对微生物有相当大的抑制作用。如果先给反应器充满未经处理的废水,再接种微生物,然后在该条件下运行反应器,因为此时生物的比增长速率低于 $0.1d^{-1}(=1/\theta_x)$,反应器运行将会失败。但是,如果先稀释进水,使反应器中污水浓度为 33mg/L,则比增长速率大于 $0.1d^{-1}$,细菌繁殖的速度会大于从反应器中排出的速度。反应器内生物量会不断增长,S 值会不断降低,直到微生物的量和基质浓度(基质浓度为 1mg/L)达到其稳态浓度。因此,图 6.7 的数值不仅给出了一个运行良好的反应器的稳态浓度,还给出了超过反应器运行能力的基质浓度的上限。

还有一种抑制类型是竞争性(competitive)抑制,一种抑制剂的浓度是 $I(M_T L^{-3})$。竞争性抑制剂与降解酶的催化位点结合,因此,在某种程度上,不能与酶结合的基质与已结合的抑制剂成比例。在竞争性抑制作用中,受抑制剂 I 影响的惟一参数为 K_{eff}:

$$K_{eff}=K\left(1+\frac{1}{K_I}\right) \tag{6.53}$$

式中,K_I 为竞争性抑制剂的抑制浓度,$M_T L^{-3}$,值越小,表明抑制作用越强。因为 q_{eff} 仍然等于 $\hat{q}$,由竞争性抑制剂引起的反应速率下降可以通过提高基质浓度得到完全补偿。竞争性抑制剂通常是基质的类似物。

环境工程技术中有趣的竞争性抑制作用的例子是以甲烷为基质的微生物对三氯乙烯(co-metabolism of trichloroethene,TCE)的共代谢。这里,甲烷利用的第一步是通过单加氧酶(methane monooxygenase,MMO)氧化为甲醇,单加氧酶将一个连接在甲烷 C 原子上的 H 原子置换为一个-OH 基团。对 TCE,MMO 将 O 原子加到 2 个 C 原子之间,形成环氧化物。关键因素是甲烷和 TCE 竞争同一个酶。TCE 的出现影响甲烷的消耗速率。反过来,甲烷的出现也影响 TCE 与 MMO 之间的反应,如图 6.8 所示。与没有竞争抑制的 Monod 模型相比,20mg/L TCE 极大地降低了甲烷的利用速率。同样,随着甲烷浓度增加,TCE 的利用速率也大幅度降低。TCE 的反应速率表达式与甲烷的表达式相同,只需要将基质和抑制剂对换。

第三种抑制类型是非竞争性(noncompetitive)抑制。非竞争性抑制剂和降解酶的结合位点与基质的结合位点不同(也许与辅酶结合),改变了酶的构象,使基质的利用速率降低。受影响的参数是 $\hat{q}_{eff}$:

$$\hat{q}_{eff}=\frac{\hat{q}}{1+I/K_I} \tag{6.54}$$

非竞争性抑制剂存在时,S 浓度高也不能消除其抑制作用,因为最大利用速率低于纯基质条件。这种现象有时称为变构抑制,并且,变构抑制剂不需要与基质在结构上相似。

图 6.9 表示了与 Monod 模型比较,竞争性和非竞争性抑制剂对于反应速率的不同影响。假设 I、K 和 K_I 数值相同,都是 1mg/L,使 $(1+I/K_I)=2$。对于竞争性抑制剂,首先影响 K 值,抑制剂使有效的 K 值增长(图中间的水平线所示,从 1 到 2)如果基质浓度(S)足

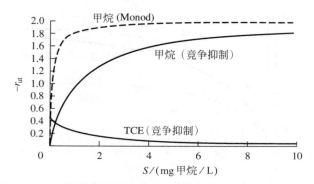

图 6.8 受竞争性抑制动力学控制的甲烷和 TCE 的反应速率。为了比较,同时给出了无抑制情
况下甲烷的氧化速率,$X_a = 1$ mg VSS$_a$/L,$\hat{q}$(甲烷)$= 2$ mg/(mg VSS$_a$ · d),K(甲烷)$=$
0.1 mg/L,$\hat{q}$(TEC)$= 0.5$ mg/(mg VSS$_a$ · d),K_I(TEC)$= 2$ mg/L,I(TEC)$= 20$ mg/L。

够高,反应速率可以接近 q。对于非竞争性抑制剂,影响 $\hat{q}$,随着抑制剂浓度提高,$\hat{q}$ 值下降
(图上面的和中间的水平线所示,从 2 降到 1)。K 值,即 1/2 最大反应速率时的基质浓度,
实际上保持不变(图中的垂线所示,为 1)。加入抑制剂之后,通过确定 Monod 反应的哪一
个系数发生变化,可以确定抑制剂的作用方式是竞争性的,还是非竞争性的。

在有些情况下,竞争性抑制和非竞争性抑制的影响同时存在。这种情况称为反竞争抑
制。$\hat{q}_{eff}$ 和 K_{eff} 这 2 个有效参数都发生变化,并且与独自存在条件下的变化相同:

$$\hat{q}_{eff} = \frac{\hat{q}}{1 + I/K_I} \tag{6.55}$$

$$K_{eff} = K(1 + I/K_I) \tag{6.56}$$

混合抑制是反竞争抑制的一种更常见的形式,在式(6.55)和式(6.56)中,K_I 取值不同。
最后一种抑制形式称为解偶联作用。解偶联抑制剂,如芳香烃,通常使质子透过细胞原生质
膜的能力增强。因此,通过细胞膜的质子驱动力降低,ATP 合成不再与呼吸链的电子传递
并行。有时,解偶联也称为质子载体。γ_{eff} 的降低和 b_{eff} 的提高可以模拟解偶联抑制作用的
影响:

$$\gamma_{eff} = \frac{\gamma}{1 + I/K_I} \tag{6.57}$$

$$b_{eff} = b(1 + I/K_I) \tag{6.58}$$

其他参数没有必要改变。解偶联作用有趣的一个方面是电子流向初级受体的速率提
高,并且单位活性菌体增加。稳态条件下的数学表达式如下:

$$r_{A,eff} = \frac{\hat{q}_{eff} S}{k_{eff} + S}\left[1 - \gamma_{eff}\left(1 - \frac{f_d b_{eff} \theta_x}{1 + b_{eff} \theta_x}\right)\right] \tag{6.59}$$

式中,$r_{A,eff}$ 为受体的比电子流动速率,$M_S M_X^{-1} T^{-1}$,并且所有的质量单位都与电子当量成比
例(如 COD)。

式(6.59)对所有形式的抑制作用都适用,并且可以说明自身抑制、竞争性抑制、非竞争
性抑制和反竞争性抑制是如何降低 $r_{A,eff}$ 的。然而,当解偶联作用增加 b_{eff} 或者降低 γ_{eff} 时,
$r_{A,eff}$ 将提高。

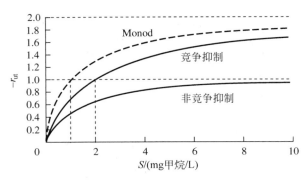

图 6.9　竞争性抑制剂和非竞争性抑制剂对反应动力学的作用（$K=1\text{mg/L},K_1=1\text{mg/L}$,

$X_a=1\text{mg VSS}_a/\text{L},\hat{q}=2\text{mg/(mg VSS}_a\cdot\text{d)},I=1\text{mg/L}$)

有时，反应产物可以产生抑制作用。产物抑制的一个经典事例出现在乙醇发酵中，乙醇是糖类发酵产生的最终产物。在葡萄酒生产中，糖类发酵在乙醇浓度达到 10％～13％时中止，因为此时乙醇的浓度对酵母菌产生毒性，使发酵停止。这就是为什么葡萄酒中乙醇含量通常是 10％～13％。然而，一些对乙醇具有更强耐受性的酵母现在可以使乙醇浓度达到 15％。

6.11　其他形式的速率表达式

如式（6.1）和式（6.3）所示，微生物生长和基质利用的 Monod 模型，是动力学分析和反应器设计中应用最广泛的模型。但是在有些特殊情况下，也应用其他模型。前面总结了抑制作用的几种模型。这一节将讨论不存在抑制作用情况下的其他几种模型。

Contois 模型是一个常见的模型，其表达式为

$$r_{ut}=-\frac{\hat{q}S}{BX_a+S}X_aV \tag{6.60}$$

式中，B 是常数，$M_s M_X^{-1}$。Contois 方程表示了比反应速率与活性生物浓度的关系。生物浓度高，比反应速率下降，对于 S（不是 X_a），近似于一级反应：

$$-r_{ut}=\frac{\hat{q}}{B}SV \quad X_a\rightarrow\infty \tag{6.61}$$

对于描述初级处理和废活性污泥中悬浮的颗粒有机物的水解速率，Contois 方程非常有用（Henze et al.，1995）。前面已经提到，可生物降解的污泥颗粒，其水解速率遵循一级动力学模型。比较式（6.44）和式（6.61）可以看出，即使微生物的浓度很低，水解速率和微生物的浓度也几乎无关。这主要是因为催化水解反应进行的是胞外酶，而不是细菌。对于水解反应，典型的 $\hat{q}/B$ 的比值为 1～3d^{-1}。

另外的两个方程是 Moser 方程和 Tessier 方程，如式（6.62）和式（6.63）所示：

$$r_{ut}=-\frac{\hat{q}S}{K+S^{-\gamma}}\bigg|X_aV \tag{6.62}$$

$$r_{ut}=-\hat{q}(1-e^{S/K})X_aV \tag{6.63}$$

式中,γ 为常数,没有单位。与 Contois 方程一样,当$-\gamma=1$(对于 Contois 方程,$BX_a=K$)时,Moser 方程可以转化为 Monod 方程。但是,Tessier 方程完全不同,如图 6.10 所示。当在两个方程中采用相同的 K 和 $\hat{q}$ 时,在 S 接近 0 时,产生相似的响应,但是,Tessier 方程比 Monod 方程更快地达到最大反应速率。

当存在一种以上的速率限制基质(称为双重限制)时,采用另一种速率表达式。最常用的方法是采用多元 Monod 方程,如式(6.64)所示:

$$r_{ut}=-\hat{q}\left(\frac{S}{K+S}\right)\left(\frac{A}{K_A+A}\right)X_aV \tag{6.64}$$

式中,A 为第二种基质的浓度,$M_A L^{-3}$;K_A 为第二种基质的半最大速率常数,$M_A L^{-3}$。

大多数情况下,第二种基质是电子受体,因此,用符号 A 表示。Bae 和 Rittmann(1996)通过基础生化研究表明,多元 Monod 方程可以准确地表示电子供体和电子受体的双重限制。式(6.64)的重要特征是,无论是基质 S 还是 A,当其浓度低于饱和浓度,或者呈零级反应时,反应速率将会以 Monod 方程描述的形式降低。当两种基质浓度都低于饱和浓度时,反应速率的降低可以用两部分 Monod 方程形式的乘积来表示,变得非常小。例如,如果 $S=0.1K$,并且 $A=0.1K_A$,r_{ut} 只是 $\hat{q}X_a$ 的 1%。

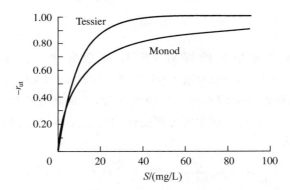

图 6.10　Monod 方程和 Tessier 方程中反应速率与 S 之间的关系

参考文献

Andrews,J. F. (1968). "11 A mathematical model for the continuous culture of microorganisms utilizing inhibitory substrates." *Biotechnol. Bioengr.* 10,pp. 707-723.

Bae,W.; and B. E. Rittmann (1996). "Responses of intracellular cofactors to single and dual substrate limitations." *Biotechnol. Bioengr.* 49,pp. 690-699.

Gujer,W.; M. Henze; T. Mino; and M. van Loosdrecht (1999). "Activated sludge model no. 3." *Water Sd. Technol.* 39(1),pp. 183-193.

Herbert,D. (1960). 11. "A theoretical analysis of continuous culture systems." *Soc. Chem. Ind. Monograph.* 12,pp. 21-53.

Lawrence,A. W.; and P. L. McCarty (1970). "A unified basis for biological treatment design and operation."/. *Sanitary Engr.* 96(SAE),pp. 757-778.

McCarty,P. L. (1971). "Energetics and bacterial growth." In S. D. Faust and J. V. Hunter,Eds. *Organic Compounds in Aquatic Environments.* New York: Marcel Dekker,chap. 21,pp. 495-531.

McCarty,P. L. (1975). "Stoichiometry of biological reactions." *Prog. Water Technol*. 7, pp. 157-172.

Min, H.; and Zinder, S. H. (1989). "Kinetics of acetate utilization by two thermophilic acetotrophic methanogens: *Methanosarcina* sp. strain CALS-1 and *Methanothrix* sp. strain CALS-1." *Appl. Environ. Microb*. 55, pp. 488-491.

Monad, J. (1949). "The growth of bacterial cultures." *Ann. Rev. Microbial*. 3, pp. 371-394.

Rittmann, B. E. (1996). "How input active biomass affects the sludge age and process stability." *J. Environ. Engr*. 122, pp. 4-8.

Rittmann, B. E.; and P. B. SAez (1993). "Modeling biological processes involved in degradation of hazardous organic substrates." In J. M. Levin and M. Gealt, Eds. *Biotreatment of Industrial and Hazardous Wastes*. New York: McGraw-Hill, pp. 113-136.

Shin, C.; P. L. McCarty; and J. Bae (2012). "Lower operational limits to volatile fatty acid degradation with dilute wastewaters in an anaerobic fluidized bed reactor." *Biores*. Technol. 109, pp. 13-20.

van Bodegom, P. (2007). "Microbial maintenance: a critical review on its quantification." *Microbial Ecol*. 53, pp. 513-523.

Wrenn, B. A.; and B. E. Rittmann (1995). "Evaluation of a model for the effects of substrate interactions on the kinetics of reductive dehalogenation." *Biodegradation*. 7, pp. 49-64.

习　　题

6.1　利用具有细胞循环的好氧 CSTR 处理废水。已知 $K = 50\text{mg/L}$, $\hat{q} = 5\text{g/(g VSS · d)}$, $b = 0.06\text{d}^{-1}$, $\gamma = 0.06\text{g VSS}_a/\text{g}$, $S^0 = 220\text{mg/L}$, 求 θ_x^{min}、$[\theta_x^{min}]_{lim}$ 和 S_{min}。

6.2　在对被高氯酸钾污染的水进行生物处理时,发现高氯酸盐(HClO_4^-)在水中的吉布斯自由能为 -8.5kJ/mol,可以在生物处理中作为电子受体,如乙酸作为电子供体时。高氯酸盐还原的半反应为

$$\frac{1}{6}\text{HClO}_4^- + \frac{7}{6}\text{H}^+ + \text{e}^- \Longrightarrow \frac{1}{6}\text{Cl}^- + \frac{2}{3}\text{H}_2\text{O}, \quad \Delta G^{0'} = 132\text{kJ/e}^- \text{ eq}$$

因此,用高氯酸盐对乙酸进行生物氧化可以去除水中的高氯酸盐,只留下氯化物作为残留。没有关于高氯酸盐生物氧化乙酸的动力学信息的情况下,请估计一些基本反应动力学参数的值。考虑两种情况:能量转移效率是保守的 40% 和更常用的 60%。对于每个效率值,估计 γ(g VSS/g BOD$_L$)、$\hat{q}$[g BOD$_L$/(g VSS · d)]、b(d^{-1})、$[\theta_x^{min}]_{lim}$ 和 θ_x 的设计值,假设安全系数为 5d。

6.3　假设一个恒化器的停留时间为 2h,已知如下生长常数:$\hat{q} = 48\text{g/(g VSS}_a · \text{d})$, $\gamma = 0.5\text{g VSS}_a/\text{g}$, $K = 100\text{mg/L}$, $b = 0.1\text{d}^{-1}$, $f_d = 1.0$。

(a) 当进水基质浓度(S^0)分别为 10 000、1000 和 100mg/L 时,基质的稳态浓度(S)是多少?

(b) 每个 S^0 的稳态细胞浓度(X_a)是多少?

(c) 每个 S^0 最少停留多长时间才会发生洗出?洗出的停留时间边界值是多少?

6.4　一个工厂有一个两级污水处理厂。第一级是一个 $\theta_x = 1\text{d}$ 的恒化器。第二级是一个泻湖,可以近似为 CSTR,停留时间为 10d。动力学参数为

$$\gamma = 0.7\text{g VSS}_a/\text{g BOD}_L$$

$$\hat{q} = 18 \text{g BOD}_L / (\text{g VSS} \cdot \text{d})$$

$$K = 10 \text{mg BOD}_L / \text{L}$$

$$b = 0.25 \text{d}^{-1}$$

总的流速为 $3785 \text{m}^3 / \text{d}$，$S^0 = 1000 \text{mg BOD}_L / \text{L}$。

如果 $X_v^0 = 40 \text{mg/L}$，$X_a^0 = 0$，所有进入的 COD 和 VSS 均为可生物降解的，请估计整个系统的出水性质（COD、BOD_L、VSS）。计算所需的 N 和 P，答案用毫克每升水流表示。

6.5　基质利用的动力学有时候采用 Eckenfelder 关系估计，$-r_{ut} = k' X_a S$。利用 Eckenfelder 关系求解 CSTR 中 S 和 X_a 的值。

6.6　某工厂用曝气泻湖处理其废水。废水的特性如下：

$$Q = 104 \text{m}^3 / \text{d}$$

$$S^0 = 200 \text{mg BOD}_L / \text{L}$$

$$X_a^0 = 0$$

$$X_i^0 = 30 \text{mg VSS}_i / \text{L}$$

泻湖具有充分的曝气，总容积为 $4 \times 10^4 \text{m}^3$。示踪剂研究表明，泻湖可描述为两个 CSTR 串联。因此，假设泻湖被分成两个串联的 CSTR。计算从两个 CSTR 流出的 S、X_a 和 X_i。使用以下参数：

$$\hat{q} = 5 \text{mg BOD}_L / (\text{mg VSS}_a \cdot \text{d})$$

$$K = 350 \text{mg BOD}_L / \text{L}$$

$$b = 0.2 \text{d}^{-1}$$

$$\gamma = 0.40 \text{mg VSS}_a / \text{mg BOD}_L$$

$$f_d = 0.8$$

6.7　计算稳态 CSTR 的出水 COD 和 BOD_L，已知

$$\theta = 1 \text{d}$$

$$S^0 = 1000 \text{mg/L BOD}_L$$

$$X_a^0 = X_i^0 = 0$$

$$\hat{q} = 10 \text{mg BOD}_L / (\text{mg VSS}_a \cdot \text{d})$$

$$K = 10 \text{mg BOD}_L / \text{L}$$

$$b = 0.1 \text{d}^{-1}$$

$$\gamma = 0.5 \text{g VSS}_a / \text{g BOD}_L$$

$$f_d = 0.8$$

COD 和 BOD_L 的去除率是多少？考虑所有种类的出水 COD 和 BOD_L。

6.8　已知如下参数，计算具有固体沉淀和循环的 CSTR 的水力停留时间（θ）：

$$\gamma = 0.6 \text{g VSS}_a / \text{g BOD}_L$$

$$\hat{q} = 20 \text{g BOD}_L / (\text{g VSS}_a \cdot \text{d})$$

$$K = 20 \text{mg BOD}_L / \text{L}$$

$$b = 0.25 \text{d}^{-1}$$

$$f_d = 0.8$$

$$S^0 = 10\ 000\ \text{mg BOD}_L/L$$

$$X_v = 4000\ \text{mg/L}$$

$$X_v^0 = 0$$

$$\theta_x = 6\text{d}$$

$$Q = 1000\ \text{m}^3/\text{d}$$

探讨用该方法处理高浓度可溶性废水的可行性。

6.9 你设计了一个具有固体沉淀和循环的 CSTR, 来处理流速(Q^0)为 $100\text{m}^3/\text{d}$ 的废水, 并假设 X_i^0 是 0。设计 θ_x 是 6d, 得到的反应器体积 V 为 20m^3。然而, 实际上 X_i^0 是 200mg VSS/L。如果在你的设计中, 你希望保持之前选择的 θ_x 和混合液悬浮固体浓度 ($X_a = 2000\text{mg VSS/L}$), 反应器体积($\text{m}^3$)需要改变多少?

6.10 一种废水的特性如下:

COD: 溶解性物质 100mg/L, 颗粒物 35mg/L;

BOD_L: 溶解性物质 55mg/L, 颗粒物 20mg/L;

悬浮性固体: 挥发性的 20mg/L, 不可挥发的 10mg/L。

估计以 $\text{mg BOD}_L/L$ 为单位的 S^0 和以 mg VSS/L 为单位的 X_i^0。

6.11 当 $S = 5\text{mg/L}$ 和 $S = 20\text{mg/L}$ 时, 一种限速基质的消耗率为 4mg/(d · mg 细胞) 和 9mg/(d · mg 细胞), 求 $\hat{q}$ 和 K。

6.12

(a) 一个 10m^3 的 CSTR, 进水为 $3\text{m}^3/\text{d}$, 含有 2000mg/L BOD_L、20mg/L 不可生物降解的悬浮固体有机物, 15mg/L 悬浮固体无机物。假设有氧条件下, $\gamma = 0.65\text{mg 细胞/mg BOD}_L$, $\hat{q} = 16\text{mg BOD}_L/(\text{d · mg 细胞})$, $K = 25\text{mg/L}, b = 0.2\text{d}^{-1}, f_d = 0.8$。计算出水中 S、X_a、X_i 和 X_v。

(b) 计算反应器对基质(S)的去除率。

6.13 你想估计细菌在好氧氧化乙酸时的最大生长速率($\hat{\mu}$)。你发现细菌的产量是 0.45g/g 乙酸。此外, 你还确定当乙酸浓度为 5mg/L 时, 利用率为 3g 乙酸/(g 细菌 · d); 当乙酸浓度为 15mg/L 时, 利用率为 5g 乙酸/(g 细菌 · d), 请估计 $\hat{\mu}$。

6.14 假设你在处理废水, $\hat{q} = 10\text{g BOD}_L/(\text{g VSS}_a · d)$, $K = 10\text{mg BOD}_L/L, b = 0.08\text{d}^{-1}$。当 θ_x 为 4d 时, 基质降解率为 99%, 微生物对氧气的消耗为 5000kg/d, 等于 f_e 为 0.55。当 θ_x 变为 8d 时, 估计氧气的消耗量。

6.15 一种需要被生物处理的废水的特性如下:

$$\text{BOD}_5(总) = 765\text{mg/L}$$

$$\text{BOD}_5(溶解性) = 470\text{mg/L}$$

$$k_i = 0.32\text{d}^{-1}$$

$$\text{COD}:$$

$$总 = 1500\text{mg/L}$$

$$固体悬浮物 = 620\text{mg/L}$$

固体悬浮物：

$$总 = 640mg/L$$

$$挥发性 = 385mg/L$$

根据以上信息，估计废水的 S^0（mg BOD$_L$/L）、X^0、X_v^0、X_{in}^0 和 X_i^0（mg/L）。注意 X_{in}^0 是无机（或不可挥发的）固体悬浮物。

6.16　一种废水的特性如下：

$$Q = 150\ 000m^3/d$$

$$X = 350mg/L$$

$$X_v = 260mg/L$$

$$COD（总）= 880mg/L$$

$$COD（溶解性）= 400mg/L$$

$$BOD_L（总）= 620mg/L$$

$$BOD_L（溶解性）= 360mg/L$$

估计 S^0、Q^0、X^0 和 X_i^0 的值。

6.17　当基质本身的有毒物质（如酚）的浓度高时，Monod 反应的 Haldane 修正常被用于形容基质降解动力学。在如下条件下，计算基质表现出 Haldane 动力学的 CSTR 的出水浓度，并与其基质不抑制（$S/K_I = 0$）时的值进行比较。

$$V = 25m^3$$

$$Q = 10m^3/d$$

$$S^0 = 500mg/L$$

$$\gamma = 0.5mg/mg$$

$$\hat{q} = 8g/(g \cdot d)$$

$$K = 7mg/L$$

$$b = 0.2d^{-1}$$

$$K_I = 18mg/L$$

6.18　你已经评估了工业废水中有机物的好氧降解速率，发现它不遵循正常的 Monod 动力学。经过一些测试，你发现基质降解率似乎遵循以下关系：

$$-r_{ut} = \hat{q}^{0.5}X_a S^0$$

式中，$-r_{ut}$ 为降解速率，mg/(L·d)；$\hat{q}$ 为 4L/(mg·d^2)；S 为基质浓度，mg/L；X_a 为活性微生物浓度，mg/L。你还确定了该基质在好氧条件下的细菌生长系数如下：

$$\gamma = 0.25g 细胞/g 基质$$

$$b = 0.08d^{-1}$$

当在 CSTR 中处理上述废水，且 θ_x 为 4d 时，估计出水基质浓度。

6.19　请填写下表，说明所列每个变量的增加会对好氧 CSTR 的给定操作特性产生什么变化。假设废水的所有其他特性和其他列出的变量保持不变。使用：（＋）＝增加，（－）＝减少，（0）＝不变，（±）＝不确定。

变量	操作特性参数		
	θ_x/d	污泥产量/(kg/d)	氧气消耗/(kg/d)
γ			
Q			
S^0			
b			
X_i^0			

6.20 一个生物反应器(CSTR)在 θ_x = 8d 的条件下运行,正在处理主要由基质 A 组成的废物。出水中 A 的浓度为 0.3mg/L,其亲和常数(K)为 1mg/L。然后向反应器的进水中加入浓度相对较小的化合物 B,θ_x 保持恒定。化合物 B 通过共代谢被微生物部分降解,但 B 是 A 降解的竞争性抑制剂。如果发现化合物 B 的出水浓度为 1.5mg/L,其亲和常数(K_1)为 2mg/L,那么基质 A 的出水浓度将是多少?

6.21 在 θ_x = 8d 运行的好氧 CSTR 处理以可溶性有机化合物 A 为主的废水,稳态运行时出水浓度为 1.4mg/L,K 值为 250mg/L。然后向废水中添加化合物 B,适当增加反应器体积以保持相同的 θ_x。不同的微生物使用不同的基质。在新的稳态条件下,B 的出水浓度为 0.8mg/L。那么,在下列条件下,化合物 A 的出水浓度是多少呢?

(a) 普通 Monod 动力学适用于每种基质。

(b) 基质之间存在竞争性抑制,K_1(与化合物 B 浓度有关)为 0.8mg/L。

(c) 基质之间出现非竞争性抑制,K_1(与化合物 B 浓度有关)为 0.8mg/L。

(d) 化合物 B 具有基质毒性(Haldane 动力学),K_{IS} = 0.8mg/L。

6.22 有机化学物质 A 添加到适合的微生物混合培养物(1000mg/L VSS)中,A 的浓度与反应速率有以下关系:

浓度(S)/(mg/L)	1	2	4	8	16
反应速率($-r_{ut}$)/(mg/(L·d))	1.5	2.0	2.0	1.5	1.0

反应速率($-r_{ut}$)与基质浓度(S)之间的关系可用什么速率方程来描述?为什么?

6.23 有公司希望设计一种针对矿山尾矿含铁的排放水进行生物处理的系统。水不含颗粒物质。你需要考虑将废水中含有的可溶性 Fe(Ⅱ)氧化为 Fe(Ⅲ),然后通过调整 pH 值使其在后续的反应器中沉淀。对于 Fe(Ⅱ)氧化,$[\theta_x^{min}]_{lim}$ = 2.2d,f_s^0 = 0.072,b = 0.1d^{-1}。

(a) 估算当 SF = 10、X_v = 1000mg/L 时的 CSTR 的停留时间。

(b) 当 S^0 = 10mg/L,K = 0.8mg/L 时,估算 Fe(Ⅱ)的氧化效率。

(c) 写出所发生反应的化学计量方程。

(d) 估计每克 Fe(Ⅱ)氧化所需的氧的克数。Fe 的相对分子质量为 55.8。

(e) 估计每克被氧化的 Fe(Ⅱ)应添加多少克氨氮以满足细菌的需要。

6.24 甲烷营养细菌被用来通过共代谢降解三氯乙烯(TCE)和氯仿(CF)的混合物。在这里,MMO 酶启动了这两种化合物的氧化。由于它们在 MMO 中相互竞争,它们在混合物中的降解速率受竞争抑制动力学控制。

X_a = 120mg/L,在下列条件下,估计 TCE 和 CF 的单独转化率,mg/(L·d)。

$$S_{\mathrm{TCE}} = 6.4\mathrm{mg\ TCE/L}$$

$$\hat{q}_{\mathrm{TCE}} = 0.84\mathrm{g\ TCE/(g\ VSS_a \cdot d)}$$

$$K_{\mathrm{TCE}} = 1.5\mathrm{mg\ TCE/L}$$

$$S_{\mathrm{CF}} = 5\mathrm{mg\ CF/L}$$

$$\hat{q}_{\mathrm{CF}} = 0.34\mathrm{g\ CF/(g\ VSS_a \cdot d)}$$

$$K_{\mathrm{CF}} = 1.3\mathrm{mg\ CF/L}$$

假设每种基质的 K_1 值等于其相对应的 K 值。

第7章 生物膜动力学

7.1 微生物的聚集

能很好地适应环境生物技术工艺的微生物在自然情况下几乎都会发生聚集现象。工程师们利用这种自然的聚集作用从出水中分离微生物,提高出水水质,同时使处理系统内保持较高的生物浓度。聚集的两种形式是悬浮絮体和附着生物膜。絮体和生物膜的不同之处在于:生物膜是附着在固体表面上的,而絮体形成时不需要固体表面的存在。悬浮生长体系中生物量的保持是通过在静置条件下使生物絮体沉淀实现的。附着生长体系中,液体流过固体介质时形成生物膜,由于生物膜是固定在固体表面上的,也可以保持生物量。

尽管絮体和生物膜中生物的存在形式不同,但从生物动力学角度来看,它们有一个明显的共同特征,即生物的聚集都能造成明显的基质浓度梯度。基质从聚体外部向内部的传递是由内外基质浓度差驱动的,通常聚体内部的细菌所享有的基质浓度低于外表面的基质浓度,因此,根据细菌在聚体内外的位置不同,基质利用速率和细胞生长速率也不相同。

如果考虑聚体内的浓度梯度,反应动力学模型将更加复杂。幸运的是生物膜的模型化已成为一门成熟的技术,工程师们可以利用很多工具进行设计、分析和研究。下面的几节介绍了生物膜动力学的基础知识,并且开发了几种实用工具,它们比第6章提到的恒化器动力学稍微难一些。另外,生物膜动力学原理还与悬浮絮体有关。

7.2 为什么会形成生物膜

生物膜是附着于固体表面的微生物及微生物胞外多聚物形成的层状聚集体。生物膜实际上是自然固定化了的细胞,它在自然界无处不在,而且在污染控制工程技术中变得越来越重要,如滴滤池、生物转盘和厌氧滤池。生物膜工艺不需要进行固液分离和回收就可以使优势生物体通过自然的固定化作用保留并积累下来,因此操作运行简单、可靠而且稳定。

在开发用于预测生物膜基质去除的数学模型之前,我们应该考虑生物膜(其实也是所有聚集系统)的一个基本问题:生物膜内部基质浓度较低,在这种不利因素下,为什么微生物还要聚集生成生物膜?这里有很多可能的原因,它们正确与否取决于实际情况。下面是几种可能的原因:

（1）当基质流过生物膜时,空间上固定的生物膜,由于对流作用可以持续不断地接触到新鲜的基质。

（2）生物膜创造了比外部混合液环境更适宜的内部环境（如 pH 值、O_2 或产物）。也就是说,生物膜形成了独特的、自身创造的有利细胞生长的微环境。

（3）微生物在生物膜内部被保护,以免受到来自环境中的压力,如捕食、分离、干燥和毒素。

（4）不同菌株的细菌必须在特定的菌群中生活在一起,因为它们依赖于基于有效交换的稳定的、协同的关系（如第 4 章所述）。

（5）固体介质表面本身也会创造一个独特的微环境,如电子供体（如 H_2、S^0 或 Fe^{2+}）或电子受体（如 O_2 或 Fe^{3+}）的传递。

（6）固体介质表面可以引起细菌发生生理变化。

（7）细菌被紧紧包裹在聚体中,改变了细胞的生理机能。

第 1 条通常适用于流动系统,特别是基质浓度比较低、液体流速比较大的情况。因此,生物膜中的微生物并不经常处于低基质浓度的环境中。第 2 条包含了微环境的影响,可能出现在个别的一些例子当中。第 3 条和第 4 条是形成有利条件或不同类型微生物组合的例子。第 5 条是生态选择中一种利用"活跃"表面有力的形式。尽管第 6 条可能对细菌和生物活体（如植物和动物器官）表面的特殊相互作用比较重要,但在与环境生物技术相关的系统中,支持它的证据很少。第 7 条常称为"特殊群体感觉"（见"4.2 物质交换"）,尽管它在其他环境中可能有非常显著的影响,但它在生物膜和其他对环境生物技术重要的聚集物中发挥作用的证据尚不确定。

7.3　理想化的生物膜

本章的主要目标是了解发生在生物膜中的基本机制,并开发简单的建模工具来定量地连接这些机制。这两个目标都是通过定义一个理想化的生物膜来实现的,它以一种简单的方式捕捉生物膜的主要特征:由需要在膜内运输材料而引起的浓度梯度。图 7.1(a) 显示了理想生物膜的特征:

- 生物膜内生物量密度 $X_f(M_xL^{-3})$ 相同。
- 生物膜厚度 L_f 一致。
- 生物膜表面和内部的传质阻力可能比较重要。扩散层有效厚度 L 代表外部传质阻力,内部阻力用分子扩散表示。传质阻力导致的一个最重要结果是细菌在生物膜内"看到"的基质浓度（记作 S_f）常常低于混合液中的浓度（记作 S）。

如图 7.1 所示,基质浓度梯度是非线性的。"厚生物膜"浓度梯度的一个特征是,基质浓度会在膜内某点接近零。厚生物膜是一个重要的特例,此处基质浓度为零点的生物没有基质利用活性,因此,生物膜厚度达到一定值时,继续增加生物膜的厚度不会增加总的基质利用速率。如果生物膜内各处 S_f 都大于零,叫作"薄生物膜"。薄生物膜的一个特例叫作完全穿透,即基质浓度梯度很小,外表面的基质浓度（S_s）和介质表面基质浓度（S_w）实际上相等。

与 CSTR 中的悬浮污泥（如第 6 章所述）类似,生物膜的完整模型必须包括限速基质与活性生物体的物质平衡和速率表达式。在生物膜模型中,因为基质梯度使膜内各处的物质浓度和反应速率都不相同,所以要针对生物膜内不同位置列出物质平衡和速率表达式。因此,模型化首先要从生物膜内开始研究。

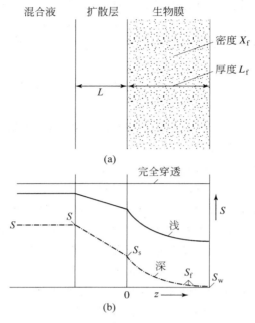

图 7.1 理想化生物膜

(a) 物理属性；(b) 剖面浓度特征

尽管模型化首先要从膜内开始,但模型输出要能适用于反应器的物质平衡。这意味着模型输出应该给出对整个生物膜进行积分的总反应速率。这样,用总反应速率乘以反应器内的生物膜量就可以得到一个量纲为质量比时间(质量/时间)的值,与式(6.14)中的 r_{ut} 类似。

接下来的几小节首先研究生物膜内的情况,推导出基质和活性生物体的速率表达式和物质平衡式；然后解出这些物质平衡式(生物膜内),使得模型输出为总的基质利用速率和微生物生长速率；最后,将模型输出代入简单反应器的物质平衡式中(和 CSTR 类似),从而阐明生物膜动力学和反应器响应的重要趋势。与第 6 章类似,重点集中在稳态生物膜上,但也会考虑其他情况。

7.3.1 基质现象

生物膜内任一点的基质利用方式与悬浮生长时相同：

$$r_{ut} = \frac{\hat{q} X_f S_f}{K + S_f} \tag{7.1}$$

式中, X_f 为生物膜内的活性生物体密度, $M_x L^{-3}$ ； S_f 为生物膜内该点的基质浓度, $M_s L^{-3}$ 。

基质进入生物膜是靠分子扩散,遵守 Fick 第二定律：

$$r_{diff} = D_f \frac{d^2 S_f}{dz^2} \tag{7.2}$$

式中,r_{diff} 为扩散引起的基质积累速率,$\mathrm{M_s L^{-3} T^{-1}}$;$D_f$ 为基质在生物膜内的分子扩散系数,$\mathrm{L^2 T^{-1}}$;z 为距离生物膜表面的垂直距离,L。

因为扩散和基质利用是同步的,结合式(7.1)和式(7.2)可以得到基质的总物质平衡方程。生物膜内浓度梯度为稳态时,基质的物质平衡式为

$$0 = D_f \frac{\mathrm{d}^2 S_f}{\mathrm{d}z^2} - \frac{\hat{q} X_f S_f}{K + S_f} \tag{7.3}$$

式(7.3)需要两个边界条件。第一个边界条件是固体接触表面的通量为 0,即

$$\frac{\mathrm{d}S_f}{\mathrm{d}z} = 0 \tag{7.4}$$

第二个边界条件是,在生物膜和水的交界面,基质必须通过该面从混合液进入生物膜外表面。外部的传质可以用 Fick 第一定律描述:

$$J = \frac{D}{L}(S - S_s) = D_f \frac{\mathrm{d}S_f}{\mathrm{d}z}\bigg|_{z=0} = D \frac{\mathrm{d}S}{\mathrm{d}z}\bigg|_{z=0} \tag{7.5}$$

式中,J 为基质进入生物膜的通量,$\mathrm{M_s L^{-2} T^{-1}}$;$D$ 为水中的分子扩散系数,$\mathrm{L^2 T^{-1}}$;L 为有效扩散层的厚度,L;S、S_s 分别为混合液中和两相交界面处的基质浓度,$\mathrm{M_s L^{-3}}$。

最后,根据基质浓度的连续性,液体一侧的界面基质浓度 S_s 与生物膜一侧的界面浓度 S_s 相等。

对式(7.3)作一次积分得到 $\mathrm{d}S_f/\mathrm{d}z$,再与 D_f 相乘得到基质通量 J($\mathrm{M_s L^{-2} T^{-1}}$),即生物膜单位表面积的基质利用速率。二次积分后得到 S_f 对 z 的函数表达式。多数情况下,希望得到用于反应器物质平衡式的 J。

式(7.3)~式(7.5)同时求解时,可以给出描述基质通量(及其剖面)的完整模型。求解式(7.3)需要确定所有动力学参数和传质参数($\hat{q}$、K、D_f、D 和 L),以及生物膜的性质 X_f、L_f 以及它们的乘积 $S_f L_f$,即单位表面积上的生物量,$\mathrm{M_x L^{-2}}$。除非预先知道生物膜的性质,否则必须利用生物膜的活性生物体平衡式求得,这些内容将会在本章进行讨论。

7.3.2　一级反应动力学的求解

当生物膜各处的 S_f 均远小于 K 时,基质通量和基质浓度梯度可以用完全闭合形式的解析解表示。生物膜内的一级反应动力学物质平衡微分方程(针对 S_f)为

$$0 = D_f \frac{\mathrm{d}^2 S_f}{\mathrm{d}z^2} - k_1 X_f S_f \tag{7.6}$$

式中,k_1 是一级速率常数 $= q/K$,$\mathrm{L^3 M_x^{-1} T^{-1}}$。对式(7.6)积分得到通量和 S_f 的解析解:

$$J_1 = \frac{D_f S_s \tanh(L_f/\tau_1)}{\tau_1} \tag{7.7}$$

$$S_f = S_s \frac{\cosh[(L_f - z)/\tau_1]}{\cosh(L_f/\tau_1)} \tag{7.8}$$

式中,J_1 为进入一级反应生物膜的基质通量,$\mathrm{M_s L^{-2} T^{-1}}$;$\tau_1$ 为一级反应条件,特征生物膜厚度 $L = \sqrt{D_f/k_1 X_f}$;k_1 是一级速率常数,$\mathrm{L^3 M_x^{-1} T^{-1}}$;$\tanh(x)$ 为 x 的双曲正切函数,$\tanh(x) = (e^x - e^{-x})/(e^x + e^{-x})$;$\cosh(x)$ 为 x 的双曲余弦函数,$\cosh(x) = 0.5(e^x + e^{-x})$。特征生物膜厚度($\tau_1$)由 D_f 除以 $k_1 X_f$ 后开平方得到,是代表扩散速率和生物降解速率之比的一个组

合参数。L_f/τ_1 表示生物膜无量纲厚度。对于厚的生物膜 $L_f/\tau_1>1$，对于完全穿透生物膜 $L_f/\tau_1\leqslant1$。

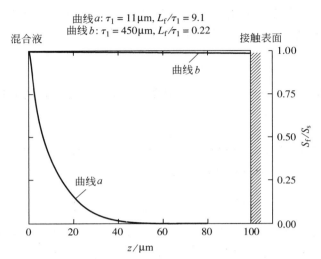

图 7.2 特征性"厚"生物膜（曲线 a）与几乎完全穿透的生物膜（曲线 b）的断面基质浓度曲线。比值 L_f/τ_1 决定生物膜是否为"厚"生物膜；k_1、D_f 和 X_f 的不同组合可以得到相同的 τ_1 值，文章正文部分给出了它们是如何影响 J_1 值的

　　图 7.2 所示为物理厚度相同（$L_f=100\mu m$）但 τ_1 值相差很大的两个生物膜内的基质浓度梯度。曲线 a 中，基质浓度在进入膜厚度一半处几乎降到了零，靠近载体表面的生物膜从基质利用的角度看没有活性。曲线 b 代表的情况则完全相反，生物膜内所有细菌所处位置的基质浓度基本相等，基质利用速率也相等。图 7.2 说明传质阻力的重要性依赖于扩散作用（D_f）和基质利用能力（对一级反应而言为 k_1X_f）两者的比值。τ_1 值较小时，会使生物膜比较"厚"，受扩散阻力的影响比较大。

　　k_1、X_f、D_f 的不同组合可以得到相同的 τ_1，这些参数的值又会影响 J_1 的绝对值，如果曲线 b 对应的各参数值为 $D_f=0.1cm^2/d, X_f=50mg/cm^3$ 和 $k_1=1.0cm^3/(mg\cdot d)$（得到 $\tau_1=0.045cm$），$S_s=0.1mg/cm^3$ 时的通量值为 $0.048mg/(cm^2\cdot d)$。曲线 a 的 τ_1 值要小一些，可以取较小的 D_f 或较大的 k_1X_f 值得到。取较小 D_f 值时，如果 $\tau_1=0.0011cm$，要求 $D_f=6\times10^{-5}cm^2/d$，这时 J_1 降至 $5.5\times10^{-3}mg/(cm^2\cdot d)$。另外 k_fX_f 增至 8.3×10^5d 时，$J_1=91mg/(cm^2\cdot d)$。因此，厚生物膜并不意味着通量大或小，因为反应比较快或扩散速度比较慢时 τ_1 值都比较小。

7.3.3　已知 S_w 时的通解

　　当生物膜两边界的浓度已知，即 S_s 和 S_w 已知时，式（7.3）可求得解析解：

$$J=\left\{2\hat{q}X_fD_f\left[S_s-S_w+K\ln\left(\frac{K+S_w}{K+S_s}\right)\right]\right\}^{1/2} \qquad (7.9)$$

　　对于厚生物膜，S_w 接近零，可得到一个很有用的解：

$$J_{deep}=\left\{2\hat{q}X_fD_f\left[S_s+K\ln\left(\frac{K}{K+S_s}\right)\right]\right\}^{1/2} \qquad (7.10)$$

在本章末,我们将给出判断生物膜是否为厚生物膜的方法,那将会用到式(7.10)。因为预先不知道 S_w,所以除了厚生物膜,很少使用式(7.9)。可以特意假定 S_w 使用式(7.9),但会导致算得的通量不正确。

为考察生物膜内基质浓度梯度对通量的影响,用式(7.9)和式(7.10)计算 J 值。固定参数值为: $D_f = 1cm^2/d$, $X_f = 40mg/cm^3$, $\hat{q} = 10mg/(mg \cdot d)$ 和 $K = 0.001mg/cm^3$。如果生物膜为厚生物膜($S_w = 0$)由式(7.10)求得, $S_s = 0.01mg/cm^3$ 时 $J_{deep} = 2.5mg/(cm^2 \cdot d)$。如果生物膜比较薄, $S_w = 0.005mg/cm^3$,那么由式(7.9)得到 $J = 1.9mg/(cm^2 \cdot d)$。如果 S_w 增至 $0.009mg/cm^3$,则 $J = 0.9mg/(cm^2 \cdot d)$。重要的是要记住,在这个例子中,深层生物膜提供了更高的通量,因为它更厚,这意味着它有更多的生物量。

7.3.4　生物膜物质平衡

生物膜内任一点活性生物体的物质平衡式为

$$\frac{d(X_f dz)}{dt} = \gamma \frac{\hat{q} S_f}{K + S_f}(X_f dz) - b' X_f dz \tag{7.11}$$

式中, t 为时间,T; b' 为总的生物膜损失速率,T^{-1}; dz 为生物膜微分段的厚度,L。

式(7.11)左侧为单位表面积上生物膜质量的变化($M_x L^{-2} T^{-1}$);右侧两项分别表示合成和分解的速率,以单位表面积上单位时间的生物量表示($M_x L^{-2} T^{-1}$)。膜内各处 S_f 不同,因此右侧第一项随位置不同而不同。所以,左侧很少为常数或零。也就是说,生物膜内各处生物量并非处于稳态。靠近外边界处,基质浓度比较高,式(7.11)右侧第一项为正值,生物量净增长速率为正,即 $d(X_f dz)/dt > 0$。相反,膜深处基质浓度低,净增长速率为负。

7.4　稳态生物膜

尽管生物膜内任一点的生物量都存在净增长或净减少,稳态概念仍可以应用且非常重要。稳态概念用于生物膜的关键一点是必须将生物膜看作一个整体。这样,稳态生物膜的基本含义为单位表面积上的生物量($X_f L_f$)不随时间变化,但生物膜内任一点的微生物并不是稳态的。也就是说,当式(7.11)对整个生物膜厚度积分为零时,生物膜是稳态的。

$$0 = \int_0^{L_f} \frac{d(X_f dz)}{dt} = \int_0^{L_f} \gamma \frac{\hat{q} S_f}{K + S} X_f dz - \int_0^{L_f} b' X_f dz \tag{7.12}$$

根据稳态膜的定义,假设 X_f、$\hat{q}$、K 和 b' 是常数,则可以求出每个积分项。如式(7.13)所示

$$\int_0^{L_f} \frac{d(X_f dz)}{dt} = \frac{d(X_f L_f)}{dt} = 0 \tag{7.13}$$

$r_{ut} dz$ 的积分是单位面积上所有反应速率的总和,它等于基质通量或单位面积上的总基质利用速率($M_s L^{-2} T^{-1}$)。通量与 γ 相乘则得到单位面积的生长速率($M_x L^{-2} T^{-1}$)

$$\int_0^{L_f} \gamma \frac{\hat{q} S_f}{K + S} X_f dz = \gamma \int_0^{L_f} (-r_{ut}) dz = \gamma J \tag{7.14}$$

生物膜内微生物自身消耗速率是均匀的,因此

$$\int_0^{L_f} b' X_f dz = b' X_f L_f \tag{7.15}$$

将式(7.14)和式(7.15)代入式(7.12)得到

$$0 = \gamma J - b'X_{f}L_{f} \tag{7.16}$$

这是稳态生物膜的基本方程。它表明单位面积新生长的生物量(γJ)与单位面积上自身消耗的量($b'X_{f}L_{f}$)相平衡。式(7.16)可以写成其他形式。单位面积上的生物量可由式(7.16a)求得：

$$X_{f}L_{f} = \frac{J\gamma}{b'} \tag{7.16a}$$

式(7.16a)两边除以 X_{f} 得到生物膜厚度：

$$L_{f} = \frac{J\gamma}{X_{f}b'} \tag{7.16b}$$

稳态生物膜的概念指的是一种动态平衡。靠近外表面的地方，基质浓度比较高，$\mathrm{d}(X_{f}L_{f})/\mathrm{d}t$ 为正值。靠近载体介质表面的地方，S_{f} 低，$\mathrm{d}(X_{f}L_{f})/\mathrm{d}t$ 为负值。正增长速率的位置向负增长速率的位置输送微生物，而整个膜是稳态的。

7.5 稳态生物膜的解

稳态生物膜模型的求解需要同时解物质平衡式(7.3)来求生物膜内基质浓度；解式(7.5)求进入生物膜的传质量；解式(7.16)求生物膜内的活性生物量；解边界条件和连续性条件式(7.4)和式(7.5)。Rittmann 和 McCarty (1980a)首先解出了这 3 个方程式，并给出了稳态生物膜的解，输入 $\hat{q}$、K、D_{f}、D、L、γ、b'、X_{f} 和 S，就可以计算出 J 和 $X_{f}L_{f}$ 的值。Saez 和 Rittmann(1988,1992)对结果进行了修正，提高了稳态解的准确性，但仍保留了原解的基本形式。解的数学形式将会在后面给出。

图 7.3 给出了稳态生物膜对基质浓度变化的响应曲线。纵轴表示混合液基质浓度的对

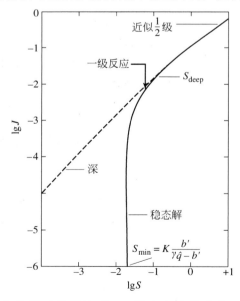

图 7.3　稳态生物膜对基质浓度(S)微小变动的响应。本例中 $S_{\min} = 0.0204\mathrm{mg/cm^{3}}$，$S$ 的单位是 $\mathrm{mg/cm^{3}}$，J 的单位是 $\mathrm{mg/(cm^{2} \cdot d)}$

数,横轴表示基质通量的对数。同时横轴和单位面积上生物量的积累 $X_f L_f = \gamma J / b'$ [式(7.16a)]成正比。为了表示所有的值,两个轴都用对数坐标。

图 7.3 展示了稳态生物膜随底物浓度增加而表现出的 5 个主要趋势:

(1) 稳态生物膜的损失率 b_{det} 等于生物膜的 SRT 或 θ_x。对于一个给定 b_{det} 条件下稳态运行的生物膜反应器,存在一个最小基质浓度 S_{bmin},如图 7.3 所示,可以按照如下计算:

$$S_{bmin} = K \frac{b'}{\gamma \hat{q} - b'} = K \frac{b + b_{det}}{\gamma \hat{q} - (b + b_{det})} \tag{7.17}$$

S_{bmin} 实际上与稳态 CSTR 的基质浓度 S 相同,如式(6.21)所示。而对于 CSTR,这是给定 θ_x 反应器可以运行的 S,而对于生物膜反应器,它是在 θ_x 条件下可获得的最小 S;因此,我们用另一个术语 S_{bmin} 来表示生物膜反应器的 S_{min}。如果 b_{det} 为 0,则 S_{bmin} 等于 S_{min}。对于 CSTR,无论进水基质浓度如何,在给定 θ_x 时,出水 S 值是相同的。相比之下,生物膜反应器中增加进水基质浓度会导致 S 的出水值高于 S_{bmin}。产生这种差异的原因是在 CSTR 中,所有微生物都暴露在相同的 S 中,而浓度随着进入生物膜的深度而降低。与任何稳态完全混合的生物过程一样,当 S 低于这一临界值时,负的生长速率不能维持稳态生物量。因此,S_{bmin} 仍然是两个系统设计和操作的一个非常关键的因素。

(2) 当 S 稍大于 S_{min} 时,J 和 $X_f L_f$ 随 S 迅速增大。J 快速增大的原因是 J 和 $X_f L_f$ 同时增加。S 很小的增量会使 J 值变大,也使 $X_f L_f$ 增大;同时 $X_f L_f$ 增大可使 J 增加。因此,S、J 和 $X_f L_f$ 正反馈的结果使 J 在 S 稍大于 S_{min} 时随 S 迅速增加。

(3) 对应 $S > S_{min}$ 的某个 S 值,J 对 S 的斜率从接近无穷大降低到接近 1.0。图 7.3 的例子中,对应的 S 值近似为 $0.07 mg/cm^3$。

(4) 当 S 足够大时,通量等于厚生物膜的通量。图 7.3 中对应的 S 值近似为 $0.11 mg/cm^3$,记为 S_{deep}。当 $S \geqslant S_{deep}$ 时,稳态生物膜为厚生物膜,或者 S_f 在到达载体表面之前已接近零。使用厚生物膜的实际意义在于 J 不再依赖于 $X_f L_f$,因为额外的生物膜厚度内 $S_f = 0$,增加的生物量并不会增加反应速率。另一方面,因为生物膜内的基质浓度会随 S 增加而升高,所以 J 和 $X_f L_f$ 也会随着 S 的增加而增加。

(5) 当 S 非常大时,J 对 S 曲线的斜率逐渐下降,最后到达极限情况的半级反应,即 $J = k_{1/2} S^{1/2}$。半级反应是厚生物膜反应中常见的特殊情况。反应级数的下降造成的实际影响是 S 的增加不能使 J 同比例的增加,且当系统为厚生物膜时,载体表面基质去除量的增量变小。

式(7.3)～式(7.6)和式(7.16)的解可以用相对比较简单的代数式表示,它将 J 和 $X_f L_f$ 表示为 S 和许多动力学参数和传质参数的函数。式(7.3)是非线性的,因此不可能求得精确的解析解。准解析解可以通过选择适当的代数式来适配大量组成稳态生物膜模型方程的数值解来获得。

Saez 和 Rittmann(1992)的准解析解是最新和最精确的。解用 3 个无量纲的主变量 S_{min}^*、K^* 和 S^* 表示。除了将 8 个变量($\hat{q}$、K、γ、b'、D_f、D、L 和 S)合并成 3 个变量外,无量纲变量还可以提供生物膜系统的动力学属性。

这 3 个无量纲变量为

$$S_{b min}^* = \frac{b'}{\gamma \hat{q} - b'} \tag{7.18}$$

$S_{b\min}^*$ 代表生长潜力，$S_{b\min}^* \ll 1.0$ 表示生长潜力很高，因为最大净生长速率 $(\gamma\hat{q} - b')$ 远比损失速率 (b') 大；$S_{b\min}^* > 1$ 表示生长潜力很小且不易保持恒定、稳态的生物量。

$$K^* = \frac{D}{L}\left[\frac{K}{\hat{q}X_f D_f}\right]^{1/2} \tag{7.19}$$

K^* 是外部传质速率和最大基质利用速率的比值。K^* 值很小(比如说小于 1)意味着外部传质速率低且成为通量的控制因素；K^* 值很大(比如说大于 10)意味着整个动力学几乎完全由生物膜内的现象控制。

$$S^* = S/K \tag{7.20}$$

S^* 是无量纲基质浓度。S^* 值很大(比如 $S^* \gg 1$)表示基质利用已达饱和，至少在生物膜靠外的部分如此。

准解析解可以用式(7.21)表示：

$$J = f J_{\text{deep}} \tag{7.21}$$

式中，J 为实际稳态通量，采用常用单位，$\text{mg}_s/(\text{cm}^2 \cdot \text{d})$；$J_{\text{deep}}$ 为进入具有同样 S_s 浓度的厚生物膜的通量，$\text{mg}_s/(\text{cm}^2 \cdot \text{d})$；$f$ 为表征稳态膜内的实际通量减小的比值，稳态膜不是厚深生物膜，范围是 $0 \leqslant f \leqslant 1$。

通过拟合成千上万个数值解，Saez 和 Rittmann (1992) 发现

$$f = \tanh\left[\propto \left(\frac{S_s^*}{S_{\text{bmin}}^*} - 1\right)^{\beta}\right] \tag{7.22}$$

式中，$\tanh(x)$ 为双曲正切函数，$\tanh(x) = (e^x - e^{-x})/(e^x + e^{-x})$；$\alpha$、$\beta$ 为依赖于 S_{bmin}^* 的系数[式(7.23)和式(7.24)]。

使用准解析解的步骤如下：

(1) 由式(7.18)～式(7.20)计算 S^*、K^* 和 S_{bmin}^*。如果 $S^* \leqslant S_{\text{bmin}}^*$，$J = X_f L_f = 0$，解析到此结束。如果 $S^* > S_{\text{bmin}}^*$，则进入第二步。

(2) 由 S_{bmin} 计算 α 和 β：

$$\alpha = 1.5557 - 0.4117\tanh[\lg S_{\text{bmin}}^*] \tag{7.23}$$

$$\beta = 0.5035 - 0.0257\tanh[\lg S_{\text{bmin}}^*] \tag{7.24}$$

(3) 由 α、β、K^* 和 S^*，反复计算 S_x^*，即生物膜与混合液界面处的无量纲基质浓度。

$$S_s^* = S^* - \frac{\tanh\left[\propto \left(\dfrac{S_s^*}{S_{\text{bmin}}^*} - 1\right)^{\beta}\right]\{2[S_s^* - \ln(1+S_s^*)]\}^{1/2}}{K^*} \tag{7.25}$$

由于 S_s^* 在方程两边都存在，必须重复计算 S_s^* 直至两边的 S_s^* 相等。如果需要的话，可以通过式(7.22)计算出 f，从而判断生物膜是厚生物膜(f 接近 1)还是薄生物膜($f < 1$)。式(7.25)中的 $\{2[S_s^* - \ln(1+S_s^*)]\}^{1/2}$ 项是式(7.10)中 J_{deep} 或 J_{deep}^* 的无量纲形式。

(4) 由式(7.26)计算 J^*，即无量纲通量

$$J^* = K^*(S^* - S_s^*) \tag{7.26}$$

(5) 通过下式将 J^* 转换为 J

$$J = J^*(K\hat{q}X_f D_f)^{1/2} \tag{7.27}$$

（6）由式(7.16a)计算 X_fL_f 或通过式(7.16b)计算 L_f。

虽然求解过程包括许多步骤，但全部都是代数运算，因此可以很容易地通过手算或使用电子数据表或方程求解软件计算出来。应用稳态生物膜模型应该注意的几个关键问题是：

- 对所有 $S < S_{bmin}^*$，$J = 0$，但对所有 $S > S_{bmin}^*$，J 有唯一一个定值。
- X_fL_f（或 L_f）是这个模型的一个输出；对任何 $S > S_{bmin}^*$，X_fL_f 都有一个唯一的值。
- S_{bmin}^* 和 K^* 是描述控制工艺运行的基本量。例如，K^* 值比较小表明外部传质是决定基质通量的主要因素，而 S_{bmin}^* 值比较大说明生物膜的积累严重限制了基质的利用。

例 7.1　用准解析解计算稳态生物膜

已知基质浓度 S 为 0.5mg/L，计算稳态基质通量（J）、生物膜积累量（X_fL_f）和生物膜厚度（L_f）。动力学和传质参数值如下：

$$L = 0.01\text{cm}(=100\mu\text{m})$$

$$K = 0.01\text{mg}_s/\text{cm}^3(=10\text{mg/L})$$

$$X_f = 40\text{mg}_a/\text{cm}^3$$

$$\hat{q} = 8\text{mg}_s/(\text{mg}_a \cdot \text{d})$$

$$b' = 0.1\text{d}^{-1}$$

$$D = 0.8\text{cm}^2/\text{d}$$

$$D_f = 0.64\text{cm}^2/\text{d}$$

$$\gamma = 0.5\text{mg}_a/\text{mg}_s$$

mg_a 和 mg_s 分别表示活性生物体和基质的毫克数。参数值列表强调了使用模型解题时最重要的一点：所有的单位要统一。这里习惯使用也推荐使用的单位是：质量用 mg，长度用 cm，时间用 d。基质浓度用这些单位表示为 $S = 0.0005\text{mg/cm}^3$，流量单位为 $\text{mg/(cm}^2 \cdot \text{d})$。

下面的求解步骤是计算无量纲参数的最有效途径。通过这些步骤得到无量纲通量（J^*），然后将 J^* 转换为有量纲值 J、X_fL_f 和 L_f。再强调一下，各计算量的单位应该用 mg、cm 和 d。

（1）用式(7.18)~式(7.20)计算 S^*、K^* 和 S_{bmin}^*。

$$S^* = 0.0005/0.01 = 0.05$$

$$K^* = \frac{0.8}{0.01}\left[\frac{0.01}{8 \times 40 \times 0.64}\right]^{1/2} = 0.559$$

$$S_{bmin}^* = \frac{0.1}{(0.5 \times 8) - 0.1} = 0.025\,61$$

S_{bmin}^* 值低说明该系统的生长潜力很高，除非 S 接近 S_{bmin}，否则不会受生物膜积累的限制。K^* 值中等大小表明系统部分受外部传质的控制，但并不是主要的控制因素。

（2）由式(7.23)和式(7.24)计算 α 和 β：

$$\alpha = 1.5557 - 0.4117\tanh[\lg 0.025\,61]$$

$$= 1.9346$$

$$\beta = 0.5035 - 0.0257\tanh[\lg 0.025\,61]$$

$$= 0.5272$$

（3）由式(7.25)反复试算得到 $S_s^* = 0.027\,54$。不是必须要计算 f，但从式(7.22)计算得到 $f = 0.46$，表示生物膜明显比较薄，因此，至少部分受生物膜积累的限制。

（4）由式(7.26)计算 J^*：

$$J^* = 0.559(0.05 - 0.027\,54)$$
$$= 0.012\,56$$

（5）由式(7.27)将 J^* 转换为 J：

$$J = 0.012\,56(0.01 \times 8 \times 40 \times 0.64)^{1/2}$$
$$= 0.0179\,\mathrm{mg_s}/(\mathrm{cm^2 \cdot d})$$

（6）由式(7.28)计算 $X_f L_f$，用 $X_f = 40\,\mathrm{mg_a/cm^3}$ 相除可以得到 L_f。

$$X_f L_f = \frac{0.0179 \times 0.5}{0.1} = 0.0895\,\mathrm{mg_a/cm^2}$$

$$L_f = 0.002\,24\,\mathrm{cm} = 22.4\,\mu\mathrm{m}$$

7.6 参数估值

微生物参数($\hat{q}$、K、γ 和 b)的确切值可以通过与获得悬浮生长的微生物的相应参数相同的方法确定，而且二者参数的数量级相同。而生物膜的特征参数 X_f、D、D_f、L 和 b' 要根据它们各自的情况确定。

生物量密度 X_f 随自然条件和微生物特性而在很大范围内变化。生物膜上的机械压力增加会导致生物膜密度的增加，而厌氧生物膜通常比好氧生物膜密度大。"典型"的密度值，以挥发性有机物(volatile solids，VS)的干重计，为 40mg VS/cm³。而挥发性固体密度在低基质浓度的好氧条件下最低为 5mg VS/cm³，在高基质浓度厌氧条件下最高可达 200mg VS/cm³。生物量的最大堆积密度在 200～300mg/cm³。持续的高机械应力和湍流会使生物膜的密度增加。此外，"老的"生物膜一般会变得更致密，特别是在底层附近。厌氧生物膜通常比好氧生物膜密度大，这可能是因为厌氧生物膜生长缓慢且自然老化。

除了总挥发性固体密度会发生变化外，挥发性固体中活性生物体部分变化也很大。厚的生物膜可以惰性生物量或矿物沉淀物为主要成分，这两种物质都倾向于在附着表面附近积累。非常年轻的生物膜和通过分离保持非常薄的生物膜可以接近 90% 的活性生物量。积累在厚生物膜中的惰性物质，其积累速率变得缓慢，且难以在快速脱落的生物膜中生存。

化合物在水中的扩散系数 D 在许多化学手册中可以查到。对于手册上没有列出的化合物，可利用 Wilke-Chang 方程根据化合物的物质的量体积求得一个很好的近似值。对于 20℃ 的水溶液，Wilke-Chang 方程为

$$D = 1.279(V_b)^{-0.6} \tag{7.28}$$

式中，D 的单位为 $\mathrm{cm^2/d}$；V_b 是溶质沸点时的物质的量体积，$\mathrm{mL/mol}$。化学工程师手册(Green and Perry，2008)中有估计 V_b 的方法。

生物膜内的扩散系数 D_f 小于 D，这是由生物膜内扩散路径弯曲和溶质可能吸附到生物膜基质中的固体导致的。虽然 D_f 的值仍是一个有待更多研究的话题，但目前的共识是，对于不吸附于生物膜基质的小溶质，D_f/D 的比例一般是 0.5～0.8。大的或可吸附的溶质可能具有较小的值。同样，高的 X_f 值的生物膜可能更加曲折，导致 D_f/D 变小。当不存在

明确的信息时,我们使用默认值 $D_f = 0.8D$,如例 7.1 所示。

有效扩散层厚度 L 可以从化学工程师们得到的多孔介质中或其他规则表面的传质系数的相关关系估计出。大多数经验关系式是用传质系数 k_m 表示的,它的单位通常是 MT^{-1},本书使用 cm/d。L 很容易通过下面关系式由 k_m 求出:

$$L = D/k_m \tag{7.29}$$

手册和化工文献中有很多 k_m 关系式。需要使用适合于相关媒介和关键试验条件的关系式。通常试验条件用雷诺数(Reynolds)和史密特数(Schmidt)描述,它们分别表示对流速率与黏度之比、黏度与扩散率之比。式(7.30)表示了一个对于球形多孔介质很有用的关系式,而且它同样表明 L 是雷诺数、史密特数和液体速度的函数。

$$L = \frac{D(Re_m)^{0.75} Sc^{0.67}}{5.7u} \tag{7.30}$$

式中,$Sc = \mu/\rho D$,为史密特数;$Re_m = 2\rho d_p \mu/(1-\varepsilon)\mu$,为修正后的雷诺数;$\mu$ 为绝对黏度,$g/(cm \cdot d)$;ρ 为水的密度,g/cm^3;$u = Q/A_c$ 为表面液体流速,cm/d;d_p 为固体介质直径,cm;ε 为介质床的空隙率;Q 为体积流速,cm^3/d;A_c 为流体的过流面积,cm^2。

该关系式适合 $1 \leqslant Re_m \leqslant 30$,$S_c$ 为水的典型值的情况。

总生物膜损失系数 b' 由三部分组成:分解、捕食和脱附。分解与悬浮生长情况相类似,可以用通常的一级反应衰减系数 b 表示。原生动物或更高级的动物对微生物的捕食作用尽管在一些情况下可能比较重要,但目前还不能对它们进行定量研究。因此,我们不得不在损失项中忽略这部分。另外,生物膜的脱附是生物膜损失的一个关键机理,且在一些情况下已经可以定量。假设可以计算 b_{det},那么 b' 可以表示为

$$b' = b + b_{det} \tag{7.31}$$

式中,b_{det} 为生物膜比脱附系数,T^{-1}。

许多情况下,b_{det} 大于 b,使得 S_{bmin}、S_{bmin}^* 和生物膜的积累量和基质通量很大程度上取决于控制脱附速率的因素。尽管在新的研究和定量化中,脱附一直是比较成熟的部分,但也开始出现了一些新的理论和工具。一个基本理论是生物膜表面的机械力影响着生物膜的脱附。尽管力的作用比较复杂而且它不一定是影响生物膜脱附的唯一因素,但通常当切向力(用剪切力表示)或轴向力(用压力脉动或物理摩擦表示)增加时,b_{det} 也增加。

Rittmann(1982)得到了光滑表面脱附的简单方程,此时剪切力为引起脱附的主要作用力。当生物膜比较薄(即 $L_f < 0.003$cm)时,b_{det} 和生物膜表面的切向剪切力相关:

$$b_{det} = 8.42 \times 10^{-2} \sigma^{0.58} \tag{7.32}$$

式中,b_{det} 的单位为 d^{-1};液体剪切力 σ 的单位为 dyn/cm^2。剪切力用单位面积生物膜因摩擦引起的能量损耗进行计算。对于多孔介质固定床,可用式(7.33)计算:

$$\sigma = \frac{200\mu u (1-\varepsilon)^2}{d_p^2 \varepsilon^3 a \left(7.46 \times 10^9 \dfrac{s^2}{d^2}\right)} \tag{7.33}$$

对于多孔介质流化床,用式(7.34)计算

$$\sigma = \frac{(\rho_p - \rho_w)(1-\varepsilon)g}{a} \tag{7.34}$$

式中,ρ_p 为颗粒密度,g/cm^3;ρ_w 为水的密度,g/cm^3;g 为 980cm/s^2;ε 为床空隙率;u 为

表面液体流速,cm/d; μ 为绝对黏度,g/(cm·d); σ 为剪切力,dyn/cm², 即 g/(cm·s²)。

由切向力引起的脱附速率可能会很大。例如,薄生物膜在 0.02dyn/cm² 低剪切力作用下 b_{det} 值为 0.009d⁻¹, 而在 1dyn/cm² 中等大小剪切力(对多孔介质反应器)作用下 b_{det} 值为 0.084d⁻¹。后一个值基本上等于好氧异养菌的典型 b 值,它会使 b'、S_{bmin} 和 S_{bmin}^* 明显增加。

当扰动比较大时,压力脉动可以产生轴向力或与生物膜表面正交的力。同样地,当固体介质能到处移动且颗粒之间有摩擦力时,摩擦作用会产生轴向力。轴向力可以对脱附率有很强的影响,而且它们似乎也加速了生物膜的物理固结。

另一种广泛使用的 b_{det} 强调随着生物膜变厚,特异性脱附率增加:

$$b_{det} = k_d L_f \tag{7.35}$$

式中,k_d 的单位为 cm⁻¹d⁻¹, 不明确包括剪应力或其他物理力。对于相同的微生物和物理条件,b_{det} 可能随 L_f 的增加而增加,因为较厚的生物膜机械强度较弱,特别是在靠近外表面的地方,或者因为较厚的生物膜增加了表面粗糙度、摩擦和生物膜中的能量耗散。

当表面不光滑时,生物膜往往首先积聚在裂缝中,这些裂缝可以保护其不受剪切应力。在某些情况下,b_{det} 接近于零,只要生物膜只停留在提供保护的缝隙中。然而,一旦生物膜从缝隙中出来并在表面形成"光滑"生物膜,脱附率接近光滑表面,如式(7.31)和式(7.35)。

上面的脱附机理属于"腐蚀"类型,即小片生物膜碎片从生物膜表面连续脱离。腐蚀对生物膜积累的影响很小但是连续的。一种不同的脱附类型为"脱落",这是指大块生物膜突然地、间歇性地脱离。脱落使局部生物膜积累发生剧烈的变化。图 7.4 给出了仅在外表面发生的小片的腐蚀作用和能波及生物膜整个深度范围的大块生物膜的脱落作用。

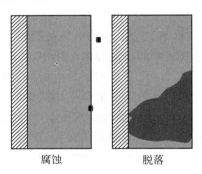

腐蚀　　　　　　脱落

图 7.4　腐蚀和脱落两种脱附机理之间差异的图解。黑色部分
表示由于生物脱落在生物膜表面形成的"洞穴"

对脱落现象还没有很好的解释,它似乎包括了生物膜整体结构的破坏。生物膜内特别是生物膜深处的厌氧条件,被认为是脱落发生的一个原因。因为脱落既不是一个普遍现象又没有深入研究过,这里将不进行量化说明。

虽然原生动物或其他高等生命形式对生物膜的捕食在某些情况下很重要,但并不总是相关的,也没有进行任何定量研究。因此,我们通常忽略捕食作为直接包含损失项,尽管在某些情况下它可能已经包括在 b 或 b_{det} 中了。

7.7　生物膜平均 SRT

尽管由于基质浓度梯度的存在,生物膜的比生长速率有一个范围,但如果将固体停留时间(SRT)认为是整个生物膜内的平均值时,SRT 的概念仍可以应用于稳态生物膜。如果不考虑活性生物体在生物膜上的沉降,对稳态生物膜,活性生物体的产生速率必须等于脱附的损失速率,因此 θ_x 的基本定义可以应用于稳态生物膜:

$$\theta_x = \frac{\text{生物膜中的活性生物量}}{\text{活性生物量产率}}$$

$$= \frac{X_f L_f A_b}{b_{det} X_f L_f A_b} = \frac{1}{b_{det}} \tag{7.36}$$

式中,A_b 为生物膜表面积,L^2。

由式(7.36)可以得到一个关键结论,即稳态生物膜的平均 θ_x 等于比脱附速率的倒数。

7.8　完全混合生物膜反应器

与恒化器类似,完全混合生物膜反应器(completely mixed biofilm reactor,CMBR)是生物膜动力学用于限速基质和活性生物体物质平衡的最简单系统。图 7.5 给出了最基本 CMBR 中的各个量。

- 进水流量为 Q,基质浓度为 S^0。
- 反应器总体积为 V,液体比例(即水占反应器总体积的比例)为 h,因此水的总体积为 hV。
- 假定所有生物反应均发生在生物膜内。
- 生物膜比表面积记为 $a(L^{-1})$,生物膜总表面积为 aV。
- 单位面积生物膜积累量为 $X_f L_f$,总生物膜积累量为 $X_f L_f aV$。
- 出水流量(也等于 Q),出水基质浓度均为 S。
- 反应器内和出水中的活性生物量浓度为 X_a,全部来自于生物膜的脱附。
- 活性生物体在生物膜表面的沉积量极小。

图 7.5　完全混合式生物膜反应器(CMBR)的结构框图。重要的是模块的定义

CMBR 稳态的物质平衡式为

$$hV \frac{dS}{dt} = 0 = Q(S^0 - S) - J_{ss} aV \tag{7.37}$$

式中, J_{ss} 是进入生物膜的基质通量, 可通过解先前给出的稳态生物膜模型计算得出, $M_s L^{-2} T^{-1}$。

生物膜中活性生物体的稳态物质平衡式为

$$aV \frac{dX_f L_f}{dt} = 0 = \gamma J_{ss} aV - (b + b_{det}) X_f L_f aV \qquad (7.38)$$

式(7.38)本质上与式(7.6)相同。式(7.6)曾用于推导稳态生物膜模型。这再次强调了稳态生物膜模型包括了生物膜物质平衡式。

式(7.37)和稳态生物膜模型的解给出了 S、J_{ss} 和 $X_f L_f$ 的稳态值。因此出水生物量浓度(X_a)可以通过混合液中生物量的简单物质平衡式计算:

$$hV \frac{dV_a}{dt} = 0 = b_{det} X_f L_f aV - X_a Q \qquad (7.39)$$

由此得到

$$X_a = \frac{b_{det} X_f L_f aV}{Q} \qquad (7.40)$$

例 7.2　简单 CMBR 的特性

例 7.1 中用到的动力学和计量学参数给出了解稳态生物膜模型所需的值,如下:

$$S_{bmin} = 0.002\,56\,mg_s/cm^3 = 0.256\,mg_s/L$$

$$S_{bmin}^* = 0.0256$$

$$K^* = 0.559$$

$$\alpha = 1.9346$$

$$\beta = 0.5272$$

$$S^* = S/K = \frac{S}{0.01\,mg_s/cm^3} = \frac{S}{10\,mg_s/L}$$

CMBR 的液体体积为 $hV = 1000\,m^3$, 比表面积 $a = 100\,m^{-1}$, 流量为 10 000 m^3/d。求解当 $S^0 = 100\,mg/L$ 时, S、$X_f L_f$、$X_f L_f aV$ 和 X_a 的值。

解这类问题的有效途径是对式(7.37)进行变换, 得到 S 对 J_{ss} 的函数式:

$$S = S^0 - \frac{J_{ss} aV}{Q} \qquad (7.41)$$

将本例的数值解代入式(7.41)得

$$S = 100\,mg/L - \frac{[J_{ss}\,mg/(cm^2 \cdot d)](100\,m^{-1})(1000\,m^3)(10\,000\,cm^3/m^2)}{10\,000\,m^3/d \times 10^3\,L/m^3}$$

$$= 100\,mg/L - 100 J_{ss}$$

式中, J_{ss} 的单位为 $mg/(cm^2 \cdot d)$, S 的单位为 mg/L。一种简单的试算法求解的步骤包括: 给 S 选定一个初值; 用该 S 代入稳态生物膜模型计算得到 J_{ss}; 然后用 $S = 100\,mg/L - 100 J_{ss}$ 检验 S 是否正确; 重复上述过程直到选择的 S 值与计算得到的 S 值相等。在本例中, 每一步需要试算两次。对给定的 S 值, 利用稳态生物膜模型计算 J_{ss}, 然后得到一对(S, J_{ss})值, 再用反应器物质平衡式重复计算得到(S, J_{ss})值, 直至得到正确的(S, J_{ss})值。(同样可以用作图法得到结果, 即求直线 $S = 100 - 100 J_{ss}$ 与由稳态生物膜模型得到的 J_{ss} 对 S

的曲线的交点,图解法将在后面给出。)知道 J_{ss} 值后,可以直接计算得到 $X_f L_f$ 和 $X_f L_f aV$。
计算步骤如下:

首先,假定一个出水浓度 25mg/L(或 $0.025mg/cm^3$)。于是,$S^* = 0.025/0.01 = 2.5$。
将 $S_s^* = 1.0$ 代入式(7.25)进行迭代计算:

$$S_s^* = 2.5 - \frac{\tanh\left(1.9181\left(\frac{1.0}{0.0256} - 1\right)^{0.5231}\right)\left(2[1.0 - \ln(1 + 1.0)]\right)^{1/2}}{0.559}$$

$$= 2.5 - \frac{0.99999 \times 0.783}{0.559} \approx 1.1$$

结果 S_s^* 值比初始值 1.0 稍大。因此重复计算 S_s^* 得到 $S_s^* = 1.05$,再由式(7.26)得

$$J_{ss}^* = 0.559(2.5 - 1.05) \approx 0.8106$$

和

$$J_{ss} = 0.8106 \times (0.01 \times 8 \times 40 \times 0.64)^{1/2}$$
$$\approx 1.16 mg_s/(cm^2 \cdot d)$$

由物质平衡式得

$$S = 100 - 100 \times 1.16 = -16 mg/L$$

很明显,需要用新的初始值 S 重复计算。先试一下 $S = 20mg/L$,进行重复计算得到

$$S_s^* = 0.81$$
$$J_{ss}^* = 0.665$$
$$J_{ss} = 0.95 mg_s/(cm^2 \cdot d)$$
$$S = 5mg/L$$

由于最终的 S 值不等于最初的 S 值,再进行重复计算得到

$$S = 17mg/L$$
$$S_s^* = 0.68$$
$$J_{ss}^* = 0.58$$
$$J_{ss} = 0.83 mg_s/(cm^2 \cdot d)$$
$$S = 17mg/L$$

此时,两 S 值相同,收敛到解。因此,出水浓度为 17mg/L,$J_{ss} = 0.83mg/(cm^2 \cdot d)$。计
算得到生物膜积累量为

$$X_f L_f = \frac{\left(0.83 \frac{mg}{cm^2 \cdot d}\right)\left(0.5mg \frac{VS}{mg}\right)}{\frac{0.1}{d}} = 4.15 mg\ VS/cm^2$$

和

$$L_f = \frac{4.15mg\ VS/cm^2}{40mg\ VS/cm^3} \approx 0.104cm = 1040\mu m$$

那么,反应器中微生物的平均浓度为

$$X_f L_v aV = 4.15mg\ VS_a/cm^2 \times 100m^{-1} \times 0.01m/cm \times 1000cm^3/L = 4150mg\ VS_a/L$$

7.9　惰性微生物、营养物和电子受体

与悬浮生物量类似，生物膜也会积累惰性微生物，吸收营养进行合成，并通过呼吸消耗电子受体。估计这些值的方法遵循与第 6 章相同的原则，但需适应于生物膜设置。

在稳态生物膜中，惰性微生物的物质平衡是

$$0 = (1 - f_d)b(X_f L_f)aV - b_{det}(X_{fi}L_f)aV \tag{7.42}$$

式中，$X_f L_f$ 为单位表面积活性生物量积累，$M_x L^{-2}$；$X_{fi} L_f$ 为单位表面积惰性生物量积累，$M_x L^{-2}$。公式右侧的第一项是活性生物质衰变形成的惰性微生物，第二项是由于惰性微生物脱附形成的损失。利用式(7.42)求解惰性微生物的积累，得到

$$X_{fi}L_f = (X_f L_f)(1 - f_d)b/b_{det} \tag{7.43}$$

所有参数均由稳态生物膜模型求解得到。活性和惰性微生物量之和为总生物量，或 VS 和 $X_{fv}L_f$ 的积累量：

$$X_{fv}L_f = X_f L_f + X_{fi}L_f = (X_f L_f)\left[1 + (1 - f_d)b/b_{det}\right] \tag{7.44}$$

进而，反应器单位体积内的生物膜生物质浓度为 $X_{fv}L_f a$。VS 加入液相的速率 r_{vs} $(M_x L^{-3} T^{-1})$ 为

$$r_{vs} = X_{fv}L_f ab_{det} \tag{7.45}$$

生物膜吸收养分的速率与其微生物合成的净速率成正比。对于稳态生物膜，微生物净合成与微生物脱附速率相对应。例如，单位表面积的净生物合成速率为 $X_{fv}L_f b_{det}$ $(M_x L^{-2} T^{-1})$。对于由 VS 的 α_n 部分组成的营养物质，即从混合液中吸收用于合成的营养物质的容积率，r_n $(M_n L^{-3} T^{-1})$ 是

$$r_n = -\alpha_n X_{fv}L_f b_{det} a = -\alpha_n r_{vs} \tag{7.46}$$

如果限制速率的基质是电子供体，那么电子受体的利用率与合成反应的化学计量式(化学计量系数为 α，$M_a M_d^{-1}$)和内源呼吸(化学计量系数 α_{xa}，$M_a M_x^{-1}$)之和成正比。根据反应器的单位体积速率，r_a $(M_a L^{-3} T^{-1})$，关系是

$$r_a = -f_e^0 \alpha_a Ja - \alpha_{xa} f_d b(X_f L_f)a = -f_e \alpha_a Ja \tag{7.47}$$

公式右侧第一项为用于新合成的受体的摄取，第二项为内源性呼吸对合成的摄取。

例 7.3　扩展至包含惰性微生物和营养物的计算

例 7.1 和例 7.2 的结果可以扩展到估计惰性和总生物量以及 N、P 和 O_2 的消耗速率。为了完成计算，我们必须在 b 和 b_{det} 中区分出 b' (等于 $0.10d^{-1}$)。如果我们假定 $b = 0.06d^{-1}$，那么 $b_{det} = 0.04d^{-1}$。从惰性和总生物量开始，反应器单位体积生物膜微生物的浓度为

$$X_{fi}L_f a = 4150\text{mg VS}_a/\text{L} \times (1 - 0.8) \times (0.06\text{d}^{-1})/(0.04\text{d}^{-1})$$
$$= 1245\text{mg VS}_i/\text{L}$$
$$X_{fv}L_f a = 4150 + 1245 = 5395\text{mg VS}/\text{L}$$

在这个例子中，我们看到大约 23% 的 VS 是惰性的。如果除以比表面积 $100\text{m}^{-1} = 1\text{cm}^{-1}$，可以计算出 $X_{fv}L_f = 5.4\text{mg VS}/\text{cm}^2 = 54\text{g VS}/\text{m}^2$。脱附的微生物会导致混合液中 VS 浓度的增加：

$$r_{vs} = (5395\text{mg VS}/\text{L}) \times 0.04\text{d}^{-1} \approx 216\text{mg VS}/(\text{L} \cdot \text{d})$$

通过对 VS 建立稳态物质平衡,可以计算出出水 VSS 浓度(X_v^e)。我们假设进水中没有微生物,悬浮在混合液中的生物量的净合成可以忽略不计。那么,稳态物质平衡是

$$0 = r_{vs}V + (-QX_v^e)$$

$$X_v^e = r_{vs}V/Q = \frac{216\text{mg VS}/(\text{L} \cdot \text{d}) \cdot 1000\text{m}^3}{10^4\text{m}^3/\text{d}} \approx 22\text{mg VSS/L}$$

用同样的模式计算养分 N 和 P 的利用率,$\alpha_N = 0.125$g N/g VS,$\alpha_P = 0.025$g P/gVS。

$$r_N = 0.125\text{g N/gVS} \times 216\text{mgVS}/(\text{L} \cdot \text{d}) = 27\text{mg N}/(\text{L} \cdot \text{d})$$

$$r_P = 0.025\text{g P/g VS} \times 216\text{mg VS}/(\text{L} \cdot \text{d}) = 5.4\text{mg P}/(\text{L} \cdot \text{d})$$

基于类似的 CMBR 物质平衡,这会消耗流经反应器的液体中的 2.7mg N/L 和 0.54mg P/L。

最后,根据式(7.47)计算电子受体 O_2 的利用率,并假设供体由需氧量表示(使 $\alpha_a = 1$g O_2/g 需氧量),$\alpha_{vs} = 1.42$g O_2/g VS,$f_e = 0.63$。

$$r_a = -0.63 \times 1 \times 0.83\text{mg}/(\text{cm}^2 \cdot \text{d}) \times 1\text{cm}^{-1} \times 1000\text{cm}^3/\text{L}$$

$$\approx -523\text{mg}/(\text{L} \cdot \text{d})$$

7.10　CMBR 工艺特性

图 7.6 给出了 CMBR 工艺特性。它与 CSTR 的特性图 6.3 类似。图 7.6 中的粗线表示稳态生物膜 S 和 J_{ss} 的关系,它是通过计算图示 S 范围内 J_{ss} 的值得到的。点划线表示 $X_f L_f a$,它与式(7.16a)中 J_{ss} 的正相关。叠放的小图中是基质的物质平衡,是由式(7.41)计算得到的粗线。主变量是基质流量,J_{ss}。采用 J_{ss} 作为主变量是合理的,因为生物膜过程本质上是表面反应。

图 7.6 中显示的所有线都是例 7.2 中的值。S 和 J_{ss} 的稳态值在粗线和细线的交点处得到。它们与例 7.2 中计算的相同:$S = 17$mg/L 和 $J_{ss} = 0.83$mg/($\text{cm}^2 \cdot \text{d}$)。$X_f L_f a$ 是从 J_{ss} 值与虚线相交得到的 4150mg/L。因此,该图为确定 S、J_{ss} 和 $X_f L_f a$ 提供了一种方便的图形方法。与例 7.4 所示相同,这些值可以直接用于估计惰性生物量、营养物和受体的需求。

图 7.6 表明了一个重要事实:S 和 J_{ss} 是非线性的关系。与 CSTR 中 S 和 θ_x 的关系(图 6.3)类似。这种关系的主要特征如下:

- 对于非常低的 J_{ss}。S 接近维持稳定生物量的最低浓度 S_{bmin}。因为 S_{bmin} 在例 7.2 中非常低(0.256mg/L),图 7.6 的主要部分没有很好地显示出来。叠放的小图显示了 S_{bmin},S 趋近于 S_{bmin} 时 J_{ss} 趋近于 0。这个区域可以被认为是低负荷的,基质的去除主要受生物膜积累的控制。在这里,脱附损失率以及衰减率决定了 S_{bmin}。

- 对 J_{ss} 值较高的情况,S 对 J_{ss} 的微小变化很敏感,S 对 J_{ss} 曲线的斜率随 S 增加持续升高。这种非线性关系主要是由于传质过程逐渐成为控制因素。对于厚一些的生物膜,J_{ss} 值比较高,属于高负荷区,内部和(或)外部的传质阻力使 S_f 值远低于 S,同时促使 S 迅速升高以适应 J_{ss} 和 $X_f L_f a$ 增加的需要。

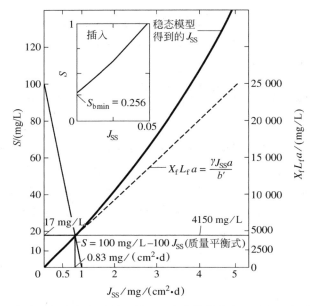

图 7.6　CMBR 的特性曲线。粗线条表示利用例 7.2 中参数值求得的稳态生物膜模型解。细线表示利用例 7.2 中参数值得到的基质物质平衡式，即式(7.41)。注意物质平衡线的截距为 S^0，坡度为 $-Av/Q$。虚线表示利用例 7.2 中参数得到的稳态生物膜的积累，通过式(7.16)和例 7.2 中得到的参数与 J_{ss} 相关。小图表示当 S 趋近 S_{bmin} 时的 J_{ss} 值

例 7.4　不同负荷时的情况

图 7.7 使用图 7.6 的格式显示了 CMBR 如何响应不同的基质负载，通过改变 S^0 或 Q，从而改变 S 和 X_fL_fa 的稳态值。由于基质和微生物没有发生变化，因此粗线和虚线与图 7.6 保持一致。不同的基质物质平衡线说明了改变 S^0 或 Q 的影响，表 7.1 总结了这些影响。情况 1 是基本情况，与图 7.6 相同。

情况 2 和情况 3 表明，当流量或进水基质浓度增加时，出水中的基质浓度就会增加。例如，情况 2 的 Q 值比基本情况高 3 倍，它的 S 值增加到 41mg/L。当 S 较高时，J_{ss} 和 X_fL_fa 比情况 1 大 2.15 倍。当施加较高的 S^0 使基质负荷增加 3 倍时，出水 S 为 58mg/L，结果导致 J_{ss} 和 X_fL_fa 值约比情况 1 高 2.9 倍。虽然情况 2 和情况 3 的基质负荷(QS^0)增加了相同的量，但情况 2 的出水 S 较低，这是因为在情况 2 中，当 Q 增加 3 倍时，平流损失(QS)较大。

表 7.1　基质负荷变化造成的影响

序号	S^0/(mg/L)	Q/(m^3/d)	J_{ss}/(mg/(cm^2 · d))	S/(mg/L)	X_fL_fa/(mg/L)	类型
①	100	10 000	0.830	17	4150	基准
②	100	30 000	1.790	41	8950	高流量
③	300	10 000	2.420	58	12 100	高 S^0
④	100	5000	0.460	9	2300	低流量
⑤	50	10 000	0.420	8	2100	低 S^0
⑥	1	10 000	0.007	0.34	33	很低 S^0

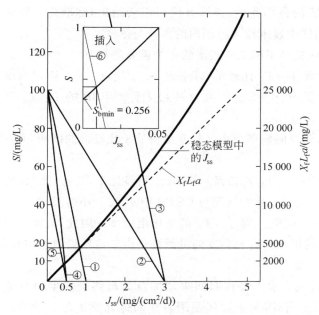

图 7.7　用图解法求例 7.4 中改变 Q 或 S^0 得到的基质负荷。对于每条物质平衡线
（①～⑥）的情况见表 7.1。注意物质平衡线与 y 轴的交点对应 S^0，斜率为
$-aV/Q$。小图展示了 S 趋近于 S_{bmin} 时的 J_{ss} 值

　　同样地，情况 4 和情况 5 显示通过减少 Q 或 S^0 均可以得到更低的浓度。与情况 2 和
情况 3 的趋势平行，情况 5 的 S 更低，因为它的 Q 值越大，平流损失率越高。情况 6 显示非
常低的负荷，实现了 S^0 的 100 倍的下降，驱动 S 趋近于 S_{bmin}。

7.11　表面负荷的标准化

　　如图 7.6 所示的 S 和 J_{ss} 之间的关系一般适用于所有处于稳态的 CMBRs。将参数 S
和 J_{ss} 正确地标准化后，可使这种普遍性表示出来并加以利用。图 7.8 给出了标准化的结果
和最终标准。基质轴用 S 除以 S_{bmin} 进行标准化。接下来，通量轴用 J_{ss} 除以 J_R（参考通量，

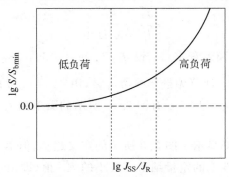

图 7.8　CMBR 稳态下标准化负荷曲线的概念。归一化负荷曲线清楚地说明了
低负荷和高负荷区域之间的行为差异

它等于稳态厚生物膜的最小通量，计算方法后面会给出）标准化。将曲线画在双对数坐标上，以便在同一个曲线中显示较大范围内的负荷与浓度。

标准化负荷曲线概括了图 7.6 表示的 4 个重要趋势：

（1）对低负荷（即 J_{ss}/J_R 比较低），$\log S/S_{bmin}$ 接近 0.0。换句话说，S/S_{bmin} 接近 1.0。因此当 J_{ss}/J_R 比较低时，$S = S_{bmin}$。在这种意义上，CMBR 的 J_{ss}/J_R 值比较低与 CSTR 中 θ_x 值比较大的情况类似。

（2）低负荷时，曲线的斜率很小。只要负荷处于比较低的区域，J_{ss} 的变化对稳态出水浓度值几乎没有影响。

（3）对高负荷（即 J_{ss}/J_R 比较高），S/S_{bmin} 明显比 1 大。因此，高负荷 CMBR 不能使 S 值接近 S_{bmin}。这样，J_{ss}/J_R 高的情况与 CSTR 中 θ_x 比较小时类似。

（4）在高负荷区，S/S_{bmin} 对 J_{ss}/J_R 的变化很敏感。因此，负荷相对微小的变化都能对稳态 S 值产生明显的影响。这种高度的灵敏性是由于传质阻力占主导作用，而在 CSTR 中传质阻力作用并不重要。

对 CSTRs，通过减少水力停留时间来增加负荷最终会使生物量流失。对生物膜反应器，流失的概念并不适用，因为生物体是附着在固体介质上的。然而，当 S/S_{bmin} 接近 S^0/S_{bmin} 时，负荷达到上限；这时尽管有生物膜存在，但基质去除速率（$J_{ss}aV$）比起进入的速率（QS^0）很微不足道。与洗出最相似的是一个非常大的脱附率，它增加了 S_{bmin}，使 S^0/S_{bmin} 更容易小于 1，这意味着生物膜的缺失。

图 7.9 给出了具有相同 S^*_{bmin} 值的一组归一化曲线的两个例子。一个是 $S^*_{bmin} = 0.075$，增长潜力较高。第二个例子是 $S^*_{bmin} = 7.5$，这是相对较低的增长潜力的对比。对于每一组曲线，K^* 值的范围从 $K^* = 100$（基本上没有外部传质阻力的限制）到 $K^* = 0.01$（严重的传质阻力）。

使用归一化的曲线需要计算 S_{bmin}、S^*_{bmin}、K^* 和 J_R。前 3 个值的计算公式在前面已经给出，为了方便，这里再列一次：

$$S_{bmin} = K\, \frac{b + b_{det}}{\gamma\hat{q} - (b + b_{det})}$$

$$S^*_{bmin} = S_{bmin}/K$$

$$K^* = \frac{D}{L}\left[\frac{K}{\hat{q}X_f D_f}\right]^{1/2}$$

J_R 可以通过稳态生物膜方程求解：设 $f = 0.99 = \tanh[\alpha(S^*_R/S^*_{bmin} - 1)^\beta]$，求解 S^*_R，用 $J^*_R = \sqrt{2[S^*_R - \ln(1 + S^*_R)]}$ 计算无量纲参考流量，用 $J_R = J^*_R\sqrt{K\hat{q}X_f D_f}$ 将 J^*_R 转换为 J_R。然而，Cannon(1991) 发现 J^*_R 和 S^*_{bmin} 有图 7.10 所示的简单相关关系，不仅简单而且精确度也令人满意。

所有归一化负荷曲线都显示了图 7.8 所示的广义趋势，但 K^* 和 S^*_{bmin} 值影响曲线有助于深入了解生物膜过程的性能的定量细节。较小的 K^* 值（即由于严重的外部传质阻力）推动曲线向上和向左。意思是需要一个高得多的 S/S_{bmin} 值来达到指定的 J/J_R 值。当 K^* 大于 10 左右时，外部传质变得不重要，所有曲线几乎重合。较大的 S^*_{bmin} 值（即较差的增长

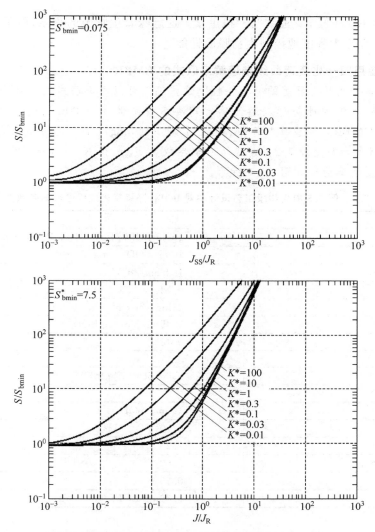

图 7.9 一组标准化曲线的两个示例：$S_{bmin}^{*} = 0.075$（上图）和
$S_{bmin}^{*} = 7.5$（下图）。这些曲线对应不同的 K^{*} 值

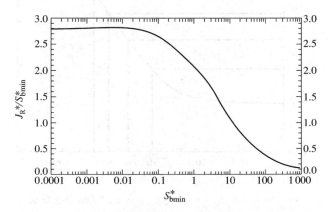

图 7.10 无量纲最小流量（J_{R}^{*}）与无量纲最小基质浓度（S_{bmin}^{*}）比值与 S_{bmin}^{*} 的关系曲线

（资料来源：Cannon，1991）

潜力)会导致高 K^* 和低 K^* 曲线"挤"得更紧。这意味着生物膜的积累,而不是传质或基质利用动力学,正在更大程度地控制生物膜的性能。

例 7.5 使用归一化负荷曲线来理解串联式的 CMBRs

许多生物膜工艺具有显著的塞流特性。这些工艺可以用串联式的 CMBRs 表示。串联式的 CMBRs 每一级的性能可以通过确定需要多少个体积为 $20m^3$、比表面积为 $900m^{-1}$ ($2950ft^{-1}$) 的 CMBRs,将基质浓度从 430mg/L 减少到 5mg/L 时。已知流量为 $4170m^3/d$,微生物和传质特性的参数见表 7.2。关键动力学参数为 S_{bmin}^* 和 K^* 值,分别为 0.1 和 1.2,这些参数的归一化负荷曲线如图 7.11 所示。

表 7.2　例 7.5 中生物膜工艺设计中对 BOD_L 好氧氧化过程进行的参数估值

输入的参数	
K	$10mg\ BOD_L/L\ (0.01mg\ BOD_L/cm^3)$
$\hat{q}$	$10mg\ BOD_L/(mg\ VS \cdot d)$
D	$1.25cm^2/d$
D_f	$0.75cm^2/d$
X_f	$25mg\ VS/cm^3$
γ	$0.45mg\ VS/mg\ BOD_L$
b	$0.1d^{-1}$
b_{det}	$0.31d^{-1}$
L	$0.0078cm\ (78\mu m)$
计算的参数	
S_{bmin}	$1.0mg\ BOD/L$
S_{bmin}^*	0.10
K^*	1.20
J_R^*/S_{bmin}^*	2.60
J_R^*	0.26
J_R	$0.36mg\ BOD_L/(cm^2 \cdot d)$

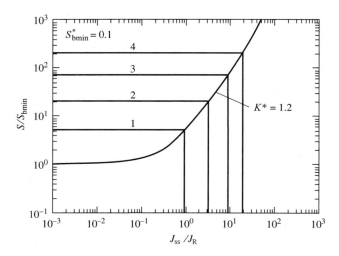

图 7.11　例 7.5 中 $K^*=1.2$,$S_{bmin}^*=0.1$ 时的标准化负荷由线

用于计算的物质平衡关系见式(7.41)

$$S = S^0 - \frac{J_{ss}aV}{Q}$$

在本例中，$Q = 4170\mathrm{m}^3/\mathrm{d}$，$V = 20\mathrm{m}^3$，$a = 900\mathrm{m}^{-1}$。进行计算的简单方法是从第一个 CMBR(指定 $S^0 = 430\mathrm{mg/L}$)或最终 CMBR(指定 $S = 5\mathrm{mg/L}$)开始。在任何一种情况下，物质平衡都会变为

$$S = S^0 - \frac{(900\mathrm{m}^{-1})(20\mathrm{m}^3)J_{ss}\,\mathrm{mg_s}/(\mathrm{cm}^2 \cdot \mathrm{d})(10^4\mathrm{cm}^2/\mathrm{m}^2)(10^{-3}\mathrm{m}^3/\mathrm{L})}{4170\mathrm{m}^3/\mathrm{d}}$$

或

$$S = S^0 - 43.2J_{ss}$$

本例中，我们从最终(或出水)的 CMBR 开始。对于出水单元(指示单元 1)，$S_1 = 5\mathrm{mg/L}$，计算如下所示：

$$S_1/S_{bmin} = 5$$
$$J_1/J_R = 0.91(图 7.11 中线 1)$$
$$J_1 = 0.33\mathrm{mg}\ \mathrm{BOD_L}/(\mathrm{cm}^2 \cdot \mathrm{d})$$
$$S_1^0 = 5 + 43.2 \times 0.33$$
$$\approx 19.3\mathrm{mg}\ \mathrm{BOD_L}/\mathrm{L}$$

那么，进入最后一个单元，离开前一个单元的浓度为 19.3mg $\mathrm{BOD_L}$/L。

对于第二个到最后一个单元，指示单元 2，$S = 19.3\mathrm{mg}\ \mathrm{BOD_L}/\mathrm{L}$，其计算如下：

$$S_2/S_{bmin} = 19.3$$
$$J_2/J_R = 3.1(线 2)$$
$$J_2 = 1.12\mathrm{mg}\ \mathrm{BOD_L}/(\mathrm{cm}^2 \cdot \mathrm{d})$$
$$S_2^0 = 19.3 + 1.12 \times 43.2$$
$$\approx 67.7\mathrm{mg}\ \mathrm{BOD_L}/\mathrm{L}$$

由于第二单元中的浓度仍然低于进水浓度，需要继续计算直到 S^0 超过 430mg $\mathrm{BOD_L}$/L。

单元 3

$$S_3 = 67.7\mathrm{mg}\ \mathrm{BOD_L}/\mathrm{L}$$
$$S_3/S_{bmin} = 68$$
$$J_3/J_R = 8.8(线 3)$$
$$J_3 = 8.8 \times 0.36 \approx 3.2\mathrm{mg}\ \mathrm{BOD_L}/(\mathrm{cm}^2 \cdot \mathrm{d})$$
$$S_3^0 = 67.7 + 3.2 \times 43.2 \approx 206\mathrm{mg}\ \mathrm{BOD_L}/\mathrm{L}$$

单元 4

$$S_4 = 206\mathrm{mg}\ \mathrm{BOD_L}/\mathrm{L}$$
$$S_4/S_{bmin} = 206$$
$$J_4/J_R = 19(线 4)$$
$$J_4 = 6.8\mathrm{mg}\ \mathrm{BOD_L}/(\mathrm{cm}^2 \cdot \mathrm{d})$$
$$S_4^0 = 206 + 6.8 \times 43.2 \approx 500\mathrm{mg}\ \mathrm{BOD_L}/\mathrm{L}$$

计算结果表明，4 个 $20\mathrm{m}^3$ 的单元足以将污水浓度从 430mg/L 降至 5mg/L。在不考虑

安全系数的情况下，所需体积约为 $75m^3$。

图 7.11 中的曲线说明了塞流系统的预期模式。接收进水流量的 CMBR 具有最高的 S 和 J 值，且其显然在高负荷区域运行。每个后续的 CMBR 具有较低的 S 和 J 值，并且最后的 CMBR 的负载开始接近低负载区域。当第一个 CMBR 以比最终的 CMBR 高近 20 倍的速度去除基质时，最终 CMBR 将废水浓度降低到第一个 CMBR 中的浓度约 1/20 的值。再添加一个 CMBR 将使浓度从 5mg/L 降低到 1.9mg/L，但流量为 $0.072mg/(cm^2 \cdot d)$，仅为当前最后一个 CMBR 的 22%。

CMBR 规模的选择会影响结果。使用较小的 CMBR 单元使生物膜反应器更具有塞流性质，从而可以减少总体积，但是当单元数超过 6 个时，影响通常较小。正确的反应器单元数的选择取决于反应器的混合特性，这超出了本节的范围。然而，由于无论是以图形方式（图 7.11）还是借助电子表格，计算都简单快速，因此工程师可以轻松评估不同单元尺寸的影响。

7.12 非稳态生物膜

生物膜并不总是处在稳态。负荷、温度、脱附或其他的环境条件瞬时变化将引起生物膜出现净增长或损失。在模型方程式中，整个生物膜生物量平衡式［式（7.14）］将不适用。但是，生物膜内的基质浓度很快会达到稳态，也就是说式（7.3）和式（7.6）是适用的。

式（7.3）和式（7.6）的准解析解的形式为

$$J = \eta \hat{q} X_f L_f \frac{S_s}{K + S_s} \tag{7.48}$$

式中，J 为进入生物膜任何厚度处的基质通量，$M_s L^{-2} T^{-1}$；η 为有效性系数，即实际通量与生物膜完全被穿透时（浓度等于 S_s）的通量的比值。η 的值清晰地表示了内部传质阻力的影响。需要给出一个 L_f 值，因为 L_f 不是像稳态生物膜模型中那样的输出值。

准解析解为无量纲形式，需要对 η 和 S_s（生物膜外表面无量纲基质浓度）进行适当的估计。无量纲化的步骤和解如下：

（1）计算 4 个无量纲参数：

$$S^* = S/K \tag{7.49}$$

$$L^* = L/\tau \tag{7.50}$$

$$L_f^* = L_f/\tau \tag{7.51}$$

$$D_f^* = D_f/D \tag{7.52}$$

其中，

$$\tau = \sqrt{K D_f / \hat{q} X_f} \tag{7.53}$$

（2）准解析解需要进行反复试算，应该先估计一下有效性系数 η 的值。原则上，η 能取 $0 \sim 1$ 的任何值，但是如果估计的初值接近实际值的话，求解会更快。如果生物膜非常薄，η 值接近 1；对厚生物膜，η 接近

$$\frac{\sqrt{\dfrac{D_f(K + 2S_s)}{\hat{q} X_f}}}{L_f} = (1 + 2S_s^*)^{0.5}/L_f^* \tag{7.54}$$

因为并不知道 S_s^*，开始可以设 S^* 值为 $2S_s^*$。

（3）用 η 的估值和 S^* 对 S_s^* 进行试算：

$$S_s^* = \frac{1}{2}\left[(S^* - 1 - L^* L_f^* D_f^* \eta) + \sqrt{(S^* - 1 - L^* L_f^* D_f^* \eta)^2 + 4S^*}\right] \quad (7.55)$$

（4）用式（7.56）试算无量纲通量：

$$J^* = D_f^* L_f^* \eta \frac{S_s^*}{1 + S_s^*} \quad (7.56)$$

（5）计算 S_s^* 的检验值，记作 $S_s^{*\prime}$

$$S_s^{*\prime} = S^* - J^* L^* \quad (7.57)$$

（6）计算 ϕ

$$\phi = \frac{L_f^*}{(1 + 2S_s^{*\prime})^{1/2}} \quad (7.58)$$

对无量纲表面浓度为 $S_s^{*\prime}$ 的厚生物膜来说，参数 ϕ 等于 $1/\eta$。

（7）由 ϕ 计算 η 的检验值，记作 η'

$$\eta' = 1 - \frac{\tanh(L_f^*)}{L_f^*}\left(\frac{\phi}{\tanh\phi} - 1\right), \quad \text{当 } \phi \leqslant 1 \text{ 时}$$

$$= \frac{1}{\phi} - \frac{\tanh(L_f^*)}{L_f^*}\left(\frac{1}{\tanh\phi} - 1\right), \quad \text{当 } \phi \geqslant 1 \text{ 时} \quad (7.59)$$

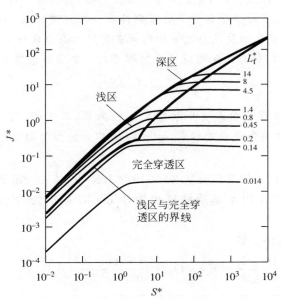

图 7.12　不同厚度生物膜的 J 随 S 的变化

（资料来源：Rittmann and McCarty，1981）

（8）如果 η' 很接近 η，执行步骤（9）。相反，如果 η' 和 η 不一致，用 η' 作为 η 的估值，回到步骤（3）进行计算。重复步骤（3）～（8）直到 η' 很接近 η。判断是否很接近，取决于对 J 值的精度要求。例如，如果要求 J 有 1% 精度，则要满足 $\eta' - \eta < 0.01\eta'$。

（9）计算无量纲通量 J^*

$$J^* = \eta D_f^* L_f^* \frac{S_s^{*'}}{1 + S_s^{*'}} \qquad (7.60)$$

（10）将无量纲量换算为有量纲量

$$J = J^* \left(\frac{KD}{\tau} \right) \qquad (7.61)$$

将 $S_s^{*'}$ 用式(7.49)转换为 S_s 后,也可以通过式(7.48)由 η(步骤(8)得出的)计算 J。

图 7.12 为 J^* 和 S^* 的关系图。该图有 3 个重要特征。第一,通量随 S 的增加线性持续下降。换句话说,当 S 而非 S_{bmin} 接近零时,J 也接近于零。由于生物膜物质平衡式[式(7.16)]不包括在模型中,因此不存在 S_{bmin} 值。第二,当 S 值比较低时,J 对 S 的曲线开始时为一次方(或线性的),随后反应级数下降,当 S 值足够高时,最终降至零次方。这种现象也符合 Monod 基质利用动力学,即当 S 值非常高时,完全穿透生物膜达到饱和。第三,生物膜越厚,到达零级反应动力学的点对应的基质浓度越高。由这 3 个特点可以知道当生物膜很厚时,很难取得使其完全穿透的环境条件。

例 7.6 非稳态通量与浓度

例 7.2 估计了一个稳态 CMBR 的运行情况,其体积为 $1000\mathrm{m}^3$ 的,载体比表面积为 $100\mathrm{m}^{-1}$,出水浓度为 $100\mathrm{mg/L}$,流速为 $1000\mathrm{m}^3/\mathrm{d}$。对于稳态的生物膜反应器,出水浓度为 $17\mathrm{mg/L}$,$J_{\mathrm{ss}} = 0.83\mathrm{mg/(cm}^2 \cdot \mathrm{d)}$,$X_f L_f = 4.15\mathrm{mg\ VS_a/cm}^2$,以及 $L_f = 0.10\mathrm{cm}$。本例中,我们评估了同一反应器在不同负荷条件下的短期性能。短期意味着,混合液和生物膜中的基质浓度达到稳定状态,但生物膜没有足够的时间在稳定状态下改变其累积量和厚度。

对于任意的 CMBR,稳态的生物膜基质物质平衡在非稳态条件下可以用于求解 S:

$$S = S^0 - \frac{JaV}{Q}$$

其中的 J 可通过求解任意厚度生物膜的方程得到[即式(7.48)～式(7.61)],单位为 $\mathrm{mg/(cm}^2 \cdot \mathrm{d)}$。求解的关键是必须将 $L_f = 0.10\mathrm{cm}$ 作为模型解的一个已知条件。如果生物膜是稳态的,J 将等于 J_{ss}。

本案例考虑短期内,采用 2 倍流量 $20\,000\mathrm{m}^3/\mathrm{d}$,$S^0$ 仍为 $100\mathrm{mg\ BOD_L/L}$ 的影响。由于负荷加倍,我们首先假设出水基质浓度也由 $17\mathrm{mg/L}$ 加倍为 $34\mathrm{mg/L}$。用式(7.49)～式(7.61)求解。

（1）计算 4 个无量纲参数:

$$S^* = \frac{34\mathrm{mg/L}}{10\mathrm{mg/L}} = 3.4 \quad D_f^* = \frac{0.64\mathrm{cm}^2/\mathrm{d}}{0.8\mathrm{cm}^2/\mathrm{d}} = 0.8$$

$$\tau = \sqrt{\frac{(0.01\mathrm{mg/cm}^3)(0.64\mathrm{cm}^2/\mathrm{d})}{8\mathrm{mg/(mg \cdot d)}(40\mathrm{mg/cm}^3)}} \approx 0.004\,47\mathrm{cm}(44.7\mu\mathrm{m})$$

$$L^* = \frac{0.01\mathrm{cm}}{0.004\,47\mathrm{cm}} \approx 2.24 \quad L_f^* = \frac{0.10\mathrm{cm}}{0.004\,47\mathrm{cm}} \approx 22$$

（2）计算 η 的初始值

$$\eta = \frac{\sqrt{1 + S^*}}{L_f^*} = \frac{\sqrt{1 + 3.4}}{22} \approx 0.095$$

（3）用 η 试算 S_s^*

$$S_s^* = 0.05\big[(3.4 - 1 - 2.24 \times 22 \times 0.8 \times 0.095) + \sqrt{(3.4 - 1 - 2.24 \times 22 \times 0.8 \times 0.095)^2 + 4 \times 3.4}\,\big] \approx 1.29$$

（4）用 S_s^* 试算无量纲通量

$$J^* = 0.8 \times 22 \times 0.095 \times \frac{1.29}{1 + 1.29} \approx 0.942$$

（5）用 J^* 计算 S_s^* 检验值

$$S_s^{*'} = 3.4 - 0.942 \times 2.24 \approx 1.29$$

（6）用 $S_s^{0'}$ 计算 ϕ

$$\phi = \frac{22}{\sqrt{1 + 2 \times 1.29}} \approx 11.63$$

（7）用 ϕ 计算 η' 检验值

$$\eta = \frac{1}{11.63} - \frac{\tanh(22)}{22}\left[\frac{1}{\tanh(11.63)} - 1\right] \approx 0.086 \neq 0.095$$

由于 η 值不一致，选择一个新的 η 值，使 $\eta = 0.09$ 并重复计算：

$$S_s^* = 1.357$$
$$J^* = 0.912$$
$$S_s^{*'} = 1.357$$
$$\phi = 11.42$$
$$\eta' = 0.088$$

再一次重复计算得到 $\eta = 0.0882$，$S_s^* = 1.38$，从步骤（9）令 $J^* = 0.0882 \times 17.6 \times 1.38 / (1 + 1.38) \approx 0.90$，然后步骤（10）开始 $J = 0.90 \times (0.01 \text{mg/cm}^3) \times (0.8 \text{cm}^2/\text{d}) / 0.004\,47\text{cm} \approx 1.61 \text{mg}/(\text{cm}^2 \cdot \text{d})$。通量并没有随着 S 的加倍而加倍。

得到的物质平衡为：

$$S = 100 \text{mg/L} - (1.61 \text{mg}/(\text{cm}^2 \cdot \text{d}))(100/\text{m})(1\text{d}/20\,000\text{m}^3)(1000\text{m}^3)(10\text{cm}^2 \cdot \text{m/L})$$
$$= 19.5 \text{mg/L}$$

很明显，S 值并不一致，因此选用新 S 值重新计算。

我们选 29.4mg/L，得到 $\eta = 0.083$，$S_s^* = 1.17$，$J = 1.41 \text{mg}/(\text{cm}^2 \cdot \text{d})$。由物质平衡式得到 $S = 29.5 \text{mg/L}$，即实际出水浓度为 29.5mg/L。因此，流量是原来的 2 倍时 S 是原来的 1.74 倍，通量是 1.7 倍。如果是基质负荷增加为 S^0 的 2 倍，则出水 S 将增加 2 倍以上，因为基质的平流损失不会随着 Q 的增加而增加。

例 7.7　次要基质的降解

任意一个厚生物膜的模型的解除了能描述短期传递的通量，还适用于次要基质，或生物降解后几乎不能提供任何细胞生长生存所需能量与电子的化合物。由于次要基质的利用与生物量的增加之间并无联系，式（7.16）不适用。因此，仅可以用式（7.3）和式（7.4），它们适用于任意厚度的生物膜模型。

本例中，仍采用例 7.2 中的稳态生物膜，微生物以进水中的 BOD_L 作为主要电子供体，以微污染物作为次要基质进行利用。流量为 $10\,000\text{m}^3/\text{d}$，进水中次要基质浓度为 0.1mg/L

(即 $100\mu g/L$)，反应动力学参数如下：

$$\hat{q} = 1mg/(mg\ VS \cdot d)$$
$$K = 20mg/L$$
$$D = 1.2cm^2/d$$
$$D_f = 0.6cm^2/d$$
$$L = 0.008cm$$

由于次要基质不影响主要基质的利用，所以 X_f 和 L_f 的值仍分别为 $40mg\ VS_a/cm^3$ 和 $0.10cm$。因为次要基质对生物膜的保持没有作用，不需要 γ、b 和 b_{det} 值。（当然，b 和 b_{det} 值仍然相同，因为它们是由生物决定，而不是由基质决定。）

计算过程与例 7.7 相同，只是参数采用微污染物的值。由于微污染物的降解动力学较慢，与主要基质相比，我们假设其去除的部分较小。在本例中，首先假设去除率为 83%，或者 $S = 0.017mg/L = 1.7 \times 10^{-5} mg/cm^3$。这一假设与主要基质的去除率 83% 一致。

(1) 计算无量纲参数

$$S^* = \frac{0.017mg/L}{20mg/L} = 8.5 \times 10^{-4} \quad D_f^* = \frac{0.60cm^2/d}{1.2cm^2/d} = 0.5$$

$$\tau = \sqrt{\frac{(0.02mg/cm^3)(0.60cm^2/d)}{1mg/(mg \cdot d)(40mg/cm^3)}} \approx 0.0173cm(173\mu m)$$

$$L^* = \frac{0.008cm}{0.0173cm} \approx 0.46 \quad L_f^* = \frac{0.10cm}{0.0173cm} \approx 5.78$$

(2) 计算 η 的初始值

$$\eta = \frac{\sqrt{1 + S^*}}{L_f^*} = \frac{\sqrt{1 + 8.5 \times 10^{-4}}}{5.78} \approx 0.173$$

(3) 用 η 试算 S_s^*

$$S_s^* = 0.5 \times (8.5 \times 10^{-4} - 1 - 0.46 \times 5.78 \times 0.8 \times 0.173) +$$
$$\sqrt{(8.5 \times 10^{-4} - 1 - 0.46 \times 5.78 \times 0.8 \times 0.173)^2 \times 4 \times 8.5 \times 10^{-4}}$$
$$\approx 6.9 \times 10^{-4}$$

(4) 用 S_s^* 试算无量纲通量

$$J^* = 0.8 \times 5.78 \times 0.173 \times \frac{6.9 \times 10^{-4}}{1 + 6.9 \times 10^{-4}} \approx 3.45 \times 10^{-4}$$

(5) 用 J^* 计算 S_s^* 检验值

$$S_s^{*'} = 8.5 \times 10^{-4} - 3.46 \times 10^{-4} \times 0.46 \approx 6.9 \times 10^{-4}$$

(6) 用 $S_s^{0'}$ 计算 ϕ

$$\phi = \frac{5.78}{\sqrt{1 + 2 \times 6.9 \times 10^{-4}}} \approx 5.78$$

(7) 用 ϕ 计算 η' 检验值

$$\eta = \frac{1}{5.78} - \frac{\tanh(5.78)}{5.78}\left[\frac{1}{\tanh(5.78)} - 1\right] \approx 0.173$$

因此，我们可以接受 $\eta = 0.173$，$S_s^* = 6.9 \times 10^{-4}$，由此得到 $J^* = 3.45 \times 10^{-4}$，$J = 3.45 \times$

$10^{-4} \times 0.02 \times 1.2/0.0173 \approx 4.8 \times 10^{-4} \text{mg}/(\text{cm}^2 \cdot \text{d})$。

微污染物的物质平衡式为

$$S = S^* - 100J = 0.1\text{mg/L} - 100 \times 4.8 \times 10^{-4} \text{mg/L} = 0.052\text{mg/L}$$

方程的解仍不收敛。再迭代计算一步,得到最终解 $S = 26\mu\text{g/L}$ 和 $J = 7.3 \times 10^{-4}$ mg/$(\text{cm}^2 \cdot \text{d})$。因此,微污染物部分的去除率为 73%,小于主要基质的去除率。这表明它的降解速率要慢一些。

7.13　生物膜模型解的特例

在某些情况下,可以预先确定生物膜的"类型",有下面几种特殊情况:

- 生物膜为厚生物膜;
- 整个生物膜内基质利用反应均为零级反应;
- 整个生物膜内基质利用反应均为一级反应,此特例的关系可表示为式(7.7)与式(7.8);
- 已知生物膜外表面与载体表面的基质浓度;通量解可表示为式(7.9)与式(7.10)。

对前两种特殊情况,均可以求得准解析解或真解析解。

7.13.1　厚生物膜

Rittmann 和 McCarty(1978)给出了厚生物膜的准解析解。它是变级数模型,因为它将 J^* 表示为

$$C^*(S^*)^q \tag{7.62}$$

其中 q 在 0.5~1.0 变化。只要生物膜为厚生物膜,变级数模型可以用于稳态或非稳态。变级数模型方程如下:

$$\Lambda = (\ln S^*) - \ln(2 + (\ln D_f^*)/2.303) - 1.8\ln(1 + \sqrt{2}L^*D_f^*) + 0.353 \tag{7.63}$$

$$q = 0.75 - 0.25\tanh(0.477\Lambda) \tag{7.64}$$

$$C^* = \frac{\sqrt{2}D_f^*(\sqrt{2} + \sqrt{2}L^*D_f^*)^{(1-2q)}}{1.0 + 0.54\left[1 + 0.0121\ln(1 + \sqrt{2}L^*)\right]\left[1 - 8.325\left(\ln\left(\frac{q}{0.707}\right)\right)^2\right]} \tag{7.65}$$

$$J = \frac{KD}{\tau}C^*(S^*)^q \tag{7.66}$$

其中 S^*、L^*、D_f^* 和 τ 的定义与任意厚度生物膜的非稳态模型[即式(7.49)~式(7.53)]相同。

正确使用变级数模型需要生物膜必须为厚生物膜。对稳态生物膜,当 $S > S_R$ 或 $J_{ss} > J_R$ 时,生物膜为厚生物膜。对非稳态生物膜,Suidan 等(1987)给出了下面判断厚生物膜的方法:

若 $D_f^*L^* \neq 1$

$$L_f^* \geqslant \cosh^{-1}\left[\frac{L^*D_f^*\sqrt{1 + 0.01[(L^*D_f^*)^2 - 1]} - 1}{0.1[(L^*D_f^*)^2 - 1]}\right] \tag{7.67}$$

若 $D_f^*L^* = 1$

$$L_f^* \geqslant 1.15 \tag{7.68}$$

7.13.2 零级反应动力学

当整个生物膜内 $S_f \gg K$ 时,生物膜为零级。对薄生物膜,J_0 和 S_f 的解析解为

$$J_0 = \hat{q}X_f L_f \tag{7.69}$$

$$S_f = S_s - \frac{\hat{q}X_f}{D_f}\left(L_f - \frac{z}{2}\right)z \tag{7.70}$$

然而,Suidan 等(1987)进行更细致的分析后指出薄生物膜不可能出现 $S_f \gg K$ 的情形。

对于具有零级反应动力学的厚生物膜,有著名的"半级"解:

$$J = \sqrt{2D_f \hat{q}X_f S_s} \tag{7.71}$$

$$S_f = S_s - 2\sqrt{\frac{\hat{q}X_f S_s}{2D_f}}z + \frac{\hat{q}X_f}{2D_f}z^2 \tag{7.72}$$

尽管厚生物膜为零级看起来有些不合理,但半级解对很厚的生物膜在理论上是适用的,而且实验也观察到了这一点。

7.14 生物膜的数值模拟

到目前为止,本章提供的模型是理想化生物膜的解析解和准解析解的例子,这些理想生物膜具有一种类型的活性微生物,它们在生物膜中均匀分布、有一个速率限制基质和简单的平面几何形状。在环境生物技术中,这些相对简单的模型提供了理解控制生物膜过程性能机制所需的信息。为生物膜工艺的设计和操作提供了有效的定量基础,这种方法将用于接下来的许多章节中。

某些情况下,在环境生物技术实践和研究中所遇到的生物膜,不能很好地用理想的生物膜来重演。在这些情况下,需要更复杂的数值模型来描述超出理想化生物膜的简化现象。一些偏离理想情况的重要例子如下:

(1) 活性微生物需要一个以上的基质或产生一个重要的产物。在这种情况下,一个模型需要代表不止一种溶质,即使它只有一种活性微生物。通常在化学计量上,不同溶质的产生与消耗相互关联,但质量传输速率是独立的。

(2) 生物膜包含多种类型的微生物,它们具有不同的功能。一个例子是好氧生物膜,它包含硝化细菌与异养细菌,前者好氧氧化 NH_4^+ 为 NO_2^- 与 NO_3^-,后者在呼吸 O_2、NO_2^- 与 NO_3^- 的时候氧化有机供体。另一个例子是厌氧生物膜,其中包含细菌,它将有机基质发酵为乙酸、氢气,甲烷古菌可将乙酸和氢气转化为 CH_4 气体。在每个例子中,不同的微生物作为一个群落发挥作用,每一种微生物类型都需要依附另一种微生物类型的活动。

(3) 生物膜表面不规则。由于附着基底是不规则的,所以会产生不规则性,例如,颗粒活性炭上的大孔,金属或混凝土上腐蚀引起的凹坑。不规则性意味着一些生物膜微生物远离液体的流动,这意味着它们更多地受到外部传质阻力的影响,而很少因外力而脱落。

(4) 即使生物膜不包含生活在不规则基质上的多种微生物类型,它也会自然地发展出复杂的物理结构。这种情况往往发生在非常低流速的环境中,这在环境生物技术中是不常见的。

　　当这种生态和物理复杂性很重要时,解析和伪解析模型往往是不够的,而数值模型就变得必要了。在数值模型中,每个组分(生物质类型、基质或产物)都有自己的微分物质平衡方程,如稳态时的式(7.3),非稳态时的式(7.73):

$$\frac{dS_f}{dt} = D_f \frac{d^2 S_f}{dz^2} - \frac{\hat{q}}{K+X_f} S_f X_f \tag{7.73}$$

　　然后用数值方法同时求解这一系列微分方程,对于生物膜内的空间网格(如,Δz)和一组小的时间增量(Δt),微分项(例如,dS_f/dt 与 $d^2 S_f/dt^2$)被转换成有限差分项(例如,$\Delta S_f/\Delta t$ 与 $[\Delta(\Delta S_f/\Delta t)/\Delta t]$)。将式(7.73)转化为

$$\frac{\Delta S_f}{\Delta t} = D_f \frac{\Delta(\Delta S_f/\Delta z)}{\Delta z} - \frac{\hat{q}}{K+X_f} S_f X_f \tag{7.74}$$

建立和解决数值解的细节超出了这本教科书的范围。感兴趣的读者可以从 Wanner 等(2006)中获取如何建立和求解数值模型。用户友好型软件,例如 AQUASIM、COMSOL 与 SUMO,可用于建立和求解生物膜数值模型。在本节的其余部分中,我们通过讨论数值模型之间的 4 个重要区别,为选择合适的数值模型提供一些参考。

　　数值模型之间一个非常重要的区别是所表示的维度数。最简单的模型只有一个维度(即 1D),它垂直于基底,通常称为 z 维,如式(7.73)所示。如图 7.1 所示,1D 模型可以表示溶质浓度梯度,它允许不同类型的生物质垂直于基质的梯度或分层。1D 模型非常适合描述本节前面介绍的复杂情况 1 和复杂情况 2,但它无法解决复杂情况 3 和复杂情况 4。

　　如需描述复杂情况 3 和复杂情况 4,则需要具有二维或三维(即 2D 或 3D)的生物膜模型。2D 模型增加了与基底平行的一个维度,通常表示为 y 维。3D 模型增加了一个平行于基底的第二个维度(通常表示为 w,但有时表示为 x)。然后,需要 Δy 和 Δw 的空间微分。式(7.75)显示了将式(7.74)转换为二维模型:

$$\frac{\Delta S_f}{\Delta t} = D_f \frac{\Delta(\Delta S_f/\Delta z)}{\Delta z} + D_f \frac{\Delta(\Delta S_f/\Delta y)}{\Delta y} - \frac{\hat{q}}{K+X_f} S_f X_f \tag{7.75}$$

　　第二个区别涉及模型是稳定状态还是非稳定状态。为了便于使用现成的软件进行计算,大多数二维和三维模型都是非稳态的,这意味着左边的项[例如,式(7.75)中 $\Delta S_f/\Delta t$]允许有一个变化的值,如计算右边的物质平衡一样[式(7.75)]。非稳态模型提供随时间动态变化的仿真结果。如果建模者需要模拟随时间变化的结果,则需要一个非稳态模型。当建模者寻求稳态结果时,非稳态模型是可被运行的,直到它收敛到一个所有左边项为零的解。正如 Rittmann 和 Manem (1992)、Tang 等(2012)所示,也可以对稳态结果进行直接求解。在直接稳态模型中,当左侧项全部为零时,可以采用一种特殊的数值求解算法直接求解。

　　第三个区别是关于如何处理生物膜脱附。有三种主要的选择,它们应该与作用于生物膜的脱附机制适当地联系在一起。最常见的脱附形式是侵蚀,小片生物膜从外部表面脱落。在生物膜模型中表示侵蚀最直接的方法是将生物质损失率作为生物膜最外层的边界条件。这种方法集中了生物膜外表面的所有脱附物,并保护内部免受侵蚀的直接影响。另一种极端方法是在整个生物膜中分配脱附生物质的速率。当对生物膜的所有部分都用恒定的脱附率(b_{det}),这意味着生物膜的内层不受保护也会脱附。脱附的第三种选择是脱落,即一大块生物膜突然脱落,通常一直脱落到基底。只有在二维或三维的非稳态模型中才会出现脱落现象。脱落的关键是要有一种触发脱落事件的机制。

第四个区别是生物膜是作为连续体还是作为独立的细胞或生物质颗粒。这是一个与 2D 和 3D 模型相关的区别，因为它至少需要两个维度来表示一个细胞或粒子；1D 模型本质上是连续模型。乍一看，将生物膜视为一组细胞或粒子的模型明显优于连续模型，因为生物膜是由单个细胞形成的。但这种明显的优势可能相关、也可能不相关（甚至不正确），这取决于使用模型的目标。当目标集中在小空间的单个细胞上时，使用离散细胞或粒子模型可以很好地匹配建模的需要。然而，如果目标是理解平均性质最重要的大规模现象（例如，反应器内基质通量或生物膜积累），连续体可能提供更有用的输出结果。这些权衡还需要考虑模型的建立与求解面临的挑战，而这些挑战必须在逐个案例的基础上进行评估。

连续体模型分为有限差分模型或有限元模型，它是指生物膜空间如何被划分和用差分方程表示的细节。一般来说，有限元模型为描述复杂的物理设置提供了更大的灵活性，但更难以实现。将生物膜表示为单个细胞的选项，包括细胞自动化模型和基于个体的模型。两者都涉及一组关于单个细胞或粒子行为的"规则"，这些规则对模型模拟的结果有很强的影响。

我们在这一节最后给出两个基于成功建模实践的经验，这些经验与 Wanner 等（2006）的权威工作也相呼应。第一个经验是，建模者应该选择可以实现建模目标的最简单的模型。如果复杂情况 3 和复杂情况 4 对建模工作不重要，那么建模人员就不应该选择 2D 或 3D 模型，因为它"更复杂"。同样，如果建模者很好地使用分析模型和准分析模型，那么它们的输出结果通常与 1D 数值模型一样好（Waner et al.，2006）。第二个经验是，好的建模要求建模人员理解模型表示的内容及其工作方式。模型是一个强大的理解工具。在不了解模型内部内容的情况下插入数字，会导致令人尴尬的、通常是灾难性的错误。使用模型的人需要记住，模型是获取和使用理解的工具，它不是理解的替代品。

参考文献

Cannon，F. S.（1991）."Discussion of Simplified design of biofilm processes using normalized loading curves." *Res. /. Water Pollution Control Fedr.* 63，pp. 90-92.

Green，D. W. and R. H. Perry（2008）. *Ferry's Chemical Engineers' Handbook*，8th ed. New York：McGraw-Hill.

Rittmann，B. E.（1982）."The effect of shear stress on loss rate." *Biotechnol. Bioeng.* 24，pp. 501-506.

Rittmann，B. E. and J. A. Manem（1992）."Development and experimental evaluation of a steady-state, multi-species biofilm model." *Biotechnol. Bioeng.* 39，pp. 914-922.

Rittmann，B. E. and P. L. McCarty（1978）."Variable-order model of bacterial film kinetics." *J. Environ. Engr.* 104，pp. 889-900.

Rittmann，B. E. and P. L. McCarty（1980a）."Model of steady-state-biofilm kinetics." *Biotechnol. Bioengr.* 22，pp. 2343-2357.

Rittmann，B. E. and P. L. McCarty（1980b）."Evaluation of steady-state-biofilm kinetics." *Biotechnol. Bioengr.* 22，pp. 2359-2373.

Rittmann，B. E. and P. L. McCarty（1981）."Substrate flux into biofilms of any thickness." *J. Environ. Engr.* 107，pp. 831-849.

Saez，P. B. and B. E. Rittmann（1988）."An improved pseudo-analytical solution for steady-state-biofilm kinetics. " *Biotechnol. Bioengr.* 32, pp. 379-385.

Saez, P. B. and B. E. Rittmann (1992). "Accurate pseudo-analytical solution for steady-state biofilms. " *Biotechnol. Bioengr.* 39, pp. 790-793.

Suidan, M. T. ; B. E. Rittmann; and U. K. Traegner (1987). "Criteria establishing biofilm kinetic types. " *Water Res.* 21, pp. 491-498.

Tang·Y. ; H. Zhao; A. K. Marcus; and B. E. Rittmann (2012). "A steady-state biofilm model for simultaneous reduction of nitrate and perchlorate-Part 1: model development and numerical solution. " *Environ. Sci. Technol.* 46, pp. 1598-1607.

Wanner, O. ; H. Eberl; E. Morgenroth; D. Noguera; C. Picioreanu; B. E. Rittmann; and M. C. M. van Loosdrecht (2006). *Mathematical Modeling of Biofilms.* Report of the IWA Biofilm Modeling Task Group, Scientific and Technical Report No. 18. London: IWA Publishing.

习　题

7.1　从生物膜反应动力学可以得到,当混合基质浓度为 2mg/L 时,稳态系统进入生物膜的通量为 0.15mg/(cm² · d)。在这种情况下如果比表面积为 3cm⁻¹,现处理流量为 100m³/d、浓度为 50mg/L 的废水,所需反应器的体积为多少?

7.2　当生物膜表面基质浓度为 15mg/L 时,进入生物膜的基质通量为 0.8 mg/(cm² · d)。如果 $D=0.8$ cm²/d,$L_f=0.005$ cm,且 $X_f=20$mg X_a/cm³,求混合基质浓度是多少?

7.3　设计一个反应器,处理废水流量为 10^4 m³/d,苯酚浓度为 150mg/L。已知下面的系数:$\gamma=0.6$g VS_a/g 酚,$\hat{q}=9$ g 酚/(g VS_a · d),$b'=0.15$d⁻¹,$K=0.8$mg/L。评估比表面积为 1000m⁻¹ 的 CMBR,假定为厚生物膜反应,$L=0.005$ cm,$X_f=20$mg VS_a/cm³,$D=0.8$cm²/d,$D_f=0.8D$,反应器体积是多少(单位为 m³)?

7.4　计划设计一个无循环推流式生物膜反应器。它能将含有 65mg NO_3/L 不含氨氮的废水中的硝酸根,完全反硝化为氮气。乙酸为电子供体。(a)为实现 100% 去除氮,需要在进水中加入乙酸的最低浓度是多少?(b)处理前在进水中加入上面给定浓度的乙酸,则在反应器入口处的反应是由下面哪个因素控制反应速度,硝酸根、乙酸还是其他因素?通过正确的计算说明你的结论。对于所有的计算,可假设 NO_3^- 用于生物质合成,且下列参数是适当的。

	乙 酸	硝酸根	生物膜
K/(mg/L)	10	1	
$\hat{q}$/(mg/(mg VS_a · d))	15		
D/(cm²/d)	0.9	0.7	
D_f/D	0.8	0.8	
L/cm	0.15	0.15	
f_s	0.55		0.55
X_f/(mg VS_a/cm³)			12
b'/d⁻¹			0.15
γ/(mg VS_a/mg 乙酸)	0.4		0.4

7.5　填写下面的表格,指出左栏中各变量的微小增量对完全混合曝气生物膜反应器操作性能的影响。假设每个变量的改变是独立于其他变量的。假定供体基质为溶解性的,反

应器体积与生物膜表面积是固定的,电子供体是限速物质,X_f是常数,生物膜为厚生物膜。用＋代表增长,－代表降低,0代表不变。

变量	出水供体基质浓度 S^e	供体基质的处理效率/%	需氧量/(kg/d)
γ			
$\hat{q}$			
Q			
S^0			
b			
K			

7.6 用体积为 2500L 的固定生物膜反应器在 35℃通过甲烷发酵处理有机废水。废水流量为 5000L/d,包括可溶解的 BOD_L 浓度为 6000mg/L。反应器出水 BOD_L 浓度为 150mg/L。试估算反应器总的生物膜表面积。由于气体混合,假设生物膜反应器为厚生物膜完全混合系统。BOD_L 主要由乙酸组成,相关参数为 $D=0.9cm^2/d$,$D_f=0.8D$,$L=0.01cm$,$K=50mg\ BOD_L/L$,$\hat{q}=8.4mg\ BOD_L/(g\ VS_a \cdot d)$,$b'=0.1d^{-1}$,以及 $X_f=20mg\ VS_a/cm^3$。

7.7 用固定生物膜反应器对苯进行氧化,当生物膜表面苯的浓度为 15mg/L 时,进入厚生物膜的苯的通量为 5mg/(cm^2·d)。如果生物膜表面苯的浓度增为 50mg/L,基质浓度的通量是多少? 可使用以下系数：$\gamma=0.6g\ VS_a/g$ 苯,$\hat{q}=6g$ 苯/(g VS$_a$/d),$K=2mg$ 苯/L,以及 $b'=0.1d^{-1}$。

7.8

(a) 为厚生物膜、薄生物膜与全穿透生物膜绘图表示从混合液体到附着基底的基质浓度变化情况。

(b) 一个用于污水处理的生物膜,稳态条件下混合液中电子供体的浓度为 5mg/L,生物膜表面电子供体的浓度为 2mg/L。生物膜的其他参数如下：$L=0.01cm$,$D=0.75cm^2/d$,$D_f=0.5cm^2/d$,$X_f=30mg\ VS_a/cm^3$。假定生物膜为平板状,且为厚生物膜。试估算电子供体的通量。

(c) 根据上面化学计量方程,在(b)部分的生物膜中消耗 1g 电子供体需要 0.6g 电子受体。如果混合液中的电子受体浓度为 3mg/L,扩散系数为电子供体的 1.5 倍。求生物膜外表面电子受体的浓度。

7.9 计算进入稳态生物膜的基质通量和生物膜外表面的基质浓度,条件如下：$S=30mg/L$,$\hat{q}=12mg/(mg\ VS_a \cdot d)$,$K=20mg/L$,$\gamma=0.6mg\ VS_a/mg$,$b'=0.15d^{-1}$,$L=0.005cm$,$D=0.9cm^2/d$,$D_f=0.8D$,以及 $X_f=10mg\ VS_a/cm^3$。

7.10 基于以下参数设计一个完全混合式生物膜反应器：$S^0=200mg/L$,基质设计去除率为 95%,$Q=1000L/d$,$K=10mg/L$,$\hat{q}=12mg/(mg\ VS_a \cdot d)$,$D=1.0cm^2/d$,$D_f=0.75cm^2/d$,$\gamma=0.5mg\ VS_a/mg$,$b'=0.15d^{-1}$,$L=100\mu m$,$X_f=10mg\ VS_a/cm^3$,以及 $a=1000m^{-1}$。确定所需总表面积、体积以及液体停留时间。

7.11 参数值与习题 7.10 相同,计算稳态生物膜、完全混合生物膜反应器去除率为 99%时所需的表面积。使用稳态生物膜模型。

7.12 *Aerooxidans unitii* 是一种可形成生物膜的厌氧细菌,它的动力学参数如下：

$K=1\text{mg/cm}^3$，$\hat{q}=1\text{mg/(mg VS}_\text{a}\cdot\text{d)}$，$D=D_\text{f}=1\text{cm}^2/\text{d}$，$\gamma=1\text{mg VS}_\text{a}/\text{mg}$，$b'=0.1\text{d}^{-1}$，$L=0.01\text{cm}$ 以及 $X_\text{f}=10\text{mg VS}_\text{a}/\text{cm}^3$。需要设计一个对负荷变化很不敏感的生物膜工艺。估计符合稳态标准的基质负荷的设计范围。

7.13　使用稳态生物膜系统处理高浓度废水，所用细菌的参数：$K=100\text{mg BOD}_\text{L}/\text{L}$，$\hat{q}=12\text{mg BOD}_\text{L}/(\text{mg VS}_\text{a}\cdot\text{d)}$，$D=D_\text{f}=1\text{cm}^2/\text{d}$，$\gamma=0.1\text{mg VS}_\text{a}/\text{mg BOD}_\text{L}$，以及 $b=0.1\text{d}^{-1}$。当生物膜在扰动的反应条件下生长时(增强外部质量传输动力)，提供以下物理条件：$L=0.01\text{cm}$，$X_\text{f}=100\text{mg VS}_\text{a}/\text{cm}^3$ 与 $b_\text{det}=0.1\text{d}^{-1}$。然而，可以把这种细菌固定在藻酸盐珠状载体上，这基本消除了生物膜的脱附($b_\text{det}=0$)，但内部传质阻力增加($D_\text{f}=0.1\text{cm}^2/\text{d}$)，且使生物质密度更低($X_\text{f}=10\text{mg VS}_\text{a}/\text{cm}^3$)。判断出水浓度为 $10\text{mg BOD}_\text{L}/\text{L}$ 或 $1000\text{mg BOD}_\text{L}/\text{L}$ 时(两个答案)，固定化是否有利。提供答案的量化依据。

7.14　固定生物膜工艺能轻松地进行硝化过程，将 $\text{NH}_4^+\text{-N}$ 氧化为 $\text{NO}_3^-\text{-N}$。典型的动力学参数如下：$K=0.5\text{mg N/L}$，$\hat{q}=2\text{mg N/(mg VS}_\text{a}\cdot\text{d)}$，$D=1.5\text{cm}^2/\text{d}$，$D_\text{f}=1.2\text{cm}^2/\text{d}$，$\gamma=0.26\text{mg VS}_\text{a}/\text{mg N}$，$b'=0.1\text{d}^{-1}$，$X_\text{f}=5\text{mg VS}_\text{a}/\text{cm}^3$ 与 $L=65\mu\text{m}$。确定停留时间变化时，完全混合生物膜反应器的硝化效果。已知生物膜比表面积 $a=1\text{cm}^{-1}$，进水浓度 $S^0=30\text{mg NH}_4^+\text{-N/L}$。求解为 5 个步骤。(a)计算 S_bmin、S_bmin^*、K^* 与 J_R。描述生长潜力和外部质量传输阻力是否占主导地位。(b)依照水力滞留时间($\theta=V/Q$)，建立反应器中 $\text{NH}_4^+\text{-N}$ 的基质物质平衡式，忽略悬浮反应。(c)对每个停留时间(1h、2h、4h、8h 与 24h)，使用稳态生物膜模型，求解 S。(d)作 S 与 θ 的关系图并解释曲线。(e)作 S^0/S 与 θ 的关系图，是否与一级动力学吻合。如果吻合，表观一级反应速率系数(k_1，h^{-1})是多少？并解释为什么动力学接近一级。如果不吻合，说明为何该关系不是一级动力学。

7.15　一个生物转盘反应器(RBC)可看作一系列完全混合生物膜反应器的串联。分析下面的 RBC 第一阶段的稳态处理效果：$Q=1000\text{m}^3/\text{d}$，$S^0=400\text{mg BOD}_\text{L}/\text{L}$，$X_\text{a}^0=0$，$V=13.3\text{m}^3$ 以及 $A=4000\text{m}^2$。假设 O_2 不限速，悬浮反应可忽略不计。使用以下参数：$K=10\text{mg BOD}_\text{L}/\text{L}$，$\hat{q}=11\text{mg BOD}_\text{L}/(\text{mg VS}_\text{a}\cdot\text{d)}$，$D=1.0\text{cm}^2/\text{d}$，$D_\text{f}=0.8\text{D}$，$L=60\mu\text{m}$，$\gamma=0.5\text{mg VS}_\text{a}/\text{mg BOD}_\text{L}$，$b'=0.5\text{d}^{-1}$ 以及 $X_\text{f}=00\text{mg VS}_\text{a}/\text{cm}^3$。估算第一阶段的出水浓度($S$，$\text{mg BOD}_\text{L}/\text{L}$)。

7.16　设计一个生物膜反应工艺，氧化氨态氮为硝态氮。废水流量为 $1000\text{m}^3/\text{d}$，其中氮浓度为 50mg N/L。可以使用的组件为完全混合生物膜反应器，每个组件可附着生物膜的载体表面积为 5000m^2。为实现出水浓度达到 1mg N/L，需要多少串联的组件？可以使用下面的参数：$K=1\text{mg N/L}$，$\hat{q}=2.3\text{mg N/(mg VS}_\text{a}\cdot\text{d)}$，$D=1.5\text{cm}^2/\text{d}$，$D_\text{f}=1.3\text{cm}^2/\text{d}$，$\gamma=0.33\text{mg VS}_\text{a}/\text{mg N}$，$b=0.11\text{d}^{-1}$，$b_\text{det}=0.11\text{d}^{-1}$，$X_\text{f}=40\text{mg VS}_\text{a}/\text{cm}^3$ 以及 $L=10\mu\text{m}$。请预计实际的出水浓度是多少？

7.17　使用并联的 CMBR 模块重新计算习题 7.16。解释相比习题 7.16，为什么模块的数量会更大或更小。

7.18　旋转式生物接触器可看作一系列完全混合生物膜反应器的串联。假设有一个三级完全混合生物膜反应器的串联系统。每个反应器的表面积为 $10\,000\text{m}^2$，总流量为 $1500\text{m}^3/\text{d}$，包含浓度为 400mg/L 的溶解性 BOD_L。相关参数如下：$K=10\text{mg BOD}_\text{L}/\text{L}$，$\hat{q}=16\text{mg BOD}_\text{L}/(\text{mg VS}_\text{a}\cdot\text{d)}$，$D=1\text{cm}^2/\text{d}$，$D_\text{f}=0.8\text{cm}^2/\text{d}$，$X_\text{f}=25\text{mg VS}_\text{a}/\text{cm}^3$，$\gamma=$

$0.4 \mathrm{mg\ VS_a/mg\ BOD_L}$, $b=0.1\mathrm{d}^{-1}$, $b_{\mathrm{det}}=0.1\mathrm{d}^{-1}$ 与 $L=100\mu\mathrm{m}$。计算每级稳态出水浓度 S。假设没有悬浮反应。

7.19 设计一个厌氧的生物膜处理工艺,进水浓度为 $5000\mathrm{mg\ BOD_L/L}$ 时,使出水浓度达到 $100\mathrm{mg\ BOD_L/L}$。该工艺是介于完全混合和推流的混合特性之间的。使用 4 个串联的完全混合生物膜反应器来实现这种混合。合理的参数: $K=200\mathrm{mg\ BOD_L/L}$, $\hat{q}=10\mathrm{mg\ BOD_L/(mg\ VS_a\cdot d)}$, $D=0.5\mathrm{cm}^2/\mathrm{d}$, $D_f=0.4\mathrm{cm}^2/\mathrm{d}$, $L=150\mu\mathrm{m}$, $\gamma=0.2\mathrm{mg\ VS_a/mg\ BOD_L}$, $b=0.04\mathrm{d}^{-1}$, $b_{\mathrm{det}}=0.04\mathrm{d}^{-1}$, $f_d=0.9$ 与 $X_f=20\mathrm{mg\ VS_a/cm}^3$。如果总流量为 $1000\mathrm{m}^3/\mathrm{d}$,那么要符合性能标准,每个完全混合生物膜反应器需要的表面积大约为多少?(每个反应器具有相同的表面积。)

7.20 假设习题 7.19 的进水浓度突然降至 $20\mathrm{mg/L}$,计算 S。假设各参数没有变化,包括生物膜厚度。

7.21 重做习题 7.20,只是 S^0 变为 $40\mathrm{mg/L}$,其他条件不变。

7.22 已知下列参数和操作条件: $L_f=0.0001\mathrm{cm}$、$0.001\mathrm{cm}$、$0.01\mathrm{cm}$ 与 $0.1\mathrm{cm}$,$K=10\mathrm{mg/L}$,$\hat{q}=5\mathrm{mg/(mg\ VS_a\cdot d)}$,$D=0.9\mathrm{cm}^2/\mathrm{d}$,$D_f=0.72\mathrm{cm}^2/\mathrm{d}$,$L=0.01\mathrm{cm}$,$X_f=40\mathrm{mg\ VS_a/cm}^3$,$a=2\mathrm{cm}^{-1}$,$V=1\mathrm{m}^3$,$Q=11.9\mathrm{m}^3/\mathrm{d}$。使用非稳态生物膜模型计算出水浓度和去除率。

7.23 在完全混合生物膜反应器,利用甲醇作为碳源和限制基质,计算使 $30\mathrm{mg\ N/L}$ 的 NO_3^- 脱氮所需的表面积。其中流速为 $1000\mathrm{L/d}$,出水甲醇浓度为 $1\mathrm{mg/L}$。假设平均 SRT 为 $33\mathrm{d}$ 进行化学计量计算,且假定它为常数。同样,设系统为稳态,相关参数表示如下: $K=9.1\mathrm{mg\ CH_3OH/L}$,$\hat{q}=6.9\mathrm{mg\ CH_3OH/(mg\ VS_a\cdot d)}$,$D=1.3\mathrm{cm}^2/\mathrm{d}$,$D_f=1.04\mathrm{cm}^2/\mathrm{d}$,$X_f=20\mathrm{mg\ VS_a/cm}^3$,$\gamma=0.27\mathrm{mg\ VS_a/mg\ CH_3OH}$,$b=0.05\mathrm{d}^{-1}$ 与 $b_{\mathrm{det}}=0.03\mathrm{d}^{-1}$。

7.24 Q 在短期内增加到 $2000\mathrm{L/d}$,其他条件同习题 7.23。若进水浓度保持不变,出水甲醇浓度是多少?

7.25 拟利用一个完全混合生物膜反应器处理流量为 $1000\mathrm{m}^3/\mathrm{d}$ 的废水,其中硫酸盐浓度为 $100\mathrm{mg\ S/L}$。希望出水硫酸盐浓度为 $1\mathrm{mg\ S/L}$,且出水中电子供体(乙酸盐)浓度为 $4\mathrm{mg\ BOD_L/L}$。已知获得一个很低的脱附率 $b_{\mathrm{det}}=0.005\mathrm{d}^{-1}$,这对于设计很有利。同时知道下面相关参数: $\hat{q}=8.6\mathrm{mg\ BOD_L/(mg\ VS_a\cdot d)}$,$K=10\mathrm{mg\ BOD_L/L}$,$b=0.04\mathrm{d}^{-1}$,$\gamma=0.0565\mathrm{mg\ VS_a/mg\ BOD_L}$,$D=1.3\mathrm{cm}^2/\mathrm{d}$,$D_f=1.0\mathrm{cm}^2/\mathrm{d}$,$X_f=100\mathrm{mg\ VS_a/cm}^3$,$a=100\mathrm{m}^{-1}$,$L=44\mu\mathrm{m}$,$b_{\mathrm{det}}=0.045\mathrm{d}^{-1}$。请完成下列步骤对系统进行分析。(a)要使出水浓度达到 $4\mathrm{mg\ BOD_L/L}$ 所需的基质通量为多少? 通量用 $\mathrm{kg\ BOD_L/(m}^{-2}\cdot\mathrm{d)}$ 表示。(b)为去除硫酸盐、达到甲醇的目标出水浓度,需要的进水 BOD_L 浓度为多少? (c)生物膜反应器所需的体积(以 m^3 计)为多少? 液体停留时间(以 d 计)为多少? (d)反应器内单位体积的活性生物质浓度为多少? 结果用 $\mathrm{mg\ VS_a/L}$ 表示。(e)出水活性生物质浓度为多少? 用 $\mathrm{mg\ VSS_a/L}$ 表示。(f)是否认为生物膜工艺的处理效果受物质传递阻力的影响很大? 你的答案是基于什么量化标准?

7.26 已知一个流化床生物膜反应器,很高的循环流速使液体保持完全混合状态。未流化时中层床体的空隙率 $\varepsilon_0=0.3$。流化后空隙率为 0.46。流化状态时载体的比表面积为 $3240\mathrm{m}^{-1}$。非流化状态时比表面积为 $4200\mathrm{m}^{-1}$。相关参数如下: $\hat{q}=8\mathrm{mg/(mg\ VS_a\cdot d)}$,$K=15\mathrm{mg/L}$,$D=1.6\mathrm{cm}^2/\mathrm{d}$,$D_f=1.28\mathrm{cm}^2/\mathrm{d}$,$\gamma=0.3\mathrm{mg\ VS_a/mg}$,$b=0.08\mathrm{d}^{-1}$,$X_f=20\mathrm{mg\ VS_a/cm}^3$,$L=60\mu\mathrm{m}$。如果进水流量为 $10\mathrm{m}^3/\mathrm{d}$,出水基质浓度为 $1\mathrm{mg/L}$,进水浓度是多少?

假定悬浮态反应可以忽略,而脱附不可忽略,则必须计算 b_{det} 与 b'。假定生物膜的积累并不改变相对密度。由于能够保护生物膜免受剪切应力和磨损,如果生物膜脱附率是原来的 1/10,答案将如何改变?

7.27　在确定附着生物膜量时,脱附损失是一个主要的考虑因素。在低负荷区,S 接近 S_{bmin} 的情况下尤其如此。设 $S=0.5$mg/L,剪切力为 0 和 2dyn/cm²,使用下面参数:$K=10$mg/L,$\hat{q}=10$mg/(mg VS$_a$·d),$D=1$cm²/d,$D_f=0.8$cm²/d,$\gamma=0.5$ VS$_a$/mg,$b=0.1$d^{-1},$X_f=10$mg VS$_a$/cm³,$L=120\mu$m,计算 S_{bmin} 及 L_f 的稳态值。

7.28　假定你是一个高薪专家,需要判断流化床生物膜反应器是否满足客户的设计需求。所收集的信息如下:

(1) 工厂必须处理流量为 1000m³/d,BOD$_L$ 浓度为 5000mg/L 的废水。

(2) 目标是将原始基质 BOD$_L$ 降低到 100mg/L。

(3) 之前废水的研究工作指出可生物降解 BOD$_L$ 细菌的动力学参数为:$\hat{q}=3.5$mg BOD$_L$/(mg VS$_a$·d),$K=30$mg BOD$_L$/L,$b=0.04$d^{-1},$\gamma=0.1$mg VS$_a$/mg BOD$_L$,$D_f=0.8D$ 与 $X_f=50$mg VS$_a$/cm³。

(4) 组成 BOD$_L$ 的分子为聚合物,它的扩散系数为 0.3cm²/d。

(5) 对聚合物的单体的实验表明,$\hat{q}$、K、b、γ、X_f 以及 D_f/D 的数值相同,只是 D 为 1.2cm²/d。

(6) 在流化床反应器的单体实验中,使用了直径 0.2mm 的砂粒,密度为 2.65g/cm³。膨胀率是达到床的高度为未膨胀时的 1.25 倍,膨胀后的空隙率为 0.5。对出水进行回流,改善流化效果,膨胀后流化床反应器的表观流速为 95 000cm/d。中试流化床未膨胀时的床体积为 250cm³,床高度为 50cm。稳态进水流量为 100L/d,其中 BOD$_L$ 浓度为 5000mg/L。测定出水 BOD$_L$ 浓度为 200mg/L,不符合目标 100mg/L。

(7) 既然中试单元不能达到目标,你的任务是确定利用相同反应器结构设计的实际处理装置能否满足 100mg/L 的目标。如果设计可行,你需要提供流化态床的体积;如果不可行,必须向客户解释为什么此系统不符合要求。

(8) 实际处理装置中的下列各项必须与中试中的相同:相同的载体、类型和尺寸(0.2mm 砂粒),相同床膨胀率(25%),相同的表观流速(95 000cm/d),相同的温度(20℃),相同的进水基质浓度(5000mg/L)。

(9) 实际废水中的有机聚合物需遵循以下步骤完成分析。(a)确定 S_{bmin},两个反应器系统的值应该相同。(b)确定 L,注意 $\rho_{H_2O}=1$g/cm³,$\mu=864$g/(cm·d)。(c)利用负荷标准概念确定中试反应器的预期处理效果。特别是估算 J/J_R。中试表现是否与预期效果大致相同。(d)如果改变 J/J_R 是否可以达到目标?(e)如果(d)的答案是肯定的,确定所需的膨胀后床体体积是多少?如果答案是否定的,解释为什么分析结果证明成功的设计是不可行的。

7.29　你有一个体积为 100m³、载体比表面积为 100m^{-1} 的完全混合生物膜反应器。你打算检验它能否处理流量为 1000m³/d,BOD$_L$ 浓度为 500mg/L 的废水。使用能将 SO$_4^{2-}$ 转换为 S^0 的脱硫工艺,生物膜系统中的细菌与 BOD$_L$ 具有以下特征:$K=10$mg BOD$_L$/L,$\hat{q}=8.8$mg BOD$_L$/(mg VS$_a$·d),$D=1$cm²/d,$D_f=0.8$cm²/d,$L=50\mu$m,

$\gamma = 0.057 \mathrm{mg\ VS_a/mg\ BOD_L}, f_d = 0.8, b = 0.05 \mathrm{d^{-1}}$ 与 $b_{det} = 0.05 \mathrm{d^{-1}}$。你需要在决定使用它之前确定生物膜工艺的效果。因此需要使用稳态生物膜模型的概念系统地确定下面各项：(a)出水中基质的浓度，以 mg $\mathrm{BOD_L}$/L 计。(b)$\mathrm{VSS_a}$ 的出水浓度，以 mg/L 计(只基于脱附)。(c)出水中源于基质与 $\mathrm{VSS_a}$ 的总 $\mathrm{BOD_L}$ 浓度(以 mg $\mathrm{BOD_L}$/L 计)。

7.30 本题是一种新型系统。它通过使用一种可以将 H_2S 和 HS^- 好氧氧化为 SO_4^{2-} 的自养细菌处理含硫废水。电子受体为氧气，有充足的氨氮作为氮源。对这些硫化物氧化过程，利用下面参数：$K = 2 \mathrm{mg\ S/L}, \hat{q} = 5 \mathrm{mg\ S/(mg\ VS_a \cdot d)}, D = 1.2 \mathrm{cm^2/d}, D_f = 1 \mathrm{cm^2/d}, X_f = 40 \mathrm{mg\ VS_a/cm^3}, f_s^0 = 0.2 \mathrm{e^-}$ 细胞/$\mathrm{e^-}$ S，$\gamma = 0.28 \mathrm{mg\ VS_a/mg\ S}, b = 0.05 \mathrm{d^{-1}}, b_{det} = 0.05 \mathrm{d^{-1}}, f_d = 0.8$ 与 $L = 40 \mu m$。CMBR 的比表面积为 $200 \mathrm{m^{-1}}$，体积为 $162 \mathrm{m^3}$。废水的 $Q = 1000 \mathrm{m^3/d}, S^0 = 100 \mathrm{mg\ S/L}$。回答下面问题：(a)稳态时出水硫化物浓度为多少？(b)总生物膜积累量($X_{fv}L_f$)和归一化的反应器体积是多少？以 mg VSS/L 计。(c)出水中 VSS 的浓度是多少？以 mg/L 计。所需的供氧速率为多少？以 kg O_2/d 计。

7.31 淹没式生物滤池已被用于甲烷的发酵。需要估计生物膜反应器的体积，以达到 90% 的乙酸去除率，将主要可降解有机物转化为甲烷。因为气体的强烈混合，这个淹没式过滤器可看作是一种 CMBR。假设下列动力学和反应器条件：$\hat{q} = 8 \mathrm{mg\ Ac/(mg\ VS_a \cdot d)}, K = 50 \mathrm{mg\ Ac/L}, X_f = 20 \mathrm{mg\ VS_a/cm^3}, L = 150 \mu m, \gamma = 0.06 \mathrm{mg\ VS_a/mg\ Ac}, D = 0.9 \mathrm{cm^2/d}, D_f = 0.8D, b_{det} = 0.01 \mathrm{d^{-1}}, b = 0.01 \mathrm{d^{-1}}, Q = 15 \mathrm{m^3/d}, S^0 = 2000 \mathrm{mg\ Ac/L}, a = 1.2 \mathrm{cm^{-1}}, h = 0.8$ 与 $X_i^0 = 0$。使用稳态生物膜模型，(a)确定所需反应器体积 V，以 $\mathrm{m^3}$ 计。(b)确定水力停留时间 V/Q，以 h 计。(c)确定出水中活性生物质固体的浓度 X_a，以 mg $\mathrm{VSS_a}$/L 计。(d)估算出水中惰性生物质固体的浓度 X_i，以 mg VSS/L 计。(e)估算出水中总挥发性悬浮固体的浓度 X_v，以 mg VSS/L 计。

7.32 流化床生物膜反应器被证明可以有效去除地下中低浓度的石油碳氢化合物。本题的目的是确定处理被汽油泄漏污染的地下水所需的停留时间。主要是降低地下水中含有的 BTEX 化合物(即苯、甲苯、乙苯和二甲苯)的浓度，需要将浓度降低到一个很低值 0.1mg/L。假设 BTEX 在生物膜中的生物降解可使用下面的参数：$\hat{q} = 12 \mathrm{mg\ BTEX/(mg\ VS_a \cdot d)}, K = 0.2 \mathrm{mg\ BTEX/L}, \gamma = 0.5 \mathrm{mg\ VS_a/mg\ BTEX}, b' = 0.14 \mathrm{d^{-1}}, b_{det} = 0.05 \mathrm{d^{-1}}, D = 1 \mathrm{cm^2/d}, D_f = 0.8D, X_f = 15 \mathrm{mg\ VS_a/cm^3}$ 与 $L = 50 \mu m$。该反应器条件为 $Q = 100 \mathrm{m^3/d}, S^0 = 4 \mathrm{mg\ BTEX/L}, a = 6 \mathrm{cm^{-1}}$ 与 $h = 0.75$。首先，估算使用 CMBR 的稳态生物膜在出水中达到处理目标 0.1mg BTEX/L 时，所需的空床停留时间(V/Q)，以 min 计。其次，估算出水中活性生物质浓度(X_a)、惰性生物质浓度(X_i)和挥发性悬浮固体浓度(X_v)，以 mg VSS/L 计。

第8章 微生物代谢产物

环境生物技术的研究重点通常是电子供体和受体的代谢转换。在大多数情况下,电子供体或受体是一种需要被去除的污染物。例如电子供体 BOD 与 NH_4^+,以及受体 NO_3^-。污染物可能转化成一种无害的形式,如 CO_2、H_2O 与 N_2,或者有价值的产物,如 CH_4。在这个过程中,微生物捕获了一些电子和能量,从而合成了具有活性的微生物,该微生物也经历内源性呼吸以维持生存需要,并产生惰性微生物。到目前为止,我们主要关注核心组成部分——电子供体和受体,以及活性与惰性微生物的呼吸和合成的代谢过程。

不断积累的研究和现场经验表明,环境生物技术中的微生物可以产生一系列超越核心组成和代谢过程的产物。这些产物往往决定了生物技术是否能达到预期目的,例如,使出水 BOD 浓度足够低,保留足够生物质并除磷。今天,我们需要广泛了解一系列可存在于活性细胞内部或外部的微生物产物。

微生物产物可分为三类。第一类是胞外聚合物(extracellular polymeric substances,EPS)。EPS 存在于细胞外,但它是固相物质,可帮助微生物聚集。第二类是可溶性微生物产物(soluble microbial products,SMP)。与 EPS 不同,SMP 是从生物质和 EPS 中释放出来的可溶性物质。第三类是细胞内存储产物(intracellular storage products,ISP)。ISP 是独特的,因为它存在于活性细胞内,充当电子、碳或磷的储藏器。本章介绍了每个产物以及如何将它们纳入我们的数学框架。

8.1 胞外聚合物

EPS 是由碳水化合物、蛋白质、脂类、核酸和腐殖质组成的大型复杂有机聚合物。虽然 EPS 的主要组成通常是碳水化合物和蛋白质,但 EPS 的组成在不同的系统中是不同的。大多数细菌产生和释放 EPS,这可以给它们带来很多好处。其中,最主要的好处是成为"胶水",可以让细菌形成牢固的絮凝体、生物膜和颗粒。其他好处包括提供对干燥剂、捕食和抗菌药物的抵抗力。在某些情况下,EPS 可能是电子和碳的胞外储存材料。由于 EPS 可在稳定聚集的挥发性固体中占较大比例,在环境生物技术中,EPS 的生成、衰变与积累的表达对电子流和碳流的精确建模非常重要。

图 8.1 展示了 EPS 是如何形成和消失的。它是基于 EPS 和 SMP 的"统一模型",该模型由 Laspidou 和 Rittmann(2002a,2002b)首次提出,随后 Ni 等(2009,2010,2011)扩充了

ISP 部分，并进一步被 Laspidou 和 Rittmann（2004a，2004b）以及 Tang 等（2012a，2012b，2012c）在生物膜方面加以扩展。图 8.1 显示 EPS 是生物质固体的一部分，或称 VSS。它包围着活性微生物，因为 EPS 在细胞本身的外面。图 8.1 还显示了我们在前几章中看到的核心组件（S、X_a、X_{in} 与电子受体 S_A），还有 SMP，我们将在下一节介绍。

我们首先使用原理图来理解 EPS 与基质代谢和活性微生物合成的关系。根据统一模型，EPS 的形成是合成代谢过程的一部分，或者是电子供体电子的合成方向。定量地说，部分用于合成代谢的供体的电子（f_s^0）被转移到了 EPS 中：

$$r_{EPS} = -r_s f_s^0 k_{EPS} \tag{8.1}$$

式中，r_{EPS} 是基于基质利用率的 EPS 生成率，$M_{EPS} T^{-1}$；$-r_{EPS}$ 是基质利用率，$M_S T^{-1}$；k_{EPS} 是 EPS 的分配系数，$M_{EPS} M_S^{-1}$；M 的单位与电子当量成正比，如 BOD_L 或 COD。需要注意当实际产率 γ 的分子和分母的单位是 g COD 时，f_s^0 与 γ 相等。这种电子到 EPS 的路径减少了基质电子向活性微生物的净分配，由于 EPS 的产生，f_s^0 变为 $f_s^0(1-k_{EPS})$。换句话说，EPS 的形成减少了由电子供体氧化合成的活性微生物。

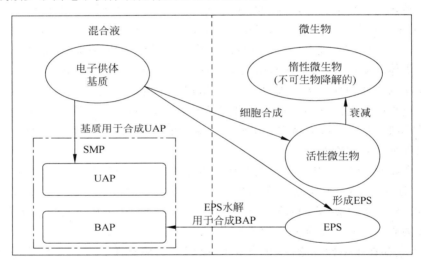

图 8.1　导致 EPS 和 SMP 形成的代谢示意图。来自电子供体基质（S）的电子当量被分配到底物利用相关产物（utilization-associated products，UAP）、活性微生物（X_a）和 EPS 中。活性微生物的衰变产生惰性微生物（X_{in}），而 EPS 水解产生生物质相关产物（biomass-associated products，BAP）。UAP 和 BAP 之和为 SMP，这是本体溶液中溶解性 COD 的主要部分。X_a、X_{in} 与 EPS 构成固相生物质

（资料来源：Ni et al.，2011）

EPS 是可生物降解的，其生物降解的第一步是水解生成物质相关产物（BAP），BAP 是 SMP 的一个子类。EPS 水解为一级衰变，$-k_{hyd}(EPS)V$，其中 k_{hyd} 是 EPS 一级水解反应系数（T^{-1}），是反应体积（L^3）。

EPS 的净形成速率为其产量和水解速率之和：

$$r_{EPSnet} = -r_s f_s^0 k_{EPS} - k_{hyd}(EPS)V \tag{8.2}$$

当我们为 SMP 组件开发类似的速率表达式时，在质量平衡中将使用 EPS 的净产率。

8.2　溶解性微生物产物

SMP 是所有微生物在正常代谢过程中产生的。SMP 的关键特征是它们完全可溶,它们并不是固相生物质的一部分。SMP 的相对分子质量为 100~10 000,它们由微生物系统中发现的主要有机分子的聚合物组成,尤其是碳水化合物和蛋白质。将 SMP 与代谢物如有机添加剂和发酵过程中形成的醇等区分开来十分重要。代谢物形成的机制与 SMP 的机制完全不同。代谢物通常也是更小的、非聚合的分子。

如图 8.1 中所展示的,根据 SMP 的产生机制,SMP 被分成两个子类。生物质相关产物(BAP)来自于 EPS 水解。因此,BAP 的化学组成与形成它的 EPS 的化学组成相似。BAP 的形成动力学(r_{BAP},$M_{BAP} T^{-1}$)反映了 EPS 的水解动力学:

$$r_{BAP} = k_{hyd}(EPS)V \tag{8.3}$$

第二类是底物利用相关产物(UAP),它是直接由基质分解代谢形成的,但不是发酵产物。在合成代谢中,UAP 的产生代表了活性微生物中出现了电子流的第二次转移,并且转移到了可溶性有机物,而不是固体 EPS。定量地,指向合成的供体电子(f_s^0)被转移形成 UAP:

$$r_{UAP} = -r_s f_s^0 k_1 \tag{8.4}$$

其中 r_{UAP} 是基于基质利用率 UAP 的产生率($M_{UAP} T^{-1}$),k_1 是 UAP 的分配系数($M_{EPS} M_S$),而 M 的单位也与电子当量成正比,如 BOD_L 或 COD。电子向 UAP 的转移将 f_s^0 的净值降低为 $f_s^0(1-k_{EPS}-k_1)$。BAP 和 UAP 都是可生物降解的,它们成为异养生物的"回收基质"。在正常 Monod 形式中,每种类型的 SMP 都有自己的降解动力学:

$$r_{BAPut} = -\hat{q}_{BAP} \frac{BAP}{K_{BAP} + BAP} X_a V \tag{8.5}$$

$$r_{UAPut} = -\hat{q}_{UAP} \frac{UAP}{K_{UAP} + UAP} X_a V \tag{8.6}$$

式中,BAP 和 UAP 为 BAP 和 UAP 的浓度,$M_{B/UAP} L^{-3}$;$\hat{q}_{BAP}$ 与 $\hat{q}_{UAP}$ 是 BAP 和 UAP 最大特定利用率,$M_{B/UAP} M_X T^{-1}$;K_{BAP} 和 K_{UAP} 是 BAP 和 UAP 的半最大速率浓度,$M_{B/UAP} L^{-3}$。异养细菌对 BAP 和 UAP 的利用导致了更活跃的微生物的形成,其产量值对每个 SMP 基质都是特定的:γ_{BAP} 和 $\gamma_{UAP}[M_X(M_{B/UAP})^{-1}]$。按照统一模型的约定,BAP 和 UAP 的使用不会产生更多的 EPS 和 UAP。

8.3　包括 EPS 和 SMP 的稳态模型

遵循第 6 章的模式,我们将 EPS 和 SMP 加入稳态模型用于带有生物循环的 CSTR,其中 $\theta_x > \theta$。在没有生物循环的模型中,$\theta_x = \theta$。建立和解决了针对电子供体基质(S)、活性微生物(X_a)、惰性微生物(X_{in})、EPS、BAP 和 UAP 的质量平衡。营养物质和电子受体基质就有可能获得额外的质量平衡。为了使推导过程相对简单,在说明主要趋势的同时,我们使 $\gamma_{BAP} = \gamma_{UAP} = 0$。在所有的速率表达式和质量平衡中,质量的单位都是表示电子当量的 COD。

第一个是满足活性微生物的质量平衡,可通过此方程求解基质浓度。在稳定状态下,没有输入活性微生物时：

$$0 = \gamma' X_a \frac{\hat{q}S}{K+S} V - b X_a V - Q^w X_a - Q^e X_a \tag{8.7}$$

式中，V 是反应体积，L^3；Q 是流速，$L^3 T^{-1}$；$\gamma' = \gamma(1 - k_{eps} - k_1)$，$M_X M_S^{-1}$。最大比生长率也按比例下降：$\hat{\mu}' = \hat{q}\gamma'$，$T^{-1}$；使用固体停留时间 θ_x，我们可求解 S：

$$S = K \frac{1+b\theta_x}{\gamma'\hat{q}\theta_x - (1+b\theta_x)} = K \frac{1+b\theta_x}{\hat{\mu}'\theta_x - (1+b\theta_x)} \tag{8.8}$$

除了 γ' 替换 γ，$\hat{\mu}'$ 替换 $\hat{\mu}$，稳态 S 的解与第 6 章中推导的相同。由于 $\gamma' < \gamma(\hat{\mu}' < \hat{\mu})$，当考虑 EPS 和 SMP 时，$S$ 的值会更高。

第二步是在基质上建立稳态的质量平衡：

$$0 = QS^0 - QS - \frac{\hat{q}S}{K+S} X_a V \tag{8.9}$$

式（8.9）可求解 X_a，而当用式（8.7）代替 Monod 项时，

$$X_a = \frac{\theta_x}{\theta} \left(\gamma' \frac{S^0 - S}{1 + b\theta_x} \right) \tag{8.10}$$

除了用 γ' 替换 γ，X_a 解的形式与第 6 章相同。当基质电子不光转移到活性微生物还转移到 EPS 和 SMP 时，x 会变得更小。

至此可以求算两个定界参数，θ_x^{min} 与 S_{min} 的限制值。θ_x^{min} 的限制值是最大比净增长率的倒数

$$[\theta_x^{min}]'_{lim} = \frac{1}{\gamma'\hat{q} - b} = \frac{1}{\hat{\mu}' - b} \tag{8.11}$$

这比没有 EPS 和 UAP 生产时更大。在式（8.8）中将 θ_x 设置为无限大的值，将会得到

$$S'_{min} = \frac{Kb}{\gamma'\hat{q} - b} = K[\theta_x^{min}]'_{lim} \tag{8.12}$$

这也比没有 EPS 和 SMP 的情况下要大。

EPS 的稳态质量平衡为

$$0 = k_{EPS}qX_aV - Q(EPS) - k_{hyd}(EPS)V$$
$$= k_{EPS}qX_aV - (EPS)V/\theta_x - k_{hyd}(EPS)V \tag{8.13}$$

式中，$q = (S^0 - S)/X_aV = \hat{q}\frac{S}{K+S}$ 是实际的特定基质降解率，$M_S M_a^{-1} T^{-1}$。并且 $Q(EPS)$ 代表系统中 EPS 的总去除率，$(EPS)V/\theta_x$。求解 EPS：

$$EPS = \frac{k_{EPS}qX_a\theta_x}{1 + k_{hyd}\theta_x} \tag{8.14}$$

UAP 稳态的质量平衡满足

$$0 = k_{1q}X_aV - Q(UAP) - \hat{q}_{UAP} \frac{UAP}{K_{UAP} + UAP} X_aV \tag{8.15}$$

UAP 的解为

$$UAP = \frac{-(\hat{q}_{UAP}X_a\theta + K_{UAP} - k_1qX_a\theta)}{2} + \frac{\sqrt{(\hat{q}_{UAP}X_a\theta + K_{UAP} - k_1qX_a\theta)^2 + 4K_{UAP}k_1qX_a\theta}}{2}$$

$$\tag{8.16}$$

对于 BAP 同样公式与解成立：

$$0 = k_{\text{hyd}}(\text{EPS})V - Q(\text{BAP}) - \frac{\hat{q}_{\text{BAP}}(\text{BAP})}{K_{\text{BAP}} + \text{BAP}}X_a V \tag{8.17}$$

可得到

$$\text{BAP} = \frac{-\left[K_{\text{BAP}} + (\hat{q}_{\text{BAP}}X_a - k_{\text{hyd}}(\text{EPS})\theta)\right]}{2} +$$

$$\frac{\sqrt{\left[K_{\text{BAP}} + (\hat{q}_{\text{BAP}}X_a - k_{\text{hyd}}(\text{EPS})\theta)\right]^2 + 4K_{\text{BAP}}k_{\text{hyd}}(\text{EPS})\theta}}{2} \tag{8.18}$$

使用 θ，而不是 θ_x，由式(8.16)和式(8.18)可计算得到 UAP 和 BAP 的值。

和之前一样，惰性微生物的质量平衡(X_i)为

$$0 = QX_i^0 - \frac{X_i V}{\theta_x} + (1 - f_d)bX_a V \tag{8.19}$$

对于有生物循环的 CSTR 可得到

$$X_i = \frac{\theta_x}{\theta}X_i^0 + (1 - f_d)bX_a\theta_x \tag{8.20}$$

由于 SMP 和 EPS 的形成，X_a 变小，X_i 浓度也变小。

8.4 关联 EPS 和 SMP 的集合参数

EPS 和 SMP 是用于监测生物过程性能的重要集合参数。由于 EPS 是一种固相物质，它成为混合液挥发性悬浮固体(mixed-liquor volatile suspended solids，MLVSS)和出水挥发性悬浮固体(VSS)的一部分。SMP 具有可溶性，是出水可溶性 COD 和 BOD 的一部分。

在定量方面，X_v(MLVSS，以 COD 为单位)是 3 个固体组分之和，包括活性微生物(X_a)、惰性微生物(X_i)和 EPS 的总和。

$$X_v = X_a + X_{\text{in}} + \text{EPS} \tag{8.21}$$

通过转换系数，如 1.42g COD_X/g VSS，这种基于 COD 的 X_v 值可转换为传统单位 mg VSS/L。一般情况下，利用式(8.21)中的比值，可以将出水 VSS 在活性微生物、惰性微生物和 EPS 之间进行分馏；这种分馏对估计出水的 BOD 很重要。

可溶性 COD 为原可溶性基质(S)、UAP、BAP 之和。

$$\text{SCOD}_{\text{eff}} = S + \text{UAP} + \text{BAP} \tag{8.22}$$

出水总 COD 把出水 VSS 的 COD 包括在内，例如

$$\text{TCOD}_{\text{eff}} = \text{SCOD}_{\text{eff}} + (1.42\text{g COD/g VSS}) \cdot \text{VSS}_{\text{eff}} \tag{8.23}$$

出水的 BOD_L 包括所有生物可降解组分：

$$\text{BOD}_{\text{L-eff}} = \text{SCOD}_{\text{eff}} + (1.42\text{g BOD}_L\text{/g VSS})(\text{VSS}_{\text{eff}})[X_a + \text{EPS}]/[X_v] \tag{8.24}$$

因为每个组分都有自己的 BOD_5-BOD_L 比值，出水 BOD_5 的计算更为复杂。典型比值 S 为 0.68，X_a 与 EPS 的比值为 0.4，UAP 与 BAP 的比值为 0.14。从而出水 BOD_5 为

$$\text{BOD}_{\text{5-eff}} = 0.68S + 0.4 \times 1.42 \times (X_a + \text{EPS}) + 0.14 \times (\text{UAP} + \text{BAP}) \tag{8.25}$$

在式(8.23)~式(8.25)的计算中，X_v、X_a 和 EPS 的浓度用 VSS 代表的质量表示。如果生物质组分用 COD 表示，则去掉式(8.25)中的 1.42。

8.5 营养物吸收和受体利用率

营养物 n (r_n, M_n T^{-1})的吸收速率与所有固相组分的净产量和营养物所构成的生物质的比例(γ_n, g 营养物/g 生物质-COD)有关。

$$r_n = \gamma_n(r_a + \gamma_{in} + \gamma_{EPS}) = \gamma_n(X_v)V/\theta_x \qquad (8.26)$$

稳态受体利用率(M_{asO_2} T^{-1})最容易通过质量平衡求算：

$$r_{acc} = \gamma_{acc}QS^0 + 1.42QX_{in}^0 - Q(TCOD_{eff}) \qquad (8.27)$$

其中 γ_{acc} 是氧气当量与受体的化学计量比($M_{asO_2} M_{acc}^{-1}$)。

8.6 参数值

用以描述 SMP 和 EPS 的产量和生物降解的量化参数是一个活跃的研究领域，我们可确定合理的数值以获得良好的初步估计。表 8.1 汇总了这些值，并指出这些值何时适用于所有微生物类型(UAP 和 EPS 的产生)或仅适用于异养菌(EPS 的水解，UAP 和 BAP 的利用)。值得注意的是，表 8.1 中所有质量单位均以 g COD 为单位。生物质浓度可通过 1.42g COD_x/g VSS 转化为 g VSS。

EPS 和 UAP 的形成影响所有微生物类型的生长动力学和化学计量学。表 8.2 提供了对真实产率(γ')、净最大比增长率($\hat{\mu}'$)、S'_{min} 与 $[\theta_x^{min}]'_{lim}$ 影响的典型例子。从生长最快的到最慢的微生物整理表格。在所有情况下，EPS 和 UAP 的形成均降低了 γ' 与 $\hat{\mu}'$，可以使 S'_{min} 与 $[\theta_x^{min}]'_{lim}$ 更大。同样地，表 8.2 中的所有质量单位都以 g COD 为单位。

表 8.1　与 EPS、SMP 产生与消耗参数相关的估计

参数名称	参数符号	单　位	典型值	所有微生物类型或只有异养生物
EPS 形成比例	k_{EPS}	g COD_{EPS}/g COD_S	0.18	所有微生物类型
UAP 形成比例	k_1	g COD_{UAP}/g COD_S	0.05	所有微生物类型
净生物质形成比例	$1 - k_{EPS} - k_1$	g COD_X/g COD_S	0.77	所有微生物类型
EPS 水解速率	k_{hyd}	d^{-1}	0.17	只有异养生物
UAP 最大比利用率	$\hat{q}_{UAP}$	g COD_{UAP}/(g COD_X · d)	1.30	只有异养生物
BAP 最大比利用率	$\hat{q}_{BAP}$	g COD_{BAP}/(g COD_X · d)	0.35	只有异养生物
UAP 半最大速率浓度	K_{UAP}	g COD_{UAP}/L	0.10	只有异养生物
BAP 半最大速率浓度	K_{BAP}	g COD_{BAP}/L	0.085	只有异养生物

表 8.2　对于关键微生物类型的 SMP 和 EPS 影响参数值的估计

参数与单位	好氧异养生物	反硝化异养生物	氢氧化反硝化自养生物	氨氧化自养生物	醋酸产甲烷菌
γ/(g COD_{Xa}/g COD_S)	0.64	0.50	0.20	0.14	0.04
γ'/(g COD_{Xa}/g COD_S)	0.49	0.39	0.15	0.11	0.031
$\hat{q}$/(g COD_S/(g COD_X · d))	7	7	5	5.6	8

续表

参数与单位	好氧异养生物	反硝化异养生物	氢氧化反硝化自养生物	氨氧化自养生物	醋酸产甲烷菌
$\hat{\mu}/\mathrm{d}^{-1}$	4.5	3.5	1.0	0.78	0.32
$\hat{\mu}'/\mathrm{d}^{-1}$	3.4	2.7	0.77	0.68	0.25
b/d^{-1}	0.30	0.15	0.05	0.05	0.03
$K/(\mathrm{mg\ COD_s/L})$	10	10	0.6	0.5	30
$[\theta_x^{\min}]'_{\lim}/\mathrm{d}$	0.32	0.39	1.4	1.8	4.5
$S'_{\min}/(\mathrm{mg\ COD_s/L})$	0.96	0.59	0.04	0.045	4.4

例 8.1 好氧异养生物的 EPS、SMP 和集合参数求解

采用无生物质循环的 CSTR 对 $400\mathrm{mg/L}(S^0)$ 进水 $\mathrm{BOD_L}$,$35\mathrm{mg\ COD_X/L}$ 惰性 VSS,水力停留时间为 $5\mathrm{d}(=\theta_x)$ 的废水进行好氧处理。EPS 和 SMP 的动力学和化学计量参数见表 8.1,好氧异养菌的相关参数见表 8.2。目标是逐步计算单个组件和集合参数的浓度。单位的一致性非常重要。

因为这是一个没有生物循环的 CSTR,$\theta_x=\theta$。使用式(8.8)计算 S。

$$S=10\mathrm{mg\ COD_s}\ \frac{1+\left(\dfrac{0.3}{\mathrm{d}}\right)5\mathrm{d}}{\left(\dfrac{3.4}{\mathrm{d}}\right)5\mathrm{d}-1\left[1+\left(\dfrac{0.3}{\mathrm{d}}\right)5\mathrm{d}\right]}=\frac{10\mathrm{mg\ COD_s/L}\times2.5}{17-2.5}\approx1.7\mathrm{mg\ COD_s/L}$$

使用式(8.10)计算 X_a

$$X_a=0.49\mathrm{g\ COD_X/g\ COD_s}\ \frac{(400-1.7)\mathrm{mg\ COD_s/L}}{1+\left(\dfrac{0.3}{\mathrm{d}}\right)5\mathrm{d}}\approx78\mathrm{mg\ COD_X/L}$$

使用式(8.20)计算 X_i

$$X_i=35\mathrm{mg\ COD_X/L}+(1-0.8)\left(\frac{0.3}{\mathrm{d}}\right)\left(\frac{78\mathrm{mg\ COD_{Xa}/L}}{\mathrm{L}}\right)(5\mathrm{d})\approx58\mathrm{mg\ COD_X/L}$$

使用式(8.14)计算 EPS

$$q=7\mathrm{g\ COD_s/(g\ COD_{Xa}\cdot d)}(1.7\mathrm{mg\ COD_s/L})/(10+1.7)\mathrm{mg\ COD_s/L}$$
$$=1.02\mathrm{g\ COD_s/(g\ COD_{Xa}\cdot d)}$$

$$\mathrm{EPS}=\frac{0.18\times1.02\left(\dfrac{78\mathrm{mg\ COD_{Xa}/L}}{\mathrm{L}}\right)(5\mathrm{d})}{1+(0.17/\mathrm{d})5\mathrm{d}}\approx39\mathrm{mg\ COD_{EPS}/L}$$

使用式(8.16)计算 UAP

$q=1.02\mathrm{g\ COD_s/(g\ COD_X\cdot d)}$

$A=(1.3\mathrm{g\ COD_{UAP}/g\ COD_X})(0.078\mathrm{g\ COD_X/L})(5\mathrm{d})+0.1\mathrm{g\ COD_{UAP}/L}-$

$\qquad(0.05\mathrm{g\ COD_{UAP}/g\ COD_s})(1.02\mathrm{g\ COD_s/g\ COD_X})(0.078\mathrm{g\ COD_X/L})(5\mathrm{d})$

$\qquad\approx0.587\mathrm{g\ COD_{UAP}/L}$

$$\mathrm{UAP}=0.5\times(-0.5871+\sqrt{(0.5871)^2+0.008\,03})\approx0.0034\frac{\mathrm{g\ COD_{UAP}}}{\mathrm{L}}=3.4\mathrm{mg\ COD_s/L}$$

使用式(8.18)计算 BAP

$$B = 0.085g\ COD_{BAP}/L + 0.35g\ COD_{BAP}/(g\ COD_{Xa} \cdot d)(0.078g\ COD_{Xa}/L)(5d) -$$
$$(0.17/d)(0.039g\ COD_{EPS}/L)(5d) \approx 0.1884g\ COD_{BAP}/L$$

$$BAP = 0.5 \times (-0.1884 + \sqrt{(0.1884)^2 + 0.001\,10}) \approx \frac{0.0136g\ COD_{BAP}}{L} = 13.6mg\ COD_{BAP}/L$$

具备了以上所有独立组成部分，我们现在计算出水浓度的恒化器的集合参数：

$$X_v = X_a + X_i + EPS = 78 + 58 + 39 = 175mg\ COD_X/L$$

我们看到，活性微生物仅占总挥发性固体的 45%，惰性微生物和 EPS 分别约为 33% 和 22%。

对于可溶性成分，

$$SCOD = S + UAP + BAP = 1.7 + 3.4 + 13.6 = 18.7mg\ COD/L$$

可溶 COD 中绝大多数(73%)为 BAP。

可溶 BOD_L 与 SCOD 相同，但可溶 BOD_5 为

$$SBOD_5 = 0.68S + 0.14(UAP + BAP) = 0.68 \times 1.7 + 0.14 \times (3.4 + 13.6) \approx 3.5mg\ BOD_5/L$$

因为大部分 SCOD 是 BAP，$SBOD_5$ 只占 $SBOD_L$ 的 19%。

由于悬浮物全部从出水中排走，因此总 COD、BOD_L 和 BOD_5 更大：

$$TCOD = SCOD + X_v = 18.7 + 174 \approx 193mg\ COD/L$$
$$TBOD_L = SBOD_L + (X_a + EPS) = 18.7 + (78 + 38) \approx 135mg\ BOD_L/L$$
$$TBOD_5 = SBOD_5 + 0.4 \times (X_a + EPS) = 3.5 + 0.4 \times (78 + 38) \approx 50mg\ BOD_5/L$$

例 8.2 具有生物质循环的 CSTR 的产物

我们采用一个具有生物质循环的有氧 CSTR 重复例 8.1，其中 $\theta_x = 5d$，而 $\theta = 0.5d$。

与例 8.1 相同，使用式(8.8)计算 S：

$$S = 10mg\ COD_s \frac{1 + \left(\frac{0.3}{d}\right)5d}{\left(\frac{3.4}{d}\right)5d - \left[1 + \left(\frac{0.3}{d}\right)5d\right]} = \frac{10mg\ COD_s/L(2.5)}{17 - 2.5} \approx 1.7mg\ COD_s/L$$

使用式(8.10)计算 X_a，现在是例 8.1 的 10 倍(θ_x/θ)：

$$X_a = \left(\frac{5d}{0.5d}\right)0.49g\ COD_X/g\ COD_s \frac{(400 - 1.7)mg\ COD_s/L}{1 + \left(\frac{0.3}{d}\right)5d} \approx 780mg\ COD_X/L$$

使用式(8.20)计算 X_i

$$X_i = \left(\frac{5d}{0.5d}\right)35mg\ COD_X/L + (1 - 0.8)\left(\frac{0.3}{d}\right)\left(\frac{780mg\ COD_X/L}{L}\right)(5d) \approx 580mg\ COD_X/L$$

使用式(8.14)计算 EPS

$$q = 7g\ COD_s/(g\ COD_X \cdot d)(1.7mg\ COD_s/L)/(10 + 1.7)mg\ COD_s/L$$
$$\approx 1.02g\ COD_s/(g\ COD_X \cdot d)$$

$$\text{EPS} = \frac{0.18 \times 1.02 \left(\dfrac{780\text{mg COD}_{Xa}/L}{L}\right)(5\text{d})}{1 + (0.17/\text{d})5\text{d}} \approx 387\text{mg COD}_{\text{EPS}}/L$$

使用式(8.16)计算 UAP

$$q = 1.02\text{g COD}_s/(\text{g COD}_{Xa} \cdot \text{d})$$

$$A = (1.3\text{g COD}_{\text{UAP}}/\text{g COD}_{Xa})(0.78\text{g COD}_{Xa}/L)(0.5\text{d}) + (0.1\text{g COD}_{\text{UAP}}/L -$$
$$0.05\text{g COD}_{\text{UAP}}/\text{g COD}_s)(1.02\text{g COD}_s/\text{g COD}_X)(0.78\text{g COD}_X/L)(0.5\text{d})$$
$$\approx 0.5871\text{g COD}_{\text{UAP}}/L$$

$$\text{UAP} = 0.5(-0.5871 + \sqrt{(10.5871)^2 + 0.008\,03}) \approx 0.0034\frac{\text{g COD}_{\text{UAP}}}{L}$$
$$= 3.4\text{mg COD}_s/L$$

使用式(8.18)计算 BAP

$$B = 0.085\text{g COD}_{\text{BAP}}/L + 0.35\text{g COD}_{\text{BAP}}/(\text{g COD}_X \cdot \text{d})(0.78\text{g COD}_{Xa}/L)(0.5\text{d}) -$$
$$(0.17/\text{d})(0.387\text{g COD}_{\text{EPS}}/L)(0.5\text{d})$$
$$\approx 0.1886\text{g COD}_{\text{BAP}}/L$$

$$\text{BAP} = 0.5(-0.1886 + \sqrt{(0.1886)^2 + 0.0110}) \approx \frac{0.0136\text{g COD}_{\text{BAP}}}{L} = 13.6\text{mg COD}_{\text{BAP}}/L$$

具备了以上所有独立组成部分,我们现在计算集合参数:

$$X_v = X_a + X_i + \text{EPS} = 780 + 580 + 387 = 1747\text{mg COD}_X/L$$

对于可溶性成分,

$$\text{SCOD} = S + \text{UAP} + \text{BAP} = 1.7 + 3.4 + 13.6 = 18.7\text{mg COD}/L$$
$$\text{SBOD}_5 = 0.68S + 0.14(\text{UAP} + \text{BAP}) = 0.68 \times 1.7 + 0.14 \times (3.4 + 13.6)$$
$$\approx 3.5\text{mg BOD}_5/L$$

这里的一个关键发现是,只要 SRT 是相同的,在有或没有生物质循环的 CSTR 中,可溶性组分的浓度都是相同的。然而对于有生物质循环的 CSTR,生物质组分的浓度随(θ_x/θ)的增加而增加。

例 8.3　**SRT 如何影响产物浓度和集合参数**

对于例 8.1 的进水和微生物条件,我们评估了各种 SRTs 对每个出水成分的影响,以及由此产生的集合参数,当假设 SRT=HRT,或者一个没有生物质循环的 CSTR。SRT 从 0.4d 至 50d 不等,范围从略高于洗出值 0.32d(表 8.2)到一个较长时间的值,强调内源性过程。

图 8.2 总结了单个参数在整个 SRT 范围内的变化情况。在 SRT 约为 3d 时,S 下降为 $S'_{\min}$(0.96mg BOD$_L$/L),但其他参数随着 SRT 的增加而不断变化。最复杂的响应是 X_a,在 SRT 约 0.5d 时上升到峰值,然后由于内源性衰变而逐渐下降。由于 EPS 是与 X_a 的合成并行产生的,EPS 与 $X_{a'}$ 的趋势一致。然而,在 SRT 越长时 EPS 占 X_a 的比例越大,因为 EPS 损失率(k_{hyd})小于 X_a(b)的内源性衰变率(表 8.1 和表 8.2)。由 EPS 水解产生的 BAP 和由活性微生物内源性衰变产生的 X_i 的趋势,与 EPS 和 X_a 的下降一致。

虽然对于小于 6d 的 SRT,X_a 是主要生物质形式,但对于长 SRT,X_{in} 是最重要的因素。

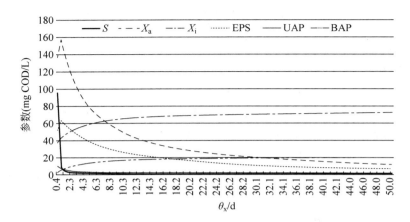

图 8.2 在进水 BOD_L 浓度为 400mg/L 和 X_i^0 为 35mg COD_X/L 的好
氧异养生物中，随着 SRT(θ_x) 从 0.4d 变化到 50d，各个参数的
变化。以上结果是一个没有生物循环的 CSTR

当 SRT=50d，X_v=92.3mg COD/L，X_i=72.4mg COD/L，X_a=12.5mg COD/L，以及
EPS=7.4mg COD/L，对于可溶性 COD，在 SRT 超过 1d 时 BAP 是迄今为止的最大组成部
分。在 50d，BAP 占总 SCOD（33.8mg COD/L）中的 20.5mg COD/L。由于 S^0=400mg
COD/L，50d 时基于 SCOD 的去除率为 91.6%。

例 8.4 产甲烷恒化器中的产物

无生物质循环的产甲烷 CSTR 进水 COD 为 10 000mg/L 的乙酸，SRT 为 30d。无生物
质循环的 CSTR 的单独和总输出浓度是多少？利用表 8.1 和表 8.2 中的 EPS 和 SMP 参
数，对乙酸型产甲烷菌进行分析，结果如下（所有单位为 mg COD/L）：

$$X_a=160; X_i=29; EPS=276; X_v=468$$
$$S=10.9; UAP=8.3; BAP=57.2; SCOD=76.4; SBOD_5=16.5$$
$$TCOD=545$$

这里我们看到，产甲烷的恒化器达到了几乎 95% 的 COD 去除率，大部分出水 COD 是
EPS（51%）、X_a（29%）与 BAP（10.5%）。

8.7 为生物膜过程中 EPS、SMP 和 X_{in} 的建模

作为一级近似，生物膜过程中 EPS 和 SMP 的形成可建立在第 7 章生物膜基本参数（S、
J、X_{fa}、L_f）的模型及求解的基础上，但参数调整如本章 8.4 节所示，特别是表 8.1 和表 8.2
中的参数。类似地，对于一个恒化器，通过下列替换，可以使用式（8.14）、式（8.16）、式（8.18）
和式（8.20）：

$$X_a=X_{fa}L_f a$$
$$q=J/X_{fa}L_f$$

$$qX_a = Ja$$

当悬浮微生物对基质去除的影响可以忽略时，这些解可适用于稳态生物膜。

我们先确定产甲烷生物膜反应器的出水可溶 COD 和 BOD_5 浓度，该反应器出水乙酸浓度为 5mg COD_S/L，且反应器的 HRT(θ) 为 1d。生物膜特性参数为 $b_{det} = 0.02d^{-1}$，$X_{fa} = 50$mg COD_{Xa}/cm^3，$a = 500m^{-1}$，$L = 100\mu m = 0.01cm$，$D = 1.6cm^2$/d 与 $D_f = 1.3cm^2$/d。数值 $b_{det} = 0.02d^{-1}$ 表示平均生物膜 SRT 为 50d。稳态乙酸溶剂(J)与生物膜厚度(L_f)分别为 0.167mg COD_S/($cm^2 \cdot$ d) 与 0.0056cm。那么，模拟参数为

$$X_a = X_{fa}L_f a = 1400\text{mg } COD_X/L$$

$$q = J/X_{fa}L_f = 0.596\text{mg } COD_s/(\text{mg } COD_{Xa} \cdot \text{d})$$

$$qX_a = Ja = 835\text{mg } COD_s/L$$

将模拟参数代入式(8.14)～式(8.20)，使用式(8.14)计算 EPS

$$EPS = \frac{0.18 \times 0.596\left(\dfrac{1400\text{mg } COD_X/L}{L}\right)(5\text{d})}{1 + (0.17/\text{d})50\text{d}} = 790\text{mg } COD_{EPS}/L$$

使用式(8.16)计算 UPA

$$A = (1.3\text{g } COD_{UAP}/L)(1.4\text{g } COD_{Xa}/L)(1\text{d}) + 0.1\text{g } COD_{UAP}/L -$$
$$(0.05\text{g } COD_{UAP}/\text{g } COD_s)(0.596\text{g } COD_s/\text{g } COD_X)(1.4\text{g } COD_X/L)(1\text{d})$$
$$\approx 1.8783\text{g } COD_{UAP}/L$$

$$UAP = 0.5 \times (1.8783 + \sqrt{(1.8783)^2 + 0.016\,69}) \approx 0.0022\frac{\text{g } COD_{UAP}}{L} = 2.2\text{mg } COD_s/L$$

使用式(8.18)计算 BAP

$$B = 0.085\text{g } COD_{BAP}/L + 0.35\text{g } COD_{BAP}/(\text{g } COD_{Xa} \cdot \text{d})(1.4\text{g } COD_X/L)(1\text{d}) -$$
$$(0.17/\text{d})(0.790\text{g } COD_{EPS}/L)(1\text{d})$$
$$\approx 0.4407\text{g } COD_{BAP}/L$$

$$BAP = 0.5 \times (-0.4407 + \sqrt{(0.4407)^2 + 0.045\,66}) \approx \frac{0.0245\text{g } COD_{BAP}}{L} = 24.5\text{mg } COD_{BAP}/L$$

对于可溶性成分，

$$SCOD = S + UAP + BAP = 5 + 2.2 + 24.5 = 31.7\text{mg } COD/L$$

可溶性 COD 大部分为 BAP。

可溶性 BOD_L 与 SCOD 相同，但可溶性 BOD_5 为

$$SBOD_5 = 0.68S + 0.14(UAP + BAP) = 0.68 \times 5 + 0.14 \times (2.2 + 24.5)$$
$$\approx 6.9\text{mg } BOD_5/L$$

8.8　胞内存储物质

尽管电子供体、电子受体、碳、磷或其组合的可用性变化非常大，一些微生物仍有能力产生和消耗胞内存储物质(intracellular storage products, ISP)，作为一种生存手段，这也被称为在营养充足和饥饿中的生存。ISP 可以由有机聚合物如聚羟基丁酸酯(polyhydroxybutyrate, PHB)

和聚羟基烷烃酸酯（polyhydroxyalkanoates，PHAs）、糖原和脂类，以及无机聚磷酸盐组成。这些材料对于增强生物除磷非常重要，这在第14章中会提到。

在这里，我们描述了Ni等（2009）对类似PHB这类有机ISP的动力学研究。与EPS和UAP类似，ISP的形成是电子供体代谢的一部分，k_{ISP}是被引导形成ISP的供体电子与全部代谢供体电子的比值：

$$r_{IBS} = -qk_{ISP}X_aV \tag{8.28}$$

式中，r_{ISP}是ISP基于基质利用的产生率，$M_{ISP}\,T^{-1}$；$-q$是基质利用率，$M_S\,L^{-3}\,T^{-1}$；k_{ISP}是EPS的分配系数，$M_{ISP}\,M_S^{-1}$；M的单位与电子当量成正比，如COD。与EPS和UAP相似，这种电子到ISP的路径减少了基质电子向活性微生物的净分配：$f_s^{0'} = f_s^0(1 - k_{EPS} - k_{UAP} - k_{ISP})$。与EPS和UAP不同的方面是ISP在细胞内积累。

积累的ISP可以被水解和氧化，特别是在饥饿条件下。ISP水解和氧化由类Monod函数和抑制函数（In）表示，前者基于ISP的浓度归一化到活性微生物，后者取决于基质的外部浓度：

$$r_{ISPhyd} = \hat{q}_{ISP}\frac{ISP/X_a}{K_{ISP} + ISP/X_a}\frac{K_1}{K_1 + S}X_aV = \hat{q}_{ISP}\frac{ISP/X_a}{K_{ISP} + ISP/X_a}\ln X_aV \tag{8.29}$$

式中，r_{ISPhyd}是ISP水解与氧化率，$M_{ISP}\,T^{-1}$；$\hat{q}_{ISP}$是ISP水解与氧化最大比速率，$M_{ISP}\,M_{Xa}^{-1}\,T^{-1}$；ISP是在ISP反应器中的浓度，$M_{ISP}\,L^{-3}$；$ISP/X_a$是归一化到活性微生物的ISP细胞内浓度，$M_{ISP}\,M_{Xa}^{-1}$；$S$是基质浓度，$M_{ISP}\,L^{-3}$；$K_1$是50%抑制ISP水解的基质浓度，$M_S\,L^{-3}$；$In = \dfrac{K_1}{K_1 + S}$是抑制函数。

我们最感兴趣的是非稳态条件下的ISP，如连续批式反应器中的情况。ISP的非稳态质量平衡可表示为

$$dISP/dt = -qk_{ISP}X_aV - \hat{q}_{ISP}\frac{ISP/X_a}{K_{ISP} + ISP/X_a}\ln X_aV \tag{8.30}$$

对于好氧、异养系统，Ni等（2009）估计ISP参数如下：$k_{ISP} = 0.23$g COD_{ISP}/g COD_S，$\hat{q}_{ISP} = 14$g COD_{ISP}/(g COD_{Xa} · d)，以及$K_1 = 11.3$mg COD_S/L。图8.3提供了在连续式批循环中ISP与其他组分如何变化的案例。ISP的形成（图中标注为X_{STO}）反映了EPS的形成，当供体基质（SCOD）被主动氧化时，例如在连续式批操作的第一阶段中，它可以转变成高达15%的总体生物质（即VSS = $X_H + X_I$ + EPS + ISP）。在营养丰富时，基质吸收速率、总生物质合成速率和吸氧速率均受ISP合成的显著影响。一旦基质浓度接近零（饥饿状态），ISP迅速损失，维持显著的氧吸收速率，防止异养微生物的急剧下降（X_H）。

如果基质浓度是稳定的，比如在稳态CSTR中，ISP将只占总生物质的少部分。求解式（8.30）的稳态版本可以得到ISP/X_a：

$$ISP/X_a = -K_{ISP}\phi(1 + \phi) \tag{8.31}$$

式中，$\phi = qk_{ISP}/In\,\hat{q}_{ISP}$。对于例8.1中的条件，$ISP/X_a$的值约为1.6%，ISP浓度约为1.3mg/L，而X_a为78mg COD_{Xa}/L。

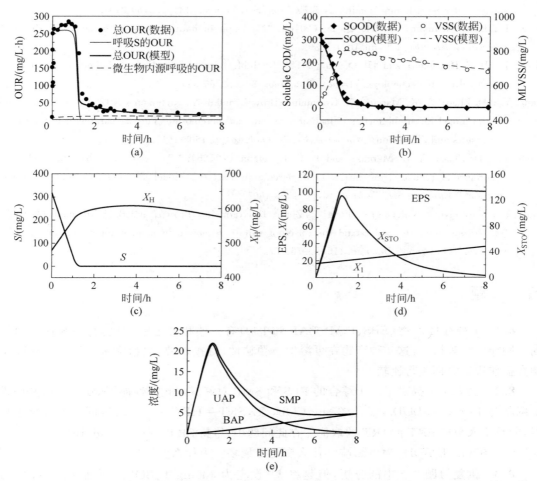

图 8.3 一个营养充足和饥饿循环的批示反应。初始浓度 $S_S = 320 \text{mg/L}$，且 MLVSS $= 500 \text{mg/L}$。实验值用点表示。ISP(标注为 X_{STO})和 EPS 在第一个小时内随着 S 的消耗迅速上升，但只有 ISP 迅速下降

（资料来源：Ni et al.，2009）

参考文献

Laspidou, C. S. and B. E. Rittmann (2002a). "A unified theory for extracellular polymeric substances, soluble microbial products, and active and inert biomass." *Water Res.* 36, pp. 2711-2720.

Laspidou, C. S. and B. E. Rittmann (2002b). "Non-steady state modeling of microbial products and active and inert biomass." *Water Res.* 36, pp. 1983-1992.

Laspidou, C. S. and B. E. Rittmann (2004a). "Modeling the development of biofilm density including active bacteria, inert biomass, and extracellular polymeric substances." *Water Res.* 38, pp. 3349-3361.

Laspidou, C. S. and B. E. Rittmann (2004b). "Evaluating trends in biofilm density using the UMCCA model." *Water Res.* 38, pp. 3362-3372.

Ni, B.-J.; F. Fang; H.-Q. Yu; and B. E. Rittmann (2009). "Modeling microbial products in activated sludge under feast-famine conditions. " *Environ. Sci. Technol.* 43, pp. 2489-2497.

Ni, B. -J. ; B. E. Rittmann; and H. -Q. Yu（2010）. "Modeling predation processes in activated sludge. " *Biotechnol. Bioengr.* 105, pp. 1021-1030.

Ni, B. -J. ; B. E. Rittmann; and H. -Q. Yu（2011）. "Soluble microbial products and their implications in mixed culture biotechnology. " *Irends Biotechnol.* 29, pp. 254-263.

Tang, Y. ; H. Zhao; A. K. Marcus; R. Krajmalnik-Brown; and B. E. Rittmann（2012a）. "A steady-state biofilm model for simultaneous reduction of nitrate and perchlorate- Part 2: parameter optimization and results and discussion. " *Environ. Sci. Technol.* 46, pp. 1608-1615.

Tang, Y. ; H. Zhao; A. K. Marcus; and B. E. Rittmann（2012b）. "A steady-state biofilm model for simultaneous reduction of nitrate and perchlorate-Part 1: model development and numerical solution. " *Environ. Sci. Technol.* 46, pp. 1598-1607.

Tang, Y. ; A. Ontiveros-Valencia; L. Feng; C. Zhou; R. Krajmalnik-Brown; and B. E. Rittmann（2012c）. "A biofilm model to understand the onset of sulfate reduction in denitrifying membrane biofilm reactors. " *Biotechnol. Bioengr.* 110, pp. 763-772.

习　　题

8.1　4 种存储产物（EPS、UAP、BAP 和 ISP）有一些相似之处，但也有一些重要的不同。制作一个表格，将这 4 种产物在可溶性与颗粒性、直接来源、生物降解效果以及对微生物有益作用五方面进行比较。

8.2　例 8.1 中提供了一个综合的 EPS 和 SMP 对好氧恒化器性能影响的评价，其中进水浓度为 400mg/L BOD$_L$，$X_{in}^0 = 35$mg COD$_X$/L，SRT=HRT=5d。之后例 8.2 进行了扩展，分析了大范围 SRT=HRT 的取值。在此问题中，维持 SRT=HRT=5d，评估 $S^0 = 100$、400 与 1000mg/L BOD$_L$ 时的影响。什么变化得最多？为什么？

8.3　重复习题 8.2 中的分析，但是将 S^0 设定为 400mg/L BOD$_L$，评估 $X_i^0 = 0, 35$ 与 100mg COD$_X$/L 时的影响。什么显著变化？为什么？

8.4　一位基因工程师设计了一种几乎不产生 EPS 的好氧异养生物。这是通过 k_{EPS} 仅为 0.018g COD$_{EPS}$/g COD$_S$ 或者 1/10 的常规值（表 8.1）来量化的。评估与例 8.1 所有其他条件都相同时，此更改对出水水质的影响。显著改变了什么？为什么？这对正常的好氧废水处理有什么好处或坏处？

8.5　一位基因工程师设计了一种好氧异养生物可以十分高效地生物降解 UAP 和 BAP。这是通过新的取值 $k_{UAP} = k_{BAP} = 1$mg COD$_{U/BAP}$/L 来量化的。评估与例 8.1 所有其他条件都相同时，此更改对出水水质的影响。显著改变了什么？为什么？这对正常的好氧废水处理有什么好处或坏处？

8.6　当进水 BOD$_L$ 浓度很低时，如在饮用水生物处理中，SMP 和 EPS 尤为重要。评估好氧生物过滤过程的出水水质，我们将其简单地表示为一个完全混合的生物膜反应器。使用表 8.1 和表 8.2 中的好氧异养生物参数，以及进水 $S^0 = 2$mg BOD$_L$/L。假设没有进水惰性微生物或 SMP。将稳态生物膜模型（第 7 章）与第 8.5 节的 SMP 和 EPS 方法相结合，如果生物膜脱附率（biofilm detachment rate）为 0.05d，估算出水中 SCOD、SBOD$_L$、SBOD$_5$ 以及 X_v 的浓度。

8.7　好氧生物滤池中的反冲洗(backwashing)(如习题 8.6)将增加平均生物膜脱附率。假设 $b_{det}=0.25d^{-1}$，重做习题 8.6。

8.8　基于氢气(H_2)的膜生物膜反应器(membrane biofilm reactor，MBfR)将氢气传送到附着在气体传递膜外表面的生物膜上。它可以用来反硝化去除硝酸盐，其参数如表 8.1和表 8.2 所示。如果 H_2 是限速的，表 8.2 中的参数对氢氧化反硝化菌保持不变，SRT＝HRT＝10d，并且没有异养菌存在消耗 UAP 和 BAP，从 NO_3^--N、SCOD、$SBOD_L$、$SBOD_5$ 和 X_v 方面评估出水水质。UAP 与 BAP 对饮用水的出水水质有重要影响吗？

8.9　实际中习题 8.8 的氢气系统会导致异养生物的积累。让习题 8.8 中的 UAP 与 BAP 产生速率供养反硝化异养生物(表 8.1 与表 8.2)。在 SRT＝HRT＝10d 时，假设 NO_3^- 不限速，出水中 SCOD、$SBOD_L$、$SBOD_5$ 以及 X_v 的浓度将会是多少？与习题 8.8 相比，此情况下如何影响出水水质？

8.10　请分析硝化作用对有机废水质量的影响。NH_4^+-N 的进水浓度为 50mg N/L。假设 BOD_L 和 X_v 不在进水中。利用表 8.1 和表 8.2 中相关参数，若 SRT＝HRT＝15d，计算 NH_4^+-N、UAP、BAP、SCOD、$SBOD_L$ 和 $SBOD_5$ 的出水浓度。请注意氨氧化剂不是异养生物，不能消耗 UAP 和 BAP。NH_4^+ 的硝化作用将如何影响出水的有机质量？

8.11　事实上硝化系统会积累异养细菌。在这个问题中，让习题 8.10 中 UAP 和 BAP的产生速率供养反硝化异养生物(表 8.1 与表 8.2)。在 SRT＝HRT＝15d 时，假设 O_2 不限速，出水中 SCOD、$SBOD_L$、$SBOD_5$ 与 X_v 的浓度将会是多少？与习题 8.10 相比，这如何改变出水水质？

8.12　将 NH_4^+ 的进水浓度设为 5mg N/L、50mg N/L 与 150mg N/L，重做习题 8.11。

8.13　例 8.3 说明 SMP 和 EPS 对产甲烷恒化器的可溶性和颗粒物输出有重要影响。在这个问题中，将 SRT＝HRT 的值设为 10d，30d 与 50d，再对例 8.3 进行分析。

8.14　重设 SRT＝HRT＝30d，而设 S^0 值为 1000mg BOD_L/L、10 000mg BOD_L/L 与100 000mg BOD_L/L，再分析例 8.3。

8.15　重设 S^0 值为 1000mg BOD_L/L、10 000mg BOD_L/L 与 100 000mg BOD_L/L，再分析例 8.4。

8.16　ISP 对于微生物在营养丰富与不足条件下是重要的，但对于稳态条件下是次要的。ISP 的形成和生物降解动力学的什么特征导致了这种差异？

第9章 反应器特性和动力学

　　许多不同类型的反应器已在环境工程中得到应用。反应器通常采用悬浮生长或生物膜系统。悬浮生长式反应器通常也称作悬浮絮体、分散生长或污泥反应器。利用生物膜的反应器也称作固定膜反应器、附着生长式反应器或固定化细胞反应器。悬浮生长式反应器和生物膜反应器可采用类似的流态。有时会使用串联的反应器，其中有一些可以是悬浮生长反应器，另一些则可能是生物膜反应器。工程师必须掌握反应器中基质在不同类型微生物作用下的去除动力学及不同反应器的特性，才能针对具体的废物处理问题，合理地选择反应器或者一系列反应器(第6章到第8章中介绍)。

　　选择反应器形式时应考虑的因素有：废物的物理化学性质、污染物的浓度、有氧或是无氧、处理有效性和系统可靠性要求、反应器运行时的天气情况、系统中多种不同的生物处理单元、运行系统人员的技术和经验、特定地区和时间下建设的相关费用以及各种反应器的运行费用。

　　在本章中，首先讨论了不同反应器类型以及它们的适用条件，然后讨论了在反应器设计过程中的重要影响因素。最后，采用类似在第6章到第8章中对完全混合型反应器建立稳态方程的方式，运用物料衡算，对不同类型的反应器，推导出基本方程组，描述实际工艺，如反应器尺寸和处理性能的关系。

9.1　反应器类型

　　在环境工程中应用，常用的反应器类型如图9.1所示。表9.1总结了各种反应器的典型应用。三种基本反应器，可以应用于悬浮生长式或生物膜系统。

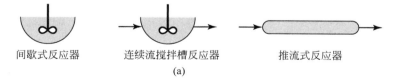

间歇式反应器　　　连续流搅拌槽反应器　　　推流式反应器

(a)

图9.1　不同反应器类型及工艺

(a)基本反应器；(b)生物膜反应器；(c)膜生物反应器；(d)反应器排列

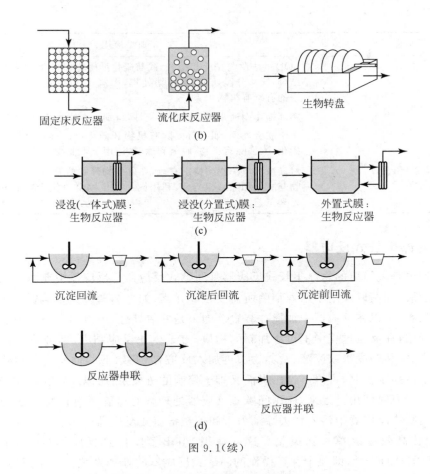

固定床反应器　　流化床反应器　　生物转盘

(b)

浸没(一体式)膜：　　浸没(分置式)膜：　　外置式膜：
生物反应器　　　　　生物反应器　　　　　生物反应器

(c)

沉淀回流　　　　　　沉淀后回流　　　　　沉淀前回流

反应器串联

反应器并联

(d)

图 9.1(续)

表 9.1　反应器类型及典型应用

反应器类型	典型应用
基本反应器	
间歇式反应器	BOD 检测、高效去除单一污染物
连续流搅拌槽反应器(CSTR)	污泥的厌氧消化和废物的浓缩,处理工业废物的曝气塘,处理城市污水和工业废水的稳定塘,一些处理城市污水和工业废水的活性污泥法反应器
推流式反应器(PFR)	处理城市污水和工业废水的活性污泥法,处理工业废水的曝气塘,处理城市污水和工业废水的稳定塘,硝化、高效处理废水中特定污染物
生物膜反应器	
固定床反应器	城市污水和工业废水的厌氧、好氧处理,有机物的去除、硝化、反硝化
流化床反应器	低浓度 BOD 污水的好氧处理,有毒有机物的生物降解、厌氧处理、反硝化
生物转盘	城市污水和工业废水的好氧处理,有机物的去除、硝化
反应器组合	
回流	好氧和厌氧处理城市污水和工业废水,特别适合中、低浓度 BOD 污水的处理,有机物的去除、硝化、反硝化

续表

反应器类型	典型应用
串联	BOD 的去除与硝化相结合,或与硝化反硝化相结合,或与生物除磷相结合,厌氧分段处理,稳定塘处理,厌氧-好氧组合工艺,如去除废水中的有毒有机物
并联	实际操作中通常用于保证稳定性,特别是在废水流量大的情况下
混合型	用于联合处理,如同时去除有机物和硝化,或去除有机物和硝化、反硝化,或去除有机物、脱氮和除磷,还用于工业废水的厌氧处理
序批式反应器(SBRs)	对高浓度单一物质特别有效,如可生物降解的有毒有机物,去除有机物与脱氮和除磷相结合,利用同一微生物群落实现好氧和厌氧组合处理工艺

9.1.1 悬浮生长式反应器

第一种也是最简单的悬浮生长式反应器是间歇式反应器。反应器中充满一定量的待处理废水或废液、细菌以及用于培养细菌所需要营养元素,如氮和磷。如果需要反应器内物质处于悬浮状态,可以在反应器中加搅拌装置。如果是好氧处理,可以通入空气或者氧。接着生化反应开始,在反应过程中不再添加新的物质,直至生化反应结束,部分或全部污染物得到去除。之后,新的废水或废液、营养物质再加入反应器,开始下一批反应。间歇式反应器由于操作条件易于控制,可以不设昂贵而又难于控制的机械泵,所以通常在实验中做基础研究和可行性研究时使用。近来,应用间歇式反应器处理含有难降解有机物废水的应用逐渐增多。在间歇式反应器中污染物去除动力学和理想推流式反应器(plug-flow reactor,PFR)相类似,能够高效去除单一污染物。这一认识,引出了序批式反应器(sequencing batch reactors,SBRs)的概念,即几个并行操作的间歇式反应器的处理系统。一个反应器进水,一个闲置,一个或更多反应器在处理污水。这样,尽管是通过间歇式反应器处理污水,但整个系统进出水是连续的。事实上,在这种间歇式反应器的运行过程中,单一反应器可以在部分时间下处于有氧状态,满足氨氮硝化要求;部分时间处于缺氧条件,满足反硝化要求。

第二种悬浮生长式反应器是连续流搅拌槽反应器(CSTR),也叫完全混合式反应器。当稳定运行的 CSTR 在实验室中用于培养生物或研究基本生化现象时,也叫恒化反应器。此处,废水或废液连续进入反应器,流体中的污染物也是被连续去除的。在通常操作条件下,培养的细菌可以被引入反应器,也可以不引入。如果操作得当,微生物能够在反应器中连续生长以补充由于反应器出水而带走的部分微生物。理想 CSTR 的基本特点是基质浓度和微生物浓度在反应器中处处一致。另外,流出反应器的物质浓度和反应器中的浓度一致,这使得分析 CSTR 相对容易。CSTR 通常用于好氧或高浓度有机物的厌氧处理,如废物的初级处理、生物污泥的处理及高浓度工业废水的处理。

第三种悬浮生长式反应器是推流式反应器。推流式反应器有时也称管式反应器或是活塞流式反应器。在 CSTR 中,废水或废液连续从反应器中的一端进入,另一端流出。在理想的推流式反应器中,可以设想流入反应器中的流体没有在整体反应器中进行充分混合,所以反应器进水端与出水端的物质浓度是不一样的,同时进入反应器中的物质在反应器中做活塞式流动,运动形式是离散的。这样,如果知道反应器中的流速和反应器尺寸,就可以计算出某流体单元在任何时候的位置。与 CSTR 不同,PFR 中基质浓度和微生物浓度在整个反应器中总是变化的。在实际应用中,由于在水流动方向上的物质混合不可避免,理想的 PFR 很难实现。因此大多数 PFR 中存在一定程度的混合,但沿流动方向的物质浓度仍然不同。

理想的 PFR 具有活塞流式反应器的优缺点。反应器入口处的基质浓度最高,这往往使该处的反应速率很高。当这种高反应速率超出好氧系统的供氧能力时,是不利的。对厌氧系统而言,可能会导致过量有机酸的产生和 pH 失调,或导致一些废物表现出基质毒性。然而,如果这些问题得到解决,PFR 具有高效去除单个污染物(如氨氮或痕量有机污染物)的优势。即使 FPR 的性能与理想情况不完全相同,它们仍具有活塞流的许多优点,当然还有一些问题需要解决。

由于难以达到理想 PFR 所需条件,之前提到的 SBR 可作为替代,以获得 PFR 处理模式的同等效益。SBR 中动力学方程的形式是浓度对时间的梯度,而 PFR 中则是浓度对空间的梯度。此外,地下水中污染物的原位生物降解过程通常类似于活塞流过程。流动方向(纵向)上的混合通常很小,使得活塞流自然发生。

9.1.2　生物膜反应器

生物膜反应器有前面提到的三种反应器的特点,但大部分的微生物都附着在载体填料表面,所以一直在反应器中。当微生物从生物膜脱落,也可以在周围的水中生长,悬浮生长的细菌只能去除很小部分的基质。三种普通的生物膜反应器如图 9.1(b)所示。

最普通的生物膜反应器是填料床,其中微生物所附着的载体填料是固定的。历史上,曾用大的石块作为载体填料,但现在更常用的是塑料介质或是豌豆大小的石块。和大石块相比,这两种介质都比较轻,且体积相同时,可以提供更大的表面积。

在通常情况下,固定床反应器用在污水的好氧处理中,称为滴滤池或生物滤塔。废水被均匀分布在反应器表面,然后滴流过填料表面,使填料床反应器有活塞流的特点。填料空隙充满了空气,保证了在整个反应器中微生物所需溶解氧的供应。

在一些应用中,填料可以是淹没式的。如果不充氧,固定床反应器可用于饮用水和污水的反硝化脱氮处理,或用作厌氧滤池,通过厌氧甲烷发酵过程处理高浓度工业废水。作为好氧反应器,必须在淹没式反应器中曝气。采用反冲洗以防止微生物大量生长而堵塞反应器。

流化床反应器中通常使用较高的流体上升流速,以保持附着有微生物的填料呈悬浮流化态。在一定情况下,流化床反应器有时也称为膨胀床反应器或循环床反应器。填料经常被称为生物膜载体。载体可以是砂粒、颗粒状活性炭(granular activated carbon,GAC)、硅藻土、塑料珠或者其他耐磨损的固体颗粒物。在某些情况下,微生物聚集生长形成致密的颗粒,像是悬浮的生物膜载体。液体的上升流速必须足够大以保证载体呈悬浮状态,但也不能太大导致载体冲出反应器。影响载体悬浮的因素包括载体相对于水的密度、载体的直径和形状、附着生长的生物量等。通常,生物量增加使载体的有效尺寸增加,密度减小,结果是载体变得轻了,容易移动到反应器的上部。这对于清洗载体表面过量生长的生物有利,因为载体可以在反应器上部被分离和清洗。清洗后的载体再次引入反应器后,首先将沉到反应器底部,直到其表面再生长出生物膜。

流化床反应器处于活塞流和完全混合流之间。当系统处于一次直通方式运行时，流体具有活塞流的特点。另外，出水经常需要回流以维持较高的上升流速保证载体的流化。此时，流化床中的流态更接近于 CSTR 的特点。载体的流化和混合使其在反应器横向及纵向均达到均匀分布，也使得物质从液相向生物膜表面的传质更容易。

流化床最大的缺点是控制床体呈流化态很不容易。上升流速必须足够大以维持流化态，但又不能太大以致将载体冲出反应器。对于一些载体而言，载体间的摩擦及流体的紊动是生物膜脱落的主要原因。这不利于低生长速率微生物的保持，除非它们生长在受保护的区域内，如 GAC 孔隙内。氧的传递在高浓度废水的处理中也是一个问题。通常会通过出水回流来充氧和稀释废水，同时也提高上升流速。流化床反应器也可用于脱氮和污水的厌氧处理，这时不需要供氧。这种反应器对快速处理低浓度的有机污水非常有效，例如去除污染地下水中的芳香烃。

一些利用复合生长微生物的流化床反应器，如升流式厌氧污泥床反应器(upflow anaerobic sludge bed reactor，UASBR)，通常用于工业废水的厌氧处理。在适合的操作方式下，污水中的微生物能够形成小的颗粒污泥，其沉淀性能良好，并可以成为其他生物生长的适宜的载体。产生的甲烷气体形成上升气泡，使颗粒污泥呈流化态，可以在没有机械搅拌的条件下形成良好的传质状态。UASBR 实际是生物自身形成了载体的流化床。

生物转盘(rotating biological contactor，RBC)是另一种生物膜反应器，其良好的混合效果和传质特点与流化床相似。这种反应器的塑料盘状或螺旋状载体固定在旋转轴上，通常用于好氧处理，转盘在空气中的部分吸收氧，在水中的部分吸收并氧化有机物。如图 9.1(b)所示，废水从反应器一端进入，沿转盘的轴向流动，具有 PFR 的特点。进水也可以沿反应器长度方向均匀进入，具有 CSTR 的特点。RBC 也可以用在缺氧或厌氧条件下，只需要将反应器完全置于水中或在反应器上加盖以隔绝空气。

9.1.3 膜生物反应器

在生物反应器中，膜越来越多地被用作固体分离装置，代替终沉池，构成一套完整的生物处理系统被称为膜生物反应器(membrane bioreactors，MBR)。膜分离的优点是可以高效截留颗粒和大分子物质，因而泥水分离效果非常好。近年来 MBR 得到了快速发展与大量应用(Jefferson et al.，2000；Le-Clech，2010；Lin et al.，2013；Smith et al.，2012)。如图 9.1(c)所示，这类反应器设有膜分离单元，用以过滤出水并将微生物和悬浮固体颗粒保留在反应器中，从而增大整体反应速率，减小反应器体积或缩短反应器的水力停留时间(hydraulic retention times，HRT)。膜的使用，可以替代传统工艺中的二沉池，或在制备高品质出水时需要设置的颗粒载体过滤系统，或用于减小污水厂的整体占地面积。

图 9.2 说明了 MBR 中常用的非对称膜的主要组成部分。膜截留侧的皮层孔尺寸，控制截留分子量的大小，而膜的主体部分(液体透过的一侧)则要具有一定的强度，以抵抗用于驱动流体的跨膜压差。为了截留小于 $1\mu m$ 的单个细菌，通常使用微滤膜或超滤膜。微滤膜

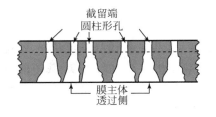

图 9.2 非对称膜的截面图

的孔径范围在 $0.1\sim10\mu m$，超滤膜孔径为 $0.01\sim0.1\mu m$。膜可以由有机聚合物或陶瓷制成。最常用的有机膜材料是聚偏氟乙烯（polyvinylidenefluoride，PVDF）。尽管 PVDF 膜具有高度疏水性，容易被疏水性有机物污染，但由于它的机械性能好，耐空气冲刷，所以最常用。而且，可以通过涂覆亲水凝胶层使其具有亲水性。其他可用于制膜的有机聚合物有聚砜、聚丙烯、聚醚酰亚胺和醋酸纤维素。陶瓷膜通常由氧化铝制成。聚合物更具柔韧性，能制成多种结构的膜：如中空纤维膜、平板膜和卷式膜。陶瓷膜的机械强度比有机聚合物膜高，价格也更高，但使用寿命长。考虑到控制膜污染的需要，陶瓷膜是能够耐受高温（>100℃）、较大的 pH 值范围（0～14）和较高浓度氯（<100mg/L）的膜。

在膜生物反应器中，混合液在膜的截留层一侧，过滤后的滤出液形成出水，被截留的浓缩液则回流到反应器当中。如图 9.1（c）所示，膜组件可直接放置在生物反应器中，形成浸没（一体式）膜生物反应器；也可以放置在分设的反应器中，形成浸没（分置式）膜生物反应器；或是设置独立的膜池，形成外置式膜生物反应器。目前，常采用膜组件直接放置在生物反应器内的方式，如图 9.3 所示。

在适当的通量与压差条件下，反应器可以持续运行，出水中不含 SS。例如，通过抽吸产生的跨膜压差（transmembrane pressure，TMP）一般远小于 1atm，膜通量为 $10\sim30L/(m^2\cdot h)$，膜

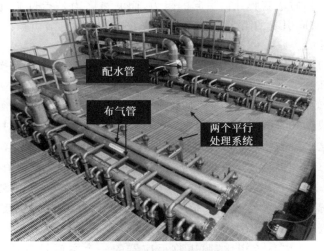

图 9.3　膜组件与完整的浸没式膜系统

（资料来源：GE Zenon 提供）

清洗周期可以达到 150d 以上,膜清洗周期越长,后期的膜通量会越低,TMP 越高(Judd and Judd,2011；Manem and Sanderson,1996)。为了提高膜通量和降低 TMP,通常要进行频率高但强度低的膜清洗,一般为一周一次。

膜通量

在跨膜压差的作用下,水和水中的部分溶质和胶体可以通过膜,其他一些物质被截留在膜附近或膜的表面,从而完成膜分离过程。一般,跨膜压差 ΔP(称为 TMP)是通过在膜的下游侧抽真空产生的。压差一般不超过 1atm,通常小于 0.3atm。透过膜的液体量(Q_{pm},L^3T^{-1})等于膜通量(J_{pm},$L^3T^{-1}L^{-2}$)乘以膜面积(A,L^2)

$$Q_{pm} = J_{pm}A \tag{9.1}$$

膜通量通常以 $L/(m^2 \cdot h)$(一般表示为 LMH)为单位,并受 ΔP($ML^{-1}T^{-2}$)、渗出液黏度(μ,$MT^{-1}L^{-1}$)和各种由膜分离产生的阻力影响,包括膜本身的阻力(R_m)、孔隙阻力(R_p)、滤饼阻力(R_c)和浓差极化引起的阻力(R_{cp})(Shirazi et al.,2010)

$$J_{pm} = \frac{\Delta P}{\mu(R_m + R_p + R_c + R_{cp})} \tag{9.2}$$

膜阻力是指用干净的膜过滤蒸馏水时产生的阻力。孔隙阻力是指在混合液过滤过程中,由于膜内积累的物质堵塞膜孔而引起的阻力,而滤饼阻力是指过滤过程中,由于膜表面积累的一层悬浮物质而引起的阻力。浓差极化是由膜表面附近溶质颗粒浓度增加引起的。

MBR 的运行性能

膜生物反应器是一种特殊的生物处理方式,生物系统的基本设计和操作原理仍然适用：如化学计量学、SRT 的选择和控制。然而,相比于其他生物处理工艺,MBR 的特点在于能通过膜分离实现高效可靠的固体分离。通常情况下,MBR 采用的混合液悬浮固体(MLSS)浓度相对较高,一般≥5000mg/L。较高的 MLSS 浓度,相应可采用相对较长的 SRT、较小的反应器体积,或这二者的结合。较小的反应器体积使 MBR 在经济上具有优势,因为这降低了土地和建设的成本。然而,这些优势是有代价的,比如膜污染控制消耗的能量较高。此外,保持较高的 MLSS 浓度也会增加液体黏度,从而影响反应动力学。例如,好氧系统对氧气供应率的要求更高,这会增加运营成本。还有一个缺点是,MLSS 浓度越高,曝气值 α 越小,对于相同的氧气供应率,必须增加额外的能量输入(Schwarz et al.,2006)。

与使用沉淀池的生物系统相比,膜生物反应器的一个主要优点是出水的生化需氧量(BOD)和化学需氧量(COD)浓度通常很低。一个主要的原因是膜可以截留所有的颗粒物。即使工作良好的沉淀池,出水中悬浮的固体有机物也会占总 BOD 和 COD 的 20%～60%。因此,去除所有悬浮固体能有效提升出水水质。此外,膜分离会截留一部分的 SMP,特别是 BAP,它们的分子比 UAP 大,这会使在反应器中的悬浮固体和分子较大的 BAP 积累到较高的浓度,增加跨膜阻力。

膜污染

膜分离的最大问题可能是膜污染,具体表现为膜阻力逐渐增大,压差不变的情况下膜通量逐渐减小。膜污染与膜材料及其孔径、水中固体和溶解性物质的物理和化学性质以及膜系统的操作条件有关。MLSS 可以导致"可逆"污染(Judd and Judd,2011；Schwarz et al.,2006),其中的 EPS 含量是重要的影响因素。另一种污染是 SMP 或吸附在膜孔中的小颗粒形成的"不可逆"的污染。

　　"可逆"膜污染通常与滤饼有关,可以通过增大错流流速、进行反冲洗和膜清洗等减轻污染。在正常操作过程中,通过大气泡曝气或机械振动在膜的外表面产生湍流,也可将其最小化。预处理是减小可逆膜污染的一个非常重要的措施,可以除去碎布片、头发和其他"丝状"固体。

　　"可逆"的膜污染与浓差极化现象有关,可以通过增大错流流速和进行反冲洗来减小或消除。"不可逆"膜污染比较难控制,无法用水动力学方法去除。不可逆污染有几种形成机制。大分子物质可以在膜表面形成凝胶层,堵塞膜表面的膜孔。大分子(如 SMP)和小到足以进入孔隙的胶体(如细胞碎片)可能吸附到孔隙内部的表面,并堵塞膜孔。孔隙堵塞会减小式(9.2)中的 R_p。膜表面上生长的细菌也能阻塞膜孔或者成为吸附于孔隙表面的溶解性代谢产物的来源。不可逆膜污染会引起膜通量的持续下降,如果膜更换过于频繁或压差过大,就会引起经济上和技术上的问题。用强氧化剂(如次氯酸盐、碱、酶、酸或强螯合剂)进行短周期性膜清洗(如每周一次)和更严格的长周期膜清洗(如一年两次)可部分解决不可逆膜污染问题。酸或强螯合剂主要针对无机污染物,其他则针对有机污染物。清洗剂的选择还要考虑膜材料的类型。

膜的能量需求

　　用微滤和超滤膜从废水中分离 MLSS 需要能量。大部分能量需求来自于膜污染控制,而不是膜分离本身。从泵功率方程可以得到水通过膜所需要的能量(Kim et al.,2011):

$$P = \frac{Q\gamma E}{1000} \qquad\qquad (9.3)$$

式中,P 代表每单位体积水所需功率,kW;Q 是流速,m³/s;E 是泵输送水的水头压力,m;γ 等于 9800N/m³。例如,如果通过膜的流量为 20LMH,则 Q/A 的计算公式为

$$Q/A = 20\ \frac{L}{m^2 h}\left(\frac{h}{3600s}\right)\left(\frac{m^3}{1000L}\right) \approx 5.56 \times 10^{-6}\ m^3/(m^2 \cdot s)$$

如果水通过膜所需的水头压力为 2m,则所需的泵功率[式(9.3)]为

$$P = 5.56 \times 10^{-6} \times 9.8 \times 2 \approx 1.09 \times 10^{-4}\ kW$$

用泵输送每单位水通过膜所需泵功率为

$$P = 1.09 \times 10^{-4}\ kW/(0.020m^3/h) \approx 55 \times 10^{-3}\ kW \cdot h/m^3$$

　　膜污染控制所需的能量要大得多。在错流过滤中,膜污染是通过高速水流在膜表面引起的湍流来控制的。对于浸没式膜,膜污染控制是通过曝气实现的,即在反应器底部曝空气或沼气,使其作用在膜表面。气体向上的湍流运动在膜面产生震动,可以有效去除膜表面的滤饼层。还有一种减少浸没式膜污染的方法是粒子摩擦。小颗粒,如颗粒活性炭,在反应器中呈流态化,当它们靠近膜时,会带走污染物。由于浸没式膜反应器的能耗较低,目前用于处理生活污水的 MBR 大多是浸没式的。

　　Liao 等(2006)总结了好氧和厌氧 MBR 处理生活污水的能耗。能耗最高的是错流过滤,所需能量为 3～12kW·h/m³。通过曝气来减少浸没式膜生物反应器内的膜污染,所需的能量要低得多。能量范围为 0.3～0.6kW·h/m³(好氧 MBR 处理)和 0.25～1.0kW·h/m³(厌氧 MBR 处理)。Martin 等(2011)指出错流过滤所需能量为 0.23～16.52 kW·h/m³,其中好氧 MBR 的能量范围为 0.6～1.2kW·h/m³,厌氧 MBR 的能量范围为 0.03～5.7kW·h/m³,

此处最低值的设定条件是无曝气和低膜通量(3LMH)。研究发现,粒子摩擦的能量成本较低,为 $0.23kW \cdot h/m^3$(Shin et al.,2014),但对膜表面有相当大的损害。

浸没式曝气 MBR 的一个主要特点是,可获得的持续膜通量是曝气率的函数(Martin et al.,2011)。曝气率是单位时间内单位膜表面上的曝气量,较大时为 $0.3 \sim 2.3 m^3/(m^2 \cdot h)$,常见值为 $0.5 \sim 0.9 m^3/(m^2 \cdot h)$。较高的曝气量需要更多的能量,但可以维系更高的持续膜通量。最近的一项创新研究,是用脉冲曝气来降低能耗,气体在膜下方的水槽中积聚并周期性地释放,与气体连续释放相比,可在膜周围引起更多的湍流。用脉冲曝气可将膜污染控制的能耗降低至 $0.2kW \cdot h/m^3$。

9.1.4 活性载体生物膜反应器

生物膜工艺的一个相对较新的发展是使用有代谢活性的载体。简言之,就是载体既发挥支持微生物附着的作用,又发挥为生物膜内微生物提供电子供体或受体的作用(Rittmann,2018),作为供体或受体物质的来源,成为微生物定殖和集聚的理想场所。

例如微生物电化学电池的阳极。细菌氧化有机物,并通过胞外电子传递将电子转移到阳极。更多关于阳极细菌和微生物电化学电池的信息请参阅附录章节 B3(见网络版),微生物电化学电池。

膜生物膜反应器(MBfR)通过气体传递膜,将气态的供体或受体扩散到生物膜上。常用的气态基质为氢气(H_2),其作为电子供体还原各种氧化态污染物;或者是氧气(O_2),作为电子受体来氧化 BOD 或氨氮。其中的膜不是过滤膜,而是无孔的气体传递膜。根据生物膜中微生物的代谢需要,提供气体基质。关于 MBfRs 的更多信息,可以参阅第 12、13 和 15 章以及 Rittmann(2018)、Zhou 等(2019)、Martin 和 Nerenberg(2012)的文献。

9.1.5 反应器组合

表 9.1 中提到的三种反应器也可以具有回流系统。回流包括简单地将反应器出水回流到入水口,或者将沉淀(通常采用)、离心(较少采用)或膜分离(越来越常用的新途径)后的高浓度生物固体回流到反应器中。

回流有不同的目的。在 CSTR 中由于出水浓度和反应器中的浓度一致,回流基本不影响反应器特点和性能。然而,在间歇式反应器或推流式反应器(PFR)中,回流稀释了进水浓度,降低基质去除率。对于推流式反应器,可以防止进水端对氧气的过量需求、有机酸的产生及基质对生物的毒性。在生物膜反应器中,回流引起上升流速的增加,使过量生长的生物膜脱落及产生更高的传质效率。在流化床反应器中回流运用较多,以维持适宜的上升流速。

如图 9.1(d)所示,通常在好氧活性污泥法中采用分离、浓缩并回流出水中的微生物,以保持反应器中有大量的微生物。微生物是去除污染物的催化剂,反应器的污染物去除速率与其中的微生物浓度成正比。所以,生物体的捕获和回流使反应器尺寸得以缩小,同时保持了有效的处理效率。沉淀池是最常用的分离和浓缩出水中微生物的方法,但由于微生物的沉淀性能有时不够好,也可以采用前面提到的其他一些分离方法。

反应器通常串联或是并联,如图 9.1(d)所示。当需要进行不同目标污染物的处理时,反应器常串联,如在有机物的氧化后进行硝化。在这个例子中,第一个反应器去除大部分有机物,第二个反应器进行氨氧化或硝化。如果需要脱氮,还可以在后面增加一个反应器以满足反硝化的需要。

　　当反应器进行串联时,各反应器可以是相同类型的,也可以是不同类型的。例如,一个反应器可以是悬浮生长式反应器,用于氧化有机物,而随后可以用生物膜反应器进行硝化反应。还有就是首先利用 CSTR 使可生物降解的有毒有机物浓度降低到生物可耐受水平,而后利用推流式反应器达到较高的去除效率。

　　并联式反应器通常在处理厂中作为备用反应器,以保证在系统仍正常运行的条件下,可以进行一些反应器的维修。在较大的污水处理厂中,常使用并联反应器。SBR 需要并联运行。

　　一些基本的反应器可以用多种不同的方式组合,能够组合出多种不同的操作方式。每一个工业废水或城市生活污水处理系统都有其特殊的要求,可以通过不同的组合方式满足处理的要求。对设计的选择不仅要考虑污水特点及处理要求,还要考虑当地的条件,如可供利用的土地、工人操作水平、设计经验、基建造价、人工和能耗费用等。通常,生活污水的处理厂,希望设计成相对而言基建费用较高而运行费用较低的形式,因为通过收费维持处理厂的运转比较困难。而工业废水的处理则相反,这是由于贷款需要付利息,且处理工艺可能需要根据废水性质的变化而定期改变。因此,工程师需要和甲方紧密联系,详细了解其需要、目标以及周围环境,以选择最佳的反应器系统满足特殊的需求。

9.2　反应器工程设计中需要考虑的重要因素

　　在给定条件下进行处理系统设计时,一个重要问题是"应当满足哪些操作参数"。一个必须关注的参数是污染物的去除率。通常要根据管控要求确定,这可以是对所有处理系统都适用的最低要求,也可以是针对一些特殊处理系统而确定的要求。可以通过不同方法确定系统的运行水平。例如,在生物处理中要求 BOD_5 最低去除率为 85%。此外,可以规定出水中的 BOD_5 和总固体(TSS)不高于 $30mg/L$。通常,除了这些绝对的要求外,操作中可以有一些变化。例如,不是绝对要求出水 BOD_5 和 TSS 小于 $30mg/L$,而是容许在某些时间中出水浓度超过这些值,如规定 $30d$ 的平均值小于 $30mg/L$。这意味着如果浓度在一些时间内高于 $30mg/L$,而其他时间低于 $30mg/L$,平均是符合要求的。BOD_5 和 TSS 的去除率达到 85% 和 $30d$ 出水平均浓度不高于 $30mg/L$ 是美国市政污水处理的最低要求,这一条规定列在 1972 年的联邦水污染控制修正法案(公法 92—500)中。为了保护受纳水体,各州政府也确实采用了更严格的标准。

　　工程师在设计处理系统时仅仅考虑满足出水浓度要求即可吗?答案是否定的,因为工程师还必须保证运行的可靠性。正如结构工程师在按固定负荷设计建筑物或是桥梁时必须有一定的安全系数,环境工程师也应用安全系数确保其设计的处理系统的可靠性。从而,使设计的处理系统既能保证处理效率又具有运行可靠性。

　　如何选定安全系数呢?一个方案是将 θ_x 最小值乘以一个系数作为设计参数 θ_x(即 θ_x^d)(Christensen and McCarty,1975)。所乘的系数被称作安全系数(SF):

$$\theta_x^d = SF[\theta_x^{min}]_{lim} \tag{9.4}$$

典型的 SF 值可以根据长时间的实际运行经验确定。一般来说,保证系统可靠性的 SF 值通常为 3～6。然而,在某些系统中可能需要更高的 SF 值,如活性污泥。活性污泥中 SF 值较高的原因之一是固体分离和沉降并不总是充分的,而保证良好的系统运行性能需要保守的设计,以防止沉淀不良导致出水水质恶化。活性污泥中需要较高的 SF 值的还有一个原因,是为了减少需要后续处理的生物量。由于 $[\theta_x^{min}]_{lim}$ 对于活性污泥来说很小,因此可以采用较大的 SF 值,又不会导致系统太大。

9.2.1 选择合适的 SF 值

在好氧活性污泥系统应用后的很多年,对其进行可靠设计依据的是反复试验和失败的经验,而不是根据反应器设计的一些基本原理,因为最初并不知道这些原理。多年的反复试验和失败经验,最终建立起了城市污水处理厂的具体设计参数,即可采用的 SF 值,使系统实现可靠运行。现在,我们可以从动力学基础的角度研究 SF 的取值,如第 6 章的内容。首先研究给定的 SF 值如何影响特定基质的处理效率,然后考虑选择合适的 SF 值时其他因素如何发挥作用,最后检查对应简单的、更复杂的和更难确定成分的基质(BOD 等)的 SF 值。

为满足给定的操作参数,无论是针对简单的基质还是像 BOD 这样更复杂的基质,建议的 SF 值往往范围很大。无论在何种情况下,设计工程师必须决定选择哪个范围的 SF 值。

表 9.2 列出了几种在选择参数时必须考虑的因素。工程师必须和社区代表及管理人员一起,确定在特定条件下最为适合的安全系数。较高的安全系数可以增加系统运行的稳定性,但同时增加工程造价。低安全系数的设计,要求更多的连续监测和更有经验的操作人员,这也会使运行成本增加。在特定条件下,平衡各种情况将依赖于许多实际条件,设计工程师需要认真分析这些因素。

表 9.2　确定安全系数时需要考虑的因素

预期温度的改变	操作人员技能
预期污水的改变	需要达到的效率
流量	需要的可靠性
污水浓度	出水不达标的处罚
污水成分	设计系数的置信度
可能存在的抑制物质	

对带有回流的悬浮生长系统,设计工程师需要考虑的一个参数是保持在反应器中的悬浮固体浓度。这在较大程度上取决于沉淀生物量的性质和回流率。在通常情况下,在给定 θ_x^d 时,采用高浓度悬浮固体可以降低反应器的体积(投资小)。然而,维持高悬浮固体浓度则需要增加沉淀池的体积,因为沉淀池的固体负荷增加了。适当的平衡需要对反应器-沉淀池系统的总体积进行最优化,这将在第 11 章中进行讨论。在初步设计中应遵循的一些重要原则列在表 9.3 中。

表 9.3　好氧-沉淀(膜分离)悬浮生长反应器中总悬浮固体浓度(X)的典型值

污泥絮体形式	$X/(\text{mg TSS/L})$
通常情况	1500~3000
污泥絮体松散或低回流率	300~1500
污泥絮体良好或高回流率	3000~10 000

活性污泥的沉淀特征在不同处理厂、随不同设计形式(如完全混合式或推流式)而改变,在某个污水厂运行的不同时间也会改变。如果污泥的沉淀性能变差,则会导致处理系统失败。这是活性污泥法处理厂中常见的系统运行失败的原因。在设计反应器时,采用低的悬浮固体浓度,可以增加处理厂的运行可靠性,但会造成反应器体积和造价的增加。这是设计工程师需要进行考虑的另一方面。客户、管理者和工程师对此进行共同讨论非常必要。

9.2.2　SF 值对简单基质系统处理效率的影响

在出水质量方面,SF 值如何反映一个简单底物处理系统的性能? 为了回答这个问题,让我们首先考虑在第 6 章中讨论的 CSTR 处理系统的性能。出水限制性底物的浓度如式(6.21)所示:

$$S = K\,\frac{1 + b\theta_{\text{x}}}{\theta_{\text{x}}(\gamma\hat{q} - b) - 1}$$

考虑到式(9.4)中的 θ_{x} 与 $\theta_{\text{x}}^{\text{d}}$ 相同,b 平均等于 $0.06\gamma\hat{q}$,及 $1/(\gamma\hat{q} - b) = [\theta_{\text{x}}^{\text{min}}]_{\text{lim}}$,将这些值代入式(6.21),并与式(9.4)结合,重新排列,得到 S 的关系式如下:

$$S = K\,\frac{1 + 0.06\text{SF}}{0.94\text{SF} - 1} \tag{9.5}$$

SF 值在 3~6 之间,根据式(9.5),S 小于 K,在 $0.29K$~$0.65K$ 之间变化。对于进水中的某种溶解性生物可降解底物,这是其出水中的预测浓度。在大多数情况下,底物的 S^0 超过 K 的数倍,比如 10 倍或更多,是合理的;因此,可以预计 CSTR 的处理效率超过 90%~95%。如果这足够了,那么更详细的动力学分析(在本章后面给出)可能不需要。选择合适的 SF 值,就得到了足够的信息来进行反应物和产物的化学计量分析,并进行反应器的详细设计。此外,我们将从推流式悬浮生长反应器的设计中看到,当使用与 CSTR 相同的 SRT 时,对进水底物的处理效率会更高。然而,对于生物膜工艺来说则不是这样。对于与 CSTR 相同 SRT 下操作的生物膜工艺,由于基质进入和穿透生物膜的扩散限制,生物膜微生物实际上接触到的 S 值比在液相主体中低,生物膜内部的 S 浓度可能接近于零。较低的浓度意味着较低的转化率和处理效率。因此,在生物膜系统中需要更多的活性生物质来达到与 CSTR 相同的处理效率水平。可能需要应用第 7 章所述的更详细的动力学分析,以保证设计的生物膜系统的有效运行。

接下来讨论 CSTR 的设计。对于氨氮的硝化,$[\theta_{\text{x}}^{\text{min}}]_{\text{lim}}$ 在 20℃ 条件下约为 1.5d,10℃ 条件下约为 2.8d。因此,若安全系数为 6,要对氨氮进行有效的处理,需要在 20℃ 时设定 SRT 为 9d,10℃ 时 SRT 为 17d。后者是硝化工艺中典型的 SRT 设计。考虑厌氧处理的情况,其中乙酸转化为甲烷是关键步骤。在 35℃ 条件下进行一级和二级污泥消化的典型操作,乙酸转化的 $[\theta_{\text{x}}^{\text{min}}]_{\text{lim}}$ 为 3.6d,SF 为 6,则设计 SRT 为 21d。如果消化池得到了良好混合,那么通常会使用这个 SRT 进行设计。然而如果要厌氧处理生活污水,某些地区冬季的污水温度会降低到 10℃。此时通过甲烷燃烧产生的热量提高温度是不切实际的,因为 10℃ 下的 $[\theta_x^{min}]_{lim}$ 约为 14d,对于 SF 为 3～6 的情况,需要 42～84d 的设计 SRT。

值得牢记的是,针对悬浮生长系统,通常将 SRT 设定为关键基质的 $[\theta_x^{min}]_{lim}$ 的 3～6 倍,能够实现废水中大多数基质的高效去除。对这个基本概念的简单应用,是反应器优质设计的第一步。一般来说,可能不需要应用基本速率方程,如对本章所述的有回流的 CSTR,通常为了保证处理的可靠性而选择的 SF,也可以保证污染物的有效处理。当必须处置系统产生的剩余污泥,或限制因素是有机颗粒物水解的速率而不是生物处理率时,适用悬浮生长系统的这一基本规则就会有例外。此外,对于生物膜系统,虽然 SF 值为 3～6 时,可能提供可靠的处理效率,但由于传质的影响,处理效率也可能达不到要求。因此,有必要进行更详细的动力学分析。

9.2.3　设计重点是生物固体沉降或其他因素

活性污泥系统的设计,有时可能需要采用比 3～6 更大的 SF 值。表 9.4 列出了根据多年典型活性污泥厂的运行经验与教训建议的 SF 设计值;事实上,SF 值常常远远超过 3～6。原因是出水中会携带悬浮生物质和可溶性微生物产物,出水的 BOD 可能高于仅考虑基质利用的估计值。更高的 SF 值有助于抵消这种影响。还有一个重要因素是,当希望减少剩余污泥的净产量,而不是达到更高的出水水质时,经常使用高 SF。然而,这类设计也有缺点,比如会增加曝气量和反应器体积。

历史上,活性污泥处理系统被分为传统系统、高负荷系统和低负荷系统。通常情况下,传统的系统一般是有熟练操作人员经常进行检测维护、运行稳定的中等规模的处理系统。高负荷系统是指操作人员技能很高,运行情况可预测的系统。还有一种观点是,高负荷处理系统是去除效率与稳定性远离临界点的系统。低负荷系统通常用于操作人员能力有限或需要降低污泥产量以减少运行问题的情况。例如用在商业中心或住宅小区的小型延时曝气活性污泥处理系统,那里的操作人员只经过短时间的培训,主要确保泵和曝气装置的正常运行。

表 9.4　典型生物处理设计负荷的安全系数

负　荷	SF	
	活性污泥	单一溶解性基质
传统	10～80	3～6
高负荷	3～10	
低负荷	＞80	

9.3　物料衡算

第 6 章介绍了对微生物反应器进行物料衡算的基本知识,表 6.2 列出了相关方程式。设计中考虑的反应器一个是简单的稳态 CSTR,另一个是带有回流的 CSTR。在后一种情况下,剩余污泥主要以浓缩污泥而不是出水的形式离开反应器。这样,SRT 可以与 HRT 不同,可以使其大于 HRT,即 $\theta_x > \theta$,这不仅使反应器的尺寸更小,而且可避免剩余污泥影响出水水质。本节,我们将系统讨论其他反应器类型:间歇式反应器、带有回流的连续流搅拌槽反应器、推流式反应器和带有回流的推流式反应器。

9.3.1　间歇式反应器

完全混合的间歇式反应器的结构与图 6.2(a)表示的 CSTR 相似,但它只是一次性进水,且不是连续进水,没有出水。对此,整体反应器都是控制单元。在反应器中物质分布是均匀的,即在任何时刻,反应器中任何部位的物质浓度都是一致的。在这种情况下,如果反应器中的液体体积 V 不随时间而改变,只有物质浓度随时间改变,则其累积速率等于 $V\mathrm{d}C/\mathrm{d}t$。

假设细菌需要的所有其他物质如电子受体和营养物浓度均在足够高的浓度下,对菌体的生长没有限制。仅将细菌和其限制性生长基质(通常多为电子供体)作为目标物质。在时间 = 0 时,反应器中的微生物浓度为 X^0,单位为 mg/L,限制性基质浓度为 S^0,单位为 mg/L。

尽管微生物浓度和基质浓度的改变是相互依赖的,必须根据式(6.12)分别建立物料衡算方程。首先对基质进行物料衡算:

控制单元内物质累积速率＝

物质流进速率－物质流出速率＋物质产生速率　　　　　　　　　(9.6)

　　　　＝0　　　　　　　＝0

微生物在反应器中消耗基质,但没有基质进入或离开反应器。这样,整个过程中,基质在反应器中累积速率就等于基质在反应器中的产生速率。此外,基质被微生物消耗或降解,其生成速率是负值。表示成数学形式,式(9.6)就变成:

$$V\frac{\mathrm{d}S}{\mathrm{d}t}=r_{\mathrm{ut}}\qquad(9.7)$$

在通常情况下,基质利用速度(r_{ut})假定符合 Monod 动力学模型,如式(6.1)所示。将式(6.1)代入式(9.7),得到

$$V\frac{\mathrm{d}S}{\mathrm{d}t}=-\frac{\hat{q}S}{K+S}X_{\mathrm{a}}V$$

或

$$\frac{\mathrm{d}S}{\mathrm{d}t}=-\frac{\hat{q}S}{K+S}X_{\mathrm{a}}\qquad(9.8)$$

将式(9.8)积分,得到反应器中 S 随时间变化的表达式。但是,X_{a} 同时也随着时间而改变,为了确定 X_{a} 如何变化,需要针对反应器中的微生物,建立第二个物料衡算方程。式(9.6)变成如下形式:

控制体积内的生物体累积速率＝

进入速率－流出速率＋产生速率　　　　　　　　　　　　　(9.9)

　　　　＝0　　　＝0

μ 定义为微生物净增殖速率[式(6.5)],其数学形式类似于式(9.7):

$$V\frac{\mathrm{d}X_{\mathrm{a}}}{\mathrm{d}t}=\mu X_{\mathrm{a}}V\qquad(9.10)$$

假定考虑了生长与衰减的微生物增长速率满足 Monod 动力学,结合式(9.10)和式(6.5)可以得到

$$V\frac{\mathrm{d}X_{\mathrm{a}}}{\mathrm{d}t}=\left(\hat{\mu}\,\frac{S}{K+S}-b\right)X_{\mathrm{a}}V$$

或

$$\frac{\mathrm{d}X_a}{\mathrm{d}t} = \left(\hat{\mu} \, \frac{S}{K+S} - b \right) X_a \tag{9.11}$$

从式中又可以看到 X_a 和 S 的相互依赖性以及它们都随时间改变而变化。为了求解 X_a 和 S 随时间变化的方程，我们必须将物料衡算式（9.8）和式（9.11）联合起来考虑。同时需要作初值假定，详细如下：

$$X_a(0) = X_a^0, \quad S(0) = S^0 \tag{9.12}$$

由于 Monod 模型的非线性形式，从式（9.8）、式（9.11）和式（9.12）不能得到分析解，只能由计算机程序或采用电子表格得到数值解。然而，如果生物体的衰亡忽略不计时（或者在结果中不是很重要时），即式（9.11）中的 $b=0$，这一假定对生物衰减率较低而生长速率较高的间歇式反应器是合理的。但在指数生长阶段之后的间歇式反应器中和连续反应器中，生物生长缓慢，忽略其衰亡会引起错误。

忽略衰亡，生物体浓度在任何时候都等于其最初的浓度 X^0 加上消耗基质产生的生物量 $\gamma \Delta S$：

$$X_a = X_a^0 + \gamma \Delta S \quad \text{或} \quad X_a = X_a^0 + \gamma(S^0 - S) \tag{9.13}$$

将式（9.13）代入式（9.8）中，可以获得一个通用的微分方程：

$$\frac{\mathrm{d}S}{\mathrm{d}t} = -\frac{\hat{q}S}{K+S}\left[X_a^0 + \gamma(S^0 - S)\right] \tag{9.14}$$

根据式（9.12）给出的边界条件，对这一方程积分，得到

$$t = \frac{1}{\hat{q}}\left\{ \left(\frac{K}{X_a^0 + \gamma \Delta S} + \frac{1}{\gamma} \right) \ln(X_a^0 + \gamma S^0 - \gamma S) - \right.$$

$$\left. \left(\frac{K}{X_a^0 + \gamma \Delta S} \right) \ln \frac{S X_a^0}{S^0} - \frac{1}{\gamma} \ln X_a^0 \right\} \tag{9.15}$$

我们希望得到 S 与 t 的函数关系式，但由于上面这个方程比较复杂，不太可能。这里，可以使用计算机电子表格，相当方便地计算给定 t 时的 S 值或给定 S 时的 t 值。

图 9.4 表示在间歇式反应器中，不同微生物 X^0 浓度下，基质的消耗情况。在较高的微

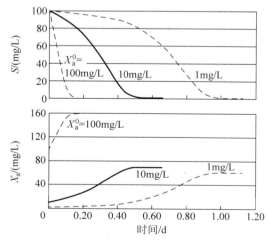

图 9.4　间歇式反应器中 S 和 X_a 在不同 X_a^0 下随时间的变化

$\hat{q} = 10\,\mathrm{mg/(mg\ VSS_a \cdot d)}, K = 20\,\mathrm{mg/L}, \gamma = 0.6\,\mathrm{mg\ VSS_a/mg}, b = 0.0\,\mathrm{d^{-1}}, S^0 = 100\,\mathrm{mg/L}$

生物浓度下（VSS$_a$ 为 100mg/L），基质消耗速率要比低微生物浓度（VSS$_a$ 为 1mg/L）时快得多。例如，初始的微生物浓度增加 100 倍，基质浓度降低到接近 0 所需的时间将为原来的 1/8（从 0.8d 减少到 0.1d）。初始微生物浓度较低时，基质利用会先出现一迟滞期，之后达到较高水平。迟滞期反映了接种量小时，微生物需要一定时间使其增长到一定浓度，再明显地消耗基质，这一点需要引起注意。当 X_a^0 达到 10mg/L 或更高时，则不会出现明显的迟滞期。从 0 时刻到基质完全降解这段时间中，微生物浓度的增加量都是 γS^0，本条件下为 60mg/L。

9.3.2　带有回流的连续流搅拌槽反应器

连续流搅拌槽反应器（CSTR），类似于恒化反应器，在第 6 章中详细讨论过。它在两方面不同于间歇式反应器。首先，反应器有连续的进出水，而间歇式反应器没有连续的进出水。其次，CSTR 能够达到稳定状态，使得物质积累速率或 VdC/dt 为 0。间歇式反应器中也发生物质的反应，但不能达到稳定状态。第 6 章对 CSTR 中稳态反应的物料衡算已经进行了详细的讨论，此处不需要重复。为了更好地理解本节的内容，建议读者复习一下第 6 章中建立和求解物料衡算方程的内容。本节将要讨论带有回流的 CSTR，这是在第 6 章中没有讨论的，为认识更复杂的反应器系统做准备。

带有回流的 CSTR 如图 9.5 所示。与普通 CSTR 不同，在带有回流的 CSTR 系统中，含有一定浓度微生物和基质的出水以流量 Q^r 回流到反应器中，这是否对反应器的运行有影响呢？我们将看到回流并不影响反应器的操作性能。为了证明这一点，需要选择控制单元，可以选择图 9.5 所示的整个系统或只是生化反应器，选择不同的控制单元并不会影响结果。但首先，需要对进水与回流汇合点进行物料衡算，以确定 Q^i、S^i 和 X^i。汇合点不发生物质反应，所以物质流入汇合点的速率等于流出速率，即

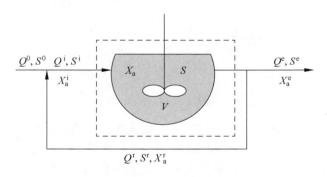

图 9.5　带有出水回流的 CSTR

$$QS^0 + Q^r S = Q^i S^i \quad 和 \quad QX_a^0 + Q^r X_a^r = Q^i X_a^i$$

由此得到：

$$S^i = \frac{QS^0 + Q^r S}{Q^i} \quad 和 \quad X_a^i = \frac{QX_a^0 + Q^r X_a^r}{Q^i} \tag{9.16}$$

同样：

$$Q^i = Q + Q^r \quad 和 \quad S^r = S^e = S \tag{9.17}$$

现在,按照图9.5,以反应器作为控制单元,进行基质的物料衡算。稳态条件下可以得到:

$$0 = Q^i S^i - Q^i S + r_{ut} \tag{9.18}$$

接下来,联立式(9.16)和式(9.17)并进行适当的简化,可以得到

$$0 = Q(S^0 - S) + r_{ut} \tag{9.19}$$

式(9.19)同样适用于描述没有回流的恒化反应器。因此,和没有回流的情况相比,简单回流的 CSTR 并不改变对基质的去除情况。

类似地,可以进行微生物的物料衡算,结果是一样的。由于回流中的微生物浓度与反应器中的微生物浓度相同,反应器及反应器出水中的微生物浓度不受出水回流影响。对于 PFR 情况是不同的,因为 PFR 中的物质浓度不是处处相同的。

9.3.3 推流式反应器

在推流式反应器(PFR)中,基质和活性污泥浓度沿反应器流动方向是变化的。适当的控制单元是沿反应器液体流动方向上的一个增量单元,如图9.6所示。

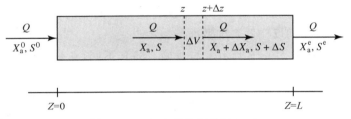

图 9.6 PFR 中的控制单元(ΔV)

根据式(9.6),控制单元中基质和活性微生物的物料平衡式如式(9.20)和式(9.21):
基质:

$$\Delta V \frac{\Delta S}{\Delta t} = QS - Q(S + \Delta S) + r_{ut} \tag{9.20}$$

活性微生物:

$$\Delta V \frac{\Delta X_a}{\Delta t} = QX_a - Q(X_a + \Delta X_a) + r_{net} \tag{9.21}$$

式中,r_{ut} 是基质的反应速率,见式(6.14);r_{net} 是活性微生物的反应速率[将式(6.13)中最后两个方括号中的项组合起来]。在稳定状态下,进水流量、基质浓度、微生物浓度都不随时间而改变。即式(9.20)和式(9.21)中等式左边部分等于0。如果反应器垂直流动方向的横截面积(A)是常数,则 $A = \Delta V/\Delta z$,反应器中流体的流速 $u = Q/A$。将此式代入式(9.20)和式(9.21),可以得到稳态条件下的方程:
稳定条件下的基质:

$$u \frac{\Delta S}{\Delta z} = r_{ut} \tag{9.22}$$

稳定条件下的活性微生物:

$$u \frac{\Delta X_a}{\Delta z} = r_{net} \tag{9.23}$$

如果让 Δz 趋近于 0,同时将 Monod 方程用于表达基质的利用[式(6.1)],微生物净生长速率用其生长和衰亡表达[式(6.5)],则变为式(9.24)和式(9.25):

稳定条件下的基质 Monod 动力学:

$$\frac{\mathrm{d}S}{\mathrm{d}z/u} = -\hat{q}\,\frac{S}{K+S}X_\mathrm{a} \tag{9.24}$$

活性微生物在稳定条件下生长和衰亡:

$$\frac{\mathrm{d}X_\mathrm{a}}{\mathrm{d}z/u} = \gamma\hat{q}\,\frac{S}{K+S}X_\mathrm{a} - bX_\mathrm{a} \tag{9.25}$$

由于这一系列方程不能得到解析解,必须使用数值解。但如果再次忽略微生物的衰亡($b=0$),则可以得到方程的解析解。首先,联立式(9.24)和式(9.25),去掉 Monod 方程项:

$$\frac{\mathrm{d}X_\mathrm{a}}{\mathrm{d}z/u} = -u\gamma\,\frac{\mathrm{d}S}{\mathrm{d}z} \tag{9.26}$$

消去 u 后积分:

$$\int_{X_\mathrm{a}^0}^{X_\mathrm{a}}\mathrm{d}X_\mathrm{a} = -\gamma\int_{S^0}^{S}\mathrm{d}S \tag{9.27}$$

积分得到:

$$X_\mathrm{a} = X_\mathrm{a}^0 + \gamma(S^0 - S) \tag{9.28}$$

将式(9.28)代入式(9.24),得到只有两个变量(S 和 z)的微分方程:

$$\frac{\mathrm{d}S}{\mathrm{d}z/u} = -\hat{q}\,\frac{S}{K+S}[X_\mathrm{a}^0 + \gamma(S^0 - S)] \tag{9.29}$$

方程等号左边的比率 $\mathrm{d}z/u$ 的单位是时间,等于单位水体在水流方向上移动 $\mathrm{d}z$ 长度需要的时间 $\mathrm{d}t$。用 $\mathrm{d}t$ 替换式(9.29)中的 $\mathrm{d}z/u$,得到的微分方程与描述间歇式反应器的式(9.11)完全一致。事实上,对式(9.29)积分得到的方程与式(9.15)几乎一样。唯一的不同之处是在积分方程中,对应于间歇式反应器中的 t,在 PFR 中是 z/u。

$$\begin{aligned}\frac{z}{u} = \frac{1}{\hat{q}}\Big[&\Big(\frac{K}{X_\mathrm{a}^0 + \gamma S^0} + \frac{1}{\gamma}\Big)\ln(X_\mathrm{a}^0 + \gamma S^0 - \gamma S) - \\ &\Big(\frac{K}{X_\mathrm{a}^0 + \gamma S^0}\Big)\ln\frac{SX_\mathrm{a}^0}{S^0} - \frac{1}{\gamma}\ln X_\mathrm{a}^0\Big]\end{aligned} \tag{9.30}$$

在间歇式反应器的方程中,令 $z=L$,可以得到出水浓度的表达式。注意到 L/u 等于 V/Q,即反应器水力停留时间 θ。将其代入,即用 θ 替代 t,将得到与式(9.15)相同的表达式:

$$\begin{aligned}\theta = \frac{1}{\hat{q}}\Big[&\Big(\frac{K}{X_\mathrm{a}^0 + \gamma S^0} + \frac{1}{\gamma}\Big)\ln(X_\mathrm{a}^0 + \gamma S^0 - \gamma S) - \\ &\Big(\frac{K}{X_\mathrm{a}^0 + \gamma S^0}\Big)\ln\frac{SX_\mathrm{a}^0}{S^0} - \frac{1}{\gamma}\ln X_\mathrm{a}^0\Big]\end{aligned} \tag{9.31}$$

由此我们可以看到,PFR 在操作上与间歇式反应器一样。

然而在实际操作中,PFR 很难在我们建立方程时采用的假设条件下运行。这些条件包括:流体在流动方向没有混合或短路,这在实际反应器中是不可能的。至少,反应器边壁附近由于边界层的作用会使其附近的流体的流动速率低于反应器中间的流体的流动速率。曝气或混合使反应器内的生物体处于悬浮状态,也会造成液流在各个方向上有很大程度的混合。使反应器尽可能保持推流式特点的措施,是使用长且狭窄的反应器或串联反应器。这样的措施虽然能帮助保持推流式反应器特点,但混合和短路不可避免。如果保证如式(9.31)所示的反应动力学是非常重要的,那么间歇式反应器是更明智的选择,尽管间歇式反应器有其他的问题。例如,其进水及出水都需要时间,占用了反应时间。为了减少这些时间的浪费,间歇式反应器可以一边进水,一边进行反应。

9.3.4 带有回流的推流式反应器

推流式反应器(PFR)和连续流搅拌槽反应器(CSTR)的最大区别,是 PFR 在进水端接种微生物。一种接种的方法是利用出水回流,将出水中的部分微生物带回到 PFR 的进水端。如图 9.7 所示,通过建立物料平衡方程,分析回流对带回流的 PFR 的影响。与 CSTR 一样,通过物料平衡方程得到的进水流量、基质浓度与微生物的浓度与式(9.16)和式(9.17)相同:

$$S^i = \frac{QS^0 + Q^r S}{Q^i} \quad 和 \quad X_a^i = \frac{QX_a^0 + Q^r X_a^r}{Q^i}$$

和

$$Q^i = Q + Q^r$$

需要注意的是 $X_a^r = X_a^e$ 和 $S^r = S^e$。

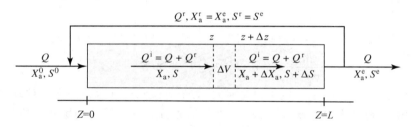

图 9.7 带有出水回流的 PFR

如图 9.5 所示,用与推导简单 PFR 方程同样的方法,通过建立控制单元的物料平衡方程,得到在整个反应器中的物质反应方程。这里,式(9.20)～式(9.31)都可以应用,但其中的 Q^0、X^0 和 S^0 变为 Q^i、X^i 和 S^i。如果 $b=0$,可以获得出水浓度与停留时间之间函数关系的积分表达式。这样,假设 $X_a^0 = 0$,出水 X_a 浓度可以表示为

$$X_a^e = X_a^i + \gamma(S^0 - S^e) \tag{9.32}$$

联立这一系列方程并积分得到:

$$\theta = \frac{1}{\hat{q}} \left[\left(\frac{K}{X_a^i + \gamma S^i} + \frac{1}{\gamma} \right) \ln(X_a^i + \gamma S^i - \gamma S^e) - \right.$$

$$\left. \left(\frac{K}{X_a^i + \gamma S^i} \right) \ln \frac{SX_a^i}{S^i} - \frac{1}{\gamma} \ln X_a^i \right] \tag{9.33}$$

因关注的是回流对 PFR 的影响,定义回流比率为 R。

$$R = \frac{Q^r}{Q^0} \tag{9.34}$$

定义停留时间为 θ,

$$\theta = \frac{V}{Q} = \frac{V(1+R)}{Q^i} \tag{9.35}$$

以上一系列方程可以用电子表格求解,确定 S^e,它是 θ 和 R 的函数,结果如图 9.8 所示,其中反应速率常数利用的是典型有机废水好氧处理的数据。图 9.8 上图中出水浓度用算术坐标表示,下图中用对数坐标表示。从上图可以看出,对每一个回流比,都有一个最小停留时间,当低于该停留时间时,出水浓度和进水浓度相同,即没有反应发生。这一停留时间与第 6 章讨论的失效时间相同,也与表示完全混合反应器的式(6.29)中的 θ_x^{min} 相同。利用图 9.8 中所给出的进水基质浓度和动力学常数,CSTR 的 θ_x^{min} 是 0.2d,这接近于 $R=8$ 的带回流的 PFR 的数值。实际上,增大 R,提高 PFR 的回流比,则会降低反应器进水中的物质浓度。理论上,当 R 接近无穷大时,PFR 接近理想的 CSTR。事实上,当 $R=8$ 时的 PFR 已经很接近于 CSTR 了,当 R 低于 8 时,反应器失效的停留时间加长。

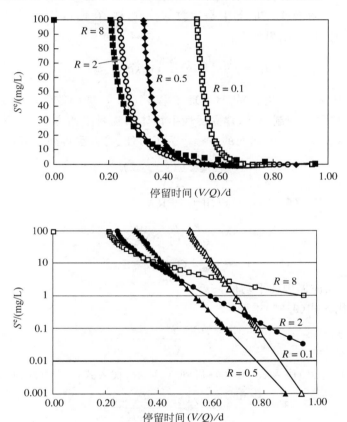

图 9.8 带有回流的 PFR 中回流比 R 和水力停留时间对出水基质浓度的影响 $X_a^0=0$,

$$S^0=100\text{mg/L},\gamma=0.6\text{mg/mg},K=20\text{mg/L},\hat{q}=10\text{mg/L},b=0$$

图 9.8 说明了带回流的 PFR 和 CSTR 的优点。由于当回流率 $R=8$ 时的 PFR 的性能与 CSTR 的性能非常接近,可以看出 CSTR 的运行可靠性要高一些。如果要保证污染物的去除率在 $80\%\sim90\%$,CSTR 是较好的选择。然而,图下部的线表明,如果污染物去除率要保证在 99%,具有较低回流率的 PFR 是较好的选择。在具有回流的反应器系统中,相应于较低的停留时间和较高的污染物去除率,存在最佳回流率。重要的是回流不影响 CSTR 的

性能，但会对 PFR 的性能产生很大影响。

如上所述，由于在液体流动方向上总是存在混合，理想的 PFR 在连续流系统中是不可能严格实现的。在实际运行的具有回流的 PFR 中，污染物的去除率介于理想 PFR 和 CSTR 之间。

9.3.5 带有沉淀和回流单元的推流式反应器

第 6 章详细讨论了带有沉淀和微生物回流的 CSTR。这里，我们讨论带有微生物回流的 PFR。对 PFR，式（9.33）可以应用，但 X_a^i 的数值较难获得。然而，在带有沉淀和回流的系统中，反应器中微生物的浓度通常较高，其从进水到出水过程中浓度的改变不大。在这种情况下，可以假定 X_a 在整个反应器中是常数 $\overline{X}_a$。这样，在稳定状态下对式（9.22）进行积分，得到水力停留时间 θ_r，结果如下：

$$\theta_r = \frac{1}{\hat{q}X_a}\left[K\ln\left(\frac{S^i}{S}\right) + (S^i - S)\right] \tag{9.36}$$

由于控制 θ_x 比测量 X_a 更容易，将处理效率表达为 θ_x 的函数（Lawrence and McCarty，1970）。以整个反应器为控制单元，建立活性生物体的物料平衡方程，会得到与描述带有沉淀和回流的 CSTR 的式（6.19）相同的方程。为了方便，将方程再列一下：

$$\frac{1}{\theta_x} = \frac{\gamma(-\overline{r}_{ut})}{\overline{X}_a V} - b$$

同样，式（6.22）和式（6.23）也可以用于 PFR

$$\overline{X}_a = \frac{\theta_x}{V}\frac{\gamma(-\overline{r}_{ut})}{(1 + b\theta_x)} \tag{9.37}$$

$$-\overline{r}_{ut} = Q^0(S^0 - S) \tag{9.38}$$

式中，$\overline{r}_{ut}$ 和 $\overline{X}_a$ 是反应器中的平均值。

将式（9.38）代入式（9.37）得到

$$\frac{1}{\theta_x} = \frac{\gamma Q^0(S^0 - S)}{\overline{X}_a V} - b \tag{9.39}$$

将 $\theta_r = V/(Q^0 + Q^r)$ 代入式（9.36），得到 $\overline{X}_a V$ 后，代入式（9.34）得到

$$\frac{1}{\theta_x} = \frac{\hat{q}\gamma(S^0 - S)}{(S^0 - S) + eK} - b \tag{9.40}$$

其中，

$$e = (1 + R)\ln[(S^0 + RS)/(1 + R)S] \tag{9.41}$$

当 $R < 1$，$\ln(S^0/S)$ 大约等于 e，这样式（9.40）变成：

$$\frac{1}{\theta_x} = \frac{\hat{q}\gamma(S^0 - S)}{(S^0 - S) + K\ln\dfrac{S^0}{S}} - b \quad (R < 1) \tag{9.42}$$

可以看出，针对 PFR 的式（9.40）和式（9.42）与 CSTR 的式（6.20）在形式上是类似的。然而，在 PFR 中 θ_x 依赖于 S^0 和 S，而 CSTR 中 θ_x 只与 S^0 有关。

当 θ_x 远离失效值（最小值）时，利用式（9.40）或式（9.42）计算出的 S 值将会非常小。这

表明在 PFR 的进水端的微生物呈正增长,出水端的微生物呈负增长(或衰亡)。这样,通过 θ_x 的倒数计算得到的微生物比增长速率是针对整个反应器的平均值。因为微生物的生长速率在反应器进水端附近高于 μ 的平均值,出口处则小于 μ 的平均值。因此,S 非常低,甚至小于 S_{min} 是可能的。

9.4 其他速率模型

在第 6 章中的最后部分描述了能够用来替代 Monod 模型[式(6.1)]的一些可供选择的速率 r_{ut} 表达式。例如,当存在竞争性抑制时,式(6.49)应与式(6.53)一同使用。或者,当水解成为颗粒基质去除的控制步骤时,式(6.44)可能更适合。当需要不同速率表达式时,应在物料平衡方程中用 r_{ut} 的适当表达式替代 Monod 模型。另外,生物的合成速率也应采用与反应速率 r_{ut} 相应的形式,因为 $\mu_{syn} = -\gamma r_{ut}/X_a V$。

9.5 化学计量方程与物料平衡方程的关系

第 5 章介绍了建立生物反应化学计量方程的步骤。在本章中讨论了针对悬浮固体和基质的物料平衡方程。我们希望将这两者结合起来,建立电子受体和营养物质的物料平衡方程。本节将建立化学计量方程与物料平衡方程之间的关系。

首先是建立化学计量方程中的关键项 f_s^0,与反应器物料平衡方程中用 γ 表示的生物合成项之间的关系。为了达到此目的,可以利用描述 CSTR 中挥发性悬浮固体的物料平衡式,即式(6.35)。

我们只考虑生物固体的产生,等于活性细胞(X_a)的净生成量加上非活性细胞(X_i)的量。不包括进水中的非活性细胞(X_i^0),因为它们不会在基质代谢过程中形成悬浮固体。这样,可以定义反应器中生物浓度(X_b)的两种情况,如式(9.43)和式(9.44):

没有沉淀和回流的反应器中:

$$X_b = \gamma(S^0 - S)\left[\frac{1 + (1 - f_d)b\theta_x}{1 + b\theta_x}\right] \tag{9.43}$$

有沉淀和回流的反应器中:

$$X_b = \frac{\theta_x}{\theta}\left\{\gamma(S^0 - S)\left[\frac{1 + (1 - f_d)b\theta_x}{1 + b\theta_x}\right]\right\} \tag{9.44}$$

其次,在这些方程中,等式右边的最后一项,即方括号中的项,是无量纲的,它是对产率系数(γ)的修正系数。定义方括号中的项为微生物的净产率系数(net yield fraction,NYF)。如果将 NYF 对 θ_x 作图,将得到图 9.9。在图 9.9 中,f_d 取一般值 0.8,当 θ_x 从 0 到趋于无穷大时,NYF 从 1 到 $(1-f_d)$ 取值,本例中 $(1-f_d)$ 是 0.2。从图 9.9 还可以看出,净增长的生物量等于 X_a 加上 X_i。在式(9.43)和式(9.44)中活性生物部分用 $[1/(1+b\theta_x)]$ 表示,非活性生物部分是 $(1-f_d)b\theta_x/(1+b\theta_x)$。

最后,将 γ 的表示单位——消耗单位量的基质所产生的细菌细胞量——转化为电子当量,其相应表示的是第 5 章中讨论的 f_s^0。结果是,活性和非活性生物量的净生长量与式(9.43)和式(9.44)中的方括号中的修正系数相关,与第 6 章的式(6.37)所表示的意义相同。

$$f_s = f_s^0 \frac{1 + (1 + f_d)b\theta_x}{1 + b\theta_x}$$

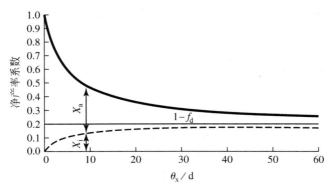

图 9.9　净产率系数和 θ_x 的关系,其中 $f_d = 0.8, b = 0.2 d^{-1}$,净产率系数由活性微生物和非活性微生物表示

例 9.1　设计参数的选择

已知一市政污水经生物处理去除 BOD_5 后,需要进行氨氮的硝化处理,要求平均硝化率达到 90%(冬季水温为 15℃),污水特性和有机物参数如下。处理系统为带有沉淀和回流的 CSTR,请确定反应器的体积。

$$Q^0 = 10^4 \, m^3/d$$
$$进水 BOD_5 = 0 mg/L$$
$$S^0(进水 NH_4^+\text{-}N) = 40 mg/L$$
$$X_i^0 = 18 mg/L$$
$$\gamma = 0.34 g \, VSS/gNH_4^+\text{-}N$$
$$\hat{q} = 1.7 g \, NH_4^+\text{-}N/(g \, VSS \cdot d)$$
$$K = 0.6 mgNH_4^+\text{-}N/L$$
$$b = 0.08 d^{-1}$$

解：首先利用式(6.30)计算出基本参数 $[\theta_x^{min}]_{lim}$：

$$[\theta_x^{min}]_{lim} = \frac{1}{\gamma\hat{q} - b} = \frac{1}{0.34 \times 1.7 - 0.08} = 2.0 d$$

在 3~6 之间选取溶解性物质的安全系数,这里选用 5(列在表 9.2 中的参数需要乘以实际设计中所选择的 SF)。这样,设计的 SRT 为

$$\theta_x^d = SF[\theta_x^{min}]_{lim} = 5 \times 2.0 = 10 d$$

其次,选择总悬浮固体的浓度。从表 9.3 中选择传统处理中的典型值 2000mg/L,整理式(6.35)得到反应器的水力停留时间：

$$\theta = \frac{\theta_x^d}{X_v}\left[X_i^0 + \frac{\gamma(S^0 - S)(1 + (1 - f_d)b\theta_x^d)}{1 + b\theta_x^d}\right]$$

$$\theta = \frac{10}{2000}\left[18 + \frac{0.34(40 - 0)(1 + (1 - 0.8) \times 0.08 \times 10)}{1 + 0.08 \times 10}\right] = 0.134 d$$

反应器体积是流量和水力停留的乘积：

$$V = Q_0\theta = 10^4 \times 0.134 = 1340 \text{m}^3$$

最后,检查对氨氮的去除效率。这需要利用式(6.21)计算出水中的 NH_4^+-N 浓度:

$$S = K\frac{1 + b\theta_x^d}{\gamma\hat{q}\theta_x^d - (1 + b\theta_x^d)} = 0.6\frac{1 + 0.08 \times 10}{0.34 \times 1.7 \times 10 - (1 + 0.08 \times 10)} = 0.27 \text{mg } NH_4^+\text{-N/L}$$

$$去除率 = \frac{S^0 - S}{S^0} \times 100\% = \frac{40 - 0.27}{40} \times 100\% = 99.3\% \gg 90\%$$

对氨氮的去除率远远高于 90%。

平均 NH_4^+-N 的去除率大大高于要求达到的值,从另一方面证明了设计的可靠性。这一例子与大多数的实际设计一样,反应器体积的选择更多考虑满足系统运行可靠性的需要,对去除率的考虑则在其次。

例 9.2　CSTR 的所有化学计量反应速率

用一带有沉淀和回流的完全混合反应器进行污水的好氧生物处理。污水中醋酸盐的浓度为 600mg/L,流量 15m³/s,θ_x 是 6d,X_V 为 2000mg/L。请确定反应器体积、生物固体产生速率、需氧速率以及生物对氮和磷营养的需求。假定进水中没有悬浮固体和其他营养物质。系数如下:$\gamma = 0.55$g 细胞/g 醋酸盐,$b = 0.15 \text{d}^{-1}$,$\hat{q} = 12$g 醋酸盐/(g 细胞·d),$K = 10$mg 醋酸盐/L,$f_d = 0.8$。

首先,由式(6.21)和 θ_x 可以计算出出水中醋酸盐的浓度:

$$S = 10\frac{1 + 0.15 \times 6}{0.55 \times 12 \times 6 - (1 + 0.15 \times 6)} \approx 0.5 \text{mg/L}$$

整理式(6.35),由 S,θ_x 和 X_V 可以确定水力停留时间 θ:

$$\theta = \frac{6}{2000}\frac{0.55(600 - 0.5)(1 + (1 - 0.8) \times 0.15 \times 6)}{1 + 0.15 \times 6} \approx 0.61 \text{d}$$

反应器体积可以通过 θ 和 Q^0 确定:

$$V = \theta Q^0 = 0.61\text{d}\left(15\frac{\text{m}^3}{\text{s}}\right)\left(\frac{3600 \times 24\text{s}}{\text{d}}\right) \approx 791\,000 \text{m}^3$$

利用化学计量方程表示反应,首先,需要确定 f_s^0,这与 γ 的单位转换有关:

$$f_s^0 = \frac{0.55\text{g 细胞}}{\text{g 醋酸}} \cdot \frac{59\text{g 醋酸}}{\text{mol 醋酸}} \cdot \frac{0.125\text{mol 醋酸}}{\text{e}^- \text{ eq 细胞}} \cdot \frac{\text{mol 细胞}}{113\text{g 细胞}} \cdot \frac{\text{e}^- \text{ eq 细胞}}{0.05\text{mol 细胞}}$$

$$f_s^0 \approx 0.72\frac{\text{e}^- \text{ eq 细胞}}{\text{e}^- \text{ eq 醋酸}}$$

由式(6.37)确定 f_s,再由差值确定 f_e:

$$f_s = 0.72\frac{1 + (1 - 0.8) \times 0.15 \times 6}{1 + 0.15 \times 6} \approx 0.447\frac{\text{e}^- \text{ eq 细胞}}{\text{e}^- \text{ eq 醋酸}}$$

$$f_e = 1 - f_s = 1 - 0.447 = 0.553$$

然后,我们建立这一反应的完整化学计量方程式。利用表 5.4 中反应 O-1(醋酸)的 R_d,表 5.3 中反应 C-1(细胞合成)的 R_c,表 5.3 中反应 I-14(氧)作 R_a 的电子受体:

$$R = f_e R_a + f_s R_c - R_d$$

$$f_e R_a: \quad 0.1382 O_2 + 0.553 H^+ + 0.553 e^- \longrightarrow 0.2765 H_2O$$

$$f_s R_c: \quad 0.0894CO_2 + 0.0224HCO_3^- + 0.0224NH_4^+ + 0.447H^+ + 0.447e^- =\!=\!=$$

$$0.0224C_5H_7O_2N + 0.2012H_2O$$

$$-R_d: \quad 0.125CH_3COO^- + 0.375H_2O =\!=\!= 0.125CO_2 + 0.125HCO_3^- + H^+ + e^-$$

$$R: \quad 0.125CH_3COO^- + 0.1382O_2^- + 0.0224NH_4^+ =\!=\!=$$

$$0.0224C_5H_7O_2N + 0.0356CO_2 + 0.1027HCO_3^- + 0.1027H_2O$$

这一方程式表明，每消耗 $0.125 \times 59 = 7.38$g 醋酸，有 $0.1382 \times 32 = 4.42$g 的 O_2 被消耗，同时产生 $0.0224 \times 113 \approx 2.53$g 的生物。需要的氮是 $0.0224 \times 14 \approx 0.314$g 氨氮。由于每需要 6g 氮，就需要 1g 磷，所以磷的需要量是 $0.314/6 \approx 0.052$g。

每天消耗的醋酸量可以根据进水流量和消耗的醋酸浓度计算：

$$醋酸消耗速率 = Q^0(S^0 - S)$$

$$= 15\frac{m^3}{s}(600 - 0.5)\frac{mg}{L} \times \frac{10^3L}{m^3} \times \frac{g}{10^3mg} \times \frac{3600 \times 24s}{d}$$

$$\approx 777 \times 10^6 g\ 醋酸/d$$

由基质消耗速率可以推算出其他物质消耗或产生速率：

$$氧的消耗速率 \quad = \frac{4.42}{7.38} \times 777 \times 10^6 \approx 465 \times 10^6 g\ O_2/d$$

$$生物量产生速率 \quad = \frac{2.53}{7.38} \times 777 \times 10^6 \approx 266 \times 10^6 g\ 细胞/d$$

$$氮需要速率 \quad = \frac{0.314}{7.38} \times 777 \times 10^6 \approx 33 \times 10^6 g\ NH_4^+-N/d$$

$$磷需要速率 \quad = \frac{0.052}{7.38} \times 777 \times 10^6 \approx 5.5 \times 10^6 g\ P/d$$

最后，可以将方程计算，即化学计量法计算得到的生物量产生速率与由式(6.28)(表 6.2)确定生物量产生速率进行比较：

$$r_{vbp} = \frac{X_v V}{\theta_x}$$

$$= \left[\left(200\frac{mg}{L} \times 791\,000m^3 \times \left(\frac{10^3L}{m^3} \right) \times \left(\frac{g}{10^3mg} \right) \right) \right]/6d$$

$$= 264 \times 10^6 g\ 细胞/d$$

由两种方法获得的生物量产生速率是基本相同的，差别在误差范围内，也应当是相同的。这也为这两种方法提供了一个全面的检验。另外，用 r_{vbp} 乘以生物体内氮和磷的比例，如式(6.41)所描述的方法，会得到与上面的计算结果一样的氮和磷需求量。通过需氧量平衡计算，如式(6.43)所描述的方法，会得到相同的氧的消耗速率。

9.6　串联反应器

废水处理中经常使用串联反应器，如图 9.1 所示，但有不同的原因。一个原因是为了促成两种不同的反应。对市政污水处理，最普通的要求是去除有机物（BOD）和实现氮的转化,如将氨氮氧化成硝酸盐氮。有机物的降解与氨氮的硝化分别由两种不同类群的微生物完成,但反应可以在一个好氧反应器中进行。然而,如果用两个反应器串联,第一个用作有机物的去除,第二个用于硝化,则更容易控制。这里,各处理单元都可以选用不同类型的反应器。例如,用带有沉淀和回流的 CSTR 去除有机物,接着可以利用生物膜反应器进行硝化。也可以换过来,用生物膜反应器去除有机物,用悬浮生长反应器来硝化。通常 CSTR 适于去除有机物,但 PFR 有更好的硝化效果,它们可以串联起来联合使用。在其他情况下,相同类型的反应器也可以串联起来,第一步去除有机物,第二步硝化。

　　使用串联反应器的另一原因,是针对整体处理系统中不同单元需要的电子受体不同的情况。例如,氮的去除(不仅仅是氨氮转化为硝酸盐),需要两个反应器串联完成:第一个好氧反应器完成有机物的去除和氨氮的氧化,第二反应器在缺氧条件(缺少氧气)下运行,将第一个反应器中产生的硝酸盐通过反硝化转化为氮气。应用中也常采用前置缺氧反应器串联好氧反应器的工艺(AO)。在这个工艺中,硝化在好氧段发生,通过回流,将硝酸盐回流到缺氧反应器,与进水中的 BOD 混合,反硝化以 BOD 为碳源进行,实现有机物及氮的去除。这些针对氮的转化和去除的组合工艺将在第 13 章进行讨论。

　　串联反应器也可以用于高效去除有毒有机物。此时,第一级可以采用带有沉淀和回流的 CSTR,第二级可以是不同形式的 PFR,例如带有沉淀但没有回流的悬浮生长式反应器,系统如图 9.10 所示。在这一系统中,剩余污泥只从第二个沉淀池中排出,并被进一步处置。假设废水中污染物浓度为 S^0,这一浓度对微生物具有毒害作用。因而,不希望微生物与如此高浓度的废水接触。例如,浓度 $200\sim300\mathrm{mg/L}$ 的苯酚对微生物具有毒害作用,但在某些工业废水中苯酚浓度高达几千毫克每升。而且,很低浓度的苯酚就会对一些水生生物造成毒害,极低浓度的苯酚就可以使鱼类产生不良味道和气味。在饮用水中,$40\mu\mathrm{g/L}$ 的苯酚就会产生味道和气味。而实际上,用氯消毒而形成的氯酚在饮用水中导致的味道和气味更强烈。问题是如何设计含苯酚废水的处理系统。例如,如何将 $4000\mathrm{mg/L}$ 的苯酚降低到 $20\mu\mathrm{g/L}$?图 9.10 所示的反应器系统,是一种可能的选择。在这个系统中,假定废水没有其他有机污染物存在,又有无机营养物。第一个反应器中的苯酚浓度与出水中的苯酚浓度相同,因此,微生物不会暴露于进水的高浓度苯酚中。

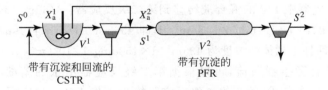

图 9.10　处理高浓度有毒化学物质如苯酚的两级反应系统

　　首先,由于处理的是带有抑制性的基质,利用好氧处理并考虑 Haldane 动力学,假定第一级污水处理反应器的条件如下:

$$Q^0 = 10^4\,\mathrm{m^3/d}$$
$$S^0\,(\text{苯酚}) = 4000\mathrm{mg/L}$$
$$\theta_x = 8\mathrm{d}$$
$$\hat{q} = 6\mathrm{d^{-1}}$$

$$K = 2\text{mg/L}$$

$$K_{IS} = 120\text{mg 苯酚/L}$$

$$\gamma = 0.35\text{g VSS/g 苯酚}$$

$$b = 0.2\ \text{d}^{-1}$$

$$X_a = 1500\text{mg/L}$$

在第一级反应器中，利用式(6.21)，确定带有沉淀和回流的 CSTR 出水中酚的浓度 (S^1)、微生物浓度(X_a^1)、反应器体积(V^1)。对于 Haldane 动力学常数，需要联立式(6.19)、式(6.49)和式(6.52)获得 r_{ut}。

$$\frac{1}{\theta_x} = \frac{\gamma(-r_{ut}^1)}{X_a^1 V} - b = \frac{\gamma \hat{q} S^1}{K + S^1 + (S^1)^2/K_{IS}} - b$$

$$\frac{1}{8} = \frac{0.35 \times 6 S^1}{2 + S^1 + (S^1)^2/120} - 0.2$$

$S = 0.37\text{mg 苯酚/L}$，这是很低且无毒的浓度，则：

$$\theta^1 = \frac{\theta_x^1}{X_a^1} \frac{\gamma(S^0 - S^1)}{1 + b\theta_x^1} = \frac{8}{1500} \frac{0.35(4000 - 0.37)}{1 + 0.2 \times 8} \approx 2.87\text{d}$$

$$V^1 = \frac{Q_0}{\theta^1} = \frac{10^4}{2.87} \approx 3480\text{m}^3$$

可以看出单级完全混合式反应器，可以使出水苯酚的浓度降低到平均 1mg/L。为了使苯酚浓度降低到目标值 $20\mu\text{g/L}$，θ_x 需要增加到接近于无穷大。然而，如果采取 PFR 作为第二级反应器，目标将得以实现。由于苯酚的浓度已经降低到 K_{IS} 值，即 120mg/L 以下，进一步分析中可以使用简单的 Monod 动力学。

对于第二级的推流式反应器，其进水是第一级 CSTR 的沉淀池的出水，其中的苯酚浓度太低，不足以支持微生物的生长。这可以通过如图 9.10 所示的，即将第一级反应器中的生物固体直接引入到第二级反应器中的方法进行补救。也可以从第一级反应器的回流线上获得微生物，但从第一级反应器中直接获得微生物，更容易控制，如图 9.10 所示。每天引入的微生物量可以应用表 6.2 中的方程计算确定。由于在第一级反应器中的 θ_x 设计为 8d，每天可以将第一级反应器中 1/8 的混合液转移到第二级反应器：$3480\text{m}^3/8\text{d}$，即 $435\text{m}^3/\text{d}$。将来自第一级反应器的污水($10^4\text{m}^3/\text{d} - 435\text{m}^3/\text{d}$，即 $9565\text{m}^3/\text{d}$)与来自其的微生物混合，则进入第二级反应器的活性生物体的浓度为 $435\text{m}^3/\text{d} \times 1500\text{mg/L}/10^4(\text{m}^3/\text{d}) = 65\text{mg/L}$。如果假定第二级反应器没有微生物回流，可以根据第二级反应器出水的苯酚浓度的设计要求，$S^2 = 0.02\text{mg/L}$，直接确定 θ_x^2，等于第二级反应器的 θ^2。将式(9.31)应用于第二级的简单推流式反应器：

$$\theta^2 = \frac{1}{\hat{q}}\left[\left(\frac{K}{X_a^2 + \gamma S^1} + \frac{1}{\gamma}\right)\ln(X_a^2 + \gamma S^1 - \gamma S^2) - \left(\frac{K}{X_a^2 + \gamma S^1}\right)\ln\frac{S^2 X_a^2}{S^1} - \frac{1}{\gamma}\ln X_a^2\right]$$

$$\theta^2 = \frac{1}{6}\left[\left(\frac{2}{65 + 0.35 \times 0.37} + \frac{1}{0.35}\right)\ln(65 + 0.35 \times 0.37 - 0.35 \times 0.02) - \right.$$

$$\left. \left(\frac{2}{65 + 0.35 \times 0.37}\right)\ln\frac{0.02 \times 65}{0.37} - \frac{1}{0.35}\ln(65)\right]$$

$$\theta^2 = 0.016\text{d}$$

$$V = \theta^2 Q^0 = 0.016 \times 10^4\,\mathrm{m}^3 = 160\mathrm{m}^3$$

　　与第一级反应器体积相比,第二级反应器体积要小得多,即可实现要求的去除率。而即使将第一级反应器的体积扩大到无穷大,也达不到这个去除率。也许还可以进一步,通过减少第一级反应器的 θ_x,提高第二级反应器的负荷以使系统得到优化。同时,也可以在第二级反应器中,采用细胞回流增加反应器中的微生物浓度。无论对系统做何种优化,这些分析可以表明两级串联反应器所具有的突出优点。在第一级反应器中,可以避免微生物暴露在高浓度苯酚条件下,避免对微生物的毒害。如果第一级使用 PFR 则不会有此效果。而且,CSTR 去除率低的缺点,被第二级 PFR 所补偿。相同的讨论可以用在厌氧条件下两级串联的反应器中。第一段使用 CSTR,可以避免高浓度进水有机物大量产酸和降低 pH 的问题,而且,可以用体积较小的第二级 PFR,保证较高的污染物去除率。

参考文献

Christensen,D. R. and P. L. McCarty(1975). "Multi-process biological treatment model." *J. Water Pollut. Cont. Fed.* 47,pp. 2652-2664.

Jefferson,B. ; A. L. Laine; S. L. Judd; and T. Stephenson (2000). "Membrane bioreactors and their role in wastewater reuse." *Water Sci. Technol.* 41,pp. 197-204.

Judd,S. and C. Judd (2011). *The MBR Book: Principles and Applications of Membrane Bioreactors for Wastewater Treatment*,2nd ed. Amsterdam: Elsevier.

Kim,J. ; K. Kim; H. Ye; E. Lee; C. Shin; P. L. McCarty; and J. Bae (2011). "Anaerobic fluidized bed membrane bioreactor for wastewater treatment." *Environ. Sci. Technol.* 45,pp. 576-581.

Lawrence,A. W. ,and P. L. McCarty (1970). "Unified basis for biological treatment design and operation." *Journal Sanitary Engineering Division*,ASCE 96(SA3),pp. 757-778.

Le-Clech,P. (2010). "Membrane bioreactors and their uses in wastewater treatments." *Applied Microbiol. Biotechnol.* 88,pp. 1253-1260.

Liao,B. Q. ;J. T. Kraemer, and D. M. Baglely (2006). "Anaerobic membrane bioreactors: Applications and research directions." *Crit. Rev. Environ. Sci. Technol.* 36,pp. 489-530.

Lin,H. ; W. Peng; M. Zhang;J. Chen; H. Hong; and Y. Zhang (2013). "A review on anaero-bic membrane bioreactors: Applications, membrane fouling and future perspectives." *Desalination* 314, pp. 169-188.

Manem,J. A. and R. Sanderson (1996). "Membrane bioreactors" (Chapter 17). In Mallevialle,J. ; P. E. Odendaal; and M. R. Weisner, Eds. *Water Treatment Membrane Processes*. New York: McGraw-Hill.

Martin,K. J. and R. Nerenberg (2012). "The membrane biofilm reactor (MBfR) for water and wastewater treatment: Principles,applications,and recent developments." *Water Res.* 122,pp. 83-94.

Martin,I. ; M. Pidou; A. Soares; S. Judd; and B. Jefferson (2011). "Modelling the energy demands of aerobic and anaerobic membrane bioreactors for wastewater treatment." *Environ. Technol.* 32,pp. 921-932.

Rittmann,B. E. (2018). "Biofilms,active substrata,and me." *Water Res.* 132,135-145.

Schwarz,A. ; B. E. Rittmann; G. Crawford; A. Klein; and G. Daigger (2006). "A critical review of the effects of mixed liquor suspended solids on membrane bioreactor operation. " *Separat. Sci. Technol.* 41，pp. 1489-1511.

Shin，C. ；P. L. McCarty；J. Kim；and J. Bae（2014）. "Pilot-scale temperate-climate treatment of domestic wastewater with a staged anaerobic fluidized membrane bioreactor（SAF-MBR）. " *Biores. Technol.* 159，pp. 95-103.

Shirazi，S. ；C. J. Lin；and D. Chen（2010）. "Inorganic fouling of pressure-driven membrane processes——A critical review. " *Desalination* 250(1)，pp. 236-348.

Smith，A. L. ；L. B. Stadler；N. G. Love；S. J. Skerlos；and L. Raskin（2012）. "Perspectives on anaerobic membrane bioreactor treatment of domestic wastewater：A critical review. "*Biores. Technol.* 122，pp. 149-159.

Zhou，C. ；A. Ontiveros-Valencia；R. Nerenberg；Y Tang；D. Friese；R. Krajmalnik-Brown；and B. E. Rittmann（2019）. "Hydrogenotrophic microbial reduction of oxyanions with the membrane biofilm reactor. " *Front. Microbiol.* 9：article 3268(doi：10. 3389/fmicb. 2018. 03268).

参考书目

Cheryan，M. (1987). *Ultrafiltration Handbook.* Lancaster，PA：Technomic Publishing.

Guo，W. ；H. -H. Ngo；and J. Li（2012）. "A mini-review on membrane fouling. " *Biores. Technol.* 122，pp. 27-34.

Gutman，R. G. (1987). *Membrane Filtration：The Technology of Pressure Driven Crossflow Processes.* Briston，England：Adam Hilger.

Kiser，M. A. ；J. Oppenheimer；J. DeCarolis；Z. M. Hirani；and B. E. Rittmann（2010）. "Quantitatively understanding the performance of membrane bioreactors. " *Separat. Sci. Technol.* 45，pp. 1003-1013.

Meng，F. G. ；S. R. Chae；A. Drews；M. Kraume；H. S，Shin；and F. Yang（2009）. "Recen tadvances in membrane bioreactors（MBRs）：Membrane fouling and membrane material. " *Water Res*，43，pp. 1489-1512.

习　　题

9.1　试利用如下参数确定 f_s 的设计值：

$$f_s^0 = 0.7$$
$$\hat{q} = 10 \text{mg}/(\text{mg VSS}_a \cdot \text{d})$$
$$K = 10 \text{mg/L}$$
$$f_d = 0.8$$
$$\gamma = 0.5 \text{g VSS}_a/\text{g}$$
$$X_a = 1500 \text{mg VSS}_a/\text{L}$$
$$Q = 2500 \text{m}^3/\text{d}$$
$$b = 0.1 \text{d}^{-1}$$

设计安全系数（SF）＝30

9.2　根据以下条件确定带有沉淀和回流的 CSRT 的水力停留时间 θ，忽略沉淀池中

SMP 生产量和生物量,并讨论利用该方法处理此高浓度溶解性有机废水的实用性。

$$\gamma = 0.6 \text{g VSS}_a/\text{g}$$

$$\hat{q} = 20 \text{g}/(\text{g VSS}_a \cdot \text{d})$$

$$K = 20 \text{mg BOD}_L/\text{L}$$

$$b = 0.25 \text{d}^{-1}$$

$$f_d = 0.8$$

$$S^0 = 10\,000 \text{mg BOD}_L/\text{L}$$

$$X_v = 4000 \text{mg/L}$$

$$X_v^0 = 0$$

$$\theta_x = 6 \text{d}$$

$$Q = 1000 \text{m}^3/\text{d}$$

9.3 实验室中平行运行两个 CSTR,都有回流系统,总体积均为 100L,进水条件相同:

$$Q = 400 \text{L/d}$$

$$S^0 = 1000 \text{mg BOD}_L/\text{L}$$

$$X_v^0 = 0$$

两反应器在相同的 SRT$=10$d 条件下运行,出水 SS 均为 15mg/L。系统 A 是好氧条件,系统 B 是厌氧条件,相关参数如下:

条件参数	A	B
$\hat{q}/(\text{mgBOD}_L/(\text{mg VSS}_a \cdot \text{d}))$	16	10
$K/(\text{mgBOD}_L/\text{L})$	10	10
b/d^{-1}	0.20	0.05
$\gamma/(\text{mg VSS}_a/(\text{mgBOD}_L))$	0.35	0.14

估算并比较系统 A 和系统 B 出水 BOD_L 浓度,假定出水中的 SMP 对 BOD_L 有贡献。

9.4 利用生物脱硫方法(即通过生物反应,将 SO_4^{2-}-S 转化为 H_2S-S,然后吹脱成为气体,吹脱步骤可以不考虑),处理含有 100mg/L SO_4^{2-}-S 的废水。电子供体是外加的乙酸(CH_3COO^-)。

已知废水流量$=1000\text{m}^3/\text{d}$,进水中:硫酸盐$=100$mg/L-S,挥发性悬浮固体(X_v^0)$=0$

根据前期的试验及理论分析,获得针对限制性基质乙酸(以 BOD_L 表示)的有关参数,如下:

$$f_s^0 = 0.08$$

$$\hat{q} = 8.6 \text{g BOD}_L/(\text{g VSS}_a \cdot \text{d})$$

$$b = 0.04 \text{d}^{-1}$$

$$K = 10 \text{mg BOD}_L/\text{L}$$

$$f_d = 0.8$$

氮源$=NH_4^+$-N

选择以下设计参数：

- 选择有回流的 CSTR
- $\theta_x = 10d$ 和 $\theta = 1d$
- 出水硫酸盐浓度 1mg/L-S

要求完成以下主要设计内容：

(a) 计算出水乙酸盐浓度(mg BOD_L/L)。

(b) 要求出水硫酸盐＝1mg/L-S，利用化学计量原理计算进水中需要投加的乙酸盐浓度(mg BOD_L/L)。

(c) 计算活性悬浮固体、惰性悬浮固体和挥发性悬浮固体的浓度(mg VSS/L)。

(d) 若出水中 VSS 是 5mg/L，回流 VSS 是 5000mg/L，计算排泥量(kg VSS/d)和排泥体积(m^3/d)。

(e) 计算回流比 R。

(f) 根据(常见)多基质计算方法，确定出水中 SMP 浓度。

(g) 在设计中有什么问题？如果有，试解释其原因和解决的方法。

9.5 使用一个具有创新特征的生物反应器处理含硫废水，其中利用了一种安全的自养菌，在好氧条件下将硫化物(H_2S, HS^-)氧化为 SO_4^{2-}。电子受体是 O_2，系统中有充足的 NH_4^+ 作为氮源。对于这些自养菌，可应用下列计量学及动力学参数：

$$f_s^0 = 0.2$$
$$\gamma = 0.28 \text{mg VSS}_a/\text{mg S}$$
$$\hat{q} = 5 \text{mg S}/(\text{mg VSS}_a \cdot d)$$
$$b = 0.05 d^{-1}$$
$$K = 2 \text{mg S/L}$$
$$f_d = 0.8$$

求解这一题，需要假设反应器中的硫化物只通过微生物氧化去除，不存在其他去除途径，没有其他的硫中间产物形成，可以用总的硫化物浓度作为反应速率限制因子。进水资料如下：

$$Q = 1000 m^3/d$$
$$S^0 = 1000 \text{mg S/L}$$
$$X_v^0 = 0$$

使用一个带回流的完全混合 CSTR，按下列步骤进行设计。

(a) 取安全系数为 10，确定设计 θ_x，保留两位小数。

(b) 通过判断，确定挥发性固体浓度(X_v)必须大于 1000mg/L。如果取这一最小的 X_v 值，系统的水力停留时间是多少小时？体积是多少立方米？

(c) 如果出水 VSS(X_v^e)是 15mg VSS/L，排泥浓度是 8000mg VSS/L，计算排泥速率(m^3/d)和污泥回流速率(m^3/d)。

(d) 出水 COD 浓度是多少？

(e) 系统需要的供氧速率是多少(kg O_2/d)？

9.6 在间歇式反应器中，乙酸盐充足条件下，培养不同种类的细菌。请计算并比较以下 4 种情况下,24h 后细胞的浓度。假定微生物的 γ 不同。初始细胞浓度都是 10mg/L。其他常数为:$\hat{q}=12$mg 乙酸盐/(mg VSS$_a$·d),$K=2$mg/L,$b=0.1$d^{-1}。

(a) $\gamma=0.6$mg VSS$_a$/mg 乙酸盐(好氧生长)

(b) $\gamma=0.45$mg VSS$_a$/mg 乙酸盐(反硝化生长)

(c) $\gamma=0.06$mg VSS$_a$/mg 乙酸盐(降解硫酸盐)

(d) $\gamma=0.04$mg VSS$_a$/mg 乙酸盐(甲烷发酵)

9.7 用一 CSTR 通过甲烷发酵处理流量为 50m^3/d、BOD$_L$ 为 10 000mg/L 的污水。假定 $\gamma=0.04$mg VSS$_a$/mg BOD$_L$,$\hat{q}=8$mg BOD$_L$/(VSS$_a$·d),$K=200$mg BOD$_L$/L,$b=0.05$d^{-1}。单位体积反应器每天去除的 BOD$_L$ 达到最大时,反应器停留时间是多少?(需要利用电子数据表格或具有编程能力的计算器进行试算)最后画出单位体积每天去除 BOD$_L$ 随反应器停留时间改变的图。

9.8 待处理污水参数如下:

$$Q=150\,000\text{m}^3/\text{d}$$
$$X=350\text{mg/L}$$
$$X_v=260\text{mg/L}$$
$$\text{COD(总)}=880\text{mg/L}$$
$$\text{COD(溶解性)}=400\text{mg/L}$$
$$\text{BOD}_L\text{(总)}=620\text{mg/L}$$
$$\text{BOD}_L\text{(溶解性)}=360\text{mg/L}$$

试确定 S^0、Q^0、X^0 和 X_i^0。

9.9 试比较满足以下条件时,需要的反应器体积:通过微生物将氨氧化为硝酸盐,达到(1)85%氨氮去除率;(2)98%氨氮去除率。污水参数:

$$Q^0=50\text{m}^3/\text{d}$$
$$S^0=60\text{mg NH}_4^+\text{-N/L}$$
$$X_i^0=20\text{mg/L}$$
$$\hat{q}=2.5\text{g NH}_4^+\text{-N/(g VSS}_a\cdot\text{d)}$$
$$K=1\text{mg/L}$$
$$\gamma=0.34\text{g VSS}_a/\text{mg NH}_4^+\text{-N}$$
$$b=0$$

(a) CSTR。

(b) 带有沉淀和固体回流的 CSTR($\theta_x/\theta=10$)。

9.10 针对题 9.9 中的废水及生物反应,当取反应器设计的安全系数为 10 时,确定反应器体积和氨氮的去除率。

(a) CSTR。

(b) 带有沉淀和固体回流的 CSTR($X_v=1000$mg VSS/L)。

9.11 对一给定待处理废水,请评估不同反应器的处理效果及当操作参数增加时反应器出水基质浓度响应的灵敏度。假定选择的反应器如下表所示。什么是引起出水基质浓度(S^e)增加的因素?对使 S^e 浓度增加的标"+",减少的标"-",不变的标"0",不确定的标"？"。

参数(增加)	反应器形式			
	带有回流的 CSTR	带有沉淀和回流的 CSTR(θ_x 保持不变)	带有回流的 PFR	带有回流的固定膜完全混合式反应器
Q^0				
S^0				
X_i^0				
X_a^0				
R(回流比)				
γ				

9.12 设计一具有细胞沉淀及回流的 CSTR,用于工业有机废水处理。选定了设计反应器的体积,则相应确定了反应器出水基质浓度。在保证出水基质浓度不变的条件下,需要进行灵敏度分析以确定影响反应器体积的因素。请填写下表,表示出当左边一栏的参数值增加时,将如何影响反应器体积的变化。一个变量变化时,其他变量不变。"＋"表示增加,"－"表示降低,"0"表示没有变化,"i"表示需要更多的信息才能确定。

参数(增加)	对反应器体积的影响
K	
$\hat{q}$	
Q^0	
S^0	
X_i^0	
X_a	

9.13 你设计了一带有沉淀和回流的 CSTR,污水流量为 $Q^0 = 100\text{m}^3/\text{d}$,假定 X_i^0 为 0,设计 θ_x 为 6d,得到的反应器体积 V 为 20m^3。但是,你发现 X_i^0 实际为 200mg VSS_i/L,如果保持对 θ_x 的选择,混合污泥浓度 $X = 2000$mg SS/L,则反应器体积需要作何改动?

9.14 在下列条件下,以去除 BOD 为目的,请计算带有沉淀和回流的 CSTR 好氧反应器体积(利用第 6 章所给出的典型的 BOD 好氧氧化参数):

(a) SF＝40

(b) $Q^0 = 10^3\text{m}^3/\text{d}$

(c) $X_i^0 = 300$mg VSS_i/L

(d) 进水 $\text{BOD}_L = 200$mg/L

(e) 出水 $\text{BOD}_L = 5$mg/L

(f) $X_v = 2000$mg VSS/L

9.15 从废弃矿井排出的废水,流量为 $200\text{m}^3/\text{d}$,含溶解 Fe(Ⅱ) 10mg/L(相对分子质量为 56),不含悬浮固体。当水中的 Fe(Ⅱ) 氧化为 Fe(Ⅲ) 时,水中将形成褐色沉淀物,它会破坏水质。因此,在将该污水排放前,希望通过生物处理,去除 95％ 的 Fe(Ⅱ)。这一过程中,产生的 Fe(Ⅲ) 将以 $Fe(OH)_3$ 形式成为反应器中的悬浮固体,并排出系统,与生物剩余污泥一起得到处置。试问,假定反应器中悬浮固体浓度(X)为 3000mg SS/L,对于 Fe(Ⅱ) 的氧化

$[\theta_x^{min}]_{lim}$ 是 2.2d,采用带有沉淀和回流的反应器,其体积应是多少?

9.16　带有沉淀和回流的悬浮生长反应器,$X_a = 1200$mg VSSa/L,停留时间 $\theta = 4$h。进入反应器的污染物浓度 S^0 为 0.5mg/L,分解动力学常数基于总 X_a 浓度,$\hat{q} = 0.05$mg/(mg VSS$_a$·d),$K = 3$mg/L。确定如下反应器出水中 S^e 浓度:(1)完全混合式反应器;(2)推流式反应器。

9.17　废水中苯浓度为 30mg/L,没有其他可生物降解的有机物。管理部门要求将出水苯的浓度降低到 0.01mg/L。假定苯的好氧降解速率常数如下:

$\gamma = 0.9$g VSS$_a$/g 苯,　$b = 0.2$d^{-1},　$\hat{q} = 8$g 苯/(g VSS$_a$·d),　$K = 5$mg 苯/L。

(a) 应用带有沉淀和回流的 CSTR,生物降解可获得的最低苯浓度是多少?

(b) 假定通过(a)没有满足降解苯的要求,试提出另外一种生物处理方法以满足要求。说明其为什么会好于 CSTR。不需要进行计算,只要进行概念描述即可。

第10章 产甲烷

世界人口的持续增长,以及经济的高速发展,给世界资源,特别是水资源和能源带来了巨大压力。化石燃料消耗量的相应增加,导致了气候变化,这不仅使海平面上升,而且造成水资源的重新分配,使干旱地区更加缺水,而潮湿地区遭受更大、更频繁的洪水。可持续的未来需要减少化石燃料的使用,这可以通过更多地生产和使用可再生燃料部分实现,例如利用有机物厌氧生物处理产生的甲烷。

厌氧处理除了可以产生能源用以替代化石燃料外,还有许多其他的优势。例如,与好氧系统相比,它不受氧气输送的限制,因此可在更高的容积负荷条件下运行。此外,厌氧处理产生的剩余污泥明显减少,从而可大大减少十分昂贵的剩余污泥的处置费用。因此,对于大多数工业废水而言,厌氧处理的使用已经超过了好氧处理,在不久的将来,在生活废水的处理中可能也会如此。

基于以上原因,我们将厌氧处理作为生物处理工艺应用的第一章。新的膜工艺的开发使得高效厌氧处理成为可能,已经可以应用于低浓度的生活污水的处理,在废水温度低至$8\sim10℃$的寒冷地区也可以应用。在过去,厌氧工艺一般用于更高浓度的有机废水,而现在它可用于更多种类的有机废水。

厌氧处理的基础是甲烷的生成,在该反应中有机物(BOD_L)中的电子被转移给碳,将碳还原到最低价的还原态,化合价-4价,以CH_4(即甲烷)的形式存在。反应产物甲烷难溶于水,从水中逸出。以这种方式,水中的BOD_L转化为甲烷得以去除,称为BOD稳定化。每摩尔甲烷含有8当量的电子,相当于64g BOD_L或COD。在标准温度和压力下(即STP=0℃和1atm),每摩尔CH_4的体积为22.4L。因此,以这种方式,每1g BOD_L将在标准状况下产生0.35L的CH_4气体。

尽管参与产甲烷过程的微生物种群通常非常复杂(见第4章的微生物生态学部分),但其中总是存在着产甲烷菌,即产生甲烷的独特古菌群。由于产甲烷过程一定要通过产甲烷菌完成,因此了解它们的生理特征是非常重要的。表10.1列出了两类产甲烷菌的一般参数:乙酸盐发酵菌(乙酸发酵型或乙酸营养型产甲烷菌)和氢氧化菌(氢营养产甲烷菌),以及负责碳水化合物、蛋白质和脂肪转化为乙酸盐和氢气的发酵菌的参数。

表 10.1　35℃厌氧处理操作参数

参　数	产甲烷菌		发酵菌（产酸菌）		
	乙酸盐发酵菌	氢氧化菌	蛋白质	碳水化合物	脂肪
电子供体	乙酸酯	氢气	蛋白质	碳水化合物	脂肪
电子受体	乙酸酯	二氧化碳	蛋白质	碳水化合物	脂肪
碳源	乙酸酯	二氧化碳	蛋白质	碳水化合物	脂肪
f_s^0	0.05	0.08	0.08	0.24	0.05
$\gamma/(g\ VSS/g\ COD)$	0.04	0.06	0.06	0.17	0.04
$\hat{q}/(g\ COD/(g\ VSS \cdot d))$	8	24	8	8	8
$K/(mg\ COD/L)$	5～200	0.0001	10	10	200～1000
b/d^{-1}	0.03	0.03	0.03	0.03	0.03
$[\theta_x^{min}]_{lim}/d$	4	0.7	2	0.8	4
$S_{min}/(mg\ COD/L)$	0.6～25	0.00001	0.7	0.2	28～140

　　由这些数值可以看出，产甲烷菌，特别是利用乙酸盐的产甲烷菌，是生长缓慢的微生物，需要相对较长的固体停留时间（θ_x），以避免被水带出反应器。例如，最小安全系数（SF）为 5 时，在 35℃下，乙酸发酵产甲烷菌的设计 θ_x 为 20d。在较低温度下运行时，需要更长的 θ_x。利用乙酸盐的产甲烷菌，也被称为乙酸营养型产甲烷菌，通过将乙酸盐的两个碳从中间分开，形成的甲基碳再转化为甲烷，羧基碳转化为二氧化碳。

　　该表格还强调，所有最初存在于进水 BOD 中的电子，最终都转移到乙酸盐或 H_2 中。许多氢氧化菌也可以利用甲酸盐，它们很容易将甲酸盐转化为氢气和一氧化碳，利用生成的氢气作为能量。

　　系统中需要其他微生物，才能使产甲烷系列反应完成。它们首先将复杂物质水解成简单的氨基酸、蛋白质和脂肪物质。然后这些物质再通过各种反应发酵成乙酸盐和 H_2（或甲酸盐），最后转化为 CH_4。这些其他微生物的种类很多，但生长缓慢的产甲烷菌是厌氧产甲烷的基础。

　　一个需要重点关注的是乙酸发酵型微生物的 K 值变化很大。在对高浓度废水的早期研究中发现其值很高，为 200mg/L（Lawrence and McCarty，1969），相应的乙酸盐的 S_{min} 约为 20mg/L，这是处理出水中常见的浓度。基于这样的分析，人们认为低浓度废水的有效处理是不可能的。然而，在最近的研究中发现，当进水 COD 浓度较低，例如生活污水，出水浓度一般都低于 1mg/L，这表明 K 值较低（Shin et al.，2012）。造成这种差异的部分原因是存在两个不同类群的乙酸发酵型微生物：较低 K 值的，与甲烷丝菌属有关；而较高 K 值的，与其他属的乙酸发酵型微生物有关。由于乙酸发酵型微生物的生长速度较慢，且已测得它的 K 值很高，通常认为产甲烷步骤是厌氧反应中最慢的步骤。然而后续的研究发现，对于含有大量悬浮挥发性固体的废水，水解步骤有时可能是限速步骤。在这种情况下，膜工艺就显示了优势。采用膜工艺，可以将悬浮固体完全截留在反应器中，使悬浮固体有充足的时间水解，在生活污水处理中，即使在低温下，也可以实现有机物的高效去除。

10.1 厌氧处理的用途

厌氧产甲烷广泛应用于城市污水厂剩余污泥和城市固体废物的稳定化处理。工业废水的沼气发酵也得到了广泛的应用,并且由于其能耗低、产生的废弃物少、占地面积小等优点而得到越来越广泛的应用。没有更加广泛应用的原因是工艺经验不足,对工艺化学和微生物学尚缺乏足够的了解,一些废水中存在有毒化合物,以及在目前环境管理要求日益严格的形势下,对工艺稳定性的特别关注。如今,厌氧处理越来越多地用于处理低浓度废水,如生活污水。这种应用在发展中国家,特别是在一年中大部分时间气候都很温暖的地方很受欢迎。在发达国家,生活污水的厌氧处理除了用于化粪池外,几乎没有其他应用,因为其他技术(如活性污泥法)已经广泛使用,并且可以满足严格的出水标准。但是,从活性污泥转向厌氧处理是可能的。因为与好氧工艺比较,厌氧处理工艺有独特的优势,并且具有更高效率的厌氧膜生物反应器正在研发中。

厌氧处理的化学和微生物学确实很复杂,因此,厌氧处理系统的运行人员必须充分了解影响运行和控制的关键因素。事实上,当废水和污泥中含有微生物良好生长所需的所有基本营养物质、pH 适中、有毒物质的含量相对较低、操作人员又接受过良好的培训的条件下,厌氧处理是非常可靠的。对工业有机废物而言,如果水质非常适合厌氧处理(例如食品废水和发酵工业废水),对处理工艺给予足够的重视,那么厌氧处理较之好氧处理的优势是非常明显的。

表 10.2 总结了与好氧处理工艺相比,厌氧处理工艺的优缺点。首先,在厌氧处理中,废水 BOD_L 合成为生物固体的比例要低得多,因为有机物中的大部分转化为甲烷,这意味着供微生物生长的能量很低。在好氧处理中,接近一半的废水 BOD_L 被转化为细菌细胞,这是一个可能会使后续污泥处置费用昂贵,且需要关注的问题。在厌氧处理中,只有 4%～15%的生化需氧量转化为生物固体,从而大大减少了污泥的处置问题。其次,需关注生物量的合成所必需的营养物质,如氮和磷。在一些工业废水中,这些营养物质含量有限,必须补充。厌氧系统中生物量较少,因此对营养的需求也相应较少。

厌氧处理产生的 CH_4 是一种易于利用的可再生能源,可用于加热或发电。在标准温度与压力(standard temperature and pressure,STP)条件下,CH_4 的能量值为 35.8 kJ/L。厌氧处理通常是净产生能量的过程。相比之下,运行曝气系统所需的能量是巨大的,是好氧处理系统的主要运行成本。在许多采用好氧二级处理的城市污水处理厂中,如果使用厌氧处理来处置剩余污泥,生物固体厌氧处理产生的 CH_4 气体可以满足运行该厂所需的大部分能量。这样可以节省很大一部分运行成本。如将所有或绝大部分污水处理设施更换为厌氧系统,那么整个污水处理设施不但不耗能,还可能输出能量。

与好氧处理相比,厌氧处理的另一个优点是,每单位反应器容积的有机负荷更高。厌氧系统的容积负荷一般为 5～10kg COD/(d·m³)或更高,而由于受曝气供氧所需能量的限制,好氧系统的负荷通常为 1kg COD/(d·m³)。由于这个原因,厌氧处理更适用于 COD>2000mg/L 的高浓度废水。

如果想要更深入地了解多产甲烷过程及其应用的知识,可以参考以下这些优秀书籍与综述。Speece(1996)出版了一本教科书,非常详细地讨论了厌氧生物处理,重点是工业废水处理。Parkin 和 Owen(1986)出版了一本不十分详细，但很全面的关于厌氧处理的书，重点是城市生物固体处理。其他有价值的总结包括 Jewell(1987)、McCarty(1964a、1964b、1964c、1964d、1981)、McCarty 和 Smith(1986)以及 Speece(1983)。

表 10.2　厌氧处理的优缺点

优点
1. 剩余污泥产量低
2. 营养物质需求量低
3. 最终产物甲烷有利用价值
4. 一般来说，可以净产生能源
5. 高有机负荷

缺点
1. 微生物生长率低
2. 产生臭气
3. 对控制 pH 的缓冲溶液要求高
4. 对浓度低的废水处理效率低

例 10.1　甲烷的能量值

处理流量为 $10^4\,m^3/d$、BOD_L 为 20 000mg/L 的工业废水。如果有 90% 的废物得到稳定化，计算甲烷产量与所产生甲烷的能量值。

$$BOD_L\ 负荷率 = 20\ 000mg\ BOD_L/L \times 10^4\,m^3/d \times 10^3\,L/m^3 \times 10^{-6}\,kg/mg$$
$$= 2 \times 10^5\,kg\ BOD_L/d$$
$$BOD_L\ 稳定率 = 0.9 \times 2 \times 10^5 = 1.8 \times 10^5\,kg\ BOD_L/d$$
$$甲烷产率 = 1.8 \times 10^5\,kg\ BOD_L/d \times 0.35m^3\,CH_4(标准态)/kg\ BOD_L$$
$$= 6.3 \times 10^4\,m^3\,CH_4(标准态)/d$$
$$能量产率 = 6.3 \times 10^4\,m^3/d \times 35\ 800kJ/m^3\,CH_4(标准态) \approx 2.26 \times 10^9\,kJ/d$$

(能量产率也可表示为 $8.9 \times 10^9\,kcal/d$，$2.1 \times 10^9\,BTU/d$，或 $6.3 \times 10^5\,kW \cdot h/d$)

厌氧处理的缺点与其优点相关，由于用于细胞生长的能量少，细胞产率低于好氧微生物(其倍增时间以小时计)，尤其是某些主要产甲烷菌，其倍增时间以日计。长的倍增时间意味着如果没有大量接种污泥，则系统启动时间长。长的倍增时间还意味着如果处理中发生意外事件，例如系统中进入了有毒物质，则恢复正常所需的时间也会长，这就是厌氧处理的主要缺陷，系统对故障的抵御能力很低。

厌氧过程的另一缺点，是在降解含硫酸盐和蛋白质的废水时会产生硫化物。硫化物有毒性和腐蚀性，气态硫化氢有很大的臭鸡蛋味。厌氧过程中应当防止硫化物、硫化氢和厌氧处理系统出现故障时产生的有机气味的负面影响。燃烧甲烷可以破坏引起气味的物质，并将 H_2S 氧化为 SO_2，这样虽然解决了气味问题，但是，SO_2 又会污染空气。为达到空气质量标准要求，并保护设备不受腐蚀，需要洗脱 SO_2。因此，在厌氧处理中，最好能防止 H_2S 和其他产生气味物质的生成或逸出。硫酸盐还原菌在将硫酸盐还原为硫化物时，从 CH_4 获得电子，每生成 1g 硫化物会转化 2g BOD_L 或 0.7L CH_4。

因为适宜产甲烷菌生长的 pH 值范围非常窄，一般在 6.5～7.5。所以，厌氧处理中对 pH 值的控制是非常重要的。厌氧反应中产生的有机酸中间物，以及由于产生高浓度二氧化碳而导致的高浓度碳酸盐会使反应器内 pH 值降低。

针对具体应用，工程师需要权衡厌氧处理的各种优缺点。不幸的是，人们对厌氧处理在节约资源、减少能源消耗、低生物固体产量和高负荷率的真正优势常常重视不够。但是近年来，人们对厌氧处理的重视程度越来越高，因为和高耗能的好氧处理相比，厌氧处理产生的可再生能源，可以取代化石燃料。特别是，厌氧处理在高效处理低浓度污水方面的潜力也正持续受到重视。

例 10.2 厌氧处理设计

设计厌氧 CSTR，用于处理 $10^3 \, \text{m}^3/\text{d}$ 含溶解性污染物的工业废水，该废水有机物 BOD_L 中，蛋白质和碳水化合物混合物比例为 50：50，总 BOD_L 为 20 000 mg/L。假设处理温度为 35℃，SF 为 5。

假设以乙酸盐为底物的产甲烷过程为限速步骤；根据表 10.1，$[\theta_x^{\min}]_{\text{lim}} = 4\text{d}$

设计 SRT［式（9.1）］：$\theta_x^d = \text{SF}[\theta_x^{\min}]_{\text{lim}} = 5 \times 4 = 20\text{d}$

反应器液体体积：$V = Q\theta = 10^3 \times 20 = 20\,000 \, \text{m}^3$

出水特性参考表 10.1 中的数值：

蛋白质：

$$S_p^e = K_p \frac{1 + b\theta}{(\gamma \hat{q} - b)\theta - 1} = 10 \times \frac{1 + 0.03 \times 20}{(0.06 \times 8 - 0.03) \times 20 - 1} = 2 \, \text{mg COD/L}$$

$$X_{ap}^e = \frac{\gamma(S^0 - S)[1 + (1 - f_d)b\theta]}{1 + b\theta} = \frac{0.06 \times (10\,000 - 2) \times (1 + 0.2 \times 0.03 \times 20)}{1 + 0.03 \times 20}$$

$$\approx 420 \, \text{mg/L}$$

碳水化合物：

$$S_c^e = 10 \times \frac{1 + 0.03 \times 20}{(0.17 \times 8 - 0.03) \times 20 - 1} \approx 0.6 \, \text{mg COD/L}$$

$$X_{ac}^e = \frac{0.17 \times (10\,000 - 0.6) \times (1 + 0.2 \times 0.03 \times 20)}{1 + 0.03 \times 20} \approx 1190 \, \text{mg/L}$$

总和：

$$X_{at}^e = 420 + 1190 = 1610 \, \text{mg/L}$$

$$\text{BOD}_L^e = 1.42 \times 1610 + (2 + 0.6) \approx 2290 \, \text{mg/L}$$

COD 去除率：

$$E = \frac{S^0 - \text{BOD}_L^e}{S^0} \times 100\% = \frac{20\,000 - 2290}{20\,000} \times 100\% \approx 89\%$$

甲烷产量和能量含量：

$$V_{甲烷} = 0.35 Q(S^0 - S^e) = \frac{0.35 \, \text{m}^3}{\text{kg COD}}\left(\frac{10^3 \, \text{m}^3}{\text{d}}\right)(20 - 2.29)\frac{\text{kg COD}}{\text{m}^3} \approx 6200 \, \text{m}^3/\text{d}$$

$$产能 = \frac{(6200 \, \text{m}^3/\text{d})(35\,800 \, \text{kJ/m}^3)}{10^3 \, \text{m}^3/\text{d}} \approx 222\,000 \, \text{kJ/m}^3 = 222\,000 \, \frac{\text{kJ}}{\text{m}^3}\left(\frac{\text{kW} \cdot \text{h}}{3600 \text{kJ}}\right)$$

$$\approx 62 \, \text{kW} \cdot \text{h/m}^3$$

值得注意的是，大部分出水 COD 是生物量，碳水化合物部分的生物量产量远远高于蛋白质部分。即使生物污泥被带入出水中,处理效率也相当高。但好氧处理的情况并非如此,因为好氧处理中生物污泥的产量要高得多。此外,如果通过沉淀或其他方法去除出水中的生物污泥,那么处理效率将更高,可以接近 100%。

厌氧处理产生的 CH_4,含有很高的能量,这一点十分重要。与好氧处理不同,厌氧处理产生能量而不是消耗能量。对于 BOD_L 约为 300mg/L 的生活污水,如果采用好氧处理需要约 $0.3kW \cdot h/m^3$ 的曝气能量,这一能量随 BOD_L 浓度的增加成比例增加,对于生活污水,可能高达 $20kW \cdot h/m^3$。相较之下,厌氧处理的低污泥产量以及可以产生能量这两点,是具有明显优势的。

10.2　处理低浓度废水

低浓度废水的厌氧处理不是一个新概念。130 多年前建造的第一套生活污水生物处理系统就是厌氧系统(McCarty,1981)。1895 年,第一个广泛使用的厌氧系统是戴维·卡梅伦(David Cameron)在英国埃克塞特发明的化粪池。威廉·O. 特拉维斯(William O. Travis)在 1904 年发明了一个两段系统,在这个系统中悬浮固体会沉降到一个单独的厌氧处理室。1905 年,卡尔·伊姆霍夫(Karl Imhoff)对这一工艺进行了改进,这一改进被称为伊姆霍夫槽(Imhoff tank),在欧洲和美国被广泛用于处理社区污水。1927 年,厌氧处理又经历了一次新的改进:先将生活污水进行沉淀,对获得的污泥进行加热,然后在一个可以严格控制条件的独立反应池中进行厌氧处理。这就是世界各地污水处理厂仍普遍使用的厌氧消化工艺。

目前,通常采用好氧工艺处理经过沉淀的低浓度废水,但由于能源成本高、好氧工艺产生的剩余污泥多,以及好氧处理对反应器的要求较高等原因,使用厌氧工艺来处理低浓度废水受到越来越多的关注。随着人们对生物处理工艺认识的不断提高和新技术的发展,直接使用厌氧技术来处理低浓度废水逐渐成为可能,新技术可以通过弱化厌氧处理的缺点,实现其优势的最大化。

10.2.1　UASB 和 AFMBR

本节将讨论近年来发展起来的几种厌氧处理系统。重点讨论两种工艺,即升流式厌氧污泥床(upflow anaerobic sludge blanket,UASB)反应器和厌氧流化床膜生物反应器(anaerobic fluidized-bed membrane bioreactor,AFMBR),这两种工艺都是可直接用于厌氧处理的生物膜工艺。

UASB 系统是 Gatze Lettinga(Lettinga et al.,1980)在 20 世纪 70 年代末开发的工艺,他发现在悬浮生长的反应器中,可以实现污泥的颗粒化,使污泥具有良好的沉淀性能,而通常这种现象在具有碎石载体的填充床反应器中更容易形成。如图 10.1 所示,UASB 是一个立式反应器,废水通过底部进入,并向上通过自然形成的颗粒污泥层,污泥层中含有通过降解有机物而产甲烷的菌群。从某种意义上说,这个反应器很像流化床反应器(图9.1)。为了防止颗粒污泥流失,反应器的上部有一个特殊的设计,使颗粒污泥留在反应器中,并将产生的含 CH_4 的气体从出水中分离出来,这种设计使得反应器的泥龄(SRT)很长而 HRT 较短,不但可以满足生长缓慢的产甲烷菌的生长,同时也有一定的经济性。UASB 中的升流速度通常保持在 1m/h 以下,以防止微生物随出水流失。Lettinga 等(1983)曾预言,在 7~20℃ 的温度范围内,应用厌氧处理技术有效处理生活污水是可能的。从那时起，UASB 系统及其改进技术已成为工业废水和生活污水处理中应用最广泛的高效厌氧处理技术。

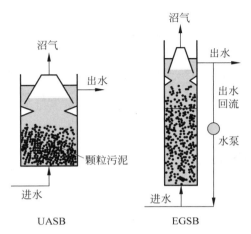

图 10.1　升流式厌氧污泥床（UASB）和膨胀颗粒污泥床（EGSB）反应器示意图

图 10.1 所示的膨胀颗粒污泥床（expanded granular sludge bed，EGSB）反应器（Seghezzoet et al. ,1998），是 UASB 反应器的一个重要改进。EGSB 反应器往往比传统的 UASB 更高、更窄，其出水的一部分再循环进入反应器，提高了上升流速（可高于 4m/h）。更高的上升流速可以使得颗粒污泥床膨胀，消除死区，并使得颗粒和污水之间接触更完全，提高了传质效率。因此，EGSB 反应器的容积负荷和去除效率更高。

在气候温和的地区，如巴西，UASB 工艺及其改进技术广泛应用于生活污水的处理。然而，Lettinga 等（1983）、Eastman 和 Ferguson（1981）认识到进水悬浮有机物的水解速率低，会限制 UASB 工艺的应用。在较低温度下，限制产甲烷速率的通常是水解速率，而不是产甲烷速率。因此，如果厌氧处理系统不能防止剩余悬浮物流失，那么系统的 BOD 和 SS 去除率往往不高。在这种情况下，通常还需要对废水进行进一步处理，以达到标准。表 10.3 对比了巴西一些采用厌氧系统和好氧系统（活性污泥法）处理生活污水的效果（Oliveira 和 Von Sperling，2008）。与好氧处理相比，单独使用 UASB 对 BOD 和 TSS 的去除效率较低。因此，需要进行后处理以达到出水标准，并且，增加后处理工艺后，整体处理效率往往高于单独使用活性污泥处理。已有很多不同的后处理工艺投入使用，适合不同的水质和情况，包括曝气生物滤池、厌氧滤池、滴滤池、气浮单元、兼性塘和熟化塘［这些工艺的具体信息，请参阅第 12 章和第 Bl 章（网络版）］。

表 10.3　巴西的一些好氧、厌氧系统（如 UASB）和厌氧＋后处理系统对生活污水处理效果的比较

系统	水厂数	BOD			TSS		
		进水	出水	去除率	进水	出水	去除率
活性污泥	13	315	35	85	252	57	76
UASB	10	371	98	72	289	85	67
UASB＋后处理	8	362	42	88	334	67	82

资料来源：Oliveira 和 Sperling（2008）。

VSS 水解速度慢导致了应用的局限性。污水中悬浮物的生物水解速率一般遵循一级反应,如式(6.44)所示。可使用式(6.46)估计恒化器出水的挥发性悬浮固体浓度(S_p):

$$S_p = \frac{S_p^0}{1 + k_{hyd}\theta}$$

Eastman 和 Ferguson(1981)计算了 35℃下生活污水中 VSS 的一级厌氧生物水解速率常数,其值为 0.125h^{-1}。使用该速率常数、θ 值为 0.5d 时,进行处理后,40%的挥发性固体会残留,只有 60%会被去除。因此,水力停留时间少于一天的 CSTR 对 VSS 的去除严重不足。

10.2.2 厌氧膜生物反应器

膜生物反应器可以防止悬浮物随出水流失,从而避免处理低浓度污水时,因悬浮物水解速率慢而导致的效果差的问题。好氧膜生物反应器(aerobic membrane bioreactor,MBR)已广泛用于生活污水的处理(详见第 9 章和第 11 章),但相比之下,厌氧膜生物反应器(anaerobic membrane bioreactor,AnMBR)则相对较新(Smith et al.,2012;Stuckey,2012)。大多数针对低浓度污水的 AnMBR 研究都使用了浸没式膜生物反应器,通过曝气减少膜污染,但是能源成本很高,和好氧处理所需的能源成本相近(Martin et al.,2011)。最近研发了一种浸没式膜——流化床反应器,反应器中的液体快速上升使得生物膜载体处于流化状态,可以摩擦膜表面,减少膜污染(Kim et al.,2011)。该系统被称为厌氧流化床膜生物反应器(AFMBR)。生物膜载体一般为颗粒活性炭,其流化能耗相对较低。

Shin 等开展了 AFMBR 系统的中试研究,评价了系统处理经过初沉池沉淀和格栅的生活污水的性能(Shin et al.,2014)。在该试验中,AFMBR 被用于进一步处理厌氧流化床生物反应器(AFBR)的出水,整个系统被称为分级厌氧流化床膜生物反应器(staged anaerobic fluidized-bed membrane bioreactor,SAF-MBR)。图 10.2 是该系统的示意图。表 10.4 总结了系统的运行条件。系统在运行了 273d 并充分适应环境后,又持续稳定运行了 240d,始于第一年的春季,到第二年的冬季结束,期间污水温度在 8~30℃之间变化,研究重点检测与分析了这一稳定运行阶段中系统的性能,结果如表 10.5 所示。可以看出,出水的总

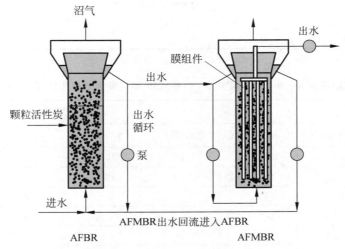

图 10.2 分级厌氧流化床膜生物反应器(SAF-MBR)示意图

BOD$_5$ 平均值为 6mg/L,总 COD 为 18mg/L,说明即使在一年中最冷的时期,系统仍保持着良好的处理能力。图 10.3 是出水浓度随温度的变化情况,系统 HRT 小于 7h,包括温度最低时期的数据,出水 BOD 的平均值也低于 10mg/L。在整个 500d 的系统运行期间内,不需要对膜进行化学清洗。

根据表 10.5 中的数据,在 HRT 为 2h 的情况下,第一个流化床反应器中的 VSS 平均降解率仅为 13%。该值略低于 20%,这是依据 Eastman 和 Ferguson(1981)建议的反应速率常数 0.125h^{-1} 所计算出的结果。但是,他们的计算是在 35℃ 的情况下,而 SAF-MBR 的平均温度低得多,为 19℃,温度的波动范围为 9~31℃。而 VSS 降解率相应的变化范围很大,每升高 10℃,VSS 水解速率大约增加一倍,从 10℃ 时的 0.04h^{-1} 到 20℃ 时的 0.08h^{-1},再到 30℃ 时的 0.16h^{-1}。虽然 AFBR 中 VSS 的降解率较低,但剩余的 VSS 被 AFMBR 中的膜截留,并停留 36d,即使在 9~11℃ 的低温水解率下,这一时间也足以使 VSS 的可降解部分的去除率达到 97%。这说明膜的截留作用对于提高 VSS 和 COD 去除率十分重要。除了在中试 AnMBR 中获得较高的 BOD 和 COD 去除率外,SAF-MBR 系统基本上可以实现能量自给自足,与好氧处理相比,其产生的生物固体量也较少。这些优点表明,厌氧处理不仅适用于目前已经普遍应用的高浓度工业有机废水处理,而且在低浓度有机废水如生活污水处理中也有广阔的应用前景,适用的污水温度至少可以低至 10℃。

表 10.4　SAF-MBR 系统处理生活污水后 240d 稳态运行时的特性

特　征	AFBR	AFMBR
HRT/h	2	2.5~4.5
上升流速/(m/h)	27	75
膜		PVDF 中空纤维
孔径/μm		0.03
表面积/(m^2/m^3)		51
载体	GAC	GAC
尺寸/mm	0.8~1.0	0.8~1.0
填充比/%	25	50
体积膨胀率/%	40	100

资料来源：Shin et al. (2014)。

表 10.5　废水温度在 8~30℃ 之间变化时,SAF-MBR 中试装置处理生活污水 240d 的平均性能

项目	AFBR			AFMBR		整体
	进水/(mg/L)	出水/(mg/L)	去除率/%	出水/(mg/L)	去除率/%	去除率/%
TCOD	243±73	176±38	28	19±8	89	92
SCOD	126±29	89±25	29	18±8	80	86
TBOD$_5$	134±43	83±26	38	6±4	93	96
SBOD$_5$	66±24	47±15	29	5±3	89	92
TSS	69±16	63±14	9	0.6±0.5	99	99
VSS	61±13	53±11	13	0.6±0.5	99	99

资料来源：Shin et al. (2014)。

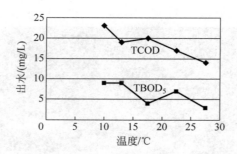

图 10.3　温度(℃)对 SAF-MBR 系统处理生活污水的出水总 BOD$_5$ 和 COD 的影响。

(资料来源：Shin et al.，2014)

10.3　反应器类型

可以用于城市污水和工业废水或污泥的厌氧处理的反应器类型很多。一般而言，COD 大于 10 000mg/L 的高浓度污水通常采用 CSTR 进行处理，包括一级和二级处理过程中产生的污泥或生物固体。使用 CSTR 是因为容积负荷率[g COD/(m^3 · d)]往往是运行的限制因素。然而，要处理 COD 浓度低的污水，则需要可以保持长 SRT 但较短 HRT 的反应器，以缩小反应器体积。图 10.4 和图 10.5 是一些实际工程中应用的厌氧处理系统的照片，包括通常用于城市污泥处理的 CSTR[图 10.4(a)和(b)]，以及多种可以维持长 SRT 短 HRT 的改良反应器。图 10.4(c)是一种设有沉淀池及污泥回流的反应器，图 10.5 中的反应器基本上是生物膜反应器，其中包括流化床反应器[图 10.5(a)]、填充床反应器[图 10.5(b)]和其他两种反应器，它们的区别在于厌氧颗粒物的沉降特性。图 10.5(c)中的反应器是运行良好的早期厌氧颗粒床反应器(Clarigester)。它的顶部有一个沉淀池，但混合液进入沉淀池的开口很小，流速很高，厌氧颗粒可以顺利进入沉淀池，但无法很好地沉淀，返回消化池。这种反应器在一些条件下可以工作得很好，但是之后研发的 UASB[图 10.5(d)]，在设计上有了很大的改进，如第 10.2.1 节所述。

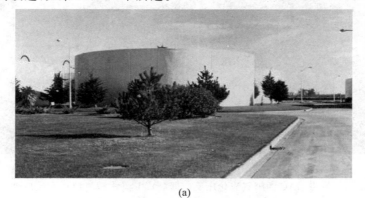

(a)

图 10.4　处理城市污水污泥(a)和牛粪(b)的厌氧 CSTR。(c)是一个设有生物固体沉淀池与回流的 CSTR，用于处理糖业废水

(b)

(c)

图 10.4(续)

(a)   (b)

图 10.5　使用 GAC 的厌氧流化床反应器(a)、下流式塑料填料床反应器(b)、
　　　　　早期厌氧颗粒床反应器(c)和 UASB 反应器(d)

(c)　　　　　　　　(d)

图 10.5(续)

折流式反应器是一种广泛使用的改良式 UASB,如图 10.6 所示。它是一系列相连的反应器,污水在反应器中交替向上和向下流动。每次污水向上流动时,都会经过一个与 UASB 类似的污泥床室。当污水离开顶部的每个污泥床室时,被挡板引导到下一个污泥床室的底部。可以增加一条回流线,将生物固体从最后一个反应室回流到第一个反应室。反应器中,污泥可以从一个反应室移动到下一个反应室,而不用排出。因此,折流式反应器的一个优势在于,可以克服 UASB 系统中生物固体的流失。目前它在发展中国家得到了广泛应用,主要是作为小型的改良化粪池。

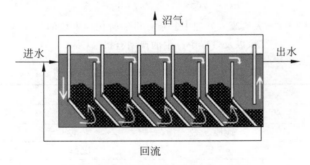

图 10.6　厌氧折流式反应器示意图

10.4　过程微生物学和化学

厌氧处理的化学和生物学过程比好氧处理要复杂得多。厌氧系统的设计者和管理者都应当对其有充分的理解,才能成功运行厌氧系统。本章讨论厌氧处理微生物学和化学的基础知识。更全面的内容可参考其他文献(McCarty,1964a、1964b、1964c、1964d;Parkin and Owen,1986;Speece,1996)。第 4 章在讨论微生物生态学时,也涵盖了厌氧系统的微生物学。

10.4.1 过程微生物学

复杂有机物质转化为甲烷的全部过程都有微生物群体参与,这一过程从细菌将复杂有机物(如碳水化合物、蛋白质、脂肪)水解成简单糖类、氨基酸和脂肪酸开始。接着发酵菌利用简单糖类和酸作为能量生长,并产生有机酸和氢气(H_2),这些是主要的中间产物。部分有机酸又进一步被其他发酵菌利用,产生氢气和乙酸。氢气和乙酸是产甲烷古菌的主要生长基质,产物是甲烷。它们一些可以将 H_2 作为电子供体,CO_2 作为电子受体产生甲烷。另一些可以分解乙酸,形成的甲基进一步转化为 CH_4,羧基转化为 CO_2。这一过程在自然界中广泛存在,在这一过程中,来源于两个不同生物界的原核微生物——细菌和古细菌——之间的相互作用是非常复杂且紧密的。

热力学限制和反应动力学是影响参与甲烷发酵的混合微生物群落生长和效率的关键因素。要理解这一过程不同层面的复杂性,就必须充分理解其热力学和动力学原理。从系统运行的角度看,复杂的厌氧过程可以简化为一些易于理解的步骤。例如,厌氧过程可被分为两个基本步骤,如图 10.7 所示:①将复杂有机物水解发酵为简单有机酸和氢气;②有机酸和氢气转化为甲烷。

参与第一步反应的微生物生长相对较快,因为发酵反应比产甲烷反应产生的能量多。产甲烷菌生长速度较慢,是整个过程的限速步骤。不过,对于某些特殊的有机物,比如木质纤维素,例如草、农作物秸秆或新闻纸等,它们的水解速度可能非常慢,为限速步骤。

图 10.7 厌氧废水处理中复杂有机物转化为甲烷的简化两步图,以及过程中产生的典型有机酸(表 10.6)

表 10.6 厌氧处理中出现的典型有机酸

挥发性酸			
主要		次要	
酸	碳原子数	酸	碳原子数
甲酸	1	戊酸	5
乙酸	2	异戊酸	5
丙酸	3	己酸	6
正丁酸	4	庚酸	7
异丁酸	4	辛酸	8
非挥发性酸			
酸	碳原子数	酸	碳原子数
乳酸	3	十六酸	16
丙酮酸	3	油酸	18
丁二酸	4	硬脂酸	18

成功启动和运行厌氧系统,需要保持参与第一阶段水解的微生物和参与第二阶段反应的发酵微生物之间的适当平衡。实现这一平衡,应在反应器启动时,接种适当的污泥,并控制好有机酸产物和 pH,使微生物种群逐步适应。理想情况下,厌氧反应器的接种污泥应取

自运行良好的厌氧处理系统,菌群均衡而且活性高。因为参与第二阶段反应的乙酸型产甲烷菌的倍增时间很长(35℃下为4d)。如果接种物只含少量产甲烷菌,需要的启动时间会很长。例如,要确保厌氧系统正常运行,每毫升反应器体积应含有$10^8 \sim 10^9$个乙酸型产甲烷菌。如果接种污泥只含10^3数量级的乙酸型产甲烷菌,那它们需要通过20次倍增,增加10^6倍,在35℃下约需80d。如果温度比较低,倍增时间还会增加,每降低10℃,倍增时间增加2倍,因此,需要更长的启动时间。

反应器启动时的负荷不能太大,以避免生长速率较快的发酵菌产生的有机酸过多,超过反应器的缓冲能力。如果发酵反应进行得过快,反应器内部的pH下降过多,产甲烷菌群会被抑制或淘汰。启动的关键步骤是:①在经济可行的条件下,接种尽可能多的高活性厌氧污泥;②加入接种污泥和水;③调整到适宜的温度;④投加化学缓冲剂,例如碳酸氢钠,防止反应器内pH降低;⑤投加少量有机物,使通过发酵产生的有机酸不超过$2000 \sim 4000 mg/L$,同时保证pH值在$6.8 \sim 7.6$。这些有机酸是产甲烷菌群生长的食物。反应需要的充足的倍增时间,可以通过有机酸浓度的显著降低来确定。之后,可以开始投加待处理废弃物,投加量从少到多逐步增加,直到步骤①和步骤②之间达到平衡。在这样的平衡系统中,有机酸浓度随系统负荷变化,一般不超过$100 \sim 200 mg/L$。

每天都应测定反应器中的有机酸浓度和pH,以确保厌氧系统的运行保持平衡。如果发现有机酸浓度突然升高,则说明生物反应受到抑制或系统有机负荷过高。如果反应器内缓冲能力受到限制,必须迅速投加碱(通常为碳酸氢盐)以防止pH降低,否则会导致关键产甲烷菌群的消失。因此,监测系统中的有机酸浓度以及缓冲能力是控制厌氧系统的第一道防线,保证产酸菌和产甲烷菌达到并保持适当的平衡。

有机酸浓度是厌氧系统的一个关键性能参数。厌氧系统中可能产生的有机酸种类有很多,那么日常分析应选择哪些酸?又如何实现呢?主要有机酸为一系列短链脂肪酸,从每摩尔只有1个碳原子的甲酸到每摩尔8个碳原子的辛酸,不同之处在于碳链长度。这些酸被称为挥发性脂肪酸(volatile fatty acids,VFAs),因为在非离子状态下它们可从沸水中挥发,这里的"挥发"与"挥发性有机化合物"(volatile organic compounds,VOCs)中的"挥发"含义不同,后者指的是用简单的空气吹脱就可以很容易从水中去除的有机化合物。短链脂肪酸不能通过空气吹脱的方法从水中去除。此处,挥发性的含义也不同于挥发性悬浮固体(VSS)中的含义,其中挥发性有机固体是指在燃烧时生成CO_2的那部分有机固体。

当厌氧系统处于启动阶段或出现很高的有机物负荷时,反应器中会积累高浓度挥发酸中间产物,主要为醋酸、丙酸、异丁酸等。废水中有机物降解也会产生一些非挥发性有机酸中间产物,如乳酸、丙酮酸、丁二酸。但是它们的浓度一般比挥发酸低得多,控制的必要性不大。挥发酸处于离子态或非离子态时都是可溶的,并以溶解态存在。在通常的pH下它们主要以离子态存在(或去质子态)。35℃时,典型的酸度常数的负对数,或称pK_a(在该pH下,酸50%为离子态,50%为游离态),甲酸为3.8,乙酸和n-丁酸为4.8,丙酸为4.9。

挥发酸的日常测定方式对厌氧系统的操作和控制具有重要意义。分析挥发酸的方法很多,有的需要昂贵的仪器,例如气相色谱仪和高压液相色谱仪,也有相对廉价的湿化学方法,例如蒸馏法、柱层析法、酸碱滴定法。仪器可以快速测定多种共存的有机酸,可以用于帮助及时确定反应器产生问题的原因。化学方法一般只能确定总有机酸和总挥发酸浓度的量,但对于控制日常运行已经足够了。

10.4.2 过程化学

除了过程微生物学,我们还需要理解厌氧处理的过程化学。下面论述的重点包括反应化学计量学、pH和碱度要求、营养物质及抑制性物质对厌氧过程的影响。

化学计量学

厌氧过程的微生物学相当复杂,有机成分通常经过多个中间步骤才能变成最终产物——甲烷。微生物保持着每一个步骤中碳、氮、氢、氧和其他元素的物料平衡。最重要的是电子平衡,绝大多数参加厌氧过程的有机物中的电子当量或BOD_L,最后都转移到气态物质CH_4中。因此,BOD_L的去除或稳定化,完全依赖于甲烷的形成。

尽管有些中间产物经过处理后仍然存在于出水中,但绝大多数有机物被微生物降解转化为终端产物,主要包括二氧化碳、甲烷、水和生物体。被降解的有机物中含有的其他元素,例如氮和硫,被转化为无机物,主要是氨氮和硫酸盐。在此基础上,有机废物甲烷化处理的最终产物,可用第5章给出的写化学计量学方程的步骤来确定。例如,有机物(以及电子供体或BOD_L)的经验分子式为$C_nH_aO_bN_c$。其占f_s比例的当量电子被合成为生物体,而氨氮则是细胞中氮的来源。

当H_2氧化产生的CH_4时,CO_2是真正的电子受体,写方程时应选择CO_2作为电子受体。然而,如何分析从乙酸转化而来的甲烷呢? 在写化学计量方程时,可以假设CO_2也是电子受体,虽然事实上CO_2并不是乙酸营养型产甲烷菌的真正电子受体,但实际的反应路径对物料平衡而言并不重要。可以用已知的乙酸盐转化为甲烷的方程式表示:

$$CH_3 : COO^- + H_2O \longrightarrow CH_4 + HCO_3^- \tag{10.1}$$

竖着的两个点(:)表明的是发生分子断裂的位置,CH_3进而转化为CH_4。我们可以不知道这个发酵途径的细节,而是假设乙酸盐是一个电子供体,二氧化碳是电子受体,那么写成半反应形式,我们可以得到:

$$R_d : \quad \frac{1}{8}CH_3COO^- + \frac{3}{8}H_2O \longrightarrow \frac{1}{8}CO_2 + \frac{1}{8}HCO_3^- + H^+ + e^- \tag{10.2}$$

$$R_a : \quad \frac{1}{8}CO_2 + H^+ + e^- \longrightarrow \frac{1}{8}CH_4 + \frac{1}{4}H_2O \tag{10.3}$$

$$R : \quad \frac{1}{8}CH_3COO^- + \frac{1}{8}H_2O \longrightarrow \frac{1}{8}CH_4 + \frac{1}{8}HCO_3^- \tag{10.4}$$

很显然式(10.4)与1/8的式(10.1)等价,因此,假设CO_2是电子受体,对总反应式没有什么影响。

同样假设CO_2为电子受体,并使用第5章提出的原则,来书写总平衡化学计量式,我们得到下面的有机废物反应方程式:

$$C_nH_aO_bN_c + \left(2n + c - b - \frac{9df_s}{20} - \frac{df_e}{4}\right)H_2O \longrightarrow$$

$$\frac{df_e}{8}CH_4 + \left(n - c - \frac{df_s}{5} - \frac{df_e}{8}\right)CO_2 + \frac{df_s}{20}C_5H_7O_2N +$$

$$\left(c - \frac{df_s}{20}\right)NH_4^+ + \left(c - \frac{df_s}{20}\right)HCO_3^- \tag{10.5}$$

其中,$d = 4n + a - 2b - 3c$

f_s 值代表转化为细胞的有机废物的比例,而 f_e 代表转化为能量的有机废物的比例,因此 $f_s + f_e = 1$(见第 5 章)。f_s 值取决于细胞的产能与合成反应的热力学,以及衰减速率 (b)和 θ_x。对稳定状态操作的反应器而言,f_s 可根据式(6.37)来估算:

$$f_s = f_s^0 \left[\frac{1 + (1 - f_d)b\theta_x}{1 + b\theta_x} \right]$$

表 10.1 总结了常见的有机物转化为甲烷时典型的 f_s^0 和 b 值,包括将产甲烷菌和所有其他将有机物转化为乙酸盐和 H_2 的细菌的 f_s^0 值。当需要估计混合废物的 f_s^0 值时,可从表中查得各物质的参数值,再根据不同电子供体的相对当量电子(COD 或者 BOD_L),求出其加权平均值。

例 10.3 葡萄糖发酵为甲烷的化学计量方程

一食品加工废水含 1.0mol/L 葡萄糖。为了用厌氧工艺处理该废水,估算 CH_4 产量、生成的微生物量,以及每处理 $1m^3$ 废水时,满足细胞生长所需氨氮的浓度。假设 f_s 为 0.20,葡萄糖被百分之百利用。

葡萄糖分子式为 $C_6H_{12}O_6$。对式(10.5),$n = 6, a = 12, b = 4$,于是可得:

$$C_6H_{12}O_6 + 0.24NH_4^+ + 0.24HCO_3^- \Longrightarrow 2.4CH_4 + 2.64CO_2 + 0.24C_5H_7O_2N + 0.96H_2O$$

每处理 1L 废水,会产生 2.4mol CH_4、2.64mol CO_2。微生物细胞产量为 0.24 倍的经验相对分子质量(113),即 27.2g;需氮量为 0.24mol,根据 N 的相对原子质量 14,则需氮量为 3.36g/L。因此,每处理 $1m^3$ 污水,会产生 2.4kmol CH_4 和 27.2kg 细胞。其中需要含 3.36kg NH_4^+ 来满足细胞生长。

例 10.4 产甲烷菌利用有机混合物的化学计量学

某工业废水流量为 $100m^3/d$,COD = 5000mg/L。其 COD 包括 50% 的脂肪酸和 50% 的蛋白质。厌氧处理该废水,$\theta_x = 20d$,温度 35℃。假设废水中 80% 的 COD 被转化为最终产物。常用的蛋白质经验分子式为 $C_{16}H_{24}O_5N_4$,脂肪酸为 $C_{16}H_{32}O_2$。计算 CH_4 产量,以 m^3/d 计。计算细胞产量,以 kg/d 计。计算产气中 CO_2 和 CH_4 产量的相对百分比。估计生化反应中产生的碳酸盐碱度。

首先,需要确定如何进行有机混合物的计算。可以先分别计算脂肪酸和蛋白质成分,然后将计算结果相加。或采用一个可以代表废水中不同组分有机物的经验分子式。第二种方法比较简单,本例使用第二种方法。因为废水中含 50% 脂肪酸和 50% 蛋白质(以 COD 或电子当量计),首先建立电子供体的方程。从表 5.4 中的普适方程 O-19,我们可以得到:

脂肪酸:

$$\frac{4}{23}CO_2 + H^+ + e^- \Longrightarrow \frac{1}{92}C_{16}H_{32}O_2 + \frac{15}{46}H_2O$$

蛋白质:

$$\frac{2}{11}CO_2 + \frac{2}{33}NH_4^+ + \frac{2}{33}HCO_3^- + H^+ + e^- \Longrightarrow \frac{1}{66}C_{16}H_{24}O_5N_4 + \frac{31}{66}H_2O$$

从该式可以看出,可以将两个方程各乘以 50%,然后加起来,就是电子供体半反应:

$$0.1779CO_2 + 0.0303NH_4^+ + 0.0303HCO_3^- + H^+ + e^- \Longrightarrow$$
$$0.013C_{16}H_{27.3}O_{3.75}N_{2.33} + 0.398H_2O$$

对有机物而言,系数 0.013 来自 $(1/66+1/92)/2$。CO_2 的系数 0.1779 来自 $(4/23+2/11)/2$。因为表 10.2 中的 f_s^0 值是以当量电子为基础计算的,我们可以各取脂肪酸和蛋白质该值的 50%,然后将结果相加,得到总的 $f_s^0=0.07$。b 值对两者是一样的,为 $0.05d^{-1}$。所以,

$$f_s=0.07\times\frac{1+0.2\times0.05\times20}{1+0.05\times20}\approx0.042$$

$$f_e=1-0.042=0.958$$

将这些结果代入式(10.5)能得到总反应式:

$$C_{16}H_{27.3}O_{3.75}N_{2.33}+10.73H_2O ===$$

$$9.20CH_4+3.83CO_2+0.161C_5H_7O_2N+2.17NH_4^++2.17HCO_3^-$$

根据上面的电子供体半反应式,0.013mol 基质等于一个电子当量的基质。因为无论何种有机供体,其一个电子当量都相当于 8g COD,1mol 基质等于 8/0.013 或者 615g COD/mol。现在我们可以求解本题了。

COD 去除率 $=(S^0-S)Q$

$$=(5000-0.2\times5000)(mg/L)\cdot(100m^3/d)\cdot(10^3L/m^3)\cdot(g/10^3mg)$$

$$=4\times10^5g/d$$

35℃ 时 1mol CH_4 体积为

$$\frac{22.4L}{mol}\cdot\frac{273+35}{273}\approx25.3L$$

CH_4 产量 $=25.3L/moL\cdot9.20mol/mol\cdot\left(\frac{4\times10^5g\ COD/d}{615g\ COD/mol}\right)\cdot m^3/10^3L\approx151m^3/d$

细胞的摩尔质量为 113g/mol,所以:

细胞产量 $=\frac{0.161mol}{mol}\cdot\frac{113g}{mol}\cdot\frac{4\times10^5g\ COD/d}{615g\ COD/mol}\cdot\frac{kg}{10^3g}\approx11.8kg/d$

因为反应产生的气体基本上都是 CO_2 和 CH_4,两者加起来应该是 100%。而且,气体体积与其物质的量成正比;因此,

$$CH_4=9.20\times100\%/(9.20+3.83)\approx71\%$$

$$CO_2=1-71\%=29\%$$

我们根据化学计量学方程确定产生的碱度,每消耗 1mol 基质,产生 2.17mol HCO_3^-。一般,碱度用 $CaCO_3$ 表示,其对应质量为 50g。因此,

碱度(以碳酸钙计)

$$=0.8\times5g\ COD/L\cdot(2.17mol\ HCO_3^-/mol)\cdot(mol/615g\ COD)\cdot$$

$$50\ 000mg\ alk/mol\ HCO_3^-$$

$$\approx706mg/L(以碳酸钙计)$$

至此所有问题都有了答案,但是我们可进一步思考:假设原废水里不含碱度,即污水中唯一可用于缓冲的碱度来自于生物反应,如果不外加碱度,pH 值将会如何变化? 我们可以在下面的讨论中,找到这个简单问题的答案。

pH 和碱度要求

厌氧处理所要求的 pH 值在 $6.6\sim7.6$,超出这个范围对该反应是非常有害的,尤其是

对产甲烷过程。一般而言,问题的关键在于如何将 pH 值保持在 6.6 以上,因为在启动、超负荷或其他非稳态条件下产生的中间产物——有机酸,都会导致 pH 急剧下降和产甲烷过程的停止。系统重新启动会非常缓慢,要以周或月计,因此必须避免低 pH 值。管理厌氧处理系统的人,应当非常熟悉影响 pH 的多种因素之间的关系。

厌氧处理中控制 pH 的主要化学物质是与碳酸体系相关的,反应如下:

$$CO_{2(aq)} \Longrightarrow CO_{2(g)} \tag{10.6}$$

$$CO_{2(aq)} + H_2O \Longrightarrow H_2CO_3 \tag{10.7}$$

$$H_2CO_3 \Longrightarrow H^+ + HCO_3^- \tag{10.8}$$

$$HCO_3^- \Longrightarrow H^+ + CO_3^{2-} \tag{10.9}$$

$$H_2O \Longrightarrow H^+ + OH^- \tag{10.10}$$

各物质之间的平衡关系由下式描述:

$$\frac{CO_{2(g)}}{H_2CO_3^*} = K_H = 31.6 \frac{atm}{M}$$

其中,

$$H_2CO_3^* \Longrightarrow CO_{2(aq)} + H_2O \tag{10.11}$$

$$\frac{[H^+][HCO_3^-]}{[H_2CO_3^*]} = K_{a,1} = 4.3 \times 10^{-7} \tag{10.12}$$

$$\frac{[H^+][CO_3^{2-}]}{[HCO_3^-]} = K_{a,2} = 4.7 \times 10^{-11} \tag{10.13}$$

$$[H^+][OH^-] = K_w = 10^{-14} \tag{10.14}$$

在厌氧系统正常的 pH 下,碳酸根 CO_3^{2-} 并不重要,可不必考虑式(10.9)和式(10.13)。

碱度的定义是中和酸度的能力。当缓冲体系主要由碳酸系统构成时(多数厌氧处理过程都是这样),可根据质子条件定量计算碱度(Sawyer et al.,2003):

$$[H^+] + [碱度] \Longrightarrow [HCO_3^-] + 2[CO_3^{2-}] + [OH^-] \tag{10.15}$$

其中所有物质的单位都是 mol/L。在通常的 pH 和厌氧处理条件下,$[H^+]$、$[CO_3^{2-}]$ 和 $[OH^-]$ 的浓度与 $[HCO_3^-]$ 相比很低。而且,碱度可以用传统的 mg $CaCO_3$/L 来表示。考虑这两点,式(10.15)可以近似为

$$\frac{重碳酸盐碱度}{50\,000} = [HCO_3^-] \tag{10.16}$$

式(10.16)说明厌氧过程中的总碱度与重碳酸盐浓度或重碳酸盐碱度等价。

对式(10.12)两边各取对数,并根据 $pH = -\log[H^+]$,$pK_{a,1} = -\log K_{a,1}$,可得到:

$$pH = pK_{a,1} + \log \frac{[HCO_3^-]}{[H_2CO_3^*]} \tag{10.17}$$

最后将式(10.11)和式(10.16)代入式(10.17),可得

$$pH = pK_{a,1} + \log \frac{\dfrac{重碳酸盐碱度}{50\,000}}{CO_{2(g)}/K_H} \tag{10.18}$$

式(10.18)表明,假设 CO_2 在反应器内的气体部分和液体部分之间存在平衡,那么 pH 由反应器中液体的重碳酸盐碱度和气体部分的二氧化碳浓度所决定。在厌氧系统中一般会

达到 CO_2 平衡。常用的$[CO_{2(g)}]$单位为大气压，是将 CO_2 在气态成分中的比例分数乘以用 atm 表示的总压强得到的。例如，如果一个大气压下的消化气中有 30% 的 CO_2，那么 $[CO_{2(g)}]=0.30atm$。

图 10.8 是根据式(10.18)绘出的 25℃ 条件下，pH 值与 $CaCO_3$ 的关系图。显然，一个大气压条件下，处理高浓度有机废水时，气体中 CO_2 一般会占 25%～35%，要想使 pH 值在 6.6 以上，需要的重碳酸盐碱度为 500～1000mg/L(以 $CaCO_3$ 计)。但是，厌氧处理生活污水时，气态 CO_2 的含量要低得多，一般为 5%～10%，因此所需的重碳酸盐碱度仅为 50～150mg/L。在这种情况下，即使原水碱度很低，通常也不需要外加更多的碱度。

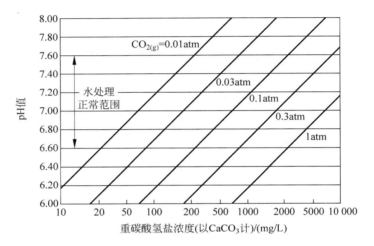

图 10.8 厌氧处理中重碳酸盐碱度、气相CO_2 分压与反应器 pH 值之间的关系

例 10.5 计算 pH 值

计算例 10.4 中厌氧处理系统的 pH 值。温度为 35℃，CO_2 分压按 29% 计算，即相对于海平面的分压为 0.29atm；已知碱度为 706mg/L。使用式(10.18)：

$$pH = -\log(5 \times 10^{-7}) + \log \frac{706/50\,000}{0.29/38} = 6.6$$

该 pH 值差不多是适合厌氧处理的 pH 值下限。706mg/L 的碱度来源于有机物中氨氮的释放。如果在废水中有碱度，会有助于碱度的提高。也可以外加碱度，以补充废水中和反应中的碱度需求。

例 10.3 的总化学计量方程表明碳酸盐碱度物质的量和 NH_4^+ 物质的量相等。这一关系表明有机氮释放形成的 NH_3(碱)，可以从水中获得一个质子，向水中释放 OH^-(碱或碱度)：$H_2O+NH_3 \Longrightarrow NH_4^+ + OH^-$。有机物生物降解时释放的氨是水中碱度的主要来源。

有机物的生物降解也会降低碱度，不利于厌氧处理过程。复杂有机物分子发酵为有机酸会破坏碱度，因为酸中和了碱。下式说明了有机酸(写成 HA)的产生是如何破坏重碳酸盐碱度的。

$$HA + HCO_3^{2-} \Longrightarrow H_2CO_3^* + A^- \tag{10.19}$$

强酸(如 HCl)也会降低重碳酸盐浓度和碱度。然而，弱酸，比如挥发性脂肪酸，虽然会破坏重碳酸盐,但对总碱度影响不大。这是因为挥发酸作为弱酸($pK_a > 2$),其中性形态(如乙酸盐)在标准酸滴定中是碱,滴定终点约为 pH=4.3。因此,挥发酸浓度的增加不足以导致总碱度的明显下降。总碱度对挥发酸浓度增加不敏感是非常危险的,因而,总碱度也不应作为判断一个厌氧系统缓冲状态的唯一指标。从式(10.18)可以看出,重碳酸盐碱度是正确的指标。

在弱酸和碳酸盐共存的情形下,式(10.15)需作如下拓展:

$$[H^+] + [碱度] = [A^-] + [HCO_3^-] + 2[CO_3^{2-}] + [OH^-] \tag{10.20}$$

式中,$[A^-]$表示存在的弱酸盐浓度总和(除了重碳酸盐和碳酸盐)。因此,当挥发性脂肪酸浓度增加,$[A^-]$仅仅置换了一部分的$[HCO_3^-]$,但是总碱度未受影响。重碳酸盐碱度(包括部分 CO_2 分压)是将 pH 值控制在正常厌氧处理范围的因素。

非常重要的是,当不存在 VFAs 时,如式(10.16),总碱度是$[HCO_3^-]$浓度的一个很好的指标;当存在 VFAs 时,根据式(10.19)和式(10.20),重碳酸盐碱度成比例下降。如果挥发性脂肪酸浓度已知,那么就可以通过适当调整所测得的总碱度浓度来确定新的$[HCO_3^-]$,从而确定在式(10.18)中使用的重碳酸盐碱度。例 10.6 给出了如何进行这种调整。

例 10.6 计算 VFAs 对 pH 值的影响

某厌氧处理系统运行温度为 35℃,海拔高度为 0,气态成分中 25％是 CO_2,挥发酸浓度很低,总碱度以 $CaCO_3$ 计为 2800mg/L。因为反应器负荷过高,挥发酸浓度很快升到了 2500mg/L(以乙酸计,其摩尔质量 60g/mol),估算在挥发酸浓度上升前后的 pH 值。假设 CO_2 百分比不变。

碱度(重碳酸盐)与总碱度一开始是相等的,为 2800mg/L。挥发酸浓度上升后,碱度(重碳酸盐)等于相同的总碱度减去挥发酸呈现的碱度:

碱度(重碳酸盐)=2800mg/L - 2500mg/L × 50/60 = 717mg/L(以碳酸钙计)

式中,50 为 $CaCO_3$ 的相对分子质量,60 为乙酸的相对分子质量。两者的相对分子质量之比(50/60)将 2500g HAc/L 转化为 2083mg $CaCO_3$/L。换句话说,2800mg/L 的总碱度中的 2083mg/L 为乙酸盐,只有 717mg/L 为重碳酸盐。(注意第二种情况下如果滴定到 pH=4.3 时,标准总碱度会略微下降;这是因为挥发酸的 pK_a 值比碳酸的 $pK_{a,1}$ 值要低(Sawyer, 2003))。

根据式(13.18)计算 pH 值:

$$初始 pH 值 = 6.3 + \log\frac{2800/50\,000}{0.25/38} \approx 7.2$$

$$最终 pH 值 = 6.3 + \log\frac{717/50\,000}{0.25/38} \approx 6.6$$

可以看到 VFAs 的累积,造成了 pH 值的显著下降,而且,剩余的 717mg/L 重碳酸盐碱度是极低的。此时即使挥发性脂肪酸浓度少量增加,也会对系统运行产生灾难性影响。作为一个附加的问题,我们已经假设这里的二氧化碳浓度在挥发酸累积时保持不变,但是根据式(10.19),重碳酸盐分解产生碳酸,碳酸又会释放出二氧化碳。这样气体部分 CO_2 分压的增加,会进一步降低 pH 值。例如,挥发性脂肪酸浓度 2500mg HAc/L,分压为 0.43atm 的 CO_2 会将 pH 值降至 6.4。

当废水中不含碱性物质,或为了防止非稳态条件下的 pH 值显著下降,常会向水中投加碱度以提供充分的缓冲能力。通常使用的是石灰[$Ca(OH)_2$]、碳酸氢钠($NaHCO_3$)、苏打粉(Na_2CO_3)、氢氧化钠($NaOH$)、氨(NH_3)、碳酸氢铵(NH_4HCO_3)。一般,石灰、氢氧化钠和氨较为便宜,使用的也较多。但是每种物质都有其自身的问题,使用之前需要仔细研究。

石灰是最便宜的化学品,但是使用起来必须特别小心,因为在反应器内会产生 $CaCO_{3(s)}$,反应式如下:

外加 $Ca(OH)_2$ 和气相的 CO_2,形成 Ca^{2+} 和 HCO_3^-:

$$Ca(OH)_2 + CO_2 \Longrightarrow Ca^{2+} + 2HCO_3^- \tag{10.21}$$

碳酸氢盐形成碳酸盐:

$$2HCO_3^- \Longrightarrow 2H^+ + 2CO_3^{2-} \tag{10.22}$$

生成碳酸钙沉淀:

$$Ca^{2+} + CO_3^{2-} \Longrightarrow CaCO_{3(c)}$$
$$[Ca^{2+}][CO_3^{2-}] = K_{sp} = 2.9 \times 10^{-9}(35℃) \tag{10.23}$$

式(10.21)是我们需要的反应,即重碳酸盐碱度的形成。然而,这个反应在应用中也有一些问题。第一个问题,反应中有部分二氧化碳的消耗。其潜在的危险是,当石灰石直接加入消化罐时,二氧化碳平衡被打破,消化罐内的二氧化碳会离开气相进入液体。这样气体的总压强就降低了,会产生负压。负压问题可以通过一些方法解决,例如加水、使用浮动顶盖减少气体体积,或让消化产生的气体从贮藏罐回流到消化罐。如果不采取措施,那么消化罐就可能崩溃,这种情况在工程中并不罕见。

第二个问题是反应产生了 $CaCO_{3(s)}$。添加 $Ca(OH)_2$ 导致 pH 上升,H^+ 浓度降低,根据式(10.21),重碳酸盐浓度上升,碳酸盐浓度也上升。由式(10.21)及式(10.22)可见,投加石灰石导致 Ca^{2+} 和 CO_3^{2-} 浓度的上升。当浓度上升到足够大时,根据式(10.23),$CaCO_{3(s)}$ 沉淀产生。沉淀物可能会与反应器中的悬浮固体简单混合,并与悬浮固体一起被去除;或者沉淀下来,在反应器内形成坚硬的垢;也可能在生物膜反应器中附着在生物载体之上。

无论哪种情况,反应器内的重碳酸盐碱度都可以通过 $CaCO_3$ 沉淀去除[见式(10.22)],从而抵消投加石灰石应达到的目的。理论上看,$CaCO_3$ 也是缓冲剂,但是由于它难溶,反应性差,逆反应发生的速度很慢,因而对系统影响极小。因此,投加石灰石必须非常小心,应当对相关化学知识非常熟悉。一般地,只要 pH 值到 6.8 以上,沉淀就开始发生了。如果想通过投加石灰石将 pH 值升到 7.5,反应器内可能会产生很多混凝土状沉淀。操作人员若未经良好的培训,这会经常发生。

如果投加其他碱性物质,发生上述问题的可能性就会降低。然而,投加氢氧化物和碳酸盐会消耗二氧化碳,因此在投加前应当考虑反应器内可能产生负压。投加碳酸氢钠不会出现任何问题,但是费用太高,并且钠可能会产生抑制作用。此外,也可以投加氨,但是投加过多可能会有毒性,在后面的"抑制物质"部分对此会有论述。

营养物质

与所有的生物处理系统一样,为了满足微生物生长的需求必须有微量营养物质存在。市政污水和污水厂污泥一般都含有微生物生长所需的所有营养成分。多数食品加工废水也能满足要求,尤其是哺乳动物、鱼、禽类产品加工废水。然而,许多工业废水,尤其是化学工业废水,可能缺乏一些必需的营养元素。生长所需的无机营养主要是氮和磷。需求量可根据生物体净生长量来估算。例如,利用第 5 章中的化学计量方程计算出微生物生长量,再按照细胞质量的 12% 为氮,2% 为磷计算营养物需求量。厌氧处理中的氮应当处于还原态(NH_4^+ 或氨基有机氮),在厌氧环境中亚硝酸氮和硝酸氮很容易经反硝化而被去除。而且,反应器中的氮量最好比微生物生长需求的量多一些,以保证其不会成为厌氧过程的限速条件;氮浓度高于 50mg/L 即足以达到这个目的。产甲烷菌的生长还需要和磷含量相当的硫元素,一般原水中所含的硫酸盐就可以满足这个要求。如果硫不足,投加硫酸盐是非常方便的,但是不要过量投加,因为硫酸盐还原会降低甲烷的生成,产生的硫化物也有很多负面作用(后面会讨论)。

厌氧系统还需要少量的金属元素,它们可以激活产甲烷过程需要的一些重要的酶。表 10.7 是 Speece(1996)发现的可以促进厌氧处理过程的微量金属元素。已知铁、钴、镍是产甲烷关键酶所必需的,因而也是进行高效厌氧处理所必需的。缺乏足够的微量金属营养可能导致很多处理工业废水的厌氧处理过程无法进行。水中铁的浓度一般都需要达到 40mg/L,其他金属元素至多只需要 1mg/L 就足够了。Speece(1996)很好地总结了痕量金属对于处理多种废水的促进效果。

厌氧处理中需要关注一个问题是金属和硫化物之间的相互作用,两者对生物体的生长都是必需的。硫化物与许多金属反应生成难溶的化合物,这些化合物难以被微生物利用。这一直是环保工程师面临的两难困境,到底如何添加营养元素呢?成分复杂的市政污泥中含有许多复杂的有机配体,可以保持体系中有足够浓度的溶解态金属,保证微生物生长。除此之外,溶解性微生物产物(SMP)中含有羧基,可以络合金属阳离子。然而,投加强络合剂,如 EDTA(乙二胺四乙酸),会产生很强的金属络合物,尽管络合物可溶,但是其中的金属无法被微生物利用。因为金属硫化物的生物可利用性很低,应当投加过量的金属从而满足微生物的生理需求,促进厌氧反应过程。

表 10.7　厌氧处理的营养需求

要素	需求量/(mg/g COD)	期望过量浓度/(mg/L)	典型添加剂
常量营养元素			
氮	5~15	50	NH_3,NH_4Cl
磷	0.8~2.5	10	NaH_2PO_4
硫	1~3	5	$MgSO_4 \cdot 7H_2O$
微量营养元素			
铁	0.03	10	$FeCl_2 \cdot 4H_2O$
钴	0.003	0.02	$CoCl_2 \cdot 2H_2O$
镍	0.004	0.02	$NiCl_2 \cdot 6H_2O$
锌	0.02	0.02	$ZnCl_2$
铜	0.004	0.02	$CuCl_2 \cdot 2H_2O$
锰	0.004	0.02	$MnCl_2 \cdot 4H_2O$
钼	0.004	0.05	$NaMnO_4 \cdot 4H_2O$
硒	0.004	0.08	Na_2SeO_3
钨	0.004	0.02	$NaWO_4 \cdot 2H_2O$
硼	0.004	0.02	H_3BO_3
常见离子			

续表

要素	需求量/(mg/g COD)	期望过量浓度/(mg/L)	典型添加剂
钠		100～200	$NaCl$，$NaHCO_3$
钾		200～400	KCl
钙		100～200	$CaCl_2 \cdot 2H_2O$
镁		75～250	$MgCl_2$

资料来源：Speece(1996)。

最后，微生物生存的水环境中还应含有一些常量阳离子,如钠、钾、钙、镁等,它们的浓度应该相对平衡。在绝大多数的水和污泥中,它们一般都处于一个平衡浓度。所需的最小浓度一般为 40～60mg/L。然而,如果其中一种金属离子的浓度特别高,例如投加作为碱度补充剂的碳酸钠、碳酸氢钠、氢氧化钠会导致钠离子浓度升高,这样阳离子浓度就会失去平衡。这一不平衡可以通过增加其他阳离子来缓解,特别是钾离子。

处理特定工业废水时,应通过实验室或中试试验来确定微量营养物的适宜添加量。添加适宜的微量营养物,会对厌氧处理有很大的促进作用。Speece(1996)很全面地讨论了这一问题。

抑制性物质

许多物质会对生物反应过程产生毒性。与好氧系统相比,厌氧系统面临的毒性问题更大。首先,厌氧系统处理的有机物浓度一般都很高,在这种情况下,其他物质的浓度,包括那些抑制性物质的浓度也可能很高。其次,同时也是更重要的,厌氧微生物的比生长速率相当低,这就意味着经济上可行的生物安全系数更低,从而使得厌氧工艺的风险很大。除此之外,较低的生长速率使得系统恢复时间更长。

如图 10.9 所示,毒性也是一个相对的概念。大量的物质在低浓度下对厌氧过程有促进作用,中等浓度条件下没有特别的作用,但在高浓度下有抑制作用。存在于普通废水中的大部分物质,包括简单的盐类,都具有上述特点。如果有充分的接触时间,微生物对抑制性物质能够产生一定的适应性。某些微生物对抑制性物质相对不敏感,因此可以通过找到适应性更强的细菌来解决抑制性物质的问题。由于微生物种群不同,又具有适应能力,所以确定某物质的抑制浓度是比较困难的。

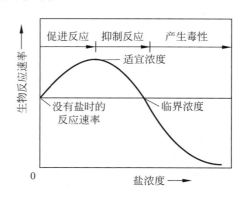

图 10.9　典型抑制性物质浓度与生物反应速率的关系

(资料来源：McCarty,1964c)

控制毒性的一般方法

从控制的观点来看,需要以某种方式降低抑制性物质的浓度,使其不致产生毒性。表 10.8 总结了可以用于控制抑制性物质的方法。从废水中去除有毒物质和稀释废水(例如加入另外一股废水)是常用的方法。稀释的成本可能会相当高,因为为了达到一定的处理效率,可能需要较大的反应器体积。其他的毒性控制方法都是针对特定有毒物质的。

表 10.8　厌氧系统中控制毒性的可行方法

1. 从废水中去除有毒物质
2. 将废水稀释,使有毒物质浓度降到阈值以下
3. 生成不溶络合物或将有毒物质沉淀
4. 通过调整 pH 改变有毒物质的存在形式
5. 投加对有毒物质有拮抗作用的物质

有毒物质一般是可溶解性的,可以被微生物利用。如果某种抑制性物质的可利用浓度能够通过某种方法(例如沉淀或者强络合反应)降低,那么在反应器内就可以避免抑制作用。某些重金属物质的毒性,如铜和锌,可通过投加硫化物产生不溶的沉淀物来去除。在反应过程中加入硫化物最方便的方法是投加硫酸盐,它在反应器中被生物还原为硫化物。投加量必须小心加以控制,因为过多的硫酸盐还原会导致硫化物过量生成,硫化物本身也是抑制性物质,会减少甲烷的产生。实际上,去除硫化物毒性最简单的方法是用金属将其沉淀,例如投加铁离子。

合成洗涤剂造成的抑制作用,例如阴离子直链烷基苯磺酸盐,可以通过投加阳离子季铵化合物与之产生络合物将其去除。钙可以通过络合去除长链脂肪酸的毒性,如油酸等,但不改变其生物可降解性。调整 pH 可以改变物质的毒性。例如,氨以 NH_3 的形态存在时是有毒的,而处于其共轭酸 NH_4^+ 状态时是无毒的。维持较低的 pH 值,就可以通过调整氨和铵离子之间的平衡减少氨的毒性。此外,挥发酸,如丙酸,在非离解态(CH_3CH_2COOH)时有抑制作用,而在失去一个质子的状态($CH_3CH_2COO^-$)下毒性较小。因此对它来说较高的 pH 值比较合适。硫化氢(H_2S)的毒性可通过在反应器中将其吹脱来去除。因此,高产气量和低 pH 值(将酸碱平衡向酸 $H_2S_{(g)}$ 移动)有助于将其浓度控制在抑制水平以下。

在许多废物的处理过程中,如处理初沉与二沉池污泥时,其中含有高浓度合成洗涤剂、脂肪酸等,会发生沉淀、络合、吹脱反应。但在一些含有有毒成分的工业废水中,不存在能产生沉淀和络合反应的物质。可以通过实验室的毒性测试实验确定它们对厌氧生物处理的毒性,如厌氧生物毒性实验(Owen et al.,1979)。

盐毒性

一些工业废水含有较高浓度的碱和碱土金属盐类,这对厌氧系统可能会造成抑制效应。实际上,通过投加碳酸氢钠或其他含钠碱来控制非常高的挥发酸时,会相应生成高浓度盐,抑制厌氧生物过程。这种抑制作用与阳离子关系比较大,与阴离子关系不大。表 10.9 是各种常见可能会造成抑制作用的阳离子及它们对厌氧过程产生促进与抑制作用的浓度。与盐毒性有关的一个现象是拮抗效应。如果一个阳离子(如钠)处于抑制浓度的话,此时投加其他离子(例如钾离子)可能会减弱抑制作用。如果阳离子的浓度达到表中列出的促进浓度,它们就有助于减少由于存在其他处于中等抑制浓度的阳离子所产生的抑制效应。

表 10.9　常见离子的促进和抑制浓度范围　　　　　　　　　　mg/L

离　子	促　进	中度抑制	强烈抑制
钠	$100\sim200$	$3500\sim5500$	8000
钾	$200\sim400$	$2500\sim4500$	12 000
钙	$100\sim200$	$2500\sim4500$	8000
镁	$75\sim150$	$1000\sim1500$	3000

氨毒性

厌氧条件下蛋白质废物的降解会产生氨（NH_3），如例 10.4 所示。氨是一种碱，与二氧化碳和水结合产生碳酸氢铵，碳酸氢根是 pH 缓冲物。然而，如果蛋白质浓度太高，例如处理屠宰废水或养猪废水时，由于其中有大量尿液，NH_3 浓度也相应很高，会导致氨毒性。

通常造成抑制作用的是 NH_3 而不是离子态的 NH_4^+。100mg/L 的 NH_3，对处理乙酸盐的厌氧系统中会产生抑制（McCarty，McKinney，1961）。NH_4^+ 则在达到更高浓度（如 3000mg/L）才产生抑制作用。在高氨氮浓度下，是 NH_3 还是 NH_4^+ 抑制作用更强依赖于系统的 pH 值。35℃下两者之间的标准平衡关系如下：

$$NH_4^+ \Longrightarrow H^+ + NH_3, \quad K_a = 5.56 \times 10^{-10}, \quad pK_a = 9.26 \tag{10.24}$$

两者的浓度与 pH 值有关：

$$pH = 9.26 + \log\frac{[NH_3]}{[NH_4^+]} \tag{10.25}$$

当 pH 值为 7.0 时，$[NH_3] = 0.0055[NH_4^+]$，NH_4^+ 的毒性作用更大。然而，如果 pH 值为 8.0，则 NH_3 毒性更强，因为此时 $[NH_3] = 0.055[NH_4^+]$。

蛋白质分解释放出来的 NH_4^+ 增加了重碳酸盐浓度[式(13.5)]，于是 pH 值就会上升。在处理蛋白质浓度很高的废物时，pH 值很高，接近 8 是很常见的。如果总氨氮浓度（NH_3 + NH_4^+-N）为 2000mg N/L，pH 值为 8.0，则 NH_3 氮浓度为 110mg/L，处于会产生抑制作用的浓度范围之内。对这种抑制作用，厌氧处理系统的响应是降低挥发酸中间产物的消耗速率，使 pH 值降低，抑制作用便被减弱。NH_3 抑制的一个证据是当总氨氮浓度上升时，挥发性有机酸浓度也上升了。如果有足够的氨被释放，NH_4^+ 浓度增大，达到抑制水平，则不能通过降低 pH 值来解除抑制。控制氨浓度最好的方法是通过稀释来降低废物的 N 浓度。投加盐酸来降低 pH 值也可以解决 NH_3 毒性问题，但是对由 NH_4^+ 造成的毒性不起作用。

硫化物毒性

硫化物毒性是处理含有高浓度硫酸盐废水时的常见问题。厌氧处理该类废水时，硫酸盐是优先电子受体，被转化为硫化物。如果硫化物与重金属（如铁、锌、铜）络合后，则没有毒性。其处于溶解态——主要是未电离的 H_2S——时抑制作用最大。当溶解性硫化物浓度达到 200mg/L 时，其毒性就开始显现（McMarty，1964c）。理论上，600mg/L 的硫酸盐会产生 200mg/L 的硫化物。实际上，是有更多的硫酸盐被还原了，因为形成的产物之一 H_2S 是相对难溶的气体，在常规的产气过程即从溶液中被部分去除了。在厌氧处理的正常 pH 下，硫化物不是 H_2S 就是 HS^-。尽管 S^{2-} 在溶液中的浓度一般都不高，但是它的作用不可忽视，因为它可以与许多金属产生沉淀。

25℃下硫化物的各种反应和平衡常数为[除式(10.29)外]：

$$M^{2+} + S^{2-} \Longleftrightarrow MS_{(s)}, \quad [M^{2+}][S^{2-}] = K_{sp} \quad K_{sp}(Fe^{2+}) = 6 \times 10^{-18} \quad (10.26)$$

$$H_2S \Longleftrightarrow H^+ + HS^-, \quad [H^+][HS^-]/[H_2S] = K_{a,1}, \quad pK_{a,1} = 7.04 \quad (10.27)$$

$$HS^- \Longleftrightarrow H^+ + S^{2-}, \quad [H^+][S^{2-}]/[HS^-] = K_{a,2}, \quad pK_{a,2} = 12.9 \quad (10.28)$$

$$H_2S_{(aq)} \Longleftrightarrow H_2S_{(g)}, \quad [H_2S_{(g)}]/[H_2S_{(aq)}] = K_H = 13atm/mol \ (35℃) \quad (10.29)$$

式中，M^{2+}代表二价重金属。亚铁离子比锌、铜、镍、汞和绝大多数其他的二价重金属盐都易溶。然而，如果亚铁离子过量的话，硫化亚铁仍然难溶，因为它能络合并沉淀系统中的几乎所有的硫化物。一旦所有的重金属被硫化物络合[式(10.26)]，剩余的硫则在溶液和气态组分中分配，如式(10.27)～式(10.29)。

硫化物在各相中的分布与二氧化碳/重碳酸盐/碳酸盐反应时产生的分布相似。式(10.27)说明，中性条件下，H_2S和HS^-平均分布($pK_1 = 7.04$)。从式(10.29)可以看出，H_2S是一种溶解性中等的气体，但可以从液体中吹脱。较高的单位污水体积产气量和较低的pH都有利于将H_2S从溶液中吹脱。图10.10是溶液中的总溶解硫化物的比例与pH和产气量的关系。在低浓度污水的厌氧发酵过程中，气液比小于2时，大多数溶解态硫化物保留在溶液中。但当气液比较高时，例如处理高浓度生物污泥的系统中，仅有相对较少的溶解态硫化物保留在溶液中。

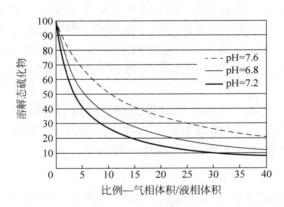

图10.10　25℃条件下，厌氧CSTR中溶解态硫化物与pH和产气量的关系

除了对厌氧微生物有毒之外，H_2S还是一种有毒有异味的气体，对工人和那些生活在厌氧系统周围的人们，造成健康和心理问题。厌氧条件下产生的硫化氢不仅有异味，对用于能量回收的内燃机的运行也会产生腐蚀和有害作用。而且，在燃烧过程中，硫化氢被氧化为有毒的二氧化硫，污染空气。

厌氧系统的硫化产物并非只有负面作用。硫化物是生物生长的必备营养物，需要具有一定的量以保证系统的正常运行。它还有助于维持较低的氧化还原电位，这对系统的正常运行也是必需的。在下一节里我们还会看到，它还能防止由过高重金属浓度造成的毒性作用。因此硫化物浓度应当达到一个平衡，从而保证硫化物发挥其有益的作用，同时产生的副作用最小。

重金属毒性和铁保护

通常的认识是，重金属会导致厌氧系统的运行出现异常，在某些系统中确实如此。浓度低于 1mg/L 的铜、镍、锌、钙和汞，就对厌氧微生物群落有抑制作用。显然，防止重金属产生毒性的最佳方法是防止它们进入污水之中。然而，如果难以实现，可以考虑采用硫化铁缓冲系统。

一般污泥中的总铁浓度都是相当高的，而且通常也是无害的，当与硫化物络合时可以发挥这一有益的作用。硫化铁并不像大多数其他金属硫化物那样难溶，其他金属离子可以取代硫化物中的铁，形成难溶的非抑制性形式。厌氧系统中 FeS 的缓冲能力依赖于总硫化物和处理系统中重金属的相对浓度。

有机毒物

对厌氧系统有毒的有机物在某些工业废水（例如化学工业废水）中是很常见的。许多浓度高时对厌氧系统有毒的有机化合物在低浓度时可以作为厌氧微生物的食物。因此，只要设计合理，厌氧系统可以处理这类化合物，苯酚就是这样一种化合物。其他一些有毒有机化合物也可以在厌氧系统中被生物转化为无害化合物，例如三氯甲烷（$CHCl_3$）。处理含有可能对厌氧过程有毒的有机废物时，系统运行人员应当充分了解生物转化这些物质的潜力。Speece(1996)详细讨论了有机化合物对厌氧系统的毒性。

Blum 和 Speece(1991)使用未经驯化的乙酸盐营养型产甲烷混合菌，开展了针对一系列有机物的厌氧发酵试验，得到了产气量减少 50% 时这些有机物的浓度（IC50），总结于表 10.10。应谨慎应用这些结果，因为微生物没有充分的时间来适应有机物产生的抑制，且微生物未经驯化，化合物很可能在投加后不能降解。然而，他们的研究表明，有机物浓度会是个比较关键的因素。从表 10.10 中可以很明显地看到，有机物产生毒性的下限变化范围很大，但是一般都小于 100mg/L，某些物质产生毒性的最低浓度在很低的浓度范围内。

目前已有许多用于描述产甲烷发酵过程的抑制作用的模型（Speece，1996）。Haldane模型（第 6 章）已经被广泛应用于描述有毒有机物反应动力学，这些有机物在低浓度下可以被降解并作为能源。正如第 6 章所述，当毒物不作为生长基质时，有其他更适合的模型来描述。

表 10.10　在乙酸营养型产甲烷过程中，使产气量降低 50% 的有机物浓度（IC_{50}）

致毒剂	浓度/(mg/L)	致毒剂	浓度/(mg/L)
碳氢化合物		甲苯	580
碱		二甲苯	250
环己烷	150	乙苯	160
辛烷	2	酚类	
癸烷	0.35	苯酚	2100
十一烷	0.61	m-甲酚	890
十二烷	0.23	p-甲酚	91
十五烷	0.09	2,4-二甲苯酚	71
十七烷	0.03	4-乙基本酚	240
十九烷	0.01	醇类	
芳香族化合物		甲醇	22 000
苯	1200	乙醇	43 000

续表

致毒剂	浓度/(mg/L)	致毒剂	浓度/(mg/L)
1-丙醇	34 000	六氯乙烷	22
1-丁醇	11 000	1-氯丙烷	60
1-戊醇	4700	2-氯丙烷	620
1-己醇	1500	1,2-二氯丙烷	180
1-辛醇	370	1,2,3-三氯丙烷	0.6
1-正癸醇	41	1-氯丁烷	110
1-十二烷醇	22	1-氯戊烷	150
酮类		溴化甲烷	4
丙酮	50 000	溴二氯甲烷	2
2-丁酮	28 000	1,1,2-三氯三氟乙烷	4
2-己酮	6100	卤代烯烷	
其他		1,1-二氯乙烯	8
邻苯二酚	1400	1,2-二氯乙烯	19
间苯二酚	1600	t-1,2-二氯乙烯	48
对苯二酚	2800	三氯乙烯	13
2-氨基酚	6	四氯乙烯	22
异丙醚	4200	1,3-二氯丙烯	0.6
丙烯酸乙酯	130	5-氯-1-戊炔	44
丁希酸乙酯	150	卤代芳香族	
乙腈	28 000	氯苯	270
丙希腈	90	1,2-二氯苯	150
二硫化碳	340	1,3-二氯苯	260
2-氨基酚	6	1,4-二氯苯	86
4-氨基酚	25	1,2,3-三氯代苯	24
2-硝基酚	12	1,2,3,4-四氯代苯	20
3-硝基酚	18	2-氯甲苯	53
4-硝基酚	4	2-氯-p-二甲苯	89
2,4-二硝基酚	0.01	2-氯酚	160
卤代烷烃		3-氯酚	230
氯甲烷	50	4-氯酚	270
二氯甲烷	7	2,3-二氯苯酚	58
氯仿	1	3,5-二氯苯酚	14
四氯化碳	6	2,3,4-三氯苯酚	8
1,1-二氯乙烷	6	2,3,5,6-四氯苯酚	0.1
1,2-二氯乙烷	25	五氯苯酚	0.04
1,1,1-三氯乙烷	0.5	2,2-二氯苯酚	1.8
1,1,2-三氯乙烷	1	2,2,2-三氯苯酚	0.3
1,1,1,2-四氯乙烷	2	3-氯-1,2-丙二醇	630
1,1,2,2-四氯乙烷	4	2-氯丙酸	0.01
五氧乙烷	11	三氯乙酸	<0.001

资料来源：Blum and Speece(1991)。

10.5　过程动力学

　　厌氧处理需要在许多不同微生物种群的作用下，将复杂有机物转化为甲烷气体。第 4 章和 10.4 节讨论了厌氧处理复杂基质的步骤，包括将蛋白质、碳水化合物和脂肪水解成简单分子(氨基酸、糖和脂肪酸)的步骤。这些简单分子接着被分解为脂肪酸和氢气。脂肪酸又被进一步氧化为乙酸盐和氢气。最后两种不同的产甲烷菌群将乙酸盐和氢气转化为甲烷。描述厌氧过程中每个步骤速率的数学模型可能非常复杂，难以在实际中运用。

　　然而，如果能确定整个过程中的限速步骤，就可以建立较为简单的模型用于指导设计和运行。图 10.7 是为了指导实际运用而简化的两步骤模型，即水解发酵步骤和产甲烷步骤。实际的数学模型也可以简化为两个限速步骤的模型，一个步骤是复杂有机物的水解，另一个步骤是脂肪酸和氢气发酵为甲烷。对于某些有机物，例如木质素类物质，如新闻纸、草、玉米秸秆或麦秆，水解为限速步骤。然而，对大多数工业和城市废物，最后一个步骤——脂肪酸转化为甲烷，是限速步骤。本章将讨论过程动力学中影响这两个限速步骤的因素。

10.5.1　温度影响

　　温度显著影响反应速率。在厌氧处理中，对处理过程非常关键的一些微生物生长速率很低，因而在反应器设计与运行中，要重点考虑温度因素。在中温条件下，即 10～35℃，温度每升高 10℃，微生物生长速率升高一倍。在 35～40℃下，嗜温菌生长速率一般不会变化，但是蛋白质在高温下变性会使得它们的生长速率降低。嗜热菌的最佳温度在 55～65℃，在 40～45℃表现欠佳。因此，应当确定在中温还是高温条件运行系统。

　　对于低浓度废水，其处理过程所产生的甲烷可能不足以使废水温度升高，因而在环境温度下进行处理是经济的。对于高温或高浓度废水，单位体积反应器产甲烷量大，操作温度最好选择嗜温菌的最佳温度 35℃或适宜嗜热菌的温度。嗜热菌在高温条件下，其反应速率可比 35℃条件下提高 50%～100%。高温的优点在于反应速度更快，需要的反应器体积也较小。缺点在于为了保证较高的温度而需要消耗较多的能量，且增加反应器加热系统出现故障而导致的处理能力骤降的风险。

　　化学反应速率和温度的关系，一般可以用 Arrhenius 方程表达：

$$\frac{\mathrm{d}\ln k}{\mathrm{d}T} = \frac{E_a}{RT^2} \tag{10.30}$$

　　该方程表明，速率常数的自然对数随温度的变化，等于该反应活化能 E_a 除以气体常数和绝对温度的平方之积。如果将 Arrhenius 在温度 T_1 和 T_2 之间积分，则有式(10.31)：

$$\ln \frac{k_2}{k_1} = \frac{E_a(T_2 - T_1)}{RT_2 T_1} \tag{10.31}$$

　　式(10.31)为方程的一般形式。因为 E_a 一般是未知的，E_a/R 一般被认为是一个常数。在实际的温度范围内，无论是中温还是高温，T_2 与 T_1 的乘积基本上变化不大，也可以认为是常数。这样，式(10.31)可以被简化为下面两种形式：

$$k_2 = k_1 e^{\phi(T_2 - T_1)} \tag{10.32}$$

或者

$$k_2 = k_1 \phi'^{(T_2 - T_1)} \tag{10.33}$$

其中,

$$\phi' = e^{\phi} \quad \text{或} \quad \phi' = 1 + \phi \tag{10.34}$$

表 10.11 总结了若干研究者获得的不同厌氧系统的动力学参数 ϕ 值。当 ϕ 等于 0.07 时,对应的 ϕ' 为 1.07,温度每增加 10℃该参数就增大一倍。上面给出的值是挥发性脂肪酸的值,它通常也是整个反应过程的限速步骤。受温度影响的系数有:基质利用的最大速率 ($\hat{q}$)、微生物衰亡速率(b)、亲和常数(K)、最大比基质增长速率($\hat{\mu}$)。

表 10.11　用于校正温度对厌氧处理过程多个速率常数影响的温度效应系数 ϕ

速率常数	基　质	ϕ	温度范围/℃	参考文献
$\hat{\mu}$	挥发酸	0.06	15～70	Buhr and Andrews(1977)
$\hat{q}$	挥发酸	0.077	15～35	Lin et al. (1987)
	乙酸盐	0.11	37～70	van Lier(1996)
	初沉污泥	0.035	20～35	O'Rourke(1968)
b	挥发酸	0.14	15～70	Buhr and Andrews(1977)
	乙酸盐	0.30	37～70	van Lier(1996)
	初沉污泥	0.035	20～35	O'Rourke(1968)
K	挥发酸	-0.077	25～35	Lawrence and McCarty(1969)
	挥发酸	-0.061	15～35	Lin et al. (1987)
	初沉污泥	-0.112	20～35	O'Rourke(1968)

Buhr 和 Andrews (1977) 总结了在中温和高温条件下温度对挥发酸利用速率的影响。他们的结论是,利用挥发酸生成甲烷的微生物,其增长速率随温度的变化可以用一个包括增长和衰亡两项变量的方程来描述:

$$\mu_{\text{net}(T_2)} = \hat{\mu}_{T_2} e^{\phi_\mu (T_2 - T_1)} - b_{T_2} e^{\phi_\mu (T_2 - T_1)} \tag{10.35}$$

根据文献,他们确定了适于产甲烷菌的系数:

$$\mu_{\text{net}(T_2)} = 0.324 e^{0.06(T_2 - 35)} - 0.02 e^{0.14(T_2 - 35)} \tag{10.36}$$

图 10.11 上图中的曲线给出了最大净增长速率随着温度变化而变化的规律。当温度高于 60℃时,微生物的衰亡速率超过了增长速率。在嗜热菌的最佳温度 60℃下,混合微生物的增长速率大约为 35℃下的 2.5 倍。尽管图 10.11 中的曲线在比较中温和高温下的增长速率时是有用的,但是图中描绘的平缓变化是不准确的。嗜温和嗜热微生物是两种完全不同的微生物,中温微生物在 40℃下就开始逐渐死亡,而嗜热微生物在 50℃以上才开始发挥明显作用。

图 10.11 下图中的曲线是最大净增长速率的倒数,即 $[\theta_{\min}]_{\lim}$。当固体停留时间等于 $[\theta_{\min}]_{\lim}$ 时,微生物会从反应器中流失。除了曲线从中温范围到高温范围都是连续外,图中给出的信息对厌氧处理系统的设计是非常重要的,具体将在下一节讨论。

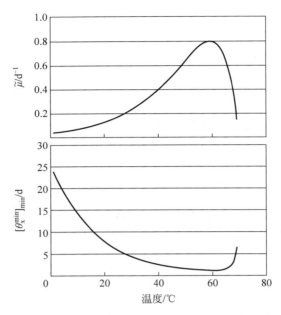

图 10.11　温度对乙酸营养型产甲烷混合菌最大生长速率及其倒数的影响

[资料来源：Buhr and Andrews(1977)]

10.5.2　CSTR 反应动力学

如果能首先确定限速步骤，围绕这一步骤建立模型，可大大简化对厌氧处理过程的模拟。厌氧处理过程最有可能的限速步骤为挥发酸转化为甲烷或复杂基质的水解。这两者将在下面分别论述。我们从简单基质开始，然后讨论一些复杂基质。因为针对 CSTR 进行物料平衡计算、阐明过程变量的影响都是最简单的，所以本节所有的分析都基于 CSTR 进行。最后，我们考虑复杂基质，说明从简单基质推导而来的过程动力学如何应用到复杂基质的情况。

简单可溶基质

图 10.12 所示为利用一个厌氧 CSTR 处理简单基质的物料平衡情况。这里应用了第 6 章得到的反应动力学，控制变量是固体停留时间 θ_x。Lawrence 和 McCarty（1969）利用 CSTR 研究了乙酸盐、丙酸盐和丁酸盐的产甲烷动力学过程，它们是厌氧处理过程中主要的中间产物。图 10.13 给出了 35℃下的试验结果和根据该结果计算出的动力学系数。结果表明，对于这些基质，当 $\theta_x = 2.5 \sim 4\text{d}$ 时，系统中的微生物会流失或系统会失败。对每一种物质，当 θ_x 小于其最小值时，都会有一些降解，进一步的研究指出，这是反应器器壁上生长了生物膜的结果，它防止了微生物的完全流失。

这三种重要的基质中，乙酸盐被一步转化为甲烷，而丙酸盐和丁酸盐的转化可分为 3 个独立的步骤：第一个步骤是它们都发酵为乙酸盐和氢气，第二和第三个步骤是乙酸盐和氢气这两种基质独立转化为甲烷的过程。由于丙酸盐和丁酸盐转化的 3 个步骤之间存在紧密的热力学关系，因而，丙酸盐或丁酸盐的转化完全可以用一个模型模拟，与乙酸盐的模型相同。当多个步骤可以按一个反应来处理时，整个过程的模拟就可以像模拟单一溶解性基质一样，非常简单。

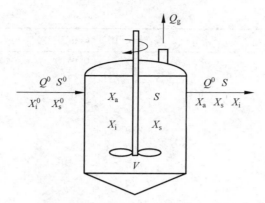

图 10.12　用于建立厌氧 CSTR 物料平衡方程的厌氧反应器

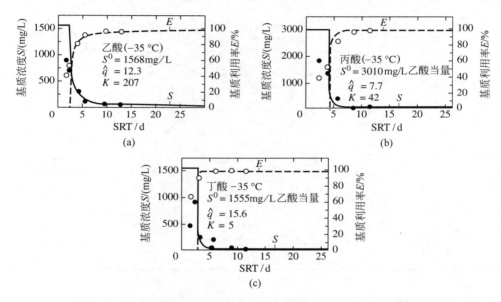

图 10.13　35℃下各基质产甲烷阶段中 θ_x 对反应器中物质浓度的影响

(a) 乙酸；(b) 丙酸；(c) 丁酸

已有若干关于挥发酸转化过程的动力学研究,研究中所确定的系数列在表 10.12 中。然而,最近的一些针对低浓度污水处理的研究结果表明,乙酸、丙酸和丁酸的 K 值远低于表中的值,更多地在 10mg/L 左右(Shin et al.,2012)。如前一节所述,温度对系数也有重要的影响,这一点在建立模型中不能忽视。

表 10.12　厌氧处理挥发性酸的速率系数

基质	$T/℃$	$\hat{\mu}/\mathrm{d}^{-1}$	$\hat{q}/\mathrm{d}^{-1}$	$K/(\mathrm{mg/L})$	b/d^{-1}	$\gamma_a/(\mathrm{mg/mg})$	参考文献
乙酸盐	25	0.23	4.7	869	0.011	0.050	Lawrence and McCarty(1969)
	30	0.26	4.8	333	0.037	0.054	Lawrence and McCarty(1969)

基质	$T/^\circ\text{C}$	$\hat{\mu}/\text{d}^{-1}$	$\hat{q}/\text{d}^{-1}$	$K/(\text{mg/L})$	b/d^{-1}	$\gamma_a/(\text{mg/mg})$	参考文献
	35	0.32	8.1	154	0.019	0.040	Lawrence and McCarty(1969)
	35	0.39	9.8	168	0.033	0.041	Kugelman and Chin(1971)
	35			220			van Lier(1996)
	40			560			van Lier(1996)
	45			320			van Lier(1996)
	50			220			van Lier(1996)
	55			820			van Lier(1996)
	60			1150			van Lier(1996)
丙酸盐	25	0.50	9.8	613	0.040	0.051	Lawrence and McCarty(1969)
	35	0.40	9.6	32	0.010	0.042	Lawrence and McCarty(1969)
	40			120			van Lier(1996)
	45			60			van Lier(1996)
	50			60			van Lier(1996)
	55			86			van Lier(1996)
	60			140			van Lier(1996)
丁酸盐	35	0.64	15.6	5	0.010	0.042	Lawrence and McCarty(1969)
	35			240			van Lier(1996)
	40			140			van Lier(1996)
	45			160			van Lier(1996)
	55			16			van Lier(1996)
	60			11			van Lier(1996)

10.5.3 复杂基质

引用最为广泛的高浓度复杂有机物降解动力学的数据来自 O'Rourke（1968）。O'Rourke 采用一系列恒化器,研究了城市污水初沉污泥的复杂反应。污泥是以蛋白质、碳水化合物和脂肪为主的混合物,绝大多数呈微颗粒状,O'Rourke 并没有测定生物产量,但分析了 θ_x 对总处理效能的影响。

图 10.14 描述了 25℃条件下,θ_x 对总处理效能的影响,即对 COD、挥发固体去除和甲烷产量的影响,这些都是很重要的设计和运行参数。图中还给出了蛋白质、碳水化合物、脂类和单体挥发酸的变化情况,以及长链脂肪酸的数据,它们是脂类的组分。把这些数据点连接在一起的曲线不是模型拟合的,而只是点的简单连线,使得结果看起来比较直观。当 θ_x 大于 20d,任一组分的浓度变化都不大。剩余的有机物,大部分都是厌氧微生物难以利用与难以降解的,绝大多数是本来就存在于原污泥中的,也有一些是在处理过程中由细菌产生的。θ_x 很大时,仍有一些有机物停留在反应器中,这些有机物相当稳定,它们可以用作土壤调节剂或缓释有机肥料。

当 θ_x 低于 20d,会发生一个非常重要的现象。固体停留时间为 10d 左右时,降解脂类的微生物与利用挥发酸发酵的微生物都会流失。油酸在低的 θ_x 下浓度会下降,但这是由于不饱和脂肪酸的加氢作用产生了饱和硬脂酸的缘故。纤维素和蛋白质可降解的部分在远小于 10d 的 θ_x 下就可以降解,说明这种废水中易于发生水解为小分子的反应,因此水解反应不是产甲烷总反应的限速步骤。在 θ_x 为 3~5d 时,这些水解产物发酵形成挥发酸,挥发酸浓度上升。脂质降解微生物更容易流失是选择性发酵的基础,脂质降解微生物被用于提高微藻中脂质的回收,同时将碳水化合物和蛋白质转化为挥发性脂肪酸(Lai et al.,2016)。

O'Rourke 假设系统中关键产甲烷菌发生流失的限速步骤是挥发酸的利用速率,亲和常数 K 可以由一个代表所有有机物的总 K_c 所表示,以此建立模拟总 COD 降解和甲烷产生的模型。这一假设是基于对于一个给定的 θ_x,在污水中可能会残留的原水中的有机物和代谢产生的中间产物的浓度都是可预测的。每一种中间产物都可以被某种细菌所降解,其剩余浓度都可以被预测。因此,可以根据 CSTR 物料平衡方程、该基质的各种系数以及 θ_x 来求解其剩余浓度。因此 COD 是所有残留的原水中的有机物和中间产物 COD 的总和。

$$S = \sum_{i=1}^{n} S_i = \sum_{i=1}^{n} \frac{K_i(1+b_i\theta_x)}{\theta_x(\gamma_1 k_i - b_i) - 1} \tag{10.37}$$

式中,S 表示所有剩余的可降解有机物的总 COD 浓度,S_i 代表原基质组分 i 和其代谢中间产物(废水中共有 n 种基质组分)的剩余浓度或出水浓度。O'Rourke 还根据文献报道的动力学数据,假设与挥发酸和长链脂肪酸相比,绝大多数基质 S_i 的浓度很低,它们都可能是反应过程的限速基质。他指出,图 10.14 中数据表明,这些基质可能具有相同的流失时间,这意味着它们的 γ_i、$\hat{q}_i$ 和 b_i 值一定是接近的。有了上面这些假设,式(10.37)可以简化为

$$S = \sum_{i=1}^{n} K_i = \frac{K_c(1+b_i\theta_x)}{\theta_x(\gamma_1 k_i - b_i) - 1} \tag{10.38}$$

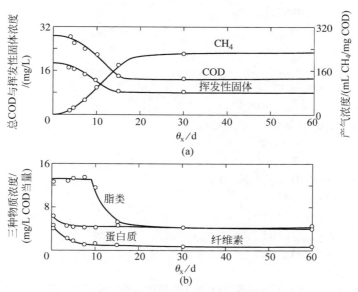

图 10.14 在 25℃下,在厌氧处理城市污水初沉污泥的 CSTR 中,θ_x 对多种组分浓度的影响

(a) 总 COD 和挥发性固体去除以及产气;(b) 蛋白质、多糖和脂质;(c) 挥发性固体浓度;(d) 挥发性脂肪酸浓度

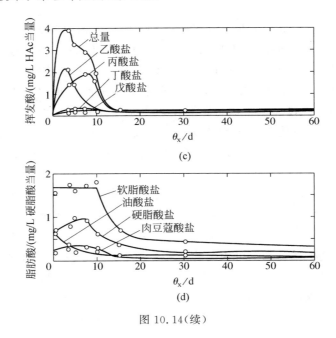

图 10.14(续)

这样把单一挥发酸性脂肪酸的 K_i 值相加，就可以得到总的 K_c 值。式(10.38)与在 CSTR 中单一微生物利用单一基质情况下的方程一致。不同之处在于由于 K_c 是 K_i 的总和，它要比单一基质的 K 大得多。

图 10.15 总结了 O'Rourke 给出的方程和参数值。分别考虑了过程限速步骤的微生物生长系数，和利用所有基质的总微生物生长系数。限速步骤的基质去除方程中包括的 γ_a 值和 b_a 值，分别为利用挥发酸的微生物的生长和衰亡系数。总有机物降解方程中的参数是 γ 和 b，是所有微生物的生长和衰亡系数。

初沉污泥参数

$X_v^0 = X_i^0 + X_d^0$

$X_v^0 = 17.7\text{g/L}$

$X_d^0 = 12.4\text{g/L}$

$S^0 = \gamma X_d^0 = 20.0\text{g COD/L}$

$S_T^0 = \gamma X_v^0 = 28.5\text{g COD/L}$

$\gamma = 1.61\text{g COD/g } X_v$

反应系数

$\hat{q}_T = 6.67\text{g/(g } X_a \cdot \text{d)}(e^{0.035(T-35)})$

$K_{cT} = 1.8\text{g COD/L}(e^{0.12(35-T)})$

$b_{aT} = 0.03\text{d}^{-1}(e^{0.035(T-35)})$

$b_T = 0.05\text{d}^{-1}(e^{0.035(T-35)})$

$\gamma_a = 0.04\text{g } X_a/\text{g COD}$

$\gamma = 0.10\text{g } X_a/\text{g COD}$

$f_d = 0.8$

图 10.15　20~35℃温度范围内，用于模拟厌氧处理城市污水初沉污泥的 CSTR 的相关方程和特征参数

[资料来源：O'Rourke(1968)]

反应方程

$$S_T(\text{g COD/L}) = K_{cT}\frac{1+b_{aT}\theta_x}{\gamma_e\hat{q}_T-(1+b_{aT}\theta_x)}$$

$$X_a(\text{g/L}) = \frac{\gamma(S^0-S)}{1+b_T\theta_x}$$

$$X_d(\text{g/L}) = \frac{S}{\gamma}$$

$$X_v(\text{g/L}) = X_i^0 + X_d + X_a[1+(1-f_d)b\theta_x]$$

$$S_T(\text{g COD/L}) = \gamma X_i^0 + \gamma X_d + 1.42X_a[1+(1-f_d)b\theta_x]$$

$$r_{COD}(\text{g COD/(L 反应器 · d)}) = \frac{Q}{V}([S^0-S]-1.42X_a[1+(1-f_d)b\theta_x])$$

$$r_{CH_4}(\text{L 甲烷/(L 反应器 · d)}) = \frac{22.4\text{L}}{64\text{g COD}}r_{COD}$$

$$CH_4/COD(\text{L/g COD}) = \frac{\dfrac{22.4\text{L}}{64\text{g COD}}(S_T^0-S_T)}{S_T^0}$$

图 10.15(续)

O'Rourke 没有考虑原污泥中的惰性生物组分(X_i^0)和反应中产生的活性与惰性微生物的组分(X_a 和 X_i)。但为了表述完整并与第 6 章的理论相一致,图 10.15 中包括这些组分。就污泥而言,COD 的主要部分为悬浮固体,以长链脂肪酸形式存在,也是 K_c 中的主要组成部分。因此,出水 COD 直接由出水悬浮固体浓度决定,对初沉污泥,COD/VSS 值为 1.61,大于但接近 COD/微生物比值 1.42。

图 10.16 比较了在温度 20~35℃ 条件下,出水 COD 和反应器甲烷产量的实验与模型计算结果。O'Rourke 还估计了在 15℃ 下的反应器效能,但是忽略了处理效率不高的脂类的降解。在低温下,一些易降解的有机物也可以得到降解,但初沉污泥很难。

在稳态操作条件下,处理初沉污泥的 CSTR 简化模型是令人满意的。图 10.16 表明,当反应器的 θ_x 很大时,例如达到了 40~60d,20℃ 和 35℃ 下运行的处理效能差别不大。然而,如果 θ_x 为 20d 甚至更低,两个温度下反应器表现出来的效能就非常不同了。不同温度下的微生物流失时间差别也较大。在低 θ_x 下,温度为 35℃ 时,反应器具有很高的处理效能,只有当 θ_x 低至 4d 时,微生物流失会比较显著。

在 35℃ 下,城市污水高效厌氧处理的 θ_x 为 15~20d。图 10.16 表明在这个范围内的运行效果变化不大。然而,当 θ_x 小于 10d,运行效果变化显著。这些都说明如果 θ_x 值设计得

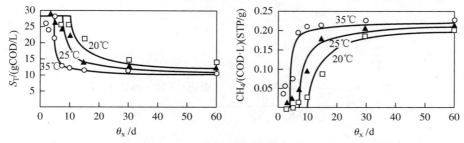

图 10.16　实验结果(数据点)和模型模拟(线)之间的比较,数据来自 O'Rourke
(1968)和处理城市废水污泥的 CSTR,温度为 20~35℃

过小,那么系统在很小的扰动下就可能产生故障,这些扰动包括有机负荷或水力负荷增大、有害物质进入反应器、温度失控等。设计者和运行者应小心避免这些风险。

10.5.4 过程优化

使用 CSTR 模型还可以评估单位体积反应器降解 COD 的能力,图 10.17 是 O'Rourke 对初沉污泥的研究结果。从中可以看到,使用图 10.15 的方程进行模拟的结果和实验室研究得到的数据。每个温度下都存在一个 θ_x,以及与之相应的稳定速率或单位体积反应器每日 COD 转化为甲烷量的最大值。与 20~25℃条件相比,35℃条件下,速率峰值更显著,出现的 θ_x 更短。

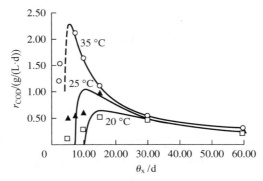

图 10.17 使用 CSTR 处理城市污水污泥时,θ_x 与温度、单位体积 COD 降解速率之间的关系。曲线是使用图 10.15 中的方程和参数得出的模拟结果[O'Rourke(1968)]

那么,针对城市污水初沉污泥的厌氧处理,设计 θ_x 应该是多大? 一般的设计值为 20d、35℃,但是图 10.14 和图 10.16 显示,在这个温度下 θ_x 可以更短。如果采用 20d,相应的安全系数是多少? 第 6 章给出了安全系数的概念,它是基于最小污泥龄 $\theta_x^{\min}$ 定义的:

$$\theta_x^d = SF[\theta_x^{\min}]_{\lim}$$

我们现在把这一概念推广,考虑与其他 θ_x 有关的安全系数,例如对特定废物,保证微生物不流失的最小 $\theta_x(\theta_x^{\min})$;达到反应器最大容积效率的 $\theta_x(\theta_x^{\max})$;或在稳态下需要的与处理效率有关的 $\theta_x(\theta_x^{\text{edd}})$。这些 θ_x 在下面列出:

$$[\theta_x^{\min}]_{\lim} = \frac{1}{\gamma_a \hat{q} - b} \tag{10.39}$$

$$\theta_x^{\min} = \frac{1}{\dfrac{\gamma_a \hat{q} S^0}{K + S^0} - b} \tag{10.40}$$

$$\theta_x^{\min} = \frac{[\theta_x^{\min}]_{\lim}}{1 - \dfrac{K(1 + b[\theta_x^{\min}]_{\lim})}{K + S^0}} \quad (\text{根据 O'Rourke,1968}) \tag{10.41}$$

$$\theta_x^{\text{eff}} = \frac{1}{\dfrac{\gamma_a \hat{q}_a S_{\text{eff}}}{K + S_{\text{eff}}}}, \quad \text{其中} \ S_{\text{eff}} = \left(1 - \frac{\% \text{eff}}{100}\right) S^0 \tag{10.42}$$

这样我们就可以根据 O'Rourke 针对初沉污泥处理建立的方程,并根据式(10.39)~式(10.42)确定不同意义的 θ_x,计算相应的安全系数。

下面举个例子。假设设计 θ_x 为 20d,规定可降解有机物去除率为 90%。计算了上面各个方程中的 θ_x 值以及安全系数,列于表 10.13 中。第一,在 35℃下,要求处理效率为 90% 时,安全系数为 2.2。如果运行温度降低到 25℃,而 θ_x 仍为 20d 的话,尽管系统运行不会发生明显问题,但是去除效率达不到 90%。实际上,可以发现,如果温度降到 20℃,处理能力接近反应器的最大单位体积废物处理速率。再考虑温度为 35℃ 的情况,θ_x 为 20d 时,安全系数以 θ_x^{max} 计为 3.3。从图 10.15 可以看到,我们不希望反应器在低于 θ_x^{max} 的 θ_x 下运行,因为单位体积废物降解速率会显著下降。从优化整体反应器降解性能的角度来看,采用安全系数概念时,θ_x^{max} 是优于 $[\theta_x^{min}]_{lim}$ 的参数,其与微生物流失有关。

表 10.13　处理城市污水初沉污泥,$\theta_x^d=20d$,可降解有机物去除率为 90%,不同定义的安全系数值

反应温度/℃	$[\theta_x^{min}]_{lim}$ /d	θ_x^{min} /d	θ_x^{max} /d	θ_x^{eff} /d	$\theta_x^d=20d$ 时的安全系数值			
					$\theta_x^d/[\theta_x^{min}]_{lim}$	$\theta_x^d/\theta_x^{min}$	$\theta_x^d/\theta_x^{max}$	$\theta_x^d/\theta_x^{eff}$
20	7.1	11	17	91	2.8	1.8	1.1	0.22
25	6.0	7.8	12	33	3.3	2.6	1.7	0.61
35	4.2	4.7	6.1	9.2	4.8	4.3	3.3	2.2

资料来源:根据 O'Rourke(1968)获得的数据。

10.5.5　生物膜过程反应动力学

如果向反应器中投加载体,使得其上有生物膜附着,这个反应器就可以被认为是一个"生物膜"反应器。除此之外,也有其他类型的生物膜反应器,但是没有看起来那么明显的"生物膜"。例如 UASB 工艺,是悬浮生长反应器还是生物膜反应器呢? UASB 中的颗粒污泥体积和密度较大,其动力学更加符合生物膜工艺动力学,而不是悬浮生长生物动力学。除此之外,颗粒污泥周围的流速相对较低,使得基质从主体溶液到颗粒污泥表面的传质较慢,这也是生物膜工艺的特征。

生物膜系统中的生物膜表面积难以确定,反应器内混合可能不完全,从而导致短流或出现死区。因此,与悬浮生长系统相比,建立生物膜厌氧处理的反应动力学更困难。厌氧处理生物膜反应动力学的另一个复杂之处是,反应步骤以及参与反应的微生物种类更多。污水中的有机物扩散进入生物膜,在生物膜内转化为中间产物,这些中间产物有两个运动方向,一个是进入更深的生物膜内部,一个是出去,进入液相。与此同时,生物膜中的微生物分解利用了这些中间产物。尽管能将复杂基质转化为甲烷的微生物全部存在于生物膜中,然而它们在生物膜中的分布却不均匀。

对于悬浮生长系统,例如 CSTR,可通过将重点集中于限速反应步骤来简化反应动力学。对于生物膜系统来说,限速步骤一般是基质扩散到生物膜中的过程。然而,处理相对浓度较低的污水时,所需水力停留时间从几小时到一天,悬浮颗粒的水解可能是限速步骤(如果进料中含有悬浮颗粒有机基质的话)。对水解为限速步骤的物质来说,水解模型,如第 6 章论述的 Contois 模型,可能是适用的。

然而,生物膜系统的模型要复杂得多。在设计处理工业废水的生物膜系统时,通常会参照中试实验的经验,有许多文献可供参考。生物膜模型的价值在于可以更好地理解反应中重要的变量和关系类型，它们对分析实验研究得到的数据是极为有用的。

Bachmann 等(1985)给出了一个将生物膜模型应用于实验数据的例子。他们将生物膜动力学应用于有污泥回流的厌氧折流板反应器。该反应器实际上可以看成是一系列 UASB 反应器的组合。他们假设因为每个反应室内迅速产气，可将一个单独的反应室作为完全混合反应器，引入一个与式(7.41)等价的方程式：

$$S_i = S_{i-1} - \frac{J_1 a_i V_i}{Q_i} \tag{10.43}$$

式中，S_i 代表第 i 反应室内的基质浓度，S_{i-1} 代表第 i 反应室的进水浓度。他们将这个模型按照例7.5列出的顺序应用于每一个小反应室。假设生物膜较厚，他们使用了式(7.62)所描述的变量因次模型：

$$J_i = C_1 S_i^{q_i} \tag{10.44}$$

该式与式(7.63)～式(7.66)一同应用。

通过迭代计算求解式(10.43)，可得到第一反应室的解，然后将该解用于下一反应室的方程求解，这样可求出所有反应室方程的解。使用表 10.11 给出的系数，将 O'Rourke 的模型用于污泥，假定挥发酸的产甲烷过程是限速步骤。用与式(7.30)相似的无量纲关系，估算了基质从液体部分向生物膜表面运动的传质系数。还有一个重要的假设是污泥中活性微生物的比例为 1.8%～5.7%，平均生物膜颗粒直径为 2.0mm，颗粒内生物浓度为 100mg/cm³。整体反应器有机物容积负荷变化范围为 10.4～36kg COD/(m³·d)，相应停留时间为 4.8～18.7h。反应器进水 COD 浓度保持在 8g/L 不变。所研究的废水为合成溶解性有机废水，模拟蛋白质(营养液)和简单碳水化合物(蔗糖)混合废水。图 10.18 给出了分别模拟使用 6个小室的反应器和 4 个有机负荷的结果。可以看出，COD 在第一个反应室被快速去除，在其后的反应室去除速度较低。负荷增加，出水 COD 浓度增加。

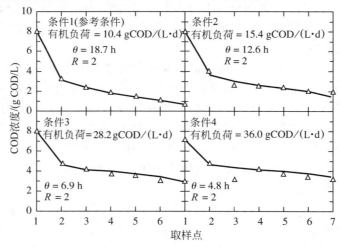

图 10.18　利用生物膜模型模拟不同负荷条件下，厌氧折流板反应器处理溶解性废水的结果(曲线)，与相应实验数据(点)之间的比较。进水 COD 恒定，为 8g COD/L，$L=0.05$cm

(资料来源：Bachmann et al.，1985)

　　使用单一反应模型计算不同浓度负荷的处理效率是非常有用的,尽管其对实际规模反应器的使用效果有待评估。图 10.19 中的结果是,COD 去除效率决定于有机负荷和进水 COD 浓度。在相同的体积负荷下,提高进水浓度,可以得到更高的去除率。

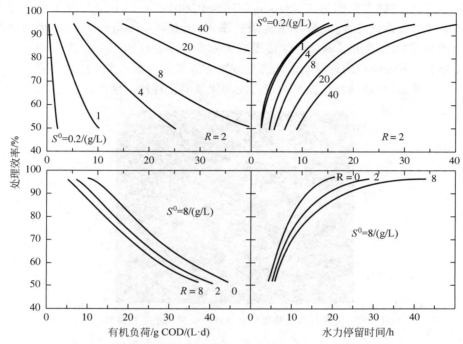

图 10.19　利用生物膜模型模拟厌氧折流板反应器的性能,预测进水 COD 浓度和水
　　　　　力停留时间对 COD 去除率的影响

（资料来源：Bachmann et al.,1985）

10.5.6　水解为限速因素时的动力学

　　在多种有机废弃物的厌氧处理过程中,水解是限速步骤。这些废弃物包括纤维素类物质,如草、谷物残渣等;绝大多数木制品,包括新闻纸等。如果纤维素被木质纤维素包裹,则很难被酶水解。纤维素处于自由态时很容易水解,例如高质量的纸、棉纤维(图 10.20)。木质素是一种含有交联芳香基团的复杂物质,难以厌氧降解,是纤维素和半纤维素水解的障碍(Tong and McCarty,1991)。尽管有些含木质素不多的纤维素和半纤维素材料,如一些草,几乎能 100% 生物降解,但是反应速度非常低。软木的木质素含量较高,其所含少量纤维素和半纤维素可以在一定的时间里被厌氧降解。某些废物,如城市垃圾,为木质纤维素物质和易生物降解有机物的混合体;因此,对其中的一部分废物来说,水解为限速步骤,而对其他物质来说,挥发酸的利用为限速步骤,因此可以使用适合某一个组分的混合模型。

　　Eastman 和 Ferguson (1981)建立的以城市污水厂初沉污泥为处理对象的厌氧 CSTR 模型中,包括复杂有机物的水解和挥发酸甲烷发酵两个步骤。他们的模型比 O'Rourke 的更加全面,可以计算发生产甲烷菌流失时的 θ_x 值下的产酸量。他们所用的水解模型是从 Contois 模型简化而来的,其中水解微生物的浓度非常高,达到 $BX_a \gg S$,因此 Contois 方程变为描述水解的一级反应方程：

$$-r_{hyd} = k_{hyd}S_{hyd} \tag{10.45}$$

式中，S_{hyd} 表示受水解控制的基质浓度，k_{hyd} 表示该水解反应的一级反应速率常数。对初沉污泥，他们确定的常数值为 $k_{hyd}=3/d$。Gossett 和 Belser（1982）研究了排出体系的剩余活性污泥的厌氧消化特性，发现水解为限速步骤，因此，O'Rourke 建立的适用初沉污泥厌氧处理的模型并不适用于剩余活性污泥。实际上，Gossett 和 Belser 确定的 k_{hyd} 几乎比 Eastman 和 Ferguso 确定的针对初沉污泥处理的 k_{hyd} 低一个数量级（表 10.14）。对实际运行有重要意义的是，剩余活性污泥与初沉污泥的厌氧消化特性差别很大。

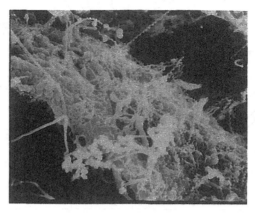

图 10.20　降解纤维素纤维的混合产甲烷菌的电子扫描显微照片

表 10.14　在 35℃ 下，城市初沉污泥、活性污泥和多种纤维素及木质素材料的厌氧水解一级反应速率常数

物　　　质	k_{hyd}/d^{-1}	参考文献
初沉污泥	3.000	Eastman and Ferguson(1981)
活性污泥	0.220	Gossett and Belser(1982)
滤纸	0.250	Tong et al. (1990)
BW200	0.200	Tong et al. (1990)
珠秸秆	0.140	Tong et al. (1990)
麦秸 1	0.086	Tong et al. (1990)
麦秸 2	0.088	Tong et al. (1990)
纳皮尔草	0.090	Tong et al. (1990)
木草	0.079	Tong et al. (1990)
报纸	0.049	Tong et al. (1990)
白冷杉	0.039	Tong et al. (1990)

在城市废水的厌氧处理中，反应器水力停留时间通常只有 6～12h，水解也是限速步骤。正如 10.2 节中所讨论的，如果进水中挥发性悬浮固体水解缓慢，未能有效截留并在反应器中停留足够的时间，其含有的大部分可生物降解有机物将会进入出水中，从而增加出水 BOD，降低去除效率。这就是巴西 10 座厌氧 USAB 反应器的平均 BOD 去除效率只有 72% 的原因（Oliveira and Von Sperling，2008）。具体情况是，废水温度通常为 20～25℃，平均出水总悬浮固体去除率仅为 67%。对于类似的情况，使用厌氧膜生物反应器（AnMBR），则可以有

效地截留悬浮固体并使之在反应器内充分分解,从而实现更高的 BOD 去除率。例如,在韩国处理城市污水的 AnMBR 中(Shin et al.,2014),即使在冬季,温度出现低至 8℃ 的时段时,年均 BOD 去除率也达到 95%,出水悬浮固体浓度接近于零。

　　Tong 等(1990)研究了很多复杂木质纤维素物质的厌氧处理过程,发现 O'Rourke 模型对该类物质不适用,而一级水解反应模型能很好地预测纤维颗粒的降解速率。纯纤维素(滤纸和 BW 200)的水解速率与 Gossett 和 Belser (1982)研究活性污泥得到的结果差不多。然而,木质纤维素物质(表 10.13 中,k_{hyd} 低于 BW200 的 k_{hyd} 的所有物质)的水解速率都非常低。实际上,这些物质的水解速率很低,因此,在这些物质的总降解模型中不需要考虑挥发酸的影响。对 CSTR 进行简单物料平衡,θ_x 对降解产生的效应可通过物料平衡轻松获得:

$$\frac{S_{hyd}}{S_{hyd}^0} = \frac{1}{1 + k_{hyd}\theta_x} \qquad (10.46)$$

　　Tong 和 McCarty(1991)研究了 CSTR 和批式反应器中木质纤维素浆的厌氧处理情况。他们在一系列批式反应器中,投加来自处理各种木质纤维素的 CSTR 的污泥(接种)和木质纤维素浆,分析降解量。结果表明,如果接种量很少的话,反应速率与接种污泥(即微生物)浓度无关。因此,式(10.45)可应用于该研究。批式反应器就相当于理想推流式反应器,对物料平衡方程进行积分,可以得出:

$$\frac{S_{hyd}}{S_{hyd}^0} = 1 - e^{-k_{hyd}t} \qquad (10.47)$$

式中,t 表示反应时间。他们发现水解速率依赖于温度(图 10.21)。研究中使用了 35℃ 条件培养的活性污泥。尽管随着反应时间增加反应速率增加,但 20℃ 下的反应速率比高温下的速率要低得多。这表明驯化后的污泥水解性能较好。最佳水解温度为 40℃。在更高的温度下,水解速率一开始差别不大,但是过几天后显著下降,这可能是由于高温对水解酶的活性或水解酶的产生有负面作用。

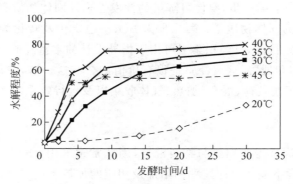

图 10.21　温度与时间对厌氧混合微生物水解麦草特性的影响
(数据来源:Tong and McCarty,1990)

　　值得关注的是该研究比较了 CSTR 和批式反应器的处理效能。处理的物质为麦秆,其 k_{hyd} 为 0.1d^{-1}。比较结果如图 10.22 所示。从图中可以看到两条穿过零点的曲线;上面一条曲线 a 代表批式处理[式(10.47)]及其实验数据。下面的一条曲线 f 为 CSTR 的计算结果[式(10.46)],以及 θ_x 分别为 20d(点 b)和 30d(点 c)的实验数据。CSTR 和批式反应动力学的区别是明显的。批式反应水解更多,甲烷产量更大。利用式(10.46)与式(10.47)所示简单模型的计算结果与实验结果之间吻合程度很高。除此之外，曲线 d 和曲线 e 分别源于两个批式反应器，是它们对来自两个 CSTR 的混合木质纤维浆的去除情况。利用式(12.47)获得的计算结果和实验数据间也吻合得非常好。该研究的结论是，当水解动力学速率很低，存在水解限制时，批式反应器比 CSTR 处理效能好得多。要想得到最大单位体积生物降解速率的话，应当选择序批式反应器。

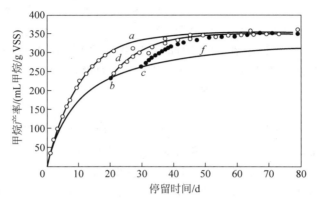

图 10.22 用于处理麦秆（$k_{hyd} = 0.1 d^{-1}$）的 CSTR 和批式反应器甲烷产率的比较

（资料来源：Tong and McCarty，1991）

10.6 厌氧污泥消化池设计中的特殊因素

利用厌氧消化工艺处理城市污水好氧生物处理产生的剩余污泥，已有很长的历史。消化池必须达到两个条件：第一步，要使可降解的挥发性悬浮固体物质有效水解，这一步可以减少需要脱水和处置的固体物质量；第二步为 BOD_L 稳定化及转化为甲烷，水解步骤也是达到目标的前提步骤。目前，已经积累了可用于指导设计的丰富经验，由于剩余污泥是很复杂的有机物，很难处理和处置，这些经验是很有价值的。在这一节，我们将讨论消化过程设计的 5 个关键因素：工艺负荷、混合、加热、气体收集以及运行效果。

10.6.1 工艺负荷

生物固体发酵罐通常需要加热与物料混合，因此常常采用 CSTR。高效中温消化通常以 35℃ 为宜，在该温度下能在反应速率的增加及相应的加热费用增加之间找到一个最优的平衡点。最基本的设计参数是停留时间，这相当于 CSTR 中的 θ_x。能稳定产甲烷过程的绝对最小值是 10d，典型值是 15～25d。延长停留时间能提高过程的稳定性、降低污泥的净产率，并且增加甲烷气体的产率。还有一个参数是挥发性固体负荷，计算式为 $QX_v^0/V = X_v^0/\theta_x$。高速消化池的通常范围是 1.6～4.8kg VSS/$(m^3 \cdot d)$。消化池中过高的固体浓度会阻碍混合过程的进行，设计时采用的挥发性固体负荷应避免实际应用中出现高浓度污泥积累。在设计中，应该同时采用停留时间和挥发性固体负荷速率来计算消化池的容积，两个结果中较大的容积为设计容积。

例 10.7　高速消化池容积

计算消化池的容积,设计参数 $\theta_x=20d$,挥发性固体负荷为 3kg VSS/($m^3 \cdot d$)。污泥的 VSS 浓度为 5%,大约是 50kg/m^3。流量为 100m^3/d。

采用 θ_x 作为参数,可以获得 $\theta=20d$,

采用挥发性固体负荷(volatile-solids loading rate,VSLR)为参数,则,

$$\theta = X_v^0/\text{VSLR} = (50\text{kg VSS}/m^3)/3\text{kg VSS}/(m^3 \cdot d) \approx 16.7d$$

可以看出按 θ_x 计算的停留时间较大,确定 $\theta=20d$,反应器容积应为

$$V = Q \cdot \theta = 100m^3/d \cdot 20d = 2000m^3$$

建议污泥浓缩为 100kg VSS/m^3,这样可以把流量降低到 50m^3/d。那么,容积会如何变化呢?

只变化 VSLR 的 X_v^0。再根据 VSLR 重新计算 θ,可得

$$\theta = 100/3 \approx 33.3d$$

现在,由负荷 VSLR 计算的停留时间较大,确定 $\theta=33.3d$。相应反应器容积为

$$V = 50m^3/d \cdot 33.3d \approx 1670m^3$$

因此,浓缩可以使消化池容积减少 17%。

10.6.2　混合

混合是为了加速高速消化池态中基质与微生物及其二者间的传质,防止在水面形成浮渣及在底部形成沉淀。消化池中,混合是通过 3 种方式结合实现的:

(1)液体物质通过泵在反应器中形成循环运动。

(2)将消化池产生的气体压缩,并通过扩散装置注入液体,形成扰动。

(3)机械混合,通常使用低速发动机,在消化池内形成液体流动。

无论使用哪种混合方法,目标都是保持足够高的液体流动速度,使消化罐中的固体物质处于均匀混合状态。目前很流行的反应器是"蛋形"消化池(图 10.23),可以促进混合,减少浮渣和沉积物的形成。详见 Speece(1996)的介绍。

图 10.23　蛋形厌氧污泥发酵罐

10.6.3　加热

对高速消化池加热是为了增加水解和产甲烷速率,以缩短停留时间。需要保持消化池

内的温度稳定,使其不受入流污泥温度与气温的影响。能耗的需求取决于入流污泥的温度差、消化池表面热量损失以及出流污泥热量的回收。原则上,如果消化池的绝热性能很好并且出流热量能用热交换器回收,消化池加热的能耗费用可以很小。

消化池内加热技术有下面 3 种:

(1) 污泥由泵提升通过外部热交换器,热污泥再返回消化池。这种方法特别适合于用回流液体实现混合的情况。

(2) 热交换器位于消化池内。

(3) 通过扩散装置注入热蒸汽。这种方法在用回流气体实现混合的情况下效果最佳。

当采用热交换器的时候,通过热交换器加热后的污泥温度,不能比消化池内的污泥温度高太多,温度过高会导致污泥中蛋白质物质在热交换器表面凝结且沉积,严重降低热交换器的性能。因而,热交换器表面积必须足够大,以提供适合的温度。

10.6.4　气体收集

在美国,多数高速消化池都设有浮动盖板,可以根据气体产量和去除速率上下浮动。盖板必须密封以防止空气进入消化池,并避免消化气体逃逸。以充分回收有价值的能源,更重要的是避免 CH_4 和 O_2 混合造成的爆炸。无论盖板浮动或是固定,都必须进行气体收集,在浮动盖板反应器中使用低压塔或者加压塔。

在将收集的气体通过燃烧产生蒸汽或转化为电力前,必须清除气体中 H_2S 和 H_2O。典型的消化池气体组成中,CH_4 占 70%,其他主要为 CO_2。由于纯甲烷的燃烧热值为 35 800 kJ/m³(STP),消化池气体净热值约为 25 000kJ/m³。甲烷的热值与天然气的热值大致相同,天然气的热值约为 37 000kJ/m³。

10.6.5　运行

厌氧污泥消化池的处理效果可以由两方面来衡量:分解可降解固体物质和将 BOD 转化为甲烷。检测固体物质分解,最常用的指标是挥发性固体去除率,该值变化范围较大,与入流污泥质量和固体停留时间密切相关。挥发性固体去除率可以达到的较高值为 67%,这一般是在消化未经生物预处理的污泥(例如初沉污泥)且在较大的 θ_x 值条件时才能达到。然而,挥发性固体去除率一般较低,在 30%~50%。部分原因是 θ_x 不高,更重要原因是,当处理对象为剩余活性污泥时,其在进入消化罐之前已经部分消化了。深度曝气工艺的剩余活性污泥,其挥发性固体去除率最低。因为在这种工艺中固体停留时间较长,会增强微生物的内源呼吸作用,使得挥发性固体中很大比例的可生物降解固体物质,在进入消化池前已经降解了。

BOD_L 的稳定化水平可用产甲烷速率检测,如例 10.1 所示。如果消化池运行稳定,即几乎不产生挥发酸积累,挥发性固体物质去除就应和甲烷产率直接成比例。挥发性固体的 COD 含量一般为 1.4~1.6g COD/g VSS。因而,可以很容易地将 VSS 分解速率与 BOD_L 稳定化速率及产甲烷速率关联起来。用一个转换因数 1.5g BOD_L/g VSS,可以得到:

BOD_L 稳定化速率(kg BOD_L/d)=1.5g BOD_L/g VSS 挥发性固体去除速率(kg VSS/d)

产甲烷速率(m³,STP/d)=0.525m³ CH_4/kg VSS 挥发性固体去除速率(kg VSS/d)

10.7　低浓度污水厌氧处理设计案例

厌氧膜生物反应器（AnMBR）在有效处理低浓度废水方面具有很大潜力，即使在温度低于 10℃ 的条件下，其处理能力仍然可以保持，这引起了越来越多的关注。以下两个例子说明了不同类型的膜生物反应器，在处理与生活污水类似的低浓度废水时的一些特性。第一个例子使用悬浮生长反应器，其中的活性微生物和其他悬浮物的 SRT 是相同的。第二个例子是一个流化床系统，在这个系统中，可以采用不同的方式管理活性微生物和其他悬浮物，它们的 SRT 可差异非常显著。

例 10.8　厌氧处理低浓度污水

根据以下参数设计一个 AnMBR 用于处理低浓度废水：

参　数	浓　度	参　数	浓　度
总 COD	500mg/L	TSS	280mg/L
溶解态 COD	200mg/L	VSS	250mg/L
总 BOD_L	480mg/L	可降解 VSS	200mg/L
溶解态 BOD_L	180mg/L	流量	4000m³/d

假设使用的是具有典型中空纤维膜的分散生长反应器，在温度降至 10℃ 时成功运行。同时假定反应器中挥发性悬浮固体浓度（X）不超过 10 000mg/L，以降低混合液黏度和膜污染。

将乙酸转化为 CH_4 设定为限速步骤，然后用式（10.36）计算 10℃ 时的最大生长速率：

$$\hat{\mu}_{10} = 0.324e^{0.06(10-35)} - 0.02e^{0.14(10-35)} = 0.072 - 0.0006 \approx 0.071d^{-1}$$

那么，$[\theta_x^{min}]_{lim(10)} = \dfrac{1}{\hat{\mu}_{10}} = \dfrac{1}{0.071} \approx 14d$

同时，$\theta_x^d = SF[\theta_x^{min}]_{lim} = 4 \times 14 = 56d$

不仅是消耗乙酸盐的过程使得微生物生长，所有涉及水解、酸化和产甲烷过程的微生物都会生长。我们不知道此污水的组成，因此假设蛋白质、多糖和脂肪的平均 f_s^0 是 0.12。

将可降解 VSS 的水解等同于初级固体的水解，由表 10.13 可知，35℃ 下的水解速率为 $3d^{-1}$。进一步假设温度每降低 10℃ 水解速率降低 50%，则方程 10.32 中的 ϕ 为 0.07，10℃ 时的水解速率为

$$k_{hyd(10)} = \frac{3}{d}e^{0.07(10-35)} = 3 \times 0.174 \approx 0.52d^{-1}$$

当 SRT 为 56d 时，根据式（10.46），生物降解后残留在 CSTR 中可降解的 VSS 组分为

$$\frac{S_{hyd}}{S_{hyd}^0} = \frac{1}{1 + 0.52 \times 56} \approx 0.0332$$

因此，96.6% 的可降解 VSS 转化为溶解性产物供微生物利用，剩余的 0.0332×200 即 6.6mg/L 可降解 VSS 与 100mg/L 不可降解 VSS 一起没有被生物降解。进水颗粒态 BOD_L（480-180＝300mg/L）与进水可降解 VSS（200mg/L）的比值是 1.5。因此，只有

$1.5 \times 0.0332 \times 200 \approx 10 \text{mg/L}$ 的总 BOD_L 是进水中可生物降解 VSS 但未生物降解而残留在反应器中。上述过程降解了 470mg/L BOD_L。如果假设 BOD_L 去除率为 95%，那么出水 BOD_L 则为 24mg/L。现在我们已经掌握了进行设计所需的所有背景信息。

如果在难降解 VSS(X_i^0)中增加剩余的可降解 VSS，其值将升高至 56.6mg/L，可通过式(6.35)得到反应器最小 HRT：

$$\theta_{min} = \frac{\theta_x}{X_v}\left\{X_i^0 + \frac{\gamma(S^0 - S)[1 + (1 - f_d)b\theta_x]}{1 + b\theta_x}\right\}$$

$$= \frac{56}{10\,000}\left\{56.6 + \frac{\frac{0.12}{1.42}(470 - 24)[1 + (1 - 0.8) \times 0.0006 \times 56]}{1 + 0.0006 \times 56}\right\}$$

$$= \frac{56}{10\,000}(53.5 + 36.7) \approx 0.505 \text{d 或 } 12\text{h}$$

反应器体积 $= 4000 \times 12/24 = 2000 \text{m}^3$

总生物固体产率可通过式(6.28)得到：

$$r_{tbp} = \frac{X_v V}{\theta_x} = \frac{10\,000 \times 2000}{56 \times 1000} \approx 357 \text{kg/d}$$

$$\gamma_{net} = \frac{357}{4000 \times 480/1000} \approx 0.186 \text{kg VSS/kg BOD}_L$$

BOD_L 转化为甲烷 $= (480 - 1.42 \times 36.7)(4000/1000) \approx 1710 \text{kg/d}$

甲烷产率 $= 1710 \text{kg BOD}_L/\text{d} \cdot 0.35 \text{m}^3 \text{CH}_4(\text{STP})/\text{kg BOD}_L$

$$\approx 599 \text{m}^3 \text{CH}_4(\text{STP})/\text{d}$$

最后，由于废水中含有多种不同的可溶性和胶体可降解化合物，实际出水 BOD 难以计算。如表 10.5 所示，同时基于 Shin 等(2014)的研究，上述基于百分比的估计对于一个运行良好的系统来说可能是合理的。还应考虑的是可溶性无机物，特别是硫化物和铁(Ⅱ)，也会影响 BOD 的测定。此外，生产的总甲烷中，相当一部分可能以溶解性甲烷的形式存在，40%~60%，如果它依旧残存在被测溶液中，也会使 BOD 测定值升高。在进行 BOD 分析前，酸化或短时间曝气可去除硫化物和甲烷。当使用厌氧而不是好氧工艺处理低浓度废水时，这些都是需要解决的问题。

例 10.9　流化床厌氧膜生物反应器

考虑与例 10.8 中相同的污水条件，使用流化床厌氧膜生物反应器，计算 HRT。生物膜载体是颗粒活性炭(granular activated carbon，GAC)，它在反应器中以特定流速循环。因此，附着在 GAC 上的微生物的 SRT 与进水 VSS 的 SRT 无关。为了实现过程的稳定性，微生物可以有更长的 SRT，但进水 VSS 的 SRT 可以比较短。

此时，我们假设 TSS 的 SRT 维持在 20d，同时 GAC 中微生物的 SRT 维持在 56d，与例 10.8 中一样。首先，剩余可降解 VSS 会根据下式增加：

$$\frac{S_{hyd}}{S_{hyd}^0} = \frac{1}{1 + 0.52 \times 20} \approx 0.088$$

这意味着 0.088×200 即 17.6mg/L 可溶解 VSS 会残留下来，成为难利用 VSS 的一部分，因此 X_i^0 会增至 67.6mg/L。产甲烷菌可利用的 BOD_L 将会减少 1.5×17.6 即 26g/L，

使可用于生物降解的 BOD_L 降至 454mg/L,其 5% 将产生 23mg/L 的出水 BOD_L。我们现在可以用与例 10.8 相同的公式计算这个反应器的 HRT,但将悬浮物质的 SRT 降低到 20d:

$$\theta_{min} = \frac{\theta_x}{X_v} \left\{ X_i^0 + \frac{\gamma(S^0 - S)[1 + (1 - f_d)b\theta_x]}{1 + b\theta_x} \right\}$$

$$= \frac{20}{10\ 000} \left\{ 67.6 + \frac{\frac{0.12}{1.42}(454 - 23)[1 + (1 - 0.8) \times 0.0006 \times 56]}{1 + 0.0006 \times 56} \right\}$$

$$= \frac{20}{10\ 000} 67.6 + 35 \approx 0.205d \text{ 或 } 4.9h$$

采用流化床反应器替代 CSTR,HRT 从 12h 显著降低至 4.9h,反应器体积减小约 60%:

$$\text{反应器体积} = 4000 \times 4.9/24 \approx 817m^3$$

此外,生物固体产率增加约 15%:

$$r_{tbp} = \frac{X_v V}{\theta_x} = \frac{10\ 000 \times 817}{20 \times 1000} \approx 409kg/d$$

参考文献

Bachmann,A.; V. L. Beard; and P. L. McCarty (1985). "Performance Characteristics of the Anaerobic Baffled Reactor." *Water Research* 19(1),pp. 99-106.

Blum,D. J. W. and R. E. Speece (1991). "A Database of Chemical Toxicity to Environmental Bacteria and Its Use in Interspecies Comparisons and Correlations." *Research J. Water Pollution Control Federation* 63(3),pp. 198-207.

Buhr,H. O. and J. F. Andrews (1977). "Review Paper,The Thermophilic Anaerobic Digestion Proess." *Water Research* 11(2),pp. 129-143.

Eastman,J. A. and J. F. Ferguson (1981). "Solubilization of particulate organic carbon during the acid phase of anaerobic digestion." *Water Pollut. Cont. Fed.* 53(3),pp. 352-366.

Gossett,J. M. and R. L. Belser (1982). "Anaerobic Digestion of Waste Activated Sludge." *J. Environ. Enr.* (ASCE) 108,pp. 1101-1120.

Jewell,W. J. (1987). "Anaerobic Sewage Treatment." *Environ. Sci. Technol.* 21, pp. 14-21.

Kugelman,I. J. and K. K. Chin (1971). "Toxicity,synergism,and antagonism in anaerobic waste treatment processes." In F. G. Pohland,Ed. *Anaerobic Biological Treatment Processes*,Washington,D. C: American Chemical Society,pp. 55-90.

Kim, J.; K. Kim; H. Ye; E. Lee; C. Shin; P. L. McCarty and J. Bae(2011). "Anaerobic fluidized bed membrane bioreactor for wastewater treatment." *Environ. Sci. Technol.* 45, pp. 576-581.

Lai,Y. -J.; P. Parameswaran; A. Li; A. Aguinaga; and B. E. Rittman (2016). "Selective fermentation of carbohydrate and protein fractions of *scenedesmus*, and biohydrogenation of its lipid fraction for enhanced recovery of saturated fatty acids." *Biotechnol. Bioengr.* 113, pp. 320-329.

Lawrence,A. W. and P. L. McCarty (1969). "Kinetics of methane fermentation in anaerobic treatment." *J. Water Pollut. Cont. Fed.* 41,pp. R1-R17.

Lettinga，G.；R. Roersma；and P. Grin（1983）."Anaerobic treatment of raw domestic sewage at ambient-temperatures using a granular bed UASB reactor."Biotechnol. Bioeng. 25，pp. 1701-1723.

Lettinga, G.；A. F. M. van Velsen；S. W. Hobma；W. Dezeeuw；and A. Klapwijk（1980）."Use of the upflow sludge blanket（USB）reactor concept for biological wastewater treatment，especially for anaerobic treatment."*Bioteclmol. Bioeng*. 22，pp. 699-734.

Lin，C. Y.；T. Noike；K. Sato；and J. Matsumoto（1987）."Temperature characteristics of the methanogenesis process in anaerobic digestion."*Water Sci. Technol*. 19，pp. 299-300.

Martin，L.；M. Pidou；A. Soares；S. Judd；and B. Jefferson（2011）."Modelling the energy demands of aerobic and anaerobic membrane bioreactors for wastewater treatment."*Environ. Technol*. 32，pp. 921-932.

McCarty，P. L.（1964a）."Anaerobic Waste Treatment Fundamentals，Part I，Chemistry and Microbiology."*Public Works* 95（September）：pp. 107-112.

McCarty，P. L.（1964b）."Anaerobic Waste Treatment Fundamentals，Part II，Environmental Requirements and Control."*Public Works* 95（℃tober）：pp. 123-126.

McCarty，P. L.（1964c）."Anaerobic Waste Treatment Fundamentals，Part III，Toxic Materials and Their Control."*Public Works* 95（November）：pp. 91-94.

McCarty，P. L.（1964c）."Anaerobic Waste Treatment Fundamentals，Part IV，process design."*Public Works* 95（November）：pp. 95-99.

McCarty，P. L.（1981）."One hundred years of anaerobic treatment." In Hughes，D. E.；D. A. Stafford；B. I. Wheatley；W. Baader；G. Lettinga；E. J. Nyns；W. Verstraete；and R. L. Wentworth，Eds. *Anaerobic Digestion* 1981. Amsterdam：Elsevier Biomedical Press，pp. 3-22.

McCarty，P. L. and R. E. McKinney（1961）."Salt toxicity in anaerobic digestion."*J. Water Pollut*. Cont. Fed. 33，pp. 399-414.

McCarty，P. L. and D. P. Smith（1986）."Anaerobic wastewater treatment."*Environ. Sci. Technol*. 20，pp. 1200-1206.

Oliveira，S. C. and M. Von Sperling（2008）."Reliability analysis of wastewater treatment plants."*Water Res*. 42，pp. 1182-1194.

O'Rourke，J. T.（1968）. *Kinetics of Anaerobic Treatment at Reduced Temperatures*. PhD dissertation，Stanford University.

Owen，W. F.；D. C. Stuckey；J. B. Healy，Jr.；L. Y. Young；and P. L. McCarty（1979）."Bioassay for monitoring biochemical methane potential and anaerobic toxicity."*Water Res*. 13，pp. 485-492.

Parkin，G. F. and W. F. Owen（1986）."Fundamentals of anaerobic digestion of wastewater sludges."*J. Environ. Engr*. 112（5），pp. 867-920.

Sawyer，C. N.；P. L. McCarty；and G. F. Parkin（2003）. *Chemistry for Environmental Engineering*，5th ed. New York：McGraw-Hill.

Seghezzo，L.；G. Zeeman；J. B. van Lier；H. V. M. Hamelers；and G. Lettinga（1998）."A review：the anaerobic treatment of sewage in UASB and EGSB reactors."*Biores. Technol*. 65，pp. 175-190.

Shin，C.；J. Bae；and P. L. McCarty（2012）."Lower operational limits to volatile fatty acid degradation with dilute wastewaters in an anaerobic fluidized bed reactor."*Biores. Teclmol*. 109，pp. 13-20.

Shin，C.；P. L. McCarty；J. Kim and J. Bae（2014）."Pilot-scale temperate-climate treatment of domestic wastewater with a staged anaerobic fluidized membrane bioreactor（SAF-MBR）."*Biores. Teclmol*. 159，pp. 95-103.

Smith，A. L.；L. B. Stadler；N. G. Love；S. J. Skerlos；and L. Raskin（2012）."Perspectives on anaerobic membrane bioreator treatment of domestic wastewater：a critical review.” *Biores. Technol*. 122，pp. 149-159.

Speece，R. E. (1983). “Anaerobic biotechnology for industrial wastewater treatment.” *Environ. Sci. Technol*. 17，pp. 416A-427A.

Speece，R. E. (1996). *Anaerobic Biotechnology for Industrial Wastewaters*. Nashville：Archae Press.

Stuckey，D. C. (2012). “Recent developments in anaerobic membrane reactors.” *Biores. Technol*. 122，pp. 137-148.

Stander，G. J. (1966). “Water Pollution Research—A Key to Wastewater Management.” *J. Water Pollution Control Federation* 38，p. 774.

Tong，X. and P. L. McCarty (1991). “Microbial hydrolysis of Lignocellulosic materials.” In R. Isascson，Ed. *Methane from Community Wastes*. London：Elsevier Applied Science，pp. 61-100.

Tong，X.；L. H. Smith；and P. L. McCarty (1990). “Methane fermentation of selected Lignocellulosic materials.” *Biomass* 21，pp. 239-255.

van Lier，J. B. (1996). “Effect of thermophilic anaerobic wastewater treatment and the consequences for process design.” *Antoníe van LeeuwenllOek* 69，pp. 1-14.

习　　题

10.1　请设计一个有沉淀与回流的完全混合厌氧反应器，进水特性如下：

$$Q = 1000 \, \text{m}^3/\text{d}$$
$$S^0 = 1500 \, \text{mg BOD}_\text{L}/\text{L}$$
$$X_\text{v}^0 = X_\text{i}^0 = 50 \, \text{mg VSS}/\text{L}$$

依据实验室研究结果和化学计量学估算出如下动力学参数：

$$\hat{q} = 10 \, \text{g BOD}_\text{L}/(\text{g VSS}_\text{a} \cdot \text{d})$$
$$K = 100 \, \text{mg BOD}_\text{L}/\text{L}$$
$$b = 0.05 \, \text{d}^{-1}$$
$$\gamma = 0.2 \, \text{g VSS}_\text{a}/\text{g BOD}_\text{L}$$
$$f_\text{d} = 0.8$$

设计参数：

安全系数 = 20

$$\text{MLVSS} = 2\,500 \, \text{mg}/\text{L}$$
$$X_\text{v}^\text{r} = 10\,000 \, \text{mg VSS}/\text{L}$$
$$X_\text{v}^\text{eff} = 50 \, \text{mg VSS}/\text{L}$$

请计算：

(a) $[\theta_\text{x}^\text{min}]_\text{lim}$。

(b) θ_x^d。

(c) 出水基质浓度 S。

(d) U（式 11.4），单位 kg/(kg VSS$_\text{a} \cdot$ d)。

(e) 每天去除的基质量(kg)。

(f) 生物反应器产生的活性、惰性和总挥发性固体物的质量(kg/d)。

（g）反应器内的活性，惰性和总 VSS 量（kg）（提示：θ_x 对活性和惰性生物量相同）。

（h）水力停留时间 θ。

（i）X_a/X_v 比值（提示：θ_x 对 X_a 和 X_v 相同）；求反应器中的 X_a。

（j）如果污泥从回流线上排放，求污泥排放速率（Q^w）。每天排放的活性、惰性和总 VSS 量（kg/d）（计入进水和出水的固体物质）。

（k）所需的回流率（Q_r）和回流比 R。

（l）容积负荷率[kg(/m³·d)]。

（m）如果计量出水中活性 VSS 的 BOD，求出水中固体的 BOD_L。

（n）出水 SMP 浓度。

（o）进水所需 N 和 P 的最小浓度（mg/L，kg/d）。

10.2 拟采用生物处理方法，处理一被 100mg/L SO_4^{2-} 污染的废水，使硫酸盐转化为 H_2S-S，然后从水中吹脱到大气中，吹脱过程不用考虑。加入的电子供体为醋酸（CH_3COOH），可以是醋。废水性质如下：

流量＝1000m³/d

硫酸盐＝100mg/L（以 S 计）

挥发性悬浮固体物质＝0

基于之前的试验和理论，估算的限速基质醋酸（COD 表示）的参数如下：

$$f_s^0 = 0.08$$
$$\hat{q} = 8.6\text{g COD}/(\text{g VSS}_a \cdot \text{d})$$
$$b = 0.04\text{d}^{-1}$$
$$K = 10\text{mg COD/L}$$
$$f_d = 0.8$$
$$氮源 = NH_4^+\text{-N}$$

采用以下设计参数：

用固体沉淀和回流系统

$$\theta_x = 10\text{d}$$
$$\theta = 1\text{d}$$

出水硫酸盐浓度为 1mg S/L

请计算以下重要设计信息：

（a）出水醋酸浓度（mg/L COD）。

（b）依据化学计量学原则，计算当出水硫酸盐浓度从 100mg/L 降低到 1mg/L 时，需要在进水中加入的醋酸浓度（mg/LCOD）（S 的摩尔质量为 32g/mol）。

（c）活性、惰性和总挥发性悬浮固体物质的浓度（mg VSS/L）。

（d）出水 VSS 为 5mg/L 和回流 VSS 为 5000mg/L 时剩余污泥排放量（kg VSS/d）和处理流量。

（e）回流比 R。

（f）基于（常规）多基质方法，确定出水 SMP 浓度。

（g）发现设计中存在什么问题吗？如果有，请解释原因并给出解决方案。

10.3 淹没式生物滤池常常用于产甲烷发酵。本题中,废水中的主要可降解有机物质是醋酸,用淹没式生物滤池处理该废水,要求达到 90% 的醋酸去除率,请确定反应器的容积。

淹没式生物滤池可以视为 CSTR,因为产生的气体有混合的作用,这种假设对于产甲烷发酵来说是合理的,所以限速基质的浓度在整个反应器内是相同的,而且和出水浓度也相等。假设基质浓度是进水浓度的 10%,并有如下条件:

$\hat{q} = 8$ mg COD/(mg VS_a · d) $\qquad$ $X_f = 20\,000$ mg VS_a/L

$K = 50$ mg COD/L $\qquad\qquad\qquad$ $L = 0.015$ cm

$\gamma = 0.06$ mg VS_a/mg COD $\qquad\quad$ $D = 0.9$ cm^2/d

$b' = 0.02$ d^{-1} $\qquad\qquad\qquad\qquad$ $D_f = 0.8D$

$b_{det} = 0.01$ d^{-1}

$Q = 15$ m^3/d $\qquad\qquad\qquad\qquad\quad$ $h = 0.8$(持液量)

$S^0 = 2000$ mg COD_L/L $\qquad\qquad$ $a = 1.2$ cm^2/cm^3

$X_i^0 = 0$

用稳态生物膜模型:

(a) 确定所需的反应器体积 V(m^3)。

(b) 确定水力停留时间 (V/Q)(hr)。

(c) 计算出水活性悬浮固体物质浓度 X_a(mg/L)。

(d) 计算出水惰性有机悬浮固体物质浓度 X_i(mg/L)。

(e) 计算出水总 VSS 浓度 X_v(mg/L)。

10.4 用一个容积为 20m^3 的产甲烷发酵 CSTR,处理流量为 2m^3/d 的脂肪酸废水,该废水的 BOD_L 为 11 000mg/L。在标准温度和压力下(STP)的产甲烷速率(m^3/d)是多少?

10.5 在 35℃ 下,用容积为 2500L 的产甲烷发酵固定膜反应器处理废水,废水流量为 5000L/d,溶解性有机物质的 BOD_L 浓度为 6000mg/L。反应器出水 BOD_L 为 150mg/L。计算反应器中生物膜总表面积。废水中有机物质主要是醋酸(一种脂肪酸),假设反应器运行状况类似于厚生物膜($S_w = 0$)完全混合系统,对于醋酸假设 $D = 0.9$ cm^2/d,$K = 50$ mg BOD_L/L,$D_f = 0.8D$,$L = 0.01$ cm,$\hat{q} = 8.4 BOD_L$/(g VS_a · d),$b = 0.1$ d^{-1},$X_f = 20$ mg VS_a/cm^3。

10.6 采用产甲烷发酵 CSTR,请计算标准条件下(0℃,1atm),去除每千克 BOD_L 能产生多少升甲烷气体。假设停留时间为 20d,$f_s^0 = 0.11$,$b = 0.05$ d^{-1}。

10.7 采用一实验室厌氧生物处理反应器处理废水,废水含可生物降解 COD 为 12 000mg/L,COD 的去除率为 98%,形成了 800mg/L 的生物细胞。请计算甲烷产量(g/L)。

10.8 请设计产甲烷发酵法处理系统。废水流量为 10 000m^3/d,仅含有溶解性物质,主要是蛋白质类,BOD_L 为 4000mg/L。采用的处理系统是带有沉淀和回流的 CSTR。

(a) 请在合理的假设下,在常规范围内选取一个安全因子,确定合适的反应器容积。

(b) 计算该处理系统的污泥产率。

(c) 计算在标准状态下(0℃,1atm),该系统的甲烷产量。简要说明所做的假设及所选参数值的理由。

10.9 采用一厌氧 CSTR,处理浓度为 0.2mol/L 的丙酮酸盐废水,停留时间为 15d。假设处理效率为 97%,请计算在标准状态下反应器的甲烷产量(g/L)。为了求解问题,先假定能量传递效率为 60%,微生物分解速率为 0.08d^{-1},根据热力学计算估算 f_s^0。

10.10 设计厌氧处理系统时,一般应考虑的两个限速步骤是什么?

10.11 采用厌氧产甲烷发酵处理污泥时,会遇到超负荷或者一些扰动的情况,比如短脂肪酸(例如醋酸和丙酸)的浓度突然增加,会导致 pH 的明显下降。请问导致这种突发情况的生物机制是什么?

10.12 采用无回流的厌氧产甲烷发酵 CSTR,在 30℃ 条件下,处理工业废水,反应器运行正常(SF 值相对较高),容积 V 保持固定值。请填写下面的表格,指出表格左栏中每一个变量微小的增长将对表头中 4 项指标产生何种影响,假设任一个变量变化时,左栏中其他变量都保持不变。表示符号如下：(＋)=增加,(－)=减少,(0)=无变化。

变　　量	运行状况			
	θ_x/d	总出水固体物质浓度 X^e/(mg/L)	BOD_L 去除率/%	甲烷产量/(m^3/d)
$\hat{q}$				
Q^0				
S^0				
b				
K_c				
X_i^0				
γ				

10.13 采用一个无回流的 CSTR 厌氧消化池处理如下废水:
$$Q^0 = 160m^3/d$$
$$S^0 = 32\,000mg\ BOD_L/L(大部分可溶)$$
碳水化合物 = 可降解有机物的 50%
脂肪酸 = 可降解有机物的 50%
$$SF = 5$$
温度 = 35℃
$$K_c(脂肪酸) = 1000mg/L$$
估算标准状态下反应器的甲烷产量(m^3/d)。

10.14 拟用厌氧处理法处理一主要含有溶解性碳水化合物的废水。废水的流量为 1000m^3/d,BOD_L 为 10 000mg/L。请估算 θ_x 为 15d,标准状态下(0℃,压力为 1atm,此时 1mol 甲烷为 22.4L)CSTR 的甲烷产量(m^3/d),假设 K_c 为 600mg BOD_L/L。

10.15 设计一个厌氧消化池(无回流有甲烷生产的 CSTR),用于在 35℃ 下处理污泥,采用典型的反应器参数且安全因子为 8。计算标准状态下(0℃,1atm)的甲烷产量(m^3/d),污泥的特性如下:
$$Q^0 = 20m^3/d$$
$$X_i^0 = 21\,000mg\ VSS_i/L$$
$$X_v^0 = 33\,000mg\ VSS/L$$

$$\gamma = 1.6\text{g COD}_L/\text{g 可降解 VSS}$$

$$S_{sol}^0 = 18\ 000\text{mg COD}_L/\text{L}$$

$$k_{hyd} = 0.15\text{d}^{-1}$$

$$f_s = 0.14\text{(整个反应器)}$$

$$K_c = 4000\text{mg/L（挥发性脂肪酸）}$$

$$b = 0.08\text{d}^{-1}\text{（整体反应）}$$

$$b = 0.02\text{d}^{-1}\text{（产挥发性脂肪酸微生物）}$$

10.16　一个产甲烷发酵反应器,突然受到由于某种碳水化合物如葡萄糖引起的冲击负荷影响,那么下列各参数可能会发生:①增加;②降低;③保持不变;④增加或降低都有可能。

(a) pH 值。

(b) 挥发性有机酸。

(c) 碱度。

(d) 总气体产量。

(e) 甲烷的百分比。

(f) 二氧化碳的百分比。

(g) 氢气的百分比。

(h) 出水 COD。

(i) 反应器温度。

10.17　用无回流的产甲烷 CSTR 处理剩余污泥,$X_v^0 = 30\text{g/L}$,$X_i^0 = 10\text{g/L}$,悬浮固体 COD/VSS$=1.8$,$Q^0 = 10^3\text{m}^3/\text{d}$,$S_s^0 = 0$。如果水解速率 $k_{hyd} = 0.15\text{d}^{-1}$,脂肪酸的产甲烷发酵速率系数为 $\gamma = 0.04\text{g VSS}_a/\text{g COD}$,$\hat{q} = 8\text{g COD}/(\text{VSS}_a \cdot \text{d})$,$K_c = 2\text{g COD/L}$,$\theta_x^d = 20\text{d}$,$f_e = 0.9$,计算在标准状态下($0℃$,$1\text{atm}$)反应器中甲烷的产量($\text{m}^3/\text{d}$)。

10.18　确定污泥消化池的容积,设计条件为:(a)挥发性固体的负荷为 3.8kg VSS/($\text{m}^3 \cdot \text{d}$);(b)污泥停留时间为 30d。在这两种情况下,污泥的 SS 浓度为 50kg/m^3,流量为 $100\text{m}^3/\text{d}$,VSS/SS$=75\%$。估计 VSS 去除率为 60%,浓缩污泥的 SS$=80\text{kg/m}^3$。

10.19　请计算消化液 pH 值,总碱度为 2400mg/L(以 $CaCO_3$ 计),挥发性脂肪酸为 1800mg/L(以 HAc 计),该消化液暴露在 CO_2 分压为 0.6atm 的环境中。该消化池存在问题吗? 如果存在,必须立即采取何种措施以避免 pH 骤降?

10.20　两个厌氧消化池处理相同污泥,但有机负荷不同。消化池 A 和 B 的总碱度为 2750mg/L(以 $CaCO_3$ 计)。消化池 A 的挥发性脂肪酸浓度为 200mg/L(以 HAc 计),B 的浓度为 2000mg/L(以 HAc 计)。如果二者的 CO_2 分压均为 0.3atm,请问哪个消化池的有机负荷更高? 是否过高?

10.21　如果 $CH_4(g)$ 的分压为 0.6atm,反应器内液体 $CH_4(aq)$ 的摩尔浓度是多少? 亨利常数为 $1.5 \times 10^{-3}\text{mol/L atm}$。液相 CH_4 的 COD (mg/L)为多少? 出水 $CH_4(aq)$ 等于总 CH_4 产量的 50%、10% 和 1% 时,COD 去除(mg/L)分别应为多少?

10.22　采用稳态生物膜模型和标准化负荷曲线来设计一个厌氧生物膜反应器,用于处理含有醋酸的废水。因为乙酸型产甲烷细菌的生长速率很慢,你需要选择一种具有高效附着面积的介质,其生物剥离速率 $b_{det}=0.01d^{-1}$,以及合适的比表面积为 $200m^{-1}$。其他相关参数如下:

$$\hat{q}=10mg\ Ac/(mg\ VS_a \cdot d)$$
$$K=400mg\ Ac/L$$
$$\gamma=0.04mg\ VS_a/mg\ Ac$$
$$b=0.02d^{-1}$$
$$X_f=50mg\ VS_a/cm^3$$
$$L=50\mu m=5\times10^{-3}cm$$
$$D=1.3cm^2/d$$
$$D_f=1.04cm^2/d$$

流量为 $400m^3/d$ 下,醋酸初始浓度为 46 900mg/L(或者 COD 为 50 000mg/L)时,醋酸去除率为 95%,确定设计醋酸通量、生物膜表面积、反应器容积以及甲烷产量。

10.23 设计一级和二级污泥消化池时,如何确定一级消化池内消化污泥的浓缩程度很重要。本题分析一级消化池内的固体浓度。请问,一级厌氧消化池的出水 VSS 浓度和 VSS 去除百分比是多少? 已知:

$$进水流量 = 100m^3/d$$
$$运行时消化液容量 = 1500m^3$$
$$总进水\ VSS = 5\%(重量)$$
$$进水惰性\ VSS = 1.75\%(重量)$$
$$水解速率系数 = 0.3d^{-1}$$
$$不考虑合成新生物体$$

10.24 为了避免出现 pH 抑制,要将 pH 值增加到 7.2。目前的 pH 值是 6.5,总碱度 = 2400mg/L(以 $CaCO_3$ 计),VFAs=2000mg/L(以 HAc 计),$P_{CO_2}=0.5atm$。可以通过降低 CO_2 的分压或者提高重碳酸盐碱度来增加 pH 值。如果碱度不变化,要达到 pH=7.2,CO_2 的分压应为多少? 如果 CO_2 的分压维持在 0.5atm,要达到 pH=7.2 时,需要加多少碱? 哪一种途径更为可行?

第11章 好氧悬浮-生长工艺

好氧悬浮-生长工艺是废水处理的主流工艺。传统好氧工艺是 1914 年发明的活性污泥法,已有 100 多年的历史,形成了多种构型,例如延时曝气、接触曝气、分步进料和高效活性污泥法。近年来,又有一些重要进展,包括与膜、颗粒污泥和生物膜载体的联用。但无论怎么改进,活性污泥的核心没有变。

1914 年,Ardern 和 Lockett 在英格兰创立了活性污泥工艺。他们发现通过对污水曝气可以形成絮状悬浮颗粒物。当这些悬浮颗粒物保留在系统中时,有机污染物去除(包括硝化作用,见第 13 章)的时间可以由几天缩短到几小时。他们称这些悬浮颗粒物,尤其是由沉淀池中收集到的颗粒物,是有"活性"的,因此,这种工艺被称为"活性污泥法"。1917 年,曼彻斯特公司已经开始运行一座处理能力为 946m³/d 的连续流污水处理厂。同年,在美国得克萨斯州的休斯敦,建起了一座处理能力为 38 000m³/d 的污水厂。此后,在英国和美国的大城市相继建起了多座污水处理厂(Sawyer,1965)。

那时,尽管已成功地使用活性污泥法来处理污水,但人们对于工艺运行的机理却缺乏了解。早期发表的很多相关文章,围绕污染物的去除是通过物理作用还是生物作用这一问题进行争论。到 1930 年,已经有充分的证据,证明活性污泥法是一种生物处理工艺。但尚无适宜的理论解释影响去除率的各种因素。曝气池的设计,一般基于其他工程的经验和一些经验参数,如水力停留时间或单位池体积承担的人口当量负荷等。这些经验的方法,对于具有相似流量和有机物浓度的城市污水处理工艺设计是有效的,而对于那些具有特殊性的城市污水(如含工业废水比例较高的城市污水和一些工业废水等)却往往会产生问题,因此,需要反复地对工艺进行改进。20 世纪 50 年代和 60 年代,关于污水处理工艺原理的理论终于被创建和发展起来,从而可以根据废水的特性更加合理地进行工艺设计。由于基础设计理论的不断发展,活性污泥法迅速得到推广和应用,并超过滴滤池成为了有机废水的主要生物处理工艺。

活性污泥法的大规模成功应用并不意味着它不存在问题。由于废水流量和组成很难人为控制,要获得稳定的处理效果,即使现在,对工程师和运行人员而言依然是巨大的挑战。此外,要实现稳定运行,需要有对生物工艺中的微生物进行测定和控制的简单方法。处理系统的生态环境每天都在变化,可能会导致严重的问题,比如微生物絮体不密实则会引起污泥膨胀问题。发生污泥膨胀后,则无法及时地截留和回流微生物,也就无法维持需要的微生物浓度。神奇的是,尽管有这些不确定和不可控的因素,活性污泥法依然具有一定的稳定性。

但要使工艺稳定可靠,设计和运行人员需要熟悉原理并具有实践经验。

本章将讨论活性污泥法的基本特性,并介绍各种活性污泥法的改良工艺,以及这些工艺的应用和常用的负荷参数(很大程度上基于第2～9章中所介绍的原理)。接着,本章还会对工艺的限制因素进行着重的讨论,比如污泥悬浮固体浓度、传氧速率以及污泥沉淀中的一些问题。为了使前几章介绍的原理能指导实践,本章还介绍了一套全面的设计与工艺分析方法。在对活性污泥法进行优化设计时,应将曝气池和沉淀池的设计作为一个整体来考虑。因此,本章系统地讲述了沉淀池的分析和设计。最后,本章介绍了几种可以不用沉淀池的新工艺,包括使用膜分离单元、颗粒污泥或添加生物膜载体等。

11.1 活性污泥法的工艺特性

11.1.1 活性污泥法的基本构成

在最基础的构成中,活性污泥工艺包括一个称为曝气池的反应器、一个沉淀池、从沉淀池到曝气池的污泥回流以及剩余污泥排出。在传统的活性污泥工艺中,曝气池中有呈聚集状的微生物,称为微生物絮体或活性污泥。微生物消耗并氧化输入的有机电子供体,统称为BOD。通过曝气或其他机械手段进行混合,使活性污泥在反应器中保持悬浮。当由处理后的废水和微生物絮体组成的混合液通过沉淀池时,微生物絮体通过沉淀从处理水中去除,然后返回曝气池或被废弃掉。清澈的出水被排放到环境中或被进一步处理。

捕获沉淀池中的絮体并将其循环回反应器是活性污泥工艺的关键,因为这对维持生物反应器中微生物浓度至关重要。因此,应维持较高的污泥浓度并使其具有活性。高微生物浓度,可以缩短污水的水力停留时间,通常以小时为单位进行测量,从而使工艺紧凑且成本降低。通过独立的排泥管废弃污泥,可以使污泥停留时间(SRT 或 θ_x)与水力停留时间(HRT 或 θ)分离开,并且远大于水力停留时间(HRT 或 θ)。

11.1.2 微生物生态

活性污泥工艺依赖于对微生物的选择压,这些微生物以废水 BOD 作为电子供体,非常适合悬浮生长于具有污泥回流工艺的好氧反应器中。活性污泥的微生物种群有两个最主要的特性。第一,活性污泥中包含有多种不同的微生物。通常包括原核生物(细菌)和真核生物(原生动物、甲壳纲动物、线虫和轮虫),可能还有噬菌体(细菌病毒)。真菌很少成为活性污泥群落中的优势种群。第二,多数微生物在自然产生的有机聚合物与静电作用下相互连接而形成生物絮体。

有机物 BOD 的初级消费者是异养型细菌,有时原生动物也能去除一些有机颗粒物。从生物量衡量,异养细菌是污泥微生物群落中的主要菌种(Pike and Curds,1971)。某些细菌种类能够利用多种不同的有机物,而另一些则比较专一,仅利用几种有机物。

尽管异养细菌多种多样,它们还是具有一些重要共性,这对设计非常重要。一个共同点是它们产生细胞外聚合物(extracellular polymeric substances,EPS),这些 EPS 是形成并维持絮体的黏合剂。第8章提供了有关 EPS 的更多信息。第二个共同点,在第6章介绍过,它们的基本化学计量和动力学参数是相似的,因为它们都使用有机物作为电子供体,O_2 是其电子受体。下面列出了一些常用的参数,从中我们可以对异养微生物有个基本认识。由于只选取了常用参数在 20℃时的数值,仅可提供异养微生物的一些一般特性。

限制性基质	BOD$_L$
γ	0.45mg VSS$_a$/mg BOD$_L$
$\hat{q}$	20mg BOD$_L$/(mg VSS$_a$·d)
$\hat{\mu} = \gamma\hat{q}$	9d^{-1}
K	1mg BOD$_L$/L(简单基质);
	10~100mg/L(复杂基质)
b	0.15d^{-1}
f_d	0.8
θ_x^{min},限制值	0.11d
S_{min}	0.017mg BOD$_L$/L(简单基质);
	0.17~1.7mg BOD$_L$/L(复杂基质)

这些常用参数告诉我们,活性污泥中的异养微生物生长较快(μ 相对较大,约为 9d^{-1}),极限值 θ_x^{min} 很小(约为 0.11d)。非常保守的设计中污泥龄可以达到 11d,这时安全系数为 100;污泥龄为 4d 时,安全系数也有 36。给出的 S_{min} 值表明,可以使处理系统出水的基质浓度很低,远远低于典型的出水 BOD$_5$ 浓度标准(10~30mg/L)。

有时污泥中会有化能自养细菌,它们通过氧化氨、亚硝酸盐、硫化物、二价铁盐等物质来获得能量。化能自养细菌不是本章讨论的重点,本章主要讨论活性污泥法中有机物(BOD)的好氧氧化,关于氨和硝酸盐的氧化将在第 13 章中进行讨论。在讨论污泥膨胀问题时会涉及氧化硫化物的细菌。

其他一些微生物是二级消费者,它们利用初级消费者的代谢产物。这些微生物包括原生动物,它们能够降解 BOD 分解的副产物、其他微生物的死亡残体及其溶解的产物;还包括一些捕食者,其中绝大多数是捕食细菌和噬菌体的真核生物。

异养细菌种类繁多,并争夺混合废物(如生活废水)中可用的各种电子供体。它们也争夺氧气,由于进水物质成分、温度、SRT 以及捕食者和病毒的影响,活性污泥的物种组成可能会随时间发生显著变化。一方面,活性污泥微生物组成的变化可以改变絮体的物理特性,例如絮体的聚集强度、沉降速度以及压实和形成致密污泥的能力。另一方面,异养菌的高度多样性确保了功能冗余,从而最大限度地减少了生物降解能力的损失。因此,活性污泥工艺的失败,通常不是由代谢能力的丧失引起的,而是由聚集不足引起的。

活性污泥中的主要细菌种群是革兰氏阴性菌,但革兰氏阳性菌也很重要(Pike and Curds,1971)。一些被确认的主要菌种包括:假单孢菌(*Pseudomonas*)、节杆菌(*Arthrobacter*)、丛毛单胞菌(*Comamonas*)、缨滴虫属(*Lophomonas*)、菌胶团(*Zoogloea*)、孤岛杆菌(*Dokdonella*)、弓形杆菌(*Arcobacter*)、球衣细菌(*Sphaerotilus*)、固氮菌(*Azotobacter*)、着色菌(*Chromobacterium*)、无色菌(*Achromobacter*)、黄质菌(*Flavobacterium*)、杆菌(*Bacillus*)和诺卡菌(*Nocardia*)等。菌胶团曾经被认为是使污泥絮体聚集的主要微生物,但是由于大多数类型的细菌都会产生 EPS 而聚集在一起,形成菌胶团,因此这种观点不再被接受。有一些微生物,如球衣细菌或诺卡菌通常被认为是引起污泥沉降性能恶化的原因,但实际上许多细菌都能够引起污泥沉降性能恶化。

在活性污泥中发现了许多种原生动物,总数约为每毫升 50 000 个(Pike and Curds,1971;Huws et al.,2005)。原生动物虽然不是有机物的初级消费者,但很早就发现它们是能够反映运行状况的指示性生物。在运行"良好"的工艺中,纤毛类原生动物占优势,那些附着生长的有柄纤毛虫(而不是游泳型纤毛虫)是污泥性能良好的指标。形成这种情况的生态原因以及如何使用原生动物作为指示生物将在 11.1.4 节中讨论。健康的原生动物种群也表明废水中可能不含有毒化学物质,因为原生动物往往对有毒化学物质更敏感。

在活性污泥中还会发现轮虫、线虫和其他多细胞动物。但这些动物在工艺中的作用并不显著。这些动物可以消化含有成群细菌的污泥块,以微生物絮体碎片和颗粒物为食物。因为它们常常出现在具有较长的 SRT 的系统中,所以这些多细胞动物可用于指示运行稳定、SRT 较长的系统。

细菌、病毒或噬菌体在整个工艺中的作用尚待深入研究,但它们的存在很可能会导致优势细菌种类的快速转变。噬菌体与污泥膨胀有关(Yang et al.,2017)。由于活性污泥中有多种细菌群落共存,因此即使一种噬菌体将一种细菌灭绝,其他种群会很快取代其位置,系统处理效果并不会发生明显变化。这是生态系统中存在冗余种群的典型例子,也很可能是活性污泥工艺稳定运行的一个主要原因。

11.1.3 氧气和营养需求

活性污泥法需要供氧气和营养,满足微生物的需求。在多数情况下,电子供体或 BOD 是微生物繁殖和生长的限制因子。这意味着营养物质和电子受体(这里指氧气)的浓度远高于它们的半饱和浓度(K)。对于溶解氧(dissolved oxygen,DO),半饱和浓度一般小于 1mg/L,水中的溶解氧浓度达到 2mg/L 或者更高时,氧气就不是限制因子。文献中对于营养物质,如氮、磷、铁、硫和其他微量元素等的半饱和浓度没有给出确定数值,但一般认为其浓度较低,远远小于 1mg/L。

耗氧速率和基质利用速率与微生物内源呼吸速率成比例。第 6 章讨论了如何计算耗氧速率,本章后续的设计实例中将介绍一种最直接的方法。曝气的供氧速率应大于氧气的消耗速率,溶解氧的浓度则需要保持在限制浓度左右或之上。

营养物质的消耗速率与生物合成速率成正比。第 6 章中还介绍了如何计算这些速率。在稳态下,生物体的合成量等于它们被排出系统的量,营养物质通常随污水进入处理系统,营养物质的浓度应足够大,大于生物净合成需要的量,这个量可以采用化学计量方程计算,这样营养物质才不会成为限制性因素。如果营养物质的浓度不能达到要求,就需要定量补充以弥补营养的不足。

对微量营养物质浓度,用化学计量方法进行预测比较困难,相关的研究非常有限。在一般情况下,污水中含有这些营养物质,但也并非总是如此。一种方法是可以通过对污水成分的分析,来判断一些主要微量元素如铁、硫、锌、铜和钼酸盐等是否存在。另外一种方法是在实验室中进行平行对照实验,以待测的废水作为实验对象,如果其缺乏氮磷元素可以加入一定量进行补充。然后取一份水样加入微量元素,一份不加,平行开展污泥降解实验。如果未加入微量元素的废水中污染物的降解速率与加入的相似,则说明原来的废水中含有足够的微量营养元素。

11.1.4　污泥停留时间的影响

污泥停留时间(SRT),或称污泥龄(θ_x),在活性污泥系统中不仅可用于控制污水处理的效果,也可用于控制污泥物理和生物特性。根据动力学原理,延长污泥龄可以提高底物去除率。但是,对于活性污泥,其他因素更加重要。首先,溶解性代谢产物(SMP)的生成与降解,实际上控制着用 BOD 或 COD 测定的溶解性有机物指标表征的出水质量。如第 8 章所述,SRT 以非线性方式影响 SMP 浓度。其次,延长污泥龄会改变污泥的沉降性能。如果污泥龄的延长使得悬浮固体去除率下降,那么 BOD 的整体去除率也会降低。基于多年的运行经验,污泥龄一般控制在 4～10d 范围内,以使去除率和经济性得到平衡。尽管如此,污水厂的运行人员仍然需要不断调整污泥龄,针对污水厂的实际条件寻找最佳的运行点。

活性污泥是一个复杂的生态系统,其中既有利用进水中 BOD 的初级消费者,又有以初级消费者为食的二级消费者和捕食者。增长污泥龄可以使系统中积累一些增殖速度慢的微生物,而污泥龄过短这些微生物会逐渐流失。捕食性的真核生物增殖较慢,在工艺的启动期或运行不稳定时很容易流失,这时混合液中的细菌也常呈分散状态。在这种情况下,沉淀后的出水容易浑浊,这一方面是由于菌体的絮凝状态不好,另一方面也是由于原生动物的存在,它们尺寸较小也较难沉降。此时,可以快速游动的小型原生动物,如游泳型纤毛虫,由于可以快速游动,捕食分散的猎物,更容易存活。当运行稳定,污泥龄保持在 5～8d 范围内时,污泥絮体的沉降性较好,则带柄的纤毛类原生动物可以附在絮体上成为主要的捕食者。它们还可以通过纤毛捕食水中少量游离的细菌,来帮助净化污水。由于和污泥附着在一起,这些原生动物还可以通过回流污泥回到曝气池当中。水中存在大量附着型的原生动物,通常被认为是一个系统运行良好且稳定的标志。

当 SRT 超过 10d 时,会出现生长更慢的捕食者。它们主要是多细胞生物,例如轮虫和线虫,往往可以吃掉整个絮体颗粒。捕食絮体,可能导致形成更小的非絮凝颗粒,这些颗粒是衰亡细菌的残骸。因此,与在传统污泥龄 4～10d 条件下运行的活性污泥系统相比,在长 θ_x 下,系统出水的浊度更高,以 SS 和 BOD 表征的出水水质更差。如 11.5 节所述,与能形成良好絮体的细菌相比,许多引起运行问题(如污泥膨胀和起泡)的微生物的生长速度相对较慢。最后,化能自养菌,特别是硝化细菌,生长缓慢,只有在 SRT 较长时才能存在于活性污泥中。除非需要进行硝化作用,否则在活性污泥中并不需要存在硝化细菌。硝化作用将在第 13 章中讨论。

由于各种不同的原因,长污泥龄对于系统运行是没有好处的,尽管这样可以使出水基质浓度较低。经验表明,污泥龄控制在 4～10d 范围内时,活性污泥法能够获得最佳的 BOD 和悬浮固体去除效率。水厂设计,应使运行人员能够根据实际条件将污泥龄调整到最佳范围内,而运行人员必须时刻保持警惕,随时调整 SRT,使之保持在最佳值。

除计算和控制 SRT 之外,显微镜检查是一个很好的补充检测方法(McKinney and Gram,1956)。采用光学显微镜,放大 100 倍时,可轻松观察到那些在 SRT 足够长且稳定时才能存活的、生长较慢的原生动物和后生动物。例如,通过每天观测,可获得游泳型纤毛虫、有柄附着生长型纤毛虫、轮虫和蠕虫数量的历史记录。通常,这些较高级生物的突然变化是工艺异常的预警信号,例如可能出现了毒性物质或污泥流失。也可以检测絮体的大小和结构,若发现丝状菌的存在,就可能导致沉降问题,也可能导致过长的 SRT。虽然显微镜检查不能代替对 SRT 的精细控制,但它提供了一个可以预测和确认 SRT 变化趋势的有力工具。

11.2 工艺类型

活性污泥法,自从 1914 年由 Ardern 和 Lockett 发明以来,其基础工艺已经进行了很多改良。这些改良工艺是经过长期不懈的反复实验发展起来的,目的就是克服原有工艺中的问题。目前仍在使用的工艺是许多替代和改进工艺中的幸存者,这些工艺在运行方面有了很大的进步,每一种工艺都在特定的条件下具有一些特殊的优点。

表 11.1 列出了一些目前常用的重要工艺类型。它们分为对系统物理构型的改良、曝气方式的改进、基于有机负荷的改进等。可以将 3 种类别的改进一起使用,例如,可以在任何一种构型的改良反应器中,改变负荷或曝气方式,设计者可以合理选择这 3 种类型的改良方式,从而组合出最佳的工艺。

下面讨论不同的反应器类型,随后讨论不同的曝气类型和负荷类型。

表 11.1　活性污泥法工艺类型汇总

A. 基于反应器类型的改进
1. 推流式活性污泥法
2. 阶段曝气式活性污泥法
3. 完全混合式(带回流的 CSTR)活性污泥法
4. 接触-稳定式活性污泥法
5. 带选择池的活性污泥法
B. 基于供氧类型的改进
1. 传统曝气法
2. 渐减曝气法
3. 纯氧曝气法
C. 基于有机物(BOD)负荷类型的改进
1. 传统负荷法
2. 改进曝气法
3. 高负荷法
4. 延时曝气法

11.2.1　反应器类型

表 11.1 中的 A 部分列出的 5 个基本工艺中,前 4 个是目前实际中使用很广泛的反应器:即推流式、阶段曝气式、完全混合式和接触-稳定式。第 5 种是带有选择池的活性污泥法,是一种较新的方法,但也已经比较完善。选择池并不是用于替代 4 个基本反应器,而是可以增设在任何一个类型反应器的前端。图 11.1 总结了 5 种不同的反应器类型,下面将对其进行更详细的描述。

推流式活性污泥法

最初的传统活性污泥系统中的曝气池是一个狭长的池子,污水从一端进,从另一端出,如照片 11.1 所示,原始活性污泥法具有明显的推流特征。从直观判断,推流式似乎是一种

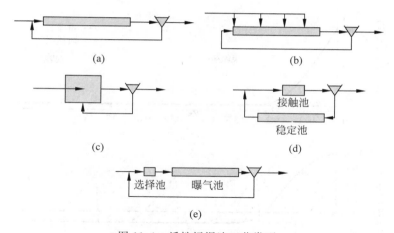

图 11.1　活性污泥法工艺类型

（a）推流式活性污泥法；（b）阶段曝气式活性污泥法；（c）完全混合式活性污泥法；
（d）接触-稳定式活性污泥法；（e）带选择池的活性污泥法

理想的方法，因为基于动力学原理的分析表明，推流式反应器在给定时间内可以获得最大的污染物去除率（更多详细信息，请参见第 9 章）。进水中的污染物不易通过短路抵达出水端，必须经历生物作用。但是，推流系统有其自身的局限性，其中一些局限性促使了其他工艺的诞生。

照片 11.1　传统活性污泥法的"推流式"鼓风曝气池

　　图 11.2 中的实线表示污染物浓度和溶解氧需求量在推流式曝气池中的沿程变化规律。污染物浓度在曝气池入口处很高，并在很短的距离内迅速降低，相应位置的溶解氧需求量很大，这是由两个因素造成的，一个是主体微生物氧化有机物的需求，另一个是微生物细胞自身氧化的需求，可以是内源呼吸或二级消费者的捕食。在池长的前 20% 处，基质利用过程耗氧是造成进水端溶解氧需求大的主要原因。基质被降解后，溶氧需求就下降到接近内源呼吸需求的水平。在消耗污染物的同时，曝气池前端的细胞质量趋于增加，但随着细胞内源呼吸占主导地位，细胞质量便开始下降。

　　推流式曝气池前端污染物浓度过高可能会引起一些问题。第一，过高的耗氧速率使得水中的溶氧过度消耗，出现缺氧状态。缺氧状态可能对于一些微生物产生毒害作用，也可能

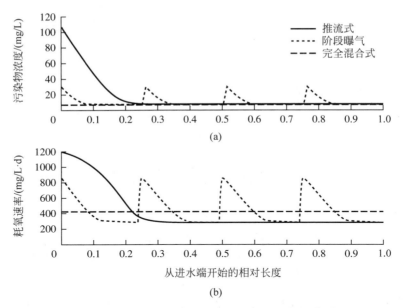

图 11.2　传统负荷下活性污泥工艺污染物浓度和耗氧速率沿池长变化

导致一些污染物由于发酵或不完全氧化会产生大量有机酸,从而使污水的 pH 值下降。低 pH 值与低溶解氧会对处理效率和生物群落产生不利影响。第二,许多工业废水中含有对细菌产生抑制作用的物质,因此会减慢甚至完全阻止生物降解过程。在推流式反应器的进水端,微生物就暴露在高浓度的抑制剂当中。尽管推流式系统具有许多突出的优点,但是当进水中含有抑制微生物的物质或 BOD 浓度过高时,在其前端会产生许多不利影响。

尽管传统的推流式系统使用一个狭长的曝气池(照片 11.1),但是有两种工艺也能够具有推流的特征。其中一种是将几个完全混合式反应器串联起来,每一个池子是完全混合式的,污染物不会在不同的池子间混合。使用 3 个或更多的池子连接起来也能够达到"推流"的效果,类似传统的狭长式曝气池一样。另外一种是批式反应器,或序批式反应器(SBR)。几个序批式反应器可以平行运行,当一个反应器在进水时,其他反应器则处在不同的运行状态。事实上,许多早期的活性污泥法都同时使用了多个 SBR,人们也称之为进水-出水式的活性污泥工艺。进水-出水式的间歇运行方式不具备连续运行时的优点,操作者需要随时注意反应的情况并及时调整进水、反应和出水。20 世纪 70 年代出现了经济而可靠的微型计算机(自动控制器),对于 SBR 工艺的研究又活跃了起来。

阶段曝气式活性污泥法

阶段曝气式活性污泥法(图 11.1)是为了解决推流式的一些问题而研发的。由于上面提到的两个问题是由曝气池前端的高浓度污染物引起的,因此通过沿反应器长度分段进水,可避免在任何一个位置产生高浓度污染物。采用阶段曝气后,可以看到曝气池沿程污染物浓度分布和溶解氧消耗明显改善(图 11.2)。尽管沿池长参数还会发生变化,但是与推流式相比变化幅度很小,特别是进水中的污染物被进一步稀释,溶氧的消耗速率也更加均匀,这些变化可以解决推流式反应器的两个问题。由于污水中含有抑制物质或浓度过高的现象在实际情况中经常出现,因此阶段曝气法得到了广泛应用。

　　有趣的是,阶段曝气式活性污泥法的混合液悬浮固体(MLSS)浓度在进水端非常高,这是因为回流污泥仅仅和部分的污水相接触,可以利用此功能来增加平均 MLSS 浓度,从而在不改变反应器容积和剩余污泥排放量的情况下提高污泥龄。换句话说,我们可以在同样的污泥龄下,提高容积负荷,但这样会增大剩余污泥的产生量。

完全混合式活性污泥法

　　完全混合式活性污泥法的工艺,也称为具有沉降和回流的连续流搅拌槽反应器(CSTR),于 20 世纪 50 年代发展起来(McKinney,1962)。有两个因素促成了此工艺的出现。第一,有更多的工业废水需要处理,使用传统推流式活性污泥法处理工业废水往往不成功,主要原因是进水端污染物浓度过高。完全混合系统中污水的浓度是一致的。第二,20世纪 50 年代开始了生化反应器数学模型的研究。由于简单并易于分析,完全混合系统成为了工程师们优先考虑的对象,利用数学模型对工艺进行定量分析。

　　图 11.2 说明了污染物浓度和需氧量在整个反应器长度方向上如何变化。在整个反应器中,出水中溶解性污染物的浓度与反应器中相同,并且在整个反应器中都较低。在完全混合式工艺中,只要污染物是可被微生物降解的,反应器内的微生物就不会直接暴露于浓度很高的进水污染物中。因此,此工艺非常适用于进水中污染物可生物降解但有一定毒性的情况。这些污染物包括苯酚、石油、芳香烃和许多氯代芳香族化合物(如氯代苯酚和氯代苯甲酸)等。这种工艺的缺点是,与良好运行的推流式工艺相比,它的污染物去除率较低。

接触-稳定式活性污泥法

　　接触-稳定式活性污泥法也称吸附再生法,可以在较小的反应器容积下实现高处理率。在接触反应器中,废水与回流的活性污泥混合,该反应器的滞留时间相对较短,通常为 15～60min。其间,最容易生物降解的有机污染物在细胞内被氧化或存储,并且颗粒物质被吸附到活性污泥絮体上。然后,处理后的废水流入最终的沉淀池,活性污泥和处理后的废水彼此分离。排出处理水,然后将沉淀和浓缩的活性污泥送入称为稳定池的第二个反应器,并在该反应器中继续曝气。在此,吸附的有机颗粒、存储的底物和生物质被氧化。实际上,大多数氧化发生在稳定池中。然后将浓缩的 MLSS 返回至接触池,继续处理废水。

　　接触-稳定式的优点与局限性何在呢?它的最大优点是反应器的整体体积可以缩小。整个工艺(而不仅是接触池)需要维持一定的污泥龄,才能有效地实现 BOD 去除和污泥沉淀。进行污泥龄计算,要计入接触池与稳定池中总的污泥量。例如,如果每天产生并排放 1000kg 污泥,接触池中有 2000kg 污泥,稳定池中有 6000kg 污泥,那么污泥龄就等于(2000+6000)kg 除以 1000kg/d,为 8d。在这个例子中,我们可以看到 75% 的污泥存在于稳定池中,节省反应器体积的关键在于通过沉淀提高了稳定池中的污泥浓度。如果 75% 的污泥被浓缩至 1/4 后,整个接触-稳定反应器的体积就可以是传统工艺的 44%。11.3.4 节将进一步讨论在接触-稳定式中如何计算反应器总体体积大大减小的程度。

　　接触-稳定式的缺点在于它需要更多的运行维护和管理。第一,需要监测两种混合液,并且两个结果对于计算 SRT 都是必需的。第二,接触池的容积很小,使得出水水质易受冲击负荷的影响。只有在运行人员的技能和注意力很高并且系统不会承受突然增大的负荷波动时,才可使用。但许多供应商提供的成套处理装置,采用了接触-稳定工艺。照片 11.2 是一个成套装置的照片。这些成套装置建在小城镇或工业区,其运行及负荷条件与接触-稳定式的要求相去甚远。可以预见的是,这些污水处理装置会经常遇到不稳定或出水水质差的问题。在多数情况下,最好的策略是将这些装置改为完全混合式工艺。

照片 11.2　在房地产开发中使用的一种小型成套装置

带选择池的活性污泥法

活性污泥工艺中最常见的问题是污泥膨胀,或者说沉淀池中的污泥沉降性能不佳。本章后续将讨论控制这一问题的多种措施。如图 11.1 所示,这种方法的创新是在曝气池前设置一个选择池,回流污泥与污水在选择池中接触 10～30min,其间有机物并不会完全氧化。发酵作用将碳水化合物和一些蛋白质转化为脂肪酸,这些脂肪酸并不被氧化,却可以被一些微生物以糖原或聚-β-羟丁酸(polyhydroxybutyrate,PHB)的形式储存在体内。当细菌进入普通曝气池的贫营养环境时,它们为细菌提供了生态优势。幸运的是,能够储存这些物质的细菌可以形成紧密的污泥絮体。因此,选择池的作用是改变或调节活性污泥系统的生态环境,从而使微生物具有更好的沉降性能。我们将在 11.5 节中提供有关选择器的设计和使用方式的更多信息。

11.2.2　供氧类型

为了满足微生物的生长需要,必须提供足够的氧气。通常可以通过向水中通入空气来实现,但有时也会使用纯氧。根据供氧方式以及氧气在曝气池中分布特点的不同,可以将工艺分为几种类型。基于氧气的供应方式或氧气在曝气池上的分配方式,活性污泥法有几种改进工艺。表 11.1 的 B 部分列出了活性污泥工艺中与氧气供应有关的 3 种改进方法:传统曝气工艺、渐减曝气工艺和纯氧曝气工艺。

活性污泥工艺的基本要求是要维持污泥的悬浮状态并保证微生物与污染物的充分接触。曝气除供氧外,一般还起搅拌混合的作用。因此,活性污泥工艺中曝气的目的有两个:供氧和混合。这两个目的在设计中都需要考虑。

供氧有两种技术可以选择:鼓风曝气和机械曝气。在鼓风曝气方式中,空气被压缩并通过位于曝气池底部附近的扩散器进入曝气池。不断上升的气泡使液体得到搅拌混合,同时气泡中所含的氧通过传质过程进入水中。在机械曝气中,一个机械搅拌装置不断搅动曝气池的水面,表面的机械搅动有效地将水滴抛向空气中,使氧气从空气快速转移到水中。机械混合还可以使生物絮体保持悬浮状态。鼓风曝气与机械曝气是两种常见的曝气方法,在下面讨论三种工艺时,将说明这两种方法的适用范围。有关曝气系统设计的更多信息,请参见 11.4 节。

传统曝气法

传统曝气法是一种最初的做法,氧气沿整个曝气池分布。图 11.3 显示了一个推流系统的传统曝气方式,这种曝气方式的关键是氧气沿曝气池均匀分布。对于推流式系统,由于曝气器可以在池中均匀布置,曝气方法多选用鼓风曝气。对于完全混合系统,几何形状一般为方形或圆形,尽管有时也使用鼓风曝气,但多数情况下会使用机械曝气。

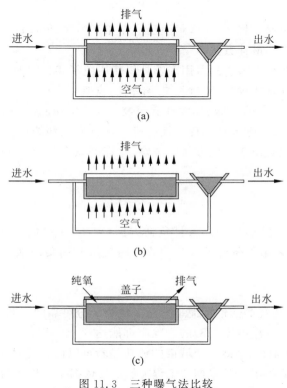

图 11.3　三种曝气法比较
(a) 传统曝气法;(b) 渐减曝气法;(c) 纯氧曝气法

渐减曝气法

渐减曝气法是解决传统曝气方式不足的一种简单方法:溶解氧需求在进水端较大而在出水端较小(请参见图 11.1)。如图 11.3(b)所示,通过增大推流式进水端的供氧量使氧的供需平衡。同时,供气量沿池长不断减小,从而在整个池子内都达到氧的供需平衡。除了克服溶氧不足的缺点外,渐减曝气方式还可以减少电力成本和设备尺寸。图 11.3(b)展示了采用鼓风曝气技术的渐减曝气,到目前为止,这是曝气的最常用方式,可以逐渐减小鼓风机的功率而产生相同的效果。但如果使用串联反应器,以达到接近推流式的效果,这种情况更适合使用机械曝气方法。

纯氧曝气法

在用纯氧曝气法的活性污泥工艺中,采用纯氧(含有 100% 的氧气)取代空气(仅含有

21％的氧气）进行曝气。纯氧曝气的优点在于它的传质推动力增大了 5 倍，这是因为空气中氧的分压只有纯氧中的 1/5。此外，用于曝气的动力消耗也会大为降低。在混合液中可以维持较高的溶解氧，这可以带来很多的好处，比如可以维持更高的污泥浓度、获得更好的污泥沉降性能以及更高的容积负荷。

纯氧曝气的缺点是纯氧的生产费用昂贵，而空气是免费的。因此在动力方面节省的费用被增加的药剂费用抵销。纯氧曝气既可使用鼓风曝气也可使用机械曝气，但实际应用中多使用后者，这是因为鼓风曝气的曝气量减小后无法维持污泥的悬浮状态。机械曝气要求液面上方的空气富含氧气，这只能将曝气池密封起来，如图 11.3（c）所示，这又增加了一笔建设费用。

多数纯氧曝气系统通过将 3～4 个封闭反应器相互串联，形成推流式系统。这是使用机械曝气但保留推流特点的最佳方法。

在能耗和反应器体积上节省的费用能够补偿使用纯氧和封闭池子所增加的费用吗？显然不行。因此纯氧曝气方式仅在 20 世纪 70 年代比较盛行。此外，一些新的法规要求封闭曝气池，以减小处理过程中的气味、挥发性有机物（volatile-organic chemical，VOC）或 N_2O 的排放。并且，人们对来自曝气池的挥发性有机化学物质或病原微生物的安全性也越来越关注。如果封闭曝气池是出于其他方面的考虑，也许纯氧曝气会成为一种经济上具有竞争力的方法。

11.2.3　负荷类型

活性污泥工艺的改进，也体现在设计负荷方面（表 11.1 中的 C 部分）。与常规系统相比，有两种设计改进：采用更高有机负荷的改进曝气法和高负荷法；保持较低有机负荷的延时曝气法。

传统负荷法

经过不断的改进，传统的活性污泥工艺已经成为十分可靠的工艺，对于普通城市污水的处理效果是对 BOD_5 和悬浮固体（SS）的去除率都能达到 85％以上。由于不同城市的污水浓度和成分具有很大的相似性，因此一个城市的成功经验可以比较可靠地用于另一个城市。在没有更多的基础设计理论指导时，早期的工程师们仅仅依据水力停留时间、BOD_5 人口当量负荷以及混合液悬浮固体浓度等指标，就可以设计曝气池的尺寸。早期的文献认为曝气池的水力停留时间应为 6h 左右，BOD_5 负荷约为 35lb/（1000ft³·d）[0.56kg/（m³·d）]，而混合液悬浮固体浓度则为 1200～3000mg/L。最初各种负荷类型的改进都与这些常规标准有关。

在随后的发展中，关于活性污泥法设计与运行（以及其中的生化反应过程）已经建立起一套比较健全的理论基础。这些原理在第 2 章至第 9 章中进行了介绍。现在我们已经可以用更多基本参数，如污泥龄 θ_x 等，来解释那些经验负荷参数的取值。在随后的小节中，我们将利用传统的经验数据来定义不同的负荷类型。但在后续讨论中，我们将从污泥停留时间等其他基础负荷参数的角度，进一步分析各种改进的工艺类型。

改进曝气法

改进曝气法适用于不要求污染物去除率太高（BOD_5 去除率大于 85％），但也要达到比仅用沉淀单元高一些的情况。经验参数是：混合液污泥浓度 300～600mg/L，曝气时间为 1.5～2h，BOD_5 和 SS 的去除率在 65％～75％。有趣的是，这样产生的污泥结构紧密且脱水性能也较好。改进曝气法很难满足我们目前对系统出水水质的要求,但在条件允许的情况下,它却提供了一种低成本的替代方法。

高负荷法

为了减小曝气池的体积,需要提高容积负荷,同时还要保持较高的去除率。实现这个目标的"技巧"在于维持更高的污泥浓度,这样就可以在不改变污泥龄的情况下减小水力停留时间。污泥浓度达到 $4000 \sim 10\ 000\text{mg/L}$ 时,BOD_5 容积负荷可以达到 $100 \sim 200\text{lb}/(1000\text{ft}^3 \cdot \text{d})[1.6 \sim 3.2\text{kg}/(\text{m}^3 \cdot \text{d})]$。当然,在这么高的容积负荷下,单位体积曝气池的氧气消耗速率也会相应提高。为了提高传氧速率,就需要提高鼓风曝气或机械曝气的工作强度,同时会增加曝气池中的湍流程度。目前,许多高负荷法系统都使用纯氧曝气来提高传氧速率,以增加氧气供应,又不会产生过强的湍流,否则可能会影响污泥的絮凝和沉降能力。

如果氧气供应充足并且不会存在污泥沉降问题,那么高负荷法可以有效地减小曝气池体积,并达到 90% 以上的 BOD_5 和 SS 去除率。然而,提高污泥浓度的同时会引起二沉池体积的加大,在某种程度上抵销了减小曝气池体积所减少的投资。同时,如果不能提供充足的氧气,就会导致严重的污泥沉降问题,尤其是污泥膨胀的问题。

延时曝气法

延时曝气法最初是针对处理少量废水,又缺少全职并有经验的运行人员,同时要实现可靠的处理效果的情况而发展起来的。这种情况的典型代表是购物中心、大型公寓、大型旅馆,偏远的车站和小工厂等。在这些情况下,将产生的废水输送到大型污水厂进行处理比较困难。而过去经常使用的化粪池处理效果欠佳,并且可能污染地下水。这时,一种常用的解决问题的办法,是采用低负荷的活性污泥法,以获得良好稳定的出水。在延时曝气法中,停留时间一般为 24h,污泥浓度一般为 $3000 \sim 6000\text{mg/L}$,$BOD_5$ 负荷则小于 $15\text{lb}/(1000\text{ft}^3 \cdot \text{d})$ $[0.24\text{kg}/(\text{m}^3 \cdot \text{d})]$。

延时曝气系统的正常运行,要求运行人员掌握一些维护知识。因为即使水泵、空气压缩机和其他机械设备状况良好,系统也不会自行运行,运行人员需要了解活性污泥法的基本原理,并且能够判断需要监控哪些参数(如供氧要充足、污泥浓度要较高但不能太高)。典型的问题包括污泥膨胀引起的污泥流失,硝化作用引起的 pH 值降低以及出水悬浮物增高等。因此,设计者应当向客户充分说明系统的运行需求,评估系统运行之后,是否有合格的运行人员。

11.3 设计与运行参数

设计与运行参数当中既有经验性的,也有理论推导的结果。在本节中,我们将回顾一些主要的设计参数,并指出这些参数适用的基础,给出典型负荷类型的相关参数值。

11.3.1 历史背景

当活性污泥法于 1914 年首次被发明时,发明者并不了解生物生长和底物去除的动力学。设计主要基于停留时间、悬浮固体浓度和有机物去除率之间的经验关系。处理城市污水时,将曝气池的停留时间确定为 $4 \sim 8\text{h}$,这完全是靠经验积累得到的结果。当处理工业废水,尤其是处理高浓度废水时,这种设计方法经常会遇到问题。因此,需要更好地理解工艺的影响因素。在 20 世纪 40 年代末和 50 年代初,其他参数得到了研究,其中一个重要参数是容积负荷。如前所述,它是用单位时间单位体积曝气池所接纳的有机物的量来表征的。传统的有机负荷一般是 35lb BOD$_5$/(1000ft^3 · d)[0.56kg/(m^3 · d)]。由于容积负荷直接影响反应器尺寸和投资成本,人们希望能够提高容积负荷的数值。不过容积负荷概念的提出并不是一个很大的进步,因为它不是反映影响系统运行的主要因素。后来人们研究了处理效率、有机负荷、污泥浓度和供氧速率之间的关系,虽然仍然是经验性的总结,但却发现供氧速率是系统运行的一个限制性因素,如果要提高系统负荷,就必须开发出以更快的速度传输氧气的方法。

还有一个重要的观察结果是高负荷需要高污泥浓度(Haseltine,1956)来维持,并最终发现污泥浓度从某种程度上代表了活性细菌的浓度。由于很难(现在仍然很难)直接测定氧化有机物的活性微生物量,因此混合液污泥浓度(MLSS)就成为了一个替代性的指标。然而,MLSS 具有许多局限性。例如,MLSS 中包括进水中的悬浮性固体、一些难降解组分和降解剩余产物以及一些捕食性的微生物,它们不能直接利用水中的有机物。另外,也包括一些死亡和无活性的细胞。尽管 MLSS 有许多不足之处,但用它来代替活性细菌量是迈向正确方向的关键一步。

后来,人们发现用污泥浓度中的挥发性组分,即混合液挥发性悬浮固体浓度(MLVSS)能更好地表示活性微生物的浓度。微生物细胞主要由有机物构成,无机物仅占约 10%。然而污泥中无机物占有较大比例,这些无机物中有初沉池中没有去除掉的淤泥、黏土和沙子等物质,也有一些曝气池中形成的 CaCO$_3$ 沉淀。

11.3.2　食料/微生物比

食料/微生物比(F/M 值)的概念是在 20 世纪 50 年代和 60 年代逐渐发展起来的(Haseltine,1956;Joint Task Force,1967),由于它比较简单,目前仍在使用。F/M 值比较直观、概念容易理解,相关的参数是污水厂的常规测定参数。然而,由于比较简单,F/M 值的应用也受到一定限制。用公式可以将 F/M 表示为

$$F/M = \frac{Q^0 S^0}{VX} \tag{11.1}$$

式中,F/M=食料/微生物比,kg BOD/(kg SS · d),或 kg COD/(kg SS · d);

　　Q^0=进水流量,m^3/d;

　　S^0=进水废水浓度(BOD 或 COD),mg/L;

　　V=曝气池体积,m^3;

　　X=曝气池中总悬浮固体浓度,mg/L。

如果用挥发性悬浮固体代替总悬浮固体,那么式(11.1)变为

$$F/M_v = \frac{Q^0 S^0}{VX_v} \tag{11.2}$$

式中,F/M_v=食料/微生物比(基于 VSS),kg BOD/(kg · d VSS)或 kg COD/(kg VSS · d);

　　X_v=曝气池中 VSS 浓度,mg/L。

F/M 值概念有一定的理论基础(如下所述),但实际使用的数值却源于经验观测。传统设

计中,对处理生活污水的活性污泥法工艺,F/M 建议值为 0.25~0.5kg BOD_5/(kg MLSS·d),这样系统的 BOD_5 去除率可以稳定在 90% 左右。这个范围与式(11.1)得到的结果是一致的,在式(11.1)中,停留时间(V/Q^0)取 6h,进水 BOD_5 取 200mg/L,污泥浓度(X)取 1600mg/L,就可以算出这个结果。高负荷工艺当中 F/M 值可以达到 1~4kg BOD_5/(kg MLSS·d),延时曝气法中 F/M 值仅有 0.12~0.25kg BOD_5/(kg MLSS·d)。

F/M_v 比率的单位与最大基质利用率 $\hat{q}$ 的单位几乎相同,$\hat{q}$ 的单位为 kg BOD/(kg VSS_a·d),而 F/M_v 的单位为 kg BOD/(kg VSS·d)。一方面,F/M_v 可以看作实际的单位微生物 BOD 利用率与其最大值的接近程度。显然,当 F/M_v 太接近 $\hat{q}$ 时,活性污泥工艺是不能正常运行的。另一方面,这种比较是有缺陷的,因为 X_v 通常不是 X_a 的准确度量,因为 X_v 包含大部分非活性生物质,特别是惰性细胞和细胞外聚合物(EPS)。第 6 章和第 8 章详细说明了原因。

11.3.3　污泥停留时间

使用污泥停留时间,或者称污泥龄可以对悬浮生长的活性污泥系统进行设计,这种设计方法依据的是 Monod(1950)建立的针对连续进料反应器中细菌生长与底物利用的动力学方程(Herbert et al.,1956;Novick and Szilard,1950)。这些重要的研究表明,CSTR 的水力停留时间(或者说是稀释速率,与水力停留时间成反比)控制着基质的浓度。当然,现在我们知道 CSTR 的水力停留时间等于它的污泥龄。人们发现停留时间过短会导致细菌的流失,即流失速度超过了生长速度。

废水处理领域正在多维度发展,需要更好地了解活性污泥系统的处理效率与运行参数之间的关系。Gould(1953)的重要发现是,工艺的运行状况,包括活性污泥本身的特征,都与污泥龄有关。他认为污泥龄是进水中悬浮固体 SS 经历的曝气时间,因此定义污泥龄为曝气池中的污泥量除以每天进入曝气池的污泥干重。这与我们这里讨论的污泥龄 θ_x 不同,我们所定义的污泥龄是指曝气池中的污泥量除以通过排泥和出水排出到系统外的污泥干重。由于对于城市污水处理,流入和排出的悬浮固体量相近,因此 Gould 的观察结果与现在的理论恰巧是有一致性的。然而,不能够采用 Gould 对污泥龄的定义,因为流入污泥量和排出污泥量之间通常没有任何关系。

Garrett 和 Sawyer(1951)首先采用污泥停留时间的概念来讨论活性污泥系统的运行问题。他们测定了细胞在反应器中的平均停留时间,并且将其与总悬浮固体联系起来,类似于现在对污泥停留时间的定义。他们发现当污泥停留时间下降时,出水水质就会变差;并且在 10℃ 时避免细菌流失的最小污泥停留时间为 0.5d,在 20℃ 时是 0.2d,30℃ 时是 0.14d,这些数值与基于异养细菌的一般增殖速率的预测值完全一致。虽然在微生物学的基础理论中,很早就建立了 θ_x 的概念,但它在环境工程领域被普遍接受却是一个比较慢的过程。直到 20 年后在悬浮生长的生物处理系统的设计中,才系统地利用了这个概念(Lawrence and McCarty,1970),它的推广应用则花费了更长的时间。但尽管如此,这种方法还是建立了起来了。

水环境协会(Water Environment Federation)和美国市政工程师协会(American Society of Civil Engineers)是美国在污水处理领域的两个主要专业组织。这两个组织多年来一直联手致力于城市污水处理厂设计手册的制定工作。在 1992 的新版设计手册(Joint Task Force，1992)中提到，现在美国许多主要的咨询公司多用污泥龄而不是其他指标作为设计参数。由国际水协会中的一个专门委员会开发的活性污泥模型(ASM)，也以污泥停留时间为基础(Henze et al. ,1999,2000)。ASM 的计算机软件，可用于自动化设计。Lawrence 和 McCarty(1970)最初提出的基于污泥龄的设计方法，经历了多次改进和扩展。第 6 章～第 9 章系统介绍了这些改进和扩展。

θ_x 是活性污泥工艺设计和运行的一个关键控制参数，原因是它本质上与活性污泥微生物的生长速率有关，而微生物的生长速率又控制了反应器中生长限制性底物的浓度。此外，θ_x 也是一个理想的控制参数，因为它涉及的所有变量均可以精确和连续地测定。普通活性污泥系统中 θ_x 的概念在第 6 章中已经提到，这里再重复一次：

$$\theta_x = \frac{XV}{Q^e X^e + Q^w X^w} \tag{11.3}$$

式中，V 是系统的体积，L^3；Q^e 是出水流量，$L^3 T^{-1}$；Q^w 是剩余污泥的排放量，$L^3 T^{-1}$；X、X^e 和 X^w 则分别是混合液污泥浓度、出水污泥浓度和排放污泥浓度，用活性挥发性固体、挥发性固体或悬浮固体的质量浓度来表示。只要活性生物量不是一个输入变量，那么任何一种质量浓度都可以表示式(11.3)中的污泥浓度 X，并得到正确的污泥停留时间 θ_x。使用 SS 和 VSS 这样简单和常规的测量指标计算污泥停留时间非常实用，具有很大的优势。

用于传统处理系统设计的 θ_x 的典型值在 4～10d 的范围内。延时曝气系统一般有较长的污泥停留时间，可达 15～30d 或更长。改进曝气工艺则正好相反，污泥停留时间只有 0.2～0.5d。高速率系统通常具有常规范围内的 SRT，但使用更高的 MLSS 浓度，相应的体积负荷较高。

常用的 θ_x 值是通过多年实践得到的经验结果，而不是直接来自工艺原理。这些数值反映了保守的设计思想，即要求工艺有较高的可靠度，考虑了出水中多种组分对 BOD 的影响，包括出水中的悬浮物、溶解性代谢产物和源自进水的其他残留基质的影响。实际上，如果泥水分离效果不好，那么活性细胞的腐败会消耗很多溶解氧，大大超过溶解性组分的耗氧。因此，在要求实现较高 BOD 去除率的情况下，出水当中的悬浮固体要维持在很低的水平上。因此，活性污泥的沉降性能和二沉池的分离效果就显得极为重要。

出水悬浮固体和 BOD 浓度之间这种重要的关系，是典型设计中 θ_x 取 4～10d 的依据。θ_x 值较低时，污泥絮体比较分散，出水中悬浮固体会比较高；θ_x 值较高时，污泥絮体也容易分解，发生分散的现象。这可能与活性细菌比例的减少有关，它们能够通过产生胞外多聚物，将单个颗粒固定在污泥絮体中。此外，捕食性动物(原生动物、轮虫、线虫)也会破坏污泥絮体，引起污泥分散。当温度在 20℃ 或更高时，一般污泥停留时间大于 8d 就会发生污泥解体；在其他较低温度下，延长污泥停留时间也会出现问题。因此，4～10d 是形成生物絮体和达到最佳出水水质的污泥停留时间范围。因此，它是活性污泥工艺系统设计与运行所推荐的首选范围。

污泥停留时间取 4～10d 的另一个原因，是污泥停留时间延长会使系统中生长出一些增殖较慢且不希望出现的微生物。硝化细菌就是其中的一种，它能够将氨氮氧化为硝酸盐。硝化反应经常是需要的，在第 13 章中会详细地讨论硝化作用。但是当硝化作用不是主要目标时，就不希望出现硝化菌，这是因为：①氨氮的氧化需要大量的氧气，要满足这一需求非常昂贵,如果设计目标中并不需要考虑氨氮氧化,曝气系统可能会过大;②硝化细菌会释放出相当数量的溶解性代谢产物,从而会增加出水中的 COD 和 BOD 值;③硝化细菌会产生大量酸性物质,对于碱度较小的水会产生问题。丝状菌也是一类增殖缓慢的微生物,它会引起污泥膨胀问题。这将在后面的 11.5 节中讨论。

一个计算污泥停留时间的有趣问题是式(11.3)中体积 V 如何确定。一些人认为应该使用曝气池的体积,因为曝气和混合作用主要发生在这里,而不是在沉淀池当中。也有人认为沉淀池中含有相当数量的生物量,仍然属于活性污泥系统的一部分。实际的污泥停留时间应该考虑系统中所有的生物量,以及流程中所有生物离开系统的途径。由于 θ_x 是比增长率的倒数,所以应包括系统中所有生物量。因此,计算式中分子上的 XV 应该包括沉淀池中的生物量和曝气池中的生物量。

一个实际问题是,如何计算沉淀池的 XV。一个沉淀池通常在顶部会有一个较大的沉淀区,在底部会有一个较小的污泥区。沉淀区的污泥较少,而污泥区的污泥量很多。理想情况是,设计者和运行者能够测量到污泥区的高度和污泥浓度,这样就可以很容易地计算出污泥量。但实际上,这些信息根本无法得到,污泥区也在随时间发生变化。当沉淀池中的污泥量不能忽略时,一个简单的解决办法是假设沉淀池中的平均污泥浓度等于曝气池中的污泥浓度。这样式(11.3)的分子就变成了 $X(V_{aer}+V_{set})$,其中 V_{aer} 和 V_{set} 分别是曝气池和沉淀池的体积。

11.3.4　负荷比较

表 11.2 总结了不同活性污泥工艺的典型负荷,重点是三类典型活性污泥法的污泥停留时间范围:传统负荷法是 4~14d,延时曝气法大于 14d,改进曝气法则小于 4d。由于上一节中所述的原因,大多数传统工艺的污泥停留时间范围是 4~10d。许多延时曝气系统设计得很保守,污泥停留时间为 25~50d,有时甚至更长。

表 11.2 中显示 F/M 与 SRT 成反比,这个结论是符合逻辑的。F/M 是细胞的基质比利用速率,我们将其定义为 U。

$$U = Q(S^0 - S)/X_a V \tag{11.4}$$

与 θ_x 的关系:

$$\theta_x = (\gamma U - b)^{-1} \tag{11.5}$$

表 11.2　活性污泥及其多种改进工艺的典型参数和 θ_x^d

工艺类型	各参数数值范围					
	容积负荷/[kg BOD$_5$/(m^3·d)]	混合液浓度/(mg/L)	F/M/[kg BOD$_5$/(kg X_v·d)]	典型 BOD$_5$ 去除率/%	典型的 θ_x^d/d	安全系数
延时曝气法	0.3	3000~5000	0.05~0.2	85~95	>14	>70
传统方法						
传统曝气法	0.6	1000~3000	0.2~0.5	95	4~14	20~70
渐减曝气法	0.6	1000~3000	0.2~0.5	95	4~14	20~70
阶段曝气法	0.8	1000~3000	0.2~0.5	95	4~14	20~70
吸附再生法	1.0	A	0.2~0.5	90	4~15	20~75

续表

工艺类型	各参数数值范围					
	容积负荷/[kg BOD$_5$/(m^3·d)]	混合液浓度/(mg/L)	F/M/[kg BOD$_5$/(kg X$_v$·d)]	典型 BOD$_5$ 去除率/%	典型的 θ_x^d/d	安全系数
改进曝气法	1.5～6	300～600	0.5～3.5	60～85*	0.8～4	4～20
高负荷曝气	1.5～3	5000～8000	0.2～0.5	95	4～14	20～70

资料来源：改编自 Lawrence 和 McCarty(1970)，假设生长系数 $\gamma=0.65$g 细胞/g BOD$_5$，$b=0.05$d^{-1}。

注：A——接触池一般 1000～3000mg/L；稳定池一般 5000～10 000mg/L。

* 基于溶解性 BOD$_5$，有更高的去除率。

一定程度上，F/M 可以代表 U，因而，通过式(11.5)，可以将 F/M 与 θ_x 建立联系。

要实现较高的容积负荷有两种方式，一种是采用较小的 SRT，改进曝气法就采用了这种方式；另一种是维持较高的 MLSS，高负荷污泥法和吸附再生法就是如此。不管高容积负荷是怎么实现的，只有在曝气能力足以满足高耗氧速率的情况下，才能成功。

11.3.5　混合液悬浮固体浓度，污泥体积指数 SVI 和回流比

在活性污泥工艺的设计中，确定曝气池混合液悬浮固体浓度 X 是很关键的。确定这个参数并不简单，因为它取决于许多因素，包括活性污泥的沉降性能、沉淀池到曝气池的污泥回流比和沉淀池设计等。这些因素将在后面对沉淀池的设计与分析中讨论。这里仅对其做一简要介绍。

通常，人们都希望能维持较高的污泥浓度，从而可以减小曝气池体积和降低成本。此外，沉淀池的尺寸会因为进入的污泥通量增加而增大。如果通过提高污泥浓度 X 来提高容积负荷，曝气池的成本可能会因供氧要求的提高而增加。污泥浓度提高，还需要加大污泥回流比。最终，污泥浓度提高会使出水中悬浮固体 SS 和 BOD 增加。显然，随意地选择污泥浓度将会面临很大风险。

首先，我们来建立污泥浓度 X 和回流污泥流量 Q^r 之间的关系。流量和浓度如图 11.4 所示。对于沉淀池进行悬浮固体的物料衡算(对控制单元 a)，得到：

$$Q^i X = Q^e X^e + Q^s X^s \tag{11.6}$$

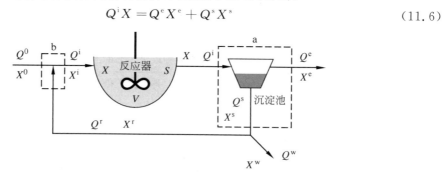

图 11.4　完全混合式活性污泥系统中悬浮固体流向

对于沉淀效果良好的污泥系统来说，出水悬浮固体浓度非常低，进入沉淀池的悬浮固体 99% 都可以去除。因此，$Q^e X^e$ 相对于式(11.6)中其他项来说非常小，可以忽略不计。另外，

剩余污泥的排放速率 Q^w 相对回流流量 Q^r 通常也较小。因此,对式子进行合理简化得到:

$$Q^i X = Q^s X^s (X^e \rightarrow 0)$$

$$Q^r = Q^s (Q^w \rightarrow 0) \tag{11.7}$$

Q^i 等于反应器进水控制单元 b 的质量平衡中 $Q^0 + Q^r$。同样,沉淀池排出的污泥浓度与回流污泥和剩余污泥的浓度相同($X^r = X^w = X^s$),将式(11.7)与以上各式联立,我们得到活性污泥池中的污泥浓度为

$$X = X^r \frac{R}{1+R} \tag{11.8}$$

其中,

$$回流比 R = Q^r / Q^0 \tag{11.9}$$

(在下面的详细设计中,没有采用以上的简化假设,但得到的主要结论与简化后的结论一致。)

由于污泥沉降性能和实际沉淀中的问题,回流污泥的浓度有一个上限。我们定义这个上限为 X^r_m,对于一个给定的回流比,可以用式(11.8)确定这个上限值 X_m。

$$X_m = X^r_m \frac{R}{1+R} \tag{11.10}$$

运行经验表明,对于沉降性较好的活性污泥来说,回流污泥浓度上限 X^r_m 在 10 000～14 000mg/L。对于沉降性非常好的污泥,这个数值可高达 20 000mg/L。然而,对于膨胀污泥,这个数值只有 3000～6000mg/L。

可以通过简单的测定方法近似估计 X^r_m,比如用沉降污泥体积、污泥体积指数(sludge volume index,SVI)或分区沉降速率确定(Baird et al.,2017)。历史上,SVI 曾经被使用过,虽然它低估了 X^r_m 的值,但是却比较保守可靠。测定 SVI 的步骤是,从曝气池中取出一些污泥混合液放在一升或两升的量筒中,静置 30min,测 30min 沉降后的污泥体积 V_{30}(mL)。同时测定污泥的 MLSS(mg SS/L)。SVI 定义为 1g 污泥在沉淀后的体积(mL)。它可以通过下式计算:

$$SVI \ (mL/g \ SS) = V_{30} \cdot (1000mg/g) / [(MLSS) \cdot (V_t)] \tag{11.11}$$

X^r_m 的一个估算方法是 $X^r_m = 10^6 (mg \cdot mL)/(g \cdot L)/SVI$。那么,如果沉降性较好的污泥的 SVI 是 100mL/g,相应的 X^r_m 就是 10 000mg/L。膨胀污泥的 SVI 大于 200mL/g,相应的 X^r_m 小于 5000mg/L。非常密实且沉淀性能良好的污泥,SVI 能够达到 50mL/g 或者更小,那么,X^r_m 就可以达到 20 000mg/L 或更高。

在沉降性测定的实验中,比如在沉降污泥体积测定和在分区沉降速率测定当中,沉降污泥都被缓慢地混合,得到的压实污泥更具有代表性。因此,它们比简单的 SVI 指标更多地被采用。然而,无论采用哪种方法,在特定时间测定得到的 X^r_m 值,并不能代表其他时刻污泥的沉淀性能。工程师在设计新水厂时,通常会依据其他污水厂的经验资料。由于有许多从运行不正常的处理厂返回的信息,设计者会在选择设计参数时偏于保守,从而取较低的 X^r_m 值。通过 SVI 值,就可以初步判断一个设计是否"保守"的。

图 11.5 表示了在不同 X^r_m 下,回流比对 X_m 的影响。对于 $X^r_m = 10 \ 000mg/L$ 的情况,$X_m = 2000mg/L$,回流比为 0.25 就足够了。如果污泥发生膨胀,X^r_m 降为 5000mg/L,回流比要达到 0.7 才能维持 2000mg/L 的污泥浓度。如果污泥膨胀很严重,$X^r_m = 2500mg/L$,回

流比就要相应地增大到 4,这个数值就过高了。

如果为了减小曝气池体积,设计时选择污泥浓度为 4000mg/L,对于 X_m^r 为 10 000mg/L 的情况,回流比要选择 0.7;如果出现污泥膨胀,X_m^r 降低为 5000mg/L,R 则要达到 4;如果 X_m^r 进一步降低为 2500mg/L,通过回流污泥将曝气池污泥浓度维持在 $X_m = 4000$mg/L 是无法实现的,这种情况下沉淀池就失去了意义。

这些例子说明沉淀池与曝气池的运行状况是相互联系的。同时也说明了为什么运行管理人员必须有能力根据污泥的沉降性能,不断调整回流比 R。不幸的是,由于资金的限制,在设计时往往无法考虑完全照顾这些情况。如果无法控制 R,那么污泥浓度 X 也无法控制,最终污泥停留时间也无法控制。11.7 节显示了沉淀池与曝气池连接起来的其他方式,也强调了运行人员必须能够控制 R,以防止沉降池发生故障。

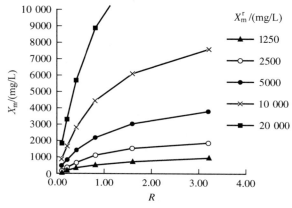

图 11.5 不同沉淀池最大回流污泥浓度(X_m^r)下回流比(R)对曝气池最大污泥浓度(X_m)的影响

11.4 曝气系统

曝气有两个目的:一是为微生物代谢和污染物氧化提供所需的氧气;二是起搅拌混合作用,使污泥维持悬浮状态并均匀分布。供氧可以通过鼓风曝气和机械曝气来完成。在鼓风曝气中,压缩空气通过淹没式的曝气头以上升气泡的形式进入混合液;在机械曝气中,混合器剧烈地扰动水面,使氧气通过气液传质进入水中。每种曝气方法还有不同的适用池型,也各有优缺点,下面将对此进行讨论。

11.4.1 传氧与混合速率

活性污泥工艺中限制 BOD 负荷的一个主要因素是传氧。传氧过程既要速率高,又要经济,还不能破坏污泥絮体。曝气系统的供氧能力要满足 BOD 负荷的要求,供氧不足会引起降解反应速率下降、污泥沉降性能变差和恶臭气体的产生。由于氧气是溶解度较小的气体,将它传入水中需要耗费较大的能量和费用。曝气能耗引起的费用是污水厂运行费用的主要组成部分,通常高达总运行成本的 50%。

　　不管用什么样的曝气技术,气液两相的传氧速率受控于两个过程,一个是气相主体到气液表面的传质过程,另一个是气液表面到主体溶液的传质过程。对于溶解度较小的气体,前者的速率一般大于后者,因此从气液表面到主体溶液的传质是传氧的控制过程(Bailey and Ollis,1986)。这样,气相到液相的传氧速率可以表示为

$$r_{O_2} = K_L a (c_1^* - c_1) \tag{11.12}$$

式中,r_{O_2}＝单位曝气池体积的传氧速率,mg/(L·d);

　　　$K_L a$＝体积传质系数,d^{-1};

　　　c_1^*＝与气相氧气浓度平衡的液相氧浓度,mg/L;

　　　c_1＝主体溶液中的氧浓度,mg/L。

　　c_1^* 与气相中氧气的分压(c_g,atm)和描述液相氧的溶解度的亨利系数(H_{O_2},atmL/mg)有关。

$$c_1^* = \frac{c_g}{H_{O_2}} \tag{11.13}$$

O_2 的相对摩尔浓度在空气中为 20.95%,亨利系数受温度影响较大,对于清水,它们之间的关系可以近似表示为

$$\log H_{O_2} = 0.914 - \frac{750}{T_K} \tag{11.14}$$

式(11.14)是根据标准实验获得的数据推导出来的(Baird et al.,2017),通过式(11.12)和式(11.13)联立可以得到 c_1^*,在 5~45℃(T_k＝278~318K)范围内误差不超过 0.1mg/L。

例 11.1　计算饱和溶解氧浓度

　　在丹佛市,当地大气压为 0.8atm,废水温度为 12℃,进行清水曝气试验,确定饱和溶氧浓度 c_1^*。实验移动到洛杉矶,总气压为 1 个大气压,废水温度为 20℃,计算饱和溶氧浓度 c_1^*。

丹佛

$$\log H_{O_2} = 0.914 - \frac{750}{273+12} \approx -1.718$$

$$H_{O_2} = 10^{-1.718} \approx 0.0192 \text{atm mg/L}$$

$$c_g = 0.2095 \times 0.8 \approx 0.168 \text{atm}$$

$$c_1^* = \frac{0.168}{0.0192} \approx 8.7 \text{mg/L}$$

洛杉矶

$$\log H_{O_2} = 0.914 - 750/293 \approx -1.646$$

$$H_{O_2} = 10^{-1.646} \approx 0.0226 \text{atm mg/L}$$

$$c_g = 0.2095 \times 1 = 0.2095 \text{atm}$$

$$c_1^* = \frac{0.2095}{0.0226} \approx 9.3 \text{mg/L}$$

　　污水中的溶解氧往往与式(11.13)和式(11.14)给出的不同,这是因为污水中含有盐类和有机物质,降低了氧气的饱和度。为了校正这个误差,需要将清水的溶解氧乘以系数 β

$$\beta = \frac{c_1^*(\text{污水})}{c_1^*(\text{清水})} \tag{11.15}$$

一般 β 在 0.7～0.98 之间,城市污水经常取 0.95(Metcalf and Eddy,2003)。

$K_L a$ 的值取决于所选用的曝气系统、曝气强度、曝气池的尺寸和形状、温度和污水的特征等因素。这些因素的影响通常需要实验获取,如利用实际曝气设备进行测试来确定(Hwang and Stenstrom,1985;Joint Task Force,1992)。与氧气的溶解度一样,$K_L a$ 还受到污水特性的影响。一般在相同条件下,污水中的测定值小于清水中的测定值。因此需要加以校正,使用校正系数 α:

$$\alpha = \frac{K_L a(污水)}{K_L a(清水)} \tag{11.16}$$

据报道,校正系数 α 对于鼓风曝气一般为 0.35～0.8(Hwang and Stenstrom,1985),对于机械曝气为 0.3～1.1(Joint Task Force,1992)。此处的主要影响是合成洗涤剂造成的,它会改变液体的表面张力和气泡的大小与特性。我们还可以从文献中了解其他因素对传质速率的影响(Bailey and Ollis,1986;Hwang and Stenstrom,1985;Joint Task Force,1992;Metcalf and Eddy,2003)。

还要考虑的因素是曝气池中维持的溶解氧 DO 浓度(c_1)。在设计中,BOD 应作为考虑生物降解动力学限值的参数。因此,c_1 应维持在一个非限制浓度,即显著高于针对 O_2 的 K 值,通常,这个值为几毫克每升。一般,保持 $c_1 \geqslant 2mg/L$ 即可满足要求。

无论哪种曝气方法,曝气强度(能量消耗)都是影响传质系数 $K_L a$ 的一个主要因素(Bailey and Ollis,1986)。输入能量的大小决定了旋涡的大小和气泡之间的湍流流速与强度。基于这一点,传氧效率通常用标准状况下单位能耗的传氧量来表示。标准传氧效率(standard oxygen transfer efficiency,SOTE)中的标准状况是指 20℃(氧饱和溶解度 $c_1^* = 9.2mg/L$),液体中溶解氧为零($c_1 = 0mg/L$)和使用清水($\alpha, \beta = 1$)。系统的 SOTE 通常通过容器中的清水测试实验进行测量(Hwang and Stenstrom,1985;Joint Task Force,1992)。SOTE 一般在 1.2～2.7kg O_2/(kW·h)(Joint Task Force,1998)。

在设计中,传氧的能量利用率必须符合现场条件。即温度、α、β、c_1 和 c_1^* 必须符合实际情况。因此需要将标准传氧效率[以 2kg O_2/(kW·h)为例]转换为实际传氧效率(field oxygen transfer efficiency,FOTE):

$$FOTE = SOTE \cdot 1.035^{T-20} \cdot \alpha \cdot (\beta c_1^* - c_1)/9.2 \tag{11.17}$$

9.2mg/L 是 20℃、大气中氧气分压为 0.21atm 时的饱和溶解氧浓度;1.035^{T-20} 是温度影响因子。例如,当 $T = 12℃, c_g = 0.8atm, c_1^* = 8.7mg/L, c_1 = 2mg/L, \alpha = 0.7, \beta = 0.95$ 时,相应的 SOTE 从 2kg O_2/(kW·h)减少到 0.74kg O_2/(kW·h)。这个例子说明了一个普遍规律,FOTE 总比 SOTE 小很多。制造曝气设备的厂商通常会提供 SOTE 值,但设计者要将它转换为设计中所使用的 FOTE 值。如果不能提供充足的条件以确定 FOTE,那么 FOTE 可以取 1kg O_2/(kW·h)作为初步设计的参数。

对于鼓风曝气系统,主要的能源成本来自将空气压缩到水柱中释放点的压力。压缩空气的功率要求为

$$功率 = \frac{mRT_i}{29.7ne}\left[\left(\frac{P_0}{P_i}\right)^{0.283} - 1\right] \tag{11.18}$$

式中,功率是所需功率,kW;m 是空气的质量流量,kg/s;R 是通用气体常数,8.314kJ/(kmol·K);T 是绝对温度,K;29.7 是常数单位转换;n 是空气的转换常数 0.283;e 是压缩机的效率

（通常约为 0.8）；P 是压缩机的进口压力（atm）（通常为环境压力）；P_o 是排气的出口压力为 0.098atm/m 水深。传质速率基于氧气对空气的体积分数（对于空气为 21%）和所输送的氧气量。所输送的氧气量取决于氧气转移效率（percent oxygen transfer efficiency，POTE），该百分比是转移到水中的氧气质量除以通过压缩空气气泡进入水中的氧气质量。POTE 可以从非常低的值（<5%）到非常高的值（>30%）不等。较深的曝气池，极细的气泡和高湍流往往会使 POTE 变大，但要增加能量输入的成本。

对于设计，不应过分强调 POTE。如果提供足够的能量来增加 K_La，例如，通过使用深层曝气并形成非常细小的气泡，则总是有可能获得较高的 POTE。但是，这些策略通常以低FOTE 为代价，因为 POTE 的增加幅度不如功率增加的幅度大。工程师应专注于 FOTE，因为它与安装的功率和能源成本有关。

曝气还有一个作用是维持污泥絮体的悬浮状态。在 ASCE 和 WEF 制定的联合运行手册（Joint Task Force，1998）中，建议混合液的流速要至少达到 0.3m/s。这要求鼓风曝气系统能够在每分钟对每 1000m³ 的曝气池提供 20~30m³ 的空气；对于形成垂直混合流的机械曝气系统，每 1000m³ 曝气池需要提供 15~30kW 的功率。通常，如果使用空气作为氧气来源，曝气池设计的限制因素是氧气的供应，而不是混合作用。然而，对于延时曝气系统和纯氧曝气系统，混合问题也许会成为主要矛盾。

11.4.2　鼓风曝气系统

压缩空气一般通过多孔曝气头、穿孔管曝气装置、水射器或静态混合器进入曝气池。多孔曝气头一般是陶瓷或柔韧的塑料膜制成的屋顶形、碟形、管形和盘形的装置，照片 11.3 展示了一些曝气头。压缩空气通过曝气头形成小气泡。无孔曝气装置比穿孔管曝气需要的设备多一些，穿孔管曝气仅需要带有穿孔的管道，这些管道会释放出较大的气泡。无孔曝气装置的优点是它们不像多孔曝气头那样容易堵塞，但是它们的传氧效率更低。有时工程中也使用水射器，压缩空气与水在其中混合，经喷嘴喷出后产生小气泡。有报道说水射器与多孔曝气头具有相似的传氧效率。静态混合器是在无孔扩散头上方安装一根管子，这样就会形成一个气提泵。在管子中，空气和水进行充分的混合，气泡不断地破裂并形成较高的传氧速率。静态混合器的传氧效率也与多孔曝气头类似。

照片 11.3　安装在曝气池底部的微孔曝气器的例子
（来源：Sanitaire 授权）

多孔曝气和无孔曝气头适用于推流式的曝气池，这种曝气池有较长的廊道和较小的过流断面。一般曝气头被安放在曝气池一侧的底部，这样不断上升的气泡可以使池内的水形成环流，使悬浮固体维持悬浮状态（图 11.6）。曝气池池深一般为 4.5~7.5m，宽深比对于曝气池的混合效果也非常重要，如果宽深比不合适，可能在池中形成死区，造成污泥沉淀。

宽深比一般为 1.0：1～2.2：1,其中 1.5：1 最常见。静态混合器和水射器更适用于完全混合系统。

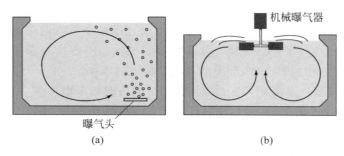

图 11.6　鼓风曝气(a)与机械曝气(b)方式示意图

11.4.3　机械曝气系统

机械曝气器一般分为 4 种类型：低速辐射流式、高速轴流式、水平漩流式和吸入式。通常活性污泥法中使用低速辐射流式曝气器。它有一个大的涡轮,通常旋转速度为 20～100r/min。低速辐射流式曝气器有较高的传氧效率、混合能力和可靠度;通常对方形或环形的曝气池有较好的效果,每池只需一个曝气器即可。在大规模的池子中,也可同时用多个曝气器;这种情况下池子的长宽比是单池的倍数,每个曝气器服务一个方形区域。

高速轴流式曝气器一般用于氧化塘当中,它对污泥絮体的破坏作用不大,有时也用于活性污泥工艺中。这种曝气器的涡轮比低速射流式曝气器小,但转速更大。高速轴流式曝气器传氧效率较高,但混合能力有限,并且运行不太稳定。一般多个曝气器同时运行,各个曝气器的服务区域要相互交叠以保证良好的混合效果和传氧速率。

水平漩流式曝气器有一个水平轴,轴上有放射状的叶片;通过叶片搅动水的表面使水水平流动。叶片引起水的湍动和水平流动产生传氧效果。水平漩流式曝气器简单、可靠,有较高的传氧效率。然而,它仅对较浅的水深有效,因此多用于氧化沟和其他具有跑道式构造的工艺。

吸入式曝气器将空气吸入,使水流动起来形成湍流,通常这种装置做成漂浮式或架在浮木上,这样传氧点可以不断移动。

11.5　污泥膨胀与污泥沉降性问题

活性污泥法的成功运行要求污泥絮体在沉淀池中比较密实、沉降性能好,这样才能减少出水中的悬浮固体量。出水中悬浮固体浓度增高,是引起出水水质恶化的主要原因,同时也会造成污泥停留时间的失控。沉淀后应形成密实的污泥,以利于回流,并且降低剩余污泥脱水和处置的费用。

在活性污泥工艺运行中,遇到的一个主要问题就是污泥沉降性变差。当出现这种情况时,出水 SS 常常会超标,SRT 无法准确控制和保持,出水有机物浓度也会上升。运行中会遇到各种污泥沉降性问题,但它们的原因并不完全相同,这在确定解决方案之前必须先弄清楚。污水厂的特定工艺设置、采用的负荷、环境条件(如温度、pH、溶解氧等)以及废水中某种组分的存在与缺失都可能引起沉降性问题。关于污泥沉降性问题已经有了许多研究报道,对于某些问题的研究还取得了突破性的进展。但是,不少误导人们认识的"民间说法"依然存在,工程师要依靠可信的原理而不是什么"民间说法"。

表 11.3 汇总了不同类型的污泥沉降问题、原因及其影响的关键信息。本节中将讨论各种污泥沉降的问题,首先让我们来看污泥膨胀问题。

表 11.3　活性污泥工艺中遇到的生物固体分离问题

固体分离问题	原　因	影　响
污泥膨胀	丝状菌过度生长到絮体外部影响污泥压实与沉淀	高 SVI,上清液清澈;污泥层升高、流失;污泥处置的水力负荷加大
黏性膨胀或非丝状菌引起的膨胀	微生物周围有大量胞外黏性聚合物,严重情况下会形成果冻状物质	降低沉淀和压实速度;污泥层升高、流失或形成黏性泡沫
分散生长	微生物不形成絮体,分散生长,仅形成小块或单个细胞	出水浑浊,不形成污泥层
针状污泥	小块、密实的类似球状的絮体颗粒,个体大的沉降快,个体小的沉降慢	低 SVI,但出水浑浊
泡沫与浮渣	(1) 含有难降解的表面活性剂 (2) 含有微生物 *Norcardia sp.* 和(或) *Microthrix parvicella*	泡沫将大量污泥携带至构筑物表面漂浮,导致泡沫中的微生物很难被去除。将污泥絮体带到出水中或构筑物的走道上。产生厌氧区
污泥上浮	沉淀池中发生反硝化作用产生难溶解的 N_2,附着在絮体上使絮体上浮	沉淀池水面上有大块污泥絮体,出水可能浑浊

资料来源:Jenkins(1992),Jenkins et al.(2004);Wanner and Grau(1989)。

11.5.1　污泥膨胀

污泥膨胀是最普遍且难以解决的问题。膨胀是对污泥絮体结构的描述:发生膨胀的污泥沉降缓慢,不容易压实。由于发生膨胀的污泥沉淀后浓度很低,难以回流到曝气池中,因此需要不断提高回流比。如果污泥不能被及时从池底部排出,那么污泥层就会上升并最终充满整个沉淀池,造成污泥流失。污泥流失过程中生物量会大量损失,降低污泥停留时间,并且使出水 SS 增高和有机物超标。长期出现污泥膨胀问题可能会导致整个活性污泥工艺失效。

沉降性好的污泥具有以丝状菌为骨架的微观结构,菌胶团可以黏附在上面形成密实稳定的宏观结构(Sezgin,Jenkins and Parker,1978)。尽管絮体内部的一些丝状细菌会增强并稳定絮凝物的结构,但过多的丝状细菌会引起污泥膨胀(Strom and Jenkins,1984)。当丝状菌延伸到絮体之外时,问题变得严重。延伸出来的细丝会在不同絮体之间形成架桥作用,引起两种不良效应:一是架桥使絮体之间不能靠得太近,无法压实;另一个是架桥使絮体之间能截留和固定水分,在污泥沉降和压实的过程中,需要不断脱除水分,而架桥使污泥絮体难以脱水。丝状菌过多引起的这两种效应使得污泥膨胀、沉降缓慢、压实困难。这些影响在11.7 节中将会进行定量讨论。

污泥膨胀可以通过 3 种方式观察到。第一种方式也是最直接的方式是微生物镜检。训练有素的技术人员定期通过显微镜观察污泥,可以判断是否发生了丝状菌的过度增殖。丝状菌不断增长预示即将发生污泥膨胀。第二种方式是测定污泥体积指数（sludge volume index,SVI）。SVI 能很好地反映污泥膨胀的情况,SVI 大于 200mL/g 通常就意味着严重的污泥膨胀。更严重污泥膨胀出现时,SVI 会更高,可以达到 500mL/g。第三种方式是观察到沉淀池的污泥层上升和沉淀后排出污泥的浓度下降。在 11.7 节中会说明为什么会出现这两种现象。镜检是最理想的一种手段,因为它可以在污泥膨胀发生前对污泥的变化趋势进行预测。其他方式只能在污泥膨胀发生后证实这一事实。

基础与应用研究表明,造成污泥膨胀有 3 个典型原因:低溶解氧、长污泥停留时间和进水中含有还原性硫。我们将详细讨论这 3 种不同的原因及克服它们的方法,对于每一种污泥膨胀都有明确的对策。在选择对策时,必须先弄清发生了哪一种污泥膨胀。

第一种是低溶解氧造成的污泥膨胀,它是由丝状菌引起的,如浮游球衣细菌（*Sphaerotilus natans*）、Type 021N 和 Type 1701（著名的荷兰科学家 Eikelboom 发现了这些丝状菌,并对它们进行了编号,号码是他笔记本的页数）。这一类丝状菌与溶解氧的亲和力很大,对氧的半饱和常数 K 很低。当溶解氧较低,不能够向污泥絮体内部传递的时候,这类丝状菌就会逐渐占主导地位,并伸展到污泥絮体之外。Palm、Jenkins 和 Parker(1980)通过实验室和现场研究发现,避免污泥膨胀的最低溶解氧与 BOD 的基质利用速率 U 有关。其最小值为

$$D.O.(mg/L) > (U-0.1)/0.22 \tag{11.19}$$

式中,U 的单位是 kg COD/(kg MLVSS·d)。这种污泥膨胀的解决方法是提高溶解氧,这就需要提高曝气系统的供氧能力或减小有机物的负荷。

第二种是低 F/M 型污泥膨胀,它是由长污泥停留时间（如延时曝气法）引起的。*Microthrix parvicella*、Type 0041、Type 0092、Type 0581 和水束缚杆菌（*Haliscomenbacter hydrosis*）是引起这类污泥膨胀问题的典型微生物。它们是有名的贫营养型微生物,对有机物有很强的亲和力（低 K 值）,并且内源呼吸的速率较低（b 值小）。因此,它们在基质浓度较低和其他物种增长速率较小时,具有一定的优势,这正是在延时曝气法中的情景,容易发生低 F/M 型污泥膨胀。

当需要采用延时曝气[如要求完成硝化作用（第 13 章）或获得较高的安全系数（第 9 章）]时,不能减小污泥停留时间来避免低 F/M 引起的污泥膨胀。幸运的是,加选择池的技术对于解决这个问题非常有效。

选择池设在曝气池的前面（请参见图 11.1）,收集进水和回流污泥。在池中会发生泥水混合作用,可以曝气也可不曝气。选择池的设计目的是:①池容要尽量小,使发生氧化的有机物较少;②池容又要足够大,保证形成污泥絮体的细菌可以快速地吸收溶解性物质（如挥发性有机酸）,并以 PHB 等聚合物的形式储存在体内。其概念是,形成絮体的微生物在选择池中快速地将大部分的有机物都储存到了体内。当微生物进入曝气池后,污泥絮体逐渐消耗所吸收的有机物,而丝状菌体内无法形成聚合物,则无法大量繁殖。这种利用生态学原理进行生物调控的关键在于丝状菌无法形成体内聚合物,而其他一些形成污泥絮体的微生物却可以。

在实践当中,选择池的效果非常理想。正确地使用选择池后,一般污泥膨胀能够在几天之内得到控制。关键的问题是如何确定选择池的设计参数,采用适宜的 F/M 值,才可成功

设计选择池。

$$F/M_{sel} = Q \cdot BOD_5^0/(V_{sel} \cdot MLVSS) \tag{11.20}$$

式中,F/M_{sel} 的单位是 g BOD_5/(g MLVSS · d);Q 是进水流量,m^3/d;BOD_5^0 是进水 BOD_5 浓度,mg/L;V_{sel} 是选择池的体积,m^3;MLVSS 是混合液挥发性固体浓度,mg/L。根据文献报道和作者经验,控制污泥膨胀的最佳 F/M_{sel} 范围在 30～40g BOD_5/(g MLVSS · d)。

第三种是硫-还原型污泥膨胀。当含有还原性硫(多数情况下是硫化物)的污水进入活性污泥工艺时,也会发生污泥膨胀。硫氧化细菌,比如发硫菌(*Thiothrix*)和 021N 都是丝状菌,它们具有很强的获得电子的能力。迄今为止,控制这种污泥膨胀的可靠办法是去除所有进水中的还原性硫。如果硫的来源不能控制,那么就需要在污水进入活性污泥工艺前,将还原性硫用化学氧化的方法去除。尽管有许多氧化剂可以使用,但最简单的方法是使用过氧化氢,它氧化硫化物的过程是:

$$4H_2O_2 + HS^- \longrightarrow SO_4^{2-} + 4H_2O + H^+ \tag{11.21}$$

反应方程式表明,氧化 1g 硫需要 4.25g H_2O_2。实际上,过氧化物还可能与其他还原物质发生反应,因此实际的用量要比式(11.21)的计算结果大。

对于这类污泥膨胀问题,有一种情况是硫化物来自污泥絮体内部硫酸盐的还原过程,这可能是内部缺氧引起的。进入水中的硫是硫酸盐,但在处理过程中被还原为硫化物。形成硫化物可能也是导致低溶解氧型污泥膨胀问题的一个原因。提高溶解氧(或 NO_3^-),是抑制硫酸盐还原的必要措施。

从长远来看,要避免污泥膨胀问题,首先要确定其诱因。但当突然发生污泥膨胀问题时,经常需要采取一些应急措施,以避免过多的污泥流失。最好的办法是化学法,即向混合液中加氯,加入适当量的氯可以选择性地杀死多余的丝状菌,留下紧密的完整絮体。尽管加氯的方法比较有效,但控制合适的加氯量却比较困难。加氯量太小无法奏效,太大则会杀死污泥絮体中的微生物,从而降低污泥絮凝性能,并造成一些生长缓慢的微生物的流失。关于加氯量,一个经验数据是 5kg 氯气/(t SS · d)(Jenkins,Neethling,Bode and Paschard,1982)。管理者需要以这个速度持续加氯直到污泥膨胀问题消失为止。一旦膨胀现象消失,就要立即停止加氯。这种用"滴定"方式加氯的方法不会影响污泥的活性。

在多数情况下,氯被加入回流污泥中,因为这样很容易设立一个加氯点。然而,将氯直接加入曝气池能取得更好的效果。这种方法不经常被采用是因为需要另加管道和加氯口。

11.5.2　泡沫和浮渣的控制

曝气池表面形成泡沫和浮渣是活性污泥工艺中另一个常见问题。泡沫和浮渣会给污水厂运行造成许多问题,包括出水 SS 超标、外观恶化和危险性加大,如造成廊道变滑、无法监测污泥等问题。另外,一些病原微生物会导致用于剩余污泥处理的厌氧消化池产生泡沫。

引起问题的病原微生物通常属于诺卡菌属(*Nocardia*)和微丝菌属(*Microthrix*)(Pitt and Jenkins,1990)。它们的出现通常与污泥停留时间过长和废水温度过高有关,说明引起问题的微生物属于生长缓慢型。解决问题的一个简单方法是将污泥停留时间控制在 6d 以内(Pitt and Jenkins,1990)。在某些情况下,在回流污泥中加氯也会有所帮助。既然这类微生物引起的问题主要是泡沫和浮渣,那么另一种解决策略——可能是最有效办法,就是直接去除这些泡沫和浮渣。从而直接将产生泡沫和浮渣的微生物排出系统,大大降低这类微生物的 SRT。

11.5.3　污泥上浮

在具有氨氮硝化功能的活性污泥法工艺中,其沉淀池中可能发生污泥上浮。如果在沉淀池的污泥层中发生反硝化作用,就会有氮气气泡产生,并粘在污泥表面。(甲烷生成也有可能在沉淀池中生成 CH_4 气体。)"大块的"污泥就会浮到沉淀池表面聚集起来。这些一块块的污泥不但非常难看,而且会引起出水 SS 增加。

如果不需要硝化,控制污泥上浮的有效办法是抑制曝气池中的硝化作用。缩短污泥停留时间可以从系统中去除生长缓慢的硝化细菌。如果不形成硝酸盐,就不会产生反硝化作用和氮气(详见第 13 章)。还有一种控制污泥上浮的方法是在系统中加入反硝化池。如果在进入沉淀池之前硝酸盐已经被去除,反硝化作用就不会发生在沉淀池中。

帮助减少沉淀池中反硝化作用的方法是改进沉淀池的设计和操作。这样做的目的是不让污泥在污泥层中"停留"太长时间。带有真空吸泥装置的圆形沉淀池就能起到这种作用。如果方形沉淀池的刮泥机能够快速地将污泥去除,在水流缓慢的角落没有污泥聚集,也会取得较好的效果。

11.5.4　分散生长和针状污泥

发生分散生长的污泥和针状污泥的沉淀都很困难,这是由于微生物不能形成足够大的污泥颗粒。分散生长主要发生在活性污泥系统的启动阶段,此外污泥停留时间过短也无法形成沉降性能好的污泥絮体。通过镜检观察,可以发现许多微生物都存在分散生长的现象,它们或者呈单个菌体,或者呈一小群生长。在这些分散生长的微生物周围缺少胞外多聚物,因此无法很好地絮凝在一起。另外,在启动或短污泥停留时间的情况下,微生物的活性很大,能抵抗彼此之间形成易沉淀絮体的电中和作用。在工艺启动阶段,微生物是多样化的,既有形成絮体也有不形成絮体的微生物。不形成絮体的微生物会在沉淀池中随出水流出,无法回到曝气池中,这样就会选择出能形成良好污泥絮体的微生物。

针状污泥是一种导致沉降性能不好的现象。这与污泥停留时间过长有关,如在延时曝气系统中。"老"的絮体很容易被真核生物捕食,从而造成污泥絮体破坏,并产生许多无活性的生物残骸。在这个过程中,会形成许多小颗粒针状污泥并进入出水。

11.5.5　黏性污泥膨胀

非丝状菌引起的污泥膨胀问题称作黏性膨胀,主要与形成污泥絮体的细菌分泌过多胞外多聚物有关。适当的胞外多聚物对于形成良好的污泥絮体结构非常重要。然而,如果细胞分泌过多的胞外多聚物,反而会对污泥沉降性有害。污泥絮体体积变得庞大,可能形成像果冻一样的物质并形成泡沫和浮渣。由于多聚物的含水量过高,所以其沉降性下降。

非丝状菌污泥膨胀的原因包括:①废水中含有过多脂肪和石油类化合物;②缺乏氮磷;③用选择池控制丝状菌污泥膨胀;④生物除磷系统中不动杆菌过量繁殖产生过多的聚合物。黏性污泥膨胀的发生范围目前还并不十分清楚,对于其控制方法的研究也比较少。

11.5.6　加入聚合物

许多污泥分离问题的产生迫使污水厂的运行者去寻找快速解决的办法。一个简单的办法是加入有机聚合物,通常使用阳离子高分子电解质,在混合液中加入这些物质可以加强絮凝、沉降和压实作用。一般聚合物加在曝气池和沉淀池之间,加入量可通过实验室测定和经验确定,通常要和聚合物的生产厂家合作确定。如果聚合物及其投加量选择得当,一般会立刻见效。这种方法可以解决和缓解污泥层上升问题(通常由污泥膨胀引起)、分散生长问题和针状污泥问题。作为一种避免污泥大量流失的紧急措施,这种方法非常有效。

加入聚合物有一些缺点,不宜经常使用。缺点之一是使用量会随时间延长而增加,使药剂费用不断上升。投加效果不断下降可能是由于微生物被逐渐驯化,聚合物被微生物降解。还有一个缺点是聚合物的使用弱化了对形成絮体微生物的自然选择作用,因此当停止投药后污泥中还是会缺少形成絮体的微生物。这也是絮凝剂效果不断下降的一个原因。

11.6　活性污泥工艺设计与分析

活性污泥工艺的设计与分析是一个综合性的创造过程,它需要依据第 5 章、第 6 章、第 8 章、第 9 章当中提到的一系列的原理来进行相应的选择和计算。说明选择和计算关系的最好方法是全面介绍一个设计实例。在下面的例子中,我们将给出活性污泥工艺反应器设计的所有步骤。我们假设沉淀池能够正常工作,需要有关沉淀池的资料时,可以依据工程特点进行选择。在 11.7 节沉淀池的设计与分析中,我们将讨论如何根据设计和运行条件,确定相关参数。全面的设计需要综合考虑沉淀池和生物反应器,这部分内容我们将在后面的章节中讨论。

本例中包含一系列的步骤。有些是数据收集工作,当一些数据无法通过测量得到时,还需要进行一些工程上的选择和判断;另一些则是计算工作,在前几章介绍的定量关系基础上,通过计算得到我们需要确定的全部关键参数,如反应器的体积、剩余污泥流量、传氧速率和出水水质等。经过前几步的计算后,后面几步的计算顺序不一定严格遵守下面例子中的顺序;因此,我们对设计步骤排序是为了清楚地介绍各主要关键步骤,并不意味着实际的设计一定要按这个顺序进行。

设计中用到的大部分公式都来源于第 6 章、第 8 章、第 9 章。在少数情况下,会用到一些新的关系式,在例子中也会对其来源进行介绍。

例 11.2　活性污泥工艺的设计

步骤 1　定义进水

进水是具有以下特性的污水:

$$Q = 10^3 \, \mathrm{m^3/d} = 10^6 \, \mathrm{L/d}$$
$$S^0 = 500 \, \mathrm{mg \ BOD_L/L}$$

$$X_a^0 = 0 \text{mg VSS}_a/\text{L}$$

$$X_i^0 = 50 \text{mg VSS}_i/\text{L}$$

流入的基质浓度用 BOD_L 表达,以进行电子数的物质衡算。通常情况下,进水中没有活性微生物量,但有惰性 VSS。

步骤 2 定义动力学和化学计量学特性

水中的 BOD 由复杂的有机分子组成,这些分子的生物降解速率比"一般的"BOD 要慢一些。可以通过调整 $\hat{q}$、γ 和 K 的值来表示。核心参数用常规质量单位 g 或 mgBOD_L 和 VSS 表示,生物量也用 g 或 mgCOD 表示,以便于进行质量平衡计算:

$$\hat{q} = 10\text{g BOD}_L/(\text{g VSS}_a \cdot \text{d}) \approx 7\text{g BOD}_L/(\text{g VSS-COD}_a \cdot \text{d})$$

$$K = 10\text{mg BOD}_L/\text{L}$$

$$\gamma = 0.4\text{g VSS}_a/\text{gBOD}_L \approx 0.57\text{g VSS-COD}/\text{g BOD}_L$$

$$b = 0.1\text{d}^{-1}$$

$$f_d = 0.8$$

需要注意的是各个参数的单位要一致:质量单位为 mg 或 g,体积单位为 L,时间单位为 d。BOD_L 表示提供电子的基质浓度,VSS 或 VSS-COD_a 表示生物量。既然所有的单位是一致的,我们在大部分的情况下将不列出数值的单位,使方程更加简洁。注意:要始终使用正确和一致的单位!不仅在这个例子中,我们今后都应该遵守这个规则。

步骤 3 确定设计标准

本活性污泥系统要达到的出水标准是 $\text{BOD}_5 < 20\text{mg/L}$ 和 $\text{SS} < 20\text{mg/L}$。设计的关键是出水 BOD_5 和 SS 标准,我们需要将更基础的单位 BOD_L 和 VSS(或 VSS-COD_a)转换为 BOD_5 和 SS。现在还不需要转换,因为我们将用基础参数进行设计。

步骤 4 计算限值

计算限值是一个非常重要的步骤。用限值 $[\theta_x^{min}]_{lim}$ 和 S_{min} 可以快速地对设计方案的合理性进行检查。用 g VSS 作为生物量单位,计算如下:

$$[\theta_x^{min}]_{lim} = [\gamma\hat{q} - b]^{-1} = (0.4 \times 10 - 0.1)^{-1} \approx 0.26\text{d}$$

$$S_{min} = Kb[\theta_x^{min}]_{lim} = 10 \times 0.1 \times 0.26 = 0.26\text{mg BOD}_L/\text{L}$$

依据 $[\theta_x^{min}]$ 的最小值 $[\theta_x^{min}]_{lim}$,我们可以在一定的安全系数下设计一套经济的工艺。而 S_{min} 的值意味着我们可以得到远小于出水标准的出水浓度。因此,设计是可行的。

如第 8 章所述,电子向 UAP 和 EPS 的流动改变了 $[\theta_x^{min}]_{lim}$ 和 S_{min} 的值,可以通过调整后的 γ 值将其纳入计算:

$$\gamma' = \gamma(1 - K_1 - K_{EPS})$$

这里需要 K_1 和 K_{EPS} 的值,根据第 8 章的内容,有 $K_1 = 0.05\text{g UAP-COD}/\text{g BOD}_L$ 和 $K_{EPS} = 0.18\text{g EPS-COD}/\text{g BOD}_L$。则两个限值变为(使用一致的 COD 值):

$$\gamma' = 0.57\text{g COD}_x/\text{g BOD}_L(1 - 0.05 - 0.18) = 0.57 \times 0.77$$

$$\approx 0.44\text{g COD}_x/\text{g BOD}_L$$

$$[\theta_x^{min}]_{lim} = [\gamma'\hat{q} - b]^{-1} = (0.44 \times 7 - 0.1)^{-1} \approx 0.34\text{d}$$

$$S_{min} = Kb[\theta_x^{min}]_{lim} = 10 \times 0.1 \times 0.34 = 0.34\text{mg BOD}_L/\text{L}$$

调整后的 $[\theta_x^{min}]_{lim}$ 和 S_{min} 值比不考虑胞外产物时略高,但它们仍然足够低,表明满足经济性要求的工艺,其性能亦能达标。

步骤 5　选择设计 SRT

因为我们希望设计结果比较经济,但必须保证高质量的出水,因此我们在传统的安全系数(表 9.4)范围内选择一个较小的值,SF=15。然后利用调整后的$[\theta_x^{min}]_{lim}$计算设计 SRT(θ_x):

$$\theta_x = SF \cdot [\theta_x^{min}]_{lim} = 15 \times 0.34 = 5.1d$$

这个数值在传统负荷的范围内(4～10d,表 11.2),而且有可能实现高质量的出水。实际运行中 SRT 不能精确地调整,因此取 $\theta_x = 5d$。

步骤 6　计算出水基质浓度 S

一旦确定了 SRT,我们就可以使用 γ' 而不是 γ,利用下面这个著名的公式计算出水基质浓度

$$S = K\frac{1+b\theta_x}{\gamma'\hat{q}\theta_x - (1+b\theta_x)} = 10\frac{1+0.1\times5}{0.44\times7\times5-(1+0.1\times5)} \approx 0.97mg\ BOD_L/L$$

显然,S 低于 20mg/L 的出水 BOD_5 标准。后面的计算中使用 1mg BOD_L/L。

步骤 7　选择 X_a,计算 HRT(θ)

这里必须对使用系统的水力停留时间(或体积 $V=Q\theta$)还是活性生物质浓度(X_a)进行工程判断。最简单的方法是为 X_a 选择一个设计值,并计算 θ。在活性污泥中,θ 和 θ_x 相互独立,但可通过 X_a 相互联系

$$X_a = \left(\frac{\theta_x}{\theta}\right)\frac{\gamma'[S^0-S]}{1+b\theta_x}$$

设 $X_a = 2000mg\ VSS/L$,$\theta_x = 5d$

$$2000mg\frac{VSS}{L} = \left(\frac{5}{\theta}\right)\frac{0.44(500-1)}{1+0.1\times5}$$

求解 θ,得 $\theta \approx 0.37d \approx 8.8h$,符合实际。

步骤 8　计算系统体积(V)和 X_v

计算系统体积

$$V = Q \cdot \theta = 10^6 \times 0.37 = 3.7 \times 10^5 L(或\ 370m^3)$$

θ、θ_x 和 X_a 已知,则可计算 X_i、EPS 和 X_v(=MLVSS)

$$X_i = (1-f_d)bX_a\theta_x + \left(\frac{\theta_x}{\theta}\right)X_i^0 = 0.2\times\frac{0.1}{d}\times2000\frac{mg\ VSS}{L}\times5d + \left(\frac{5}{0.37}\right)\times50$$

$$\approx 876mg\ VSS/L$$

$$EPS = \frac{k_{EPS}qX_a\theta_x}{1+k_{hyd}\theta_x} = \frac{0.18\times0.9\times2000\times5}{1+0.17\times5} \approx 855\frac{mg\ COD}{L} \approx 623\frac{mg\ VSS}{L}$$

其中,$q = \hat{q}\dfrac{S}{K+S} = 10[1/(1+10)] \approx 0.91mg\ BOD_L/(g\ VSS\text{-}COD \cdot d)$,$k_{hyd} = 0.17d$

则

$$MLVSS = X_v = X_a + X_i + EPS = 2000 + 876 + 623 = 3500mg\ VSS/L$$

可见 X_a 约为 X_v 的 57%,而 EPS 约为 18%,X_i 约为 25%。因此,只有略多于一半的 VSS 处于代谢活跃状态。

步骤 9　估计 MLSS

MLVSS 与 MLSS 有关,但 MLSS 含有一些无机固体。微生物细胞通常含有 90% 有机物和 10% 无机物。因此,细胞当中的无机物质浓度为 $3500 \times (10/90) \approx 390 mg\ SS/L$。另外,进水中也会含有与生物质量无关的无机物质。我们假设进水中无机固体浓度为 SS = $20 mg/L$,并且会在污泥混合液中浓缩为 $20 \times (5/0.37) \approx 270 mg/L$。因此,总的 MLSS 是 MLVSS 和两种无机固体浓度的加和:

$$MLSS = X = 3500 + 390 + 270 = 4160 mg\ SS/L$$

对传统负荷条件而言,该 MLSS 值对应的 $X_a/MLSS$ 为 48%。$4160 mg/L$ 的 MLSS 对传统负荷来说略高。如果认为其过大(如为了获得良好的沉降性能时),可以通过减少 θ_x、增加 θ 或两者结合来降低 MLSS。例如保持 $\theta_x = 5d$ 的同时控制 $\theta = 0.51d$,可以将 MLSS 降低至 $3000 mg\ SS/L$。接下来将在 $\theta = 0.37d$ 和 $\theta_x = 5d$ 基础上继续进行设计。

步骤 10　确定固体损失率

至此,有各种不同的设计顺序可以选择。我们在这里先计算固体损失率,但是其他设计者也可以先进行后面的步骤,然后返回到这个步骤。但是,一般会先确定固体损失。

无论如何,计算固体损失都很重要,本例从这步开始。固体损失率(不同种类污泥在单位时间内流失的速率)可以通过式(6.27)和式(6.28)的一般形式计算:

$$r_{nbp} = \frac{X_n V}{\theta_x}$$

式中,X_n 是任意一种 SS 的浓度。r_{nbp} 是单位时间损失的质量(按规定,标准单位 mg/d)。根据此公式,将 $V = 3.7 \times 10^5 L$ 和 $\theta_x = 5$ 代入上式得:

活性微生物损失率:　　　　$r_{abp} = 1.48 \times 10^8 mg\ VSS_a/d$

MLVS 损失率:　　　　$r_{vlr} = 2.59 \times 10^8 mg\ VSS/d$

MLSS 损失率:　　　　$r_{xlr} = 3.08 \times 10^8 mg\ SS/d$

因为进水中还含有一些惰性挥发性悬浮固体,所以并非全部排出系统的 VSS 都来源于细胞合成。需要根据生物增殖速率来评估营养的需求量。最简单的算法是从 MLVS 中减去惰性 VS 进入系统的速率。

生物增殖速率:

$$r_{vbp} = 2.59 \times 10^8 mg\ VSS/d - 50 mg\ VSS/L \times 10^6 L/d = 2.09 \times 10^8 mg\ VSS/d$$

步骤 11　估计回流污泥和出水中的固体浓度

由于我们在此例中没有对沉淀池进行细致的分析,这里假设沉淀池在各种情况下都运行良好。我们假设出水中 VSS 浓度是 $X_v^e = 15 mg\ VSS/L$,回流污泥浓度为 $X_v^r = 10\ 000 mg\ VSS/L$。根据混合液中各污泥组分比例的分析,可以计算活性悬浮固体的浓度 $X_a^e = 8.6 mg\ VSS_a/L$, $X_a^r = 5700 mg\ VSS_a/L$, $X_{SS}^e = 18 mg\ SS/L$ 和 $X_{SS}^r = 11\ 900 mg\ SS/L$。可以看出出水 SS 符合 $20 mg\ SS/L$ 的标准。

步骤 12　估计污泥排放速率

污泥会通过两个路径离开处理系统,剩余污泥排放或随出水流出。对这两个速率的计算需要了解沉淀池的沉淀效果,包括水的澄清和污泥的浓缩效果。这在步骤 11 中已经完成。对每种污泥都可以进行物料衡算,对于 VSS:

$$r_{vlr} = Q^w \cdot X_v^r + (Q - Q^w) \cdot X_v^e$$

$$2.59 \times 10^8 = Q^w \cdot 10\,000 + (10^6 - Q^w) \cdot 15$$

解出 Q^w 为 2.43×10^4 L/d,相当于污水流量的 2.4%。这个比例还是比较低的,排放后的剩余污泥进入脱水与处置工序。

$Q^w \cdot X^r$ 决定了剩余污泥的排放量。对于不同类型的固体浓度,这个值分别是 2.4×10^8 mg VSS/d、1.4×10^8 mg VSS$_a$/d 和 2.9×10^8 mg SS/d。

出水引起的污泥损失可以通过 $(Q - Q^w) \cdot X$ 计算,结果分别是 1.5×10^7 mg VSS/d、0.84×10^7 mg VSS$_a$/d 和 1.7×10^7 mg SS/d。

步骤 13　估计营养的需求

营养需求与细胞的净增殖速率成比例,在步骤 10 当中我们计算得到细胞的净增殖速率为 2.09×10^8 mg VSS/d。如果 N 占 VSS 的 12.4%,P 占 VSS 的 2.5%。则 N 和 P 的补充速率至少是 1.8×10^7 mg N/d 和 3.6×10^6 mg P/d。用补充速率除以进水流量,得到进水中 N 和 P 的浓度至少为 18mg N/L 和 3.6mg P/L。

步骤 14　估计出水中 SMP 的浓度

组成 SMP 的 UAP 和 BAP 都是溶解性的物质,它们并不包含在污泥中,而是出水溶解性有机物 S 的一部分。由第 8 章,恒化器中的 UAP 和 BAP 分别为:

$$UAP = \frac{-(\hat{q}_{UAP} X_a \theta + K_{UAP} - k_1 q X_a \theta)}{2} + \frac{\sqrt{(\hat{q}_{UAP} X_a \theta + K_{UAP} - k_1 q X_a \theta)^2 + 4 K_{UAP} k_1 q X_a \theta}}{2}$$

$$BAP = \frac{-[K_{BAP} + (\hat{q}_{BAP} X_a - k_{hyd}(EPS)\theta)]}{2} + \frac{\sqrt{K_{BAP} + (\hat{q}_{BAP} X_a - k_{hyd}(EPS)\theta)^2 + 4 K_{BAP} k_{hyd}(EPS)\theta}}{2}$$

其中,UAP 和 BAP 是在第 8 章中定义的。由于此处生物量以 VSS 表达,所有包含生物量的参数单位都需要通过 1.42mg COD$_X$/mg VSS 从 VSS-COD$_X$ 转化为 mg VSS。SMP 产生与降解的合理参数为(表 8.1):

$$\hat{q}_{UAP} = 1.85g\ COD_p/(g\ VSS_a \cdot d)$$
$$\hat{q}_{BAP} = 0.50g\ COD_p/(g\ VSS_a \cdot d)$$
$$K_{UAP} = 100mg\ COD_p/L$$
$$K_{BAP} = 85mg\ COD_p/L$$
$$k_1 = 0.05g\ COD_p/g\ BOD_L$$
$$k_{hyd} = 0.17d^{-1}$$

其中 COD$_p$ 代表产物 COD。代入所有数值

$$UAP = 2.3mg\ COD/L$$
$$BAP = 7.9mg\ COD/L$$

则 SMP = UAP + BAP = 2.3 + 7.9 = 10.2mg COD/L

步骤 15　估计出水的水质,包括 COD、BOD$_L$ 和 BOD$_5$

由于出水中各种有机物质都可以用 COD 测定结果表示,所以出水的总 COD 值由出水

中所有组分的 COD 相加得到：

出水中基质, S	1.0mg/L
VSS, $X_v^e \cdot 1.42$mg COD/mg VSS	25.6mg/L
SMP	10.2mg/L
总计	36.8mg COD/L

BOD_L 只包括 VSS 或 VSS_a 的可降解部分。

原有基质, S	1.0mg/L
VSS_a, $X_a^e \cdot f_d \cdot 1.42$	9.7mg/L
SMP	10.2mg/L
总计	20.9mg BOD_L/L

由于出水水质标准以 BOD_5 为指标，我们必须根据第 8 章的推导将 BOD_L 转换为 BOD_5。

原有基质, $S \cdot 0.68$	0.7mg/L
VSS_a, $X_a^e \cdot f_d \cdot 1.42 \cdot (1 \times e^{-(0.1 \times 5)})$	3.9mg/L
SMP, $SMP \cdot 0.14$	1.4mg/L
总计	6.0mg BOD_5/L

即使 COD 或 BOD_L 都大于 20mg/L，BOD_5 浓度依然可以达标。出水 BOD_5 在 COD 和 BOD_L 比例低的情况是普遍的。

步骤 16　计算污泥回流率

式(11.8)对沉淀池进行物料衡算后得到了一个关于 X 和 X^r 的简化关系式，可以用来计算污泥回流比 R。

$$R = \frac{X}{X^r - X} = \frac{1}{\frac{X^r}{X} - 1}$$

用 VSS 值代入 X 和 X^r 得到：

$$R = \frac{3500}{10\,000 - 3500} \approx 0.53$$

以进水流量表达的回流比为 53%，较为合理，但处于典型经验的高值。

如果不做简化假设，R 的计算过程就会复杂一些(当然会更精确)：

$$R = \frac{X\left(1 - \frac{\theta}{\theta_x}\right)}{X^r - X}$$

代入 X^r 和 X 值计算得到 $R=0.31$。复杂计算中考虑了曝气池中微生物的增殖，在 θ 远小于 θ_x 时(通常如此)得到的 R 值略有减小。

步骤 17　计算所需的供氧速率

活性污泥工艺中曝气的动力消耗在运行费用中占有很大的比例。需氧速率和曝气效率决定了所需要的能量。这里我们将计算需氧速率。最简单的方法是进行基于电子当量平衡的物料衡算，得到进出水的氧气需求当量，用每天消耗的 O_2(mg)来表示。

进水氧气需求主要包括基质和惰性 VSS 的氧化：

基质,$Q \cdot S^0$	$10^6 \times 500$	$5 \times 10^8 \, mg/d$
$VSS_i, 1.42 \cdot Q \cdot X_i^0$	$1.42 \times 10^6 \times 50$	$7.1 \times 10^7 \, mg/d$
总计		$5.7 \times 10^8 \, mg/d$

出水氧气需求则包括 S、SMP 和 VSS:

基质,$Q \cdot S$	$10^6 \times 1.0$	$1.0 \times 10^6 \, mg/d$
$SMP, Q \cdot SMP$	$10^6 \times 10.2$	$1.02 \times 10^7 \, mg/d$
VSS,$1.42 \cdot MLVS$ 消耗速率	$1.42 \times 2.58 \times 10^8$	$3.66 \times 10^8 \, mg/d$
总计		$3.77 \times 10^8 \, mg/d$

需氧速率就是进水和出水氧气需求当量的差值:

$$O_2 \text{ 消耗速率}, \Delta O_2 / \Delta t = 5.7 \times 10^8 - 3.77 \times 10^8 \approx 1.9 \times 10^8 \, mg/d$$

步骤 18　估计曝气的能量消耗

我们假设 FOTE 为 $1 \, kgO_2/(kW \cdot h)$,并根据上面计算得到的供氧速率来计算能耗:

$$\text{能量} = (1.9 \times 10^8 \, mgO_2/d)(10^{-6} \, kg/mg)/(1 kg \, O_2/(kW \cdot h))(24h/d) = 7.9 kW$$

当然,需要应用一个较大的安全系数,以避免冲击负荷所带来的问题。

在例 11.2 当中,我们计算了工艺中的所有主要参数,如 SRT、系统体积、MLVSS、污泥排放和回流速率、出水水质、营养需求和曝气能力。另外,我们还对难以测定的参数进行了讨论,比如 MLVSS 中活性部分的比例和出水 BOD 中 S、SMP 和 X_a 的组成比例。这个例子的设计结果较为合适,从技术和经济的角度考虑,不需要重新修改。然而,并不是所有的设计都这么顺利,设计过程经常需要反复计算,并不像例 11.2 当中那样能顺利地一次完成。此外,不管设计过程是一次完成还是反复完成,这些步骤都要经历,因此均被列了出来。

11.7　沉淀池的设计与分析

在活性污泥工艺中进行泥水分离的主要方式是利用重力沉淀作用去除自然形成的污泥絮体。一个设计合理的沉淀池(英文中几个常用的名字有 settling tank、settler、clarifier 或 sedimentation tank)可以促进絮凝作用并具备良好的沉淀条件。这种情况下出水 SS 很低,几乎所有的悬浮固体都被去除,因而可以通过控制排泥来确定污泥停留时间 $\theta_x > \theta$。回流污泥与剩余污泥的浓度较高,这样就减少了污泥提升、脱水和处置的费用。前两个目标——出水低 SS 和悬浮固体 100% 截留——是密切相关的,而第三个目标——污泥浓缩——并不一定能在获得较低出水 SS 的同时自动完成。在某些情况下,最后一个目标与前两个目标之间存在矛盾。

为了保证沉淀池的设计与运行能同时满足 3 个目标,需要使用基于固体沉淀与浓缩的物理规律的系统分析方法。一般以通量理论为指导,在沉淀池设计中又称为"状态点法"。

在本节中,我们首先要阐述活性污泥的物理/化学特性,然后介绍沉淀池的典型组成部分以及通常所采用的负荷参数标准。最后,将重点介绍通量理论和设计与分析的"状态点法"。通过稳态分析,我们将沉淀池的沉淀效果与曝气池的设计/运行、回流控制联系起来,还可以将经验的负荷标准与沉淀过程的物理描述结合起来,并可以实现各种特殊要求下的合理设计。

11.7.1 活性污泥特性

活性污泥法中的 SS 大部分是细菌,它们的含水率约为 80%。除此之外,即使是絮凝效果良好的活性污泥在细胞外面也固定了相当量的结合水。因此,活性污泥只比周围的水重一点,一般密度相差约 $0.0015g/cm^3$。如此小的密度差意味着只有凝聚到足够大的尺寸才有可能获得较快的沉降速度。举例来说,用 Stokes 公式就可以确定絮凝沉淀的最终速度(v_s,m/d):

$$v_s = \frac{g \Delta\rho d^2}{18\mu} \times 86\,400 s/d \tag{11.22}$$

式中,g 为重力常数,$9.8m/s^2$;$\Delta\rho$ 为密度差,g/cm^3;d 为絮体直径,cm;μ 为动力黏滞系数,$g/(cm \cdot s)$。对于 $T=20℃$,$\rho=0.0015g/cm^3$,$v_s=12m/d$(较低的表面负荷),需要 $d=0.04cm=400\mu m$。要使 $v_s=70m/d$(较高的表面负荷),需要 $d=0.1cm=1mm$。幸运的是,絮凝较好的活性污泥的直径为 $200\mu m \sim 2mm$。污泥絮体的大小在曝气池内通常小于 0.2mm,而如果沉淀池设计合理,污泥絮体在进入沉淀池后会继续变大。

一旦絮凝之后,污泥固体的沉降速率就取决于其物理/化学特性以及 SS 与 X 的浓度。这个关系可以较好地用经验公式表示为

$$v = v_0 10^{-kX} \tag{11.23}$$

式中,v 是真实的沉淀速度,m/d;v_0 是最大沉淀速度,m/d,对于一定特性的污泥絮体,v_0 与 Stokes 速度有关;k 是污泥压实系数,m^3/kg;X 是总悬浮固体浓度,$kg/m^3 = g/L$。图 11.7 是一个典型的沉淀速度曲线。污泥固体在污泥浓度较小的范围内接近其最大沉降速度,当固体浓度增加的时候,沉降速度会由于粒子之间的相互作用而很快地减小。在拥挤沉淀的浓度区域,由于粒子之间过于接近,使得污泥的下降运动是不断将水分子从泥中挤压出去的过程。当 X 增加时,这种拥挤作用变得非常明显,使得 v 不断下降。

当 X 足够大的时候,大约为 $10kg/m^3$ 时(图 11.7),污泥进入压缩沉淀区域。在这个区域中,下面的固体颗粒开始承受上面颗粒的重量。进一步沉淀需要上面污泥能在重力作用下将下面固体空隙中的水分压出去。这种压缩(或固化)现象使得沉降速度变得非常缓慢,X 足够大时甚至停止沉降:在 $X=20kg/m^3$ 时,速度 v 几乎为零(小于 0.2m/d)。

丝状菌引起的污泥膨胀是影响活性污泥沉降速度的最大因素。虽然膨胀污泥通常有较好的絮体大小和结构,但延长到絮体外的细丝却加强了粒子间的交互作用引起拥挤沉降。因此,随着丝状菌的增殖,沉降速度 v 会大幅降低。Sezgin (1981)通过对膨胀污泥与非膨胀污泥的显微镜下观察,建立了菌丝长度与沉降速度的关系。Sezgin 发现在他所研究的污泥中,k 大约稳定在 $0.15m^3/kg$,而 v_0(m/d)受到菌丝长度的影响很大。这种依赖关系表示为

$$v_0 = \frac{264}{1 + 1.17 \times 10^{-5} \times (4.57)^{LF}} \tag{11.24}$$

式中,LF 是污泥中延长菌丝长度($\mu m/mg$ SS)的对数值。虽然用显微镜测量菌丝的长度可能过于麻烦,但是式(11.24)却表示出当菌丝长度大 $10^7 \mu m/mg$(LF 大于 7)时,沉降速度会明显降低。例如,当 LF 从 6(无污泥膨胀)增大到 7 时(轻微的污泥膨胀),沉降速度 v_0 会由 240m/d 减小到 180m/d;当 LF 增大到 8 时(严重的污泥膨胀),v_0 会继续减小到 82m/d。

虽然 Sezgin 的 k 和 v_0 值不能普遍应用,但它们很好地表示出了污泥浓度 X 和污泥膨胀对沉降的影响。

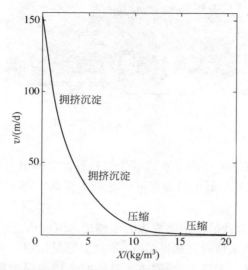

图 11.7　污泥沉淀速度随其浓度增大而下降的典型曲线($v_0=152\text{m/d}$,$k=0.15\text{m}^3/\text{kg}$)

11.7.2　沉淀池的组成部分

尽管沉淀池的配置各不相同,但它们肯定会包括以下 4 个主要部分:

(1) 进水区域,用于消耗进水污泥的动力和动能,并使污泥形成良好絮体;

(2) 沉淀区域,污泥在此静沉,与水分离并浓缩;

(3) 出水区域,防止沉淀污泥流失;

(4) 浓缩污泥收集和污泥去除系统。

活性污泥系统的沉淀池的过流断面可以是圆形的或矩形的。因为圆形的沉淀池更常用,特别是在北美地区,因此我们以此为例说明沉淀池的主要组成部分。

常用的进水区域主要有两种形式:中心进水和周边进水,如图 11.8 所示。在中心进水结构的设计中,流入的混合液通过沉淀池中心的一根管道流入。能源的消耗和絮凝作用发生在池体中央的圆形管井内,井内有连续管状隔板。絮凝后的污泥缓慢流动并最终在隔板

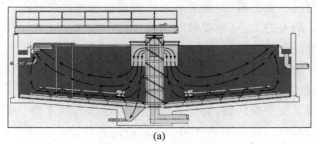

(a)

图 11.8　进水方式

(a) 中心进水;(b) 周边进水

(资料来源:U. S. Filter 授权)

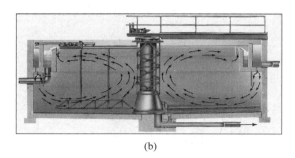

(b)

图 11.8(续)

之下进入静态沉淀区。现在的中心进水式沉淀池具有较大的中央管井。管井的直径可以达到沉淀池直径的 25%～35%,隔板的深度可以达到水深的一半。这意味着大约 5%的沉淀池体积是进水管井。

周边进水系统中,混合液沿沉淀池周边的水槽进入沉淀区。进水槽下边设有隔板,污泥混合液在经过隔板及周边水槽时其能量削减,并发生絮凝作用。絮凝良好的污泥随后在隔板之下缓慢地流入沉淀区。大体上,外围进水系统的水槽和隔板区域的体积与中心进水系统的管井体积相近。

通过静态沉淀区应该能够得到清澈的出水和浓缩污泥。大部分的沉淀池设计和运行方法都是为了保证沉淀区的尺寸满足这两个要求。在下一节当中将要讨论负荷参数,并进行通量分析,这是进行静态沉淀区设计的工具。然而,并非拥有适宜的沉淀区设计就能够获得良好的结果,沉淀池的其他部分如果存在絮凝效果不好、紊流、短流和污泥流失等问题,一样会产生问题。

出水通过沉淀池边缘设置的"V"形出水堰溢流流出。早期的设计将水槽放在池壁外面,但是更多的现代设计将出水堰移到了池内,以减少沿池壁的水流短路流。图 11.9 中所列举的是堰和水槽位于池内的情况。浮渣、油脂和其他漂浮物在沉淀区的表面被收集。绕沉淀池中心移动的刮渣装置将它们收集到一个浮渣槽内。

浓缩污泥需要被收集起来并排出沉淀池。由于泥是从底部排出的,因此称为底流。有两种常用的污泥收集和去除装置:刮泥机与泥槽、水力吸泥机。图 11.9 展示了这两种系统的主要特征。

刮泥机将泥饼刮向中央泥槽,排泥泵将泥从底部抽出排放或回流。刮刀沿机械臂固定,机械臂缓慢地转动。刮刀的大小、角度和转速需要进行专门设计,以使泥进入泥槽的速度大于或等于污泥进入沉淀池的速度。如果刮刀的设计不合理或设计能力不足,就会造成污泥滞留和泥层增加。在这种情况下,底流中的污泥反而会被稀释,因为当刮刀不能快速地将泥送到泥槽中时,清水就会被吸入泥槽。

如果刮刀和泥槽系统出现问题,就会引起污泥输送能力的下降。即使最初的设计没有问题,刮刀安装位置的错位,池底不平整和池底附近的大块碎片会使池底和刮刀之间产生过多的缝隙,使污泥滞留。在某些情况下,地板上的碎片和设备暴露部分结冰会阻碍甚至停止刮泥机的运行。日常维护与定期清理和检查,是保证刮泥机系统有效运行的关键。

水力吸泥系统中,沉淀区水面和集泥井泥面有一个小的水头差。通常,用一个套筒结构

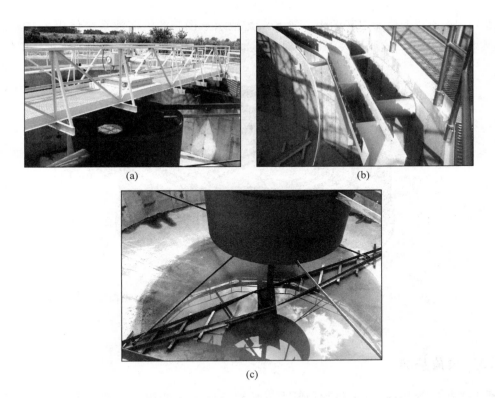

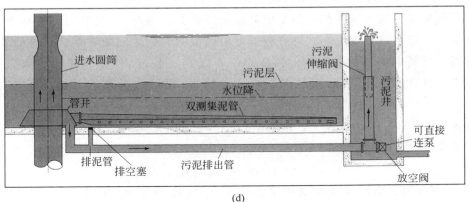

图 11.9　出水与排泥装置细部构造

(a) 刮渣机和浮渣槽；(b) 两边有堰的出水槽；(c) 双犁式刮泥机，转动一周可对同一地点刮扫两次，
刮刀固定在桁架下面的横梁上；(d) 排泥水力系统

(资料来源：Sanitaire 授权)

(图 11.9)来控制压差的大小。当吸泥臂沿池底移动时，底部的污泥就会在水压下进入吸泥臂上的小孔。因此，任何与吸泥臂小孔同一高度的液体都会进入集泥井。由于浓缩后的污泥位于底部，所以被排出沉淀池。如果污泥层非常薄，那么清水也会被吸入吸泥臂内。改变套筒的高度可控制所需的水压，进而控制排泥的速度。排出的剩余污泥和回流污泥被泵从集泥井中抽出。

图 11.10 是一个局部切开的中心进水沉淀池示意图。此沉淀池系统使用了刮泥机系统，出水槽位于池内。这张图说明了各部分是如何连接成一个完整沉淀池系统的。

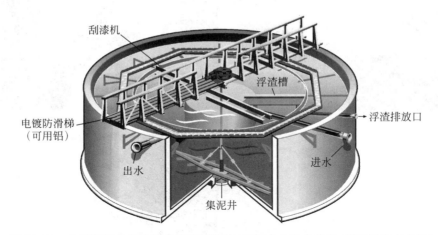

图 11.10　局部切开的中心进水圆形沉淀池(包括中心进水装置、刮泥机和出水槽)

(资料来源：Sanitaire 授权)

11.7.3　负荷基准

基于多年的操作经验，工程师和管理者们建立起了一些用于活性污泥沉淀池设计和运行的负荷标准。虽然这些标准的数值都是从经验中获得的，但是它们也是基于沉淀和浓缩理论的。通过通量理论和状态点分析可明确说明它们之间的联系。在这一节里，我们将阐述一些基本概念和主要负荷标准的经典数值。图 11.11 展示了组成负荷基准的参数定义。此图说明的是沉淀池中心进水的情况，但周边进水的沉淀池各参数同样如此。

溢流率(O/F, LT^{-1})是第一个主要基准参数，它保证出水的 SS 维持在一个较低浓度。溢流率由式(11.25)定义：

$$O/F = Q^e/A = (Q - Q^w)/A \tag{11.25}$$

式中，A 为沉淀池表面积，L^2；Q^e 为出水流量，L^3T^{-1}；Q 为进水流量，L^3T^{-1}；Q^w 为污泥排放流量，L^3T^{-1}。因为污泥回流量(Q^r)不出现在出水中，所以不出现在溢流率的定义里。一般，溢流应小于最小沉淀颗粒的沉淀速度。然而，几乎没有这方面的数据资料。因此，溢流率的确定原则是保证大部分固体不被出水带走。

溢流率可以基于平均出水流量或者短期内的峰值流量确定。峰值流量基准考虑了一般城市污水处理厂流量在一天内的变化，但这个基准并不能保证在持续大流量时(如持续的暴雨时期)仍有良好的运行效果。为了防止长期高于平均设计溢流率的水量破坏沉淀池的运行，需要设置水量调节池、储存池或跨越流管路。

对于污泥絮凝效果差、污泥膨胀可能性大、延时曝气等情况，溢流率应选取较低的设计值。例如，对传统的 SRT，平均溢流率区间为 12～40m/d，而延时曝气相应区间为 8～16m/d。二者峰值区间分别为 40～70m/d、24～32m/d。

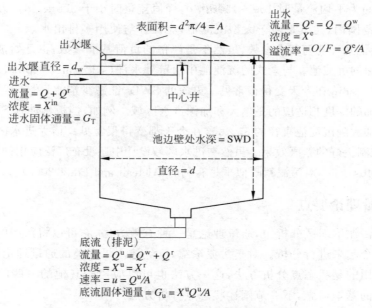

图 11.11 沉淀池负荷基准参数

第二个主要基准参数是进水固体通量 $G_T(ML^{-2}T^{-1})$,定义如下:

$$G_T = \frac{X^{in}(Q + Q^r)}{A} \tag{11.26}$$

这里 X^{in} 为进水 SS 浓度,等于 MLSS 浓度。进水固体通量受沉淀池浓缩污泥的能力的约束;然而,这种关系远不是线性的。一般情况下,由 Q^r 增长引起的增长会使底流污泥的浓度 X^u 减少。由 Q 或者 X^{in} 引起的 G_T 增长可能导致 X^u 的降低或升高。全面地评估 G_T 的改变将如何影响 X^u,需要用状态点分析的方法。此外,过大的 G_T 值将大大增加污泥浓缩失败的风险,可能导致当污泥层上升甚至达到出水堰,引起大颗粒固体物质随出水流出。

虽然固体通量不能单独地用来控制浓缩和出水水质,但经验能提供对沉淀池运行非常有价值的指导。与溢流率相似,固体通量基准也可以由平均流量和短期峰值流量给出。对于一个普通 SRT 的系统,推荐固体通量的区间为平均流量时 $70\sim140kg/(m^2 \cdot d)$,峰值流量时小于 $220kg/(m^2 \cdot d)$。类似地,对于延时曝气,平均流量时为 $24\sim120kg/(m^2 \cdot d)$,峰值流量时小于 $170kg/(m^2 \cdot d)$。

第三个主要基准参数是出水堰负荷,定义见式(11.27):

$$WL = Q^e / \sum d_w\pi \tag{11.27}$$

式中,WL 为出水堰负荷,$L^{-2}T^{-1}$; d_w 为出水堰直径,L;$\sum$ 表示所有出水堰边长的和,当池内设置多个出水槽时会有多个不同的堰直径值。 式(11.27)给出的是圆形出水堰时的情形。不管何种形状的出水堰,分母都是出水堰总的长度。用出水堰负荷的概念是为了将由出水堰附近快速上升的水流引起的固体物质随水流出之可能性降低至最小。因此,出水堰负荷确定了单位出水堰长度的最大流量。关于出水堰负荷是否能控制污泥随出水流失还是有争议的。尽管如此,完全凭经验得到的出水堰负荷仍然是有价值的,并广泛应用于设计中。推荐值区间为平均流量时 $100\sim150\mathrm{m}^2/\mathrm{d}$，峰值流量时小于 $375\mathrm{m}^2/\mathrm{d}$。为了将出水堰负荷控制在这个范围内，尤其是对于大型沉淀池，应设计与使用多排出水堰。

近几年，其他几种几何基准参数，虽然不是严格的负荷基准参数，也开始被接受。明显的趋势是使用更深的沉淀池。与老式的沉淀池中边壁处水深(side-water depths,SWDs)(如 3m)相比，SWDs 值 $5\sim6\mathrm{m}$ 在今天变得很常见。更深的 SWDs 能减少清水区域与污泥层之间的负面干扰。与增加的深度相适应的是增大和加深进水区域。例如，挡板延伸到 SWD 的 50%，中心注入井直径加大到沉淀池直径的 35%，这在今天都变得很常见。增大进水区域将消耗更多的能量，但能控制更好的絮凝效果。虽然在进水区域设计中还没有广泛应用的标准，但平均速度梯度在 $20\sim40\mathrm{s}^{-1}$ 时，对污泥絮凝似乎是有利的(Metcalf and Eddy,2003)。

11.7.4　通量理论要点

在沉淀池污泥浓缩区分析中，通量理论是一种有效方法，它可以将污泥的沉淀压缩特征和物理特征结合起来进行分析。对于污泥浓缩，已经建立了完整的通量理论，在活性污泥沉淀池分析中应用的是状态点分析方法，这一方法也可以应用于其他的一些问题分析。本节讨论通量理论的基本概念，下一节阐述状态点分析方法。

通量理论的第一个关键问题是固体通量的计算。

$$G_s = v \cdot X^b \tag{11.28}$$

式中，G_s 是沉淀池内单位时间通过某一高度水平面内所有固体污泥的量，$\mathrm{ML}^{-2}\mathrm{T}^{-1}$；$X^b$ 是该高度平面内的污泥浓度，ML^{-3}。计算 G_s 要先根据实验(Dick,1980)或者从式(11.23)获得 v 的值。图 11.12 是一条典型的沉淀通量曲线。X^b 很小时(大约小于 $1\mathrm{kg/m}^3$)，G_s 有一个快速的直线增长；随着 X^b 的增大，G_s 将出现减速增长，达到最大值，然后，随着沉淀受到阻碍而逐渐地减小。最后当 X^b 达到很大值(大约大于 $10\mathrm{kg/m}^3$)时，G_s 渐渐趋近于零通量状态，这时污泥达到最大浓缩状态。从原点到曲线上任意点连线的斜率等于曲线上该点的沉降速率 v，该点的 X^b 值亦可由曲线得知。

通量理论的第二个关键问题是由沉淀池底部排泥引起的泥水界面的向下运动。因为沉淀池以连续流方式运行，液体以流速 Q^u 从底部排出，它引起的界面向下运动的速率为 u：

$$u = Q^u/A \tag{11.29}$$

式中，u 是由排泥而产生的界面向下的运动速率，LT^{-1}。

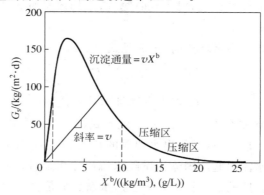

图 11.12　活性污泥典型的沉淀通量曲线和沉淀速度直线

($v^0 = 152\mathrm{m/d}$; $k = 0.15\mathrm{m}^3/\mathrm{kg}$)

通过沉淀池一个水平面内的固体通量(G_b)等于该面内固体微生物的浓度(X_b)乘以水流速度(u)与固体相对于水柱的下沉速度(v)之和。对于沉淀池中的任何一点,它们之间的关系式是:

$$G_b = X_b(u + v) \tag{11.30}$$

对于底流,$X_b = X_u$,$G_b = G_u$。

通量理论一般假设系统处于稳定状态且固体物质 100% 被捕获。虽然稳定假设不总是准确的(后面的分析还是基于稳态假设),但是可以写出固体物质进入与排出的质量平衡等式:

$$G_T = G_u + G_e \tag{11.31}$$

式中,G_e 为流出的通量,$ML^{-2}T^{-1}$,等于 X_eQ_e/A。更进一步,根据固体物质 100% 被捕获的假设,我们可以忽略 G_e。因此质量守恒可以简单地写成:$G_T = G_u$。

流量和浓度的基本定义如图 11.11 所示,通量平衡关系如式(11.32)所示:

$$G_T = G_u = \frac{(Q + Q^r)X^{in}}{A} = \frac{(Q^r + Q^w)X^u}{A} = uX^u \tag{11.32}$$

当沉淀池处于稳定状态时,任意点的物料平衡都是成立的。因此,任意平面内的固体通量都等于 G_T 和 G_u,可用数学式表示为

$$G_T = G_u = G_b = (u + v)X^b \tag{11.33}$$

通量理论的第三个关键问题是要将沉淀通量与物料平衡方程结合。很明显,这里需要同时求解沉淀通量[式(11.28)]、整体物料平衡[式(11.31)或式(11.32)]和沉淀池内物料平衡[式(11.33)]里的各个量。这些解可以由不同的方法求得,一种常用、方便且直观的方法是 3 个等式的图形解法。

图 11.13 为求解出临界负荷而绘制的图形,假定前面所有假设和物料平衡都绝对成立。临界负荷是在给定固体通量下,底部排泥浓度达到最大值时的状态。

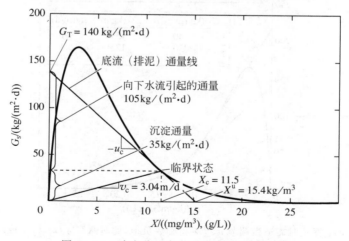

图 11.13　确定临界负荷状态的通量曲线图

在沉淀通量曲线上添加底部排泥通量线,这是一条直线,截距为 G_T,斜率为底流速度的负值($-u$),恰好为沉淀通量曲线的切线。这条直线形象地表示了整体物料平衡[式(11.32)]。切点表示在该固体浓度(X_c)下,固体通量达到最小值,即临界固体通量。临界浓度时的沉淀速度也在曲线上表示出来了,即该点的斜率 v_c。污泥层中的 X 值或大于或小于 X_c 的平

面,其固体通量都要变大。因此,浓度 X_c 确定了污泥层内的临界条件。在 X_c 时,固体通量包含由水体向下流动(排泥造成)引起的沉降速度[这里 $uX_c=105kg/(m^2 \cdot d)$]和固体参照于水体的沉降速度[这里 $v_c X_c=35kg/(m^2 \cdot d)$]。通常情况下,总通量由水通量决定,正如图 11.13 所示。底部排泥的固体浓度 X_u 比 X_c 要大,并且符合物料平衡。图 11.13 表明沉淀池内固体通量的最小值出现在污泥层内某一位置,其临界污泥浓度(X_c),不是底部排泥的浓度(X_u)。

图 11.14 说明当沉淀池保持在临界负荷而 G_T 变化时的情况。当 G_T 从 140kg/($m^2 \cdot d$) 增加到 210kg/($m^2 \cdot d$)时,为了保证顺利排出底部的积泥,底流速率必须增加到 16.3m/d。u 增长的代价是 X_u 的下降,X_u 降到了 12.9kg/m^3。相反,如果总通量降到 70kg/($m^2 \cdot d$),底流速率必须下降以保持临界负荷,好处是会得到一个较大的 X_u(几乎是 19kg/m^3)。图 11.14 表明当 u 很小时 X_u 会出现最大值,但是 u 必须增加以获得较大的 G_T 值。

对于临界负荷,分析到此就结束了。然而,由于流量和浓度的起伏波动、沉降特性的变化和有一些有目的性的操作,均可以使临界负荷不出现。当临界负荷没有达到时,沉淀池会处于过低负荷或过高负荷状态。

图 11.15 解释了导致过低负荷的两种可能。在情况 2 里,由于($Q+Q_r$)和(或)X^{in} 的减小而使总通量减小,但底部流速仍维持常量 $u=9.1$(m/d)。在情况 3 里,总通量维持在 140kg/($m^2 \cdot d$),但是底部流速增加了。两种情况中底部流量直线都低于与沉淀通量曲线相关的 X^b 值。(低于 X^{in} 的 X^b 值是不会出现的,因为进入沉淀池的 X^{in} 都要比这些值大得多,而污泥区域的所有 X^b 均大于或等于 X^{in}。)这意味着,对于所有相应的 X^b,沉淀和水流量通量的和都比 G_T 大。换句话说,没有限制固体向下流动的临界通量。因此,固体直接沉到底部,最后落在底板上。

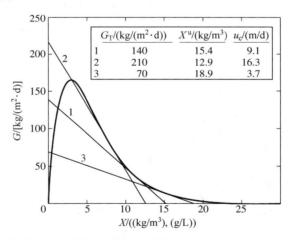

G_T/(kg/($m^2 \cdot d$))	X^u/(kg/m^3)	u_c/(m/d)
1	140	15.4	9.1
2	210	12.9	16.3
3	70	18.9	3.7

图 11.14　G_T 变化时需适当调节 u 以维持临界负荷,此时 X^u 与 G_T 和 u 成反比例变化

长期的低负荷运行会产生一个稳定状态,仅有一个由底板截留产生的极小的污泥区域。排泥的浓度由整个物料平衡决定,以底流排泥线与 X 轴的交点表示。图 11.15 清楚地表明,低负荷稳定状态的 X_u 比可以由临界负荷得到的值要小。因此,低负荷的"代价"是降低了排泥污泥浓度。关键是对于给定的 G_T,临界负荷条件下得到最大 X_u。

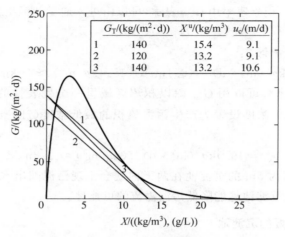

	$G_T/(kg/(m^2 \cdot d))$	$X^u/(kg/m^3)$	$u_c/(m/d)$
1	140	15.4	9.1
2	120	13.2	9.1
3	140	13.2	10.6

图 11.15　出现低负荷和低 X_u^0 的两种情况

　　超负荷的浓缩与过低负荷相反。在超负荷的浓缩过程中,进入沉淀池的固体通量,大于污泥区域在一系列 X^b 浓度下由排泥造成的固体通量及污泥相对于水体运动而产生的固体通量之和。沉淀池内,污泥沉淀到池底部的速率小于污泥进入的速率,出现污泥积累,最后导致泥面上升至出水堰附近,甚至进入出水中。

　　图 11.16 说明了超负荷浓缩时的两种情况。在情景 2 里,总进入固体通量增加至 160kg/(m² · d),而底部流速仍维持在 9.1m/d。污泥浓度大于 7kg/m³ 时出现超负荷状态。因此,$X^b \geqslant 7kg/m^3$ 时,污泥会在污泥区出现积累。当 $X^b \geqslant 15kg/m^3$,底流(排泥)曲线与沉淀通量线相交时,超负荷状态停止。因此,污泥会在 $7 \leqslant X^b \leqslant 11.5kg/m^3$ 时积累。在情景 3 里,超负荷是由 u 降低到 8m/d 时引起的,G_T 仍维持在 140kg/(m² · d)。该图表明当 $8.5 \leqslant X^b \leqslant 12.2kg/m^3$ 时污泥积累。

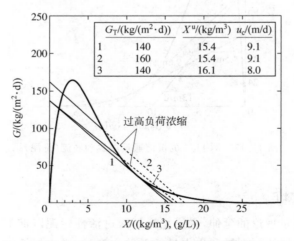

	$G_T/(kg/(m^2 \cdot d))$	$X^u/(kg/m^3)$	$u_c/(m/d)$
1	140	15.4	9.1
2	160	15.4	9.1
3	140	16.1	8.0

图 11.16　浓缩中出现超负荷的两种情况

　　超负荷的浓缩过程是不可能达到稳定状态的。因为进入的污泥通量大于排出的通量,所以污泥区会不断地增加。在超负荷区域连续运行时,污泥区域最终会到达出水堰,导致大块的固体随出水流出。积累速率用 G_{acc} 表示，可以由进入通量和流出通量的差值计算：

$$G_{acc} = G_T - G_u = G_T - uX^u \tag{11.34}$$

例如，图 11.16 中情景 2：

$$G_{acc} = 160kg/(m^2 \cdot d) - (9.1m/d)(15.4kg/m^3) \approx 20kg/(m^2 \cdot d)$$

污泥区域的增高速率可以用 G_{acc} 除以积累区域里一个代表性的固体浓度估算出来。在情景 2 里，将这个固体浓度设置为产生污泥累积的最低浓度（$7kg/m^3$），得到最快的污泥上升速度：

$$v_{acc} = 19.9kg/(m^2 \cdot d)/7(kg/m^3) \approx 2.8m/d$$

很明显，一个水深为 5m 的沉淀池在两天内就会出现污泥随出水溢流的现象。对于短期超负荷现象，越深的沉淀池越能降低污泥溢流的可能性。

例 11.3　运行良好的沉淀池

Knocke(1986) 的工作表明，一个好的沉淀污泥应该具备以下参数：$v_0 = 240m/d$，$k = 0.2m^3/kg$。图 11.17 显示了这种污泥的沉淀通量曲线。我们首先找到最大通量和相应的底流（排泥）速率给出的排泥固体浓度值 $15kg/m^3$。这个最大固体通量是在 $X^u = 15kg/m^3$ 的临界负荷时达到的。此时，$G_T = 67kg/(m^2 \cdot d)$，$u_c = 4.5m/d$。更加典型的固体通量值为 $120kg/(m^2 \cdot d)$，产生的底流（排泥）通量线如直线 2 所示，这个典型通量 X^u 的最大值为 $15kg/m^3$，$u_c = 9.6m/d$。底流（排泥）通量直线 3 示意的是低负荷情况：当 u 增加至 $12m/d$ 时，$X^u = 10kg/m^3$。

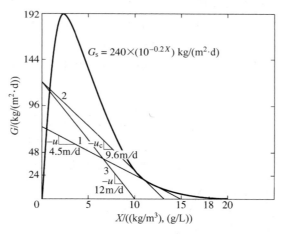

图 11.17　例 11.3 的沉淀通量曲线和底流（排泥）线

11.7.5　状态点分析

状态点分析是通量理论的延伸，主要是为了探讨活性污泥沉淀池与曝气池之间是怎样联系的。前提是认为回流污泥量和出水量是无关的变量，进入沉淀池的污泥浓度是由生物反应过程控制的，与沉淀池无关。

图 11.18 给出了状态点的定义以及它与沉淀通量和底流（排泥）通量的关系。状态点是斜率等于沉淀池溢率的直线与底流（排泥）通量线的交点。其坐标为进水污泥浓度（X^{in}）和

由出水形成的固体通量(即 $G_{in} = Q^e X^{in}/A$)。G_T 和 G_{in} 的区别在于由底流(排泥)形成固体通量[即 $G_T - G_{in} = (Q^r + Q^w) X^{in}/A$]。

　　状态点及其位置之所以非常重要有两个原因。首先是溢流率和 X^{in},它们决定状态点的位置,几乎总是由沉淀池之外的操作决定的。X^{in} 主要由进水基质负荷和 SRT 控制,溢流率主要取决于进水速率。因此,状态点的位置通常是由外部因素控制,而非仅沉淀池本身的操作可以确定的。

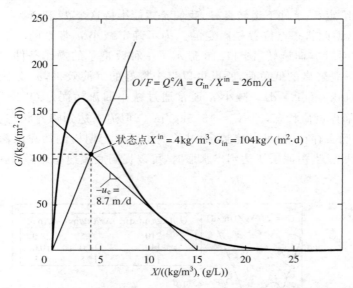

图 11.18　用沉淀通量曲线和底流(排泥)曲线之间的联系来定义状态点

　　其次,状态点的位置直接表明沉淀池是否处于超负荷状态,超负荷直接导致固体物质在出水中的流失。当状态点在沉淀通量曲线下方时,进水固体通量小于底流(排泥)固体通量,沉淀到污泥层的固体不会进入出水。而当状态点在沉淀通量曲线上方时,进水固体通量大于底流(排泥)固体通量,则一些刚进来的固体物质没有沉到污泥区就立即随出水流走了,导致污泥大量流失和出水水质下降。沉淀池的澄清过程超负荷,其污泥浓缩自然也超负荷。然而,澄清过程超负荷并不一定是污泥层上升时才产生的。只要状态点在沉淀通量曲线的上方,沉淀超负荷就会存在。

　　针对沉淀池出现的各种问题,可以通过对状态点的分析而得出适当策略来缓解。接下来这个例子就是关于怎样利用状态点分析来解决这些常见的问题。找出当前问题的类型是至关重要的,因为不同问题的解决策略不同甚至大相径庭。所以,错误的决策只会使原来的问题更复杂,而不是缓解它。

例 11.4　底流(排泥)污泥浓度小

　　第一个常见的问题是,即使污泥沉淀效果好,底流污泥浓度仍较低。在这个例子里,沉淀很好的污泥具有以下参数:$v_0 = 152 \text{m/d}$ 和 $k = 0.15 \text{m}^3/\text{kg}$。活性污泥体系保持着一个常规的 $\theta_x = 5\text{d}$,MLSS $= 4000 \text{mg/L} = 4 \text{kg/m}^3$。溢流率为一个通常值 25m/d。以出水 BOD 和 SS 为衡量标准,沉淀池操作过程良好。此外,底流(排泥)污泥浓度只有 7.5kg/m³(约 0.75%)。正如许多处理厂的典型问题就是对污泥回流率的关注不够。

图 11.19 包含了所有已知信息：沉淀通量曲线、溢流率、底流污泥浓度和状态点。底流通量直线可以根据底流污泥浓度和状态点绘制。它告诉我们 $u = 28 \text{m/d}$，$G_T = 210 \text{kg/(m}^2 \cdot \text{d)}$。与推荐的 G_T 值[72～144kg/(m^2 · d)]相比较得知，可能是过高的 G_T 值导致了本例中的问题。然而，仔细观察图 11.19，发现该沉淀池处于严重的低负荷状态。低负荷状态时 X^u 总会低于其最大值。

为了缓解低负荷[即底流(排泥)污泥浓度过低]问题，我们需要通过减小 u 来减少 G_T。因为整个系统在给定 θ_x 条件下运转良好，我们希望能维持这个 θ_x 和 X^{in}。另外，Q^e 和 O/F 已经由进水决定，因此状态点位置是固定的。为了确定减小 u 带来的影响，我们将底流通量线绕状态点逆时针方向旋转，图 11.19 显示了一种改良了的操作条件，是轻微的低负荷(直线 2)。因为只是轻微的低负荷，所以可以带来较好的沉淀效果，u 减小到 10m/d，$X^u = 14 \text{kg/m}^3$，$G_T = 146 \text{kg/(m}^2 \cdot \text{d)}$。减小 u 通常通过减小回流污泥量 Q^r 来实现。最佳操作(直线 3)是达到临界负荷状态，即 $X^u = 15.5 \text{kg/m}^3$。但追求达到临界状态会增加超负荷的风险。这种风险确实存在，但可以控制，通过长期不断地定期检测污泥区深度，并将其调整在出水堰以下即可。当污泥层快达到出水堰时，可以提高底流速率来降低污泥区，这在下一个例子里有解释。

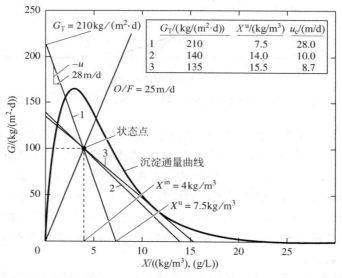

	G_T/(kg/(m^2·d))	X^u/(kg/m^3)	u_c/(m/d)
1	210	7.5	28.0
2	140	14.0	10.0
3	135	15.5	8.7

图 11.19　最初的严重低负荷(底流通量线 1)导致排泥浓度过低；但降低 u 能明显改善 X^u(直线 2)；最佳条件(直线 3)

例 11.5　污泥层上升

活性污泥法中第二个常见问题是沉淀池污泥层上升。没有监测的情况下，污泥层上升最终导致其达到出水堰，引起污泥流失。在这个例子里，同样沉降性能好的污泥有 $\theta_x = 5 \text{d}$，$X^{in} = 4000 \text{mg/L}$，还有令人满意的出水。然而，长期的检测表明污泥层正在上升，并且离出水堰仅 1m。总的固体负荷为 $130 \text{kg/(m}^2 \cdot \text{d)}$。是什么导致了污泥层上升呢？怎样使它下降呢？

图 11.20 中的直线 1 表明最初的负荷条件有点过高，导致污泥层厚度增加。为了减轻

超负荷,将底流速率增加到 10m/d。将直线 2 绕状态点(因为 θ_x 和 X^{in} 都不必改变)旋转,使 G_T 增加到 140kg/(m²·d),这时 X^u 从 16kg/m³ 降低到 14kg/m³。第二种条件下是轻微的低负荷,这可以逐步地使污泥层厚度下降。

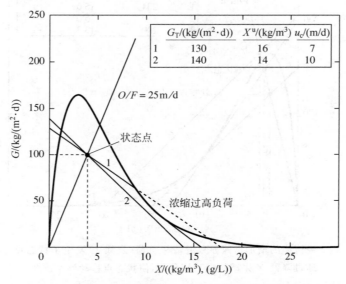

图 11.20　污泥浓缩超负荷(直线1)引起污泥区上升,但增加 u(直线2)解决了问题

例 11.6　澄清区超负荷

一个突然增长的进水流量,例如一场暴雨,使溢流从 25m/d 增加至 40m/d。即使流量增加,MLSS 仍然维持在 4000mg/L 一段时间。溢流率的增加会迅速产生什么影响?怎样才能减轻这种消极的影响?

图 11.21 中的直线 1 表明增加的溢流率使 G_T 增加到 204kg/(m²·d),并且出现澄清区超负荷。进来的固体物质迅速随出水流走,直接造成大量的固体物质溢流。G_T 和 G_u[140kg/(m²·d)]的差值为 64kg/(m²·d),从而可以计算出出水的 SS 为 1.6kg/m³(或1600mg/L)。

澄清区超负荷不能简单地由增加 u 来解决,因为状态点仍然在沉淀通量曲线上方。阻止澄清超负荷的唯一途径是充分降低溢流率和(或)X^{in} 使状态点下落到沉淀曲线的下方。在这个例子里,就像很多现场的情况一样,溢流率只由进水量控制,进水量不可能降低。在这种情况下,必须降低 X^{in}。然而这一般意味着必须废弃污泥和降低 θ_x。因此,澄清区超负荷总会影响生物反应过程和运行。从某种意义上说,澄清超负荷可以自我调整,因为大量的固体物质随出水流走就是一种污泥废弃的方式。但这不是我们希望的方式,因为这种方式是失控的,并且会导致严重的出水水质恶化。最主要的控制方法还是控制废弃污泥的量(如增加 Q^w)以降低 X^{in},从而降低 θ_x。

图 11.21 显示了两种消除澄清区和浓缩区超负荷的方法。第一种方法(直线 2)仅靠增加废弃污泥量来降低 X^{in}。在这个例子里,u 保持常数 10m/d,X^{in} 降低到 2.9kg/m³,这时沉淀池处于临界负荷状态。第二种方法(直线 3),增加废弃污泥量使 X^{in} 降低至 3.6kg/m³,使状态点在沉淀曲线更远的下方,同时通过提高 u 至 15m/d 使沉淀池达到临界负荷状态。显

然,第二种方法能大大减少污泥量损失,θ_x 降低得更少。

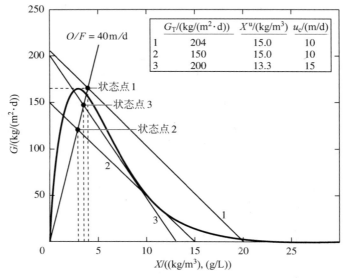

	$G_T/(kg/(m^2 \cdot d))$	$X^u/(kg/m^3)$	$u_c/(m/d)$
1	204	15.0	10
2	150	15.0	10
3	200	13.3	15

图 11.21 溢流率的增加迅速导致澄清超负荷(直线 1)发生于状态点 1,可以
通过降低 X 来减轻澄清超负荷,使状态点移动到 2 或 3

例 11.7 污泥膨胀

丝状菌的繁殖导致污泥膨胀及污泥沉降速度下降。图 11.22 是出现严重污泥膨胀时的
沉降曲线：v_0 减小到 82m/d,k 仍维持在 0.15m³/kg。显然,状态点 1 表明污泥膨胀引起的
澄清区和浓缩区超负荷。克服这种超负荷的最好办法是大大减少丝状菌的繁殖(见污泥膨
胀的产生和补救)。沉降性能好的污泥有一个好的 X^u 值,并且运行在轻微的低负荷。如果
丝状菌不能被减少或补救措施还没来得及发挥作用,超负荷只可能通过降低 X^{in} 和增加 u
等一些组合措施来解决。图 11.22 表明了靠减少 X^{in} 到 3000mg/L 的方法(状态点 2)。正
如前面所说,通过废弃污泥使 X^{in} 降低,θ_x 减小。在这种情况下,略微增加 u,是为了达到临

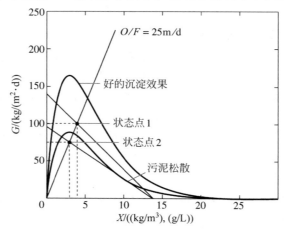

图 11.22 污泥膨胀引起的澄清和浓缩超负荷(状态点 1),超负荷
可以通过减少丝状菌或者降低 X^{in} 来消除(状态点 2)

界负荷以使 X^u 达到最大值。虽然在图上没有显示出来，X^{in} 很小的下降会伴随 u 很大的增加，能够克服超负荷，并且对 θ_x 只有很小的影响。

11.7.6　沉淀池与曝气池的联系

虽然沉淀池和曝气池在活性污泥法中分别有独特的作用，但它们不是完全独立的。本章前面的分析中量化了它们之间的一些关系。本节我们回顾一下它们哪些方面是独立的，哪些方面是有联系的。

(1) 一般来说，沉淀池的操作对 SRT 只有很低程度的控制，如式(11.35)所示：

$$\theta_x = \frac{(V_r + V_s)X}{(Q - Q^w)X^e + Q^w X^w} \tag{11.35}$$

式中，$V_r + V_s$ 代表整个系统的体积。在大多数情况下，大量污泥的废弃源自有目的排放($Q^w X^w$)。沉淀池的操作控制 X^w，且必须调整 Q^w 以补偿 X^w 的改变或者是出水 SS 的流失。此外，如果 $(Q - Q^w)X^e$ 比 $Q^w X^w$ 大很多，沉淀池的澄清操作可以直接控制 θ_x。这种情况非常类似于 SRT 非常大时需要使分母变小，或者是当沉淀池超负荷时引起的固体物质随出水流出。

浓缩区长时间超负荷或低负荷运行，会影响沉淀池中生物的总量。长时间低负荷可导致污泥层很薄，使其质量小于 $V_s X$ [式(11.35)]，而长时间超负荷，可形成质量大于 $V_s X$ 的厚污泥层。

(2) 回流量 Q^r 在很大程度上由沉淀池的运行控制。围绕沉淀池和整个系统的物料平衡为

$$Q^r = RQ = \frac{X\left(1 - \dfrac{\theta}{\theta_x}\right)}{X^r - X}Q \tag{11.36}$$

因为沉淀池的浓缩性能决定 X^r(即 $X^r = X^u$)，沉淀池决定 Q^r。进一步说，回流污泥对沉淀池来说通常占固体通量的大部分，并且是控制底流速率的主导因素。因此，回流污泥能帮助控制沉淀池中污泥浓缩的操作。如果沉淀池超负荷，由稳态物料平衡引出的 Q^r 表达式则不成立，Q^r 不再依赖 X、X^r 和 θ/θ_x。如果澄清区超负荷，污泥在沉淀池内积累，随之，曝气池污泥也会流失。污泥积累和流失的速率可以由 G_T 和 G_u 之差计算出来。

11.7.7　状态点分析的局限性

状态点分析虽然是理解和控制沉淀池操作的强有力工具，但它有其局限性。首先，它不能直接给出污泥区不同位置上的污泥浓度，不能确定污泥区的高度。其次，状态点分析不能描述当负荷发生变化时的动力学特征。复杂的沉淀池有限元分析法作为一个研究工具正在发展之中，可以解决状态点分析不能解决的问题。

11.8　膜生物反应器

用膜取代沉淀池的活性污泥法称为膜生物反应器(MBR)。膜分离具有完美的固体截留优势，因为粒子和大分子无法穿透膜，所以会被完全截留下来。MBR 的基本原理详见

9.1.3 节。Roe(2019)提供了关于设计和操作的实用信息。

由于膜分离单元必须具有去除个体体积小于 $1\mu m$ 细菌的能力，所以通常采用微滤或超滤膜。微滤孔径的粗略范围为 $0.1\sim1\mu m$，超滤的孔径范围为 $0.01\sim0.1\mu m$。超滤在饮用水处理中应用广泛，通常可以去除 1nm 以上的颗粒物和大分子。

MBR 将混合液引入膜的保留侧，过滤后的滤液作为出水，保留侧的液体回流到曝气池。目前，膜单元通常悬浮于生物反应器内部，其或者内置于主生物反应器，或者是独立于生物反应器的一个小型单元。当跨膜压差适中时，可以持续运行，出水基本不含 SS。例如，一般当跨膜压差小于 1atm，渗透通量为 $10\sim30L/(m^2\cdot h)$，则膜恢复性清洗的周期可达 150d，在更低的渗透通量和更高的压差条件下，也可以在更长的清洗周期条件下运行(Daigger et al.,2005；Judd and Judd,2011；Manem and Sanderson,1996)。为了增加渗透通量，常采用更频繁(大约每周一次)但程度较轻的维护清洗。

MBR 是一种特殊的活性污泥法，活性污泥法设计和运行的基本原则仍然适用，包括化学计量学、动力学、SRT 的选择和控制。然而，膜过滤具有近乎完美、可靠的固体分离能力，使得 MBR 具有区别于众多活性污泥法方案的独特性质。

在通常情况下，MBR 采用较高的 MLSS 值，通常 $\geq5000mg/L$。较高的 MLSS 可以允许相对较大的 SRT、较小的体积，或同时满足两个条件。小体积的经济优势是降低了土地和建设成本。然而，这一优势并不是无偿的，因为较高的 MLSS 也意味着 O_2 供应速率必须更大，可能会增加运营成本。MLSS 越高，曝气 α 值越小，则曝气不利因素的影响越严重，即相同的供氧率下，能量消耗更多(Schwarz et al.,2006)。此外，内置 MBR 通常采用大气泡曝气控制膜污染，这也增加了能耗和曝气成本。

MBR 的出水 BOD 和 COD 通常比采用沉淀池的活性污泥法的出水更低。显然，所有颗粒物都被截留了下来，而有机固体占运行良好的沉淀池出水 BOD 和 COD 的 20%～60%；因此，去除全部 SS 对出水质量有重要影响。此外，膜保留了一部分 SMP，尤其是 BAP，其分子比 UAP 更大。可以推断，SS 和 BAP 在反应器中积累到较高的浓度将对曝气 α 和跨膜阻力产生负面影响。

11.9 复合固定膜活性污泥法

活性污泥法的一项新兴发展是将生物膜载体整合到活性污泥反应器中。这种方法被称为复合固定膜活性污泥法(integrated fixed-film activated sludge,IFAS)。IFAS 的运行方式与活性污泥法类似，由曝气池、沉淀池和污泥回流系统构成。不同的是曝气池中还含有悬浮生物膜载体，生物膜能够在其上生长。因此，IFAS 反应器的生物量包含正常的悬浮生物量和生物膜生物量。图 11.23 展示了 IFAS 生物膜载体的一些例子。它们有较大的内表面积，用于积累生长缓慢的生物膜生物量。IFAS 载体通过曝气池出口处的粗筛被保留下来。

IFAS 与 MBR 有许多相似的优缺点。优点包括曝气池中有较高的生物量浓度，能够保留生长缓慢的生物量，以及降低沉淀池的固体负荷。前两点使其更容易维持较长的 SRT、增加体积载荷，或同时实现两个目标，第三点能够改善出水质量。其缺点包括较高的曝气强度，以及需要进行预处理来去除会对载体造成污染的"丝状"固体。前者会增加运营成本，后

图 11.23　IFAS 生物膜载体图像

（资料来源：Siemens and Headworks 提供）

者则需要增设预处理格栅。该工艺的另一个难点是需要尽量减少起泡，因为气泡会导致载体在容器顶部堆积，而非悬浮于水中。IFAS 也可以集成到 MBR 中。

参考文献

Ardern, E. and W. T. Lockett (1914). "Experiments on the oxidation of sewage without the aid of filters." *J. Soc. Chem. Ind.* 33, pp. 523-539.

Bailey, J. E. and D. F. Ollis (1986). *Biochemical Engineering Fundamentals.* New York: McGraw-Hill.

Baird, R. B.; A. D. Eaton; and E. W. Rice, Eds. (2017). *Standard Methods for the Examination of Water and Wastewater*, 23rd ed. Denver, CO: American Water Works Association.

Daigger, G. T.; B. E. Rittmann; S. S. Adham; and G. Andreottol (2005). "Are membrane bioreactors ready for widespread application?" *Environ. Sci. Technol.* 39, pp. 399A-406A.

Dick, R. I. (1980). "Analysis of the performance of final settling tanks." *Trib. Cebedeau.* 33, pp. 359-367.

Garrett, M. T. and C. N. Sawyer (1951). "Kinetics of removal of soluble B. O. D. by activated sludge." In *Proceedings, Seventh Industrial Waste Conference.* Purdue University, Lafayette, Indiana, pp. 51-77.

Gould, R. H. (1953). "Sewage aeration practice in New York City." *Proc. Am. Soc. Civil Eng.* 79(307), pp. 1-11.

Haseltine, T. L. (1956). "A rational approach to the design of activated sludge plants." In J. McCabe and W. W. J. Eckenfelder, Eds. *Biological Treatment of Sewage and Industrial Wastes, Aerobic Oxidation.* New York: Reinhold, pp. 257-270.

Henze, M.; W. Gujer; T. Mino; T. Matsuo; M. C. Wentzel; G. V. R. Marai, and M. C. M. van Loosdrecht (1999). "Activated sludge model no. 2, ASM2D." *Water Sci. Technol.* 39, pp. 165-182.

Henze, M.; W. Gujer; T. Mino; and M. C. M. van Loosdrecht (2000). *Activated Sludge Models ASM1, ASM2, ASM2d and ASM3.* London: IWA Publishing.

Herbert, D.; R. Elsworth; and R. C. Telling (1956). "The continuous culture of bacteria: a theoretical and experimental study." *J. Gen. Microb.* 14, pp. 601-622.

Huws, S. A.; A. J. McBain; and P. Gilbert (2005). "Protozoan grazing and its impact upon population dynamics in biofilm communities." *J. Appl. Microbiol.* 98, pp. 238-244.

Hwang. H. J. and M. K. Stenstrom (1985). "Evaluation of fine-bubble alpha factors in near full-scale equipment. " *J. Water Poll. Cont. Fed.* 57(12), pp. 1142-1151.

Jenkins, D. (1992). "Towards a comprehensive model of activated sludge bulking and foaming. " *Water Sci. Technol.* 25(6), pp. 215-230.

Jenkins, D.; M. G. Richard; and G. T. Daigger (2004). *Manual on the Causes and Control of Activated Sludge Bulking, Foaming, and Other Solids Separation Problems*, 3rd ed. Boca Raton, FL: Lewis Publishers.

Joint Task Force (1967). *Sewage Treatment Plant Design, WPCF Manual of Practice No. 8.* Washington, DC: Water Pollution Control Federation.

Joint Task Force (1992). *Design of Municipal Wastewater Treatment Plants, WEF Manual of Practice No. 8.* Alexandria: Water Environmental Federation.

Judd, S. and C. Judd (2011). *The MBR Book: Principles and Applications of Membrane Bioreactors for Wastewater Treatment*, 2nd ed. Amsterdam: Elsevier.

Knocke, W. R. (1986). "Effects of floc volume variations in activated sludge thickening characteristics. " *J. Water Pollut. Control Fed.* 58, pp. 784-791.

Lawrence, A. W. and P. L. McCarty (1970). "Unified basis for biological treatment designand operation. " *J. Sanit. Engg. Div, ASCE* 96(SA3), pp. 757-778.

Manem, J. A. and R. Sanderson (1996). "Membrane bioreactors. " In J. Mallevialle, P. E. Odendaal, and M. R. Weisner, Eds. *Water Treatment Membrane Processes.* New York: McGraw-Hill, chap. 17.

McKinney, R. E. and A. Gram (1956). "Protazoa and activated sludge. " *Sewage Ind. Wastes* 28, pp. 1219-1231.

Metcalf and Eddy. 2003. *Wastewater Engineering: Treatment, Disposal, Reuse*, 4th ed. New York: McGraw-Hill.

Monod, J. (1950). "La technique of culture continue; theorie et applications. " *Annals Institute Pasteur* 79, pp. 390-410.

Novák, L.; L. Larrea; J. Wanner; and J. L. Garcia-Heras (1993). "Non-filamentous activated sludge bulking in a laboratory scale system. " *Water Res.* 27, pp. 1339-1346.

Novick, A. and L. Szilard (1950). "Experiments with the chemostat on spontaneous mutations of bacteria. " *Proc. Nat. Acad. Sci. USA*, 36, pp. 708-719.

Palm, E. B.; D. Jenkins; and D. S. Parker (1980). "Relationships between organic loading, dissolved oxygen concentration, and sludge settleability in the completely mixed activated sludge process. " *J. Water Pollut. Cont. Fed.* 52, pp. 2484-2506.

Pike, E. B. and C. R. Curds (1971). "The microbial ecology of the activated sludge system. "In G. Sykes and F. A. Skinner, Eds. *Microbial Aspects of Pollution.* London: Academic Press, pp. 123-147.

Pitt, P. and D. Jenkins (1990). "Causes and control of *Nocardia in activated sludge.* " *J. Water Pollut. Cont. Fed.* 62(2), pp. 143-150.

Roe, P. (2019). "Seven keys to membrane bioreactor success. " *Water Environ. Technol.* 31(3), pp. 36-43.

Sawyer, C. N. (1965). "Milestones in the development of the activated sludge process. " *J. Water Pollut. Cont. Fed.* 37(2), pp. 151-162.

Schwarz, A.; B. E. Rittmann; G. Crawford; A. Klein; and G. Daigger (2006). "A critical review of the effects of mixed liquor suspended solids on membrane bioreactor operation. " *Sep. Sci. Technol.* 41, pp. 1489-1511.

Sezgin, M. (1981). "The role of filamentous microorganisms in activated sludge settling. " *Prog. Water*

Technol. 12,pp. 97-108.

Sezgin,M. D. Jenkins; and D. S. Parker (1978). "A unified theory of filamentous activated sludge bulking." *J. Water Pollut. Cont. Fed*. 50,pp. 362-381.

Strom,P. F. and D. Jenkins (1984). "Identifications and significance of filamentous microorganisms in activated sludge." *J. Water Pollut. Cont. Fed*. 56,pp. 449-459.

Wanner,J. and P. Grau (1989). "Identification of filamentous microorganisms from activated sludge: A compromise between wishes,needs and possibilities." *Water Res*. 23(7),pp. 883-891.

Wu,L.; D. Ning; B. Zhang; Y. Li; P Zhang; X. Shan et al. (2019). "Global bacterial diversity and biogeography of activated sludge systems." *Nat. Biotechnol*. 4,pp. 1183-1195.

Yang,Q.; H. Zhao; and B. Du (2017). "Bacteria and bacteriophage communities in bulking and non-bulking activated sludge in full-scale municipal wastewater treatment systems." *Biochem. Engr. J*. 119,doi 10:1016/j. bej. 2016. 12. 017.

参考书目

Bisogni,J. J. and A. W. Lawrence (1971). "Relationships between biological solids retention time and settling characteristics of activ ated sludge." *Water Res*. 5,pp. 753-763.

Dick,R. I. (1984). "Discussion of new activated sludge theory: steady state." *J. Environ. Engr*. 110,pp. 1212-1214.

Eikelboom,H. A. (1975). "Filamentous organisms observed in activated sludge." *Water Res*. 9,pp. 365-388.

Ekama,G. A.; M. C. Wentzel; T. G. Casey; and G. Marais (1996). "Filamentous organism bulking in nutrient removal activated sludge systems. Paper 6: Review,evaluation and consolidation of results." *Water SA*,22(2),pp. 147-160.

Goodman,B. L. and A. J. J. Englande (1974). "A unified model of the activated sludge process." *J. Water Pollut Cont Fed*. 46(2),pp. 312-332.

Jenkins,P.; J. B. Neethling; H. Bode; and M. G. Paschard (1982). "The use of chlorination for control of activated sludge bulking." In B. Chambers and E. J. Tomlinson,Eds. *Bulking of Activated Sludge: Prevention and Remedial Methods*. Chichester,England: E llis Horwood.

Keinath,T. M. (1985). "Operational dynamics and control of secondary clarifiers." *J. Water Pollut. Cont. Fed*. 57,pp. 770-776.

Laquidara,V. D. and T. M. Keinath (1983). "Mechanisms of clarification failure." *J. Water Pollut Cont. Fed*. 55,pp. 1227-1331.

McKinney,R. E. (1962). "Mathematics of complete-mixing activated sludge." *J. Sanit. Engg. Div*,ASCE 88(SA3),pp. 87-113.

习　　题

11.1　请设计一个活性污泥工艺,进水数据有:$Q=40\,000\text{m}^3/\text{d}$,$S^0=300\text{mg BOD}_\text{L}/\text{d}$,$X_\text{v}^0=0\text{mg/L}$。相关动力学参数有:$\gamma=0.4\text{g VSS}_\text{a}/\text{g BOD}_\text{L}$,$\hat{q}=22\text{g BOD}_\text{L}/(\text{VSS}_\text{a}\cdot\text{d})$,

$K=200\text{mg BOD}_\text{L}/\text{L}, b=0.1\text{d}^{-1}, f_\text{d}=0.8$。设计参数有：$X_\text{v}^\text{w}=10\,000\text{mg VSS}/\text{L}, X_\text{v}^\text{eff}=20\text{mg VSS}/\text{L}$。按照例11.2的步骤完成设计。

11.2 动力学参数如下：$\hat{q}=10\text{mg BOD}_\text{L}/(\text{VSS}_\text{a}\cdot\text{d}), K=20\text{mg BOD}_\text{L}/\text{L}, b=0.15\text{d}^{-1}$，$\gamma=0.5\text{g VSS}_\text{a}/\text{g BOD}_\text{L}, f_\text{d}=0.9$。完全混合式活性污泥工艺过程参数如下：$Q=10^4\text{m}^3/\text{d}$，$\theta_\text{x}=5\text{d}, S^0=2000\text{mgBOD}_\text{L}/\text{L}, X_\text{i}^0=100\text{mgVSS}/\text{L}, X_\text{a}^0=0\text{mg VSS}/\text{L}, X_\text{v}^\text{e}=30\text{mg VSS}/\text{L}$，$\text{SF}=20, \text{MLVSS}=X_\text{v}=3500\text{mg VSS}/\text{L}, X_\text{v}^\text{r}=15\,000\text{mg VSS}/\text{L}$ 按照例11.2的步骤完成设计。

11.3 请设计一个活性污泥工艺。进水数据有：$Q=4000\text{m}^3/\text{d}, S^0=300\text{mg BOD}_\text{L}/\text{L}$，$X_\text{v}^0=X_\text{i}^0=40\text{mg VSS}/\text{L}$。动力学参数如下：$\gamma=0.6\text{g VSS}_\text{a}/\text{g BOD}_\text{L}, \hat{q}=16\text{g BOD}_\text{L}/(\text{VSS}_\text{a}\cdot\text{d})$，$K=20\text{mg BOD}_\text{L}/\text{L}, b=0.2\text{d}^{-1}, f_\text{d}=0.8$。设计参数为 $\text{SF}=20, \text{MLVSS}=3500\text{mg VSS}/\text{L}$，$X_\text{v}^\text{r}=15\,000\text{mg VSS}/\text{L}, X_\text{v}^\text{e}=30\text{mg VSS}/\text{L}$。按照例11.2的步骤完成设计。

11.4 一个社区接到渔民们的投诉，社区的污水处理厂的排放出水，导致了接纳水体的污染问题。尽管没有有效的监测数据，渔民们认为处理厂出水超过 $20\text{mg BOD}_5/\text{L}$ 的标准。该城市的监测记录也很少，你被请来做顾问，判别出水水质是否超过标准。目前已知的信息有：$Q=4000\text{m}^3/\text{d}$，活性污泥总体积 $=1500\text{m}^3$，进水 $\text{BOD}_\text{L}=180\text{mg BOD}_\text{L}/\text{L}$，进水 $\text{VSS}=50\text{mg VSS}/\text{L}$，曝气池 D.O. $\geqslant3\text{mg/L}$，$\text{MLVSS}=2850\text{mg VSS}/\text{L}$，出水 $\text{VSS}=15\text{mg VSS}/\text{L}$。没有出水 BOD、剩余污泥和氧气传质或污泥回流的相关记录。根据经验，可以采用如下参数值：$\gamma=0.45\text{gVSS}_\text{a}/\text{g BOD}_\text{L}, \hat{q}=16\text{gBOD}_\text{L}/(\text{VSS}_\text{a}\cdot\text{d}), K=20\text{mgBOD}_\text{L}/\text{L}, b=0.15\text{d}^{-1}$，$f_\text{d}=0.8$。关于进水中的 BOD 有 $0.68\text{gBOD}_5/\text{gBOD}_\text{L}$，且 $X_\text{i}^0=20\text{mgVSS}/\text{L}$。利用以上信息，估算 θ_x 和出水 BOD_5 的值。出水是否超过了标准？

11.5 一个容积为 250m^3 的活性污泥反应器，其处理进水的参数如下：$Q=1000\text{m}^3/\text{d}$，$S^0=300\text{mgBOD}_\text{L}/\text{L}$。操作条件如下：$X_\text{a}=3000\text{mg VSS}_\text{a}/\text{L}, X_\text{i}=1000\text{mg VSS}_\text{i}/\text{L}$，出水 $\text{BOD}_\text{L}=10\text{mgBOD}_\text{L}/\text{L}, X_\text{a}^\text{e}=21\text{mgVSS}_\text{a}/\text{L}, X_\text{i}^\text{e}=7\text{mgVSS}_\text{i}/\text{L}, X_\text{a}^\text{r}=7500\text{mgVSS}_\text{a}/\text{L}, X_\text{i}^\text{r}=2500\text{mgVSS}_\text{i}/\text{L}, Q^\text{r}=667\text{m}^3/\text{d}$，回流流量 $Q^\text{w}=667\text{m}^3/\text{d}$。计算 θ_x 和 F/M 比。请判断这种工艺是高负荷、传统负荷还是延时曝气？为什么？

11.6 Muckemup 水污染控制厂采用传统活性污泥法处理初沉池出水，废水基本由生活污水组成。对活性污泥反应器的平均负荷：容积负荷 $=1.1\text{kg BOD}_\text{L}/(\text{m}^3\cdot\text{d}), U=0.34\text{kgBOD}_\text{L}/(\text{kg VSS}_\text{a}\cdot\text{d})$。虽然该水厂在平均状况下能达到出水标准，但水厂对短期的冲击负荷抵抗力很差。例如，溶解性 BOD 会超标，池内很多地方 D.O. 浓度过低，此外还会出现臭味。该厂缺乏资金，无法建造新反应器或购买大量装置（如空气压缩机）。请为该厂提出改进工艺和运行操作的建议，以提高其在高负荷条件下的运行效果。请你指出其基本问题所在，提出一个成本较低的解决方案或改进办法，并用相应的计算来支持你的方案。

11.7 请你评价一个工业污水处理系统的设计工艺。废水中不含固体物质，BOD_L 为 $30\,000\text{mg/L}$。动力学参数如下：$\hat{q}=15\text{gBOD}_\text{L}/(\text{VSS}_\text{a}\cdot\text{d}), K=20\text{mgBOD}_\text{L}/\text{L}, b=0.15\text{d}^{-1}$，$\gamma=0.45\text{gVSS}_\text{a}/(\text{g BOD}_\text{L}), f_\text{d}=0.8$。设计 SRT 为 5d，设计出水水质 BOD_5 为 30mg/L。实际最低出水 VSS 为 10mg/L，最大回流比为 2，回流污泥 VSS 最高含量为 1.5%。试评价是否能够维持合理的 X_v 和 V 的值。

11.8 活性污泥工艺中的阶段曝气法和接触稳定法有不同的优点，各是什么？

11.9 基于污水厂运行记录,可以得到其活性污泥处理系统的一些参数值,$Q = 1400 m^3/d, V_{aeration} = 1500 m^3$,沉淀池面积 $= 180 m^2$,沉淀池平均深度 $= 4.3 m$,回流流量 $= 20 m^3/d$,MLVSS $= 4000 mgVSS/L$,出水 VSS $= 15 mgVSS/L$,回流和剩余 VSS $= 8800mg VSS/L$,SVI $= 100 mL/g SS$。①计算 SRT、HRT、回流比、溢出率、固体通量和二沉池污泥排放速率。②如果要控制 SRT 不变,在控制策略上最好采取哪些实际的改变,以提高系统的某些运行效果?请定量说明策略的效果。

11.10 一个小型社区用活性污泥法处理污水,日均流量为 $4000 m^3/d$。处理系统按传统负荷设计,参数为:$\theta_x = 5d, \theta = 10h$,MLSS $= 3000 mg SS/L, R = 0.30, X^r = 13\,000 mg SS/L$。沉淀池深 5m,表面积为 $130 m^2$,外围设一圈简单的出水堰。然而污水流量很不平稳,一天中有 8h 的流量是 $9000 m^3/d$,另外 16h 的平均流量是 $500 m^3/d$。请通过定量分析来解释为什么该处理厂出水 BOD 经常很高。

11.11 一个活性污泥法的处理厂(完全混合工艺)现在出现了污泥膨胀问题。污泥的镜检结果显示,系统中存在低 D.O. 情况下引起污泥膨胀的丝状菌。操作人员采取了补救措施,将 SRT(计算所得)由 3.1d 提高到 7.1d,将曝气量加大使 D.O. 由 1mg/L 提高到 2mg/L,MLSS 由 1500mg SS/L 增加到 3000mg SS/L。污泥的沉降性能得到提高(见沉淀通量曲线图),没有发生硝化作用。然而不久以后又有很多的固体物质流出出水堰。请你作为顾问,对原来的和改动后的操作条件做定量的分析,指出在操作改变之前和之后问题出在什么地方。基于你的分析,请提出解决该问题的方案,例如 Q^r 和 Q^w 应该为多少?

沉淀曲线对应的操作条件:平均进水流量 $= 4000 m^3/d$,回流流量 $= 1090 m^3/d$,进水 $BOD_L = 300 mg/L$,系统体积(曝气池+沉淀池)$= 1330 m^3$,沉淀池面积 $= 100 m^2$,MLVSS $= 0.81$MLSS,X_a/X_v 在任何位置均为常数。应用状态点法时,溢流和底流流速的 Q^w 可以忽略,X_v^e 也可以忽略。

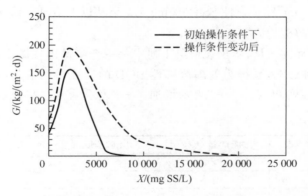

11.12 一个污水处理厂的操作人员正考虑将该厂活性污泥工艺的 SRT 值由 6d 减为 3d,该变动的目的是降低需氧量。作为专家顾问,你必须对该项变动造成的影响作出快速的判断。你不需要(也没有足够的时间)来进行全面的计算。你只需要正确地指出运行的趋势并给出半定量的评价。请注意评价以下状况,并解释你给出的趋势为什么是正确的。①需氧量实际上能降低吗?②MLVSS 会发生何种变化?③沉淀池目前运行在临界负荷条件下,如果污泥的沉降性能和回流比保持不变,二沉池排泥浓度在操作条件变动后会有何变化?④如果污泥的沉降性能保持不变,而通过调整回流比使系统处于临界负荷条件,排泥浓

度会有何变化？

11.13　你被美国环保署（EPA）聘任来评价一个处理工业废水 BOD 的工艺过程运行是否正常。你迅速估计了目前状况，并注意到他们使用的是接触稳定工艺。根据设计和运行记录，你确定了以下信息：接触池尺寸＝10m×10m×5m，稳定池尺寸＝10m×30m×5m，沉淀池尺寸＝28m（直径）×5m，进水流量＝12 000m³/d，回流流量＝6000m³/d，剩余污泥流量＝240m³/d，进水 VSS＝200mg/L，出水 VSS＝20mg/L，接触池 VSS＝2500mg/L，稳定池 VSS＝7600mg/L，剩余污泥 VSS＝8000mg/L。SRT 和固体通量是关键参数，它们的值为多少？你能从它们的数值中得知工艺的运行处于什么状况吗？

11.14　你收到某乡镇地区的一个污水处理厂的员工来信。他很沮丧，该厂出现了污泥膨胀问题，通过信件和电话联系，你得知了以下信息：①该厂有初沉池、活性污泥曝气池、二沉池和三级过滤系统。②操作员在上午 10:00 到下午 2:00 发现有大量固体物质沿二沉池出水堰流出。③操作员没有测量二沉池的出水 SS，但是估计从上午 10:00 到下午 2:00 出水 SS 在 50mg/L 左右，其他时间的 SS 值要低得多。④MLSS 大约在 600mg/L。⑤曝气池内和二沉出水的 D.O. 为 1.5～4mg/L。

这是你所知道的所有信息，为了评估问题的发生原因和解决方案，你必须列出至少 7 条需要获得的信息。指出你将如何利用这些信息来诊断该故障。例如，解释如何从这些信息中计算出关键的系统参数等。

11.15　某废水特性如下：溶解性 COD＝100mg/L，颗粒性 COD＝35mg/L，溶解性 BOD_L＝55mg/L，颗粒性 BOD_L＝20mg/L，挥发性悬浮固体＝20mg/L，非挥发性悬浮固体＝10mg/L。请估算 S^0（$mgBOD_L$/L）和 X_i^0（mg SS/L）。

11.16　拟采用好氧生物法处理某废水，废水的平均参数值如下：总 BOD_5＝765mg/L，溶解性 BOD_5＝470mg/L，$K_1(BOD_5)$＝0.32d^{-1}，总 COD＝1500mg/L，悬浮性 COD＝620mg/L，总 SS＝640mg/L，挥发性 SS＝385mg/L。请从以上信息中估计废水的 S^0（BOD_L）、X^0、X_v^0、X_i^0、$X_{inorganic}^0$（单位均为 mg/L）。

11.17　填写下面的表格，指出表格第 1 列中每一个变量出现微小的增长时，对表中其余列的参数产生何种影响，系统为处理溶解性 BOD 的活性污泥工艺，运行正常，每次只改变一个变量。填写各列和 X_a。"＋"表示增加，"－"表示减少，"0"表示无变化，"?"表示不确定。

增加的变量	θ_x/d	污泥产量/(kg/d)	出水基质浓度/(mg/L)	耗氧量/(kg/d)
γ				
$\hat{q}$				
Q				
S^0				
B				
K				
X^e				
X_i^0				

11.18　你被请来设计一个活性污泥处理厂，处理 10^4 m³/d 含有 150mg/L 苯酚的废水。规定要求该厂出水苯酚浓度≤0.04mg/L。相关生物反应系数如下：γ＝0.6gVSS$_a$/g

苯酚，$\hat{q}=9$g 苯酚/$(VSS_a \cdot d)$，$b=0.15d^{-1}$，$K=0.8$mg 苯酚/L。①你会采用多大的 $\theta_x(d)$ 值？请列出所有的假设条件和计算依据。②根据你设计的 θ_x 值，反应器的容积(m^3)为多少？详细说明假设条件。

11.19　采用活性污泥处理工艺处理废水，请根据以下的废水数据，分析并计算总生物固体产生速率$(kgVSS/d)$。参数如下：$\hat{q}=6gBOD_L/(VSS_a \cdot d)$，$Q=1.5 \times 10^6 m^3/d$，$\gamma=0.45gVSS_a/gBOD_L$，$b=0.2d^{-1}$，$S^0=3300mgBOD_L/L$，$X_i^0=600mgVSS_i/L$，$X_a^0=0mgVSS_a/L$，$BOD_L$ 去除率为 98%。SMP 和 EPS 可以忽略。

11.20　填写下面的表格，指出表格中每一个变量出现微小的增长时，对活性污泥工艺的特征产生何种影响，该工艺运行状态良好，容积 V 保持不变。

增加的变量	$X_v/(mg \ VSS/L)$	总污泥产量/(kg/d)	耗氧量/$(kg \ O_2/d)$
γ			
θ_x			
$\hat{q}$			
Q			
S^0			
b			
K			
X_i^0			

11.21　废水流量为 $5 \times 10^4 m^3/d$，S^0 为 $1.2gBOD_L/L$（均为溶解性）。$\theta_x=8d$，试估计处理过程中的需氧量。利用 11.1.2 中的典型参数值。

11.22　废水流量为 $4 \times 10^4 m^3/d$，BOD_L 为 3000mg/L。若 NH_4^+ 为氮源，且 $\theta_x=8d$，试计算需氮量$(kg \ N/d、mg \ N/L)$。利用 11.1.2 中的典型参数值。

11.23　根据以下条件，确定去除 BOD 的活性污泥工艺的体积：$SF=40$，$Q=1000m^3/d$，$X_i^0=300mgVSS_i/L$，$S^0=200mgBOD_L/L$，$X_v=2000mgVSS/L$，利用 11.1.2 中的典型参数值。

11.24　你被某工厂请来设计活性污泥法的污水处理厂，出水 BOD_5 标准为 30mg/L，出水 SS 标准为 30mg/L。你的客户希望你能提供如下信息：①所需池容的初步估计。②每日为使系统正常运行而需要投加的化学药剂（如营养物质和 O_2）的量。③定量估计所有操作过程中需要处置的废弃物量（如剩余污泥）。你提供的信息将帮助工厂，针对是否需要建设一个污水厂制定适宜的决策。可获得的信息如下：平均流量 $Q=1500m^3/d$，总 $BOD_5=1330mg/L$，溶解性 $BOD_5=1110mg/L$，总 COD = 2200mg/L，溶解性 COD = 1800mg/L，总 SS = 500mg/L，挥发性 SS = 400mg/L，有机氮 = 5mg/L，氨氮 = 12mg/L，亚硝酸盐氮 = 1mg/L，硝酸盐氮 = 4mg/L，Na^+ = 250mg/L，K^+ = 60mg/L，Ca^{2+} = 30mg/L，Mg^{2+} = 19mg/L，SO_4^{2+} = 100mg/L，HCO_3^- = 50mg/L，磷酸盐-P = 52mg/L，pH = 6.7。

11.25　废水特性、反应系数和活性污泥特征如下：$Q=5000m^3/d$，$S^0=735mgBOD_L/L$，$X_i^0=150mgVSS_i/L$，$\gamma=0.45gVSS_a/g \ BOD_L$，$\hat{q}=12gBOD_L/(VSS_a \cdot d)$，$K=85mgBOD_L/L$，$b=0.2d^{-1}$，$V=2600m^3$，$\theta_x=6d$，$X_v^e=15mgVSS/L$。请提供以下信息：①上述设计中隐含的安

全因子为多少？②根据进水有机物含量，溶解性 BOD_L 为多少？SMP 可忽略。③X_v 将会是多少？SMP 可忽略。④估计 VSS 产量（kg/d），包括出水悬浮固体和剩余污泥固体。⑤假定进水 BOD 利用系数为 $k_1=0.28d^{-1}$，出水 BOD_5 是多少？⑥如果 θ_x 增长到 12d，那么耗氧量（kg O_2/d）会变化几个百分点？⑦如果 θ_x 增长到 12d，VSS 产率会升高还是降低？为什么？

11.26 请你评价两种处理污水的方案。第一个是活性污泥工艺直接处理污水，第二个是初沉池之后用活性污泥工艺处理污水。关键问题是成本，而成本与反应器体积相关。废水特性如下：溶解性 $S^0=1600mgBOD_L/L$，悬浮性 $S^0=400mgBOD_L/L$，$X_i^0=150mg/L$，$Q=10^5 m^3/d$。初沉池的停留时间为 4h，X_i 和悬浮性 BOD 去除率为 65%。活性污泥的 $X_v=3000mgVSS/L$，$\theta_x=8d$，$\gamma=0.45gVSS_a/gBOD_L$，$b=0.15d^{-1}$，BOD_L 的生物降解率为 98%。每年的基建费、运行费和维护费与工程规模有关，初沉池 20/(y·m³)，活性污泥工艺 80/(y·m³)。计算并比较两个方案的年度成本。

第12章 好氧生物膜工艺

好氧生物膜法与活性污泥法一样可以完成传统的污水处理目标——BOD 的生物氧化。尽管生物膜上占优势地位的细菌的"种"类型与活性污泥法中的不同,但这些细菌的功能和在分类学中"属"的类型是非常相似的。这种相似性是必然的,因为这些微生物利用同样的电子供体和受体,并生活在同样的环境条件下,如温度、营养物质和固体停留时间等。另外,两种工艺还可得到类似的出水水质。

生物膜法与活性污泥法之间最主要的区别在于微生物截留与积累的方式不同。两种方式都依靠微生物的自然积累,但与活性污泥法主要靠微生物絮体的形成、沉降和回流积累不同,生物膜法主要依靠微生物在载体表面的附着来积累。在某些情况下,微生物附着生长具有显著的实际意义,可为生物膜工艺带来性能和成本优势。

经典滴滤池的历史可以追溯至 20 世纪初,而其改进型则于 20 世纪 60 年代投入使用。滴滤池的相关重大研究与改进始于 20 世纪 80 年代,并一直延续至今。工程界已经研发了一系列"新型"生物膜反应器系统,并顺利投入使用,具体包括各种小颗粒固定床、流化床和循环床,还有为废水处理中的传统工艺改良而研发的复合悬浮/生物膜工艺。其中,某些新工艺具有自形成颗粒污泥的特点,而不是仅仅依赖外加的生物膜载体。本章将重点讨论废水的好氧生物膜处理工艺,并对其中的新旧工艺分别进行讨论。

在应用方面,针对饮用水和含挥发性有机化合物气体处理,已成功研发了好氧生物膜处理工艺。尽管这些新型工艺的设计原理与废水处理工艺的设计原理相同,但仍然具有其特殊性。饮用水处理工艺将在第 15 章中进行详细论述。

表 12.1 总结了生物膜法处理 BOD 的一些关键动力学参数,其中给出的是通用值,可作为一定范围内工艺设计和运行的依据。特别是提供了可靠的 J_R 和 S_{min} 基准值,可用于判断系统运行是处于低负荷还是高负荷状态(请参阅第 7 章)。值得注意的是,这些通用值并没有考虑地区差别导致的温度、载体材质、抑制剂的存在、pH 值或其他可能引起底物通量增加或减少的影响因素。第 7 章中提出的设计和分析技术,综合考虑了各种因素的影响。

表 12.1 好氧生物膜法处理 BOD 的基本参数和推导参数

参　数	值[a]
限制性底物[b]	BOD_L
$\gamma / (mg\ VSS_a / (mg\ BOD_L))$	0.45

参　　数	值[a]
$q/(\text{mg BOD}_L/(\text{mg VSS}_a \cdot d))$	10
$K/(\text{mg BOD}_L/L)$	1.0
b/d^{-1}	0.1
b_{det}/d^{-1}	0.1
b'/d^{-1}	0.2
θ_x/d	10
$D/(\text{cm}^2/d)$	0.2[c]
$D_f/(\text{cm}^2/d)$	0.16
$X_f/(\text{mg VSS}_a/\text{cm}^3)$	40
L/cm	0.0029
$S_{bmin}/(\text{mg BOD}_L/L)$	0.047
S_{bmin}^*	0.047
K^*	0.27
$J_R/(\text{mg BOD}_L/(\text{cm}^2 \cdot d))$	0.033

注：a 这些参数适用于 $T=15℃$ 的情况；

b 限值性底物浓度用综合性的 BOD_L 指标代表；

c 假设 BOD_L 的平均摩尔量为 1000g/mol。

12.1　生物膜法工艺需要考虑的事项

采用生物膜工艺氧化 BOD 的技术可追溯至 20 世纪初粗滤料滴滤池发明时。20 世纪六七十年代塑料载体的发明，使塔式生物滤池和生物转盘工艺面临了挑战。到 20 世纪 80 年代后期和 90 年代初期，为了显著改善滴滤池、塔式生物滤池和生物转盘工艺的性能，人们开发了一系列新技术。最新的进展包括移动床生物膜反应器、曝气生物膜反应器以及自固定颗粒污泥生物膜反应器等。现在，当一位工程师在进行一个新的生物膜工艺设计时，有很多种处理工艺可供选择。但同时，他（她）也必须解决现有处理装置运行时存在的问题，包括从传统滴滤池至最新研发的工艺系统都会面临的普遍问题。

尽管各种生物膜工艺会有这样或那样的不同，但其基本特征是非常一致的。这些特征中最重要的是废水处理的 BOD 通量，它是为了保证令人满意的出水水质而确定。几乎所有的生物膜工艺在稳态时 BOD 通量都在 $2\sim10\text{kg BOD}_L/(1000\text{m}^2 \cdot d)$。正常运行时这个范围出现在高负荷区，图 12.1 显示了表 12.1 中的参数在标准负荷曲线中的分布区域。

处于高负荷区意味着稳态时出水中原有的底物浓度对 J 值的变化是很敏感的。图 12.1 显示了这种敏感性：当 J/J_R 由 8 提高至 40，增大 5 倍时，$S/S_{\min}$ 将增大 3 倍。初步看来这种敏感性好像不能被接受，但是有 3 个因素可以解释在一般的废水处理中这种敏感性是可以被接受的。首先，$S_{bmin}=0.047\text{mg BOD}_L/L$（表 12.1），$S_{\min}$ 也就相应较小。此时，S 大约由 $4\text{mg BOD}_L/L$ 增加至 $20\text{mg BOD}_L/L$，而这个值是低于通常的出水标准的。其次，出水中大部分溶解性的 BOD_L 和 COD 由 SMP 构成，它对 J 的变化并不敏感。最后，出水中总 BOD_L 和 COD 包含有可挥发性悬浮物，它取决于生物膜的脱落速率。这样一来，工作中 J 值的选择并不直接由底物浓度决定，相反，J 值由经济性和实用性所决定（如氧气的供应、填

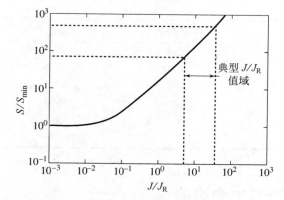

图 12.1 BOD 好氧氧化的标准负荷曲线$[S_{bmin}^{*}=0.047\text{mg/L}, S_{min}=0.047\text{mg/L}, K^{*}=0.27, J_{R}=0.033\text{mg/}(\text{cm}^{2}\cdot\text{d})]$，数据表明用于废水处理的 J/J_{R} 的典型值在高负荷区

料的堵塞和生物膜的脱落）。

例 12.1 温度和生物可降解性的影响作用

有些处理系统会遇到低温的情况或必须处理难降解有机物,本例说明对一个单级的完全混合式生物膜反应器,这些变化对整体运行性能将会产生的影响。其表面负荷为 $0.45\text{mg BOD}_{L}/(\text{cm}^{2}\cdot\text{d})[4.5\text{kg BOD}_{L}/(1000\text{m}^{2}\cdot\text{d})]$,这是废水处理中的常用值,进水中底物浓度为 200mg $\text{BOD}_{L}/\text{L}, aV/Q=45\text{d/m}$。考虑到难降解有机物的存在,$K$ 由 1mg BOD_{L}/L 增长至 100mg BOD_{L}/L。温度降为 5℃时,所有的生物降解速率常数都将下降 50%,如 $\hat{q}$ 由 10mg $\text{BOD}_{L}/(\text{mg VSS}_{a}\cdot\text{d})$ 降至 5mg $\text{BOD}_{L}/(\text{mg VSS}_{a}\cdot\text{d})$,$b$ 由 0.1d^{-1} 降至 0.05d^{-1},扩散系数降至 $D=0.16\text{cm}^{2}/\text{d}$ 和 $D_{f}=0.125\text{cm}^{2}/\text{d}$。

表 12.2 总结了采用例 7.1 中的方法,推导出的关键动力学参数和工艺性能参数。处理难降解底物时,产生的影响是 S_{bmin} 增加了 100 倍;但这种影响被相对传质阻力的下降而部分补偿(K^{*} 仅增加 10 倍),实际效果是废水底物浓度(S)大幅提高,并且由于 J 较低,附着和出水中的生物量有所下降。

温度的降低会使 S_{bmin} 和 S_{bmin}^{*} 显著增大,但仍保持较低的值。出水底物浓度随动力学变慢而增加,但较低的衰减速率允许更多的生物膜积累,从而产生较高的出水 VSS 浓度,总出水 COD 相应显著上升。然而,这种情况只适用于稳态时,不能反映由于附着生物量($X_{f}L_{f}$)逐渐增加而对出水水质造成的瞬时影响。

表 12.2 例 12.1 中工艺性能的总结

参 数	一般情况	慢速生物降解	低 温
$T/℃$	15	5	5
$S_{bmin}/(\text{mg BOD}_{L}/\text{L})$	0.047	4.700	0.071
S_{bmin}^{*}	0.047	0.047	0.071
K^{*}	0.27	2.70	0.35
$J_{R}/(\text{mg BOD}_{L}/(\text{cm}^{2}\cdot\text{d}))$	0.033	0.330	0.030

续表

参　数	一般情况	慢速生物降解	低　温
$J/(\mathrm{mg\ BOD_L}/(\mathrm{cm^2 \cdot d}))$	0.43	0.42	0.40
$S/(\mathrm{mg\ BOD_L/L})$	9.0	23.0	13.0
$X_f L_f/(\mathrm{mg\ VSS/cm^2})$	0.97	0.90	1.40
$X_f L_f a/(\mathrm{mg \cdot VSS/L})$	1950	1800	2800
$X_v^e/(\mathrm{mg\ VSS/L})$	49	45	70
$S+1.42X_v^e/(\mathrm{mg\ COD/L})$	79	87	112

12.2　滴滤池和塔式生物滤池

　　早在 1893 年,以砾石为载体(滤料)的滴滤池即在英格兰投入使用,到了 20 世纪 20 年代在美国得到推广,至今仍然在广泛使用。它使用的砾石滤料粒径一般为 25～100mm (1～4in),形状非常不规则。图 12.2 是滴滤池顶部的近景和全景照片。由于受到支撑排水系统所能承受的重力限制,滴滤池的滤层高度一般为 1～2m,滤料的比表面积约为 40m²/m³。

(a)

(b)

图 12.2　滴滤池顶部近景和全景照片

(a) 近景图；(b) 全景图

　　20 世纪 70 年代末,工程师在新的设计中开始用塑料滤料取代砾石滤料。塑料滤料的比重很轻,因此允许滤层增高至 12m。塑料滤料还具有很大的空隙率(为 95％,而砾石为 40％)和比表面积(200m^2/m^3)。图 12.3 是使用最广泛的塑料滤料的特写照片,图中波纹板组件堆积成圆形和方形。由于高度很高,使用塑料填料的滴滤池一般称为塔式生物滤池。

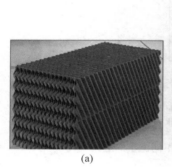  

(a)　　　　　　　　　　(b)　　　　　　　　　　(c)

图 12.3　塑料波纹板载体组件的特写

(资料来源:Dupont 授权)

　　无论是滴滤池还是塔式生物滤池,如图 12.4 所示,所有现代化的(或高负荷)滴滤池都具有以下特点:

- 滴滤池中废水以滴状形式或在三相条件下进入滤池,其中水(第一相)向下流通过溶解氧未饱和的多孔滤料表面(第二相),而空气作为第三相向上或向下运动来提供氧气。
- 由滴滤池底部流出的水流入沉淀池,降低其中的悬浮物和总 BOD_L 浓度。污泥,通常也称为腐殖质,通过沉淀池排水排出。
- 通过出水回流(有时也指回流澄清池前的滤池出水)来控制滴滤池中的水力负荷。回流率(Q^r)通常为进水流量(Q)的 50％～400％。

在高负荷滤池中,水力负荷(HL)定义为

$$HL = \frac{Q + Q^r}{A_{pv}} \tag{12.1}$$

式中,A_{pv} 是滤池的横截面积;对圆形滤池,$A_{pv} = r^2\pi$,r 是滤池的半径。高负荷生物滤池的水力负荷为 10～40m/d。为了使 BOD 表面负荷在允许值之内(下边将要讨论),必须将进水和回流的出水混合,使水力负荷达到这个范围。

　　尽管用回流出水来控制水力负荷的方法已成功应用近一个世纪,但其如何发挥作用一直未有定论。提高水力负荷可能会从三方面改善处理效果:第一,提高水力负荷引起水膜厚度的增加,增加了液体的保持和停留时间,也可能提高湿润的和具有生物降解活性的表面积。第二,较大的水力负荷能增大生物膜在床层中的分布深度,从而增大滤池中具有生物降解活性的总表面积,并降低堵塞可能性。第三,较大的水力负荷可提高氧气的传质系数。

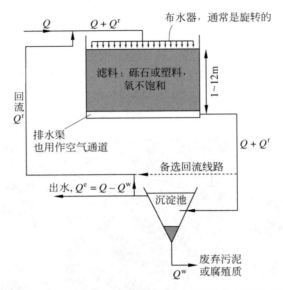

图 12.4　高负荷生物滴滤池示意图,尤其重要的是不同流量的定义

　　用出水回流(而不是仅增加进水)来提高水力负荷的方法可以产生另外两个改善处理性能的效果。首先,出水回流稀释了进水 BOD,同时也增大了滤池进水中 D. O. 浓度,降低了滤池中 BOD/D. O. 的比值,减少了氧成为限制性因素的情况。其次,进水和回流的出水混合后,减轻了由 BOD 负荷的波动造成的 BOD 冲击负荷以及相应的 D. O. 耗竭所带来的问题。

　　与水力负荷同样重要的设计参数是 BOD 的表面负荷,它约等于底物通量,可由式(12.2)求出:

$$SL = \frac{QS^0}{A_{pv}da} \qquad (12.2)$$

式中,d 是滤池的深度;S^0 是进水 BOD 浓度;a 是滤料的比表面积。大部分滴滤池运行的 SL=2～7kg BOD_L/(1000m² · d)[0.2～0.7mg/(cm² · d)]。正如本章开始所述,这一负荷处于高负荷区,而较低的负荷通常不够经济。实际中,由于氧传质速率的限制和生物膜的脱落,较高的负荷似乎是不可行的。Schroeder 和 Tchobanoglous(1976)计算了实际的最大氧传质速率,大约为 28kg O_2/L(1000m² · d);因此,通常设计的 BOD 通量范围是安全的,在最大氧传质速率值之内。粗滤料滤池通过将表面负荷提高至 45kg BOD_L/(1000m² · d)和将水力负荷提高至 200m/d,以利用这些"剩余"的氧传质能力。然而,粗滤料滤池 BOD 去除率较低,还会产生令人不快的气味,且出水中悬浮物浓度过高。

　　具有重要经济价值的设计参数是容积负荷(VL):

$$VL = \frac{QS^0}{A_{pv}d} \qquad (12.3)$$

高负荷生物滤池的典型容积负荷一般为 0.3～1.0kg BOD_5/(m³ · d)。粗滤料滤池具有更高的容积负荷,可以达到 6kg BOD_5/(m³ · d)。有趣的是 0.3～1.0kg BOD_5/(m³ · d)的负荷与传统的活性污泥法容积负荷是一样的,这就解释了为何几十年来作为竞争对手的两种系统能够共存的现象。

沉淀池的功能是生产低悬浮物的出水。沉淀后的污泥被排放,不再回流至滴滤池,因为生物膜的附着作用已经提供了必要的生物固体停留时间。沉淀池的主要设计参数为溢流速率(O/F):

$$O/F = \frac{Q + Q^{r} - Q^{w}}{A_s} \tag{12.4}$$

式中,Q^w 是废弃污泥的流量;A_s 是沉淀池的截面积。在最大流量时溢流速率应当维持小于 $48m/d(1200gpd/ft^2)$,这个值与传统活性污泥法的峰值流量相同,由于出水回流率较高,与活性污泥法相比,滴滤池的平均溢流率与峰值流率之比值较低。

滴滤池的排水系统通常由顶部带有狭槽的黏土砖组成,其作用是支撑滤料的重量并允许水通过。滤池底部的排水槽有 $1\% \sim 2\%$ 的坡度,以便排水流至中部的集水槽中,它的四周敞开与周围环境相通,便于空气流通。

自然通风的滴滤池依靠环境温度和滤料间隙空气温度的差异作为传质动力。由温差产生的压力为

$$\Delta P_{draft} = 0.353(1/T_{am} - 1/T_{pore})h \tag{12.5}$$

式中,ΔP_{draft} 是空气压力,cm 水头;T_{am} 是环境温度,K;T_{pore} 是孔隙中的温度,K;h 是滤床的高度,m。如果 $T_{am} > T_{pore}$,那么 $\Delta P_{draft} < 0$,空气向下流动。反之,当 $T_{am} < T_{pore}$ 时,$\Delta P_{draft} > 0$,空气向上流动,由此产生的体积流量是在该速率下水头损失刚好平衡 ΔP_{draft}。关于在设计排水系统时如何减小阻力,可以参照水环境联合会(Water Environment Federation,2010)制定的指南。

即使排水系统设计合理,有些滴滤池也会由于 T_{am} 和 T_{pore} 过于接近而没有气流产生。气流的停滞通常发生在春季,那时空气和废水的温度十分接近。缺乏空气会导致严重的问题,包括处理效率的降低、生物膜的损失(如脱落)和臭味的产生。当滴滤池严重超负荷时,也要采用强制通风来克服空气的停滞,这时鼓风系统至少要产生 $0.3m/min$($1ft/min$)的流速。

在寒冷的季节,如果由于蒸发作用使水温降得较低时,空气流量太大(自然通风或强制通风)是有害的。低温会降低微生物的活动,并且可能会导致结冰。

滴滤池对突然产生的生物膜大面积脱落的现象十分敏感,这种现象被称为生物膜"严重脱落或蜕落"(参见第 7 章)。生物膜严重脱落会使出水中悬浮物增高,引起出水水质严重恶化,并且活性生物量的损失会对底物的去除产生间接影响。学界对生物膜脱落现象原因的认识还远不够深入,脱落现象一般在空气停滞期间发生,如春末,此时空气和废水温度十分接近。据推测,生物膜中的厌氧环境会使其结构恶化(也许是局部产酸造成),导致其大块脱落。因此,保持充足的通风是防止生物膜脱落的关键。

Albertson(1989)指出,传统的滤池顶部废水分配方式,会加剧生物膜脱落的问题。基于他在德国的工作,Albertson 建议旋转分配臂的转速应当慢一点,这样会产生一个强脉冲式水力负荷,可防止生物膜的过度积累,这是防止生物膜脱落的关键。为了得到适当程度的脉冲,Albertson 建议"冲洗强度"应为 $0.1 \sim 0.5m/$(臂·转),当 BOD 负荷更高时,这个值更大。脉冲强度被命名为 SK,其德文名称为 Spulkraft,用式(12.6)计算:

$$SK = \frac{Q + Q^r}{A_{pv} n\omega}\left(\frac{1d}{1440\min}\right) \qquad (12.6)$$

式中，SK 为冲洗强度，m/(臂·转)；n 为分配臂的数目；ω 为每分钟的旋转速度，r/min。

北美一般采用的 SK 值为 $0.002 \sim 0.01$ m/(臂·转)。为了增大 SK 值，就需要降低分配臂的旋转速度。例如，为了达到 0.1m/(臂·转)的 SK 值，当水力负荷 $[(Q + Q^r)/A_{pv}]$ 为 30m/d 时，一个两臂的布水器($n = 2$)的转速(ω)必须为 0.1r/min。

例 12.2 高负荷和粗滤料塔式生物滤池的性能

用稳态生物膜模型(按照例 7.1 的步骤)比较高负荷和粗滤料塔式生物滤池的性能。两塔均为 10m 高，分为三段，高负荷塔式生物滤池的表面负荷为 4.5kg BOD$_L$/(1000m^2·d)，而粗滤料塔式生物滤池为 45kg BOD$_L$/(1000m^2·d)。两塔水力负荷均为 40m/d，在无回流时要更大一些，其动力学参数于表 12.1 与例 12.1(15℃，易降解 BOD)中列出。

表 12.3 和表 12.4 概括了两个塔式生物滤池中每段的性能。对一个典型的高负荷塔式生物滤池(表 12.3)，底物浓度在第一段中迅速下降，在出水中可以忽略不计，而 BAP 在出水中占大部分。生物量的积累和底物通量的梯度变化很快，印证了大部分底物的降解发生在这一阶段。氧通量也迅速下降，它的最大值为 5.4kg O$_2$/(1000m^2·d)，远远小于实际限值的 28kg O$_2$/(1000m^2·d)。

表 12.3 高负荷塔式生物滤池的性能

参　　数	第一段	第二段	第三段
SL/(kg BOD$_L$/(1000m^2·d))		4.5	
HL/(m/d)		40	
VL/(kg BOD$_L$/(m^3·d))		0.9	
S^0/(mg BOD$_L$/L)		225	
S/(mg BOD$_L$/L)	30	3.2	0.3
L_f/μm	660	110	12
总 $X_f L_f$/(mg VSS/cm^2)	3.20	0.44	0.05
活性 $X_f L_f$/(mg VSS/cm^2)	2.60	0.37	0.04
J_s/(kg BOD$_L$/(1000m^2·d))	11.70	1.60	0.17
J_{O_2}/(kg O$_2$/(1000m^2·d))	5.40	0.69	0.06
VSS/(mg/L)[a]	53	60	61

注：a 假设在前一段脱落的生物膜在后一段不重新附着。

表 12.4 粗滤料塔式生物滤池的性能

参　　数	第一段	第二段	第三段
SL/(kg BOD$_L$/(1000m^2·d))		45	
HL/(m/d)		100	
VL/(kg BOD$_L$/(m^3·d))		9	
S^0/(mg BOD$_L$/L)		900	
S/(mg BOD$_L$/L)	450	190	60
L_f/μm	5200	3900	2600
总 $X_f L_f$/(mg VSS/cm^2)	20.7	15.4	9.5
活性 $X_f L_f$/(mg VSS/cm^2)	16.2	12.8	8.8

续表

参　　数	第一段	第二段	第三段
J_s/(kg BOD$_L$/(1000m^2 · d))	67	40	19
J_{O_2}/(kg O$_2$/(1000m^2 · d))	22.8	18.1	12.9
VSS/(mg/L)[a]	140	240	310

注：a 假设在前一段脱落的生物膜在后一段不重新附着。

　　粗滤料塔式生物滤池的情况截然不同（表 12.4），底物浓度逐步下降，但在出水中仍然很高。生物膜的积累和底物通量很高，且上下基本一致。第一阶段的氧通量大约为 23kg/(1000m^2 · d)，接近实用的最大值，说明有可能出现氧的限制、产生臭味和生物膜脱落的趋势。

　　与活性污泥法相比，滴滤池的最大缺点是出水中悬浮物浓度较高。原因似乎是生物膜会从滤料表面不断脱落（不是蜕落，蜕落是周期性的），且不易形成絮体。Parker 及其同事（Norris 等，1982）率先提出了一种减轻絮凝问题的方案：设置固体接触池。在滤池通向沉淀池的中间设一个小絮凝池，它可以是一个单独的池子、一个敞开的通道或沉淀池中的中心井。它最基本的作用，是通过轻微的曝气为生物形成絮凝提供时间和相互接触机会。液体在其中的停留时间为 2～60min，典型值为 20min。在某些情况下，将沉淀池排出的污泥回流至接触池，并与滴滤池排出的污泥混合，作为"接种"絮体。在这样一个有利于絮体形成的条件下，脱落的细菌和其他有机胶体可聚积成足够大的颗粒，有利于在沉淀池中沉降。

　　因为管径和长度是设计旋转分配臂的根据，增大臂长和直径可增大流速。表 12.5 概括了分配臂流量的一般值，分配器详细的流量参数可以从制造商处获得，实际流量取决于允许的水头损失。在某些情况下，旋转分配臂必须使用固定喷嘴的分配器，特制的扁平喷嘴能确保其流速在一定范围内，滤池表面配水均匀。

表 12.5　根据直径和臂长确定的分配臂典型流速

单个配水臂长/m	配水臂直径/in(cm)	总配水量/(m^3/min)	
		2 个配水臂	4 个配水臂
13	3(7.6)	0.7	1.4
13	4(9.2)	1.2	2.4
13	5(13)	1.9	3.8
13	6(15)	2.7	5.5
25	8(20)	4.7	9.5
25	10(25)	7.6	15
30	12(31)	11	21
30	14(36)	13	26
30	16(41)	17	34
30	18(46)	22	44
30	20(51)	27	54
38	24(61)	42	84

资料来源：Walker Process Corporation。

　　尽管仍有一些较小规模或间歇性滤池装置在使用低负荷，它们只具有历史意义。低负荷滤池使用较低的水力负荷（1～4m/d）、间歇性进水，并且无出水回流，这些特点导致了其较低的容积负荷[0.08~0.4kg BOD$_5$/(m^3·d)]。布水箱，其工作原理类似虹吸管，用以保证分配臂在布水期间能正常地旋转。布水箱很小，在平均流量下大约可布水 4min，在两次布水之间，没有废水进入滤池。流量较低时，废水进入布水箱，直至水箱充满前，滤池保持干燥状态，而过长的干燥期(>1h)会引起运行工况的恶化，使生物膜变干。

例 12.3 滴滤池系统的综合设计

为了提高滴滤池系统的性能，我们希望优化滴滤池和沉淀池的设计。为了达到这一目标，选择了以下的设计参数：

$$SL = 4kg\ BOD_L/(1000m^2·d)$$

滤料：错流式塑料组件，比表面积 $a = 200m^{-1}$

滤料高度为 10m；

$$HL = 40m/d(平均流速)$$

固体接触池的停留时间为 20min。

沉淀池 $O/F = 20m/d$；

$$SK = 0.1m/(臂·转)$$

进水 BOD$_L$ 为 250mg/L，每个滤池流量为 5000m^3/d(1.3MGD)，结合上面的设计参数，设计处理系统。

表面负荷决定了总生物膜面积和需要的滤池体积：

$$SL = 4kg\ BOD_L/(1000m^3·d)\ \frac{5000m^3/d×0.25kg\ BOD_L/m^3}{aV}$$

$$aV = 3.125×10^5 m^2$$

并且

$$V = 3.125×10^5 m^2/200m^{-1} = 1560m^3$$

确定的空床停留时间为 1560/5000≈0.31d 或 7.5h。容积负荷为 0.8kg BOD/(m^3·d)，在一般值范围内。滤池高度 10m，则表面积为 156m^2，半径大约为 7m。

为了获得 40m/d 的水力负荷，出水回流量(Q^r)必须足够大，要满足：

$$HL = 40m/d = \frac{5000m^3/d + Q^r}{156m^2}$$

求解得出：$Q^r = 1240m^3$/d，或回流比为 25%。固体接触时间为 20min 或 0.0139d。这样，

$$V_{SC} = (5000+1240)m^3/d×0.0139d$$
$$≈ 87m^3$$

沉淀池的进水同样是滤池进水量加上回流量。其 O/F 为 20m/d，表面积由下式确定。

$$A_{settler} = \frac{(5000+1240)m^3/h}{20m/h} = 312m^2$$

这样，一个半径为 10m 的圆形沉淀池就可满足要求。

滴滤池分配器的旋转速度必须足够慢，转速为 SK = 0.1m/(臂·转)。由式(12.6)可得出：

$$SK = 0.1m/(臂·转) = \frac{(5000+1240)m^3/h}{156m^2·n·\omega}·\frac{d}{1440min}$$

可得 $(n \cdot \omega)^{-1} = 3.6$ 分/(臂·转),如果 n 选择 4,那么 $\omega = 0.07$r/min,或 4.2r/h。

总流量以 m^3/min 表示为 $6240m^3/d(24h/d \cdot 60min/h) = 4.33m^3/min$。设计过程中,应当与配水系统制造商联系,确定分配器的数目、直径和长度,以满足至少 $4.33m^3/min$ 的流量要求。例如,表 12.5 显示,在粗细直径为 6in(15cm)的条件下,4 个长度直径为 13m 的配水臂,即可满足上述要求。

12.3 生物转盘

轻质塑料滤料的发展,推动了塔式生物滤池的替代技术——生物转盘工艺(rotating biological contactor,RBC)的产生。RBC 产生于 20 世纪 60 年代,70 年代成为流行工艺,但由于早期设计中存在的一些问题日益明显,到 20 世纪 80 年代不再流行。

如图 12.5 所示,RBC 的塑料盘片上附着有生物膜,盘片在废水槽的废水中持续旋转,使得液体在槽中不停地湍流混合、循环和充氧曝气。也许,整个过程中更重要的是当转盘转至水面上,生物膜和它附着的水层暴露于有氧的环境中时,氧气向生物膜表面的传质过程。

图 12.5 显示的是一种螺旋形的塑料波纹盘片。不同的制造商会采用不同样式盘片的专利产品。尽管盘片样式不同,但其比表面积一般都在 $110m^2/m^3$(标准密度)至 $170m^2/m^3$(高密度)。高密度的盘片供气、液渗透的间隙较小,更易堵塞,只能用于低负荷条件(见下面的论述)。实际工程中应用的 RBC 盘片的直径大约为 3.6m(12ft)。

盘片连接在一根钢轴上,钢轴由轴承支撑,通常由一个直接相连的机械动力装置带动旋转(个别情况下,水槽采用鼓泡曝气,气泡被捕获在"杯子"中产生气动旋转)。盘片组件被固定在轴上,组成总长大约 8m(26ft)的盘片。事实上,RBCs 通常以大约 8m 长的轴单元出售,一个标准密度的轴单元的表面积约为 $9300m^2$(100 000ft²),高密度轴单元的表面积约为 $14000m^2$(150 000ft²)。通常高密度盘片只用于 RBC 系统的后几级处理阶段,这时 BOD 已被降得很低,较小的缝隙不会造成堵塞。

盘片部分淹没在水中,一个关键的运行参数是淹没比,它表示被淹没的盘片直径(由中心线处测量)所占的百分比。淹没比一般为 25%~40%,增大淹没比可以提高氧传质系数,但也需要消耗更多的动力去维持一定的转速,实际处理单元的转速通常为 2r/min 左右。然而,设计转速时最常用的标准是边缘线速度 πD_m(r/min),其中 D_m 是盘片的直径。实际处理单元的边缘线速度一般取 20m/min,提高线速度可以提高氧传质系数(基本是线性关系),但同时也增加了能耗。

维持生物转盘系统长期成功运行的关键是加强维护,使其免受其他因素的影响。由于塑料盘片中含有炭黑,大多数生物转盘呈黑色。炭黑能吸收紫外线,这有助于保护塑料盘片免受紫外照射产生老化。大多数情况下,盘组件由玻璃钢外壳保护起来,这使盘片和生物膜不受阳光直射,使驱动装置免受天气影响,减少热量损失和防止天冷时结冰,并有助于控制气味。当然,这种外壳必须具有良好的通风条件,以保证氧的供给,设计能承受风和雪的荷载的结构,并有用于维护的通道门和检查孔。

生物转盘系统大多采用由 3~5 级串联模式运行,最后设一个沉淀池,用于去除出水中的悬浮物。沉淀池通常的设计溢流速度为 16~32m/d。有时,当沉淀池出水水质不理想时,可在沉淀前采用化学絮凝,并用金属丝网筛(网眼<30μm)去除不易絮凝的固体,实践证

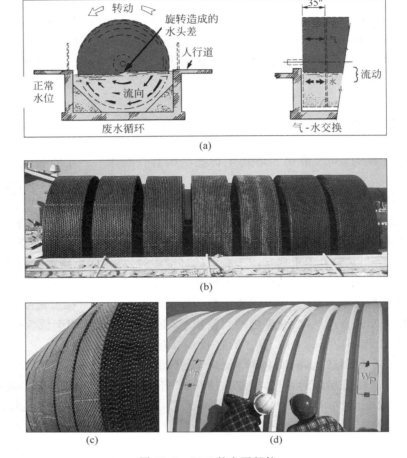

图 12.5　RBC 的主要部件

(a) 盘片旋转和水流循环；(b) 一个盘片组件的轴；(c) 螺旋形盘片的近景；

(d) 包围在运行盘片外部的玻璃钢外套

(资料来源：Walker Process Corporation)

明这些措施是十分成功的。

　　生物转盘设计以生物膜动力学为基础，系统中每一级都可以看作是一个完全混合式的生物膜反应器。生物膜动力学方法需要以运行经验得到的设计参数作为补充，根据经验且与生物膜的基本理论相一致，总表面负荷的范围为 $3\sim15$ kg 溶解性 $BOD_5/(1000m^2 \cdot d)$，典型值为 $5\sim8$ 溶解性 $BOD_5/(1000m^2 \cdot d)$，单位与前述相同。为避免在第一级生物转盘中微生物过度生长，出现溶解氧耗竭和臭味产生，常将第一级的最大负荷不超过 45kg $BOD_5/(1000m^2 \cdot d)$ 作为辅助设计参数。早期设计常用水力负荷(Q/A，A 是盘片的表面积)作为关键设计参数，一般为 $0.04\sim0.16$ m/d，但水力负荷没有考虑 BOD 通量，已被舍弃不用。

　　早期生物转盘设计中的缺陷，造成了一些灾难性的失败，以致损害了生物转盘工艺的声誉。幸运的是，现代设计已克服了这些早期的缺陷，而早期的缺陷主要包括：

　　(1) 轴和轴承的损坏。早期设计的结构强度不够大，因为早期的设计者没有意识到生物膜的聚集会大大增加盘片的重量。因此，出现了轴断裂、轴承损坏、盘片从轴上脱落下来等情况,现在设计的这些组件可以承受盘片由于生物膜生长而增加的重量。

（2）生物膜偏心增长。如果生物转盘停止旋转,淹没部分的微生物会继续生长,而暴露于空气中的部分将停止生长,脱水,变干。偏心的重量分布需要非常大的扭矩去重新启动,需要使用高功率的电机来克服这一问题。

（3）有害生物生长。由于负荷高和溶解氧不充分,硫酸盐还原菌大量生长,导致臭味产生、严重的沉积物（S^0,FeS）积累、丝状菌的生长以及其他一些严重问题。适当地选择第一级生物转盘、负荷和总表面负荷、转盘边缘线速度等,一般可防止这些有害生物的生长。

例 12.4　RBC 的设计

处理与例 12.3 同样的废水：$Q=5000\mathrm{m}^3/\mathrm{d}$，$S^0=250\mathrm{mg\ BOD_L/L}$，其中有一半溶解性 BOD_L，进行生物转盘设计。采用三级系统,第一段、第二段使用标准盘片,第三段使用高密度盘片。第一级最大溶解性 BOD 负荷标准和总溶解性 BOD 负荷标准分别为 66kg BOD_L/(1000m^2 · d)和 9kg BOD_L/(1000m^2 · d)（假定 $BOD_5/BOD_L=0.68$）,最大边缘线速度为 20m/min,沉淀池的平均溢流速度为 20m/d。试确定每一级转盘需要轴单元的数目、轴单元的旋转速度,以及沉淀池的截面积。

BOD_L 负荷为 250mg BOD_L/L×5000m^3/d×10^{-6}kg/mg×10^3L/m^3=1250kg BOD_L/d。溶解性 BOD_L 负荷是 625kg BOD_L/d。为满足其最大表面负荷,第一级的面积至少是：

$$A_1=(1250\mathrm{kg\ BOD_L/d})/(66\mathrm{kg\ BOD_L}/(1000\mathrm{m}^2 \cdot \mathrm{d}))\approx 1.9\times 10^4\mathrm{m}^2$$

为满足总表面负荷,总面积为：

$$A_{\mathrm{tot}}=(625\mathrm{kg\ BOD_{L(sol)}/d})/(9\mathrm{kg\ BOD_{L(sol)}}/(1000\mathrm{m}^2 \cdot \mathrm{d}))\approx 6.9\times 10^4\mathrm{m}^2$$

将总面积除以 3,得到每一级的面积为 $2.3\times 10^4\mathrm{m}^2$。这种情况下,总负荷控制着第一级的面积。

对面积为 9300m^2/轴单元的标准盘片来说,第一级、第二级各需 2.5 个轴单元。分配轴单元的一种方式是第一级 3 个单元,第二级 2 个单元;或者每级都布置 3 个单元。

第三级使用比表面积为 14 000m^2/轴单元的高密度盘片,需要 1.64 个单元。实际设计的第三级为 2 个单元。

为维持 20m/min 的流速,3.6m 直径的轴单元的旋转速度为：

$$\omega=(20\mathrm{m/min})/(\pi\times 3.6\mathrm{m})\approx 1.8\mathrm{r/min}$$

沉淀池需要的溢流速度为 20m/d,其截面积为：

$$A_{\mathrm{settler}}=(5000\mathrm{m}^3/\mathrm{d})/(20\mathrm{m/d})=250\mathrm{m}^2$$

圆形沉淀池的半径为 9m。

12.4　颗粒滤料滤池

20 世纪 80 年代末期和 90 年代,人们开发了一批使用陶粒为滤料的生物滤池。陶土颗粒的平均粒径为 4mm,形状不规则,被称为生物陶粒。尽管颗粒滤料滤池有多种工艺类型（如下所述）,但都具有两个重要的特征。首先,滤料高度约为 3m、滤料粒径为 4mm,这样的滤床具有良好的颗粒过滤性能及生物膜富集性能。因此,无须沉淀池或三级过滤,其出水就能达到三级处理的出水标准（如：小于 10mg BOD_5/L 和 5mg SS/L）。其次,由于生物膜的聚集,滤料需要反冲洗来减小过大的水头损失,一般工艺运行良好时,每日反冲洗 1 次。

市场上有两种类型的生物陶粒滤池,如图 12.6 所示。第一种类型是 Biocarbone® 工艺,在北美被称为曝气生物滤池(biological aerated filter,BAF),其水流和气流方向相反,在 2/3 深度处进行曝气。反冲洗采用上向流,并伴有空气擦洗,滤池平均 COD 表面负荷为 5～10kg COD/(1000m² · d),相应的容积负荷为 5～10kg COD/(m³ · d),相当于 BOD 容积负荷小于等于约 4kg BOD₅/(m³ · d)。虽然 BAF 的表面负荷只比滴滤池稍高,但由于生物陶粒具有较高的比表面积(计算值为 1000m⁻¹),其容积负荷大约是滴滤池的 10 倍。

第二种类型是 Biofor®,与 Biocarbone® 工艺相比,Biofor® 的不同之处在于它是一种在滤床内设有曝气装置的全淹没式滤池,汽水是同向流,但两者具有相似的表面负荷和容积负荷。据报道,这种同向流形式可以提供较好的氧传质效率,因为氧是在 COD 浓度最高的区域供给的,同时可以减少滤料堵塞问题。

还有一种颗粒介质生物滤池形式是 Biostyr,它采用密度略低于水膨胀聚苯乙烯多孔颗粒滤料,是上向流滤床,在滤池顶部设置筛网截留滤料。Biostyr 颗粒的尺寸约为 3.5mm,床高约为 3m,水力负荷约为 10m/h,在曝气条件下运行,需要定时反冲洗,COD 表面负荷和体积负荷与 BAF 和 Biofor® 相似。

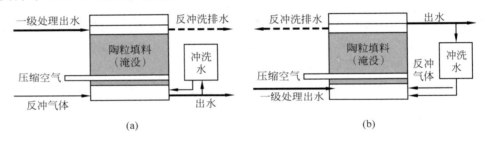

图 12.6 两种生物陶粒滤池工艺的结构示意图

12.5 流化床生物膜反应器和循环床生物膜反应器

通过采用尽量小粒径的滤料,可以增加滤料的比表面积,在给定底物通量的条件下提高容积负荷,使生物膜反应器尺寸上的优势最大化。然而当以快滤池形式运行时,砂粒大小的滤料(如小于 1mm)容易堵塞。

利用滤料膨胀的方法,可大大提高液体通过的孔隙尺寸,既可发挥小粒径滤料比表面积较大的优势,同时又可避免它容易堵塞的缺点。随着孔隙尺寸增大,孔隙率与滤床体积也相应增大,单位体积的比表面积将会减少。回忆公式 $a = 6(1-\varepsilon)/d_p\psi$,其中,$\varepsilon$ 代表孔隙率,d_p 代表滤料直径,ψ 是形状系数。因此,流化床通过减小 d_p 来增大 a,但导致了一个反效应: ε 的增大。大多数情况下,前一种效应是明显的,引起 a 实质上的增加。例如,粗滤料滤池的 $a \approx 40m^{-1}$,塑料滤料塔式生物滤池的 $a = 100～200m^{-1}$,生物陶粒滤料滤池的 $a \approx 1000m^{-1}$,根据床的膨胀率和颗粒形状,0.5mm 直径的砂粒流化床的 $a = 2000～10\,000m^{-1}$,比表面积的增大是很明显的。

小粒径滤料的膨胀床主要有两种工艺类型:流化床生物膜反应器和循环床生物膜反应

器,两种工艺的主要区别是生物膜载体颗粒密度不同。

　　流化床在载体颗粒密度大于水密度的情况下工作,载体颗粒可以是比水重的砂和玻璃珠(比重为 2.5～2.65),或比重略大于水的煤和活性炭颗粒(比重为 1.1～1.3)。当向上的水流产生的摩擦力刚刚等于逆向的载体颗粒浮力时,床层开始膨胀,称为初始流化。增加液体的流速可使床层进一步膨胀,但载体颗粒的摩擦损失保持不变。后一种情形在第 7 章中研究流化颗粒的剪切力与压力的关系时已使用过[式(7.34)];为了方便,这里重述这个公式,即式(12.7):

$$\sigma = \frac{(\rho_p - \rho_w)(1-\varepsilon)/g}{a} \tag{12.7}$$

显然,较重的颗粒需要较大的 σ 和较大的水流速度来产生摩擦导致的浮力。当床层膨胀,ε 增大时,实际的或水的间隙上向流速(v_{li})接近表面流速,Q/A_{cs}:

$$v_{li} = (Q/A_{cs})/\varepsilon_1 \tag{12.8}$$

式中,v_{li} 是水在间隙中的流速,LT^{-1};Q 是总体积流量,L^3T^{-1};A_{cs} 是反应器的横截面面积,L^2;ε_1 是液体滞留体积率或是液体体积除以流化床的总体积。当 ε_1 增加时,Q/A_{cs} 必须成比例增大以保持颗粒流化所需的 σ。ε_1 与 Q/A_{cs} 的关系通常由 Richardson 和 Zaki 关系式(1954)给出:

$$\varepsilon_1 = [(Q/A_{cs})/v_t]^{1/n} \tag{12.9}$$

式中,v_t 是载体颗粒的最终沉降速度;n 是膨胀指数,对两相流系统大约取 4.5。载体最终沉降速度可以由 Stokes 公式算出:

$$v_t = \left[\frac{4g(\rho_g - \rho_w)d_p}{3C_D\rho_w}\right]^{0.5} \tag{12.10}$$

式中,C_D 是拖曳系数,可由式(12.11)和式(12.12)迭代得到:

$$C_D = \frac{24}{Re_t} + \frac{3}{Re_t^{0.5}} + 0.34 \tag{12.11}$$

与

$$Re_t = \rho_w v_t d_p / \mu \tag{12.12}$$

式中,μ 是水的黏度,$ML^{-1}T^{-1}$。读者若想了解流体动力学的更多知识,可参阅 Faij 等(1971)、Darton(1985)或 Yu 和 Rittmem(1997)的有关文献。

　　在两相体系中,由床层高度可以很容易地算出液体滞留率:

$$\varepsilon = 1 - \frac{H_{un}}{H}(1-\varepsilon_{un}) \tag{12.13}$$

式中,ε_{un} 是未膨胀床的液体滞留率;H_{un} 是未膨胀时的高度;H 是膨胀(或流化)床的高度,当膨胀比(fractional bed expansion,FBE)用式(12.14)表示时:

$$FBE = 100\% \cdot (H - H_{un})/H_{un} \tag{12.14}$$

液体滞留率则由式(12.15)表示:

$$\varepsilon = \frac{H_{un}}{H}\left(\frac{FBE}{100\%} + \varepsilon_{um}\right) \tag{12.15}$$

　　流化床生物膜反应器的最普通的形式为两相流系统,如图 12.7(a)所示。出水回流有两个重要目的。首先,它能控制上向流速度(Q/A_{cs}),保证适当的床的流化程度,使其不受进水流速的影响,因为进水流速可能是变化的,若太低不利于流化。其次,氧通过回流路线上的充氧设备传递进入反应系统中,这些充氧设备通常都是专利产品。

　　流化床生物膜处理的替代形式是三相流系统,如图 12.7(b)所示。三相流系统通常通过出水回流来控制床层的膨胀,氧气由直接在流化床内曝气供给。曝气方式的改变至少在 3 个方面影响流化床的运行。首先,气相的存在降低了滞留液体率(ε),从而减少了液体滞留时间且增加了水的间隙流速。其次,气相的存在改变了固体载体随上向水流的膨胀方式。虽然反应是复杂的,床的曝气通常导致在相同的 Q/A_{cs} 比值下 FBE 的降低。Chang 和 Rittmann(1994)、Yu 和 Rittmann(1997)讨论了这些因素的相互影响。最后,曝气带来的能量增加了床的扰动,这会引起生物膜脱落速率的显著增加。既然好氧条件下的异养生长体系具有较高的生物量产率和生长趋势(例如,S_{bmin}^* 很低),尽管会提高出水悬浮物浓度,但相对于 BOD 的去除和工艺稳定性来说,膜脱落速率的提高并没有什么妨碍。

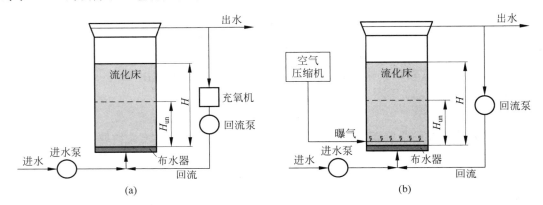

图 12.7　流化床生物膜反应器
(a) 两相流系统；(b) 三相流系统

　　由于填料比表面积很高,流化床的体积可以减小,液体的停留时间可以减少至几分钟。流化床尺寸上的优势受氧在水体和生物膜中的传质能力的限制。因此流化床的表面负荷可能比其他生物膜系统低一些,但容积负荷并不能随着比表面积的增加而成比例增加。

　　在某些情况下,运行中会出现床的分层问题,这种问题通常发生在载体颗粒不规则时。较小的颗粒聚集在顶部附近,并且由于经受较低的剪切应力,因此也会导致较低的生物膜分离速率。随着时间的延长,小颗粒聚集的生物膜比大颗粒聚集的多,导致其密度降低,流化程度增大。小颗粒层的持续膨胀,会导致载体颗粒进入出水和回流水中。使用规则填料可以有效避免床的分层。其他控制方式包括在顶部设计一个锥形区域使轻质载体沉淀；安装机械剪切装置,如螺旋桨混合器,由小颗粒上分离多余的生物膜；回收床顶部的载体进行清洗等。

　　当载体颗粒未出现分层现象时,它们在整个床内稳定循环。在底物通量位于或接近低负荷区且回流比不是很大时,载体的这种混合作用可以提供运行性能上的优势。填料的运动使得每一生物膜颗粒都会在反应器进口处停留一些时间,此时进口处底物浓度相对较高,生物膜将会增长；在靠近反应器出口处也会停留一些时间,此时出口处底物浓度较低,但已经聚集的生物膜可以继续去除底物。在任意位置,生物膜颗粒的运动都使底物的利用和生物膜的聚集相对分离。因此,在进水口附近,底物浓度大大高于 S_{bmin},生物膜很好地生长并降解底物,使出水口附近的底物浓度低于 S_{bmin}(Rittmann,1982)。以这种方式,只要载体混合得好,一个处于稳态的生物膜工艺就能够保持出水浓度大大低于 S_{bmin},而底物浓度却在反应器不同位置处发生变化,这类似于通过生物质循环进行的推流式悬浮生长过程中可能发生的情况(第 9 章)。

　　流量分配是实际工程中的流化床遇到的最重要的问题之一,流量分配不均时会出现短流和不平衡床膨胀等问题,因此用于实际工程流化床的喷嘴、布水器和排水系统一般是专利产品。

　　为了减少占地面积,实际工程中的流化床通常是高柱子,最高可达 10m。采用较大的高/截面积比的优势是,可以用较低的回流比保持足够高的流速使床层膨胀,同时较低的回流比和较大的柱高,使沿柱高方向产生较大的底物浓度梯度。例 12.5 演示了如何结合流体动力学和底物去除因素来确定流化床生物膜反应器的容量。

　　一种可以替代流化床生物膜反应器是循环床生物膜反应器,图 12.8 介绍了两种类型的循环床反应器:气提式生物膜反应器和射流式生物膜反应器(Heijnen et al.,1993)。气提式生物膜反应器分为上向流和下向流两部分,上向流部分进行曝气,使混合液的有效密度降低,产生气提作用推动液体循环。在气提式生物膜反应器中,循环水携带轻质载体颗粒产生混合良好的生物膜分布以及水质的完全混合,也可以利用一个外部回流在反应器中产生射流,形成液体驱动的循环方式。

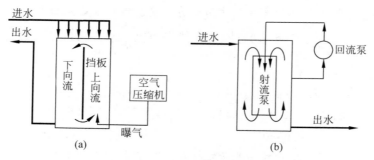

图 12.8　循环床生物膜反应器

(a) 气提式;(b) 射流式

　　在循环床中,载体颗粒小于 5mm,密度接近水。实际上,它们的比重可能比 1 稍大或稍小些。在有些情况下,载体是多孔的,细菌附着在载体表面和孔隙中,截留的固体悬浮物最大约为 40%,这点类似 FBE 为 50%~100% 的流化床。

例 12.5　流化床生物膜反应器的处理能力

　　现在我们来设计一个处理废水的流化床生物膜反应器,采用在回流线充氧方式提供溶解氧,以避免床内额外的生物膜脱落。现有中试研究得出了以下这些底物和微生物参数:

$$\hat{q} = 8g\ BOD_L/(g\ VSS \cdot d)$$

$$K = 15mg\ BOD_L/L$$

$$\gamma = 0.4g\ VSS/g\ BOD_L$$

$$b = 0.08d^{-1}$$

$$X_f = 30mg\ VS/cm^3$$

$$L = 60\mu m$$
$$D = 1.6 cm^2/d$$
$$D_f = 1.28 cm^2/d$$

填料为球形，直径 1mm，密度 $1.04 g/cm^3$，未膨胀时空隙率为 0.3。我们希望运行时的膨胀空隙率显著大于 0.3，以便使由摩擦产生的生物膜脱落最小，取 $\varepsilon = 0.46$。

床(膨胀时)体积为 $10 m^3$，处理流量为 $100 m^3/d$。处理目标是出水底物浓度小于 1mg/L。试计算可以处理的最大进水浓度。假设回流比足够大，可以将流化床看作一个完全混合的生物膜反应器(CMBR)，可从第 7 章中获取其他有关信息。

首先，我们需要计算膨胀率，为此我们需要知道填料的初始体积，用 X 表示。保持填料质量要求：

$$10 m^3 (1-\varepsilon) = X(1-\varepsilon_{um})$$

或：

$$X = 10 \times 0.54/0.7 \approx 7.7 m^3$$

因此，床层膨胀率为 $[(10-7.7)/7.7] \times 100\% \approx 30\%$。

其次，膨胀率为 30% 的比表面积是：

$$a = \frac{6(1-\varepsilon)}{d_p} = \frac{6(1-0.46)}{1mm} = 3.24 mm^{-1} = 32.4 cm^{-1} = 3240 m^{-1}$$

当摩擦力不大时，生物膜脱落主要由剪切力控制。流化床的剪切力可由式(7.34)确定：

$$\sigma = \frac{(\rho_p - \rho_w)(1-\varepsilon)g}{a} = \frac{(1.04-1.00)g/cm^3 (1.00-0.46) \times 980 cm/s^2}{32.4 cm^{-1}}$$
$$\approx 0.653 dyn/cm^2$$

这样，比脱膜速率由式(7.32)估计，可得：

$$b_{det} = 8.42 \times 10^{-2} (\sigma)^{0.58} = 8.42 \times 10^{-2} \times (0.653)^{0.58}$$
$$\approx 0.066 d^{-1}$$

当 $L_f \leqslant 30\mu m$(实际的生物膜厚度必须核对) 时，使用稳态生物膜模型的参数：

$$b' = b + b_{det} = 0.08 + 0.066 = 0.146 d^{-1}$$

$$S_{bmin} = Kb'/(\gamma\hat{q} - b') = 15 mg/L \times 0.146/(0.4 \times 8 - 0.146) \approx 0.72 mg/L (<1mg/L)$$

$$S_{bmin}^* = S_{bmin}/K = 0.72/15 \approx 0.05 (高增长潜力)$$

$$K^* = \frac{D}{L}\sqrt{\frac{L}{\hat{q}X_f D_f}} = \frac{1.6}{0.006}\sqrt{\frac{0.015}{8 \times 30 \times 1.28}} \approx 1.86$$

$$J_R = 0.236 mg/(cm^2 \cdot d)$$

当设定 $S = 1mg/L$ 时，$S/S_{bmin} = 1.39$，生物膜在低负荷区域附近工作。由稳态生物膜模型(第 7 章)计算底物通量，得出 $J = 0.034 mg\ BOD/(cm^2 \cdot d)$。

由反应器的物料平衡得

$$0 = Q(S^0 - S) - JaV$$

带入相应参数值，求得 S^0。$S^0 = 12.0 mg\ BOD_L/L$，这是一个相对较低的 S^0 值。如果必须处理更高的 S^0，则必须扩大反应器的规模。如果要保持相同的 S 值，例如要处理的进水为 $S^0 = 200 mg/L$，则反应器体积必须增加 17.5 倍。

通量等于 $0.028\text{mg}/(\text{cm}^2 \cdot \text{d})$ 时,生物膜厚度为

$$L_f = \gamma J/b'X_f = 0.4 \times 0.034/(0.146 \times 30) \approx 3.1 \times 10^{-3} = 31\mu\text{m}$$

由于 L_f 约为 $31\mu\text{m}$,因此 σ 的计算是合适的。

最后一步是计算 O_2 传质要求。在生物膜平均 SRT 为 $15\text{d}(=1/b_{det})$ 的条件下,可将 BOD_L 通量 $0.034\text{mg}/(\text{cm}^2 \cdot \text{d})$ 转换为平均约 $0.22\text{mg } O_2/(\text{cm}^2 \cdot \text{d})$ 需氧通量,这远低于已知会导致生物膜中 O_2 传质极限的通量[例如,生物塔的 $28\text{kg } O_2/(1000\text{m}^2 \cdot \text{d})$]。然而,高的比表面积($3230/\text{m}$),使得体积转移速率达约 $0.7\text{kg } O_2/(\text{m}^3 \cdot \text{d})$,已经足够高,需要高效的 O_2 输送系统。

12.6　生物膜/悬浮生长复合工艺

在活性污泥处理工艺中引入生物膜载体,可使之变成生物膜/悬浮生长复合工艺,提高其处理能力和可靠性(DiTrapani et al.,2011)。对现有的活性污泥工艺,可以在其曝气池中加入生物膜载体使之升级。固定的生物膜载体包括塑料网、带状物、绳索等,它们固定在浸没于曝气池混合液中的框架上。可移动的生物膜载体则与液体混合并在其中移动,包括海绵体、塑料网块或柱体、多孔纤维球或聚乙烯乙二醇小球等。后者可以嵌入细菌,尽管这对于实现移动生物膜效应不是必需的。可移动生物膜载体必须易于与混合液相分离,并滞留在曝气池中,曝气池出口处的筛网或铁丝网可有效截留载体。当使用移动载体时,系统可被称作移动床生物膜反应器。

不管是使用固定或可移动的生物膜载体,目标都是增加系统中活性细菌的总量和延长 SRT。悬浮的和生物膜上的细菌具有不同的 SRTs,通常生物膜的 SRT 更长一些,这对富集生长慢的种群来说尤其重要,如硝化细菌等。

粉状活性炭处理(powdered activated carbon treatment,PACT)工艺是一种特殊的生物膜/悬浮生长复合工艺,最初由 Zimpro 开发,用于废弃活性炭的湿空气氧化,现在常用于工业废水的生物处理,因工业废水中通常含有对细菌有抑制作用的有机化学物质。将粉末状活性炭(PAC)以 $10\sim150\text{mg/L}$ 的剂量添加到工艺进水中,在此过程中,PAC 会在反应器中积累,积累速率为 θ_x/θ。PAC 的主要作用是吸附抑制性有机成分。经验还表明,PAC 可以改善污泥的絮凝和沉降性能,并吸附难生物降解成分(如 BAP),否则这些成分会增加出水的 BOD、COD、色度与微生物毒性。PACT 工艺的主要缺点是 PAC 的购买、处置与再生会增加额外成本。

12.7　好氧颗粒污泥工艺

好氧颗粒污泥工艺是好氧处理工艺的最新研发成果,具有运行过程中生物原位自固定化等显著特点。原位污泥颗粒化的优点,包括设备占地面积小(由于快速沉降,所以生物浓度较高)、高氮磷去除率、高 BOD 去除率、相对较低的能耗以及无须购买生物载体等。好氧颗粒污泥工艺是在已经建立的厌氧颗粒污泥工艺[如 UASB 反应器等(详见第 10 章)]的基础上建立的。原位污泥颗粒化,在好氧和厌氧过程中具有重要的相似之处,但是影响它们在颗粒形成和实际应用方面的重要因素不同(Tay and Liu,2001;Adav et al.,2008)。

好氧颗粒污泥在 SBR 运行过程——进水、曝气、沉降和出水——中自然形成。尽管可以使用更长的循环时间，但颗粒污泥形成的最佳循环时间约为 1.5h。在其生成过程中，曝气阶段开始时底物被快速耗竭，但随后是一个较长时间的饥饿期。微生物经历底物丰盛与饥荒之间的循环，对于其形成大量 EPS 与稳定的颗粒至关重要。另外强曝气［大于 1.2cm/s 或 $0.7m^3/(m^2 \cdot min)$］提供了剪切力，对于生成密实而坚固的颗粒污泥也很重要。颗粒污泥一般呈球形，直径最大为 2.5cm。较短的沉降时间也很重要，因其可以淘汰颗粒化较差的污泥。

颗粒化良好的颗粒污泥相对致密，并且拥有比正常的活性污泥絮凝物更高的沉降速率：例如，由小于 10m/h 提升至 25～70m/h。颗粒污泥的 EPS 含量较高，特别是蛋白质和 β-多糖的含量较高。聚积在坚固而致密的颗粒污泥内部的 EPS，似乎更不易被水解和生物降解。仅在颗粒污泥表面约 $100\mu m$ 的区域，具有有氧呼吸的活性，而核心则富含非活性分子和 β-多糖。

好氧颗粒污泥工艺的最大风险是颗粒污泥不稳定，这可能导致大量生物质流失。研究发现，好氧颗粒污泥的不稳定性与 β-多糖的水解或丝状细菌的过度生长有关，而两者都可能是低溶解氧和低湍流导致的。

参考文献

Adav, S. S.; D.-J. Lee; K.-Y. Show; and J.-H. Tay (2008). "Aerobic granular sludge: recen tadvances." *Biotechnol. Adv.* 26, pp. 411-423.

Albertson, O. E. (1989). "Slow down that trickling filter." *Operat. Forum* 6(1), pp. 15-20.

Chang, H. T. and B. E. Rittmann (1994). "Predicting bed dynamics in three-phase, fluidized-bed biofilm reactors." *Water Sci. Technol.* 29(10-11), pp. 231-241.

Darton, R. C. (1985). "The physical behavior of three-phase fluidized beds." In: J. F. Davidson; R. Clift; and D. Harrison, Eds. *Fluidization.* 2nd ed. London: Academic Press, pp. 495-528.

DiTrapani, D.; M. Christensson; and H. Odegaard (2011). "Hybrid activated sludge/biofilm process for the treatment of municipal wastewater in a cold climate region: a case study." *Water Sci. Technol.* 63(6), pp. 1121-1129.

Fair, G. M.; J. C. Geyer; and D. A. Okun (1971). *Water and Wastewater Engineering.* New York: John Wiley & Sons.

Heijnen, J. J.; M. C. M. van Loosdrecht; R. Mulder; R. Weltevrede; and A. Mulder (1993). "Development and scale up of an aerobic biofilm air-lift suspension reactor." *Water Sci. Technol.* 27(6), pp. 253-261.

Norris, D. P.; D. S. Parker; M. L. Daniels; and E. L. Owens (1982). "High-quality trickling filter effluent without tertiary treatment." *J. Water Pollut. Cont. Fed.* 54(7), pp. 1087-1098.

Richardson, J. F. and W. N. Zaki (1954). "Sedimentation and fluidisation. Part 1." *Trans. Inst. Chem. Engr.* 32, pp. 35-53.

Rittmann, B. E. (1982). "Comparative performance of biofilm reactor types." *Biotechnol. Bioengg.* 24, pp. 1341-1370.

Schroeder, E. D. and G. Tchobanoglous (1976). "Mass transfer limitations in trickling filter design." *J. Water Pollut. Control Fed.* 48, pp. 771-775.

Tay, J. H. and Q. S. Liu (2001). "The effects of shear force on the formation, structure, and metabolism of aerobic granules." *Appl. Microb. Biotechnol.* 57, pp. 277-233.

Water Environment Federation (2010). *Design of Municipal Wastewater Treatment Plants*. Manual of Practice No. 8, 5th ed. Arlington, VA.

Yu, H. and B. E. Rittmann (1997). "Predicting bed expansion and phase holdups for three-phase, fluidized-bed reactors with and without biofilm." *Water Res.* 31, pp. 2604-2616.

习　题

12.1　采用滴滤池处理流量为 $1000m^3/d$、BOD_5 浓度为 400mg/L 的废水。按照典型的水力负荷参数计算,所需的表面积是多少? 按照典型的体积负荷计算,所需的体积是多少? 这些值是否一致?

12.2　好氧生物膜反应器的最大 BOD_L 通量,可能受到生物膜中 O_2 最大传质通量的限制。若想获得粗滤料生物滤池的 O_2 和 BOD_L 通量的上限,请按照以下 3 个步骤进行计算。

（a）当生物膜表面 D.O. 浓度接近空气饱和值 8mg/L,生物膜为厚生物膜,试计算能够扩散进入生物膜的最大 O_2 通量,以 $mg\ O_2/(cm^2 \cdot d)$ 为单位。已知 O_2 的 D 值为 $1.28cm^2/d$,而 D_f 为 D 值的 80%,D.O. 的 K 值为 0.3mg/L,另外请从表 12.1 中查询计算所需的所有其他参数值。提示:需要通过将 BOD_L 的 q 值乘以 f_e(可以假定为 0.5)以确定 O_2 的 q 值。

（b）计算在 D.O. 通量成为瓶颈前,生物膜能处理的最大 BOD_L 通量,以 $mg\ BOD/(cm^2 \cdot d)$ 为单位。提示:该值与 O_2 通量有关,O_2 通量与 BOD_L 通量的比值和其与 q 的比值相同。

（c）将(b)中的结果与设计说明中粗滤料生物滤池的最大 BOD_L 负荷值进行比较,你从这个比较中能够解读到什么?

12.3　通过固体物料衡算可以很容易地计算出活性污泥工艺中的固体停留时间。然而,这在生物膜过程中并不是那么简单,而另一种估算 θ_x 的方法是通过 BOD_L 和 O_2 消耗的比值。对于一个淹没式生物滤池,已知如下信息:

进水 $BOD_L = 22mg/L$

出水 $BOD_L = 9mg/L$

进水 D.O. = 9mg/L

出水 D.O. = 0mg/L

设 $\gamma = 0.54mgVSS_a/mgBOD_L$,$b = 0.05d^{-1}$,$f_d = 1.0$。同样,在这个过程中没有曝气提供 O_2。试根据这些值估计平均速率 θ_x 和 b_{det}。

12.4　请根据题 7.15 的条件,设计 RBC。

12.5　请根据题 7.18 的条件,设计 RBC。

12.6　试预测 Biocarbone®(BAF)工艺中溶解性 BOD_L 的出水浓度。已知进水 Q 为 $100m^3/h$,S^0 为 $200mg\ BOD_L$(溶解性)/L。Biocarbone® 介质的孔隙度为 0.4,深度为 3m,大小相当于直径 4.5mm 球体。假设曝气量充足,从而避免 D.O. 成为限速因素。另外,床层有一定程度的返混,因此该系统可被简化为 3 个 1m 深的完全混合段。请使用表 12.1 中的参数,进行动力学分析,求出水 BOD_L 浓度是多少。(使用稳态生物膜模型)

12.7 请根据题 7.26 的条件，设计流化床生物膜反应器。

12.8 请根据题 7.28 的条件，设计流化床生物膜反应器。

12.9 请根据题 7.32 的条件，设计流化床生物膜反应器。

12.10 为了在寒冷天气中保持可靠的运行性能，通过在活性污泥工艺的反应器中投加比表面积为 $50\mathrm{m}^{-1}$ 的固定塑料载体，使之升级为复合系统。已知水力停留时间（θ）为 8h，请分析添加生物膜载体对工艺性能的影响。对于生物膜和悬浮细菌，可以使用表 12.1 中列出的参数。但是，低温使 q 和 b 仅为所示值的 50%，而 D 和 D_f 为所示值的 75%。该系统进水 BOD_L 浓度为 250mg/L，处理目标是使出水 BOD_L 浓度为 1mg/L。

（a）如果系统没有生物膜，需要多长的 θ_x 才能达到原始底物的预期出水 BOD_L？需要的活性生物量浓度（X_a）是多少？

（b）当 $b_{det} = 0\mathrm{d}^{-1}$、$0.05\mathrm{d}^{-1}$ 或 $0.1\mathrm{d}^{-1}$，出水 BOD_L 浓度为 1mg/L 时，生物膜的底物通量是多少？

（c）基于 BOD_L 的物料衡算，进水 BOD_L 被生物膜去除的比例是多少？

（d）对于（b）中的 3 种情况，如果悬浮物的实际 θ_x 保持在（a）中的值，试使用基于 X_a 的物料平衡，计算 X_a 的浓度。注意，生物质从生物膜脱落会增加悬浮相的"活性生物质"。当反应器的体积不变时，X_a 的废弃率是多少，以 $\mathrm{mg\ VSS_a/(L \cdot d)}$ 为单位？

（e）如果 X_a 浓度保持在（a）中的值，那么当 $b_{det} = 0.05\mathrm{d}^{-1}$ 时，实际的 θ_x 和 S 值是多少？提示，需要做一个迭代计算以求解稳态 S 值。

第13章 氮转化与回收

　　植物养分中的氮(N)和磷(P)对于维持世界人口的粮食生产至关重要,但是,当其被排放到河流、小溪、湖泊和地下水时,它们则成为了污染物。在地表水中,它们刺激有害藻类和其他水生植物的过度生长,这种现象称为富营养化。当铵盐硝化转化为硝酸盐时,会导致水体溶解氧的严重消耗,而饮用含有过量硝酸盐的水可能对婴儿和动物有害。因此,植物营养素就像材料具有双面性一样,有益或者有害取决于其所在的位置和用途。本章讨论氮的特性和将废水中有害形式的氮转化为无害物质的生物过程,例如转化为氮气(N_2)。控制磷的生物过程在第14章详述。

　　在传统污水处理工艺中,氨氧化(或硝化)细菌通常会将铵态氮转化为氧化程度更高的亚硝酸盐和硝酸盐。如果必要或是需要的话,这些被氧化的氮还可以通过生物反硝化作用被还原为氮气(N_2),然后将氮元素返回到大气之中。在 21 世纪到来之前,人们发现了一系列氮转化的新途径,它们的应用,为更可持续地去除废水中的氮提供了可能。这些新发现的途径与微生物主要包括厌氧氨氧化及氨氧化微生物(Winkler et al. ,2012)、厌氧氨氧化古菌(Stahl and de la Torre,2012)、全程硝化菌(可以将铵盐氧化为硝酸盐的硝化细菌)、可以利用甲烷作为电子供体的反硝化微生物(Lee et al. ,2018)以及将亚硝酸盐氧化生成一氧化二氮(N_2O)的微生物(Weissbach et al. ,2018)等。N_2O 是一种强大的温室气体,也可以用作高能燃料。

　　了解和理解传统方法是必要的,也必须了解和理解新发现的微生物及其转化污染物的过程,以及正在开展的以构建可持续处理工艺为目标的研究工作。本章将重点放在传统方法上,但也会讨论一些较新的方法,特别是厌氧氨氧化工艺。

　　本章首先分析了氮的几种存在形式及其作为目标污染物的特点。其次,阐述了各种氮转化反应的过程。这些内容为后续小节对各种氮转化工艺的讨论奠定了基础。

　　本章详细地描述了氮转化所涉及的微生物过程,以及所涉及的原核生物的关键生物化学和生理特性。首先是将氨氮硝化成为亚硝酸盐和硝酸盐,然后是将已氧化的氮物质反硝化成为无害的氮气,特别值得注意的是对厌氧氨氧化工艺的讨论,这是一个比较新的工艺。需要将各种工艺以不同的方式进行组合,完成氮转化过程,才能实现从废水中去除氮(主要是以氮气的形式)。在每一个氮转化过程中,一些氨也被转化为细胞有机氮,这部分氮可以通过沉降或过滤将其从主流中除去。本章的最后部分,计算并比较了常用及未来在一些场景具有应用潜力的氮处理工艺中的物料平衡。这种比较突出了每种方法的相对优势和劣势,包括它们的资源需求。

13.1 氮形式、影响以及转化

图 13.1 说明了自然界和环境生物技术中涉及的重要氮循环。Kuypers 等(2018)总结了目前对氮循环的理解。氮具有 8 个氧化态,从-3 价的铵态氮到+5 价的硝态氮(NO_3^-)。其他常见的氮的价态与物种,包括通过硝化或反硝化作用形成的+3 价的亚硝态氮(NO_2^-)以及在细胞合成过程中产生的-3 价的有机氮(orgN)。硝化过程中形成的+1 价硝氧基(HNO)和反硝化过程中形成的+2 价一氧化氮(NO)可以生成+1 价的一氧化二氮(N_2O),这是一种强大的温室气体,其热升温潜能约为二氧化碳的 265 倍(IPCC,2013)。地球大气中约有 78%是零价的氮气(N_2),这是一种不能直接用于植物生长的惰性氮。但是,许多微生物可以通过固氮过程,将 N_2 转化为铵态氮或硝态氮,这是植物生长最有用的氮形式。例如固氮细菌,包括通过光合作用固氮的蓝细菌和固氮菌属,它们常与某些植物(尤其是豆科植物)相关联。一些大气中的氮气也可以通过高温燃烧或闪电转化成为+2 价的一氧化氮(NO)和+4 价的二氧化氮(NO_2)来固定。最后,羟胺(NH_2OH)是硝化过程中的重要中间体。

由于当今世界人口众多,自然的氮转化过程不足以为世界粮食生产提供充足的所需形式的氮。为了满足需求,人们发明了一种化学合成方法,即 Haber-Bosch 工艺,该工艺将 N_2 转化为铵。然而,Haber-Bosch 工艺耗能大,需要使用当今世界约 7%的天然气(McCarty et al.,2011)。因此,人们迫切需要直接将废水中的铵和有机氮用于农业生产,这样可以减少将 Haber-Bosch 工艺生产的铵态氮用于化肥的量,从而减少生产氮肥所需的能源,也减少硝化和反硝化过程中将氨氮转化为氮气所需要的能源。

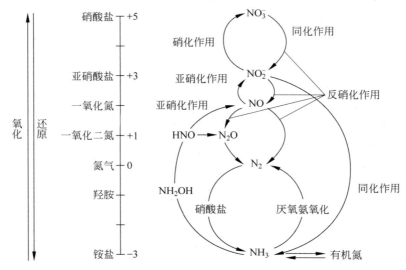

图 13.1 氮转化途径和氧化态

(资料来源：Kuypers et al.,2018)

当经过处理的污水排放至地表水时,其中所残留的还原态或氧化态的氮会刺激有害水生植物的生长,导致富营养化及相应的其他不良影响。在这种情况下,如果氮回收是不经济的,那么将其中还原和氧化态的氮素转化为 N_2 是合理的。但是,污水处理设施的规划者和设计者必须充分了解氮排放和处理对环境的影响。没有一个单一的解决方案适合所有情况,从环境和经济影响的角度来看,传统方法可能不是最可持续的。

氮是对农业生产有益的一种元素,也会引起一些非常需要关注的问题。水工程师或科学家遇到的最常见的氮形式是氨氮、亚硝态氮、硝态氮和有机氮。由于具有很强的升温潜能,N_2O 的生成受到了更多的关注。另外一些导致环境问题的有 NO 和 NO_2(统称为 NO_x),它们会在汽车、发电厂和工业园区的燃料过程中形成,并且可能导致光化学烟雾的生成。

13.2　氮的转化反应

氮的多种转化途径在水质工程中特别重要。在这一节,我们总结了与这些转化有关的主要化学计量反应,这些反应将在后续有关硝化和反硝化的部分中使用。表 13.1 总结了重要的半反应,然后,按照表 13.2 列出的常规方式,组合这些半反应,形成氮转化所需的每个完整的生物学反应。首先,使用表 13.2 中适当的公式,写出所关注的生物转化反应的能量反应方程$[f_e(Ra_i-Rd_i)]$,并添加到合成反应的方程中$[f_s(Rc_i-Rd_j)]$,形成完整的反应方程。通常来说,Rd_j 对于能量和合成的半反应是相同的,但对于厌氧氨氧化的整体反应却不一样。对于自养的氨氧化微生物,亚硝酸盐是将 CO_2 转化为细胞碳源的还原剂,而并不是氨氮。因此,对于厌氧氨氧化的合成反应部分,必须使用 Rd_4 (Lee et al. ,2013)。

表 13.1　与生物氮源转化相关的半反应

方程	描　述	还原方程
		电子供体半反应
Rd_1	铵态氮氧化至硝态氮	$\dfrac{1}{8}NO_3^- + \dfrac{5}{4}H^+ + e^- \rightleftharpoons \dfrac{1}{8}NH_4^+ + \dfrac{3}{8}H_2O$
Rd_2	铵态氮氧化至亚硝态氮	$\dfrac{1}{6}NO_2^- + \dfrac{4}{3}H^+ + e^- \rightleftharpoons \dfrac{1}{6}NH_4^+ + \dfrac{1}{3}H_2O$
Rd_3	铵态氮氧化至氮气	$\dfrac{1}{6}N_2 + \dfrac{4}{3}H^+ + e^- \rightleftharpoons \dfrac{1}{3}NH_4^+$
Rd_4	亚硝态氮氧化至硝态氮	$\dfrac{1}{2}NO_3^- + H^+ + e^- \rightleftharpoons \dfrac{1}{2}NO_2^- + \dfrac{1}{2}H_2O$
Rd_5	甲醇有机氧化过程	$\dfrac{1}{6}CO_2 + H^+ + e^- \rightleftharpoons \dfrac{1}{6}CH_3OH + \dfrac{1}{6}H_2O$
Rd_6	氢气(H_2)过程	$H^+ + e^- \rightleftharpoons \dfrac{1}{2}H_2$
		电子受体半反应
Ra_1	有氧反应	$\dfrac{1}{4}O_2 + H^+ + e^- \rightleftharpoons \dfrac{1}{2}H_2O$
Ra_2	硝态氮还原至氮气	$\dfrac{1}{5}NO_3^- + \dfrac{6}{5}H^+ + e^- \rightleftharpoons \dfrac{1}{10}N_2 + \dfrac{3}{5}H_2O$
Ra_3	亚硝态氮还原至氮气	$\dfrac{1}{3}NO_2^- + \dfrac{4}{3}H^+ + e^- \rightleftharpoons \dfrac{1}{6}N_2 + \dfrac{2}{3}H_2O$

续表

方程	描述	还原方程
Ra_4	产甲烷过程	$\frac{1}{8}CO_2 + H^+ + e^- = \frac{1}{8}CH_4 + H_2O$

		合成半反应
Rc_1	铵态氮作为 N 源	$\frac{1}{5}CO_2 + \frac{1}{20}HCO_3^- + \frac{1}{20}NH_4^+ + H^+ + e^-$ $= \frac{1}{20}C_5H_7O_2N + \frac{9}{20}H_2O$
Rc_2	硝态氮作为 N 源	$\frac{4}{28}CO_2 + \frac{1}{28}HCO_3^- + \frac{1}{28}NO_3^- + H^+ + e^-$ $= \frac{1}{28}C_5H_7O_2N + \frac{1}{28}OH^- + \frac{13}{28}H_2O$
Rc_3	亚硝态氮作为 N 源	$\frac{4}{26}CO_2 + \frac{1}{26}HCO_3^- + \frac{1}{26}NO_2^- + H^+ + e^-$ $= \frac{1}{26}C_5H_7O_2N + \frac{2}{26}OH^- + \frac{10}{26}H_2O$

资料来源：改编自 McCarty(2018)文章的支持信息

表 13.2   能量与生物合成半反应

反应过程	能量半反应		合成半反应	
	Ra_i	Rd_i	Rc	Rd_j
有机物好氧氧化	Ra_1	Rd_5	Rc_1	Rd_5
有机物产甲烷	Ra_4	Rd_5	Rc_1	Rd_5
NH_4^+ 硝化至 NO_2^-	Ra_1	Rd_2	Rc_1	Rd_2
NO_2^- 硝化至 NO_3^-	Ra_1	Rd_4	Rc_1	Rd_4
NO_3^- 异养反硝化	Ra_2	Rd_5	Rc_1	Rd_5
NO_2^- 异养反硝化	Ra_3	Rd_5	Rc_1	Rd_5
NO_3^- 自养反硝化	Ra_2	Rd_6	Rc_2	Rd_6
NO_2^- 自养反硝化	Ra_3	Rd_6	Rc_2	Rd_6
厌氧氨氧化	Ra_3	Rd_3	Rc_1	Rd_4

资料来源：改编自 McCarty(2018)文章的支持信息

通过好氧氧化一个电子当量(8g COD)的有机物——甲醇的例子,说明能量与合成半反应之间的联系：

$$f_e(Ra_1 - Rd_5) = f_e\left[\frac{1}{4}O_2 + H^+ + e^- = \frac{1}{2}H_2O\right] +$$

$$f_e\left[\frac{1}{6}CH_3OH + \frac{1}{6}H_2O = \frac{1}{6}CO_2 + H^+ + e^-\right]$$

$$= f_e\left[\frac{1}{6}CH_3OH + \frac{1}{4}O_2 = \frac{1}{6}CO_2 + \frac{1}{3}H_2O\right] \tag{13.1}$$

$$f_s(Rc_1 - Rd_1) = f_s\left[\frac{1}{5}CO_2 + \frac{1}{20}HCO_3^- + \frac{1}{20}NH_4^+ + H^+ + e^- = \frac{1}{20}C_5H_7O_2N + \frac{9}{20}H_2O\right] +$$

$$f_s\left[\frac{1}{6}CH_3OH + \frac{1}{6}H_2O = \frac{1}{6}CO_2 + H^+ + e^-\right]$$

$$= f_s \left[\begin{array}{l} \dfrac{1}{6}CH_3OH + \dfrac{1}{30}CO_2 + \dfrac{1}{20}HCO_3^- + \dfrac{1}{20}NH_4^+ \\[2mm] = \dfrac{1}{20}C_5H_7O_2N + \dfrac{9}{20}H_2O \end{array} \right] \tag{13.2}$$

将式(13.1)和式(13.2)加在一起即可生成完整的有机物好氧氧化方程：

$$\dfrac{1}{6}CH_3OH + \dfrac{f_e}{4}O_2 + \dfrac{f_s}{30}CO_2 + \dfrac{f_s}{20}HCO_3^- + \dfrac{f_s}{20}NH_4^+$$

$$= \dfrac{f_s}{20}C_5H_7O_2N + \dfrac{f_e}{6}CO_2 + \left(\dfrac{f_e}{3} + \dfrac{9f_s}{20} \right)H_2O \tag{13.3}$$

在此例中，甲醇只是有机供体。1/6mol 甲醇的化学需氧量为 8g，任何电子供体的一个电子当量都是如此。因此，对于任何单一或混合的有机化合物，可以使用 8g COD 或 BOD_L 而不是 1/6mol。

尽管 CO_2、HCO_3^- 和 H_2O，对于碱度和 pH 有影响，就电子和氮当量而言，它们不是很重要。从式(13.1)中去掉 CO_2、HCO_3^- 和 H_2O，可以得到一个简化的方程（并非完全平衡），这个方程仅包含有机物好氧氧化的电子和氮当量的化学计量关系：

有机物好氧氧化的简化方程：

$$\dfrac{1}{8}g\ COD + \dfrac{f_e}{4}O_2 + \dfrac{f_s}{20}NH_4^+ = \dfrac{f_s}{20}C_5H_7O_2N \tag{13.4}$$

此处，O_2 的相对分子质量为 32，NH_4^+-N 为 14g，细胞 VSS 为 113g（依据分子式 $C_5H_7O_2$）。

对 $1e^-\ eq$ 的其他几个电子供体，推导出的微生物合成的简化方程为：

有机物产甲烷过程：

$$\dfrac{1}{8}g\ COD + \dfrac{f_s}{20}NH_4^+ = \dfrac{f_e}{8}CH_4 + \dfrac{f_s}{20}C_5H_7O_2N \tag{13.5}$$

铵态氮氧化至亚硝态氮：

$$\left(\dfrac{1}{6} + \dfrac{f_s}{20} \right)NH_4^+ + \dfrac{f_e}{4}O_2 = \dfrac{1}{6}NO_2^- + \dfrac{f_s}{20}C_5H_7O_2N \tag{13.6}$$

亚硝态氮氧化至硝态氮：

$$\dfrac{f_e}{2}NO_2^- + \dfrac{f_e}{4}O_2 + \left(\dfrac{f_s}{20} \right)NH_4^+ = \dfrac{f_e}{2}NO_3^- + \dfrac{f_s}{20}C_5H_7O_2N \tag{13.7}$$

硝态氮异养反硝化：

$$\dfrac{1}{8}g\ COD + \dfrac{f_e}{5}NO_3^- + \dfrac{f_s}{20}NH_4^+ = \dfrac{f_e}{10}N_2 + \dfrac{f_s}{20}C_5H_7O_2N \tag{13.8}$$

亚硝态氮异养反硝化：

$$\dfrac{1}{8}g\ COD + \dfrac{f_e}{3}NO_2^- + \dfrac{f_s}{20}NH_4^+ = \dfrac{f_e}{6}N_2 + \dfrac{f_s}{20}C_5H_7O_2N \tag{13.9}$$

硝态氮自养反硝化：

$$\dfrac{1}{2}g\ H_2 + \left(\dfrac{f_e}{5} + \dfrac{f_s}{28} \right)NO_3^- = \dfrac{1}{2}\left(\dfrac{f_e}{5} + \dfrac{f_s}{28} \right)N_2 + \dfrac{f_s}{28}C_5H_7O_2N \tag{13.10}$$

亚硝态氮自养反硝化：

$$\frac{1}{2}g\ H_2 + \left(\frac{f_e}{5} + \frac{f_s}{26}\right)NO_2^- =\!=\!= \frac{1}{2}\left(\frac{f_e}{5} + \frac{f_s}{26}\right)N_2 + \frac{f_s}{26}C_5H_7O_2N \tag{13.11}$$

厌氧氨氧化：

$$\left(\frac{f_e}{3} + \frac{f_s}{20}\right)NH_4^+ + \left(\frac{f_e}{3} + \frac{f_s}{2}\right)NO_2^- =\!=\!= \frac{f_e}{3}N_2 + \frac{f_s}{2}NO_3^- + \frac{f_s}{20}C_5H_7O_2N \tag{13.12}$$

通过式（13.12）和式（13.4）在选择适当的 f_s^0 值后可解，b 和 θ_x 针对任何氮转化情况，f_e 和 f_s 可以根据第 5 章所述内容确定：

$$f_e = 1 - f_s, \quad f_s = f_s^0 \frac{1 + 0.2b\theta_x}{1 + b\theta_x} \tag{13.13}$$

其他值可以通过第 6 章内容进行估算。

例 13.1 对一异养反硝化反应器的分析

将硝态氮浓度为 45mg/L 的废水加入到反硝化生物反应器中。要将硝酸盐完全还原为 N，问所需的进水 BOD_L 浓度是多少？假设铵态氮用于生物合成，所需浓度为多少？转化所产生的生物质浓度将是多少？假设 f_s^0 值为 0.50，b 为 0.05d^{-1}，θ_x 为 8d。

应使用式（13.8）进行计算。首先需要确定 f_e 和 f_s 的值，可以通过式（13.13）计算：

$$f_s = 0.5\frac{1 + 0.2 \times 0.05 \times 8}{1 + 0.05 \times 8} \approx 0.39 \text{ 和 } f_e = 1 - 0.39 = 0.61$$

将这些值代入式（13.8）可得出简化反应方程：

$$\frac{1}{8}BOD_L + \frac{0.61}{5}NO_3^- + \frac{0.39}{20}NH_4^+ =\!=\!= \frac{0.61}{10}N_2 + \frac{0.39}{20}C_5H_7O_2N$$

因此，反硝化所需的 BOD_L 浓度为

$$BOD_L = \frac{64mg\ BOD_L}{8e\ meq}\left(\frac{45mg\ NO_3^--N}{L}\right)\left(\frac{mmol\ NO_3^--N}{14mg\ NO_3^--N}\right)\left(\frac{5e\ meq\ NO_3^--N}{0.61mmol}\right)$$

$$\approx 210mg/L$$

生物合成所需的氨氮浓度为

$$NH_4^+-N = \frac{0.39 \times 14mg\ NH_4^+-N}{20e\ meq}\left(\frac{45mg\ NO_3^--N}{L}\right)\left(\frac{mmol\ NO_3^--N}{14mg\ NO_3^--N}\right)\left(\frac{5e\ meq\ NO_3^--N}{0.61mmol}\right)$$

$$\approx 7.2mg/L$$

形成的 VSS 浓度为

$$VSS = \frac{0.39 \times 113mg\ VSS}{20e\ meq}\left(\frac{45mg\ NO_3^--N}{L}\right)\left(\frac{mmol\ NO_3^--N}{14mg\ NO_3^--N}\right)\left(\frac{5e\ meq\ NO_3^--N}{0.61mmol}\right)$$

$$\approx 58mg/L$$

例 13.2 自养反硝化反应器的分析

条件与例 13.1 基本一致，进水硝态氮浓度维持在 45mg/L，采用 H_2 作为自养反硝化的电子供体。假设 NO_3^- 是电子受体和氮源，问将硝态氮完全还原至氮气所需的 H_2 进气浓度是多少？转化产生的生物质浓度是多少？假设 f_s^0 值为 0.20，b 为 0.02d^{-1}，θ_x 为 8d。

应采用式（13.10）进行计算。首先需要确定 f_e 和 f_s 的值，可以通过式（13.13）计算：

$$f_s = 0.2 \frac{1 + 0.2 \times 0.02 \times 8}{1 + 0.02 \times 8} \approx 0.18 \text{ 和 } f_e = 1 - 0.18 = 0.82$$

将这些值代入式(13.10)可得出简化反应方程:

$$\frac{1}{2}H_2 + 0.170NO_3^- \Longrightarrow 0.082N_2 + 0.006\,43C_5H_7O_2N$$

因此,反硝化进水中需要的 H_2 浓度为

$$H_2 = \frac{1mg\ H_2}{e\ meq}\left(\frac{45mg\ NO_3^--N}{L}\right)\left(\frac{mmol\ NO_3^--N}{14mg\ NO_3^--N}\right)\left(\frac{1e\ meq}{0.170mmol}\right) \approx 19mg/L$$

形成的 VSS 浓度为

$$VSS = \frac{0.006\,43 \times 113mg\ VSS}{e\ meq}\left(\frac{45mg\ NO_3^--N}{L}\right)\left(\frac{mmol\ NO_3^--N}{14mg\ NO_3^--N}\right)\left(\frac{1e\ meq}{0.170mmol}\right)$$

$$\approx 14mg/L$$

可以看出,净生物量产量约为异养反硝化的1/4。这是由于自养的 f_s^0 较低,并且需要还原 NO_3^- 作为氮源。结果是,相比于 BOD_L,需要的 H_2 当量浓度也较小,即(19mg H_2/L)(1e meq/mg H_2)(8g BOD_L/e meq)=152mg BOD_L/L,这是由于系统中生物合成量较低,需要的供体量相应较少。

例 13.3　好氧反应器中的硝化过程

运行一个 $100m^3$ 的好氧活性污泥反应器,以去除溶解性 BOD_L 并将铵态氮氧化为硝态氮。进水 BOD_L 为 250mg/L,氨氮为 40mg/L。如果反应器在 $\theta = 0.25d, \theta_x = 12d$ 的条件下运行,问消耗 O_2 的量以及每天产生的总生物量(VSS)是多少?假设 BOD 和氨氮的去除率分别为 98% 和 95%,BOD 去除的 f_s^0 和 b 值分别为 0.6 和 $0.1d^{-1}$,氨氮氧化的 f_s^0 和 b 值分别为 0.12 和 $0.05d^{-1}$。

这个问题可以使用式(13.4)和式(13.6)进行解答。首先,让我们从确定每个反应的 f_s 和 f_e 开始。

$$BOD_L: f_s = 0.6 \frac{1 + 0.2 \times 0.10 \times 12}{1 + 0.10 \times 12} \approx 0.34, \quad f_e = 1 - f_s = 0.66$$

$$氨氮: f_s = 0.12 \frac{1 + 0.2 \times 0.05 \times 12}{1 + 0.05 \times 12} \approx 0.084, \quad f_e = 1 - f_s = 0.916$$

接下来,我们使用式(13.4)计算 BOD_L 的去除,由于一些氨氮将用于异养细胞合成,而不会用于硝化,我们需要利用式(13.4)计算氧化8g COD(或 $1e^-$ eq)相应要利用多少氨氮来合成细胞:

$$8g\ COD + \frac{0.66 \times 32g}{4}O_2 + \frac{0.34 \times 14g}{20}NH_4^+ \Longrightarrow \frac{0.34 \times 113g}{20}C_5H_7O_2N$$

其次,考虑到 BOD_L 去除率为 98%:

$$O_2\ 消耗量 = 0.98\left(\frac{250mg\ BOD_L}{L}\right)\left(\frac{1}{8g\ BOD_L}\right)\left(\frac{0.66 \times 32g\ O_2}{4}\right)$$

$$\approx 162mg/L$$

$$生物量(VSS)\ 合成 = 0.98\left(\frac{250mg\ BOD_L}{L}\right)\left(\frac{1}{8g\ BOD_L}\right)\left(\frac{0.34 \times 113g\ VSS}{20}\right)$$

$$\approx 59 \text{mg/L}$$

$$NH_4^+\text{-N 用量} = 0.98 \left(\frac{250\text{mg BOD}_L}{L}\right)\left(\frac{1}{8\text{g BOD}_L}\right)\left(\frac{0.34 \times 14\text{g NH}_4^+\text{-N}}{20}\right)$$

$$\approx 7.3 \text{mg/L}$$

可用于硝化的氨氮等于反应器输入量减去异养细胞合成所用的氮，40.0－7.3＝32.7mg/L。

将适当的值代入式(13.6)，我们得到：

$$\left(\frac{1}{8} + \frac{0.084}{20}\right)NH_4^+ + \frac{0.916}{4}O_2 = \frac{1}{8}NO_3^- + \frac{0.084}{20}C_5H_7O_2N$$

或者

$$0.129NH_4^+ + 0.229O_2 = 0.125NO_3^- + 0.0042C_5H_7O_2N$$

然后，考虑到氨氮的去除率为 95%：

$$O_2 \text{ 消耗量} = 0.95\left(\frac{32.7\text{mg NH}_4^+\text{-N}}{L}\right)\left(\frac{0.229 \times 32\text{g O}_2}{0.129 \times 14\text{g NH}_4^+\text{-N}}\right) \approx 126\text{mg/L}$$

$$VSS \text{ 合成} = 0.95\left(\frac{32.7\text{mg NH}_4^+\text{-N}}{L}\right)\left(\frac{0.0042 \times 113\text{g VSS}}{0.129 \times 14\text{g NH}_4^+\text{-N}}\right) \approx 8.2\text{mg/L}$$

最后，对所提出问题的答案是：

$$\text{总的 O}_2 \text{ 消耗量} = \left[\frac{(162+126)\text{mg O}_2}{L}\right]\left(\frac{100\text{m}^3}{0.25\text{d}}\right)\left(\frac{\text{kg} \cdot L}{10^3\text{mg} \cdot \text{m}^3}\right) \approx 115\text{kg/d}$$

$$\text{总的生物量形成} = \left[\frac{(58.8+8.2)\text{mg VSS}}{L}\right]\left(\frac{100\text{m}^3}{0.25\text{d}}\right)\left(\frac{\text{kg} \cdot L}{10^3\text{mg} \cdot \text{m}^3}\right) = 26.8\text{kg VSS/d}$$

13.3 硝化作用

硝化过程是指微生物将 NH_4^+ 氧化为 NO_2^- 和 NO_3^- 的过程。由于 NH_4^+ 的需氧量高（达 $4.57\text{g O}_2/\text{g NH}_4^+\text{-N}$）和对水生生物的毒性，对于某些废水而言，去除 NH_4^+ 是必须。此外，设计通过 NO_3^- 反硝化过程去除总氮的污水处理工艺，需要先将进水的 NH_4^+ 硝化为 NO_3^-。为了使污水具有生物稳定性，以及降低加氯消毒过程中由于 NH_4^+ 与游离氯反应产生氯铵对氯的消耗，在饮用水处理中也要使用生物硝化工艺以去除 NH_4^+（Rittmann and Snoeyink，1984）。

本节首先回顾了硝化细菌的关键生理与生化特性。这些特性与硝化过程的基本工艺设计参数相关。然后，讨论活性污泥法和生物膜法的硝化过程。

13.3.1 硝化细菌生物化学、生理学及动力学

硝化细菌是自养、化能营养的专性好氧细菌。对于理解硝化细菌在什么条件下才能在生物处理过程中被选择和积累，每一个特性都是关键因素。由于是自养型细菌，硝化细菌必须固定和还原无机碳，这是高耗能的过程，是与异养菌相比硝化细菌的 f_s^0 和 γ 值要小得多的主要原因。在活性污泥和生物膜系统中，异养菌总是优势菌。硝化菌化能营养的特点，也使得其 f_s^0 和 γ 值较小。原因是与有机电子供体和 H_2 相比，以 CO_2 作为电子供体的硝酸

细菌转化每电子当量氮释放出的能量较少。当然,低的 γ 值意味着很小的最大生长速率 $(\hat{\mu})$ 和很大的 θ_x^{min}。因此,硝化细菌生长缓慢。

自从 Konneke 等(2005)的研究成果发表以来,已知的氨氧化微生物从很多细菌界的物种[氨氧化细菌(ammonium-oxidizing bacteria,AOB)],拓展到古菌界物种[氨氧化古菌(ammonium-oxidizing atchaea,AOA)]。它们都是专性好氧菌,利用 O_2 来呼吸。

一般而言,硝化是由不同的硝化物种进行的两步过程。第一步,氨氧化细菌(也称亚硝化细菌,有时笼统称硝化菌)将 NH_4^+ 氧化为 NO_2^-。如图 13.1 所示,该氧化过程的第一步是通过单加氧酶(ammonium monooxygenase,AMO)将氨氮转化为羟胺(NH_2OH),这一步是产生能量的反应,生物并不容易完成,需要通过 AMO 进行此反应。由于单加氧是需要电子和能量的活化反应,因此必须向反应中添加能量,而不是从中获取能量。该能量是通过将 NADH 氧化为 NAD^+ 而获得的:

$$NH_4^+ + O_2 + NADH = NH_2OH + NAD^+ + H_2O \qquad (13.14)$$

这意味着氨氮氧化为羟胺不会产生电子当量。实际上,消耗了两个电子当量。

下一步是羟胺被氧化为一氧化氮,然后被氧化为亚硝态氮的过程,这是重要的能量生成反应,可使氧化氨氮的生物生长。第一步是羟胺氧化成一氧化氮,捕获释放出的能量以形成 NADH:

$$NH_2OH + 1.5NAD^+ = NO + 1.5NADH + 1.5H^+ \qquad (13.15)$$

一氧化氮作为中间步骤的重要性最近已得到确认(Caranto and Lancaster,2017)。式(13.15)中生成的一部分 NADH 用于再生式(13.14)中使用的 NADH,这时,每摩尔 NH_4^+ 氧化的 NADH 净产率仅为 1/2mol NADH。

然后,一氧化氮被氧化成硝态氮,微生物捕获更多的能量形成 NADH:

$$NO + 0.5NAD^+ + 0.5O_2 + H_2O = NO_2^- + 0.5NADH \qquad (13.16)$$

当反应一直进行到 HNO 氧化为 NO_2^- 时,系统会生成电子供应和产酸。在将氨氮完全氧化为亚硝酸盐时,式(13.14)~式(13.16)产生了 1mol 的 NADH。

氨氮氧化为亚硝酸盐的总产能反应由式(13.17)给出,并标准化为 $1e^-$ eq:

$$1/6NH_4^+ + 1/4O_2 \longrightarrow 1/6NO_2^- + 1/3H^+ + 1/6H_2O \qquad (13.17)$$

$$\Delta G^{0'} = -45.44kJ/e^- \text{ eq}$$

对于好氧细菌,$\Delta G^{0'}$ 的值相对较小;这是连同铵转化为羟胺的能量和电子的损失一起计算的,就是 AOB 的 γ 值和 $\hat{\mu}$ 值这么小的原因。相比之下,醋酸盐为 $-106kJ/e^-$ eq。

氨氧化菌在遗传上是非常多样化的,它们都属于亚硝化菌属。最常见的完成第一步硝化反应的 AOB 是亚硝化单胞菌。其他可以把 NH_4^+ 氧化至 NO_2^- 的 AOB 有亚硝化球菌(*Nitrosococcus*)、螺菌(*Nitrosopira*)和弧菌(*Nitrosovibrio*)。AOA 包括亚硝化叶菌(*Nitrosolobus*)、泉古菌(*Nitrosopumilus*)、亚硝化古菌(*Nitrosoarchaeum*)和亚硝化梭菌(*Nitrosotenuis*)(Herbold 等,2017)。这种广泛的多样性,意味着在氨氧化过程中,亚硝化单胞菌并不是总占据主导地位。同 AOB 相比,AOA 往往对铵态氮具有更高的亲和力(K_s 值更低),但其最大生长速率($\hat{\mu}$)却低得多,这些特征导致它们主要在贫营养环境中占主导地位(Martens-Habbena et al.,2009),而在常规生物处理反应器中 AOB 占主导地位。

硝化的第二阶段是将 NO_2^- 氧化至 NO_3^-（硝化）：

$$1/2NO_2^- + 1/4O_2 \longrightarrow 1/2NO_3^-$$ (13.18)

$$\Delta G^{o'} = -38.85 \text{kcal/e}^- \text{ eq}$$

这也是一个小的 $\Delta G^{o'}$ 值。目前,尚无古细菌可以进行这种反应。已知的亚硝酸盐氧化菌属 (NOB)有硝化细菌($Nitrobacter$)、硝化螺旋菌($Nitrospira$)、硝化刺菌($Nitrospina$)、硝化球菌($Nitrococcus$)和硝化囊菌($Nitrocystis$)。在过去很长的时间里,一直认为硝化细菌是最主要的菌属,但是 Mobarry 等(1996)开发并采用分子探针法开展了研究,发现这个属并不是大多数废水处理系统中最重要的,而硝化螺菌似乎在水处理过程中更为普遍。

Van Kessel 等(2015)通过研究,发现了一种硝化螺旋菌能将氨氮盐经亚硝酸盐氧化成硝酸盐,从而为只通过一种微生物,实现将氨氮完全氧化成硝酸盐提供了可能。这个菌种被称为全程硝化菌($comammox$)。Kits 等（2017）首先分离出一株 $comammox$,命名为 $Nitrospira\ inopinata$,发现它生长缓慢,对氨氮的亲和力很高,但氨氮的最大氧化率却很低。因此,$N.\ inopinata$ 主要在贫营养条件下占优势。目前,尚不知道 $comammox$ 微生物在废水处理中的重要性。

表 13.3 和表 13.4 总结了一些已报道的水处理的基本和衍生参数（Rittmann and Snoeynik,1984）。首先可以发现每组的 f_s^0 都非常低。与好氧异养菌典型的 f_s^0($0.6 \sim 0.7$)相比,硝化菌将相对较少的电子供体转移到生物质中,这是由于其反应能量相对较低,而合成能量相对较高。较低的 f_s^0 直接转换为低 γ 值。尽管与好氧异养菌的 γ 值相比,氨氧化菌的 γ 值似乎并不低多少,但这种表观近似度是参数使用的单位引起的一种错觉。以 g VSS/g OD 为单位,氨氧化菌的 γ 值约为 0.1,而异养菌的 γ 值约为 0.45。这种低产率使两种生物的最大比生长速率在 20℃降至 $1d^{-1}$ 以下。这么小的 $\hat{\mu}$ 值,使 $\theta_x^{\min}$ 值变大,通常都大于 1d。

尽管生长缓慢,但是由于 $S_{\min}$ 值远低于 1mg N/L,硝化菌可以将出水中的 NH_4^+ 或 NO_2^- 降至很低的水平。事实上,一株名为 $Candidatus\ Nitrosopumilus\ maritimus$ SCM1 的 AOA 菌株,具有低至 0.0019mg/L 的 K_s 值,尽管其具有同样低的 $\hat{\mu}$ 值($0.65d^{-1}$)。通常,这种相关性在寡营养微生物中很常见。总之,只要将 SRT 保持在 $\theta_x^{\min}$ 以上,并且存在足够多的溶解氧,硝化作用就会高效。

表 13.3 和表 13.4 中列出的温度影响非常重要,因为在低温下,硝化有时被认为是不可能的。但是,只要 SRT 保持较高水平,即便在 5℃或更低的温度下,硝化作用也可以保持稳定（Haug and McCarty,1972）。在 5℃以及安全系数为 5 条件下,θ_x 为 $3.6 \times 5 = 18d$。低温硝化的另一个问题是 $\hat{\mu}$ 变得非常小,如果污泥流失,则硝化的恢复会非常缓慢。因此,必须优先考虑避免排泥、低溶解氧或其他抑制作用导致的硝化菌流失问题,尤其是在低温状态下。

表 13.3　污水处理反应器中(5℃～25℃)常见氨氧化菌的基本及衍生参数

参　　数	参数随温度的变化				
	5℃	10℃	15℃	20℃	25℃
f_s^0	0.14	0.14	0.14	0.14	0.14
$\gamma/(\text{mg VSS/mg NH}_4^+\text{-N})$	0.33	0.33	0.33	0.33	0.33
$\hat{q}_n/(\text{mg NH}_4^+\text{-N}/(\text{mg VSS}\cdot\text{d}))$	0.96	1.30	1.70	2.30	3.10
$\hat{\mu}/\text{d}^{-1}$	0.32	0.42	0.58	0.76	1.02
$K_N/(\text{mg NH}_4^+\text{-N/L})$	0.18	0.32	0.57	1.0	1.50
$K_O/(\text{mg O}_2/\text{L})$	0.50	0.50	0.50	0.50	0.50
b/d^{-1}	0.045	0.060	0.082	0.110	0.150
$[\theta_x^{min}]_{lim}/\text{d}$	3.6	2.8	2.1	1.5	1.2
$S_{minN}/(\text{mg NH}_4^+\text{-N/L})$	0.029	0.053	0.096	0.170	0.300
$S_{minO}/(\text{mg O}_2/\text{L})$	0.081	0.083	0.084	0.085	0.085

表 13.4　污水处理反应器中(5℃～25℃)常见亚硝酸盐氧化菌的基本及衍生参数

参　　数	参数随温度的变化				
	5℃	10℃	15℃	20℃	25℃
f_s^0	0.10	0.10	0.10	0.10	0.10
$\gamma_N/(\text{mg VSS/mg NO}_2^-\text{-N})$	0.083	0.083	0.083	0.083	0.083
$\hat{q}_n/(\text{mg NO}_2^-\text{-N}/(\text{mg VSS}\cdot\text{d}))$	4.1	5.5	7.3	9.8	13.0
$\hat{\mu}/\text{d}^{-1}$	0.34	0.45	0.61	0.81	1.10
$K_N/(\text{mg NO}_2^-\text{-N/L})$	0.15	0.30	0.62	1.30	2.70
$K_O/(\text{mg O}_2/\text{L})$	0.68	0.68	0.68	0.68	0.68
b/d^{-1}	0.045	0.060	0.082	0.110	0.150
$[\theta_x^{min}]_{lim}/\text{d}$	3.5	2.6	1.9	1.4	1.1
$S_{minN}/(\text{mg NO}_2^-\text{-N/L})$	0.024	0.047	0.110	0.200	0.420
$S_{minO}/(\text{mg O}_2/\text{L})$	0.11	0.11	0.12	0.11	0.11

目前,普遍认为将氨氮转化为亚硝酸盐,而不是完全转化为硝酸盐的形式,可能对于脱氮是有优势的,这一过程称为短程硝化,将在 13.4 节讨论。Hellinga 等(1998)指出,当废水的温度为 15℃ 或者更高时,硝化作用更容易停在亚硝化阶段,因为亚硝化所需的最低 SRT 更短。比较表 13.3 和表 13.4 中的$[\theta_x^{min}]_{lim}$值可以发现,温度效应可能不是选择 AOB 而非 NOB 的原因。但是,在 15℃ 以及更高温度下,执行氨氧化的 AOB 具有更低的 K_N 和 S_{min} 值,这可以解释为什么较高的温度对短程硝化作用更好。

以下方程式是当 $\theta_x=15\text{d}$ 时,NH_4^+ 完全氧化为 NO_3^- 的总体平衡反应。它描述了两种类型的硝化菌同时出现时的一种典型情况。

$$NH_4^+ + 1.813O_2 + 0.134CO_2 \Longrightarrow 0.0268C_5H_7O_2N + 0.973NO_3^- +$$
$$0.946H_2O + 1.973H^+ \qquad (13.19)$$

除了硝化生物量的低净增长($\gamma_{net}=0.22\text{g VSS/g N}$；$f_s=0.07$)之外,该化学计量方程还说明了硝化的另外两个重要特征。首先,硝化需要大量的氧气,所需的氧气为 $1.813\times$

32/14 即 4.14g O_2/g NH_4^+-N。其次,硝化反应通过去除 NH_4^+,产生了约 2 当量的强酸等价物。以常用质量单位表示,氧化每克 NH_4^+-N,消耗 7.05(1.973×50/14)g $CaCO_3$ 碱度。如果没有足够的碱度,则会导致 pH 下降并终止硝化作用。第一步的氨氧化过程,产生酸[式(13.17)]。

硝化菌产生的可溶性微生物产物(soluble microbial products,SMP)可被异养细菌利用(de Silva and Rittrnann,2000a,2000b; Rittrnann et al. ,1994)。SMP 通常在两个方面很重要。首先,它们降低了硝化菌的净合成。其次,它们是硝化菌为异养生物提供的电子供体,从而增加异养生物的生物量。

人们普遍认为硝化菌对化学抑制高度敏感。这种看法在某种程度上是正确的。硝化菌生长速度非常慢,会放大抑制作用的负面影响,并在某种程度上使硝化菌比快速生长的细菌更加敏感。此外,一些抑制剂实质上是电子供体,其氧化耗尽了溶解氧,并可能导致氧限制,而不是直接抑制。然而,硝化菌对多种有机和无机化合物的抑制作用敏感。其中最相关的如下:未解离的 NH_3(在高 pH 值条件下)、未离解的 HNO_2(在低 pH 值条件下)、阴离子表面活性剂、重金属、酚类、含氯有机化合物和低 pH 值。

一个有争议的问题是关于混合营养型硝化菌,它们可以利用有机碳和无机电子供体,大大减少细胞合成的能量消耗,从而增加了 γ 和 $\hat{\mu}$。有研究者认为几乎所有的硝化菌属的菌株都是混合营养型微生物,所以具有较高的 γ_{net} 和 $\hat{\mu}$ 值,但是并非所有对此的研究结果都支持这个观点。此外,在没有异养菌共存时,培养硝化菌是非常困难的。尽管不能忽略混合营养型硝化菌,但认真研究后发现,硝化过程与严格的自养合成代谢一致。

13.3.2　常见工艺的注意事项

保持硝化工艺(悬浮生长或生物膜)的成功运行,必须明确以下事实:异养细菌始终存在,并与硝化菌竞争溶解氧和空间。硝化菌相对较高的 K_O,使其在竞争氧气方面处于劣势。缓慢的增长率,使它们在竞争任何需要高增长率的空间时,都处于劣势。

可以通过为硝化菌群提供较长的 SRT(通常大于 15d)来克服这两个缺点,在温度较低、存在有毒物质或溶解氧浓度较低的条件下,可能需要更长的 SRT。在活性污泥工艺中,保持 SRT 为 15d 或更长,对应的负荷条件称为延时曝气。因此,保持延时曝气负荷,通常与进行硝化过程具有同一含义。在生物膜工艺中,BOD 通量和生物膜脱落速率间接控制硝化菌的 SRT。

即使采用较长 SRT 的延时曝气,硝化工艺通常也具有相对较小的安全系数。由于经济原因,使用低安全系数。当 θ_x^{min} 为 1~3d,同时当安全系数大于 10 时,反应器体积可能会变得太大,因为不能无限增大 θ_x/θ 比来进行补偿。当然,以较小的安全系数进行操作,会增加由于污泥流失或抑制而产生的生物量流失风险,并增加运行人员的监控工作。不幸的是,风险很高,硝化的不稳定性是运行中的普遍问题。

13.3.3　单级式与分级式活性污泥硝化

在单级式硝化过程中,异养细菌和硝化细菌在单个反应器中共存,氨氧化和有机 BOD 氧化会同时发生。图 13.2(a)展示了单级式硝化的工艺流程。单级硝化也可以在序批式反应器(SBR)中进行,这需要在一个反应器中顺序地进行进水、好氧反应、沉降和出水。对于任何 SBR 系统,都需要多个反应器,以确保进水调节池体积不会太大。进水-反应-出水的运行方式,使 SBR 的水力条件更接近推流式反应器,但传统推流式反应器是连续进水的。

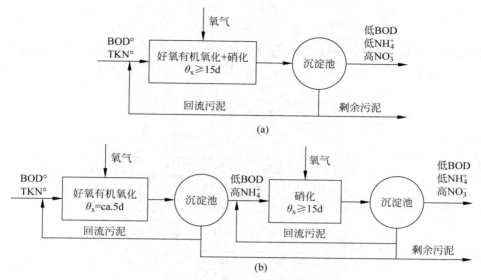

图 13.2　连续流式活性污泥硝化过程

(a) 单级式;(b) 分级式

分级式硝化过程可以在第一阶段通过氧化大多数有机 BOD 来减少异养生物和亚硝酸盐氧化菌之间的竞争,而在第二阶段主要进行氨氧化过程。图 13.2(b)说明了分级过程,由两个完整的串联活性污泥系统组成。由于每个阶段中的微生物仅在该阶段中被捕获和回收,因此每个分级的系统都会培养自身特有的微生物。从生态角度来看,系统有着两个不同的群落,每级一个。第一级基本上没有硝化菌,而第二级中则大部分是硝化菌,因为在该级系统只执行少量的 BOD 氧化,而大部分是硝化过程。

例 13.4　单级系统设计

我们将对具有以下特征的废水进行单级硝化系统的初步设计:

$$Q \qquad = 400 m^3/d$$
$$BOD_L^0 \qquad = 500 mg/L$$
$$TKN^0 \qquad = 60 mg/L$$
$$惰性\ TKN^0 \qquad = 2.6 mg/L$$
$$惰性\ VSS^0 \qquad = 25 mg/L$$
$$T \qquad = 15℃$$

请注意,进水浓度用总凯氏氮(total Kjeldahl nitrogen,TKN)表示而非 NH_4^+-N。通常,废水中含有的很大一部分还原氮为有机氮。在任何可进行硝化的系统中,一部分有机氮都会水解形成 NH_4^+-N,可用于硝化反应。由于大约 2.6mg/L TKN^0 是惰性的,因此,需要处理的总铵态氮浓度在(60-2.6)mg/L 即 57.4mg/L。我们还将假定惰性 TKN^0 是惰性 VSS^0 的一部分。

第一，我们必须选择设计 θ_x。因为硝化反应需要的 $[\theta_x^{min}]_{lim}$ 较大，因此我们要选择适当的值。表 13.3 和表 13.4 指出了 $T=15℃$ 下，$[\theta_x^{min}]_{lim}$ 约为 2d。应用安全系数为 10，可得出：

$$\theta_x = 10 \times 2d = 20d$$

第二，我们根据典型的动力学参数，计算稳态反应器和出水的 BOD_L、NH_4^+-N 和 NO_2^--N 浓度：

$$S = K \frac{1+b\theta_x}{\gamma \hat{q}_x \theta_x - (1+b\theta_x)}$$

$$BOD_L = \left(\frac{10mg\ BOD_L}{L}\right)\left[\frac{1+\dfrac{0.1}{d}\times 20d}{\left(\dfrac{0.45mg\ VSS_a}{mg\ BOD_L}\right)\left(\dfrac{10mg\ BOD_L}{mg\ VSS_a \cdot d}\right)(20d) - \left(1+\dfrac{0.1}{d}\times 20d\right)}\right]$$

$$\approx 0.34mg\ BOD_L/L$$

$$NH_4^+\text{-}N = \left(\frac{0.57mg\ N}{L}\right)\left[\frac{1+\dfrac{0.082}{d}\times 20d}{\left(\dfrac{0.33mg\ VSS_a}{mg\ N}\right)\left(\dfrac{1.7mg\ N}{mg\ VSS_a \cdot d}\right)(20d) - \left(1+\dfrac{0.082}{d}\times 20d\right)}\right]$$

$$\approx 0.18mg\ NH_4^+\text{-}N/L$$

$$NO_2^-\text{-}N = \left(\frac{0.62mg\ N}{L}\right)\left[\frac{1+\dfrac{0.082}{d}\times 20d}{\left(\dfrac{0.083mg\ VSS_a}{mg\ N}\right)\left(\dfrac{7.3mg\ N}{mg\ VSS_a \cdot d}\right)(20d) - \left(1+\dfrac{0.082}{d}\times 20d\right)}\right]$$

$$\approx 0.17mg\ NO_2^-\text{-}N/L$$

第三，我们根据相应的反应过程，通过式(13.13)确定适当的 f_s 和 f_e 值。
有机物氧化：

$$f_s = 0.64 \times \frac{1+0.2\times 0.1\times 20}{1+0.1\times 20} \approx 0.30,$$

$$f_e = 1 - 0.30 = 0.70$$

氨氮氧化：

$$f_s = 0.14 \times \frac{1+0.2\times 0.082\times 20}{1+0.082\times 20} \approx 0.07,$$

$$f_e = 1 - 0.07 = 0.93$$

亚硝酸盐氧化：

$$f_s = 0.10 \times \frac{1+0.2\times 0.082\times 20}{1+0.082\times 20} \approx 0.05,$$

$$f_e = 1 - 0.05 = 0.95$$

第四，通过式(13.4)，我们得到有机物好氧氧化的结果：

$$8g\ COD + \frac{0.7}{4}O_2 + \frac{0.3}{20}NH_4^+ === \frac{0.3}{20}C_5H_7O_2N$$

$$BOD_L\ 消耗 = \frac{(500-0.34)mg}{L} = 499.66mg/L\ 或者\ \frac{400\times 499.66}{1000} \approx 200kg/d$$

$$O_2 \text{ 消耗} = \frac{499.66}{8} \times \frac{0.70 \times 32}{4} \approx 350 \text{mg/L 或者 } 0.4 \times 350 = 140 \text{kg/d}$$

$$\text{VSS 消耗} = \frac{499.66}{8} \times \frac{0.30 \times 113}{20} \approx 106 \text{mg/L 或者 } 0.4 \times 106 = 42.4 \text{kg/d}$$

用于合成的 NH_4^+-N $= \dfrac{499.66}{8} \times \dfrac{0.30 \times 14}{20} = 13.1 \text{mg/L 或者 } 0.4 \times 13.1 = 5.24 \text{kg/d}$

第五,通过式(13.6),我们可以得到氨氧化为亚硝氮的结果:

$$\left(\frac{1}{6} + \frac{f_s}{20}\right) NH_4^+ + \frac{f_e}{4} O_2 =\!=\!= \frac{1}{6} NO_2^- + \frac{f_s}{20} C_5 H_7 O_2 N$$

可利用的氨氮量,等于进水 TKN^0 减去其惰性组分的量,部分被用于硝化,余下来的氨氮被异养菌利用。使用上述氨氮氧化方程,便可以确定消耗和生产其他产物的数量。

$$\text{氨氮} - \text{氮消耗} = (60 - 2.6 - 0.18 - 13.1) = 44.1 \text{mg/L}$$

还需要保留少量的氨氮,以用于亚硝酸盐氧化过程中的细胞合成。通过计算发现,用于亚硝酸盐氧化过程的氨氮量仅为 0.2mg/L。因此,让我们在此处做一修正,只有 43.9mg/L 的氨可用于氨氧化:

$$O_2 \text{ 消耗} = 43.9 \times \frac{0.93 \times 32}{4} \Big/ \left[\left(\frac{1}{6} + \frac{0.07}{20}\right)14\right] \approx 137 \text{mg/L 或者 } 0.4 \times 137$$

$$= 54.8 \text{kg/d}$$

$$\text{VSS 生成} = 43.9 \times \frac{0.07 \times 113}{20} \Big/ \left[\left(\frac{1}{6} + \frac{0.07}{20}\right)14\right] \approx 7.29 \text{mg/L 或者 } 0.4 \times 7.29$$

$$\approx 2.92 \text{kg/d}$$

$$NO_2^-\text{-N 生成} = 43.9 \times \frac{14}{6} \Big/ \left[\left(\frac{1}{6} + \frac{0.07}{20}\right)14\right] \approx 43.0 \text{mg/L}$$

第六,根据式(13.7),我们得到了亚硝酸盐氧化的结果:

$$\frac{f_e}{2} NO_2^- + \frac{f_e}{4} O_2 + \left(\frac{f_s}{20}\right) NH_4^+ =\!=\!= \frac{f_e}{2} NO_3^- + \frac{f_s}{20} C_5 H_7 O_2 N$$

$$O_2 \text{ 消耗} = 43.0 \times \frac{0.95 \times 32}{4} \Big/ \left(\frac{0.95}{2} \times 14\right) \approx 49.1 \text{mg/L 或者 } 0.4 \times 49.1 \approx 19.6 \text{kg/d}$$

$$\text{VSS 生成} = 43.0 \times \frac{0.05 \times 113}{20} \Big/ \left(\frac{0.95}{2} \times 14\right) \approx 1.83 \text{mg/L 或者 } 0.4 \times 1.83 \approx 0.73 \text{kg/d}$$

细胞有机氮检验 $= 1.83 \times 14/113 \approx 0.2 \text{mg N/L}$(检验!)

第七,我们总结反应器中氧气的总消耗量以及排出的 VSS 总量:

总氧气需求:$140 + 54.8 + 19.6 \approx 214 \text{kg/d}$

进入系统的惰性 VSS:$0.4 \times 25 = 10.0 \text{kg/d}$

排出系统的总生物固体:$10.0 + 42.4 + 2.92 + 0.73 \approx 56.1 \text{kg VSS/d}$

第八,计算反应器的体积。首先必须选择一个 VSS 浓度或水力停留时间。在这个案例中,我们选择 $X_v = 3000 \text{mg/L}$,则有:

$$V = \frac{\theta_x}{X_v} \left(\frac{\Delta X_v}{\Delta t}\right)_{\text{total}}$$

$$= \frac{20 \text{d}}{3000 \text{mg VSS/L}} \left(\frac{56.1 \text{kg VSS}}{\text{d}}\right) \left(\frac{10^3 \text{mg} \cdot \text{m}^3}{\text{kg} \cdot \text{L}}\right) \approx 374 \text{m}^3$$

$$\theta = \frac{374\mathrm{m}^3}{400\mathrm{m}^3/\mathrm{d}} = 0.935\mathrm{d} \ \text{即} \ 22\mathrm{h}$$

这是一个相当典型的延时曝气的情况（即对于生活污水，θ 约为 1d），在这种情况下单级硝化几乎总是可以进行的。

最后，根据溢流速率和固体流量，进行沉淀池的初步设计。对于延时曝气系统，溢流率通常采用保守值 8～16m/d（请参阅 11.7.3 节）。我们采用 12m/d。据此，沉淀池所需的表面积大约为（忽略剩余污泥的排放量，相对很小）：

$$A_\mathrm{s} = \frac{400\mathrm{m}^3/\mathrm{d}}{12\mathrm{m}/\mathrm{d}} \approx 33.3\mathrm{m}^2$$

用于延时曝气的固体流量也很保守，通常约为 70kg/（$\mathrm{m}^2 \cdot \mathrm{d}$）（请参阅第 11.7.3 节）。要计算固体流量，我们需要估算污泥回流比，这需要确定排出污泥的浓度 X_v^r。我们假设 $X_\mathrm{v}^\mathrm{r} = 8000\mathrm{mg} \ \mathrm{VSS/L}$。然后，使用示例 11.2 中 $R = Q^\mathrm{r}/Q$ 的方程：

$$Q^\mathrm{r} = Q \ \frac{X_\mathrm{v}\left(1 - \dfrac{\theta}{\theta_\mathrm{x}}\right)}{X_\mathrm{v}^\mathrm{r} - X_\mathrm{v}}$$

$$= \frac{400\mathrm{m}^3}{\mathrm{d}}\left[\frac{3000\mathrm{mg/L}\left(1 - \dfrac{0.935\mathrm{d}}{20\mathrm{d}}\right)}{8000\mathrm{mg/L} - 3000\mathrm{mg/L}}\right] \approx 229\mathrm{m}^3/\mathrm{d} \ (\text{或者} \ R = 0.57)$$

得到 Q^r 之后，我们可以根据固体通量，确定表面积 [式（11.26）]：

$$A_\mathrm{s} = \frac{(Q + Q^\mathrm{r})X_\mathrm{v}}{G_\mathrm{t}}$$

$$= \frac{(400 + 229)\dfrac{\mathrm{m}^3}{\mathrm{d}} \times 3000\mathrm{mg/L}\left(\dfrac{10^{-3}\mathrm{kg} \cdot \mathrm{L}}{\mathrm{m}^3 \cdot \mathrm{mg}}\right)}{70\mathrm{kg}/(\mathrm{m}^2 \cdot \mathrm{d})} \approx 27.0\mathrm{m}^2$$

在这种情况下，溢出率控制表面积，$A_\mathrm{s} = 33.3\mathrm{m}^2$。

例 13.5　分级系统设计

对于与上例相同的条件，设计分级硝化系统。然后，比较单级和分级系统的设计。

第一级：$\mathrm{BOD_L}$ 氧化

在第一级，我们希望通过使用适当低的 θ_x，可以选择 4d 来抑制硝化作用。然后，按照与上一个示例相同的方法，计算 VSS 产量、所需氧气和反应器体积。（同样，为简化计算，我们忽略了 SMP。）第一级反应器的稳态浓度如下：

$$\mathrm{BOD_L} = 10 \times \frac{1 + 0.1 \times 4}{0.45 \times 10 \times 4 - (1 + 0.1 \times 4)} \approx 0.84\mathrm{mg} \ \mathrm{BOD_L/L}$$

在这一级，主要进行有机物氧化，f_s 为

$$f_\mathrm{s} = 0.64 \times \frac{1 + 0.2 \times 0.1 \times 4}{1 + 0.1 \times 4} \approx 0.49, \quad f_\mathrm{e} = 1 - 0.49 = 0.51$$

同样，再次使用式（13.4），确定有机物氧化过程中发生的变化，如果如下：

$$\mathrm{O_2} \ \text{消耗} = \frac{500 - 0.84}{8} \times \frac{0.51 \times 32}{4} \approx 255\mathrm{mg/L} \ \text{或者} \ 0.4 \times 255 = 102\mathrm{kg/d}$$

$$VSS \text{ 生成} = \frac{500 - 0.84}{8} \times \frac{0.49 \times 113}{20} \approx 173 \text{mg/L 或者 } 0.4 \times 173 = 69.2 \text{kg/d}$$

每天进入或反应器产生总的 $VSS = 10.0 + 69.2 = 79.2 \text{kg/d}$

$$NH_4^+\text{-N 使用} = \frac{500 - 0.84}{8} \times \frac{0.49 \times 14}{20} \approx 21.4 \text{mg/L 或者 } 0.4 \times 21.4 = 8.56 \text{kg/d}$$

为了进行第二级反应器的设计,并满足总体物料平衡的需要,我们需要计算通过沉淀池溢流堰进入第二级反应器的 VSS 浓度及其中活性和惰性 VSS 的相对比例。

根据 f_s 公式,所产生的活性 VSS 的比例为 $1/(1 + 0.2 \times 0.1 \times 4)$,即 0.93。因此,总 VSS 中的活性 VSS 比例为 $0.93 \times 69.2/79.2 \approx 0.81$。假设有 20mg/L VSS 进入第二级反应器,那么:

第二级反应器的进水 $VSS = 20 \text{mg/L}$ 或者 $0.4 \times 20 = 8 \text{kg/d}$

接下来,为估计 V 和 θ 值,我们假设 $X_v = 3000 \text{mg VSS/L}$,则:

$$V = \frac{4\text{d}}{3000\text{mg/L}} \left(\frac{79.2 \text{kg VSS}}{\text{d}} \right) \left(\frac{10^3 \text{mg} \cdot \text{m}^3}{\text{kg} \cdot \text{L}} \right) \approx 106 \text{m}^3$$

$$\theta = 106/400 = 0.265 \text{d} \approx 6.4 \text{h}$$

对于常规负荷,我们可以基于溢流率,采用 40m/d,计算沉淀池的尺寸:

$$A_s = \frac{400}{40} = 10 \text{m}^2$$

对于固体通量计算,我们需要假设 $X_v^r = 10\,000 \text{mg/L}$,$G_T = 140 \text{kg/(m}^2 \cdot \text{d)}$。

$$Q^r = 400 \left[\frac{3000(1 - 0.26/4)}{10\,000 - 3000} \right] \approx 160 \text{m}^3/\text{d}$$

$$R = 160/400 = 0.4$$

$$A_s = \frac{(400 + 160) \times 3000 \times 10^{-3}}{140} = 12 \text{m}^2$$

在这个案例中,固体通量控制表面积,且 $A_s = 12 \text{m}^2$。

第二级:硝化

我们为硝化选择与单级系统相同的 SRT,即 $\theta_x = 20 \text{d}$。则出水 NH_4^+-N 和 NO_2^--N 分别保持在 0.18mg/L 和 0.17mg/L。来自第一级系统的可降解 $VSS = 0.81 \times 20 \text{mg/L} = 16.2 \text{mg/L}$ 或 $0.4 \times 16.2 \approx 6.5 \text{kg/d}$。这部分 VSS 在第二级反应器中被部分氧化,释放出一些氨氮,并降低反应器中的总 VSS:

$$\text{进水 VSS 降解} = 16.2 \left(\frac{1 + 0.2 \times 0.1 \times 20}{1 + 0.1 \times 20} \right) \approx 7.6 \text{mg/L}$$

$$NH_4^+\text{-N 释放} = 7.6 \times 14/113 \approx 0.94 \text{mg/L 或者 } 0.4 \times 0.94 \approx 0.38 \text{kg/d}$$

$$\text{进水 VSS 残留} = 20 - 7.6 = 12.4 \text{mg/L 或者 } 0.4 \times 12.4 \approx 5.0 \text{kg/d}$$

由于 VSS 降解消耗的 $O_2 = 1.42 \times 7.6 \approx 10.8 \text{mg/L}$ 或者 $0.4 \times 10.8 \approx 4.3 \text{kg/d}$

对于 AOB,可用于硝化的氨氮包括进入第一级和第二级所有的氨氮,减去在每级系统中消耗的氨氮,包括用于亚硝化细菌生长的约 0.2mg/L 氨氮:

可用的 NH_4^+-N $= (60 - 2.6 - 0.18 - 21.4 + 0.94 + 0.2) \approx 37.0 \text{mg/L}$

根据式(13.6),可以确定氨氧化过程中的变化:

$$O_2 \text{ 消耗} = 37.0 \times \frac{0.93 \times 32}{4} / \left[\left(\frac{1}{6} + \frac{0.07}{20} \right) \times 14 \right] \approx 116 \text{mg/L 或者 } 0.4 \times 116 = 46.4 \text{kg/d}$$

$$VSS \text{ 生成} = 37.0 \times \frac{0.07 \times 113}{20} / \left[\left(\frac{1}{6} + \frac{0.07}{20} \right) \times 14 \right] \approx 6.14 \text{mg/L 或者 } 0.4 \times 6.14 \approx 2.46 \text{kg/d}$$

$$NO_2^--N \text{ 生成} = 37.0 \times \frac{14}{6} / \left[\left(\frac{1}{6} + \frac{0.07}{20} \right) \times 14 \right] \approx 36.2 \text{mg/L}$$

对于 NOB，根据式（13.7）可以确定亚硝化过程中的变化：

$$O_2 \text{ 消耗} = 36.2 \times \frac{0.95 \times 32}{4} / \left[\left(\frac{0.95}{2} \right) \times 14 \right] \approx 41.4 \text{mg/L 或者 } 0.4 \times 41.4 = 16.6 \text{kg/d}$$

$$VSS \text{ 生成} = 36.2 \times \frac{0.05 \times 113}{20} / \left[\left(\frac{0.95}{2} \right) \times 14 \right] \approx 1.54 \text{mg/L 或者 } 0.4 \times 1.54 \approx 0.62 \text{kg/d}$$

综上，两个反应器中总的氧气消耗量和 VSS 排出量为：

第二级 O_2 需求 $= 4.3 + 46.4 + 16.6 = 67.3 \text{kg/d}$

总 O_2 需求 $= 102 + 67.3 \approx 169 \text{kg/d}$

净总 VSS 生产 $= 79.2 - 8.0 + 5.0 + 2.46 + 0.62 \approx 79.3 \text{kg/d}$

排出第二级反应器的 VSS $= 5.0 + 2.46 + 0.62 \approx 8.1 \text{kg/d}$

要计算第二级系统的总体积，我们必须假设一个合理的 MLVSS 浓度。通常较低的 VSS 产量，相应的 MLVSS 浓度也较低。不会像异养菌占据主导地位时那样，有较高的 MLVSS 浓度（典型数值）。因此，这里我们假设 $X_v = 1000 \text{mg/L}$，则：

$$V = 20 \times 8.1 \times 10^3 / 1000 = 162 \text{m}^3$$

$$\theta = 162/400 = 0.405 \text{d} \quad \text{即 } 9.7 \text{h}$$

对于沉淀池，我们采用延时曝气时的溢流速率和固体通量值。溢流速率为 12m/d，那么：

$$A_s = \frac{400 \text{m}^3/\text{d}}{12 \text{m/d}} \approx 33.3 \text{m}^2$$

假设 X_v^r 为 5000mg/L，固体流量如下：

$$Q^r = \frac{400 \times 1000 \times (1 - 0.405/20)}{5000 - 1000} \approx 98.0 \text{m}^3/\text{d}$$

$$R = 98.0/400 \approx 0.25$$

然后，

$$A_s = \frac{(400 + 98.0) \times 1000 \times 10^{-3}}{70} \approx 7.1 \text{m}^2$$

同样，溢出率控制面积，$A_s = 33.3 \text{m}^2$。

表 13.5 是例 13.4 和例 13.5 的单级和分级硝化系统的设计之间的比较。它展示了两种方法的一般特征。

- 单级系统的生物固体产量较少，这是由于其 BOD 氧化的 SRT 很大，但是该系统对氧气的需求更大。
- 同样，由于单级系统的 SRT 长，总体积更大。然而，分级系统需要运行两个独立的沉淀池，需要更大的沉淀池面积。

表 13.5 基于例 13.4 和例 13.5 的单级与分级硝化系统设计的比较

参 数	单级系统	分级系统		
		第一级	第二级	总 体
θ_x/d	20	4	20	
MLVSS/(mg/L)	3000	3000	1000	
固体废弃/(kg VSS/d)	56.1	71.2	8.1	79.3
氧气需求/(kg O_2/d)	214	102	67.3	169
系统体积/m³	374	106	162	268
沉淀面积/m²	33.3	10.0	33.3	43.3

13.3.4 生物膜硝化

所有可用于好氧 BOD 氧化的生物膜工艺也可用于进行硝化,条件是在工艺设计时应适当考虑硝化菌固有的缓慢的比生长速率,以及硝化菌和异养微生物之间对氧和空间的竞争。表 13.6 中列出了典型的硝化参数。

表 13.6 NH_4^+-N 氧化的基本参数和衍生参数

参 数	数 值
$\gamma/(mg\ VSS_a/mg\ NH_4^+$-N)	0.33
$\hat{q}/(mg\ NH_4^+$-N/(mg $VSS_a \cdot d$))	1.7
$K/(mg\ NH_4^+$-N/L)	0.57
b/d^{-1}	0.08
b_{det}/d^{-1}	0.05
b'/d^{-1}	0.13
θ_x/d	20
$D/(cm^2/d)$	1.3
$D_f/(cm^2/d)$	1.04
$X_f/(mg\ VSS_a/cm^3)$	10
L/cm	0.004
$S_{bmin}/(mg\ NH_4^+$-N/L)	0.17
S_{bmin}^*	0.30
K^*	1.85
$J_R/(mg\ NH_4^+$-N/(cm² $\cdot$ d))	0.072

注:1. 通用参数适用温度为 $T=15℃$。

2. 限制性底物是 NH_4^+-N,假定硝化过程的第一步是限速步骤。

3. b_{det} 值,假定硝化菌主要存在于由多种微生物形成的生物膜深处,并受到一些保护以免脱落。

由于 BOD 几乎总是存在于废水中,所以在所有硝化过程中,硝化菌都与异养微生物共存,并且硝化菌生成的 SMP 会进一步促进异养微生物的生长(Rittmann et al.,1994)。实验和模型计算结果表明,硝化细菌倾向于聚集在载体表面,而异养菌在生物膜的外表面附近占主导地位(Furumai and Rittmann,1994;Kissel et al.,1984;Rittmann and Manem,

1992)。这种"分层"是异养微生物具有较高的比增长速率的自然结果,这使得它们能够稳定地存在于生物膜外表面,经历强烈的脱落和捕食过程。此外,硝化菌成功地积聚在生物膜内部较深的地方,使其至少受到部分保护,防止其脱落和被捕食。第 7 章讨论了这种现象。

虽然生长缓慢的硝化菌生存在生物膜内部,有助于它们的稳定生存并免受冲刷,但同时也使它们对氧限制更敏感。因为一般在生物膜反应器中,溶解的氧气必须扩散通过异养微生物层,然后才能到达硝化菌层。异养菌层增加的传质阻力和氧气消耗,降低了硝化菌生物膜可获得的溶解氧浓度。当生物膜中对氧气敏感性较高的硝化菌与异养菌共存时(例如,对于许多异养微生物而言,K_O 约为 0.1mg/L),生物膜内部低溶解氧浓度对硝化菌的限制,会抵消生物膜对其保护的优势,除非主体液体中的 DO 浓度足够高。例如,Furumai 和 Rittmann(1994)发现,当总溶解氧浓度降至约 3mg/L 以下时,即使硝化菌在生物膜内部得到了很好的保护,系统依旧出现了硝化菌数量的减少以及废水中 NH_4^+-N 和 NO_2^--N 浓度的增加。

实际上,采用的最大 BOD 或 COD 表面负荷,在 $2\sim6kg\ BOD_L/(1000m^2 \cdot d)$ 范围内,可控制异养菌的竞争。当采用这样的有机负荷设计标准,同时增加了 NH_4^+-N 的表面负荷时,硝化性能通常是稳定的。这样可以保持足够的 DO 浓度,还可以防止载体堵塞、水流短路、生物膜脱落以及为控制异养菌生长过多而采用的过度反冲洗。较高的生物膜脱落速度,会阻碍硝化菌建立生物膜保护层,而从反应器中冲洗出。

表 13.7 总结了各种成功运行的生物膜工艺所采用的 N 和 BOD_L 表面负荷,可以看出这里的 N 和 BOD_L 负荷范围相对较窄。用于硝化的 BOD_L 负荷和用于严格好氧 BOD 氧化的 BOD_L 负荷范围是重叠的,这解释了为什么主要用于 BOD 氧化的生物膜工艺也会经常有硝化功能,只要 BOD 表面负荷低于典型范围即可。由于有机氮通常会水解释放出 NH_4^+-N,N 负荷应以 TKN 表示,而不仅仅是 NH_4^+-N。

表 13.7 在各种生物膜硝化工艺的成功案例中所使用的 N 和 BOD 表面负荷

工艺类型	N 表面负荷[a]/(kg N/(1000m · d))	BOD 表面负荷/(kg BOD_L/(1000m · d))
滴滤池	0.5～0.8	<4.4
生物转盘	0.2～0.6	<6
生物岩颗粒过滤	<0.7	<6
流化床	0.5	未给出
循环床	<1	未给出

注:(a) N 表面负荷应根据 TKN 浓度计算,而不仅仅是 NH_4^+-N 浓度,因为有机氮可以水解产生 NH_4^+-N。

当废水的 BOD_L/TKN 比值太大,无法同时满足两个表面负荷标准时,可以使用分级处理来减少硝化过程中的 BOD 负荷。两级生物滴滤工艺就是一个很好的例子。多级 RBCs 是另一个例子。通常,硝化作用发生在 RBCs 的后面几级,即 BOD 负荷在前面几级得到去除之后。在 RBCs 的硝化阶段,异养菌的生长减少,可以有更大的载体比表面供硝化菌附着生长。

例 13.6 常规生物膜硝化工艺设计

废水的流量为 $1000m^3/d$,进水中 BOD_L 浓度为 300mg/L;N 浓度为 50mg/L TKN。我们将设计一个实现完全硝化的单级和二级系统。

首先,每种电子供体的总质量负荷率为 300kg BOD_L/d 和 50kg TKN/d。这种 6∶1 的比例,是一般生活污水中的情况。

其次,对单级系统,我们通过计算 BOD_L 氧化和 TKN 硝化需要的生物膜面积,来确定所需的表面积,采用较大的值。对于 BOD_L,我们所使用的最大表面负荷为 4kg BOD_L/ $(1000m^2 \cdot d)$(请参见第 12 章)。这样得到的生物膜表面积为

$$A = (300kg\ BOD_L/d)/[4kg\ BOD_L/(1000m^2 \cdot d)] = 7.5 \times 10^4 m^2$$

可采用较为保守的 TKN 负荷 0.5kg $N/(1000m^2 \cdot d)$(表 13.7),进行类似上述的计算:
$$A = (50kg\ N/d)/[0.5kg\ N/(1000m^2 \cdot d)] = 10 \times 10^5 m^2$$
我们采用较大的面积值,即 $10 \times 10^5 m^2$。

最后,我们进行二级工艺设计。从 BOD_L 氧化开始。在第 12 章中,我们选择了 7kg BOD_L/ $(1000m^2 \cdot d)$ 这样较高的表面负荷。第一级硝化面积如下:
$$A_1 = (300kg\ BOD_L/d)/[7kg\ BOD_L/(1000m^2 \cdot d)] \approx 4.3 \times 10^4 m^2$$
接着,我们计算第二级硝化面积。在计算面积之前,我们必须根据第一级异养生物合成中所消耗的 N 来调整 TKN 负荷。遵循例 13.5 中讨论的方法,我们可以实现精确的计算。对于这个简单的示例,我们假设 TKN 负荷从 50kgN/d 减少到 40kgN/d。然后,我们假设一个并不很保守的 TKN 表面负荷,为 0.8kg $N/(1000m^2 \cdot d)$(请参见表 10.5),并计算第二级硝化面积。
$$A_2 = (40kg\ N/d)/[0.8kg\ N/(1000m^2 \cdot d)] = 5 \times 10^4 m^2$$
二级硝化工艺设计总的表面积为 $9.3 \times 10^4 m^2$,与单级硝化相比,节省了一小部分面积。另一方面,我们必须设计、搭建和运行两个独立的工艺系统。

13.3.5　复合工艺

硝化工艺是用复合悬浮生长/生物膜工艺来增加体积负荷率的应用之一。第 7 章介绍了复合工艺。硝化过程之所以受到广泛关注,是因为污水中的氨氮普遍需要被氧化处理,并且严格要求 SRT 必须足够长以维持硝化菌的缓慢生长。例 13.7 说明了如何通过增加生物膜表面积,来扩大超负荷活性污泥工艺的处理能力。

例 13.7　复合单级硝化工艺

例 13.4 提供了一种用于处理 $Q = 400m^3/d$,$BOD_L = 500mg/L$,TKN = 60mg/L,$X_i^0 = 25mg/L$,$T = 15℃$ 的单级硝化工艺的设计。20d 的 SRT 使系统具有足够的硝化作用和 BOD 去除能力,所需的系统总体积为 $374m^3$,MLVSS 为 3000mg/L。但是,我们现在假设由于结构缺陷迫使系统丧失了一半的使用体积。现在,当增加 MLVSS 以维持之前相同的 θ_x 时,污泥负荷将严重过载。实际上,最大的 MLVSS 仅约为 3000mg/L,相应的最大 SRT 为 10d。硝化和出水的 VSS 不能令人满意。

为了提高性能,我们建议向仍在运行的 $187m^3$ 的反应器中添加生物膜载体。决定添加边长为 3mm,湿密度为 1.02g/cm³ 的立方体载体。单位质量的立方体外部面积为 0.0196cm²/mg。假设反应器中立方体的最大重量占比为 10%,即 100 000mg/L。因此,生物膜表面积最大为 100 000mg/L × 0.0196cm²/mg = 1960cm²/L。低密度的立方体载体,将在用于供氧的曝气气泡的作用下,在反应器内保持循环。

为了获得与以前相同的性能,生物膜的平均 SRT 应该接近 20d。对于生物膜,这意味着 $b_{det}=0.05d^{-1}$,对应于表 13.6 中的硝化参数。假设所有的硝化菌均在生物膜中,则质量平衡为

$$0=Q(N^0-N)-aVJ$$

我们可以解该方程,求得 J 值。异养微生物将使用一些氨氮。考虑到该因素和其他因素,我们将假定硝化菌消耗的氨氮与例 13.5 中所述的单级反应器相同,即 44.1mg/L。我们尚不知道 N 的值,但与 N^0 相比 N 将很小。因此,我们假设它为零。则,

$$J=\frac{QN^0}{aV}=\left(\frac{400m^3}{d}\right)\left(\frac{44.1mg\ NH_4^+\text{-}N}{L}\right)\left(\frac{L}{1960cm^2}\right)\left(\frac{1}{187m^3}\right)\approx\frac{0.0481mg\ NH_4^+\text{-}N}{cm^2\cdot d}$$

使用第 7 章中描述的稳态生物膜数值解法,我们可以通过迭代计算,获得反应器可接受的底物浓度为 0.5mg NH_4^+-N/L。

对于 BOD 去除和异养微生物,没有必要假设所有生物量都在生物膜中,即生物膜 SRT 应为 20d。对于这种情况,我们假设异养微生物的 $b_{det}=0.1d^{-1}$,并且表 12.1 中的参数均适用。使用第 7 章中计算稳态生物膜通量的方法和表 12.1 中生物膜中 BOD_L 去除的数据,计算出的通量应为 0.018mg/($cm^2\cdot d$)。通过反应器中的生物膜去除的 BOD_L 的浓度为

$$\Delta S=\frac{aVJ}{Q}=\frac{1960\times187\times0.018}{400}\approx16.5mg/L$$

显然,这个数值是进入反应器的 500mg/L BOD_L 的一小部分。因此,大多数 BOD_L 必须通过反应器中悬浮的异养微生物进行去除。MLSS 的浓度需要加倍。对于这种紧急情况,我们可能会决定牺牲一些 BOD_L 去除,并允许出水浓度有所增加。

那么要问的一个问题是,如果需要生物膜与悬浮生物各去除 50% BOD_L,J 值是多少? 答案是:

$$J_{50}=\frac{\Delta SQ}{aV}=\frac{250\times400}{1960\times187}\approx0.27mg\ BOD_L/(cm^2\cdot d)$$

再次使用第 7 章中的稳态生物膜模型,并进行迭代计算,我们发现,如果我们接受 6mg/L 的出水 BOD_L,则可以获得更高的 BOD_L 通量。

该示例表明,如果添加足够大的表面积,并且允许出水中底物浓度升高,则可以显著提高悬浮生长工艺的处理能力。这种设计的成功,取决于工艺具有足够的曝气能力以保持生物膜载体悬浮,并且最重要的是,需以两倍于例 13.4 中讨论的曝气量供应氧气。

13.3.6 进水 BOD_L/TKN 值的作用

硝化系统受到进水 BOD_L/TKN 值的影响有 3 种。首先,如例 13.4 和例 13.5 所示,异养生物质的合成会消耗氮,并减少从氨氮到亚硝酸盐再到硝酸盐的氮元素通量。如果进水的 BOD_L/TKN 值足够大,例如大于约 25g BOD_L/g TKN,则系统很少或者没有还原氮可用于硝化。

其次,BOD_L/TKN 值决定了硝化菌占活性生物量的比例。由于硝化菌的 f_s^0 较低,它们占总生物量的比例也很低。对于城市污水中典型的 BOD_L/TKN 值(5~10g BOD_L/g N),硝化菌通常只占活性生物的 20%,在挥发性悬浮固体中只是占较小一部分。

最后，BOD_L/TKN 值对异养菌和硝化菌如何争夺共同资源、溶解氧和絮体或生物膜中的空间起到一定的控制作用。从长远来看，较高的 BOD_L/TKN 值倾向于迫使硝化菌进入絮体或生物膜更深的内层，对于硝化菌所需的底物，尤其是 NH_4^+ 和 O_2，这会产生更大的传质阻力（Kissel et al.，1984；Rittmann and Manem，1992）。在短期内，异养菌的高生长速率，可能会通过阻隔氮源、消耗氧气或将硝化菌从絮体或生物膜中清除而对硝化菌产生负面影响。

13.4　反硝化

反硝化是将 NO_3^- 或 NO_2^- 异化还原为 N_2 的过程。换句话说，NO_3^- 和 NO_2^- 是用于产生能量的电子受体。反硝化作用在异养和自养细菌中很普遍，其中许多细菌可以游走在氧呼吸和氮呼吸之间。

在环境生物技术中，当需要完全去除 N 时，需进行反硝化过程。一些重要的应用案例包括：对排放到流域的废水必须进行深度处理以防止富营养化；处理高氮废水，例如农业径流和养殖场废水；从含较高浓度 $NO_3^- + NO_2^-$ 的饮用水中去除氮素，从而降低婴儿高铁血红蛋白血症的风险。几乎在所有这些应用中，溶解性的氮氧化物转化为了氮气，并释放到大气中。为了进行反硝化，氮元素必须先成为其氧化物形式之一，即 NO_3^- 或 NO_2^-。由于许多废水中含有还原态氮，因此，常常需要将反硝化与能够产生氧化态氮的硝化过程联用。

关于反硝化的讨论分为 3 个部分。13.4.1 节讨论反硝化微生物和反硝化作用基本原理，以及反硝化反应的动力学特性。13.4.2 节介绍通常用于反硝化的各种处理系统。13.4.3 节涵盖了反硝化涉及的各种生物过程，包括反硝化效率、资源使用与生成，以及不同过程之间的能量关系。

13.4.1　反硝化菌的生理学特性

反硝化过程在自然界中普遍存在。反硝化菌常见于呈革兰氏阴性的变形菌门（Proteobacteria），例如假单胞菌（*Pseudomonas*）、产碱杆菌（*Alcaligenes*）、副球菌（*Paracoccus*）和硫杆菌（*Thiobacillus*）。一些革兰氏阳性菌，包括芽孢杆菌（*Bacillus*），也可以实现反硝化。甚至有少数嗜盐古菌，例如盐杆菌（*Halobacterium*），也能够进行反硝化。大部分反硝化菌都是需氧菌，这意味着当 O_2 变得有限时，它们才转换为 NO_3^- 或 NO_2^- 呼吸。

环境生物技术中使用的反硝化菌是可以使用有机或无机电子供体的化能营养型细菌。利用有机电子供体的菌是异养菌，其广泛存在于变形菌门中。一些自养反硝化菌可以利用 H_2 或还原态硫作为电子供体。在反硝化菌中包含一类独特的种群，即厌氧氨氧化微生物，它们是利用氨作为电子供体，利用亚硝酸盐将其氧化，并同时转化为 N_2 的自养生物。anammox 是厌氧氨氧化的简称，从名字就可看出其特性。厌氧氨氧化微生物也可以归属于反硝化菌，因为它们通过使用铵作为电子供体来生成 N_2。这就是为什么我们在反硝化部分而不是在之前的硝化部分中讨论它们的原因。由于其很高的新陈代谢多样性，各种类型的反硝化菌在土壤、沉积物、地表水、地下水和污水处理厂中都很常见。实际上，反硝化菌是地球上存在最广泛的微生物之一。

反硝化过程以逐步进行的方式实现，其中硝酸盐（NO_3^-）依次还原为亚硝酸盐（NO_2^-）、一氧化氮（NO）、一氧化二氮（N_2O）和氮气（N_2）。每个半反应和用于催化的酶如下：

$$NO_3^- + 2e^- + 2H^+ = NO_2^- + H_2O \qquad 硝酸盐还原酶$$

$$NO_2^- + e^- + 2H^+ = NO + H_2O \qquad 亚硝酸盐还原酶$$

$$NO + e^- + H^+ = \frac{1}{2}N_2O + \frac{1}{2}H_2O \qquad 一氧化氮还原酶$$

$$\frac{1}{2}N_2O + e^- + H^+ = \frac{1}{2}N_2 + \frac{1}{2}H_2O \qquad 一氧化二氮还原酶$$

从 NO_3^- 到 N_2 的总反应使硝酸盐减少了 $5e^-$ eq。第一步是双电子还原，而随后的 3 个步骤是单电子还原。

溶解氧浓度控制微生物是否利用氮呼吸。氧气浓度可以通过两种方式控制反硝化作用。首先，溶解氧浓度可以抑制几种氮还原酶基因的表达。人们通过研究假单胞菌发现，这些基因在溶解氧浓度为 $2.5\sim5mg\ O_2/L$ 时被抑制（Korner and Zumft，1989）。其次，高于零点几毫克氧每升的溶解氧浓度会抑制还原酶的活性（Rittmann and Langeland，1985；Tiedje，1988）。事实上，抑制还原酶基因的溶解氧浓度比抑制其活性的浓度要高得多，这也就意味着当溶解氧浓度远高于零时，反硝化过程仍会发生（de Silva and Rittmann，2000a，2000b；Rittmann and Langeland，1985）。当反硝化细菌位于絮体或生物膜内部时，其所处位置的溶解氧浓度低于主体溶液的溶解氧浓度，这种情况会更加明显（Rittrnann and Langeland，1985）。

尽管反硝化菌对 pH 不是特别敏感，但 pH 值不在 $7\sim8$ 的最佳范围时，可能会导致中间产物的积累。在低碱度水中，控制 pH 值可能会有所帮助，因为反硝化过程会产生强碱。通过平衡反应可以看出生成了碱，其中乙酸盐和 H_2 分别是异养型和自养型反硝化菌的电子供体。

$$CH_3COOH + \frac{8}{5}NO_3^- + \frac{4}{5}H_2O = \frac{4}{5}N_2 + 2H_2CO_3 + \frac{8}{5}OH^- \qquad (13.20)$$

$$4H_2 + \frac{8}{5}NO_3^- = \frac{4}{5}N_2 + \frac{8}{5}OH^- + \frac{16}{5}H_2O \qquad (13.21)$$

在这两种情况下，当还原 $8/5$ mol 的 NO_3^--N 时，水的碱度会增加 $8/5$ 强碱当量。以质量计算，碱度消耗增加了 $50/14\approx3.57mg\ CaCO_3/mg\ NO_3^-$-N。对于醋酸盐底物，这种情况发生了改变，这是由于 2mol 较弱的酸（H_2CO_3，$pK_a\approx6.3$）替换了 1mol 的弱酸（CH_3COOH，$pK_a\approx4.3$）。

尽管异养反硝化菌可以利用几乎所有种类的有机物，但实际应用中可以采用的仅仅是几种简单且廉价的有机物。添加外源有机物的方法，最早应用于硝酸盐浓度高但不含有机物的农田退水的反硝化（McCarty et al.，1969）。目前，在被评估的多种碳源中（甲醇、乙酸盐、葡萄糖和乙醇），甲醇（CH_3OH）是有效且相对便宜的有机物。由于成本低廉，甲醇已作为有机电子供体，经常被用于脱氮处理。然而，利用甲醇的细菌是甲烷氧化菌，作为一种碳氧化菌,它具有一些特殊的生化特性。

表 13.8 包含了微生物利用甲醇、污水 BOD、H_2、单质硫(S)和铵盐作为电子供体进行反硝化时,具有代表性的化学计量和动力学参数(在 20℃时)。分析表 13.8 中的值,可以了解反硝化菌以及反硝化过程如何进行。

(1)虽然利用常用碳源的异养菌的 f_s^0 值仅比好氧异养菌的 f_s^0 值略小(约 0.6),但自养反硝化菌的 f_s^0 值要小得多,类似于硝化菌。

(2)消耗甲醇的单碳氧化菌的 f_s^0 值低于其他异养菌的 f_s^0 值。

(3)真实产率与 f_s^0 值相对应。

(4)由于 $\hat{q}$ 和 b 值大致相似,约为 12.00g O_2/(g VSS_a · d)(表 13.8 中未给出)和 0.05d^{-1},因此 $[\theta_x^{min}]_{lim}$ 主要由 f_s^0 或 γ 控制。

(5)S_{min} 值小于 1mg/L,因此,可以防止出水中残留大量有机电子供体。

(6)对于生物膜过程,当生物膜脱落可以被忽略时,所有微生物类型均显示出高生长潜力(低 S_{min}^*)。此外,随着 b_{det} 的增加,自养过程受到生长限制(高 S_{min}^*)。

表 13.8　反硝化菌的典型化学计量和动力学参数,$T=20$℃

化学计量和动力学参数	电子供体				
	甲醇	BOD	H_2	$S^°$	NH_4^+-N(厌氧氨氧化)
碳源	甲醇	有机物	CO_2	CO_2	CO_2
f_s^0	0.36	0.52	0.21	0.13	0.14
γ/(mg VSS_a/g 供体)	0.270	0.260	0.850	0.100	0.105
$\hat{q}$/(g 供体/(g VSS_a · d))	6.90	12.00	1.60	8.10	0.73
K/(mg 供体/L)	9.1	1.0	1.0	n. a.	1.0
b/d^{-1}	0.05	0.05	0.05	0.05	0.02
$[\theta_x^{min}]$/d	0.55	0.33	0.76	1.30	10.00
S_{min}/(mg 供体/L)	0.250	0.017	0.040	n. a.	0.040
D/(cm^2/d)	1.3	1.0	1.6		1.3
S_{min}^*(未脱落)($b_{det}=0.2d^{-1}$)	0.027	0.017	0.040	0.066	0.040
	0.150	0.087	0.230	0.450	n. f.
K^*	1.8	0.4	2.9	n. a.	1.9

注:对于 K^*,$L=40\mu m$,$D_f/D=0.8$,$X_f=40$mg VSS_a/cm^3;n. a. 不适用;n. f. 不可行。

13.4.2　反硝化系统

图 13.3 展示了通常用于脱氮的 4 种不同的生物处理系统。下面根据不同工艺所使用和产生的资源、潜在的温室气体排放、发展状况以及每种方法目前的潜在局限性,对它们的反硝化性能进行了比较。

系统 A 用于传统的有机物氧化以及硝化/反硝化,反硝化使用外加有机电子供体。在这个工艺中,废水中的有机物在第一个反应器中被氧化,没有给随后的反硝化单元留下任何有机物。硝化与有机物氧化一并在第一个反应器或可能在第二个反应器中进行。由于没有有机物,必须在反硝化反应器中外加电子供体进行脱氮。前已述及,可以使用甲醇,因为与其他常用的简单有机物(如醋酸盐、乙醇和糖)相比,它是最廉价的(McCarty et al. ,1969)。一些处理厂仍在使用甲醇。

系统 B 是一个值得推荐的系统,可利用厌氧氨氧化微生物进行反硝化脱氮,尽管这一系统尚未在实际工程中得到应用,但是在倡导可持续性理念、创建和谐环境的道路上,系统 B 是非常值得推荐的。同样,有机物在第一个反应器中以好氧或厌氧的方式去除。在第二个反应器中,大约一半的氨发生了硝化反应,但硝化反应只停留在亚硝酸盐阶段,然后亚硝酸盐在第三个反应器中作为厌氧氨氧化菌的电子受体,将铵盐氧化的同时也将亚硝酸盐还原为氮气。也可以在单个反应器中,同时存在由硝化菌进行的部分硝化作用和厌氧氨氧化菌进行的反硝化作用。与系统 A 相比,系统 B 最大的优点是不需要外加电子供体,事实上,硝化的氧需求量不到系统 A 所需的一半。如果在系统 B 的第一个反应器,采用厌氧处理而不是好氧处理,则氧需求量会进一步减少,同时还可以甲烷的形式产生更多的能量。许多人正在探索建立一个高效、可靠的厌氧有机物氧化-厌氧氨氧化反硝化系统,虽然这样的系统尚未投入工程应用,其潜在能源效益可能是巨大的。

系统 C 是一种目前广泛使用的方法,它可以在不投加外部电子供体的情况下实现传统的反硝化作用。这是前置反硝化脱氮工艺,即改进的 Ludzack-Ettinger(MLE)工艺。在这个工艺中,反硝化是在第一个反应器即缺氧反应器中进行的,这就是为什么称它为前置反硝化。用于反硝化的硝酸盐(或)亚硝酸盐在第二个反应器中形成,并回流到第一个反应器中,第一个反应器也接收进水中的有机物,从而使硝酸盐和(或)亚硝酸盐在其中反硝化为氮气。要获得较高的反硝化脱氮效果,需要一个较高的混合液(硝酸盐)回流率,以尽量减少硝酸盐流失。然而,从第二个好氧反应器回流的混合液中,含有溶解氧,会降低反硝化的效率。可以使用的最大回流量为进水流量的 5 倍左右(Ekama and Wentzel,2008)。与系统 A 相比,该系统的优点是,由于大部分有机物被用于硝酸盐还原,而不是直接被好氧有机物氧化,因此总氧需求量显著降低。事实上,如果处理目标是减少受纳水体的氧需求,只需要将氨氮转化为硝酸盐。使用设置了前置反硝化的系统 C,不仅仅是单纯的硝化,而且可以实现在较低的供氧量条件下的总氮去除。

系统 D 的应用越来越广泛,特别是当 BOD/N 比值过低,使用其他系统,如系统 C 难以实现完全脱氮时。在系统 D 中,将厌氧氨氧化用于去除污泥厌氧消化的上清液中的氨氮。与主流厌氧氨氧化法相比,侧流厌氧氨氧化法的优点是处理对象的温度较高,更有利生长缓慢的厌氧氨氧化菌的生长;氨浓度的日变化也比较小(因此只需控制曝气量即可完成部分硝化);废水流量较小(氨浓度较高),使侧流反应器的体积相对较小。

这里我们并没有讨论上述系统中使用的反应器类型。任何一个系统都可以采用,如分散生长或生物膜反应器。它们可以是完全混合的、推流式的或者是续批式反应器。每种反应器都有前面章节讨论过的优缺点,使用各种反应器的组合工艺可能是有利的。根据废水或其他条件,可以使用初级处理,也可以不使用。我们的目标不是深入讨论这些细节,而是对系统处理效率、资源需求、能源需求或生产、排放特性以及每个系统产生温室气体的潜力等进行比较。结果将在 13.4.3 节中进行介绍、比较和讨论。

处理系统A—直接硝化/反硝化

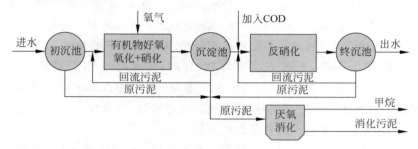

处理系统B—主流厌氧氨氧化

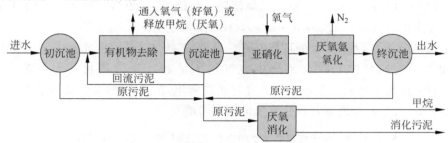

处理系统C—循环硝化/反硝化

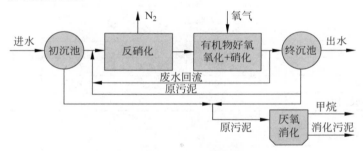

处理系统D—循环硝化/反硝化+侧流厌氧氨氧化

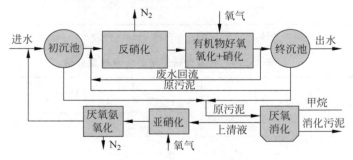

图 13.3　脱氮系统示意图

(来源：改编自 McCarty(2018)，版权 2018 美国化学会)

13.4.3　脱氮系统的比较

McCarty(2018)从资源的使用和生产两个方面，基于简化的化学计量方程[式(13.4)～式(13.9)]和质量平衡方法，对图 13.3 所示的脱氮系统进行了评估。

假设处理一般城市污水，流量为 $4000m^3/d$，进水 BOD 为 400mg/L，氨氮和有机氮浓度分别为 30mg/L 和 20mg/L，VSS 总浓度为 200mg/L。采用两种初沉池，VSS 的去除率一般值为 65%，化学强化沉淀 100%。假定进水 VSS 的生物可降解部分占 76%。当 COD/VSS 比值为 1.42g COD/g VSS，VSS 去除率为 100% 时，初沉池的 BOD 去除率为 $0.76 \times 200 \times 1.42/400$ 即 54%。如果初沉池的 VSS 去除率是 65%，那么 BOD_L 去除率为 0.65×54 即 35%。评估了氨氮常规硝化成硝酸盐，然后反硝化脱氮，以及仅发生短程硝化与反硝化脱氮的情况。表 13.9 列出了用于这些分析的其他假设。

表 13.10 列出了化学计量分析的结果。其中包括甲烷燃烧所产生的能量与供氧所需能量的比率（即 CH_4/O_2 能量比率）。甲烷燃烧使用的数值为 $9.92kW \cdot h/m^3$（STP）（Kim et al.，2011），氧气使用的数值为 $1.00kW \cdot h/kg$（Owen，1982）。

从上面的分析看，系统 A1 的环境友好性最低，系统 A1 采用传统硝化与反硝化，反硝化需要添加外源有机物（COD）。系统的氧气使用量和产生的消化污泥量都是最高的，CH_4/O_2 能量比是最低的。系统 A2，只进行亚硝硝化，稍微有利（节省部分溶解氧），但仍然劣于其他系统。系统 A 的唯一优势是氮的去除率略高。

表 13.9　用于氮去除分析的参数 f_s^0、SRT 和去除效率的假定值

反应	f_s^0	b/d^{-1}	SRT/d	f_s	处理效率/%
好氧与厌氧氧化					
系统 B1	0.555	0.05	6	0.449	95
系统 A、C 和 D	0.555	0.05	12	0.385	95
有机物产甲烷	0.080	0.03	70	0.037	95
氨氧化成亚硝酸盐	0.090	0.05	12	0.063	90
亚硝酸盐氧化成硝酸盐	0.070	0.05	12	0.049	90
氨氧化成硝酸盐	0.080	0.05	12	0.056	90
亚硝酸盐或硝酸盐反硝化为 N_2					
系统 A	0.500	0.05	6	0.408	95
系统 C 和 D	0.500	0.05	12	0.350	95
厌氧氨氧化	0.080	0.05	20	0.048	95

资料来源：改编自 McCarty（2018）版权所有 2018 American Chemical Society。

表 13.10　脱氮处理系统的化学计量分析

系统	处理	N 去除/%	添加 COD /(kg/d)	使用 O_2 /(kg/d)	消化污泥 /(kg/d)	CH_4/ (m^3/d) STP	CH_4/O_2 ER	出水 N/ (mg/L) Org.	NH_3	NO_2^-	NO_3^-
A.	65%初级悬浮固体去除										
	硝化/反硝化										
A1	硝化	98	724	1272	468	297	2.3	0.9	0.0	0.0	0.0
A2	亚硝化	94	420	1112	424	280	2.5	0.7	0.6	1.8	0.0
	主流厌氧氨氧化										
B1	好氧有机物氧化	93		832	388	258	3.1	0.6	0.4	1.0	1.4

续表

系统	处理	N 去除/%	添加 COD/(kg/d)	使用 O₂/(kg/d)	消化污泥/(kg/d)	CH₄/(m³/d) STP	CH₄/O₂ ER	出水 N/(mg/L) Org.	NH₃	NO₂⁻	NO₃⁻
B2	产甲烷	93		320	252	526	16.3	0.2	0.5	1.1	1.5
带回流的反硝化/硝化(A/O)											
C1	硝化	85		960	372	252	2.6	0.1	0.7	0.0	6.8
C2	亚硝化	85		928	372	252	2.7	0.1	0.7	6.8	0.0
主流反硝化/硝化(A/O)+侧流厌氧氨氧化											
D1	硝化	90		936	372	252	2.7	0.1	0.5	0.0	4.6
D2	亚硝化	90		916	372	252	2.7	0.1	0.5	4.5	0.0
B.	100%初级悬浮固体去除										
硝化/反硝化											
A1	硝化	99	744	1120	452	375	3.3	0.0	0.0	0.0	0.0
A2	亚硝化	94	432	936	408	358	3.8	0.3	0.6	1.9	0.0
主流厌氧氨氧化											
B1	好氧有机物氧化	93		672	364	336	5.0	0.4	0.6	1.0	1.4
B₂	产甲烷	93		308	268	526	16.9	0.1	0.7	1.1	1.5
带回流的反硝化/硝化(A/O)											
C1	硝化	85		784	352	330	4.2	0.1	0.8	0.0	6.9
C2	亚硝化	85		752	352	330	4.4	0.1	0.8	6.9	0.0
主流反硝化/硝化(A/O)+侧流厌氧氨氧化											
D1	硝化	91		752	352	330	4.4	0.1	0.4	0.0	4.1
D2	亚硝化	91		732	352	330	4.5	0.1	0.4	4.0	0.0

资料来源：改编自 McCarty(2018)版权所有 2018 American Chemical Society.

系统 B2 是最好的系统,主流厌氧处理加厌氧氨氧化脱氮。其需 O₂ 量和消化污泥产生量远远低于任何其他系统,而产甲烷量和 CH₄/O₂ 能量比远远大于其他系统。这个工艺面临的挑战是,主流厌氧处理或主流厌氧氨氧化处理尚未实现工程化应用(2020)。然而,这两种方法都已经在实验室和中试研究中得到证明,并且由于它们具有显著的潜在优势,有大量研究工作正在开展,旨在推动它们的普遍应用。

与系统 A 比较,系统 B1 是一个更好的选择,采用主流好氧处理加厌氧氨氧化脱氮,通常认为这一工艺比传统硝化/反硝化工艺具有显著优势,与系统 A1 和系统 A2 比较,优势是明显的,但与系统 C1 和系统 C2 比较时则不然。后者在好氧处理之前使用厌氧处理,利用氧化氮形式作为电子受体而不是 O₂ 进行有机物氧化。因此,只要废水中 BOD 与氨氮的比例足够高,就不需要外加有机物。与系统 C 相比,系统 B1 的 O₂ 使用量可减少约 15%,其CH₄/O₂ 能量比也略高一些,但消化污泥产率和甲烷的产量是相似的。

主流厌氧氨氧化工艺比传统硝化/反硝化工艺更加复杂,这阻碍了它的应用。厌氧氨氧化微生物的生长速度异常缓慢,需要较长的 SRT 才能具有足够的活性。此外,在这个过程中,只将适量的氨氧化到亚硝酸盐,由于进水中氨氮浓度的变化范围较大,严格控制相应的氧气供应量是很困难的。如果提供的氧气过多,就会发生传统硝化,将氨氧化成硝酸盐。如果供应的氧气太少,氨氧化成亚硝酸盐的量会不足。无论哪种方式,脱氮都是不彻底的。因此,使用系统 C(带回流的反硝化/硝化),虽然比主流的厌氧氨氧化需要更多的氧气和能源,但更容易控制也更可靠。

目前(2000 年),系统 D 的使用越来越多,特别是在 BOD/NH$_4^+$-N 比较低的情况下。将厌氧氨氧化用于侧流反硝化,即用于去除污泥消化液中较高浓度的氨氮。在此处,温度更高,更有利于厌氧氨氧化微生物的生长。如表 13.10 所示,与系统 C 相比,系统 D 的主要优点是,N 去除率比系统 C 高 5%,O$_2$ 利用率却低 2%,但这一点并不足以支持使用 D 系统,因为要在处理系统中加入复杂的侧流系统,除非进水 BOD/NH$_4^+$-N 太低,不宜用传统反硝化/硝化工艺,才选用它。

还有一种不使用主流厌氧处理而减少氧气消耗和增加甲烷产量的方法,是将更多可降解有机物浓缩,送往厌氧消化池。实现这一目标的一种方法,是在进水中加入化学药剂,进行化学强化的初级沉淀。另一种方法是在第一阶段活性污泥法中使用非常短的 SRT,以提高污泥净产量(即增加 f_s),同时降低耗氧量。这种改变产生的结果类似于化学强化初级沉淀,表 13.10 后面的部分说明了这一点。在初级沉淀中加强对 BOD 的去除,可显著降低传统硝化/反硝化可利用的 BOD,但就本研究所假定的进水浓度而言,可利用的 BOD 足以避免反硝化过程中 BOD 缺乏。

初级固体去除率为 100% 的系统与去除率为 65% 的系统之间的相对差异不显著。然而,按绝对值计算,将较高百分比的有机 BOD 送入厌氧消化可显著降低 O$_2$ 的需求量和消化污泥产量,同时增加甲烷产量和 CH$_4$/O$_2$ 能量比。氮的去除变化不大。虽然系统 D 的改进意义重大(与系统 A 和系统 C 相比),而且目前正在实施中,但它们的优势与系统 B2 并不可比,主流厌氧处理加厌氧氨氧化工艺(系统 B2)的潜在优势更突出。成功建立有效和可靠的系统 B2,将是朝着更好的环境可持续性迈出的一大步。

表 13.10 中一个特别重要的参数是 CH$_4$/O$_2$ 能量比。将甲烷能量转化为电能的能效约为 33%,这意味着需要能量比约等于 3,来抵消曝气所需的能量。由于提供氧气所需的能量大约是整个污水厂运行所需能量的一半,所以总体需要的能量比为 6。强化初级沉淀在所有情况下都能达到 3 或更高的能量比。采用主流好氧氧化加厌氧氨氧化处理的系统 B1,其能量比可以接近 6,采用主流厌氧处理加厌氧氨氧化的系统 B2,其 CH$_4$/O$_2$ 能量比大于 16。因此,系统 B2 将是一个杰出的净能源生产者。

甲烷产能不容忽视的一个方面是充分利用甲烷燃烧产生的废热。一个方案是利用废热来干燥原污泥或消化污泥,利于后续的焚烧,从而减少废弃污泥处理的问题和成本,并有可能在燃烧过程中产生更多的能量(Scherson and Criddle,2014)。

这项分析的一个重要作用是,明晰当进水 BOD/NH$_4^+$-N 比太低时,不能进行有效的传统反硝化/硝化(系统 C1 和系统 C2)。Daigger(2014)发现,理论上最低需要的 BOD$_L$/N 比,在进行硝化时为 3.4~4.0,亚硝化时为 2.0~2.5,厌氧氨氧化时为 0.5。这些值是在常用的 SRT 条件下,用于细胞合成的氮量的差异。在表 13.10 的分析示例中,BOD$_L$ 与总氮的输入比率为 400/50 即 8.0g BOD$_L$/g N,远高于理论需求。然而,进水中的部分氮是难处理的有机化合物,并会通过初级沉淀部分去除。那么,BOD$_L$ 与总氮比值是多少时,会限制系统 C 的使用?为了确定这一点,设进水总氮为 50mg/L,然后 BOD$_L$ 从 400mg/L 逐步降低直到 BOD$_L$ 不足(McCarty,2018)。进水 VSS/BOD$_L$ 维持在 200/400 即 0.5g VSS/g BOD$_L$,进水有机氮与 VSS 比值维持在 0.1g N/g VSS。说明进水 BOD_L 逐步降低,但氨氮的浓度增加以保持总氮在 50mg/L。结果总结在表 13.11 中。

值得注意的是,与进行硝化相比,只发生亚硝化的带回流的反硝化/硝化系统所需的 BOD_L/N 比要低得多。另外,当采用侧流厌氧氨氧化处理时,所需的 BOD_L/N 比值可能会显著降低,这是使用厌氧氨氧化的主要原因。与初级沉淀的去除率达到 100% 相比,初级沉淀去除率为 65% 时,需要的 BOD_L/N 比值更低,因为前者的大部分 BOD 转化为甲烷,无法用于反硝化。一般,初级沉淀的 VSS 去除率为 65%,无侧流厌氧氨氧化处理时,亚硝化和硝化的实际操作比分别为 5.2 和 3.3。这比理论值分别高 25% 和 40%(Daigger,2014),主要是因为初级沉淀去除了 BOD。采用化学强化初级沉淀时,对 BOD 更高的去除率,可以通过使用侧流厌氧氨氧化来平衡。

表 13.11 对于系统 C 与系统 D,当进水总氮为 50mg/L,回流比为 5∶1,初沉池 VSS 去除率分别为 65% 和 100% 时,保证总氮去除率容许的最低 BOD_L/N 比值

系统	处理	65%初级沉降			100%初级沉降		
		N 去除率/%	最小的 BOD_L/(mg/L)	进水 BOD_L/N	N 去除率/%	最小的 BOD_L/(mg/L)	进水 BOD_L/N
反硝化/硝化(A/O)							
C1	硝化	84	258	5.2	84	326	6.5
C2	亚硝化	83	164	3.3	83	208	4.2
主流反硝化/硝化(A/O)+侧流厌氧氨氧化							
D1	硝化	86	222	4.4	87	260	5.2
D2	亚硝化	85	148	3.0	86	179	3.6

资料来源:改编自 McCarty(2018)版权所有 2018 American Chemical Society。

总体而言,图 13.3 所示各种工艺中,哪一个是最佳选择取决于废水的特性和所涉及的具体情况。因此,在设计用于脱氮的废水处理系统时,充分了解各种参数与影响因素是非常重要的。

13.5 硝化和反硝化系统

多种分散生长和生物膜反应器可用于硝化和反硝化。不同反应器类型的生物反应动力学不同,如第 6 章、第 7 章和第 9 章所述。对于给定的温度和 SRT,影响反应效率的因素也可能不同。然而,任何反应器在稳态运行时,在给定的 SRT 和微生物衰减率 b 下,电子供体转换为能量和用于合成的比例是相同的,如式(6.37)所示。这意味着,对于确定的预期处理效率、SRT 和 b,设计处理系统时,可以采用化学计量方程(第 5 章)定量计算电子受体、N 和 P 营养素的需求,以及反应的最终产物,如细菌细胞和其他最终产物的质量。在 13.4.3 节,已经对几个脱氮系统进行了计算与说明。

常见的各种基质的处理效率在 90%~95%,如 13.4.3 节所述。据此,在一个反应器时,需要计算反应器尺寸和其他特性,以满足设定的 SRT 和期望的去除率。如 9.2.2 节所示,对反应动力学进行更详细的分析,是否是设计中必须进行的步骤有待商榷。对于 SRT 安全系数为 3~6,S^0/K 大于 10 的分散生长处理系统尤其如此。这样,可以预期单个底物的处理效率超过

90%。然而,对于具有物质传输阻力的生物膜反应器来说,这可能并不适用。关于物质传输效应在 13.5.1 节有更多讨论。关于侧流厌氧氨氧化物处理在 13.5.4 节讨论。

13.5.1 生物膜反应器

反硝化是各种生物膜工艺最简单的应用之一,没有对 O_2 的转移需求,从而减轻了对体积负荷的限制。另外,通过生物膜附着的积累,消除了由于沉淀池对生物膜反应器体积的限制。因此,可以采用比好氧生物膜工艺高得多的容积负荷。

尽管氧化形式的氮(如硝酸盐)是目标污染物,但电子供体一般是限速基质。因此,反硝化生物膜系统的设计应以电子供体通量为基础。一系列不同的生物膜系统的成功运行表明,采用高负荷区域的供体通量,基本上能保证废水中氮的完全去除。特别是在有机供体的 J(通量值)处于 $15\sim22\mathrm{g\ BOD_L}/(\mathrm{m^2 \cdot d})$ 之间、H_2 作为自养电子供体、通量为 15kg OD/$(1000\mathrm{m^2 \cdot d})$ 时,几乎可以完全去除 NH_4^+。从化学计量学来看,NO_3^- 通量$[\mathrm{g\ N}/(\mathrm{m^2 \cdot d})]$是必需的供体通量值的 $1/4\sim1/3$。

只要氧气的引入能保持在最低水平,且不发生堵塞,几乎所有的生物膜系统都能很好地进行传统反硝化。成功的系统包括:

- 限制空气流通的生物转盘反应器;
- 岩石、砂子、石灰石或塑料为载体介质的淹没式固定床;
- 砂子、活性炭、离子交换树脂或自然形成的颗粒污泥流化床;
- 采用透气膜供 H_2(或在厌氧氨氧化反应器中供 O_2),也用作生物膜附着表面的膜生物膜反应器。

这类生物膜反应器也可以用作厌氧氨氧化系统,将氨氮部分氧化为亚硝酸盐,然后再将其转化为 N_2,过程中需严格控制 O_2,仅将大约一半的氨氮氧化为亚硝酸盐。一个可供参考的方法是使用 SBR,在好氧阶段氧化有机物并将氨氧化为亚硝酸盐,然后在缺氧阶段将氨和亚硝酸盐转化为 N_2(Lotti et al.,2015;Winkler et al.,2012)。对于任何生物膜反应器,当在非堵塞配置中使用高比表面积的载体介质时,水力停留时间可以很低。例如,在某些情况下,使用流化床和膜生物膜反应器,水力停留时间可缩短至 $10\sim20\mathrm{min}$(Rittmann,2018; Shin et al.,2012,Ziv-El and Rittmann,2009a)。

例 13.8 使用 H_2 作为电子供体的反硝化流化床。

采用流化床,通过自养反硝化处理某一废水,流量为 $1000\mathrm{m^3}/\mathrm{d}$,含有 50mg NO_3^--N/L。通过控制生物膜脱落速率,使得平均 SRT 为 15d,系统中未发生 O_2 转移。我们来进行一个流化床的初步设计,使用的载体颗粒直径为 0.75mm,流化床的载体比表面积为 $4000\mathrm{m^2}/\mathrm{m^3}$。选择的 H_2 通量相当于 20g OD/$(\mathrm{m^2 \cdot d})$,这是一个高负荷过程。

使用式(6.37)和表 13.8 中的值,我们得到 f_s 和 f_e:

$$f_s = 0.21\frac{1+0.2\times0.05\times15}{1+0.05\times15}\approx0.138,\quad f_e=1-0.138=0.862$$

根据表 5.5,H_2 作为电子供体的式 I-5 和硝酸盐作为电子受体的式 I-7,我们推导出以下半方程式:

硝酸盐作为受体:

$$0.862\left(\frac{1}{5}NO_3^- + \frac{6}{5}H^+ + e^- = \frac{1}{10}N_2 + \frac{3}{5}H_2O\right)$$

NH_4^+ 为氮源的合成：

$$0.138\left(\frac{1}{5}CO_2 + \frac{1}{20}NH_4^+ + \frac{1}{20}HCO_3^- + H^+ + e^- = \frac{1}{20}C_5H_7O_2N + \frac{9}{20}H_2O\right)$$

H_2 作为电子供体：

$$\frac{1}{2}H_2 = H^+ + e^-$$

可以得到需要 H_2 的量为

$$H_2 = \frac{50mg\ NO_3^-}{L}\left(\frac{1000m^3}{d}\right)\left[\frac{0.5 \times 2g\ H_2}{(0.862/5) \times 14g\ NO_3^- - N}\right]\left(\frac{kg \cdot L}{10^3 mg \cdot m^3}\right) \approx 20.7kg\ H_2/d$$

可以转化为：

$$\frac{20.7kg\ H_2}{d}\left[\frac{8g\ OD}{0.5 \times 2g\ H_2}\right] \approx 166kg\ OD/d$$

当比表面积为 $4000m^2/m^3$ 以及表面负荷为 $20g\ OD/(m^2 \cdot d) = 20kg\ OD/(1000m^2 \cdot d)$，体积则为

$$V = \frac{166kg\ OD}{d}\left(\frac{1000m^2}{20kg\ OD}\right)\left(\frac{m^3}{4000m^2}\right) \approx 2.08m^3$$

那么，水力停留时间为

$$\theta_{calc} = \frac{V}{Q} = \frac{2.08m^3}{1000m^3/d} = 0.00208d \approx 3.0min$$

较短的停留时间可能导致相当高的上升流速，这取决于所选择的反应器横截面积。水流向上流动的速度需要与流化床中使用的载体颗粒的沉降速度一致。

H_2 的输送速率为 $20.7kg\ H_2/d$，在 $1000m^3/d$ 的流量时，相应的 H_2 浓度约为 $21mg/L$，这个浓度是 H_2 溶解度的 10 倍以上。因此，H_2 转移过程是必需的，并可能影响反应器停留时间。原则上，可以向流化床反应器中曝 H_2，但这可能会由于在尾气中存在可燃气体（H_2），而造成安全问题。这就引出了下一个例子，其中 H_2 通过膜扩散进入反应器（Lee and Rittmann，2002）。

例 13.9　在膜生物膜反应器中，利用无泡曝气进行基于 H_2 的反硝化

处理的废水与例 13.6 中的废水（$50mg\ NO_3^- - N/L$，流量为 $1000m^3/d$）一致。将其在膜生物膜反应器（MBfR）中进行自养反硝化处理。在 MBfR 中，气体从无孔中空纤维膜的内腔进入，并通过膜壁扩散，直接进入膜外表面的生物膜。供 H_2 量与需要去除的 NO_3^- 成比例。供 H_2 量与膜内的 H_2 压力成正比（Tang et al.，2012）。合理的 $NO_3^- - N$ 通量为 $3g\ NO_3^- - N/(m^2 \cdot d)$（Ziv-El and Rittmann，2009b），在商业规模的 MBfR 中，生物膜的比表面积约为 $800m^2/m^3$。在 MBfR 中，生物膜脱落率较低，可以对其进行控制，使平均 SRT 为 15d（如前例）。此系统没有 O_2 转移。

化学计量方程与前一个例子相同，这意味着 H_2 的需求为 $166kg\ H_2/d$，总氮的去除量为 $50kg\ N/d$。

当比表面积为 $800m^2/m^3$，表面负荷为 $3g\ N/(m^2 \cdot d) = 3kg\ N/(1000m^2 \cdot d)$ 时，体积为

$$V = \frac{50\text{kg N}}{\text{d}} \left(\frac{1000\text{m}^2}{3\text{kg OD}} \right) \left(\frac{\text{m}^3}{800\text{m}^2} \right) \approx 20\text{m}^3$$

水力停留时间为

$$\theta_{\text{calc}} = \frac{V}{Q} = \frac{20\text{m}^3}{1000\text{m}^3/\text{d}} = 0.02\text{d} \approx 30\text{min}$$

同样,这是一个短的水力停留时间。此外,MBfR 解决了低溶解度 H_2 的有效供给面临的问题。

13.5.2 Barnard 脱氮工艺

图 13.3 中的系统 C,带回流的反硝化/硝化系统的一个操作难点是,硝酸盐去除效率取决于从最终反应器和沉淀池到第一反应器的混合液和污泥回流率。对于系统 C1,为了实现 85% 的氮去除[表 13.10(A 部分)],需要的回流率为 5。混合液回流需要能量,高回流率也会引起其他问题,特别是从好氧系统中带回到缺氧池太多溶解氧。詹姆斯·巴纳德博士(Barnard,1975)在多年前开发了 Barnard 工艺,这个工艺可以在不增加回流率的条件下,获得较好的脱氮效果。如图 13.4 所示,Barnard 工艺从经典的反硝化缺氧反应器(反应器 1)开始,然后是用于有机物氧化和硝化的好氧反应器(反应器 2)。基于流量 Q,这两个反应器的典型水力停留时间为 14h 左右,范围为 7~24h,对于 Q_{R2}(从反应器 2 到反应器 1),回流率为 400%,约 80% 的进水 TKN 被反硝化为 N,约 20% 的进水 TKN 以 NO_3^--N 的形式出现在反应器 2 的出水中。如果进水 TKN 为 50mg/L,反应器 2 出水中的 NO_3^--N 浓度约为 10mg/L。

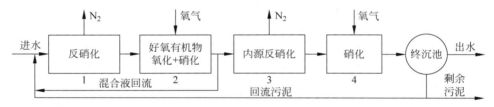

图 13.4 Barnard 脱氮工艺

反应器 2 的出水进入 3 号反应器,来自反应器 2 中的微生物,在反应器 3 中通过内源呼吸作用,提供碳源,促进剩余的 10mg NO_3^--N/L 反硝化至 N_2。典型的水力停留时间为 3h,细胞衰亡释放的 NH_4^+-N 量约为 0.3mg NH_4^+-N/mg NO_3^--N。因此,反应器 3 的出水中,含有约 3mg NH_4^+-N/L。

为了将 NH_4^+-N 氧化为 NO_3^--N,反应器 4 的水力停留时间大约 1h,需要曝气。因此,Barnard 工艺出水中的 NO_3^--N 浓度约为 3mg/L,即进水总氮 TKN 的 6%,因此系统总氮去除率达到 94%。沉淀池按照延时曝气系统的参数设计,执行通常的沉淀功能。

Barnard 工艺在世界范围内已经得到了广泛的应用,可以达到 90% 以上的总氮去除率。它由多个反应器组成,有相对较长的水力停留时间,以及从反应器 2 到反应器 1 的很高的混合液回流率。而且,一个额外的优势是,如第 14 章所述,这个系统也可以实现磷的去除。

13.5.3　序批式反应器

序批式反应器(SBR)在主流和侧流脱氮中,均得到了越来越广泛的应用。SBR 可以解决高回流率和相应的能耗成本等问题。图 13.5 说明了一个典型的 9h 循环周期,实现 N 去除大于 90% 的 SBR 的例子。第一个是缺氧进水阶段,进水的 BOD 被用作电子供体,进行 NO_3^- 的反硝化,NO_3^- 是上一个循环剩余的,同时剩余的还有沉降的生物固体。第二个是好氧反应阶段,将进水中的 TKN 氧化为 NO_3^-,同时好氧氧化剩余的 BOD。第三个又是缺氧阶段,反硝化剩余的 NO_3^-,主要是通过微生物的内源呼吸提供碳源,同时会释放一些 NH_4^+-N。第四个是好氧阶段,将前一阶段微生物产生的 NH_4^+-N 转化为 NO_3^-,其中一部分在生物固体沉降(第五阶段)后,排放到废水中,其余的则进入下一个循环的第一阶段。SBR 的五段循环在时间上的功能与 Barnard 五级反应器系统在空间上的功能几乎相同。重要的不同之处在于,SBR 避免了 Barnard 工艺中的高回流造成的高能耗成本。当然,需要两个或更多的 SBR,来处理连续的进水。

虽然 SBR 循环周期一般为 8～12h,但 SRT 和 HRT 与 Barnard 循环相似。SRT 为 15d 或更长时间,而 HRT 为 24h 左右。可以灵活调整 SBR 的操作步骤,比如仅保留缺氧段用于反硝化,或构成类似于图 13.3 中的 C 系统,这时,只保留缺氧反应、好氧反应、沉淀和出水阶段。

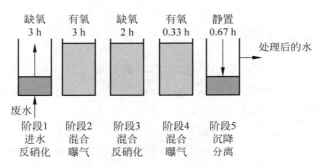

图 13.5　一个 SBR 典型的 9 小时阶段循环周期,N 去除率为 90%

13.5.4　侧流厌氧氨氧化

虽然直到 20 世纪 90 年代才发现了可以将氨氧化转化为氮的厌氧氨氧化工艺,但这种独特的工艺在侧流反硝化中的工程应用却发展得非常迅速,到 2014 年已有至少 100 个工程应用(Lackner et al. ,2014)。该工艺的第一个用于废水处理的工程案例,是用在侧流处理中,处理的对象通常是污泥厌氧消化的上清液,其温度较高,在 35℃ 左右,适合生长缓慢的厌氧氨氧化微生物的生长;氨氮浓度高,通常为 500～1500mg/L。主要的挑战,是如何设计侧流脱氮反应器,可以维持厌氧氨氧化菌的生存,它们需要较长的 SRT。

表 13.8 表明,温度在 20℃ 时,厌氧氨氧化微生物需要的最低 SRT 限值为 10d。温度在 35℃ 时,这个数值只有一半。如果安全系数为 4,设计的 SRT 大约需要 20d。应如何设计这种侧流厌氧氨氧化处理的最佳反应器呢?有几种已用于工程应用的设计(Lackner et al. ,2014)。根据调研结果,约 80% 的工程系统采用了 DEMON® 两段硝化-厌氧氨氧化工艺,它

是一组连续进料的 SBRs,控制曝气量(操作溶解氧浓度为 0.3～0.5mg/L),将氨氮转化为亚硝酸盐,然后进行缺氧条件下的厌氧氨氧化处理,将亚硝酸盐和氨氮转化为 N_2。运行中,当氨氮浓度超过一个上限时,曝气被自动开启,然后,当 pH 值或氨浓度低于一个下限时,曝气停止。通常,控制低溶解氧浓度,以降低亚硝酸盐生成速率,这个速率过高,可能会导致亚硝酸盐浓度过高,进而转化为不希望出现的硝酸盐(Wett,2007)。亚硝酸盐虽然是厌氧氨氧化生物的必要底物,但在较高浓度下也可以成为抑制剂。针对 DEMON 工程的研究发现,可将亚硝酸盐氮浓度维持在低且可接受的浓度是 5mg/L,可以避免其抑制作用(Wett,2007)。

其他用于侧流的反应器类型和运行方式包括间歇与连续进料、悬浮与附着生长、控制曝气以及一阶段和两阶段过程(Lackner et al.,2014)。从长远看,确定哪种方法会占主导地位还为时过早,但显然侧流反硝化是成功而有效的。

对工程应用而言,侧流处理的问题是,它只能去除污水中的部分氨氮,所用资源并不比传统的硝化/反硝化处理少。当进水的 BOD_L/N 比率太低而不能进行传统的反硝化/硝化时,侧流厌氧氨氧化就有优势了。

厌氧氨氧化发展的方向,是成功建立主流处理工艺,如果它能够成功有效地与主流厌氧处理结合起来,则可能真正带来污水处理领域的重大变革,这将更好地满足实现未来可持续发展的资源化和能源化需求。

13.6 一氧化二氮的形成

一氧化二氮可以在氮转化过程中形成,它是一种导致全球变暖的温室气体,其温室效应潜能是二氧化碳的 265 倍(IPCC,2013)。Massara 等(2017)指出,在实验室开展的污水处理研究中,以 N_2O 形式排放的 N,占进水 N 的比例为 0～95%,而大型污水处理厂以 N_2O 形式排放的 N 的占比,范围是 0～15%,相对数量取决于几个不同因素。通过调查大型污水处理厂,Ahn 等(2010)发现,高达 1.8% 的进水 TKN 以 N_2O 的形式排放,最大的排放量来自好氧区。

作为重要性的示例,如果表 13.8(A 部分)的 C1 系统,带回流的反硝化/反硝化系统中,有 5% 的氮以 N_2O 形式排放到空气中,则应当考虑其作为温室气体的影响。即使该处理厂的能源需求来自燃煤能源,N_2O 贡献的二氧化碳当量,也远远大于燃煤来源的排放所造成的影响,为了减少 N_2O 生成的可能性,了解 N_2O 生成的因素以及如何控制这些因素,对于我们实现可持续发展至关重要。

图 13.6 说明了在硝化和反硝化过程中产生 N_2O 的反应,在这两个过程中,N_2O 都是一种转化中间体。

在反硝化的情况下,先产生 NO,然后产生 N_2O,是中间产物。在硝化过程中减缓氨氮氧化为亚硝酸盐的因素,或在反硝化过程中减缓硝酸盐还原为 N_2 的因素,都会促进 N_2O 的产生并减少其分解。对反硝化过程而言,这些可能的因素包括电子供体与硝酸盐的比例过低以及出现溶解氧。循环进水,例如在 SBR 或推流式反应器中,会促进 N_2O 的生成(Massara et al.,2017),并将形成的 N_2O 从不到进水 N 的 1% 增加到更高的比例。进水中氮和有机物浓度的昼夜变化会加剧 N_2O 的生成。

在氨氮氧化生成亚硝酸盐的情况下,可以通过 NOH(硝酰基)的二聚反应生成 N_2O(二者的 N 的氧化态都是 +1)。当作为末端电子受体的溶解氧浓度过低,NOH 氧化为 NO,然后再氧化为 NO_2^- 被阻止时,或由 NOB 缺乏而导致 NO_2^- 积累时,就会发生这种情况 (Boiocchi et al.,2017;Kuypers et al.,2018;Massara et al.,2017)。

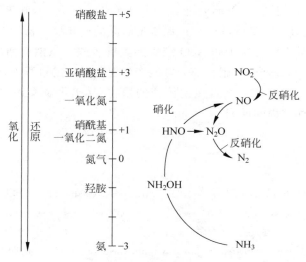

图 13.6　通过硝化和反硝化途径形成和分解 N_2O

这种不平衡本身可能是由于溶解氧浓度不足而无法实现完全硝化,这一现象会在温度升高时加剧,原因是 AOB 和 NOB 的生长速率之间的差异会随温度上升而加大。当作为电子受体的 O_2 不足,NO 氧化为 NO_2^- 受阻时,或 NO_2^- 出现积累时,N_2O 的产生也可能来自 NO 的还原反应。

尽管 N_2O 是一种中等溶解度的气体,但形成的部分 N_2O 逸出到大气中,也会对全球变暖有影响。N_2O 释放量取决于混合条件和气体传输条件。N_2O 的形成与释放进入大气,是多种复杂的物理和微生物作用的结果。

生物膜与悬浮生长系统中,影响 N_2O 生成和分解的因素不同,因为底物梯度和其从一个氧化还原区域到另一个氧化还原区域间的扩散很重要。Sabba 等(2017)指出,生物膜的 N_2O 排放量可能大于分散生长系统的 N_2O 排放量,这取决于混合液中氧气、COD 和硝酸盐的浓度,以及生物膜的厚度。例如,生物膜在其表层可能是有氧的,但在更深层中是无氧的。因此,N_2O 可以通过反硝化作用在生物膜内形成,或者在接近载体表面的溶解氧足够低时,通过硝化作用形成,即使主体溶液中处于好氧条件。相反,混合液中较低的硝酸盐浓度可导致较低的反硝化速率,这可能会减少 N_2O 的积累。

还有一种独特的方法,可能使形成的 N_2O 是有益而非有害的。如果将 BOD 浓度保持在比电子受体浓度高的水平,则可以通过亚硝酸盐还原,生产高浓度的 N_2O(Scherson et al.,2013)。这引出了一个完全不同的脱氮工艺,称为"耦合好氧-缺氧一氧化氮分解工艺"(coupled aerobic-anoxic nitrous decomposition operation,CANDO)。在这个工艺中,废水中的氨氮首先转化为亚硝酸盐,然后亚硝酸盐进入缺氧反应器,该反应器中有预先通过添加有机物富集的含聚-3-羟基丁酸盐(PHB)的异养细菌,这些菌将亚硝酸盐转化为 N_2O。然

后,将这种 N_2O 气体吹脱,与初级和二级污泥厌氧处理产生的甲烷混合燃烧,可极大地提升气体的能值:

$$CH_4 + 4N_2O \longrightarrow CO_2 + 2H_2O + 4N_2, \quad \Delta H = -1219kJ/mol$$

总之,微生物的不平衡,进料频率的变化以及关键底物的浓度限制会促进硝化和反硝化步骤中 N_2O 的形成。虽然将来可能通过 CANDO 工艺生产 N_2O,并进行有益的应用,但目前需要认真设计工艺,防止 N_2O 的生成。保持足够高的硝化反应器中溶解氧浓度和反硝化中有机供体浓度,是最大限度减少净 N_2O 产生的关键步骤。虽然有研究人员认为,厌氧氨氧化过程不涉及 N_2O 的形成,但硝化部分氨氮产生亚硝酸盐的过程,可能导致 N_2O 的产生(Castro-Barros et al.,2015),甚至可能比传统的硝化/反硝化过程还要多。迫切需要能够描述 N_2O 形成的各种过程的模型。

参考文献

Ahn,J. H.；S. Kim；H. Park；B. Rahm；K. Pagilla；and K. Chandran（2010）. "N_2O emissions from activated sludge processes,2008-2009：results of a national monitoring survey in the United States." *Environ. Sci. Technol.* 45,pp. 4505-4511.

Barnard,J. L.（1975）. "Biological nutrient removal without the addition of chemicals." *Water Res.* 9,pp. 485-490.

Boiocchi,R.；K. V. Gemaey；and G. Sin（2017）. "Understanding N_2O formation mech-anisms through sensitivity analyses using a plant-wide benchmark simulation model." *Chem Engg. J.* 317,pp. 935-951.

Caranto,J. D. and K. M. Lancaster（2017）. "Nitric oxide is an obligate bacterial nitrification intermediate produced by hydroxylamine oxidoreductase." *Proc. Natl. Acad. Sci. USA.* 114,pp. 8217-8222.

Castro-Barros,C. M.；M. R. J. Daelman；K. E. Mampaey；M. C. M. van Loosdrecht,and E. I. P. Volcke（2015）. "Effect of aeration regime on N_2O emission from partial nitration-anammox in a full-scale granular sludge reactor." *Water Res.* 68,pp. 793-803.

Daigger,G. T.（2014）. "Oxygen and carbon requirements for biological nitrogen removal processes accomplishing nitrification,nitration,and anammox." *Water Environ. Res.* 86,pp. 204-209.

de Silva,D. G. V. and B. E. Rittmann（2000a）. "Interpreting the response to loading changes in a mixed-culture completely stirred tank reactor." *Water Environ. Res.* 72,pp. 566-573.

de Silva,D. G. V. and B. E. Rittmann（2000b）. "Nonsteady-state modeling of multispecies activated-sludge processes." *Water Environ. Res.* 72,pp. 554-565.

Ekama,G. A. and M. C. Wentzel（2008）. "Organic matter removal." In Henze,M.；M. C. M. van Loosdrecht；G. A. Ekama；and D. Brdjanovic,Eds. *Biological Wastewater Treatment：Principles,Modelling and Design.* London：IWA Publishing,pp. 87-138.

Furumai,H. and B. E. Rittmann（1994）. "Evaluation of multiple-species biofilm and floc processes using a simplified aggregate model." *Water Sci. Technol.* 29,pp. 439-446.

Haug,R. T. and P. L. McCarty（1972）. "Nitrification with submerged filters." *J. Water Pollut. Cont. Fed.* 44,pp. 2086-2102.

Hellinga,C.；A. Schellen；J. W. Mulder；M. C. M. van Loosdrecht；and J. J. Heijnen（1998）. "The SHARON process：an innovative method for nitrogen removal from ammonium-rich waste water."

Water Sci. Technol. 37, pp. 35-142.

Herbold, C. W. ; L. E. Lehtovirta-Morley; M. -Y. Jung; N. Jehmlich; B. Hausmann; P. Han; et al. (2017). "Ammonia-oxidising archaea living at low pH: insights from comparative genomics. " *Environ. Microbiol* 19, pp. 4939-4952.

IPCC (2013). *Climate Change* 2013: *The Physical Science Basis*. Cambridge, UK: Cambridge University Press.

Kim, J. ; K. Kim; H. Ye; E. Lee; C. Shin; P. L. McCarty; et al. (2011). "Anaerobic fluidized bed membrane bioreactor for wastewater treatment. " *Environ. Sci. Technol.* 45, pp. 576-581.

Kissel, J. C. ; P. L. McCarty; and R. L. Street (1984). "Numerical simulation of mixed-culture biofilm. " *J. Environ. Engg. ASCE* 110, pp. 393-411.

Kits, K. D. ; C. J. Sedlacek; E. V. Lebedeva; P. Han; A. Bulaev; P. Pjevac; et al. (2017). "Kinetic analysis of a complete nitrifier reveals an oligotrophic lifestyle. " *Nature* 549, pp. 269-272.

Korner, H. and W. O. Zumft (1989). "Expression of denitrification enzymes in response to the dissolved oxygen level and respiratory substrate in continuous culture of Pseudomonas stutzeri. " *Appl. Environ. Microb.* 55, pp. 1670-1676.

Konneke, M. ; A. E. Bernhard; J. R. de la Torre; C. B. Walker; J. B. Waterbury; and D. A. Stahl (2005). "Isolation of an autotrophic ammonia-oxidizing marine archaeon. " *Nature* 437, pp. 543-546.

Kuypers, M. M. M. ; H. K. Marachant; and B. Kartal (2018). "The microbial nitrogen-cycling network. " *Nat. Rev. Microbiol.* 16, pp. 263-276.

Lackner, S. ; E. M. Gilbert; S. E. Vlaeminck; A. Joss; H. Horn; and M. C. M. van Loosdrecht(2014). "Full-scale partial nitritation/anammox experiences—an application survey. " *Water Res.* 55, pp. 292-303.

Lee, H. -S. ; Y. Tang; B. E. Rittmann; and H. -P. Zhao (2018). "Anaerobic oxidation of methane coupled to denitrification: fundamentals, challenges, and potential. " *Crit. Rev. Environ. Sci. Technol.* 48, pp. 1067-1093.

Lee, K. C. and B. E. Rittmann (2002). "Applying a novel hollow-fiber biofilm reactor for autohydrogenotrophic denitrification of drinking water. " *Water Res.* 36, pp. 2040-2051.

Lee, P. H. ; W. Kwak; J. Bae; and P. L. McCarty (2013). "The effect of SRT on nitrate formation during autotrophic nitrogen removal of anaerobically treated wastewater. " *Water Sci. Technol.* 68, pp. 1751-1756.

Lotti, T. ; R. Kleerebezem; Z. Hu; B. Kartal; M. K. de Kreuk; C. V. E. T. Kip; et al. (2015). "Pilot-scale evaluation of anammox-based mainstream nitrogen removal from municipal wastewater. " *Environ. Technol.* 36, pp. 1167-1177.

Martens-Habbena, W. ; P. M. Berube; H. Urakawa; J. R. de la Torre; and D. A. Stahl (2009). "Ammonia oxidation kinetics determine niche separation of nitrifying Archaea and Bacteria. " *Nature* 461, pp. 976-979.

Massara, T. M. ; S. Malamis; A. Guisasola; J. Antonio Baeza; C. Noutsopoulos; and E. Katsou (2017). "A review on nitrous oxide (N_2O) emissions during biological nutrient removal from municipal wastewater and sludge reject water. " *Sci. Total Environ.* 596, pp. 106-123.

McCarty, P. L. (2018). "What is the best biological process for nitrogen removal: when and why?" *Environ. Sci. Technol.* 52, pp. 3835-3841.

McCarty, P. L. ; J. Bae; and J. Kim (2011). "Domestic wastewater treatment as a net energy producer—can this be achieved?" *Environ. Sci. Technol.* 45, pp. 7100-7106.

McCarty, P. L. ; L. Beck; and P. St. Amant (1969). "Biological denitrification of wastewaters by addition of organic materials. "Extension Series 135. West Lafayette, IN: Purdue University, pp. 1271-1285.

Mobarry, B. K. ; M. Wagner; V. Urbain; B. E. Rittmann; and D. A. Stahl (1996). "Phylogenetic probes for analyzing abundance and spatial organization of nitrifying bacteria. "*Appl. Environ. Microbiol.* 62, pp. 2156-2162.

Owen, W. F. (1982). *Energy in Wastewater Treatment.* Englewood Cliffs, NJ: Prentice-Hall. Rittmann, B. E. (2018). "Biofilms, active substrata, and me. " *Water Res.* 132, 135-145.

Rittmann, B. E. and J. A. Manem (1992). "Development and experimental evaluation of a steady-state, multispecies biofilm model. " *Biotechnol. Bioengg* 39, pp. 914-922.

Rittmann, B. E. ; J. M. Regan; and D. A. Stahl (1994). "Nitrification as a source of soluble organic substrate in biological treatment. " *Water Sci. Technol.* 30(6), pp. 1-8.

Rittmann, B. E. and W. E. Langeland (1985). "Simultaneous denitrification with nitrification in single-channel oxidation ditches. " *J. Water Pollution Control Fedn.* 57, pp. 300-308.

Rittmann, B. E. and V. L. Snoeynik (1984). "Achieving biologically stable drinking water. "*J. Am. Water Works Assoc.* 76(10), pp. 106-114.

Sabba, F. ; C. Picioreanu; J. P. Boltz; and R. Nerenberg (2017). "Predicting N_2O emissions from nitrifying and denitrifying biofilms: a modeling study. " *Water Sci. Technol.* 75, pp. 530-538.

Scherson, Y. D. and C. S. Criddle (2014). "Recovery of freshwater from wastewater: upgrading process configurations to maximize energy recovery and minimize resid uals. " *Environ. Sci. Technol.* 48, pp. 8420-8432.

Scherson, Y. D. ; G. F. Wells; S. -G. Woo; J. Lee; J. Park; B. J. Cantwell; et al. (2013). "Nitrogen removal with energy recovery through N_2O decomposition. " *Energy Environ. Sci.* 6, pp. 241-248.

Shin, C. ; J. Bae; and P. L. McCarty (2012). "Lower operational limits to volatile fatty acid degradation with dilute wastewaters in an anaerobic fluidized bed reactor. "*Biores. Technol.* 109, pp. 13-20.

Stahl, D. A. and J. R. del la Torre (2012). "Physiology and diversity of ammonia-oxidizingArchaea. " *Ann. Rev. Microb.* 66, pp. 83-101.

Tang, Y. ; C. Zhou; S. Van Ginkel; A. Ontiveros; J. Shin; and B. E. Rittmann (2012). "Hydrogen-permeabilities of the fibers used in a H_2-based membrane biofilm reactor. " *J. Membrane Sci.* 407-408, pp. 176-183.

Tiedje, J. M. (1988). "Ecology of denitrification and dissimilarity nitrate reduction to ammonium. "In A. J. B. Zehnder, Ed. *Biology of Anaerobic Microorganisms.* New York: John Wiley, pp. 179-244.

van Kessel, M. A. H. J. ; D. R. Speth; M. Albertsen; P. H. Nielsen; H. J. M. Op den Camp; B. Kartal; et al. (2015). "Complete nitrification by a single microorganism. " *Nature* 528, pp. 555-559.

Weissbach, M. ; P. Thiel; J. E. Drewes; and K. Koch (2018). "Nitrogen removal and intentional nitrous oxide production from reject water in a coupled nitritation/nitrous denitritation system under real feed-stream conditions. " *Biores. Technol.* 255, pp. 58-66.

Wett, B. (2007). "Development and implementation of a robust deammonification process. " *Water Sci. Technol.* 56(7), pp. 81-88.

Winkler, M. K. H. ; J. Yang; R. Kleerebezem; E. Plaza; J. Trela; B. Hultman; et al. (2012). "Nitrate reduction by organotrophic/anammox bacteria in a nitritation anammoxgranular sludge and a moving bed biofilm reactor. " *Biores. Technol.* 114, pp. 217-223.

Ziv-El, M. C. and B. E. Rittmann (2009a). "Water-quality assessment after treatment in a membrane biofilm reactor" *J. Am. Water Works Assoc.* 101(12), pp. 77-83.

Ziv-El, M. C. and B. E. Rittmann (2009b). "Systematic evaluation of nitrate and perchlorate bioreduction kinetics in groundwater using a hydrogen based membrane biofilm reactor." *Water Res*. 43, pp. 173-181.

习　　题

13.1　硝化过程很容易通过生物膜工艺实现。典型的动力学参数如下：

$K=0.5\text{mg NH}_4^+\text{-N/L}$　$D_f=1.2\text{cm}^2/\text{d}$　$\gamma=0.26\text{mg VS}_a/\text{mg NH}_4^+\text{-N}$

$L=65\mu\text{m}$　$\hat{q}=2.0\text{mg NH}_4^+\text{-N/(mg VS}_a\cdot\text{d)}$　$D=1.5\text{cm}^2/\text{d}$　$b'=0.1\text{d}^{-1}$

$X_f=5\text{mg VS}_a/\text{cm}^3$

设定不同的停留时间，设计完全混合的生物膜反应器。该反应器的比表面积 a 为 1.0cm^{-1}。进水浓度（S^0）为 $30\text{mg NH}_4^+\text{-N/L}$。可以假设 $\text{NH}_4^+\text{-N}$ 是动力学反应的限速因子。

解决问题的步骤如下：

（a）计算 S_{bmin}、S_{bmin}^* 和 J_R。

（b）生成 J/J_R 与 S/S_{min} 的曲线。

（c）建立反应器中底物的质量平衡方程。

（d）对每个停留时间（1h、2h、4h、8h 和 24h），求解 S。可能需要使用迭代法。设定 S，求解 J（根据求解 b 获得的曲线），根据质量平衡计算 S，检查 S 的一致性，然后重复直至收敛。忽略未收敛的反应。

（e）绘制 S 与 θ 的关系曲线并对其进行分析。

（f）将 S^0/S 与 θ 作图，看是否表观一级反应，且可较好地描述过程。如果是一级反应，那么表观一级反应常数是多少？如果不是一级反应，为什么？

13.2　设计一个固定床生物膜反应器，氧化氨氮。废水 $\text{NH}_4^+\text{-N}$ 浓度为 50mg/L，流量为 $1000\text{m}^3/\text{d}$，可利用完全混合生物膜反应器模块，每个模块的生物膜载体面积为 5000m^2。要达到 1mg/L 或更低的出水 $\text{NH}_4^+\text{-N}$ 浓度，需要串联运行多少个模块？可以使用以下参数，并可以假设 $\text{NH}_4^+\text{-N}$ 是限速基质。

$K=1.0\text{NH}_4^+\text{-N/L}$　$D_f=1.3\text{cm}^2/\text{d}$　$\gamma=0.33\text{mg VS}_a/\text{mg NH}_4^+\text{-N}$　$b_{det}=0.1\text{d}^{-1}$

$\hat{q}=2.3\text{mg NH}_4^+\text{-N/(mg VS}_a\cdot\text{d)}$　$D=1.5\text{cm}^2/\text{d}$　$b=0.11\text{d}^{-1}$　$X_f=40\text{mg VS}_a/\text{cm}^3$

L 的值足够小，使 S_s 接近 S 的值。

你期望的实际出水浓度是多少？

13.3　硝化反应的动力学参数如下：

种　　类	$\hat{q}/(\text{kg NH}_4^+\text{-N}$ $(\text{kg VSS}_a\cdot\text{d}))$	$K/(\text{mg}$ $\text{NH}_4^+\text{-N/L})$	b/d^{-1}	$\gamma/(\text{kg VSS}_a\cdot$ $(\text{kg NH}_4^+\text{-N}))$	f_d
氨氧化菌	1.4	0.7	0.05	0.5	0.8
亚硝酸盐氧化菌	9.0	2.2	0.05	0.1	0.8

如果硝化作用能够可靠地发挥作用，则对于生长最慢的物种，活性污泥的表观安全系数（SF）至少应为 20。如果 SF=20，当 $\text{NH}_4^+\text{-N}$ 去除量是 367kg N/d 时，则活性、非活性和总 VSS 的产率（kg/d）是多少？请注意，必须分别考虑每个物种。可以忽略 SMP 和异养菌。

13.4   使用表 13.3 中的动力学参数,计算活性污泥硝化过程(带沉淀池和回流的完全混合反应器)的 N_1 和 θ,硝化过程用 $\theta_x=15$,MLVSS$=2500$mg/L,NH_4^+-N 浓度为 500mg/L。假设进水中没有悬浮物或 BOD。分别计算温度为 5℃、10℃、15℃和 20℃时的 N_1 和 N_2 值。提示:首先计算 NH_4^+-N 和 NO_2^- 的 S 值,然后计算两种硝化菌的 X_v 值。忽略 SMP,不要忽视用于合成的 N。

13.5   设计一个单级处理系统,进行硝化和 BOD 的去除。为了确保发生硝化作用,设计者使用了一个较低的负荷,0.2kg BOD/(m³·d)。尽管如此,硝化效果还是很差。你作为一个高级顾问,获得了以下运行数据:水温 15℃,曝气池溶解氧 D.O.$=2.5$mg/L,曝气池为完全混合式,MLVSS$=1200$mg/L,$Q=104$m³/d,反应器体积$=1.25\times10^4$m³。

- 进水水质:生化需氧量 BOD$_5=250$mg/L,总凯氏定氮 Kjeldahl N$=23$mg/L
- 出水水质:生化需氧量 BOD$_5=25$mg/L,VSS$=25$mg/L,NH_4^+-N$=20$mg/L
- 回流污泥:回流率$=0.32$,挥发性固体含量$=5\times10^3$mg/L
- 剩余污泥量:9×10^2m³/d

问题是什么? 如何解决?

13.6   你的客户计划用滴滤池,氧化处理含氨氮废水,以消除氨氮对氧的需求。水温是 20℃,你确定的限制性动力学参数为:

$$\hat{q}=2.6\text{mg }NH_4^+\text{-N/(mg VSS}_a\cdot\text{d)}\quad K=3.6\text{mg }NH_4^+\text{-N/L}$$

$$\gamma=0.26\text{ VSS}_a/\text{mg }NH_4^+\text{-N}$$

$$\gamma_{\text{obs}}=0.2\text{mg VSS}_a/\text{mg }NH_4^+\text{-N}\quad b=0.05\text{d}^{-1}$$

你的客户计划采用的工艺配置包括,$Q=10\,000$m³/d,$N_1^0=50$mg NH_4^+-N/L,$a=50$m²/m³,滤池深度$=2$m,过滤介质的体积$=500$m³。在这些条件下,是否可实现 95% 的氨氮去除率? 你需要首先需要确定 $N_{1\min}^0$ 和 O_2 通量,然后将它们与 N_1 和实际的 J_{O_2}[大约 2.85mg O_2/(cm²·d)]进行比较,分析是否合理。如果合理的话,反应器体积是否合理? 在这里可以忽略异养微生物。

13.7   针对两个选定负荷,设计 RBCs,用于氨氮的硝化。首先,BOD 负荷必须足够低,以保证硝化菌的生存与活性。其次,NH_4^+-N 通量必须足够,支持 N 氧化。如果在有机物氧化阶段的 BOD 负荷为 10kg BOD$_5$/(1000m²·d),但在整个过程中小于 4kg BOD$_5$/(1000m²·d),在硝化阶段,NH_4^+-N 负荷为 0.4kgN/(1000m²·d);流量为 0.1m³/s,进水 BOD$_5=250$mg/L,进水 TKN$=50$mg N/L,请计算所需的表面积。

13.8   在废水处理厂,生物反应器容积为 2000m³,沉淀池的容积为 750m³,表面积为 300m²。采用 100kW 的曝气转刷设备[效率为 1.2kgO$_2$/(kW·h)]为反应器供氧。海拔高度是海平面。在延时曝气条件下 $\theta_x=30$d,运行这个厂。可以采用以下动力学参数为:

过程	$\hat{q}$	K	b/d^{-1}	γ	f_d
BOD 氧化	16g BOD$_L$/(g VSS$_a$·d)	20mg BOD$_L$/L	0.2	0.6g VSS$_a$/g BOD$_L$	0.8
硝化	1.7g NH_4^+-N/(g VSS$_a$·d)	0.5mg NH_4^+-N/L	0.05	0.6g VSS$_a$/g NH_4^+-N (总氧化)	0.8

令 $T=15℃$,设计中使用 1.1g TSS/g VSS 的比率。令 DO 浓度为 2mg/L,$X_v^0=0$。为简化计算,可以假设 NH_4^+-N 和 BOD_L 100% 被氧化。估算最大可承载 BOD_L 负荷($kg\ BOD_L/d$)和流量(m^3/d),假设进水的 $g\ BOD_L/g\ TKN$ 比值为 10 时,获得最大 BOD_L 负荷。

13.9　采用单级或两级硝化系统,它们的总 O_2 消耗量和污泥产量不同。在此问题中,请比较 SRT 为 15d 的单级系统与 SRT 分别为 3d 和 15d 的两级系统。

动力学参数如下:

过　程	$\hat{q}$	K	b/d^{-1}	γ	f_d
BOD 氧化	16g BOD_L/ (g VSS_a · d)	20mg BOD_L/L	0.2	0.6g VSS_a/ g BOD_L	0.8
硝化	1.7g NH_4^+-N/ (g VSS_a · d)	0.5mg NH_4^+-N/L	0.05	0.4g VSS_a/ g NH_4^+-N	0.8

流量为 $1000m^3/d$,进水 BOD_L 和 TKN 的浓度分别是 400mg/L 和 40mg/L。假设进水中没有固体物质,忽略产物。

你需要采用逐步迭代的方法计算:

（a）对于两阶段系统的第一阶段:

1. 计算出水的 BOD_L 浓度。
2. 计算每天去除的总 BOD_L(kg/d)。
3. 计算每天的 VSS 产量(kg/d)。
4. 计算用于细胞合成的 N(kg/d)。
5. 计算异养反应消耗的 O_2(kg/d)。

（b）对于两级系统的第二阶段:

1. 计算出水的 TKN 浓度。
2. 计算被氧化的 TKN 的总量(kg/d)。
3. 计算硝化产生的 VSS 的量(kg/d)。
4. 计算硝化中消耗的 O_2(kg/d)。

（c）对于单级系统:

1. 计算出水的 BOD_L 浓度。
2. 计算去除的 BOD_L(kg/d)。
3. 计算异养反应 VSS 产率。
4. 计算氮合成为异养细胞的速率。
5. 计算异养反应的 O_2 消耗率。
6. 出水 TKN 浓度与前面相同,计算通过硝化去除的总 TKN。
7. 计算每天通过硝化产生的 VSS。
8. 计算硝化反应消耗的 O_2(kg/d)。

（d）做一个比较单级和两级系统的表,比较它们的 VSS 产率、用于 BOD 氧化、硝化和总体 O_2 消耗量。

13.10 采用以生物炭为载体的生物膜法(也称曝气生物滤池 BAF)，处理一污水，流量为 500m³/d，NH₄⁺-N 的浓度为 100mg N/L，温度为 25℃，计算反应器的体积。可以使用表 13.3 中的氨氧化菌的动力学参数。假设 $b_{det}=0.1d^{-1}$，出水 NH₄⁺-N 浓度 1mg/L，孔隙度为 0.4，$L=50\mu m$，$X_f=40mg/cm^3$。假定反应器通过曝气进行适度良好的混合，因此它有两个串联段。

13.11 对于生物膜过程，$\theta_x=1/b_{det}$ 是合理的。采用推流式固定床硝化工艺，在 15℃ 低负荷下运行，出水 NH₄⁺-N 浓度为 0.2mg/L。生物膜的 SRT 大约是多少？这个值有意义吗？使用表 13.3 中氨氧化菌的动力学参数进行分析。

13.12 你正在与客户一起开会，他们运行着一个两阶段滴滤池，如下图所示。

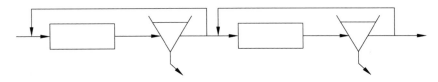

这两个滴滤池是生物滤塔型的，高度为 8m，直径为 16m，填充塑料载体，比表面积为 200m⁻¹。沉淀池的深度为 3m，直径为 32m。此外，你还得到以下资料：进水流量 $Q=10\ 000m^3/d$，BOD_L=600mg/L，TKN=100mg/L。你只有几分钟的时间，对这个系统是否应该能够成功地实现 BOD 氧化和硝化，给出你的专家意见。对这个系统做一个快速的(但是相关的和专业的)分析。解释为什么系统能或不能达到目标。提示：考虑第一阶段和整体 BOD 和 TKN 负荷。

13.13 对生物处理而言，生物强化是一个相对较新的概念。做法是在反应器中添加生物制剂，如特殊的细菌或酶，以提高生物反应器的性能。一种应用是强化硝化工艺。做法是将硝化细菌添加到反应器进水中，以强化硝化反应。请分析将生物强化技术用于氧化塘，效果如何。氧化塘的现状参数如下：

流量：1000m³/d

进水 BOD_L：20mg/L

体积：3000m³

温度：10℃

进水 NH₄⁺-N：200mg/L

D.O.：4mg/L

出水 NH₄⁺-N：浮动，但接近 200mg/L

生物强化制剂由冷冻干燥的亚硝化单胞菌组成。成本为 100 美元/kg VSS，可以假设 VSS 100％具有活性。如果要保持出水 NH₄⁺-N 浓度稳定在 0.1mg N/L，需要添加多少亚硝化单胞菌？需要多少钱？

可以使用表 13.3 中，10℃ 条件下的动力学参数。可以忽略任何异养菌生长和 SMP。假设氧气供应充足。

13.14 请设计一个进行硝化的单级活性污泥工艺。进水具有以下特性：BOD_L=250mg/L，TKN=100mg/L，NO₃⁻=40mg N/L，惰性 VSS_i=35mg/L，碱度=1000mg/L (CaCO₃)。采用下列参数，确定 O₂ 需求量(以污水中 mg O₂/L 为单位)。

过程	θ_x	$\hat{q}$	K	b/d^{-1}	γ	f_d
异养菌	15d	10g BOD$_L$/ (g VSS$_a$·d)	10mg BOD$_L$/L	0.15	0.45g VSS$_a$/ g BOD$_L$	0.8
硝化菌	15d	2.0g NH$_4^+$-N/ (g VSS$_a$·d)	1.5mg NH$_4^+$-N/L	0.15	0.41g VSS$_a$/ g NH$_4^+$-N	0.8

13.15　生物塔的高度为 10m，正方形截面为 5m×5m，模块化载体的 $a=200\text{m}^{-1}$。废水的进水流量为 $350\text{m}^3/\text{d}$，BOD$_L$ 浓度为 600mg/L，TKN 浓度为 50mg/L。出水回流量为 $350\text{m}^3/\text{d}$。评估反应器是否可以完成硝化和 BOD 的去除。

13.16　污水具有以下特征：$Q=2000\text{m}^3/\text{d}$，BOD$_L=400$mg/L，TKN=50mg/L，NO$_3^-$-N+NO$_2^-$-N=0mg/L。可以使用多级 RBC 系统，实现 BOD 和 NH$_4^+$ 的高效去除。设计第一个阶段仅用于 BOD 的氧化。其表面负荷是"传统的"第一阶段负荷：45kg BOD$_5$/（1000m^2·d），转换为 66kg BOD$_L$/（1000m^2·d）。然后，在第一个阶段之后，再使用 3 个"大小"完全相同的反应器，进行分段处理。你计算了 BOD$_L$ 浓度在各阶段 RBC 的下降情况，如下表所示：

位　　置	进水	阶段 1 出水	阶段 2 出水	阶段 3 出水	阶段 4 出水
BOD$_L$/（mg/L）	400	135	50	30	20

请问该 RBC 系统能否实现很好的 NH$_4^+$-N 去除？如果可以，它将在哪个阶段发生？如果不可以，为什么去除 NH$_4^+$-N 会失败？

13.17　RBC 系统已成功用于反硝化和好氧处理。采用完全混合 RBC 处理废水，温度为 20℃，甲醇为碳源和限制基质，甲醇浓度为 1mg/L，废水 $Q=1000$L/d，NO$_3^-$-N 为 30mg/L，请计算去除全部 NO$_3^-$-N 所需的表面积。可以假设平均 SRT 稳定为 33d 进行化学计量计算。另外，可以假设运行稳态以及以下参数：

$K=9.1\text{mg CH}_3\text{OH/L}$　　$D_f=1.04\text{cm}^2/\text{d}$　　$b_{det}=0.03\text{d}^{-1}$

$b=0.05\text{d}^{-1}$　　　　　　$L=60\mu\text{m}$　　$\hat{q}=6.9\text{mg CH}_3\text{OH/(mg VS}_a\cdot\text{d)}$

$D=1.3\text{cm}^2/\text{d}$　　　　$X_f=20\text{mg VS}_a/\text{cm}^3$　$\gamma=0.27\text{mg VS}_a/\text{mg CH}_3\text{OH}$

可以直接使用稳态生物膜模型。

13.18　CSTR 中反硝化反应的动力学系数如下：

基　质	$\hat{q}$	K	b/d^{-1}	γ
甲醇	8.3g methanol/ (g VSS$_a$·d)	15mg methanol/L	0.05	0.27g VSS$_a$/ g methanol
硝酸盐	2.8g N/ (g VSS$_a$·d)	0.1mg N/L	0.05	0.81g VSS$_a$/g N

（a）假设相应的底物是有限制性的，计算 $\theta_x=1$d、2d、3d、4d 和 5d 的甲醇和硝酸盐氮的稳态浓度。换句话说，每个 θ_x 有两个答案。

（b）如果 NO$_3^-$-N 的初始浓度为 20mg/L，为了排除硝酸盐限制，对于每个 θ_x，相应的进水中的甲醇最高浓度是多少？

13.19　某工业废水具有以下特征：BOD$_L=5000$mg/L，TKN=150mg/L，NO$_3^-$-N+

$NO_2^--N=0mg/L, SS=250mg/L, pH=8.4$，碱度$=2000mg/L, TDS=4000mg/L$。对该废水拟采用第一级反硝化和第二级好氧氧化的方案进行处理，请评价技术和经济适用性。换句话说，是否有可能首先进行反硝化？与单纯的好氧氧化相比，第一阶段反硝化对 O_2 使用量、污泥产量和 pH 值有什么影响？

13.20 在第一级缺氧反应器中，通过反硝化去除 BOD 和 N，出水进入硝化反应器，之后是沉淀池，污泥回流到反硝化反应器的前端。θ_x 为 15d。使用表 13.9 中 C 系统的参数，包括反硝化参数、好氧有机物氧化的参数和二级反应器的氨氧化参数。最终目标是确定污泥产率和氧转移率。进水的生化需氧量 BOD_L 为 300mg/L，TKN 为 25mg/L，NO_3^--N 可以忽略不计。进水流量为 $770m^3/d$。混合液回流量为 $7700m^3/d$，污泥回流量为 $385m^3/d$。为了达到最终目的，需要进行以下几个步骤的计算：

（a）计算反硝化法去除的 BOD_L 量。反硝化法去除的 BOD_L 量与最终以 N_2 形式去除的 NO_3^--N 成正比，假设所有的 NH_4^+-N 都被硝化成 NO_3^--N。

（b）计算在好氧硝化池内除去的 BOD_L 量。好氧去除的 BOD_L 是指好氧反应器进水中残留的 BOD_L 减去其出水中的溶解性 BOD_L，其值假定为 2.5mg/L。

（c）计算通过反硝化作用产生的生物量（kg VSS/d）。

（d）计算通过好氧 BOD_L 氧化产生的生物量（kg VSS/d）。

（e）计算硝化过程中产生的生物量（kg VSS/d）。

（f）计算微生物总产率。

（g）计算硝化和 BOD_L 氧化所需的 O_2 量（kg/d），然后计算总需 O_2 量。

13.21 列举在硝化之前使用反硝化的 6 个优点和（或）缺点（考虑 NO_3^--N 回流），并与使用三阶段，即逐级 BOD 氧化、硝化和反硝化的方法进行比较。

13.22 某工业废水含有 7mmol/L 的硝酸（HNO_3）。一位有抱负的年轻环境工程师渴望给她的新雇主留下深刻印象，她建议雇主使用废糖浆作为碳源。糖浆中含有 100 000mg/L 的 BOD_L，基本上是纯碳水化合物（$C_6H_{12}O_6$）。工程师建议采用 $\theta_x=8d$，运行这个系统。如果 $f_d=0.8, f_s^0=0.6, b=0.08d^{-1}, \hat{q}=18g\ BOD_L/(g\ VSS \cdot d), K=20mg\ BOD_L/L$，需要加入多少体积糖浆才能基本上除去所有的硝酸？需要至少多少碱才能中和废水处理中的酸？

13.23 一污水的水质参数如下：$BOD_L=2000mg/L, TKN=59mg/L, NO_3^--N=1mg/L, PO_4^{3-}-P=10mg/L, K^+=78mg/L, Na^+=170mg/L, Ca^{2+}=200mg/L, SO_4^{2-}=500mg/L, Cl^-=300mg/L, Mg^{2+}=49mg/L$，碱度$=200mg/L(CaCO_3)$。设计一个生物反应器或一系列生物反应器处理该污水，使出水 BOD_L 降至 20mg/L，总 N 降至约 1mg/L。问适当的 θ_x 或者 θ 值应该是多少？是否有必要添加任何化学物质？如果需要，添加什么，加多少？需要多少 O_2？产生多少污泥？

13.24 设计一个反硝化工艺，将废水中的硝酸盐氮去除到小于 1mg/L。生化需氧量 BOD 的来源是啤酒厂的废谷物酒。要求不仅必须达到 100% 的氮去除率，而且出水的生化需氧量 $BOD_L \leqslant 5mg/L$。进水 NO_3^--N 浓度为 50mg/L，没有亚硝酸盐、氨氮和 BOD；流量为 $100m^3/d$。温度 $T=20℃$，可以使用以下动力学参数：

基质	$\hat{q}$	K	b/d^{-1}	γ	f_s^0	$D/(\mathrm{cm^2/d})$	$D_f/(\mathrm{cm^2/d})$	$X_f/$ $(\mathrm{mg\ VS_a/cm^3})$
BOD_L	$10.4\mathrm{g\ BOD_L/}$ $(\mathrm{g\ VS_a \cdot d})$	$50\mathrm{mg\ BOD_L/L}$	0.05	$0.18\mathrm{gVS_a/}$ $\mathrm{g\ BOD_L}$	0.36	0.6	0.48	20
硝酸盐	$2.3\mathrm{g\ N/}$ $(\mathrm{g\ VS_a \cdot d})$	$0.1\mathrm{mg\ NO_3^- \text{-}N/L}$	0.05	$0.81\mathrm{g\ VS_a/}$ $\mathrm{g\ NO_3^- \text{-}N}$	0.36	1.0	0.80	20

选择使用流化床生物膜反应器，液体一次性通过反应器，填充介质为 2mm 的砂子，流化高度是介质层高度的 1.5 倍。要达到处理目标，请设计一个合理的反应器尺寸(即空床接触时间)。

(a) 确定流化条件下的 ε 和 σ，假定砂子的比重为 2.65，可视为球体，未流化状态的孔隙度为 0.35。

(b) 算计 $NO_3^-\text{-}N$ 和 BOD_L 的 S_{min}。

(c) 为限制基质确定适当的负荷参数。如果设计不可行，请说明不可行的原因，然后确定可以实现接近理想出水质量的合适负荷(你可以假设 $L=50\mu m$)。

(d) 计算生物膜的厚度，并检查计算的 S_{min} 值。如果必须调整 S_{min}，请定性地描述这样的调整会如何影响参数或系统的运行，但不用重新解题。继续使用相同的设计值到(e)部分。

(e) 计算所需进水 BOD_L 的浓度。

(f) 根据你的设计，计算流化床空床停留时间。

13.25　分析一个空床停留时间为 10min 的流化床反硝化反应器。最初的介质是 0.2mm 的砂粒，其孔隙率为 0.25。在运行中，床层膨胀到填充高度的 1.6 倍。进水中含有 100mg/L 甲醇和 25mg/L 的 $NO_3^-\text{-}N$。

请计算：

(a) 流化床孔隙率。

(b) 流化床的比表面积(假设砂粒为 2mm 球体)。

(c) 反应器内的剪切应力(基于流化床砂子的密度为 2.65g/mL)。

(d) 剪切和衰亡引起的生物膜损失系数 b'。

(e) 甲醇的 S_{min}。使用表 13.8 中的动力学参数和 b'。

(f) 如果甲醇是限速基质，其出水浓度接近 S_{min}，反应器中的"平均"甲醇通量是多少？如果 $X_f=40\mathrm{mg/cm^3}$，生物膜的"平均"厚度是多少？出水 $NO_3^-\text{-}N$ 浓度是多少？

13.26　美国国家环境保护局的一名工程师指出，一活性污泥法处理厂的设计不合理，可能不能实现对生化需氧量的去除目标。工程师认为，应安装两倍于目前曝气能力的设备，才能使处理厂运行。这使该厂的运营人员感到困惑，因为出水水质多年以来都是达标的。出水标准如下：$BOD_5=20\mathrm{mg/L}$，$SS=20\mathrm{mg/L}$，$NH_4^+\text{-}N=1.5\mathrm{mg/L}$。此外，工程师注意到，混合液中含有溶解氧 D.O.。

活性污泥法曝气池容积为 $2500\mathrm{m^3}$，沉淀池面积为 $330\mathrm{m^2}$，曝气容量为 65kw。活性污泥系统的进水参数为：流量 $10\,000\mathrm{m^3/d}$，$BOD_5=200\mathrm{mg/L}$，$SS=75\mathrm{mg/L}$，$TKN=15\mathrm{mg/L}$，$NO_3^-\text{-}N=40\mathrm{mg/L}$，$P=12\mathrm{mg/L}$。混合液 SS 为 4000mg/L。污泥的 SS 为 9000mg/L，剩余污泥排放量为 $75\mathrm{m^3/d}$。通过测试，实际氧传递效率(field oxygen transfer efficiency，FOTE)为

$1kg O_2/(kW \cdot h)$。

你作为高级顾问被请来帮助运营人员为自己辩护,回复环保局的工程师对处理厂的设计曝气能力过低的质疑,解释供氧能力不足时,为什么处理厂能正常运转。你们只有几分钟时间来分析情况,并提出一个清晰而正确的解释。你不需要进行非常详细的分析,但是你必须能够量化你的解释,指出环保局的工程师是否做了错误的分析,并解释原因。

13.27 有时需要用反硝化法去除饮用水中的硝酸盐。请设计一个固定生物膜法反应器,进水中 NO_3^--N 为 $10mg/L$,要求出水中 NO_3^--N 为 $0.1mg/L$ 或更低。计算反应器总体积和加入电子供体的量。已知信息如下:

基质	$\hat{q}$	K	b/d^{-1}	b_{det}/d^{-1}	γ	f_d	$D/$ (cm^2/d)	$D_f/$ (cm^2/d)	$X_f/$ $(mg VS_a/cm^3)$
醋酸盐	$10gAC^-/$ $(g VS_a \cdot d)$	$15mg AC^-/L$	0.1	0.05	$0.18g VS_a/$ $g AC^-$	0.8	1.2	1.0	40
硝酸盐	$2.3(g NO_3^--N)/$ $(g VS_a \cdot d)$	$0.1mg NO_3^--N/L$	0.1	0.05	$0.81g VS_a/$ $g NO_3^--N$	0.8	1.2	1.2	40

$Q=1000m^3/d, a=300m^{-1}, L=90\mu m$(对于醋酸盐)。你可以假设加入的醋酸盐在没有完全耗尽的情况下是限速基质。计算每个底物的 S_{min} 以及去除 $10mg/L$ 的 NO_3^--N 所需的醋酸盐量。确定需要的 J 和反应器体积,使醋酸的残留浓度尽可能低。

13.28 需要设计一个第一阶段反硝化的生物膜工艺。待处理的污水特征为: $Q=4000m^3/d, BOD_L=300mg/L, TKN=65mg N/L, NO_3^--N+NO_2^--N=0mg N/L$。要求脱氮率达 85%,已经确认从第二阶段(好氧)生物膜反应器回流至第一阶段反应器的流量是 $22\,700m^3/d$。此外,可以忽略细胞合成中使用的 N。此外,基于类似条件下,在反硝化生物膜反应器中开展的中试研究,得出了参数 $b_{det}=0.04d^{-1}, X_f=40mg/cm^3, L=40\mu m$。

请计算完全混合的生物膜反应器的总体积,其比表面积为 $200m^{-1}$。反硝化限速基质的一些重要动力学参数如下:

$$\hat{q}=12mg BOD_L/(mg VSS_a \cdot d) \quad K=20mg BOD_L/L \quad b=0.05d^{-1}$$
$$\gamma=0.27mg VSS_a/mg BOD_L \quad D=0.6cm^2/d \quad D_f=0.48cm^2/d$$

13.29 贵公司接受了处理某特种废水的任务。废水主要特征如下: $BOD_L=250mg/L, TKN=50mg/L, NO_3^--N=50mg/L, SS=0mg/L$。你的老板计划采用单个同时硝化和反硝化的氧化沟工艺处理这个废水。老板指派给你的任务是评估这种方法的可行性。尤其是,你要评估使用这一工艺是否能将这种废水的 BOD 和 N 完全去除。你很聪明地意识到,这个反应器系统可以是一个具有非常高的混合液回流量(比如说 $1000m^3/d$)的单级反硝化系统。这样的工艺能成功吗?

13.30 生物膜工艺的一个潜在优势,是它们可以实现非常高的容积负荷,因而装置可以很紧凑。为了实现高容积负荷,需要一个高比表面积反应器,如流化床生物膜反应器。有人认为流化床反应器非常适用于反硝化。请列举反硝化的两个特点,说明生物膜工艺用于反硝化的优势。

13.31 待处理污水具有以下特征: $BOD_L=500mg/L, TKN=50mg/L$,惰性 $SS=50mg/L, NO_3^--N=0mg/L$。有 5 种可供选择的处理方法,如下图所示。你需要指出每个系统的生物固体产量(以 kg SS/d 计)和所需氧气量(以 O_2 kg/d 计),并进行比较。例如,比较从工艺(a)到工艺(b),污泥产量和需氧量有何变化? 你可以用增加、减少或没有变化描述。要进行比较的是①从(a)到(b);②从(a)到(c);③从(b)到(d);④从(b)到(e)。

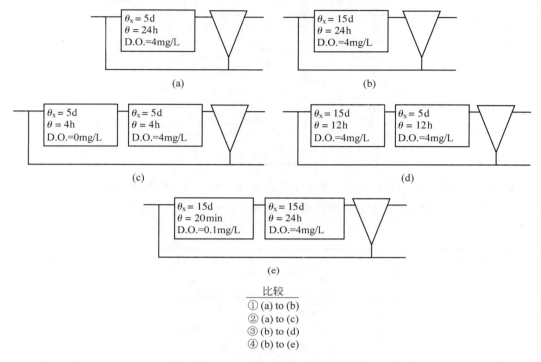

比较
① (a) to (b)
② (a) to (c)
③ (b) to (d)
④ (b) to (e)

13.32 利用生物膜反应器而不是悬浮生长反应器,作为第一阶段的反硝化反应器。绘制一个工艺系统的示意图,标出系统中最重要的 5 个部分。描述每个部分的作用以及为什么它是必需的。

13.33 你是首席工程师,任务是设计一个两阶段反硝化/好氧氧化系统,第一阶段用于反硝化。待处理特种污水特性如下:$BOD_L = 2000mg/L$,$TKN = 300mg/L$,$NO_3^- -N = 150mg/L$。你的第一个设计是将 SRT 设置为 20d。在这个 SRT 时,可以假设缺氧反应器出水中 $NH_4^+ -N$ 和 BOD_L 浓度接近于 0,即假设它们的值为 0。

(a) 首先需要确定进水 BOD_L 充足,可以保证完成反硝化,是吗?

(b) 进水中总氮的浓度为 30mg/L,要达到完全去除,需要的混合液回流比是多少?

(c) 反硝化和好氧氧化段对生化需氧量 BOD_L(以进水流量中毫克每升表示)的去除量分别是多少?

13.34 计划在地下水中加入甲醇,通过微生物的反硝化作用去除硝酸盐。如果硝酸盐氮浓度为 84mg/L,那么,至少应该加入多少甲醇(mg/L)才能使硝酸盐完全还原成氮气? 假设不存在氨氮,反应 f_s 为 0.30。

13.35 计划设计一个不带回流的推流式生物膜反应器,处理含有 65mg/L 的 $NO_3^- -N$ 且无氨氮的污水,将硝酸盐反硝化为 N_2,并选择醋酸盐作为反应的电子供体。

(a) 应在废水中加入多少浓度的醋酸盐,才能通过反硝化完全去除硝酸盐?

(b) 鉴于处理前污水中添加了上述浓度的醋酸盐,在反应器入口处的反应是否受醋酸盐、硝酸盐的限制或两者都不受限制？用适当的计算来支持你的结论。假设硝酸盐用于细胞合成,并且系统具有下表中所列的反应动力学和生物膜特性:

组　分	醋酸盐	硝酸盐	生 物 膜
K	10mg/L	1mg/L	
$\hat{q}$	15mg/(mg VS$_a$ · d)		
D_w	0.9cm^2/d	0.7cm^{2}d	
D_f	0.8D_w	0.8D_w	
L			0.150cm
f_s			0.55
X_f			12mg/cm^3
b			0.15d^{-1}
γ			0.4g VS$_a$/g 醋酸盐

13.36 采用厚生物膜反应器,通过反硝化处理一饮用水,甲醇是反应的电子供体。对于以下条件,估计硝酸盐进入生物膜的通量率[mg/(cm^2 · d)]。假设 NH$_4^+$-N 可用于细胞合成:

组　分	甲　醇	硝酸盐	生 物 膜
S	10mg/L	30mg/L	
K	15mg/L	3mg/L	
$\hat{q}$	10mg/(mg VS$_a$ · d)		
D_w	1.3cm^2/d	0.7cm^2/d	
D_f	0.8D_w	0.8D_w	
L			0.090cm
f_s			0.40
X_f			15mg/cm^3

13.37 计划设计一个带回流的 CSTR,对含有硝酸盐的工业废水进行缺氧反硝化,拟采用该厂的一种废化学品——硫代硫酸盐(S_2O^{3-})——作为生物反应的电子供体。因此,硫代硫酸盐将被氧化成硫酸盐。你们正在对设计进行灵敏度分析,以确定不同变量对反应器大小、反应器出水中硝酸盐浓度以及所需硫代硫酸盐添加量的影响。由于硝酸盐是目标污染物,因此硝酸盐是反应发生的限速基质,而不是硫代硫酸盐。同时,保持尽可能低的硫代硫酸盐添加量。也就是说,S 代表硝酸盐浓度,而不是硫代硫酸盐浓度。填写下表,指出左栏中每个变量的增加将如何影响 3 个工艺参数。假设左边列出的一个参数变化时,所有其他参数保持不变,并且反应器总悬浮固体浓度 X 保持不变。使用(＋)表示增加,(一)表示减少,(0)表示没有变化,(i)表示需要更多的信息。

变量	工艺参数		
	反应器尺寸/m^3	出水硝酸盐/(mg/L)	所需硫代硫酸盐/(kg/d)
K			
$\hat{q}$			
Q^0			
S^0			
b			

续表

变量	工艺参数		
	反应器尺寸/m³	出水硝酸盐/(mg/L)	所需硫代硫酸盐/(kg/d)
θ_x			
X_1^0			
γ			

13.38　一污水 BOD_L 为 1200mg/L，NO_3^--N 为 400mg/L。采用带回流的完全混合反应器进行反硝化脱氮，$\theta_x=10d$。问电子供体或电子受体是否会限制整体反应的速率？假设氨氮可用于细胞合成，提供适当的计算来支持你的答案。

13.39　绘制一个两阶段有机物氧化和硝化工艺的流程图，设计中注意考虑减少整体的氧气需求。

13.40　在一项工业废水脱氮研究中，添加了 120mg/L 的醋酸盐，以去除 30mg/L 的硝酸盐氮。估计 f_s 和 f_e。

13.41　采用一带回流的 CSTR-沉降池工艺，保持 θ_x 为 6d，硝酸盐浓度为 60mg/L，问反硝化去除所有硝酸盐，需要加多少的乳酸盐？

13.42　拟处理某市政污水，去除其中的氨氮、亚硝酸盐氮和硝酸盐氮。请设计两个经济性较好的生物处理系统，并绘制示意图。对于第一个系统（低氮去除率），仅要求氮的去除率达到约 50%；而对于第二个处理系统（高氮去除率），要求氮的去除率达到 95%。请说明每个系统中，所有液体和气体的输入和输出；系统中每个反应器，如果添加化学药品，应添加哪些化学药品；进出每个反应器的氮的主要形式；系统中每个反应器中发生的生物反应过程的主要电子供体和受体。

13.43　采用一 10m³ 流化床生物膜反应器，对含 50mg NO_3^--N/L 的废水进行脱氮处理，反应器内用于细菌附着生长的砂子的总表面积为 3×10^8 cm²。加入的甲醇作为细菌生长的主要基质，有以下化学计量方程：

$$0.1667CH_3OH + 0.1343NO_2^- + 0.1343H^+ =\!=\!=$$
$$0.0143C_5H_7O_2N + 0.06N_2 + 0.3505H_2O + 0.0952CO_2$$

（a）假设反应器是完全混合的，要求出水的硝酸盐氮浓度达到 1.0mg/L 或更低，溶液中甲醇的最低浓度应是多少？

（b）在这种条件下，硝酸盐氮的去除率（kg/d）是多少？反应器的停留时间（假设反应器总体积 V 为 10m³）是多少？

假设厚生物膜动力学适用（$S_w=0$）。相关参数如下：

参　数	单　位	甲　醇	硝酸盐-氮
D	cm²/d	1.3	0.7
D_f	cm²/d	0.9	0.5
$\hat{q}$	mg/(mg VS·d)	9	
K	mg/cm³	0.008	0.002
L	cm	0.004	0.004
X_a	mg VS$_a$/cm³	15	15
b	d⁻¹	0.1	0.1

第14章 磷的去除与回收

磷是促进藻类和蓝细菌进行光合生长所必需的常量元素,是加剧湖泊、水库和河口富营养化的主要因素。中度的富营养化会导致水体中溶解氧的损失,增加有机碳含量、浊度、味道、颜色和气味;恶化鱼类生境;导致沉积物中重金属释放并产生神经毒素。严重的富营养化会导致形成缺氧的"死区"或将湖泊转变为沼泽。为了防止富营养化,地表水的磷浓度通常必须保持在 $0.02mg P/L$ 以下。

对富营养化敏感水域,废水在排放之前除进行常规的一级、二级处理外,还经常要求除磷。例如,美国典型的城市污水中的污染物浓度为:$BOD_5 = 250mg/L$,$BOD_L = 370mg/L$,$COD = 500mg/L$,$TKN = 60mg/L$,$TP = 12mg/L$,传统的一级沉淀和二级活性污泥处理过程可使出水总磷降低到 $6mg/L$,而对于保护水体,要求处理出水的磷浓度为 $1mg P/L$。因此,必须进行额外的除磷处理。

除磷过程可以在生物处理之前、作为生物处理一部分、在生物处理之后进行。在生物处理过程中去除磷,包括以下 3 种方式:

- 常规的生物体对磷的吸收作用。
- 在生物处理系统中投加金属盐,提高沉淀除磷效果。
- 强化生物除磷。

本章将分别讨论这 3 种方式的作用效果及其应用,后两种方式是构成所谓的"深度处理"的基础。

虽然从废水中去除磷以保护水质,是废水处理的主要目标,但回收磷并进行有益的再利用也是一个目标。以肥料形式回收的磷,具有重要的经济价值,这样做可以将高成本的除磷转变为有经济收益的磷回收。磷的回收有双重意义:保护水质并产生利润。磷的回收可以整合到废水处理工艺中,但是这些磷回收工艺与仅以除磷为目标的工艺不同。本章的后半部分介绍了磷的回收方法,这些方法可以作为生物处理和能量回收的一部分。

14.1 生物对磷的吸收作用

一般在好氧生物处理过程中(如活性污泥法)形成的生物体,其含磷量占其干重的 $2\%\sim 3\%$。生物体的化学计量分子式可以写为包含磷的表达式,即 $C_5H_7O_2NP_{0.1}$,其相对分子质量为 116,其中磷占 2.67%(质量百分比)。生物处理工艺中通过排泥去除的磷与排泥量 VSS $(Q^w X_v^w)$ 成正比(假设 VSS 仅由生物固体产生)。总磷的稳态物料平衡如下:

$$0 = QP^0 - QP - Q^w X_v^w (0.0267 \text{g P/g VSS}) \tag{14.1}$$

式中,P^0 和 P 分别代表进水和出水的总磷浓度;Q 是进水流量。可用式(14.2)来求解出水的磷浓度。

$$P = \frac{QP^0 - Q^w X_v^w (0.0267)}{Q} = P^0 - \frac{Q^w X_v^w (0.0267)}{Q} \tag{14.2}$$

若出水中 VSS 所含的磷可被忽略,则排出污泥量与 BOD 的去除量(ΔBOD_L)及污泥净产率(γ_n)成正比,即

$$Q^w X_v^w = \gamma_n Q (\Delta \text{BOD}_L) \tag{14.3}$$

污泥的净产率依赖于 SRT(θ_x)、污泥真产率(γ)、内源消化速率(b),以及生物体可生物降解部分的比率(f_d):

$$\gamma_n = \gamma \frac{1 + (1 - f_d) b \theta_x}{1 + b \theta_x} \tag{14.4}$$

结合式(14.2)及式(14.4),得到出水的磷浓度随进水的磷浓度、总 BOD_L 去除量、SRT 变化的关系式:

$$P = P^0 - \frac{0.0267 \gamma [1 + (1 - f_d) b \theta_x](\Delta \text{BOD}_L)}{1 + b \theta_x} \tag{14.5}$$

表 14.1 列出了当 $\gamma = 0.46 \text{mg VSS}_a / \text{mg BOD}_L$,$b = 0.1 \text{d}^{-1}$,$f_d = 0.8$,$P^0 = 10 \text{mg P/L}$ 时,出水磷浓度随 SRT 和 BOD_L 去除量的变化值。由表 14.1 可见,只有一种情况下的出水磷浓度在 1mg/L 以下:即 SRT = 3d,BOD_L 去除量为 1000mg/L 时。然而在这两种情况下,使用的参数值都不是市政污水处理常用的参数范围。增加 SRT 或减小 BOD 去除量都将导致磷的去除效果降低,达不到出水 1mg/L 的排放标准。

表 14.1 当进水总磷为 10mg P/L 时,SRT 和 BOD_L 去除量对出水磷浓度的影响

BOD_L 去除量/ (mg BOD_L/L)	出水 $PO_4\text{-P}$ 浓度/(mg/L)			
	3d SRT	6d SRT	15d SRT	30d SRT
100	9.0	9.1	9.4	9.5
300	7.0	7.4	8.1	8.5
500	5.0	5.7	6.8	7.5
1000	0	1.4	3.6	5.1

注:$\gamma = 0.46 \text{mg VSS}_a / \text{mg BOD}_L$,$f_d = 0.8$,$b = 0.1 \text{d}^{-1}$,生物体磷含量 2.67%。

对于生活污水,实际的 BOD_L 去除量一般在 300mg/L 左右,因此出水的磷浓度将远高于 1mg P/L(即便是在 3d 的短 SRT 下),很显然需要进一步处理。在很多时候脱氮和除磷过程同时进行,但硝化过程需要较长的污泥停留时间,这就导致排泥量减少,相应磷的去除量减少。例如,SRT 为 30d 时,出水的磷浓度达到 8.5mg P/L;而 SRT 为通常的 6d 时,出水磷浓度为 7.4mg P/L。

当要采取控磷措施时,对常规处理的除磷效果进行简单的计算是重要的。在多数情况

下,可以计算出强化除磷工艺所需要去除的磷量。此外,如果进水的 P∶BOD$_L$ 的值较低时,严格控制 SRT,就可以使出水的磷浓度很低,而不需要使用强化除磷措施。

厌氧处理的除磷量远小于好氧处理,因为其生物质产量要低得多。例如,典型的产甲烷处理的 γ 值约为 0.08mg VSS/mg BOD$_L$,仅为活性污泥 γ 值的约 17%。因此,产甲烷处理中的除磷量将小于表 14.1 所示值的 20%。例如,用 30d 的 SRT 对 1000mg BOD/L 进行产甲烷处理,将仅去除约 1mg P/L,而在废水中留下 9mg P/L。

14.2 在生物处理系统中投加金属盐进行沉淀除磷

在生物处理适宜的 pH 值范围内,铝离子和铁离子与正磷酸盐能发生沉淀反应。因此,可以在废水进入或者离开生化反应器时,直接向废水中投加含 Al^{3+} 和 Fe^{3+} 的盐类。沉淀后的含磷污泥,在排泥时被排出系统。

主要沉淀生成物为 $AlPO_{4(s)}$ 和 $FePO_{4(s)}$,它们的标准溶解反应和溶度积(pK_{so})分别为(Snoeyink and Jenkins,1980):

$$AlPO_{4(s)} \rightleftharpoons Al^{3+} + PO_4^{3-} \quad pK_{so}=21$$
$$FePO_{4(s)} \rightleftharpoons Fe^{3+} + PO_4^{3-} \quad pK_{so}=21.9 \sim 23$$

尽管它们的溶度积都非常小,磷的条件溶解度却不一定很小,因为 Al^{3+}、Fe^{3+} 和 PO_4^{3-} 会发生竞争性酸/碱反应和络合反应。对于磷酸盐,主要竞争反应为酸碱平衡反应,即生成质子的反应。磷酸盐水解的平衡常数 pK_a 的值如下(Snoeyink and Jenkins,1980):

$$HPO_4^{2-} \rightleftharpoons H^+ + PO_4^{3-} \quad pK_{a,3}=12.3$$
$$H_2PO_4^- \rightleftharpoons H^+ + HPO_4^{2-} \quad pK_{a,2}=7.2$$
$$H_3PO_4 \rightleftharpoons H^+ + H_2PO_4^- \quad pK_{a,1}=2.1$$

在 pH 值接近中性时,$H_2PO_4^-$ 和 HPO_4^{2-} 离子是主要成分,PO_4^{3-} 含量很少,例如,在 pH 值为 7.0 时,PO_4^{3-} 只占溶解性正磷酸盐的 0.000 25%,pH 值较高时才存在较大比例的 PO_4^{3-}。

类似地,铝和铁的阳离子能生成很多种络合物,其中羟基络合物非常重要。关键的络合生成反应包括以下几种,其稳定常数如下(Stumm and Morgan,1981):

$$Fe^{3+} + OH^- \rightleftharpoons FeOH^{2+} \quad pK_1=11.8$$
$$FeOH^{2+} + OH^- \rightleftharpoons Fe(OH)_2^+ \quad pK_2=10.5$$
$$Fe(OH)_2^+ + OH^- \rightleftharpoons Fe(OH)_3 \quad pK_3=7.7$$
$$Fe(OH)_3 + OH^- \rightleftharpoons Fe(OH)_4^- \quad pK_4=4.4$$
$$Al^{3+} + OH^- \rightleftharpoons AlOH^{2+} \quad pK_1=9.0$$
$$AlOH^{2+} + OH^- \rightleftharpoons Al(OH)_2^+ \quad pK_2=9.7$$
$$Al(OH)_2^+ + OH^- \rightleftharpoons Al(OH)_3 \quad pK_3=8.3$$
$$Al(OH)_3 + OH^- \rightleftharpoons Al(OH)_4^- \quad pK_4=6.0$$

羟基络合物的酸碱本质,决定了铝/铁络合物的种类是随 pH 变化而变化的。在 pH 为中性时,优势络合体为 $Fe(OH)_2^+$、$Fe(OH)_3$ 和 $Al(OH)_3$,而 Al^{3+}、Fe^{3+} 离子在总铝/铁浓度中占非常小的比例。因此要提高 Al^{3+}、Fe^{3+} 离子的比例,就需要降低液相的 pH。

由于 pH 对沉淀阴离子(PO_4^{3-})与沉淀阳离子(Al^{3+} 或 Fe^{3+})有相反的影响作用,所以存在一个最优的 pH。基于以上的反应方程式,$AlPO_{4(s)}$ 的最小溶解度对应的 pH 值约为 6,这个 pH 值对于 $FePO_{4(s)}$ 则为 5。从理论上讲,只要按化学式计量的结果,投加阳离子,在优化的 pH 值下,就足以使出水总磷浓度下降到 1mg/L 以下。而实际上,理论预测值只能给出在生物处理过程中,产生沉淀的金属盐添加量的大致范围。在实际应用中常常是通过试验来确定最佳投药量,这个投药量总是高于按 $AlPO_4$ 或 $FePO_4$ 的溶度积计算得来的化学计量值。

导致化学过程复杂化及投药量增加的原因有以下几方面:

(1)磷酸盐形成竞争性的络合物,如 $CaHPO_4$、$MgHPO_4$、$FeHPO_4$ 等,这样就导致了以 PO_4^{3-} 形式存在的磷要少于单纯应用酸碱理论计算得出的预测值。

(2)铝和铁形成了其他形式的络合物,例如与有机配体形成络合物,或产生诸如 $Al(OH)_{3(s)}$ 形式的沉淀,于是降低了有效 Al^{3+} 或 Fe^{3+} 的浓度。

(3)总磷中可能有部分不是正磷酸盐,而是有机磷化合物。

(4)对于沉淀反应的最优 pH 值可能与维持微生物活性的最优 pH 值不一致,而 pH 值的选择应该保证微生物的正常代谢。

(5)可能沉淀反应的速度比较慢,以致不能达到其平衡状态的最大沉淀点。

(6)对 Fe 来说,厌氧条件会导致 Fe^{3+} 和 Fe^{2+} 减少,生成更多的可溶性磷化合物。所以 $FePO_{4(s)}$ 在厌氧工艺中的沉淀效率不高。

一般情况下,金属盐的投加量为化学计量的 $1.5\sim2.5$ 倍。如果以化学计量计算,1mol 的磷应该投加 1mol 的金属盐,实际上往往是按着经验投加 $1.5\sim2.5$mol 的金属盐。折算为质量即:$1.3\sim2.2$g Al/g P 或 $2.7\sim4.5$g Fe/g P。例如,如果选择实际的投加摩尔比为 2:1,要想把 10mg P/L 的废水降低到出水为 1mg P/L,需要投加 36mg Fe/L 的铁盐。

投加金属盐必须考虑的一点是:金属盐具有酸性,当其投加后与 PO_4^{3-} 或氢氧根反应产生沉淀时,会消耗水中的碱度。例如,如果投加铁盐(如 $FeCl_3$),则 Fe^{3+} 反应生成 $FePO_{4(s)}$ 或 $Fe(OH)_3$,其每摩尔药剂要消耗 3mol 的碱。铝盐的情形也相似,以明矾[$Al_2(SO_4)_3 \cdot 14H_2O$]为例,按摩尔比 2:1 加药,去除每毫克磷需要消耗 9.7mg 的 $CaCO_3$ 碱度。对于低碱度的水,主要问题是投药后 pH 会下降得太低,在此情况下需投加石灰(CaO)或其他碱,来补充水中的碱度。一种可选的化学药剂为铝酸钠($NaAlO_2$),其溶于水后发生如下水解反应:

$$NaAlO_2 + 2H_2O \longrightarrow Na^+ + Al(OH)_3 + OH^-$$

该水解反应产生碱度,每摩尔 Al 相应产生 1mol 的碱度。另一种可选的药剂为亚铁盐,其在水中被氧化生成三价铁离子的过程中,每摩尔的 Fe^{2+} 可以生成 1mol 的碱度。

$$Fe^{2+} + 0.25O_2 + 0.5H_2O \longrightarrow Fe^{3+} + OH^-$$

$AlPO_{4(s)}$ 和 $FePO_{4(s)}$ 沉淀产生大量的无机污泥,这些污泥会一直存在于生物处理系统中,直到最终随剩余污泥一起排出。化学计量的沉淀生成比为 3.9g $AlPO_{4(s)}$/g P 和 4.9g $FePO_{4(s)}$/g P。例如,去除 8mg P/L 将在处理过程中产生 39mg $FePO_{4(s)}$/L 的无机污泥产物。在活性污泥工艺中假设 SRT(θ_x)=6d,水力停留时间为 0.25d(θ),则污泥富集比(θ_x/θ)为

24,这就意味着在污泥混合液中的 $FePO_{4(s)}$ 的浓度将达到 935mg/L。很明显,磷酸盐沉淀增加了工艺过程的污泥生成量,而且导致污泥中无机固体含量大大增加。

大多数实际的金属盐投加过程都是伴随着活性污泥处理同时进行的,在这一过程中金属盐可以投加于进水中、直接投加于曝气池中,或者投加在进入二沉池的混合液中。投加金属盐除磷的方法同样适用于生物膜法工艺过程,生物膜过程可以非常有效地捕获和去除生成的沉淀固体。大颗粒填料的固定床滤层可能是该类工艺最适合的形式,这种工艺已得到成功应用(Clark,Stephensen and Pearce,1997)。

14.3　强化生物除磷

某些种类的异养菌能够在其体内蓄积高浓度的胞内聚磷化合物(Poly P)作为其能量储存物质。如果能筛选、驯化具有这种特点的细菌使之成为优势菌群,并使这些菌在富含聚磷化合物的时候被排出系统,则可以利用这种微生物过量摄取的特性,显著提高系统对磷的去除率。强化生物除磷就是构造一种工艺环境来达到筛选、吸磷、高磷污泥排放这 3 个目的。

在成功的生物强化除磷工艺中,微生物的含磷量为一般微生物的 2～5 倍。通过修改式(14.5),可以计算出这种以聚磷形式富集磷工艺的出水磷含量。以 3 倍富集效果为例,可以给出式(14.6):

$$P = P^0 - \frac{0.0801\gamma[1 + (1 - f_d)b\theta_x](\Delta BOD_L)}{1 + b\theta_x} \qquad (14.6)$$

当进水磷浓度为 10mg/L,BOD_L 的去除量为 300mg/L,并且 $\theta_x = 15d$ 时,出水磷浓度为 4.2mg/L,当 $\theta_x = 6d$ 时出水磷浓度为 2.2mg/L,这个数值较接近于 1mg/L 的磷排放标准。强化聚磷的富集效果,或者提高进水的 BOD_L:P 的值,将会使排放标准得到实现。

图 14.1 给出了具有强化生物除磷功能的活性污泥处理工艺(EBPR)的关键组成部分,有助于我们理解 EBPR 是怎样工作的。人们对该工艺进行了很多的技术创新来优化其性能(Barnard,1976;Daigger and Littleton,2014;Ekama et al.,1983;Meganck and Faup,1988),其中一些将会在后面提及。

强化生物除磷工艺具有的 4 个基本组成部分:

(1) 入流污水和回流污泥必须首先混合并进入厌氧生物反应器。必须最大限度地去除电子受体,特别是 O_2 和 NO_3^-,由此来保证在该反应器中 BOD 的氧化不占重要地位。混合液的高生物量水平,导致水解和发酵依次发生,但是 BOD 类物质并不会将其自身电子转移给最终电子受体。

(2) 混合液从厌氧反应器流入好氧活性污泥主反应器。系统的 SRT 决定着在主反应器中发生或不发生硝化和反硝化现象(回顾第 13 章)。曝气使得系统中具有充足的电子受体,曝气的直接作用是供氧,如果发生硝化反应,同时会产生 NO_3^-。电子受体的存在使异养细菌可以氧化电子供体,获得能量并生长。本阶段会产生 Poly P。

(3) 流出主反应器的混合液被沉淀后,多数微生物通过回流返回工艺流程的前端,进入厌氧池。该循环保证所有微生物经历厌氧发酵和好氧呼吸两个阶段。

(4) 通过排除主反应器中形成的污泥以控制 SRT,以及排除富含 Poly P 的生物量。

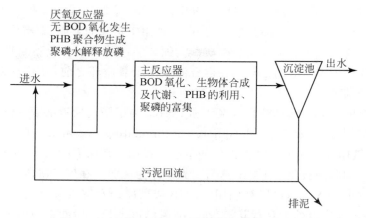

图 14.1　强化生物除磷的活性污泥系统示意图

必须通过所有以上 4 个步骤才能使强化生物除磷的生化及生态机理发挥作用。图 14.2
总结了在厌氧和好氧反应器中反应过程的生化机理(Camejo et al.,2016；Comeau et al.,
1986；Kang and Noguera,2014；Mino et al.,1985)。

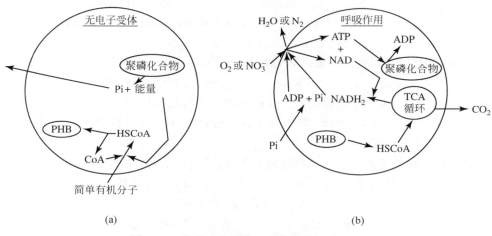

图 14.2　强化生物除磷工艺的生化反应机理

(a) 为厌氧反应器；(b) 为好氧反应器。HSCoA＝乙酰辅酶 A,PHB＝聚羟基丁酸酯

在厌氧状态下[图 14.2(a)],一些异养细菌能够摄取有机物水解和发酵所生成的简单
有机分子。因为没有可用的电子受体,它们于是将电子和碳源以细胞内含颗粒的形式,如聚
羟基丁酸酯(polyhydroxybutyrate,PHB)或糖原,储存在细胞内。为完成该聚合过程,细胞
需要一种活性物质——乙酰辅酶 A (HSCoA)。合成 HSCoA 的过程是一个耗能过程,该能
量(最终以 ATP 的形式传输)来自聚磷的水解,这些聚磷正是微生物作为能量而储存在其
细胞内的物质。聚磷水解后释放磷酸盐到细胞内,大量的细胞内磷酸盐在厌氧状态下释放
到环境中。

当这些异养细菌转移到主反应器时,它们拥有了大量的电子受体,于是生化反应朝着相
反方向进行[图 14.2(b)]。电子存储物质(PHB 或糖原)被水解为 HSCoA,然后在 TCA 循

环中被氧化掉(见 3.3 节)。由 $NADH_2$ 释放出的电子,通过细菌的呼吸作用传递给电子受体 O_2 或 NO_3^-,并合成 ATP。部分生成的 ATP 被用于聚磷的合成,聚磷作为储能物质贮存在细胞内。在聚磷合成中必须有无机磷酸盐。细菌通过聚磷的合成不断吸收无机磷酸盐,这些细菌成为环境中磷酸盐的汇点。在混合液返回厌氧循环之前,必须收集和从系统中排出这些富含磷的细菌。

并不是所有的异养细菌都能合成聚磷和 PHB。为了筛选聚磷细菌,必须强化工艺中的生态选择压,使工艺适合聚磷菌(phosphorus-accumulating organisms,PAO)而不适合其他细菌。厌氧-好氧循环则构成了这种强化的生态选择压。在厌氧阶段,磷细菌摄入电子供体和碳源并将其在细胞内转化为 PHB,这需要聚磷作为能源。在好氧阶段,磷细菌以 PHB 或糖原形式储存的电子和碳源可以被利用。PHB 或糖原的水解以及氧化为细菌生长提供重要能源,甚至在主反应器处于寡营养状态时,细菌仍可生长。储能物质的能量释放,保证了主反应器中磷细菌的生长超过其他异养菌的生长,逐渐成为生物群落中的主要功能细菌。

过去,学者们认为聚磷菌属于不动杆菌属(Dainema et al.,1985)。进一步的研究发现,不动杆菌只是聚磷菌的成员之一,而且常常并不是优势菌属。现在发现,在假单胞菌属(*Pseudomonas*)、节核菌属(*Arthobacter*)、诺卡菌属(*Nocardia*)、拜厄林克氏菌属(*Beyerinkia*)、自生固氮菌属(*Ozotobacter*)、气单胞菌属(*Aeromonas*)、小月菌属(*Microlunatus*)以及其他菌属中也存在聚磷菌(Camejo et al.,2016;Kang and Noguera,2014;Nakamura et al.,1995;Oyserman et al.,2016;Shoda et al.,1980;Suresh et al.,1985)。最近一项很严谨的研究发现,菌群中至少有两类 PAO:聚磷暂定种(*Candidatus* Accumulibacter Phosphatis)和四球虫属聚磷菌(*Tetrasphaera* sp.)(Kang and Noguera,2014)。它们的生理学和遗传学细节支持图 14.1 和图 14.2 所示的模式。这些有趣的新发现表明 PAO 在低 DO 浓度条件下可以同时进行 O_2 和 NO_3^- 呼吸,在形成 PHA 时产生 H_2 来平衡厌氧条件下的电子流(Camejo et al.,2016)。

尽管看起来对基于聚磷菌的生物除磷工艺,已经建立了完善的生化及生态理论基础,但是有证据表明,至少在某些情况下化学沉淀在生物处理中仍起到一定作用(Arvin,1985;Battistoni et al.,1997)。生成的主要固相沉淀物可能为羟基磷酸钙($Ca_5(OH)(PO_4)_{3(s)}$),它的溶度积为 $pK_{so}=55.9$,预示着在 pH>7.5 的情况下,硬度适中的水就可以使溶解正磷酸盐浓度降低到 1mg P/L 以下。当 Mg^{2+}、NH_4^+ 浓度上升时,也可能生成另一种沉淀——鸟粪石($MgNH_4PO_4$)。特别是在絮体或生物膜内部,强烈的反硝化作用生成碱,导致 pH 值上升,促进羟基磷酸钙和鸟粪石沉淀的生成。非常强的曝气可以吹脱溶液中的 CO_2,导致 pH 值上升,促进羟基磷酸钙沉淀的生成。化学沉淀是生物强化除磷的重要补充,特别是在低碱度时。

图 14.3 给出了将强化生物除磷与众所周知的前置反硝化脱氮(第 13 章)相结合的两种工艺方案。图 14.3(a)所示方案,有时被称为 Phoredox 工艺,是在传统前置反硝化系统的进水端增设厌氧反应器。图 14.3(b)所示方案被称为 Bardenpho 工艺,它是将一个厌氧反应器加入 Barnard 工艺流程中,Barnard 工艺是具备缺氧池和好氧池的除氮工艺。Burdick 等报道了(Burdick et al.,1982)利用如图 14.3 所示的 Bardenpho 工艺装置,达到了氮去除率 93% 和磷去除率 65% 的运行效果,污泥含磷 4%~4.5%,大约是一般生物体含磷量的两倍,出水的磷含量为 1.9~2.3mg/L。Meganck 和 Faup (1988)汇总了几套其他 Bardenpho

工艺装置的运行结果,一般来说,该工艺的出水磷含量在 0.5~6.3mg/L,而多数在 1mg/L 左右。

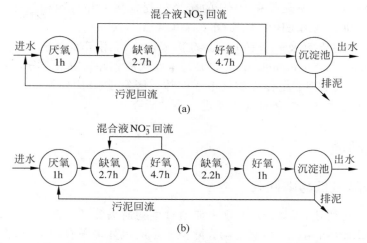

图 14.3 将强化生物除磷与经典的前置反硝化脱氮相结合的两种工艺方案
(a) 将一个厌氧反应器加在前置反硝化工艺之前;(b) 将一个厌氧反应器加入 Barnardgy 工艺。
图中标注了典型的水力停留时间,供参考。

用改进的前置反硝化脱氮工艺实现除磷,一个可能存在的缺陷是,混合液回流带入的 NO$_3^-$ 会使厌氧反应器中出现电子受体。为解决这一问题,南非开普敦大学(the University of Cape Town,UCT)的研究者开发了图 14.4 所示的工艺。基础是 UCT 工艺[图 14.4(a)],将混合液首先回流到缺氧的前置反硝化反应器,在这里反硝化使得 NO$_3^-$ 的浓度降到很低的水平,然后再将混合液从缺氧反应器回流到厌氧反应器。改进的 UCT 工艺[图 14.4(b)]通过把缺氧反应器分为两个反应区的方式,使得回流到厌氧反应器的 NO$_3^-$ 浓度进一步降低。缺氧反应器的后半区主要处理回流混合液所携带的浓度较高的 NO$_3^-$,而前半区则主要处理回流污泥所携带的浓度较低的 NO$_3^-$,将前半区的混合液回流到厌氧反应器。

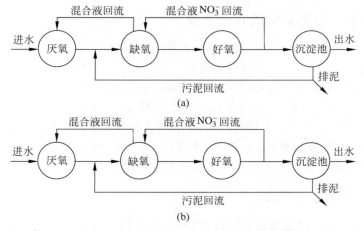

图 14.4 用于降低厌氧反应器 NO$_3^-$ 的两种 UCT 工艺。在改进的 UCT 工艺中,缺氧反应器被分为两个区。富含 NO$_3^-$ 的混合液回流进入缺氧反应器的后半区,从缺氧反应器的前半区回流混合液到厌氧反应器。两个区用挡板隔开

序批式反应器(SBR)也可以用来实现强化生物除磷,并同时达到除氮效果。从前一运行周期沉淀下来的污泥,总会含有一些 NO_3^-,在不曝气的进水段,脱氮去除了 NO_3^- 之后,就可以建立厌氧环境,实现聚磷和 PHB 的转换过程。基于好氧颗粒污泥的序批工艺(如NEREDA 工艺),也表现出 EBPR 性质(deKreuk et al.,2005)。

如果设置交替的厌氧及好氧阶段,生物膜工艺也可用于实现强化生物除磷(Kerrn-Jespersen et al.,1994; Shanableh et al.,1997)。在厌氧和好氧阶段会分别发生磷酸盐释放及磷酸盐摄取。氧气或硝酸根作为最终电子受体。厌氧-好氧周期在 6h 的情况下,可以正常工作,氮磷去除的优化工艺条件还需要进一步的研究。

14.4 磷的回收

14.4.1 磷去除量低与磷回收

如 14.1 节末尾所述,厌氧处理几乎不能通过生物质去除磷。此外,尚未在严格的厌氧系统中检测到 EBPR 机制。虽然缺乏磷去除似乎是厌氧处理固有的劣势,但恰当地应用厌氧处理也可能成为优势,因为这为回收磷并将其用于农业产品提供了可能(Li et al.,2015;Rittmann et al.,2011)。对于具有长 SRT 或处理低 BOD：P 比废水的好氧工艺来说,也具有相似的优点。

富磷矿主要位于 5 个国家,目前几乎所有磷都来自这些矿的开采(Cordell et al.,2009;Rittmann et al.,2011)。开采的磷中约有 90% 用于制造无机肥料,这是现代集约化农业必不可少的物资。施用于农田等土壤中的磷肥,其中近 50% 的磷会通过农田退水进入环境。水环境中的磷的重要来源,一个是农田退水,另一个是动物和人类粪便。利用动物和人类粪便已成为磷回收和再循环的目标。

回收用于农业的磷,应为植物可生物利用的化学形式。应当注意,通过添加化学药剂,如 $FePO_{4(s)}$ 和 $AlPO_{4(s)}$ 等,从废水中沉淀去除的磷,是以难溶沉淀物形式存在的,它们不易被植物利用。化学药剂出色的化学性质,使它们非常适合用于磷的去除,但其沉淀物在农业上无法有效利用。因此,常规的化学沉淀物不能直接用作肥料。

14.4.2 以污水作为肥料磷的直接来源

进水中的磷大多数仍留存在处理后的出水中,当将其用于农业灌溉时,废水将成为丰富的磷来源。在这种情况下,灌溉可以同时提供水、磷和氮。这可能是最简单且最便宜的磷回收方式,但有一些条件限制。首先,需要全年灌溉的农田必须位于处理设施附近。长途运输的成本太高,而且对能源的要求也很高;若是定期灌溉,则需要大量的存储设施,这是昂贵的或在技术上是不可能的。其次,相关作物必须适合用废水灌溉。例如,在未经过深度处理和消毒处理,去除了有害物质(如金属、药品和盐)的废水,并不适合用于灌溉食用农作物。还要注意,水、磷和氮的供应平衡要与农作物需求相匹配。

14.4.3 生物质作为缓释磷

生物质中的磷,可以通过水解缓慢释放,用于植物的生长。水解过程相对缓慢,使得生物质成为"缓释肥料"。生物质中的磷,通常与氮、其他常量营养物质、可改善土壤性质的有机碳及多种微量营养物质等一起存在。因此,只要满足两个条件,生物质就可以作为肥料和土壤的改良剂。首先是农民能够使用缓释肥料代替常规的无机肥料。其次是污泥生物固体的来源与农用地之间的距离较短。因为磷仅占生物质总质量和体积的一小部分。因此，需要长距离运输的生物质必须完全干燥。

提高磷吸收到生物质中的一种方法，是使用含有光合微藻类（藻类和蓝细菌）的稳定塘。微藻利用阳光提供能量和电子流，从而驱动生物质的合成及营养吸收（Mayer et al.，2013）。基于微藻的稳定塘在废水处理方面具有悠久的历史。在第 B1 章（见网络版），总结了它们的功能。微藻塘的主要优点是阳光可以提供合成自养生物的能量，并且可以同时去除多种污染物，包括营养物磷和氮、BOD、悬浮固体和病原体。微藻塘的主要缺点是，夜间、阴雨天气、寒冷天气、暴风雨和缺乏阳光等情况，会严重损害它们的运行性能。此外，从微藻塘中收获生物质还不太可靠。

14.4.4　选择性吸附

无机磷酸盐可以被含有氧化铁或氧化铝官能团的固体选择性吸附（Mayer et al.，2013；Rittmann et al.，2011）。它们能很牢固并具有选择性地吸附磷的机理，与 $FePO_4$ 和 $AlPO_4$ 沉淀的机理相同，能有效地将无机磷浓度降至极低水平。不同之处在于，金属氧化物在多孔介质反应器中被用作固相吸附剂，类似于使用离子交换和颗粒状活性炭。当含磷酸盐的水通过吸附反应器时，磷酸盐离子被选择性地留下。像其他任何吸附剂一样，吸附材料的吸附位点是有限的，最终磷酸盐会开始流失。在这种情况下，要对吸附了磷酸盐的吸附剂，进行再生以利于后续使用，使用的再生溶液可被转化为浓缩肥料。

用于磷选择性吸附的材料是可商购的，通常这些吸附剂是为选择性吸附砷酸盐而开发的，而砷酸盐的化学性质类似于磷酸盐。最常见的方法是将氧化铁官能团连接到阴离子交换树脂或砂砾上（Mayer et al.，2013；Rittmann et al.，2011）。虽然这些材料可以有效地从相对清洁的水中吸附磷酸盐，但将其应用于废水中的磷回收与去除时，仍有 3 个问题亟待解决。第一个问题，是当废水中的磷与有机分子结合时，会降低去除效率。第二个问题，是其他阴离子与磷的吸附竞争，因为氧化铁官能团并非对磷酸盐具有 100% 的选择性。这会影响吸附剂的容量和再生产品的纯度。第三个问题，是关于再生过程对吸附的磷的回收能力，因为强选择性意味着难以脱附。这个问题涉及可以成为肥料的磷的回收率。

14.4.5　鸟粪石沉淀

当磷酸盐浓度很高（例如，大于 $100\,mg\,P/L$）时，生产缓释肥料的一个选择是制造鸟粪石，即磷酸铵镁（$MgNH_4PO_4$），鸟粪石沉淀法通常用在厌氧消化中。最初的研究，是为了防止在厌氧消化池内形成鸟粪石沉淀，因为不控制这种的沉淀，会带来严重的运行问题。近年来，鸟粪石沉淀法已成为一种生产农用缓释肥料的方法。

鸟粪石沉淀法的主要优点，是它可用于控制厌氧处理中的运行问题，同时还产生了有价值的产物。鸟粪石沉淀法的一个问题，是通常废水或污泥的 Mg：N：P 化学计量比并不合适。这意味着必须至少添加一种物质（最常见的是 Mg^{2+}），而另一种物质只能部分去除（通常是 NH_4^+-N）。另一个问题是鸟粪石是一种缓释肥料，不能替代传统无机磷肥，因此其经济价值较低。

参考文献

Arvin,E. (1985). "Obser 孔 rations supporting phosphate removal by biologically mediated precipitation: a review." Water Sci. Technol. 15(3-4),pp. 43-63.

Barnard,J. L. (1976). "A review ofbiological phosphorus removalin the activated sludge process." Water S. A. 2(3), pp. 136-144.

Battistoni,P. ; G. Fava; P. Pavan; A. Musacco; and F. Cecci (1997). "Phosphate removal in anaerobic liquors by struvite crystallization without addition of chemicals: Preliminary results." *Water. Res.* 31 (1),pp. 2925-2929.

Burdick,C. R. ; D. R. Refling; and D. H. Stensel (1982). "Advanced biological treatment to achieve nutrient removal." *J .Water Pollution Control Federation* 54,pp. 1078-1086.

Camejo,P. Y. ; B. R. Owen; J. Martirano; J. Ma; V. Kapoor; J. Santo Domingo; et al. (2016). "Candidatus Accumulibacter phosphatis clades enriched under cyclic anaerobic and microaerobic conditions simultaneously use different electron acceptors." *Water Res.* 102,pp. 125-137.

Clark,T. ; T. Stephensen; and P. A. Pearce (1997). "Phosphorous removal by chemical precipitation in a biological aerated filter." *Water Res.* 31(10),pp. 2557-2563.

Comeau,Y. ; K. J. Hall; R. E. W. Hancock; and W. K. Oldham (1986). "Biochemical model for enhanced biological phosphorus removal." Water Res. 20(12),pp. 1511-1522.

Cordell,D. ; J. O. Drangert; and S. White (2009). "The story of phosphorus: global food security and food for thought." Global Environ. Change 19,pp. 292-305.

Daigger,G. T. and H. X. Littleton (2014). "Simultaneous biological nutrient removal: a state-of-the-art review." *Water Environ. Res.* 86,pp. 245-257.

Dainema,M. H. ; M. vanLoosdrecht; and A. Scholten (1985). "Some physiological characteristics of Acinetobacter spp. accumulating large amounts of phosphate." Water Sci. Technol. 17,pp. 119-125.

deKreuk,M. K. ; J. J. Heijnen; and M. C. M. van Loosdrecht (2005). "Simultaneous COD, nitrogen, and phosphate removal by aerobic granular sludge." Biotechnol. Bioengr 90,pp. 761-769.

Ekama,G. A. ; I. P. Siebritz; and G. v. R. Marais (1983). "Considerations in the process design of nutrient removal activated sludge processes." *Water Sci. Technol.* 15(3/4),p. 283.

Kang, D. W. and D. R. Noguera (2014). "Candidatus Accumulibacter phosphatis: elusive bacterium responsible for enhanced biological phosphorus removal."J. Environ. Engr. 14(1),pp. 2-10.

Kerrn-Jespersen,J. ; M. Henze; and R. Strube (1994). "Biological phosphorus release and uptake under alternating anaerobic and anoxic conditions in a fixed-film reactor." Water Res. 28 (5), pp. 1253-1256.

Li,W. -W. ; H. -Q. YU; and B. E. Ritimann (2015). "Reuse water pollutants." *Nature* 528,pp. 29-31.

Mayer,B. K. et al. (2013). "Innovative strategies to achieve low total phosphorus concentrations in high water flow." *Crit. Rev. Environ. Sci. Technol.* 43(4),pp. 409-441.

Meganck,M. I. C. and G. M. Faup (1988). "Enhanced biological phosphorus removal from wastewaters." In D. L. Wise,Ed. *Biotreatment Systems*,Vol. Ⅲ. Boca Raton,FL: CRC Press.

Mino,T. ; T. Kawakami; and T. Matsuo (1985). "Behavior of intracellular polyphosphate in a biological phosphate removal process." *Water Sci. Technol.* 17(11/L2),pp. 11-21.

Nakamura,K. ; A. Hiraishi; Y. Yoshimi; M. Kawaharasaki; K. Masuda; and Y. Kamogata (1995).

"*Microlunatus phosphorus* gen. nov. , sp. nov. , a new gram-positive polyphosphate-accumulating bacterium isolated from activated sludge." *Intl. J. Syst Bact*. 45(1),pp. 17-22.

Oyserman,B. O. ,et al. (2016). "Metatranscriptomic insighrs on gene expression and regulatory controls in Candidatus Accumulibacter phosphatis" *ISME J*. 10,pp. 810-822.

Rittmann,B. E. et al. (2011). "Capturing the lost phosphorus." *Chemosphere* 84,pp. 846-853.

Shanableh,A. ; D. Abeysinghe; and A. Higazi (1997). "Effect of cycle duration on phosphorus and nitrogen transformations in biofilters." *Water Res*. 31(1),pp. 149-153.

Shoda,M. ; T. Oshima; and S. Udaka (1980). "Screening for high phosphate accumulating bacteria." *Agric. Biol. Chem*. 44,pp. 319-324.

Snoeyink,V. L. and D. Jenkins (1980). *Water Chemistry*. New York: John Wiley.

Stumm,W. and J. J. Morgan (1981). *Aquatic Chemistry*,2nd ed. New York: John Wiley.

Suresh,N. ; R. Warburg; M. Timmerman; J. Wells; M. Coccia; M. F. Roberts; and H. O. Halvorsen (1985). "New strategies for the isolation of microorganisms responsible for phosphate accumulation." *Water Sci. Technol*. 17(11/L2),pp. 43-56.

习　　题

14.1　生活污水的 BOD_L 为 350mg/L,总磷浓度为 15mg/L,采用活性污泥处理工艺,SRT 为 5d 或 15d,问通过生物质合成可以去除多少 P(mg/L)? 如果出水标准为 1mg P/L,则有多少 P 需要进一步去除(以 mg/L 计)?

14.2　重复问题 14.1,但假定处理工艺不是好氧活性污泥法,而是厌氧产甲烷的。

14.3　废水中磷浓度为 10mg/L,拟通过加入 2 倍于磷化学计量的明矾[$Al_2(SO_4)_3 \cdot 6H_2O$,FW=450g/mol],去除绝大部分的磷。请问,铝的加入量是多少(mg/L)? 如果 $\theta_x=6d$,$\theta=6h$,被沉淀去除的总磷量为 7mg/L,会产生多少 $AlPO_{4(s)}$? 假设未形成 $AlPO_{4(s)}$ 的 Al 都形成了 $Al(OH)_{3(s)}$ 沉淀,混合液中 $Al(OH)_{3(s)}$ 浓度(以 mg/L 计)是多少?

14.4　在生物强化脱氮除磷工艺中,除磷的两种机理分别是微生物吸收合成和碱度提高致使 pH 上升产生沉淀作用。对具有如下性质的污水,定量分析除氮是怎样同时实现除磷的,并分别计算有多少生物量生成,有多少碱度生成,说明哪一方面起更重要的作用。

污水性质:

$$T=20℃ \qquad BOD_L^0=300mg/L(加入甲醇)$$
$$生物质含磷 2.5\% \qquad 碱度=100mg/L (CaCO_3 碱度)$$
$$P 浓度=12mg P/L \qquad f_s=0.2$$

14.5　解释 Bardenpho 工艺中,每个反应器及污泥回流的目的。此工艺有 5 个反应器和 3 个污泥回流线。

14.6　请描述在 UCT 工艺中,各个反应器及所有回流的目的。

14.7　欲在某前置反硝化工艺流程的反硝化池之前增加一个厌氧反应池,来达到强化生物除磷的目的。污水进水水质为:$BOD_L=250mg/L$,TKN=20mg/L,磷酸盐态 P 浓度=7.5mg/L。可以假设 SRT=20d,反硝化的其他参数可参照表 13.8。该工艺中的混合液回流比为 6,污泥的回流比为 0.3。如果要使出水的磷浓度达到 1mg/L,请估算微生物中磷的百分比。这个计算值是否合理? 假设一般情况下,生物处理中微生物的含磷量为 2.5%。

14.8 在 Bardenpho 工艺流程的前端有一个很小的不曝气的池子,但是它不是选择池。请问在常规活性污泥法中的选择池与 Bardenpho 工艺中这个反应池有什么相似点和不同点?(请指出至少 2 点)

14.9 请评价如下工艺流程去除总氮和强化生物除磷的效果。首先请描述每一个反应池及回流线的作用。如果该工艺不能成功去除氮或总磷,请解释原因。如果工艺能成功去除氮或总磷,也请解释原因。可以假设该工艺处理的是生活污水。

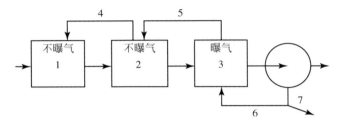

14.10 概述利用废水的厌氧处理来去除或回收磷的优缺点。

14.11 添加金属盐(Fe 和 Al)对于磷的去除非常有效,但对于以农用为目标的磷回收,效率并不高。请阐述磷去除和回收之间的区别。

14.12 磷酸盐的选择性吸附是去除并回收磷的一种手段。选择性吸附的原理是什么?使用选择性吸附从废水中除磷的两个潜在问题是什么?将通过吸附回收的磷用作农肥时,存在的两个潜在挑战是什么?

14.13 生物质可以用作农业中的营养来源。以这种方式使用生物质有什么优势和劣势?

14.14 请确定一种废水处理方法,其除磷量最小,但却能使可用于农灌的磷的回收量最大。这种方法运行良好时,具备哪些特性?

第15章 饮用水的生物处理

15.1 为什么用生物处理方法处理饮用水

在北美的一些国家,生物处理方法已经很普遍地应用于制备安全和高品质的饮用水。在欧洲的大部分国家,情况也是如此(Bouwer and Crowe,1988;Rittmann and Huck,1989;Rittmann and Snoeyink,1984;Rittmann et al.,2012)。生物处理普遍地被用于去除水中生物可降解的电子供体。这些具有生物不稳定物质的电子供体,包括生物可降解有机物(biodegradable organic matter,BOM)、氨氮、二价铁、锰(II)及硫化物。即使低浓度的生物不稳定物质,也会导致管网中细菌的繁殖。虽然这些物质导致的细菌生长很少会直接对人类有害,它们的存在和代谢活动会导致一些不良的水质变化,包括:

- 异养菌和大肠杆菌数量增加,浊度增加。
- 产生臭味和亚硝酸盐。
- 消耗溶解氧。
- 加速腐蚀。

控制生物不稳定性的常用方法,是在管网的各部分保持充足的氯残留。从 20 世纪 70 年代中期起,越来越多的证据表明,控制水的生物不稳定性所需的氯残留,会导致大量消毒副产物(disinfection by-products,DBPs)的产生,包括三氯甲烷、三卤甲烷(trihalomethanes,THMs)、卤乙酸、氯化芳烃和亚硝基有机物(二甲基亚硝胺,NDMA)(Mitch and Sedlak,2002;Mitch et al.,2003;Krasner et al.,2012,2013)。由于 DBPs 存在已知或未知的健康风险,水质规范中限制了管网水中 DBPs 的浓度。这些规范促使北美的一些水厂,减少了加氯量或从使用自由氯转向化合氯,后者可减少(但不能消除)DBP 的产生。减少氯的使用也能减少嗅味、腐蚀和药剂费用等问题。在欧洲的一些地方,比如阿姆斯特丹,已经不使用加氯的消毒方法了。

如果不能使用高氯残留来抑制细菌的生长,则必须在水处理过程中去除水中的生物可降解电子供体,从而使管网水具有生物稳定性。幸运的是已有一系列生物膜水处理工艺能达到此目的。这些工艺即为本章讨论的主要对象。

无机电子供体在管网中的生成是比较复杂的问题,氯氨(NH_2Cl)分解产生 NH_4^+,促进硝化作用。在没有保护层的管路中,元素铁(Fe^0)的腐蚀,可直接或间接地为自氧生物提供无机电子供体,腐蚀释放出的 Fe^{2+} 是铁氧化自氧菌的电子供体。自氧微生物的生长和代谢常释放 SMP,而 SMP 能增加异氧微生物生长的可能性。

在给水处理中,生物处理工艺的一个应用,是减少一种或多种氧化态的污染物。最常见的是将氧化态的 NO_3^-(或有时 NO_2^-)反硝化为 N_2。季节性使用化肥的农田退水中,会含有硝酸盐,这些硝酸盐会通过径流或渗透作用,季节性地出现在水源水中。受农田退水或化粪池排水污染的地下水,其中的硝酸盐浓度变化不大。在世界大部分地区,NO_3^- 浓度标准的最大值为 10mg NO_3^--N/L,并且在欧洲还限制 NO_2^- 浓度,其最大值是 0.1mg NO_2^--N/L。这些标准的设定是为了预防婴儿的高铁血红蛋白症,在婴儿肠道内的 NO_3^- 会还原为 NO_2^-,而 NO_2^- 可与血红蛋白作用而导致婴儿窒息。其他重要的氧化态污染物包括高氯酸盐(ClO_4^-)、硒酸盐(SeO_4^{2-})、铬酸盐(CrO_4^{2-})和氯化烯烃[比如三氯乙烯(trichloroethene,TCE)]等(Nerenberg and Rittmann,2004;Rittmann,2007;Rittmann et al.,2012)。

当生物膜工艺被用于处理氧化态污染物时,它是电子受体,而这一过程的关键特征是电子从供体到受体的传递。本章总结了常用的电子供体和可以传递电子的生物膜工艺。目标是利用微生物将氧化态污染物还原为无害产物,比如 NO_3^- 和 NO_2^- 转化为 N_2,ClO_4^- 转化为 Cl^- 和水,SeO_4^{2-} 转化为 Se^0,CrO_4^{2-} 转化为 $Cr(OH)_3$,TCE 转化为乙烯和 Cl^-。

本章分为两个主要部分。15.2 节讨论好氧生物膜工艺对生物不稳定物质的去除,首先讨论各工艺的共同特点和生物不稳定性,然后介绍 3 种主要的生物膜工艺:生物预处理、复合生物过滤和慢速生物过滤。最后讨论残留微生物的影响,以及对健康或感观有影响的有机物的生物降解。15.3 节将讨论两种生物膜处理工艺,一种基于无机电子供体,另一种基于有机电子供体。

15.2 去除生物不稳定物质的好氧生物膜法工艺

15.2.1 好氧生物膜工艺的一般特征

能够生产具有生物稳定性的饮用水的生物处理工艺,具有以下 3 个重要特点:

- 反应器的环境是贫营养的,即电子供体基质的浓度很低。这是因为进水电子供体的浓度通常很低,其出水浓度必须控制到非常低(与 S_{min} 接近),以严格限制管网中细菌的生长。
- 工艺依赖生物膜来保证很长的生物停留时间而无须长的水力停留时间。依赖生物膜来保留生物量,是因为系统处于贫营养环境。
- 工艺是好氧的。在多数情况下(并非所有),相对浓度较低的生物不稳定组分不会消耗水中全部的溶解氧(D. O.),因此也不需要特别的供氧设备。然而,在一些情况下,生物不稳定物质的浓度较高,需要通过曝气供氧。供氧不足会导致缺氧环境出现,进而使水质恶化,如产生嗅和味、色度、生物膜脱落及金属溶解。

15.2.2 可生物降解的有机物

事实上所有水体都包含可生物降解的有机物(biodegradable organic matter,BOM),有两方面的因素使 BOM 的浓度和不稳定性难以定量:浓度太低和非均质。在大部分供水中,BOM

浓度范围低于 $100\mu g/L \sim 1mg/L$，可近似地转化为 $260\mu g\ BOD_L/L \sim 2.6mg\ BOD_L/L$。尽管这些测定的 BOM 浓度，比实际 BOM 浓度低（Wooschlager and Rittmann，1995），但显然进入给水处理工艺中的 BOM 浓度，低于多数污水处理出水中的浓度。在水源水中，多数 BOM 是天然有机物（natural organic matter，NOM），这些物质来自包括植物和微生物在内的复杂聚合物的分解，且许多为腐殖质类物质。腐殖质类 BOM 具有较低的生物降解动力学速率和中等分子量，有效相对分子质量为 $1000 \sim 5000$。一部分 BOM 是易降解的小分子，如有机酸、醛、乙醇、酮和碳水化合物。通常在给水系统中，不稳定 BOM 的含量较低，但在化学消毒时，会产生相当大浓度的不稳定有机物。特别是采用臭氧消毒时，它可使 NOM 转化为醛和其他可快速生物降解的副产物（Rittmann et al.，2002a，2002b）。

表 15.1 总结了易降解和腐殖质类天然有机物的生物降解动力学参数的一般数值。主要区别在于腐殖质类物质具有较大的 K 值、较小的 D 和 D_f 值。而两者均表现出很高的生长潜力（$S_{min}^* = 0.037$），腐殖质类 BOM 具有较高的 S_{min} 和较低的 J_R。因为生物稳定的水其 BOM 浓度应接近 S_{min}，J/J_R 值应远低于 1.0。这意味着 BOM 通量应远低于 $0.034 \sim 0.054mg\ BOD_L/(cm^2 \cdot d)$，即 $0.34 \sim 0.54kg\ BOD_L/(1000m^2 \cdot d)$。Rittmann（1990）统计了各种生物膜工艺的表观通量值，发现其范围为 $0.0005 \sim 0.72kg\ COD/(1000m^2 \cdot d)$。这些经验数值，与当 S 值非常接近 S_{bmin} 时的目标通量值一致，S_{min} 在 $0.3kg\ BOD_L/L$ 左右（在这个通用的示例中），且大部分有机物是生物降解速率很低的腐殖质类物质。

表 15.1　易降解和腐殖质类天然有机物的生物降解动力学参数

参　　数	易降解的	腐殖质类
$\hat{q}/(mg\ BOD_L/(mg\ VSS_a \cdot d))$	10	10
$K/(mg\ BOD_L/L)$	1.0	7.5
$\gamma/(mg\ VSS_a/mg\ BOD_L)$	0.42	0.42
b/d^{-1}	0.1	0.1
b_{det}/d^{-1}	0.05	0.05
b'/d^{-1}	0.15	0.15
$D/(cm^2/d)$	0.850	0.053
$D_f/(cm^2/d)$	0.680	0.042
$X_f/(mg\ VSS_a/cm^3)$	40	40
L/cm	0.0040	0.0016
$S_{bmin}/(mg\ BOD_L/L)$	0.037	0.280
$S_{min}^*/(mg\ BOD_L/L)$	0.037	0.037
K^*	0.41	0.70
$J_R/(mg\ BOD_L/(cm^2 \cdot d))$	0.054	0.037

因为饮用水中 BOM 浓度一般非常低，BOM 浓度的测定非常难。测定宏观参数，如 COD 和 TOC 是不充分的，因为多数 NOM 完全不能被生物降解或降解非常快。BOD 在低于 mg/L 量级时是测不准的。因此，为测定给水处理水中低浓度的 BOM，设计了许多方法。Rittmann 和 Huck（1989）、Huck（1990）和 Rittmann 等（2012）综述了大多数方法，提供了细节和方法出处。这里作一简要概述。

多数 BOM 的测定方法，需要分批培养含一定接种量细菌的水样。这些分批试验可分为 3 类。

生物可降解溶解性有机碳(biodegradable dissolved organic carbon, BDOC)的检测。采用很小量的混合细菌接种,并测定水样培养过程中溶解性有机碳(DOC)的变化,BDOC 是培养过程中 DOC 降低的最大值(Servais et al. ,1987)。其最小检测限约为 $100\mu g$ C/L,或以 BOD_L 计约 $260\mu g$/L。测试用的混合菌,应经过采用被测水的驯化,使得可测定的生物可降解有机物的范围较大。

加大接种量,可以将 BDOC 的测试时间降低到 $1\sim7d$。比如采用从生物活性滤池中取出的附着有生物膜的砂,将水样通过生物膜柱并测定其 BDOC 的变化(Joret and Levi, 1986; Joret et al. ,1991; Kaplan and Newbold,1995; LeChevallier et al. ,1993)。

生物可同化有机碳(assimilable organic carbon, AOC)的测定。采用能够在饮用水系统中存在的不同种类的有机基质上生长,并被分离出的纯菌株进行检测 (Kaplan et al. ,1993; van der Kooij,1992)。在水样中培养纯菌株,通过平板记数法测定其最大生长量,再通过转化因子将其转化为 AOC 浓度。转化因子的获得方法是,在以标准梯度配置的纯基质中,培养纯菌,获得生长量等数据,进一步通过计算确定其数值。由于用于检测的纯菌的代谢专一性,通常测定的 AOC 浓度值很低。AOC 多数情况下可能仅检测了易生物降解的 BOM。如小分子有机酸、臭氧氧化形成的醛。Van der Kooij(1992) 提出,若水中的 AOC 值低于约 $10\mu g$ C/L 或约 $26\mu g$ BOD_L/L,即使不加消毒剂,水也是稳定的。有氯残留存在时,可以控制由 AOC 浓度较高可能导致的生物不稳定性的影响。与 BDOC 相比,AOC 的检出浓度更低,可检测的 BOM 范围更小。

Wooschlager 和 Rittmann(1995)系统地分析了小量接种和大量接种的 BDOC 测定法。他们发现,溶解性微生物产物(soluble microbial products, SMP)的产生和细菌的内源呼吸作用,会使这两类方法测得的 BOM 值比实际值低。当真实 BOM 接近 S_{min} 时,这种作用更严重。如,$300\mu g$/L(以 BOD_L 计)腐殖质类 BOM 的 BDOC 或 AOC 测定值为 0,因为这个值几乎等于 S_{min}。当 BOM 浓度较高时,BDOC 也比实际 BOM 值低,因为细胞不断产生的 BAP 被测定为有机碳。总之,现有的 BOM 测定方法,可提供水体生物稳定性变化的趋势,但不能很准确地定量实际 BOM 的浓度。

15.2.3 无机生物不稳定物质

生物不稳定物质中,典型的无机物包括 NH_4^+、NO_2^-、Fe^{2+}、HS^- 和 Mn^{2+},它们都可以在生物膜氧化 BOM 的过程中同时被去除。

NH_4^+-N 是水中最常见的无机电子供体,其需氧量为 $4.57mg$ O_2/mg N,说明其氧化对氧气供给的需求较大,即使浓度不高,也应引起关注。在供氧良好的生物膜系统中,NH_4^+-N 可以很容易地被硝化,生成 NO_3^-。第 13 章介绍了用于废水处理的生物膜工艺,还有第 7 章、第 12 章介绍的生物膜处理工艺的原理和技术,都可直接用于给水处理工艺。生物膜硝化的重要特点是其生物生长潜力很小($S_{min}^* > 0.3$),尽管 S_{min} 很低($< 0.2mg$ N/L)。因此,如果基质通量能保持在远低于 J_R[$0.4\sim0.8kg$ NH_4^+-N/($1000m^2 \cdot d$)],则 NH_4^+ 浓度会很低。Rittmann(1990)总结了给水处理中的硝化作用,发现当 NH_4^+-N 通量在 $0.003\sim0.5kg$ N/($1000m^2 \cdot d$)时,工艺是有效的。然而,废水处理中 NH_4^+-N 通量(第 13 章)大致与之相同

[$0.2 \sim 0.8 kg$ N/($1000 m^2 \cdot d$)]，这表明稳定的硝化作用可使 S 值接近 S_{min}。稳定的生物膜硝化过程可以实现完全硝化，NH_4^+ 转化为 NO_3^-。然而，氧气供应不足或系统不正常，会导致中间产物 NO_2^- 的积累。这在饮用水处理中是不能接受的，因为 NO_2^- 比 NO_3^- 的毒性强，可引起高铁血红蛋白血症，并可与氯胺反应，减少化合态余氯，释放 NH_4^+。

好氧菌可以催化 Fe^{2+} 氧化为 Fe^{3+}、Mn^{2+} 氧化为 Mn^{4+} 的反应，并从这些反应中获得能量。一旦处于氧化态，这些金属通常会沉淀为氧化物或碳酸盐。氧化 Fe^{2+} 和 Mn^{2+} 的通常是自氧菌，这些菌在适宜于硝化的生物滤床环境中生长旺盛（Rittmann and Snoeyink，1984）。一些特殊的硫氧化菌可以好氧氧化 HS^-，生成氧化态的元素硫（S^0）。

15.2.4　复合生物滤池

当原水中生物不稳定物质浓度低时，传统的过滤工艺，如砂、煤、颗粒活性炭为滤料的快速滤池及它们组合成的双层滤料滤池、GAC 吸附床及絮体层反应器（Bouwer and Crowe，1988；Rittmann an Huck，1989；Rittmann et al.，2012；Urfer et al.，1997）等，可被升级为复合生物滤池工艺，以显著地去除 BOM 和无机电子供体，同时可以保持原功能。常在这些工艺之前设置臭氧氧化单元，使 NOM 转化为更易生物降解的物质，同时可以达到预消毒、去除嗅味，或改善混凝的目的。其他措施包括消除滤池中的氯，增加滤料尺寸（如快速滤池中，采用有效尺寸为 1mm 的滤料代替 0.5mm 的滤料），以及控制反冲洗时间的长度和强度，以减轻水头损失和保持生物膜的完好。

不加氯的快速滤池，对 BOM 具有很高的生物降解活性，并可氧化 NH_4^+、Fe^{2+}、HS^- 和 Mn^{2+}。复合生物滤池的水力负荷与其他快速滤池类似，$5 \sim 10 m/h$，这个值是依据对颗粒物的截留而非 BOM 的面积负荷确定的。由于生物膜的积累，与加氯的情况相比，这类滤池的反冲洗周期较频繁。生物膜的控制很重要，还需进行深入系统的研究。一方面，过多地去除生物膜会导致在反冲洗后，需要一个挂膜期，之后 BOM 才能有效去除。挂膜期无机电子供体也不能很好地去除。另一方面，反冲洗如果对生物膜的去除不充分，将导致水头损失增加很快、浊度穿透及不期望出现的大型无脊椎动物和线虫的生长。在反冲洗水中加氯，可作为一种折中方法，有效去除积累的生物膜而不破坏生物活性。反冲洗的同时曝气，加大冲刷作用，可提高对生物滤床中颗粒物的去除，且不会引起生物膜的不适当的积累。控制反冲洗时床的膨胀率可以平衡颗粒去除率和生物膜损失。

从 20 世纪 70 年代开始，有许多关于 GAC 吸附床的生物活性的研究报道（Rittmann and Huck，1989；Rittmann et al.，2012）。最初主要是研究生物降解对活性炭的"生物再生"作用，以及其在延长吸附床吸附周期中的作用。这个研究如今仍很有意义，我们已经认识到长期并稳定地去除 BOM 和其他不稳定物质的重要性。通常，会在进水中投加臭氧，投加量为 $0.5 \sim 1.0 mg$ O_3/mg DOC。臭氧能够增加 NOM 的生物降解性，因而保障吸附床具有较高且稳定的 BOM 去除率。有时臭氧-GAC 组合工艺也被称为生物活性炭工艺（biological activated carbon，BAC）（Nerenberg et al.，2000；Rittmann et al.，2002a，2002b；Seredyńska-Sobecka et al.，2005，2006）。臭氧可以增加 GAC 柱中污染物的生物降解性，但不进行预臭氧氧化时，GAC 也有生物降解活性。吸附所需的空床接触时间（$15 \sim 30 min$）较短，而 GAC 吸附剂的外比表面积很大，使得 BOM 的面积负荷较低，多数情况下低于 $0.03 kg$ BOD_L/($1000 m^2 \cdot d$)。不管何种类型的 GAC 吸附床，都需要进行周期性的反冲洗。

复合生物滤池中一个很重要的问题是,多高浓度的 BOM 会导致生物膜过度积累,引起运行问题,如水头损失过高。此问题可根据 BOM 浓度来判断,因为水力负荷率通常取决于对颗粒物的过滤。因此,流入 BOM 的浓度是决定表面负荷率的主要因素。当进水 BOM 的浓度和表面负荷过高时,生物滤床可以作为预处理单元(见 15.2.5 节)。

Rittmann(1993)分析了引起多孔滤料快速和严重堵塞的有机物面积负荷。他得出的结论为,面积负荷(QS^0/aV) 为 0.04kg BOD_L/(1000m^2 · d)时生物膜较薄且堵塞很少。这个值约为 J_R(表 15.1)的 10%。此外,面积负荷为 0.12kg BOD_L/(1000m^2 · d)或更大时,出现连续生物膜且有可能堵塞。显然,高面积负荷增加了堵塞的严重性。

表 15.2 给出了一系列进水 BOM 浓度、滤池水力负荷及滤料尺寸时的面积负荷。面积负荷 SL 按下式计算:

$$SL = QS^0/aAd \tag{15.1}$$

式中,Q 为进水流量[L^3T^{-1}];A 为横截面面积[L^2];(Q/A)为水力负荷[LT^{-1}];S^0 为进水 BOM 浓度[$M_S L^{-3}$];a 为滤料的特征比表面积[L^{-1}];d 为滤床深度[L];a 值取决于滤料直径(d_p):

$$a = 6(1-\varepsilon)/d_p \psi \tag{15.2}$$

为计算方便,滤池深度 d 取一典型值 1m,Q/A 值通常范围为 5~10m/h (2~4gpm/ft^2),孔隙度 ε 设为 0.4,形状系数 $\psi=1$,滤料直径 d_p 为 1.0mm。

表 15.2 的结果表明,当进水 BOM 浓度低于约 1.0mg BOD_L/L 时,BDOC 约为 0.4mg/L,快速滤池不会过度堵塞(黑体字部分)。当浓度高于约 2.0mg BOD_L/L (接近 0.8mg BDOC/L),复合生物滤床可能会水头损失过大(斜体字部分)和反冲洗频繁。当进水浓度为 4mg BOD_L/L(接近 1.6mg BDOC/L)时堵塞可能性非常大。

表 15.2 在一定进水 BOM 浓度和滤床运行条件下的 BOM 面积负荷(kg BOD_L/(1000m^2 · d))

运行条件		进水 BOM 浓度/(mgBOD$_L$/L)				
滤料直径/mm	水力负荷/(m · h)	0.25	1.0	2.0	4.0	10
1	5	**0.0083**	**0.033**	*0.066*	*0.13*	*0.33*
1	10	**0.017**	0.066	*0.13*	*0.27*	*0.66*

注:条件:滤池深度=1m,滤料孔隙度=0.4,形状系数=1。

有关换算:1m/h≈0.4gpm/ft^2;1mg BOD_L/L≈0.4mg BDOC/L。

黑体字:表示面积负荷低于 0.04kg BOD_L/(1000m^2 · d),或将不会引起严重堵塞。

斜体字:表示大于 0.12kg BOD_L/(1000m^2 · d),或有可能引起严重堵塞。

Montgomery (1985)认为当快速滤池中的固体积累超过 550g/m^3 或 550kg/1000m^3 时,必须进行反冲洗。若生物膜达到稳定态,积累可计算如下:$X_f L_f a = \gamma J a/b'$。我们假设 J 可被视为面积负荷(SL),$\gamma=042$kg VSS/kg BOD_L,b' 则为 0.25d^{-1},相当于 1/4 的生物膜每天因反冲洗脱落被去除。相当于面积负荷(SL)为 $X_f L_f a = 550$kg/1000m^3,反冲洗周期 1d,$d_p=1$mm 时,生物膜的积累量为 0.18kg BOD_L/(1000m^2 · d)。过滤截留的进水中的悬浮固体也会造成堵塞。如果生物膜的积累占总固体积累的 1/2,则造成过度堵塞的 BOD 通量为 0.09kg BOD_L/(1000m^2 · d),与表 15.2 中黑体字部分一致。这也进一步说明,应当控制进水 BOM 小于约 2mg BOD_L/L 或约 0.8mg BDOC/L,避免复合生物滤床出现严重堵塞或过于频繁的反冲洗。

例 15.1　一复合快速滤池的分析

某水源水含悬浮固体 2mg/L,BDOC 500μg/L。设计一个快速滤池,水力负荷为 8m/d (32gpm/ft²),1mm 砂滤料,深度为 1m,以复合生物滤池形式运行。请估计 BOD_L 负荷和堵塞的可能性。

BOM 的面积负荷[SL,kg BOD_L/(1000m²·d)]计算如下: SL=HL(S^0/ah)(24h/d) 其中,HL 为水力负荷 ($Q/A=8$m/h);S^0 为进水 BOD 浓度(0.5mg BDOC/L × 2.6mg BOD_L/mg BDOC=1.3mg BOD_L/L=1.3kg BOD_L/1000m³);a 为比表面积(直径 1mm 的砂滤料,a 为 5600m⁻¹);h 为床深度(1m),代入上式得

$$SL = 8m/h\left(\frac{\frac{1.3kg\ BOD_L}{1000m^3}}{5600m^{-1}\times1m}\right)(24h/d) = 0.045kg\ BOD_L/(1000m^2\cdot d)$$

若 SL 值低于 J_R,表明可有效去除 BOM。若其近似等于 0.04kg BOD_L/(1000m²·d),表明不必因为生物膜的积累而进行过多反冲洗。

滤池中悬浮固体的积累为

$$\frac{\Delta SS}{\Delta t} = 8m/d \times 24h/d \times 1/m \times 2kg\ SS/1000m^3 = 384kg\ SS/(1000m^3\cdot d)$$

该值低于 550kg SS/(1000m³·d),因此,复合生物滤池将运行良好,有效去除 BOM,而且不会因生物膜或进水悬浮物质引起堵塞。

15.2.5　生物膜预处理

当水中生物不稳定组分浓度高时,最合理的方法是将生物膜工艺作为预处理方法,使进入后续物理/化学处理单元的水具有生物稳定性。在供氧充足的条件下,所有生物不稳定性组分都需要关注,特别是 NH_4^+,因为其氧化对 O_2 的需求量很高。也需要关注 BOM,其会导致异养细菌的生长并积累较高的生物量。原水中 BOM 浓度高时,会干扰颗粒滤床,如快速砂滤的运行。具体来说,高 BOM 负荷会导致反冲洗频繁、颗粒泄漏、产生嗅和味以及其他运行问题。目前高生物稳定性和低生物稳定性尚没有明确的界限值,前面的部分已经就该问题进行了探索。生物膜预处理也能用于低 BOM 的废水,此时可采用高水力负荷。

生物膜预处理工艺中,很重要的是载体应具有相对较大的孔隙率,不容易堵塞。堵塞会导致水头损失过大和(或)需要清洗滤床。通过采用一定大小的载体(4~14mm)的固定床或砂粒载体(<1mm)的流化床,均可以保持大孔隙率。在上述两种情况时,大孔都可减少反冲洗频率,也可以通过曝气保证水中的 D.O. 高于进水 D.O.。尽管孔隙率较大,但这些工艺仍具有高的比表面积,所以允许采用较短的水力停留时间,典型值为 5~30min (Rittmann and Huck,1989;Rittmann and Snoeyink,1984;Rittmann et al.,2012)。

用于废水处理的多数固定床生物膜法(第 12 章)已被用于给水处理(Rittmann,1990; Rittmann and Huck,1989,Rittmann and Snoeyink,1984)。最值得注意的是这些工艺采用的生物载体(4mm 膨胀土)和大小约 14mm 的火山灰载体。火山灰是一种密度较低的火山岩,但形状非常不规则。需要时,可为滤床提供曝气。可采用很高的水力负荷,50~110m/d,相应的水力停留时间仅为几分钟。BOM 通量可到 0.14kg BOD_L/(1000m²·d),氨氮通量

可到 $0.38kg\ N/(1000m^2\cdot d)$。生物填料系统可能需要周期性反冲洗。也可采用非淹没的沙砾和塑料载体滤床，但天气冷时运行效果较差。

例 15.2 设计—生物膜预处理工艺

处理经臭氧氧化后水质仍较差的地表水，其 $BDOC=1500\mu g/L$，$NH_4^+\text{-}N=2mg/L$，流量为 $1000m^3/d$。处理后出水要达到生物稳定，其 BOM 和 $NH_4^+\text{-}N$ 浓度要接近其 S_{min} 值。采用生物载体。计算生物膜表面积、反应器体积和尺寸以及空床停留时间。还需计算 D.O. 供给速率。

首先，我们计算 BOD_L 和 $NH_4^+\text{-}N$ 负荷：

$$\frac{\Delta S}{\Delta t}=\frac{1000m^3}{d}\times\frac{1.5mg\ BDOC}{L}\times\frac{2.6mg\ BOD_L}{mg\ BDOC}\times(10^{-3}(kg\cdot L)/(mg\cdot m^3))$$
$$=3.9kgBOD_L/d$$

$$\frac{\Delta N}{\Delta t}=\frac{1000m^3}{d}\times\frac{2mg\ N}{L}\times(10^{-3}(kg\cdot L)/(mg\cdot m^3))=2.0kg\ N/d$$

其次，我们选择设计面积负荷。对硝化，我们可选平均值 $0.5kg\ N/(1000m^2\cdot d)$。由此计算出生物膜表面积（aV）：

$$aV=2.0(kg\ N/d)/[0.25kg\ N/(1000m^2\cdot d)]=8000m^2$$

对 BOM 的去除，我们选一保守的 BOD_L 面积负荷，选择 $0.10kg\ BOD_L/(1000m^2\cdot d)$，以减少与硝化菌的竞争，则面积为

$$aV=3.9(BOD_L/d)/[0.10kg\ BOD_L/1000m^2\cdot d]=39\,000m^2$$

BOM 面积控制生物膜总面积，为 $39\,000m^2$。

再次，我们计算体积、空床停留时间和尺寸。生物载体的比表面积约为 $a=1000m^{-1}$。因此，

$$V=39\,000m^2/1000m^{-1}=39m^3$$

空床停留时间 $EBDT=V/Q=39m^3/(1000m^3/d)=0.039d$，即 56min。典型的生物滤床深度 3m，则平面面积（A）为

$$A=39m^3/3m=13m^2$$

则水力负荷（HL）为

$$HL=(1000m^3/d)/13m^2\approx77m/d(即\ 3.2m/h)$$

最后，我们假设异氧菌的 f_e 为 0.7，硝化菌的 f_e 为 0.9，计算氧供给速率：

$$\frac{\Delta O_2}{\Delta t}=0.7\times\frac{3.9kg\ BOD_L}{d}+0.9\times\frac{4.57kg\ O_2}{kg\ N}\times\frac{2kg\ N}{d}$$
$$\approx10.9kg\ O_2/d$$

这相当于向进水中输入 10.9mg/L D.O.，主要用于硝化。很显然，有必要曝气以维持反应和防止 D.O. 的耗尽。通过在反应器中曝气，很容易满足这样的需求。

运行流化床生物膜反应器，可使用很短的物料停留时间，可短至几分钟。在英国进行的一项中试（Rittmann and Huck，1989；Rittmann and Snoeyink，1984），取得了很好的运行结果，当温度低到 4℃ 时也能完全硝化。水力负荷为 $140\sim172m/d$，空床停留时间为 $5\sim10min$，BOM 通量高于 $0.01kg\ BOD_L/(1000m^2\cdot d)$，且氨氮通量可达到 $0.032kg\ N/(1000m^2\cdot d)$。流化床由于其短水力停留时间，在对已有处理系统的改造中具有特殊优势。

流化床工艺中,进水从反应器底部注入,可以提供上升流速,使生长了生物膜的载体颗粒悬浮起来,使水和生物膜之间保持良好的均匀接触,增加了污染物扩散到生物膜上的速率,并减少了堵塞的可能性。悬浮所需的速度取决于所需的悬浮程度、粒径和密度。太低的速度将不能使载体颗粒充分悬浮,太高的速度会使颗粒流出系统。因此,水经过流化床的流速要均匀适中。流速通常是通过将出水回流到塔的入口处来控制的,回流在入口处与进水混合。进入反应器的总流速保持恒定,并保持适当的流速。Clements(2002)发现对于颗粒状活性炭,其粒径范围为 8×30 目和 12×40 目,相当于 0.60~2.4mm 和 0.42~1.7mm,或平均粒径为 1.2mm 和 0.85mm,上升速度分别为 1.1m/min 和 0.8m/min 时,流化床中颗粒状活性炭层的膨胀率可达到 50%。

生物膜的生长会增加 GAC 的粒径、降低其比重,因此随着生物量的增加,GAC 悬浮需要的上升流速会降低。在流化床反应器中,悬浮颗粒上的生物膜厚度一般不超过 $60\mu m$。对直径为 1mm 的颗粒($r=0.5mm$),长了生物膜的载体体积与不长生物膜的载体体积的比为 $(r_2^3/r_1^3)=(0.56/0.5)^3=1.40$,即生物膜的体积就是载体体积的 40%。

单位体积生物膜中的生物浓度上限约为 50g VSS/L。已知反应器中颗粒的体积,即可计算出微生物上限质量。例如,一个具有 500m³ 液体体积的反应器,其中包含直径为 1mm 的生物膜颗粒,总载体体积为 200m³。附着的生物膜 VSS 质量为:(0.4m³ 生物膜/m³ 载体)(50 000mg VSS/L 生物膜)(200m³ 载体/500m³ 反应器),反应器中平均生物浓度为 8000mg VSS/L。该值说明了为什么流化床生物滤池具有较高的生物质浓度。

15.2.6　慢速生物滤池

当有充足的可用土地时,可采用慢速生物滤池。其过滤速率远低于快速生物滤池。低速过滤有 3 个重要特点:第一,需要充足的土地面积;第二,在较小的床层中集中了大量的活性微生物;第三,低过滤速率,使其与快速生物滤池相比,水头损失增长较慢。

慢速砂滤池是一种传统处理工艺,在非城市地区仍有应用。砂滤料有效尺寸为 0.25~0.35mm,滤速很低,负荷为 3~15m/d,典型值为 5m/d (Collins et al.,1992;Rittmann and Huck,1989;Rittmann et al.,2012)。在砂滤床的上部,砂滤料表面形成一层由微生物及截留的颗粒物组成的泥层(*schmutzdecke*,德文"污垢层"),该泥层发挥着对生物不稳定物质和浊度的去除作用。当水头损失较大时,要将上部的 50~75mm 砂及泥层刮除。当土地面积充足且原水中 BOM 和浊度适中时,慢速生物滤池工艺很简单且有效(注意其水力负荷低于快速生物滤池和多数用于预处理的生物滤池的水力负荷的 1/20 以下)。

欧洲的一些国家采用原位土地渗滤系统,是慢速过滤的一种。河岸过滤在德国很普遍,通常是引导河水通过河岸和地下含水层,再引到抽水井中(Rittmann and Huck,1989)。在荷兰,河水被引入沙丘,在 5~30 周时间里流过 60~100m 距离。在一些国家,将原水或预处理后的河水渗透到地下含水层,待需要时再抽出来进一步处理。上面讨论的几个处理系统都利用了天然存在的"过滤器",并通过在土地里的慢速渗滤,去除 BOM、铁、磷、金属和卤代有机物等。从生物稳定性的角度看,渗滤后的水得到了净化,而易被后续过滤和吸附工艺处理。

例 15.3　估算一个慢速滤池的尺寸

若用水量为每人每天 100gal(1gal≈3.8L),问用于一人口为 1000 人的城镇的慢速砂滤池的表面积需多大?

总用水量为$[100\text{gal}/(\text{人}\cdot\text{天})]\cdot(3.8\text{L/gal})\cdot(0.001\text{m}^3/\text{L})\cdot(1000\text{人})=380\text{m}^3/\text{d}$。设计水力负荷为 5m/d，滤池面积为 $A=(380\text{m}^3/\text{d})/(5\text{m/d})=76\text{m}^2$，即 $0.076\text{m}^2/\text{人}$。

15.2.7　微生物的释放

由于生物膜的脱落，所有生物膜工艺都会向出水中释放微生物。出水中主要的微生物是通过氧化基质在反应器内生长的异氧菌和自氧菌。这些微生物通常对人类无害，尽管它们的大量释放会引起出水浊度和异氧菌平板计数的增加。此外，它们本身也是生物不稳定性的来源，其在配水管网中的存在，会引起本章前述的生物不稳定问题。

病原微生物可能进入生物滤池。它们在生物滤池中的去向还不很清楚。毫无疑问，它们可被过滤和截留，或停留在生物膜表面或内部。尽管一些致病菌能在贫营养条件下生长，但竞争和捕食作用会减少这些病原菌的数量。生物膜脱落或 GAC 碎片的剥落，会将进水中的一些病原菌及占优势的异氧菌和自氧菌带入出水。

一个安全的设计，应尽可能将生物膜工艺设置在主体颗粒物去除工艺之前。生物膜预处理工艺和通过天然介质的慢速过滤可达到此目的，因为它们本身就是颗粒物过滤器，在它们后面很少再设置其他颗粒物截留工艺。多数情况下这样做是有效的，但对反冲洗和冲刷后微生物的瞬时释放问题，还需进行进一步的研究。

15.2.8　特殊有机物的生物降解

除了使出水达到生物稳定性外，生物膜工艺还可有效地降低那些对人体健康有长期影响的几类有机物和（或）嗅味物质。Rittmann（1995a，1995b）深入分析并综述了给水处理中生物膜工艺降解这类有机物的能力。下面简要介绍给水处理领域的情况，附录第 B2 章（见网络版）提供了更多有关微生物去除几类有机毒物质的途径。

在地下水和地表水源水中，石油烃是广泛存在的微量污染物。最常见的是汽油中的溶解性芳香化合物：苯、甲苯、乙基苯和二甲苯。有时还包括多环芳烃，如萘和菲。所有这些常见石油烃，都可被好氧微生物通过加氧酶启动的生物降解反应降解。它们也可以被一些厌氧微生物降解（Heider et al.，1998），只是这些微生物生长很慢，也不一定出现在地下水中。好氧降解对低 D.O.浓度很敏感，因此，要取得良好的 BTEX 降解，必须维持好氧条件。为了减少汽油使用过程中的烟雾的产生，汽油中被添加了大量甲基叔丁基醚（methyl-*tert*-butyl ether，MTBE），导致了地下水中 MTBE 的污染。与 BTEX 相比，MTBE 在地下水中更易迁移，且其生物降解性速率更低。现在还不能预测用于给水处理的生物过滤对 MTBE 的去除性能。

在广泛使用的工业溶剂、可塑剂和油漆中，都含有石油烃的氧化衍生物，如醇、酚、醚和醌等，它们都具有很高的水溶性，是受工业污染的水体中常见的污染物。这些化合物可通过一系列羟基化和脱氢作用而被完全矿化，这是一般好氧菌都具备的能力。

卤代的一碳和二碳的脂肪族化合物是常见的工业溶剂（如 1,1,1-三氯乙烷、三氯乙烯、四氯乙烷和四氯化碳），还有氯消毒时产生的消毒副产物（如氯仿和二溴一氯甲烷）。这类化合物多数在好氧系统中难生物降解。但是低氯化甲烷易被水解脱氯，且二氯甲烷和三氯甲烷可在一些好氧菌利用单加氧酶降解碳氢化合物（如甲烷或 BETX 化合物）时，通过共代谢降解（Hopkins and McCarty，1995）。由于卤代脂肪烃具有很强的挥发性，因此它们在曝气系统中很容易被吹脱进入气相。

在杀虫剂和工业生产中,常使用氯苯、酚和环己胺。这些化合物可以被好氧生物降解,步骤是先通过单加氧使其环氧化,再双加氧开环。卤代脂肪烃和芳香烃易被厌氧菌还原脱卤(Cupples et al.,2004)。最近有些研究表明,在好氧系统中也可发生还原脱卤,特别是当电子供体基质的浓度非常高时。然而,由于给水中电子供体浓度低,这些发现的应用前景尚不清楚。

在污水及废水处理设施排放的出水中检出的药品和个人护理产品,越来越引起人们的关注(McCurry et al.,2014)。它们也出现在饮用水源中。在废水生物处理系统的出水中,检出这些化合物的事实表明,这些化合物不太可能在生物滤池中被生物降解。这些化合物中,许多都是相对疏水的,可能可以通过生物质或 GAC 吸附去除。

生物膜工艺中的细菌可以降解常见的主要嗅味化合物。最值得注意的是,以腐殖质为主要基质生长的生物膜,可以生物降解产生土腥味和霉味的土嗅素(geosmin)、甲基异莰醇(MIB)和三氯苯甲醚(Elliadi et al.,2006；Ho et al.,2007；Nerenberg et al.,2000)。同样,在给水处理中,产生鱼腥味的物质(胺和脂肪醛)、湿腐味物质(还原性硫化物)和消毒剂味物质(氯酚和苯)都能被好氧生物降解(Namkung and Rittmann,1987；Rittmann,1995a,1995b；Rittmann et al.,1995)。

15.3　厌氧生物膜工艺对氧化态污染物的还原

15.3.1　氧化态污染物

除了水中的硝酸盐和亚硝酸盐,饮用水中其他氧化态污染物的去除,最近也引起了关注。其中一些污染物来自采矿或与农业相关的金属氧阴离子,另外一些氧化态污染物是有机化合物或其他来源的化合物。表 15.3 总结了与饮用水有关的氧化态污染物的特征,包括它们的主要来源、健康危害和最低浓度限值(MCL)以及脱毒的半还原反应。通过厌氧生物膜反应器中的微生物呼吸作用,所有物质均可还原为无害的产物。

表 15.3　饮用水中的氧化态污染物的特性

污染物名称	主要来源	健康危害,USEPA MCL	半还原反应
硝酸盐	农业、污水	高铁血红蛋白血症,10mgN/L	$NO_3^- + 5H \longrightarrow 0.5N_2 + OH^- + 2H_2O$
亚硝酸盐	农业、污水	高铁血红蛋白血症,1mgN/L	$NO_2^- + 3H \longrightarrow 0.5N_2 + OH^- + H_2O$
高氯酸盐	火箭燃料	甲状腺功能异常,4μg/L(CA 水平)	$ClO_4^- + 8H \longrightarrow Cl^- + 4H_2O$
硒酸盐	煤炭开采和燃烧、土壤矿物	致畸性、急性毒性,50μg/L	$SeO_4^{2-} + 6H \longrightarrow Se^0 + 2OH^- + 2H_2O$
铬酸盐	采矿和金属业	肝和肾损害,100μgCr/L	$CrO_4^{2-} + 3H + H_2O \longrightarrow Cr(OH)_3 + 2OH^-$
溴酸盐	消毒副产物	致癌物,10μg/L	$BrO_3^- + 6H \longrightarrow Br^- + 3H_2O$

续表

污染物名称	主要来源	健康危害，USEPA MCL	半还原反应
沥青铀矿	采矿、电力和武器行业	致癌物，$30\mu gU/L$	$UO_2(CO_3)^{2-}_2 + 2H + 2H_2O \longrightarrow UO_2 + 6H^+$
钯	采矿和催化剂制备	无害，可回收资源	$Pd^{2+} + 2H \longrightarrow Pd^0 + 2H^+$
TCE	半导体和金属中的溶剂	致癌物，$5\mu g/L$	$C_2HCl_3 + 6H \longrightarrow C_2H_4 + 3HCl$
氯仿	消毒副产物	致癌物，THM$80\mu g/L$	$CHCl_3 + 6H \longrightarrow CH_4 + 3HCl$
NDMA	消毒副产物	致癌物、诱变剂、致畸剂，$10ng/L$	$(CH_3)_2N_2O + 2H \longrightarrow (CH_3)_2N_2 + H_2O$
氧	不是污染物，但通常存在	—	$O_2 + 4H \longrightarrow 2H_2O$
碳酸氢盐	不是污染物，但通常存在	—	$HCO_3^- + 8H \longrightarrow CH_4 + 2H_2O + OH^-$

注：H 代表 $H^+ + e^-$ 或一个电子当量。USEPA：美国国家环境保护局

15.3.2 生物膜还原氧化态污染物的一般特征

反硝化的基本原理是 NO_3^- 或 NO_2^- 作为主要的电子受体，这部分在第 13 章中进行了讨论。

饮用水中的生物还原反应与第 13 章中描述的三级处理中的生物膜过程类似，主要共同特征如下：

- 反应器中溶解的氧浓度必须很低，通常低于 0.2mg/L，避免发生好氧反应。可以通过尽量减少反应器与大气的接触，提供电子供体消耗进水 D.O.，来保持较低的溶解氧浓度。
- 必须添加外源电子供体来驱动所有反应，包括消耗水中的溶解氧。
- 各种各样的固定床、流化床和基于生物膜的工艺都可以应用。

在饮用水中应用的生物膜工艺具有 4 个独有的特征，使其区别于废水的三级处理。第一个特征是出水质量受相关 MCL 的控制，如表 15.3 所示。大多数 MCL 都非常低($\mu g/L$ 的水平)，这意味着该过程可能需要使出水中电子受体的浓度接近其 S_{bmin} 值。并不是所有氧化态污染物的 S_{bmin} 值都已知，但是由于半最大速率浓度(K)通常很小，电子受体的 S_{bmin} 也会很小。

但 NO_3^- 和 NO_2^- 的 MCL 值是个例外：NO_3^- 通常为 10mgN/L，NO_2^- 为 1mgN/L。这意味着在饮用水环境中，部分去除 NO_3^- 和 NO_2^- 是可以接受的。而在污水处理中，为了减轻受纳水体的富营养化，它们的出水标准值要低得多。但是要注意，部分去除硝酸盐不能导致 NO_2^- 的积累，NO_2^- 是高铁血红蛋白症的直接原因。当电子供体的供应受到限制时，可能会生成 NO_2^-，它是还原反应的中间产物。因此，如何保证在部分反硝化时，避免生成 NO_2^-，值得进一步研究。

第二个特征是饮用水中通常同时含有多种氧化态污染物。例如，硝酸盐常与高氯酸盐、

硒酸盐和尿素等共同存在。消毒副产物溴酸盐和 NDMA 经常一起出现在饮用水中。此外,大多数水源中都存在溶解氧、硫酸盐(SO_4^{2-})和碳酸氢盐(HCO_3^-)。降低溶解氧浓度来产生厌氧环境,对于通过还原去除 SO_4^{2-} 和 HCO_3^- 很重要,但并不希望完全去除它们。因此,需要认真设计受体和供体的负荷,以达到期望的去除目标(McCarty and Meyer,2005)。

第三个特征是残留电子供体浓度必须很低,以保持水的生物稳定性。这意味着电子供体基质的浓度须降低到其 S_{bmin}。因此,电子供体的 J/J_0 应远低于 1.0,且供体的添加量应接近去除所有氧化态污染物的化学计量要求(加上溶解氧)。

第四个独有的特征是添加的电子供体的类型。甲醇由于其成本相对较低,被广泛用于污水处理,也用于饮用水处理。但其对人体有毒性,因而有严格管控规定,实际操作上也并不容易,因此,甲醇并不适合实际应用。乙醇和乙酸盐是可供选择的有机电子供体。乙醇比乙酸盐便宜,但作为饮用水的添加剂,可能会引起一些社会问题。又因为它是发酵产生的,还可能引发其他一些问题。使用 H_2 进行作为自养反硝化的电子供体,有一定优势。自养反硝化具有以下优点:出水中的残留电子供体浓度极低,生物量产率低,H_2 的价格比大多数有机电子供体便宜(按每个电子计算)。

15.3.3　自养过程

在固定床和流化床系统中,已经成功实现了使用 H_2 作为电子供体的自养反硝化(即氢自养反硝化)(Rittmann and Huck,1989;Rittmann et al.,2012)。在这些装置中,最初使用的供 H_2 方式是曝气,但往往会使 H_2 浓度高于所需浓度,导致供体"浪费"。此外,形成的废气存在爆炸风险,并可能促进有害的中间产物 NO 和 N_2O 气体的形成。

最新的研究进展,是提出并成功实现了 H_2 的无泡曝气技术,解决了传统曝气的问题。在膜-生物膜反应器(MBfR)中最先实现了无泡曝气,反应器中使用无孔疏水膜曝气,H_2 氧化细菌在膜外表面积聚,形成生物膜(Martin and Nerenberg,2012;Rittmann,2007,2018;Rittmann et al.,2012)。采用适度的压力,使 H_2 从膜内部向外部扩散,膜外部的生物膜利用 H_2 氧化混合液相的一个或多个电子受体,形成另一种促使 H_2 通过膜的驱动力。图 15.1 是 MBfR 中使用的中空纤维膜和生物膜的示意图。H_2 是按需供应的,由受体负荷(污染物负荷)与累计的生物膜量控制。膜内部的 H_2 压力和膜的特性,决定了 H_2 的传递能力(Rittmann et al.,2012;Tang et al.,2012a)。

研究表明,MBfR 可以有效降解表 15.3 中的所有氧化态污染物以及它们的多种组合(Martin and Nerenberg,2012;Rittmann,2007,2018;Rittmann et al.,2012)。该技术在市场上的是商品名 ARoXXXX,其中 ARo 代表"自养还原","XXXX"代表目标氧化态污染物。例如,"NITE"用于还原硝酸盐,"PERC"用于还原高氯酸盐。由于污染物浓度、处理目标和相应的动力学过程有差异,每个应用中采用的受体负荷和 H_2 传递容量也不同(通过 H_2 压力)。受体负荷和 H_2 压力定义了 MBfR 中的膜的运行性能(Rittmann et al.,2012;Ziv-El and Rittmann,2009a)。例如,在 MBfR 中进水包含 4 个可能的电子受体,通过增加 H_2 压力或降低总受体负荷(通过降低进水流量),可以使其中的电子受体还原顺序为 $O_2 > NO_3^- > ClO_4^- > SO_4^{2-}$。适当地控制负荷可以使 O_2、NO_3^-、ClO_4^- 完全氧化,但不会降低 SO_4^{2-},这是比较理想的,受体还原顺序同样是 $O_2 > NO_3^- > ClO_4^- > SO_4^{2-}$(Zhao et al.,2013)。

已经制定了适用于最常见的氧化态污染物的 MBfR 运行指南。指南给出了受体表面

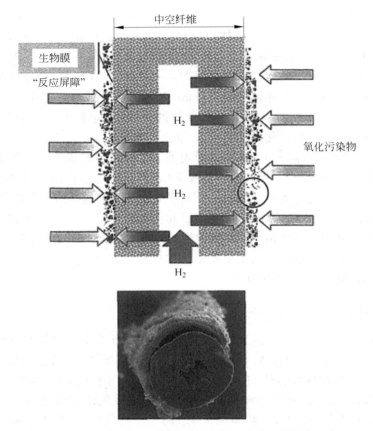

图 15.1   MBfR 膜和生物膜的示意图(上)和显微图像(下)

负荷,可以使用表 15.3 中的化学计量关系将其转换为 H_2 需求通量。供 H_2 容量应大于需要的 H_2 通量。为保证反硝化运行良好,NO_3^- 的表面负荷为 $0.8\sim4.8g\ N/(m^2\cdot d)$；$ClO_4^-$ 还原,其相应的表面负荷$< 0.12g\ ClO_4^-/(m^2\cdot d)$；硒酸盐还原,其表面负荷$<1g\ SeO_4^{2-}/(m^2\cdot d)$。相应的氢气通量分别为 $0.3\sim1.7g\ H_2/(m^2\cdot d)$、$<0.01g\ H_2/(m^2\cdot d)$ 和 $<0.04g\ H_2/(m^2\cdot d)$。在 $8g\ O.D./g\ H_2$ 的情况下,可以将 H_2 通量转换为相应的 COD 当量通量,分别为 $2.4\sim14g\ COD/(m^2\cdot d)$、$<0.08g\ COD/(m^2\cdot d)$ 和 $<0.32g\ COD/(m^2\cdot d)$。当只需要部分还原污染物(例如满足 MCL 要求的 NO_3^- 10mg N/L)时,可以使用更高的通量。

尽管 MBfR 生物膜中微生物群落的主体是氢自养菌,但是异养细菌也会存在,因为它们可以氧化自养菌产生的 SMP。生物膜包含异养菌有益于整个系统的运行,异养菌可以清除自养生物产生的许多 SMP。因此,与进水相比,MBfR 的出水中的 BDOC 增加量很小(Lee and Rittmann,2002；Rittmann et al.，2012；Tang et al.，2012b；Ziv-El and Rittmann,2009b)。

某些细菌呼吸的电子受体有多个,而另一些细菌仅限于一个受体,生物膜群落的多样性会增加,因此,具有还原多种受体的 MBfR 生物膜,其生物多样性较高(Ontiveros-Valencia et al.，2016)。关于多样性,需要注意的是硫酸盐还原菌(sulfate-reducing bacteria,SRB),它们通常存在于生物膜中,但如果它们在对 H_2 的竞争中,不敌 O_2、NO_3^-、

ClO_4^-、SeO_4^{2-} 等的还原菌,就无法发挥硫酸盐还原活性。这意味着降低整体受体负荷,可能会导致硫酸盐的还原,进而对反应器运行产生一些不良影响(Ontiveros-Valencia et al.,2016,2018；Zhou et al.,2019)。因此,最佳受体表面负荷位于限值内,并不是简单地"小于"指南的给定值。

生物膜调控至关重要。生物膜太少会降低工艺去除氧化态污染物的能力。过多的生物膜会阻塞水的流动路径,导致高水头损失。因此,ARoXXXX 系统具有类似于快速滤池中反冲洗程序的自动化生物量去除方案。

控制 pH 也是必不可少的,因为大多数还原反应(表 15.3)产生的碱会导致 pH 值升高。高 pH 值可能会损害某些细菌的代谢,也可能导致矿物固体沉淀,例如 $CaCO_3$ 和 Ca_5 $(PO_4)_3(OH)$,可能会增加固体堆积并污染膜。ARoXXXX 系统通过单独曝气或与 H_2 曝气一起提供 CO_2,实现 pH 的自动控制。

例 15.4　通过氢自养反硝化去除饮用水的硝酸盐

待处理饮用水的水量为 $1000m^3/d$,NO_3^--N 浓度为 15mg/L。使用氢自养型生物膜流化床系统对其进行处理,其比表面积为 $8100m^{-1}$,平均 SRT 为 15d。这意味着 H_2 和 NO_3^- 之间化学计量关系为 $3.2/8=0.4g\ H_2/g\ N$。目标是将硝酸盐氮浓度从 15mg/L 降至 5mg/L,以满足10mg N/L 的标准。为实现部分硝酸盐还原,采用的基质负荷为 $1.25kg\ COD/(1000m^2 \cdot d)$,转换为氢负荷为 $0.16kg\ H_2/(1000m^2 \cdot d)$。

N 负荷为:

$$\Delta N/\Delta t = 1000m^3/d \times (10mg\ N/L) \times (10^{-3}(kg \cdot L)/(mg \cdot m^3)) = 10kg\ N/d$$

H_2 的供给速率为 $0.4g\ H_2/g\ N$ 乘以 N 去除速率,即 $4kg\ H_2/d$。流化床的体积为

$$V_{bed} = 4kg\ H_2/d(1000m^2 \cdot d/0.16kg\ H_2)(1m^3/8100m^2) \approx 3.1m^3$$

流化床水力停留时间为 $3.1m^3/(1000m^3/d) = 0.0031d$ 即 4.5min。H_2 的供给速率相当于进水中的氢浓度为 $4mg\ H_2/L$,大约是 H_2 溶解度的 3 倍。因此,必须将 H_2 供应到反应器内,例如通过曝气膜。

例 15.5　MBfR 中硝酸盐和高氯酸盐的共还原

一污染地下水中含硝酸盐和高氯酸盐,NO_3^- 浓度为 20mg N/L,ClO_4^- 浓度为 $100\mu g/L$。溶解氧为 8mg/L,水量为 $1000m^3/d$。我们在 MBfR 中,通过膜曝气直接提供能同时还原 3 种电子受体的 H_2。

第一步是计算 3 个受体的 H_2 需求。使用化学计量式(来自表 15.3),以进水中的浓度计(mg/L):

$$硝酸盐:\quad 20mg\ N/L \times 5eq/14g \times 1g\ H_2/eq \approx 7.14mg\ H_2/L$$

$$高氯酸盐:0.1mg\ N/L \times 8eq/98.5g \times 1g\ H_2/eq \approx 0.008mg\ H_2/L$$

$$氧:\quad\quad 8mg\ N/L \times 4eq/32g \times 1g\ H_2/eq = 1mg\ H_2/L$$

$$总和:\quad 7.14 + 0.008 + 1 \approx 8.15mg\ H_2/L$$

因此,还原受体的总 H_2 需求速率为

$$8.15mg/L \times 1000m^3/d \times ((10^{-3}kg \cdot L)/(mg \cdot m^3)) = 8.15kg\ H_2/d$$

超过 87% 的供给 H_2 用于反硝化。

表 15.3 中的化学计量式中不包括净生物量合成,我们假定自养过程的 H_2 需求量会增加 10%,那么实际的 H_2 需求量约为 $9kg\ H_2/d$。

第二步是确定 MBfR 的大小,估计所需的生物膜表面积。由于硝酸盐是主要的电子受体,根据 H_2 的表面负荷为 $1kg\ H_2/L\ kg\ NO_3^-(1000m^2 \cdot d)$,我们首先计算所需的表面积($A$):

$$A = (9kg\ H_2/L)/(1kg\ H_2/1000m^2 \cdot d) = 9000m^2$$

接着,用该表面积检查 ClO_4^- 还原的 H_2 表面负荷:

$$SL_{ClO_4} = (0.008mg\ H_2/L) \times (1000m^3/d) \times (10^{-3}(kg \cdot L)/(mg \cdot m^3))/7900m^2$$
$$= 0.0001kg\ H_2/(1000m^2 \cdot d)$$

这低于还原高氯酸盐所需的通量$[<0.01kg\ H_2/(1000m^2 \cdot d)]$。

最后,在膜比表面积为 $800m^{-1}$ 的情况下,我们计算了 MBfR 的体积和水力停留时间。

$$V = 9000m^2/(800m^{-1}) \approx 11.3m^3$$
$$HRT = 11.3m^3/(1000m^3/d) = 0.0113d\ 即\ 16min$$

15.3.4 异养过程

异养系统取决于有机电子供体的供给。最常用的供体是乙酸盐和乙醇,可以批量购买到高纯度的产品。纯度高很重要,因为在饮用水中添加的有机电子供体,应是从经认证的供应商处购买的“食品级”化学品。生物膜载体可以是 GAC、无烟煤、沙子或膨胀黏土,可选择固定床和流化床。图 15.2 是流化床的示意图和照片。

异养系统运行的关键,是精确控制电子供体的供给。供体太少会导致氧化态污染物的还原不彻底,过多的供体会导致出水中存在电子供体,使出水生物不稳定,或者在反应器中出现硫酸盐还原或甲烷的形成。这也可能使出水消毒后,在输送过程中受大量消毒副产物的影响。进水浓度和流速的正常变化,即可使有机供体的精确供给变得困难。为了精确控制供体剂量,Biotta 系统(图 15.3)使用了第二阶段好氧生物滤池,以去除多余的供体。在进水负荷稳定的条件下,通过监控出水中所有受体的浓度,并据此调控供体的输入速率,可以不用增设后续的好氧处理单元。

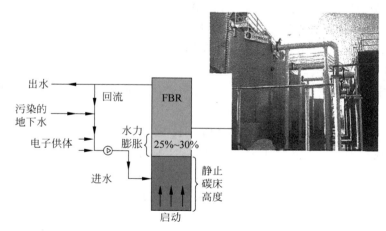

图 15.2 用于减少氧化态污染物的 Envirogen 流化床生物反应器的示意图和照片

尽管已经能够应用异养生物处理系统来还原 ClO_4^-、NO_3^-、SeO_4^{2-}，但这类系统对其他氧化态污染物是否可行，尚知之甚少。对于硝酸盐，供体基质的通量为 $4\sim28$kg COD/$(1000m^2 \cdot d)$（Rittmann et al.，2012），这些值与 MBfR 中 H_2 的 COD 表面负荷相对应。

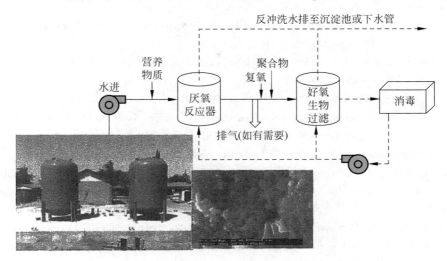

图 15.3　Biottta 两阶段过程的示意图和照片

例 15.6　流化床预处理工艺的设计和运行

一个作为预处理设施的实际规模生物 GAC 流化床，设置在超滤之前，目标是从含有 5.6mg/L D.O. 的地下水中去除 1.5mg/L 硝酸盐和 2.6mg/L 高氯酸盐（McCarty and Meyers，2005）。这需要添加约 10mg/L 乙醇（13.6mg COD/L）以减少氧气和污染物。该反应器的直径为 4.27m，有效深度为 4.6m（体积为 66m³），当过量的生物质附着在 GAC 上时，载体上升至 4.6m 以上，此处设有生物膜去除设备，将生物膜排出系统，清洁的 GAC 保留在反应器中。GAC 的平均粒径为 1.3mm，添加量为 29 000kg，体积为 25.6m³，表面积为 118 000m²，体积为空床体积的 60%。使负载了生物膜的 GAC 膨胀至 4.6m，所需的水上升速度为 0.48m/min，相应的最小空床 HRT 为 9.6min。计算结果表明，基于活性生物量的 SRT 为 3.4d，反应器的总活性生物量为 188kg，相当于 2850mg COD/L，平均净产量为 0.41g VSS/g COD。假设颗粒表面的生物量浓度为 50g/L，则 GAC 上将形成 60μm 的生物膜。添加的乙醇 COD 为 13.6mg/L，GAC 表面积为 118 000m²，HRT 为 9.6min 时的 GAC 表面负荷为 1.16kg COD/$(1000m^2 \cdot d)$。但是，使用的最小 HRT 为 12min，这要求回流与进水流量的比为 0.25。负荷量为 0.94kg COD/1000m²。最终 COD 和污染物几乎完全去除。

参考文献

Bouwer, E. J. and P. B. Crowe (1988). "Assessment of biological processes in drinking water treatment." J. Amer. Water Works Assn. 80(9), pp. 82-93.

Collins, M. R.; T. T. Eighmy; and M. P. Malley (1991). "Evaluating modifications to slow sand filters." J. Amer. Water Works Assn. 83(9), pp. 62-70.

Fiessinger, F. ; J. Mallevialle; and A. Benedek (1983). "Interaction of adsorption and bioactivity in full-scale activated carbon filters. The Mont Valerien experiment. " Adv. Chem. Ser. 202, p. 319.

Huck, P. M. (1990). "Measurement of biodegradable organic matter and bacterial growth potential in drinking water. " J. Amer. Water Works Assn. 82(7), pp. 78-86.

Izaguire, G. ; R. L. Wolfe; and E. G. Means (1988). "Degradation of 2-methylisoborneol by aquatic bacteria. " Appl. Environ. Microb. 52, p. 2424.

Joret, J. C. and Y. Levi (1986). "Method rapide d'evaluation du carbone eliminable des eaux par voie biologique. " Trib. Cebedeau. 519(39), p. 3.

Joret, J. ; Y. Levi; and C. Volk (1991). "Biodegradable dissolved organic carbon (BDOC) content in drinking water and potential regrowth of bacteria. " Water Sci. Technol. 24(2), pp. 95-100.

Kaplan, L. A. and J. D. Newbold (1995). "Measurement of streamwater biodegradable dissolved organic carbon with a plug-flow bioreactor. " Water Research 29, pp. 2696-2706.

Kaplan, L. ; T. Bott; and D. Reasoner (1993). "Evaluation and simplification of the assimilable organic carbon nutrient assay for bacterial growth in drinking water. " Appl. Environ. Microb. 59, pp. 1532-1539.

LeChevallier, M. W. ; N. E. Shaw; L. A. Kaplan; and T. L. Bott (1993). "Development of a rapid assimilable organic carbon method for water. " Appl. Environ. Microb. 59, pp. 1526-1531.

Lee, K. C. and B. E. Rittmann (2000). " A novel hollow-fiber membrane biofilm reactor for autohydrogenotrophic denitrification of drinking water. " Water Sci. Technol. 40(4-5), pp. 219-226.

Lundgren, B. V. ; A. Grimvall; and R. Sävenhed (1988). "Formation and removal of off-flavour compounds during ozonation and filtration through biologically active sand filters. " Water Sci. Technol. 20(8/9), p. 245.

Manem, J. A. and B. E. Rittmann (1992). "Removing trace-level pollutants in a biological filter. " J. Amer. Water Works Assoc. 84(4), pp. 152-157.

Manen, J. A. and B. E. Rittmann (1992). "The effects of fluctuations in biodegradable organic matter on nitrification filters. " J. Amer. Water Works Assn. 84(4), pp. 147-151.

Montgomery, J. M. (1985). Water Treatment Principles and Design. New York; Wiley-Interscience.

Namkung, E. and B. E. Rittmann (1987). "Removal of taste and odor compounds by humic-substances-grown biofilms. " J. Amer. Water Works Assn. 59, pp. 670-678.

Owen, D. M. ; G. L. Amy; and Z. K. Chowdhury (1993). Characterization of Natural Organic Matter and Its Relationship to Treatability. Denver, CO; Amer. Water Works Assoc. Research Foundation.

Rittmann, B. E. (1990). "Analyzing biofilm processes in biological filtration. " J. Amer. Water Works Assn. 82(12), pp. 62-66.

Rittmann, B. E. (1993). "The significance of biofilms in porous media. " Water Research 29, pp. 2195-2202.

Rittmann, B. E. (1995). "Fundamentals and applications of biological processes in drinking water treatment. " In. J. Hrubec, Ed. Handbook of Environmental Chemistry, Vol. 5B, Verlag, NY: Springer, pp. 61-87.

Rittmann, B. E. (1995). "Transformation of organic micropollutants by biological processes. " In J. Hrubec, Ed. Handbook of Environmental Chemistry, Vol. 5B, Verlag, NY: Springer, pp. 31-60.

Rittmann, B. E. (1996). "Back to bacteria: A more natural filtration. " Civil Engineering 66(7), Verlag, NY: Springer, pp. 50-52.

Rittmann, B. E. and V. L. Snoeyink (1984). "Achieving biologically stable drinking water. " J. Amer. Water Works Assn. 76(10), pp. 106-114.

Rittmann,B. E. and P. M. Huck (1989). "Biological treatment of public water supplies. " CRC Critical Reviews in Environmental Control. Vol. 19,Issue 2,pp. 119-184.

Rittmann,B. E. ; C. J. Gantzer; and A. Montiel (1995). "Biological treatment to control taste and odor compounds in drinking-water treatment. " In M. Suffett and J. Mallevialle, Eds. , Advances in the Control of Tastes and Odors in Drinking Water. Denver, CO: Amer. Water Works Assoc. , pp. 203-240.

Rogalla,F. ; G. Larminat; J. Contelle; and H. Godart (1990). "Experience with nitrate removal methods from drinking water. " Proc. NATO Advanced Research Workshop on Nitrate Contamination: Exposure,Consequences,and Control. Lincoln,NB,Sept. 9-14,1990.

Servais,P. ; G. Billen; and M. C. Hascoet (1987). "Determination of the biodegradable fraction of dissolved organic matter in waters. " Water Research 21,pp. 445-450.

Urfer,D. ; P. M. Huck; S. D. J. Booth; and B. M. Coffery (1997). "Biological filtration for BOM and particle removal: A critical review. " J. Amer. Water Works Assn. 89(12),pp. 83-98.

van der Kooij, D. ; A. Visser; and W. A. M. Hignen (1982). "Determining the concentration of easily assimilable organic carbon in drinking water. " J. Amer. Water Works Assn. 74,pp. 540-550.

Woolschlager,J. ,and B. E. Rittman (1995). "Evaluating what is measured by BDOC and AOC tests". Revue Science de l'Eau 8,pp. 372-385.

习　题

15.1　有时会利用反硝化去除饮用水中的硝酸盐。请设计固定生物膜工艺,目标是将 NO_3^- 从 10mg/L 降低到 0.1mg/L 以下。初步设计包括估算反应器总体积和所需投加的作为电子供体的乙酸的量。已知:

基质	$\hat{q}$	K	b	b_{det}	γ	f_d	D	D_f	X_{fa}
单位	g/(g VS$_a$·d)	mg/L	d^{-1}	d^{-1}	g VS$_a$/g	—	cm^2/d	cm^2/d	mg VS$_a$/cm^3
乙酸	10.0	15	0.1	0.05	0.25	0.8	1.2	1.0	40
硝酸盐	2.3	0.1	0.1	0.05	1.40	0.8	n.a.	n.a.	40

已知 $Q=1000m^3/d, a=300m^{-1}, L=90\mu m$(对乙酸而言)。可假设投加的乙酸只要不被完全耗尽,即为限制性基质。请计算每一种基质的 S_{bmin} 和去除 9.9mg NO_3^--N/L 需要的乙酸投加量。确定使出水中剩余乙酸浓度为 0.1mg/L 时,所需的 J 和反应器体积。

15.2　已知某给水厂用地表水为水源,流量为 2000m^3/d,BDOC 为 1mg/L。请设计一固定床预处理生物滤池,估计生物膜表面积和 O$_2$ 供给速率。是否需曝气?

15.3　已知某给水厂用地表水为水源,流量为 5000m^3/d,臭氧处理后 BDOC 为 3mg/L。请设计一固定床预处理生物滤池,估算生物膜表面积和 O$_2$ 供给速率。是否需曝气?

15.4　问题 15.3 中的水同时含 1mg/L NH$_4^+$-N。答案将有何变化?

15.5　问题 15.2 中的水同时含 0.4mg/L NH$_4^+$-N。答案将有何变化?

15.6　快滤池滤料平均直径为 1mm,孔隙度为 0.4,深度为 1m,水力负荷为 10m/h (4gpm/ft^2)。进水 BDOC 为 300μg/L。计算 BOD 面积负荷,评估是否需要增加反冲洗。这种情况复合快速生物滤池是否适用?

15.7 快滤池滤料平均直径为 1mm,孔隙率为 0.4,深度为 1m,水力负荷为 10m/h (4gpm/ft²)。进水 BDOC 为 2000μg/L。计算 BOD 表面负荷,评估是否需要频繁反冲洗。这种情况复合快速生物滤池是否适用?

15.8 估算处理水量为 1000m³/d 的慢速砂滤池的大小。

15.9 慢速砂滤池表面积为 10m×10m。处理水量为 2000m³/d。其尺寸是否合适? 若人均用水量为 250L/d,可服务多少人?

15.10 拟采用生物膜反应器,通过反硝化处理某地表水,水量为 10 000m³/d,NO_3^- 含量为 15mg N/L,出水要达到 5mg NO_3^--N/L。若 $f_s=0.1$,H_2 的供给速率为多少(kg H_2/d)? 若设计通量为 2kg COD/(1000m² · d),需多大的生物膜表面积? 设计中要考虑哪些限制因素?

15.11 设计 MBfR,以实现 NO_3^- 和 ClO_4^- 的还原率达 100%,它们在进水中的浓度分别为 20mg N/L 和 100μg ClO_4/L。进水流量是 1500m³/d。所需的生物膜总表面积(aV) 由 NO_3^- 和 ClO_4^- 的表面负荷决定。假设生物膜的比表面积为 1000m⁻¹,则 MBfR 的体积和水力停留时间是多少? 还原 NO_3^-、ClO_4^-、O_2(进水浓度为 8mg/L)各自需要及总的 H_2 传递速率是多少(以 kg H_2/d 为单位)?

15.12 设计一个 MBfR,以 100%还原进水中 SeO_4^{2-} 和 NO_3^-,它们在进水中的浓度分别为 25mg/L 和 2mg/L。进水流量为 1200m³/d。所需的生物膜总表面积(aV)由 NO_3^- 或 SeO_4^{2-} 的表面负荷决定。假设生物膜的比表面积为 1000m⁻¹,MBfR 的体积和水力停留时间是多少? 还原 NO_3^-、SeO_4^{2-}、O_2(进水量为 8mg/L)各自需要及总的 H_2 传递速率是多少(以 kg H_2/d 为单位)?

15.13 快滤池过滤介质的平均粒径 0.8mm,孔隙率 0.35,深度 1m,水力负荷 6m/h (2.4gpm/ft²)。进水 BDOC 为 2000μg/L,NH_4^+-N 为 1mg N/L。计算 BOD_L 表面负荷,评估是否需要频繁反冲洗。计算 NH_4^+-N 表面负荷,评估硝化是否完全。计算需氧量,评估进水 8mg/L DO 是否充足。